数学II・B
標準問題精講

三訂版

亀田 隆 著

Standard Exercises in mathematics II・B

旺文社

2

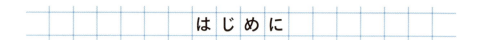

はじめに

　予備校の教壇に立つようになって30年以上になります．最初のうちは無我夢中で問題を解き，いろいろ別解を考えながら授業をしてきました．そのうち，いろいろな解法を求めるよりもオーソドックスな考え方でいろいろな問題が解けるほうが応用の面からもその後の発展の面からもよいのではないかと考えるようになってきました．そのためには核になる考え方を大切に授業をしなければならない．別解が必要ないという意味ではありません．問題の読み方によっては別な解法の方が自然な解答だということもあります．また理解が深まると問題の見方も変わります．これが楽しみのひとつでもあります．

　数学には長い歴史があります．その集大成としての現代数学があります．日進月歩に研究が進んでいる現代数学を眺めるのは今の時点では難しいが，その入口に高校数学があります．16世紀には3次，4次の方程式の代数的解法が発見され，17世紀にはニュートン，ライプニッツにより微分積分法が発見されています．先人の知恵を学ぶのが第一でしょう．

　いろいろな学生に接していて感じるのは，小手先の知識を振り回すより，

少々の計算があっても正攻法でせめる

学生の方が結局は伸びていくようです．もちろん知識は多いほうがいいのですが，それらがつながっていないのが欠点です．いろいろと深く考えるようになると問題の核が見えてきます．するとそこから別解も自然にでてきます．

　この本の題材は入試問題です．受験数学にどっぷりつかった部分もありますが，オーソドックスな解法を心掛けたつもりです．入試問題であっても基本は教科書です．教科書を十分に理解するためには傍用の問題集が必要です．傍用問題集を終えた次のステップとして本書が利用されることを想定して書いています．本書で学ぶときは，紙と鉛筆をもって，図をかき，計算し，手を動かし頭を働かせながらページをめくって行ってください．この問題の条件は何，求められているものは何，こうやれば解けるはずだといった具合に考えながら進んで行ってほしい．

解けるようになるためにはまずわかること

が出発点です．問題がわかり，本書の解答もわかり，正しいフォームを身につけることが大切です．解法の丸暗記は効率的な学習法ではありません．

　本書の刊行にあたって，いろいろな方の協力がありました．特に高橋康夫さん，鈴木圭一郎さんからは終始細かい助言を頂き，刊行に到ることができました．ここで深く感謝します．

亀田　隆

もくじ

本 書 の 利 用 法

　この本は難関大学の入試対策用に編集された受験数学演習書です．一通り教科書の内容は理解し，次のステップに進もうとする人を対象にして問題を選んでいます．題材はすべて入試問題であり，頻出問題はもちろん，各分野の発展問題まで取り入れてあります．数学Ⅱ・Bの各分野をテーマを追って演習することにより，分野全体が鳥瞰できるように問題を選択，配列してあります．各章を終える頃にはこの分野はこれで十分という実感をもつことでしょう．

　数学に自信のある人は，「標問」を演習問題として活用するとよいでしょう．まずは何も見ずに解いてみることです．手がつかないときは「精講」がヒントになります．精講を読んでもう一度解いてみましょう．解けたら「解答」で答あわせです．歯ごたえのある問題もかなり入っています．第2章の「複素数と方程式」では複素数および高次方程式についてかなりのレベルまで扱っています．また，第8章の「数列」では入試で必要とされる典型的な漸化式について体系的にまとめてあります．「研究」までしっかりと理解してください．考え方の基本が身につくことでしょう．また，「演習問題」でさらに量を増やし確かな実力を養ってください．

　教科書を終えたばかりの人，数学に自信のない人は「標問」を繰り返し解くことにより解法の正しいフォームを身につけてください．「精講」で問題のとらえ方を身につけ，「研究」で知識の整理，発展的内容を学ぶとよいでしょう．また，「解法のプロセス」が全体の流れをつかむヒントとなることでしょう．何事も入口が大切です．標問が理解できたら，力試しとして「演習問題」に手をつけるとよいでしょう．まずは自力で解いてみましょう．躓いたときには，この演習問題は標問と何が違うのか，何が発展しているのかなど考えてみましょう．自分の解答と「演習問題の解答」を比較することにより確かな実力を養うことができます．

　本書の大学名に付けられている「*」は改題の印です．穴埋め問題であったものを改題したり，範囲外の内容を削除したりした問題に付けられています．また，演習問題の解答において数学Ⅲで扱う積の微分・合成関数の微分を用いたものもあります．このようなものに対してはこの部分は数学Ⅲの内容であるということを表記してありますので，文系学部受験で範囲外の人はそういうものだと認めて進んでください．

標問

入試問題の中から典型的なものを精選しました．それぞれの領域は，長いこと入試に出題されており，必要な知識や解法のパターンは大体決まっています．本書では，〈受験数学〉のエッセンスを，基本概念の理解と結びつけつつ，できるだけ体系的につかむことができるように，という立場で問題を選び，配列しました．

なお，使用した入試問題には，多少字句を変えた箇所もあります．

精講

標問を解くにあたって必要な知識，目の付け所を示しました．問題を読んでもまったく見当がつかないときは助けにしてください．自信のある人ははじめに見ないで考えましょう．

解法のプロセス

問題解決のためのフローチャートです．一筋縄ではいかない問題も「解法のプロセス」にかかれば一目瞭然です．

解　答

模範解答となる解き方を示しました．右の余白には随所に矢印◀︎を用いてポイント，補充説明などを付記し，理解の助けとしました．

研究
参考

標問の内容を掘り下げた解説，別の観点からとらえた別解，関連する公式の証明，発展的な見方や考え方などを加えました．

演習問題

標問が正しく理解できれば，無理なく扱える程度の良問を選びました．標問と演習問題を消化すれば，入試問題のかなりの部分は「顔見知り」となるはずです．

著者紹介　亀田　隆（かめだ・たかし）先生は，1953年北海道生まれです．東京理科大学大学院修士課程修了．現在は駿台予備学校の教壇に立たれ，教材や模擬試験なども作成されています．また『全国大学入試問題正解数学』（旺文社）の解答者でもあります．著書には，『Z会数学基礎問題集チェック＆リピート』（共著）があります．趣味はオートバイとのことです．

第1章　式と証明

1　　**3次式の因数分解**

(1)　$(x^2+xy+y^2)(x^2+y^2)(x-y)^2(x+y)$ を展開せよ.　　　（山形大）

(2)　次の式を因数分解せよ.

　(i)　x^6-19x^3-216　　　　　　　　　　　　　　　　（大同工大）

　(ii)　$(x-y)^3+(y-z)^3+(z-x)^3$　　　　　　　　　　（専修大）

　(iii)　$(a+b+c)^3-a^3-b^3-c^3$　　　　　　　　　　　（摂南大）

(3)　$(a+b+c)(a^2+b^2+c^2-ab-bc-ca)$ を展開すると ☐ となる.

　この式を用いて $8x^3+27y^3+18xy-1$ を因数分解すると ☐ になる.

　　　　　　　　　　　　　　　　　　　　　　　　　　　　　（立命館大）

精講　　まずは公式を確認しておきましょう.

　　　　　　数学Ⅰでは2次の展開・因数分解の公式を学びました.

$$(a\pm b)^2=a^2\pm 2ab+b^2 \text{（複号同順）}$$
$$(a+b)(a-b)=a^2-b^2$$
$$(ax+b)(cx+d)=acx^2+(ad+bc)x+bd$$
$$(a+b+c)^2=a^2+b^2+c^2+2ab+2bc+2ca$$

数学Ⅱでは3次の展開・因数分解の公式も扱います.

$$(a\pm b)^3=a^3\pm 3a^2b+3ab^2\pm b^3 \text{（複号同順）}$$
$$(a\pm b)(a^2\mp ab+b^2)=a^3\pm b^3 \text{（複号同順）}$$

これらに加えて(3)の

$$(a+b+c)(a^2+b^2+c^2-ab-bc-ca)=a^3+b^3+c^3-3abc$$

も覚えておきましょう.

(1)　展開の公式が使えるように式の組合せを工夫します. 第1因子の x^2+xy+y^2 は $x-y$ と組んで展開します.

(2)　それぞれの式の見方を工夫します.

(i)　$X=x^3$ とおくと与式は X の2次式となります.

(ii)　$x-y$, $y-z$, $z-x$ の間に成り立つ関係式として

$$(x-y)+(y-z)+(z-x)=0$$

があります. $a=x-y$, $b=y-z$, $c=z-x$

▶**解法のプロセス**◀

(1)　式の展開
⇩
公式の適用を考える

▶**解法のプロセス**◀

(2)　因数分解
⇩
置き換え
⇩
公式の適用を考える

とおくと $c=-a-b$ であり，与式は
$a^3+b^3-(a+b)^3$ となります．あるいは，
$a^3+b^3+c^3$, $a+b+c$ が現れる3文字の等
式，すなわち(3)を利用してもよいでしょう．

(iii) $(a+b+c)^3$ の展開は避けたいですね．
$x=a+b+c$ とおくと， 与式は
$$x^3-a^3-(b^3+c^3)$$
ですから，$A^3\pm B^3$ の公式を使うことができ
ます．

(3) 前半は展開するだけですが，ガムシャラに
展開するのではなく，**ひとつの文字について整理**
しながら展開すると計算ミスも減るでしょう．こ
の等式は3次方程式を解くときに重要な働きをし
ます(標問 **27**)．**結果は覚えておきましょう．**

後半は証明した等式の利用を考えます．

> **解法のプロセス**
> (3) 式の展開
> ⇩
> ひとつの文字について整理

〈 **解 答** 〉

(1) 式の組合せを考えて
$$(x^2+xy+y^2)(x^2+y^2)(x-y)^2(x+y)$$
$$=(x-y)(x^2+xy+y^2)\times(x^2+y^2)(x-y)(x+y)$$
$$=(x^3-y^3)\times(x^2+y^2)(x^2-y^2)$$
$$=(x^3-y^3)(x^4-y^4)$$
$$=\boldsymbol{x^7-x^4y^3-x^3y^4+y^7}$$

(2) (i) $X=x^3$ とおくと
$$x^6-19x^3-216$$
$$=X^2-(27-8)X-27\cdot 8$$
$$=(X+8)(X-27)$$
$$=(x^3+2^3)(x^3-3^3)$$
$$=(x+2)(x^2-2x+4)(x-3)(x^2+3x+9)$$
$$=\boldsymbol{(x+2)(x-3)(x^2-2x+4)(x^2+3x+9)}$$

(ii) $x-y=a$, $y-z=b$ とおくと，$a+b=x-z$ であるから
$$(x-y)^3+(y-z)^3+(z-x)^3$$
$$=a^3+b^3-(a+b)^3$$
$$=-3a^2b-3ab^2$$
$$=-3ab(a+b)$$
$$=-3(x-y)(y-z)(x-z)$$
$$=\boldsymbol{3(x-y)(y-z)(z-x)}$$

(iii)　$x=a+b+c$ とおく.

$$(a+b+c)^3-a^3-b^3-c^3$$
$$=x^3-a^3-(b^3+c^3)$$
$$=(x-a)(x^2+xa+a^2)-(b+c)(b^2-bc+c^2)$$
$$=(b+c)\{(a+b+c)^2+(a+b+c)a+a^2-(b^2-bc+c^2)\}$$
$$=(b+c)\{a^2+2(b+c)a+(b+c)^2$$

　← a について展開している

$$+2a^2+(b+c)a-(b^2-bc+c^2)\}$$
$$=(b+c)\{3a^2+3(b+c)a+3bc\}$$
$$=3(b+c)(a+b)(a+c)$$
$$=\boldsymbol{3(a+b)(b+c)(c+a)}$$

(3)　a について整理して展開すると

$$(a+b+c)(a^2+b^2+c^2-ab-bc-ca)$$
$$=\{a+(b+c)\}\{a^2-(b+c)a+b^2-bc+c^2\}$$
$$=a^3+\{(b+c)-(b+c)\}a^2+\{(b^2-bc+c^2)-(b+c)^2\}a$$
$$+(b+c)(b^2-bc+c^2)$$
$$=a^3-3bca+b^3+c^3$$
$$=\boldsymbol{a^3+b^3+c^3-3abc}$$

この式の利用を考えて式をみると

$$8x^3+27y^3+18xy-1$$
$$=(2x)^3+(3y)^3+(-1)^3-3\cdot2x\cdot3y\cdot(-1)$$
$$=(2x+3y-1)\{(2x)^2+(3y)^2+(-1)^2-2x\cdot3y-3y\cdot(-1)-(-1)\cdot2x\}$$
$$=(2x+3y-1)(4x^2+9y^2+1-6xy+3y+2x)$$
$$=\boldsymbol{(2x+3y-1)(4x^2-6xy+9y^2+2x+3y+1)}$$

研究　1°　(2)　(ii)の別解

公式 $a^3+b^3+c^3-3abc=(a+b+c)(a^2+b^2+c^2-ab-bc-ca)$

の利用を考えて, $a=x-y$, $b=y-z$, $c=z-x$ とおくと

$$a+b+c=(x-y)+(y-z)+(z-x)=0$$

より

$$(右辺)=0\times(a^2+b^2+c^2-ab-bc-ca)=0$$

であり

$$a^3+b^3+c^3-3abc=0$$

である. したがって

$$(x-y)^3+(y-z)^3+(z-x)^3$$
$$=a^3+b^3+c^3$$
$$=3abc$$
$$=3(x-y)(y-z)(z-x)$$

$2°$ $a^3+b^3+c^3-3abc$ を因数分解しておく.

$$a^3+b^3+c^3-3abc$$
$$=(a+b)^3-3ab(a+b)+c^3-3abc$$
$$=(a+b)^3+c^3-3ab(a+b+c)$$
$$=(a+b+c)\{(a+b)^2-(a+b)c+c^2\}-3ab(a+b+c)$$
$$=(a+b+c)\{(a^2+2ab+b^2)-ac-bc+c^2-3ab\}$$
$$=(a+b+c)(a^2+b^2+c^2-ab-bc-ca)$$

$3°$ $(a\pm b)^2,\ (a\pm b)^3$ は二項定理として一般化される. これについては標問 **2** で扱う.

$4°$ $a^2-b^2,\ a^3-b^3$ の一般化としては

$$a^n-b^n=(a-b)(a^{n-1}+a^{n-2}b+\cdots\cdots+ab^{n-2}+b^{n-1})$$

がある.

右辺を展開することにより, 左辺と等しくなることを確認することができるが, 等比数列 (標問 **128**) の知識があれば

$$r\neq 1\ \text{のとき,}\quad 1+r+r^2+\cdots\cdots+r^{n-1}=\frac{1-r^n}{1-r}$$

であることが示される. 分母を払うと

$$1-r^n=(1-r)(1+r+r^2+\cdots\cdots+r^{n-1})$$

であり, これは $r=1$ のときも成り立つ. $r=\dfrac{b}{a}$ とおくと

$$1-\left(\frac{b}{a}\right)^n=\left(1-\frac{b}{a}\right)\left\{1+\frac{b}{a}+\left(\frac{b}{a}\right)^2+\cdots\cdots+\left(\frac{b}{a}\right)^{n-1}\right\}$$

両辺に a^n をかけると

$$a^n-b^n=(a-b)(a^{n-1}+a^{n-2}b+a^{n-3}b^2+\cdots\cdots+b^{n-1})$$

を得る.

演習問題

(1-1) 次の式を因数分解せよ.

(1) x^6-y^6 （京都産大）

(2) $(x-2z)^3+(y-2z)^3-(x+y-4z)^3$ （杏林大）

(3) $x^3-27y^3+9xy+1$ （西南学院大）

(1-2) $a,\ b,\ c$ を実数として, $A,\ B,\ C$ を
$$A=a+b+c,\quad B=a^2+b^2+c^2,\quad C=a^3+b^3+c^3$$
とおく. このとき abc を $A,\ B,\ C$ を用いて表せ. （横浜市立大）

標問 **2** **二項定理・多項定理**

$(x^3+1)^4$ の展開式における x^9 の係数は ☐☐☐ で x^6 の係数は ☐☐☐ であり，$(x^3+x-1)^3$ の展開式における x^5 の係数は ☐☐☐ で x^2 の係数は ☐☐☐ である．

また，$(x^3+1)^4(x^3+x-1)^3$ の展開式における x^{11} の係数は ☐☐☐ である．

（関西学院大）

精講 $\quad (x^3+1)^4$ を展開したときの一般項は
$$_4C_k(x^3)^k \cdot 1^{4-k} = {}_4C_k x^{3k} \quad (0 \leqq k \leqq 4)$$

です．二項定理は大丈夫でしょうか．

二項定理を確認しておきます．まずは具体例として $(a+b)^4$ を展開してみましょう．

$$(a+b)^4 = (a+b)(a+b)(a+b)(a+b)$$

右辺を展開すると4個の括弧各々の中から a または b を1つずつとっていくことになり

$$a^4, \ a^3b, \ a^2b^2, \ ab^3, \ b^4$$

といった4次の式が5種類（$_2H_4 = {}_5C_4 = 5$）できて

$$(a+b)^4 = ☐☐☐ a^4 + ☐☐☐ a^3b$$
$$+ ☐☐☐ a^2b^2 + ☐☐☐ ab^3 + ☐☐☐ b^4$$

という形の和になります．あとは各係数を求めることが問題となります．たとえば，a^3b ならば，これが現れるひとつとして

$$((a)+b)(a+(b))((a)+b)((a)+b) \rightarrow abaa$$

があります．a^3b のつくり方は b をどこの括弧からとってくるか（残った括弧からは a をとることになる）を決めればよいわけです．この決め方は $_4C_1$ 通りあり，これが a^3b の係数となります．

同様にして，a^4 の係数は $_4C_0$，a^2b^2 の係数は $_4C_2$，ab^3 の係数は $_4C_3$，b^4 の係数は $_4C_4$ であり
$$(a+b)^4 = {}_4C_0 a^4 + {}_4C_1 a^3b + {}_4C_2 a^2b^2$$
$$+ {}_4C_3 ab^3 + {}_4C_4 b^4$$

解法のプロセス

展開式の係数
⇩
二項定理または多項定理
⇩
一般項を調べる

← $_2H_4$ は重複組合せとよばれるもので，n 種類のものから重複を許して r 個とるとり方の総数を $_nH_r$ と表す．
このとき，
$$_nH_r = {}_{n+r-1}C_r$$
が成り立つ

です．一般化しましょう．

$$(a+b)^n = \underbrace{(a+b)(a+b)\cdots\cdots(a+b)}_{n\text{ 個の積}}$$

の展開においてできる n 次の同類項の種類は

$$a^n,\ a^{n-1}b,\ a^{n-2}b^2,\ \cdots\cdots,\ ab^{n-1},\ b^n$$

の **$n+1$ 種類** ($_2\mathrm{H}_n = {}_{n+1}\mathrm{C}_n = n+1$) であり，
$a^{n-k}b^k$ の係数は n 個の括弧のうちのどの括弧から
b をとるかで決まるので，$_n\mathrm{C}_k$ です．したがって

$$(a+b)^n = \sum_{k=0}^{n} {}_n\mathrm{C}_k a^{n-k} b^k$$

です．さらに一般化して，多項定理

$$(a+b+c)^n = \sum_{p+q+r=n} \frac{n!}{p!\,q!\,r!} a^p b^q c^r$$

も成り立ちます．ここでの和は，$p+q+r=n$ を
みたす 0 以上の整数 $p,\ q,\ r$ についてのものです．
項の数は $_3\mathrm{H}_n = {}_{n+2}\mathrm{C}_n$ 個あります．

〈 **解 答** 〉

$(x^3+1)^4$ の展開式における一般項は
$$_4\mathrm{C}_k(x^3)^k \cdot 1^{4-k} = {}_4\mathrm{C}_k x^{3k} \quad (0 \leq k \leq 4)$$
であるから，x^9 の項が現れるのは $k=3$ ……① のときで，その係数は
$$_4\mathrm{C}_3 = 4$$
x^6 の項が現れるのは $k=2$ ……② のときで，その係数は
$$_4\mathrm{C}_2 = \frac{4 \cdot 3}{2} = 6$$
である．

$(x^3+x-1)^3$ の展開式における一般項は
$$\frac{3!}{p!\,q!\,r!}(x^3)^p x^q \cdot (-1)^r = \frac{3!}{p!\,q!\,r!}(-1)^r x^{3p+q} \quad (p+q+r=3)$$
x^5 の項が現れるのは
$$\begin{cases} 3p+q=5 \\ p+q+r=3 \end{cases}$$
のときで，これをみたす 0 以上の整数 $p,\ q,\ r$ は

$$(p, q, r)=(1, 2, 0) \quad \cdots\cdots③$$

のみである．よって，x^5 の係数は

$$\frac{3!}{1!2!0!}(-1)^0=3$$

同様に，x^2 の項が現れるのは

$$\begin{cases} 3p+q=2 \\ p+q+r=3 \end{cases}$$

のときで，これをみたす 0 以上の整数 p, q, r は

$$(p, q, r)=(0, 2, 1) \quad \cdots\cdots④$$

のみであるから，x^2 の係数は

$$\frac{3!}{0!2!1!}(-1)^1=-3$$

である．

また，$(x^3+1)^4(x^3+x-1)^3$ の展開式における一般項は

$$_4\mathrm{C}_k x^{3k}\times\frac{3!}{p!q!r!}(-1)^r x^{3p+q}=_4\mathrm{C}_k\frac{3!}{p!q!r!}(-1)^r x^{3k+3p+q}$$

$$(0\leqq k\leqq 4, \ p+q+r=3)$$

であるから，x^{11} の項が現れるのは

$$\begin{cases} 3k+3p+q=11 \\ 0\leqq k\leqq 4 \\ p+q+r=3 \end{cases}$$

のときで，これをみたす 0 以上の整数 k, p, q, r は

$$(k, p, q, r)=(2, 1, 2, 0), \ (3, 0, 2, 1)$$

である．これは「②かつ③」，「①かつ④」のときである．
したがって，x^{11} の係数は

$$6\times3+4\times(-3)=6$$

演習問題

2-1 (1) $\left(2x-\dfrac{1}{x}\right)^5$ を展開したとき，x^3 の項の係数は □ であり，すべ

ての項の係数の和は □ である．　　　　　　　　　　　　　　（近畿大）

(2) $(a-b)^3(b-c)^4(c-a)^5$ の展開式を項別に整理すると，a^8b^4 の係数は

□，a^5b^6c の係数は □，$a^3b^4c^5$ の係数は □ である．

（青山学院大）

2-2 (1) $(x+2y+3z)^6$ の展開式における x^4y^2 の係数は □ であり，

x^3y^2z の係数は □ である．　　　　　　　　　　　　　　（北里大）

(2) $(1+t+t^2+t^3+t^4+t^5)^3$ の t^4 の係数は □ であり，t^7 の係数は □

である．　　　　　　　　　　　　　　　　　　　　　　　　（山梨大）

標問 **3** **二項定理の応用**

(1) 13^{13} を 144 で割ったときの余りを求めよ. （早　大）

(2) 次の問いに答えよ.

(ⅰ) 整数 n, r が $n \geq 2$, $1 \leq r \leq n$ をみたすとする. このとき,
$r \cdot {}_nC_r = n \cdot {}_{n-1}C_{r-1}$ が成り立つことを示せ.

(ⅱ) p を素数とし, 整数 r が $1 \leq r \leq p-1$ をみたすとする. このとき,
${}_pC_r$ が p で割り切れることを示せ.

(ⅲ) p を 3 以上の素数とする. 二項定理

$$(x+1)^p = {}_pC_0 + {}_pC_1 x^1 + \cdots + {}_pC_{p-1}x^{p-1} + {}_pC_p x^p \quad \cdots\cdots(*)$$

を利用して, 2^p を p で割った余りが 2 であることを示せ.

(ⅳ) p を 5 以上の素数とする. 3^p を p で割った余りを求めよ. （佐賀大）

精講 (1) 13^{13} を 144 で割った余りとは
$$13^{13} = 144 \times (整数) + r$$
$$0 \leq r < 144$$
を満たす整数 r のことです.

ここで, $144 = 12^2$ であり, $13^{13} = (12+1)^{13}$ とみることができるので, ここで, 二項定理の出番です. 展開した後は, **12^2 を含む項はひとまとまり**として括ってしまいましょう.

(2) (ⅰ)はよく用いられる等式です. **研究** の考え方も理解しこの等式を作れるようにしておきましょう.

(ⅱ) 「${}_pC_r$ が p で割り切れる」ということは

$${}_pC_r = p \times (整数)$$

と表されるということです. (ⅰ)の等式において n を p としてみましょう.

(ⅲ) 与えられた等式において, $x=1$ を代入すると左辺は 2^p です. また, (ⅱ)より, ${}_pC_1$, ${}_pC_2$, $\cdots$, ${}_pC_{p-1}$ はすべて p で割り切れる整数です.

(ⅳ) (ⅲ)の等式において, $x=2$ を代入すると左辺は 3^p です. この後は(ⅲ)と同じように処理します.

解法のプロセス

13^{13} と 144 との関係を見つける
⇩
二項定理を利用して,
13^{13} から 144 が現れるように変形する
⇩
$13^{13} = 144 \times (整数) + r$
$0 \leq r < 144$

解法のプロセス

(ⅱ) ${}_pC_r$ が p で割り切れる
⇩
${}_pC_r = p \times (整数)$
(ⅲ) 「2^p を p で割った余りが 2 」
⇩
$(1+1)^p$ の二項展開
⇩
$2^p = p \times (整数) + 2$
(ⅳ) 「3^p を p で割った余りが r 」
⇩
$(2+1)^p$ の二項展開
⇩
$3^p = p \times (整数) + r$ $(0 \leq r < p)$

◁　**解　答**　▷

(1)　$144=12^2$ より，13^{13} を $(12+1)^{13}$ として，二項展開すると

$$13^{13}=(12+1)^{13}$$
$$=12^{13}+{}_{13}C_1\cdot12^{12}+{}_{13}C_2\cdot12^{11}+\cdots+{}_{13}C_{12}\cdot12+1$$
$$=12^2\cdot(12^{11}+{}_{13}C_1\cdot12^{10}+{}_{13}C_2\cdot12^9+\cdots+{}_{13}C_{11})+13\cdot12+1$$
$$=144N+13\cdot12+1\quad(N\text{は整数})$$
$$=144N+(12+1)12+1$$
$$=144(N+1)+13$$

よって，13^{13} を 144 で割ったときの余りは **13** である．

(2)　(i)　$\displaystyle {}_nC_r=\frac{n!}{r!(n-r)!}$ より

$$r\cdot{}_nC_r=r\cdot\frac{n!}{r!(n-r)!}$$
$$=n\cdot\frac{(n-1)!}{(r-1)!(n-r)!}$$
$$=n\cdot{}_{n-1}C_{r-1}$$

◀ $\displaystyle {}_nC_r=\frac{n!}{r!\,s!}$ と表すと
　　$r+s=n$
である

◀ $(r-1)+(n-r)=n-1$

(ii)　p が素数であるから $p\geqq2$ である．(i)の等式において $n=p$ とすると

$$r\cdot{}_pC_r=p\cdot{}_{p-1}C_{r-1}$$

p は素数で r は $1\leqq r<p$ をみたす整数であるから r と p は互いに素であり，$_pC_r$ は p で割り切れる．

(iii)　等式(*)に $x=1$ を代入すると

$$(1+1)^p={}_pC_0+{}_pC_1\cdot1^1+\cdots+{}_pC_{p-1}\cdot1^{p-1}+{}_pC_p\cdot1^p$$
$$\therefore\quad2^p={}_pC_0+{}_pC_1+\cdots+{}_pC_{p-1}+{}_pC_p$$
$$={}_pC_1+{}_pC_2+\cdots+{}_pC_{p-1}+2\quad(\because\ \ {}_pC_0={}_pC_p=1)$$

(ii)より $_pC_1$，$_pC_2$，$\cdots$，$_pC_{p-1}$ はすべて p で割り切れる整数であり，

$$2^p=p\times(\text{整数})+2$$

として表すことができる．

よって，2^p を p で割った余りは 2 である．

(iv)　等式(*)に $x=2$ を代入すると

$$3^p=(2+1)^p$$
$$={}_pC_0+{}_pC_1\cdot2^1+\cdots+{}_pC_{p-1}\cdot2^{p-1}+{}_pC_p\cdot2^p$$
$$=1+2\cdot{}_pC_1+2^2\cdot{}_pC_2+\cdots+2^{p-1}\cdot{}_pC_{p-1}+2^p$$
$$=2\cdot{}_pC_1+2^2\cdot{}_pC_2+\cdots+2^{p-1}\cdot{}_pC_{p-1}+2^p+1$$

(ii)より $2{}_pC_1+2^2{}_pC_2+\cdots+2^{p-1}{}_pC_{p-1}$ は p で割り切れるから，3^p を p で割った余りは 2^p+1 を p で割った余りに等しく，$p\geqq5$ と(iii)の結果から，求める余りは **3** である．

研究 (2)の(i)を組合せの意味から説明しておこう.

n 人の中から r 人のグループをつくり,さらにその r 人の中から1人のリーダーを選ぶ選び方は

$$_nC_r \cdot {_rC_1} = r \cdot {_nC_r} \text{ 通り}$$

一方,n 人の中から,まず1人のリーダーを選び,次に残った $n-1$ 人の中からグループの要員となる $r-1$ 人を選ぶ選び方は

$$_nC_1 \cdot {_{n-1}C_{r-1}} = n \cdot {_{n-1}C_{r-1}} \text{ 通り}$$

以上2つの場合の数は一致するので,

$$r \cdot {_nC_r} = n \cdot {_{n-1}C_{r-1}} \qquad (n \geq 1,\ 1 \leq r \leq n)$$

である.((2)(i)では,$n \geq 2$ となっているが,$0! = 1$ より,この等式は $n = 1$ のときも成り立つ)

同様に r 人の中のリーダー,サブリーダーを考えると

$$r \cdot (r-1) \cdot {_nC_r} = n \cdot (n-1) \cdot {_{n-2}C_{r-2}} \qquad (n \geq 2,\ 2 \leq r \leq n)$$

も成り立つ.

演習問題

3-1 $(100.1)^7$ の 100 の位の数字および小数第4位の数字を求めよ. （上智大）

3-2 p は素数,r は正の整数とする.以下の問いに答えよ.

(1) $x_1,\ x_2,\ \cdots,\ x_r$ についての式 $(x_1+x_2+\cdots+x_r)^p$ を展開したときの単項式 $x_1^{p_1}x_2^{p_2}\cdots\cdots x_r^{p_r}$ の係数を求めよ.

ここで,$p_1,\ p_2,\ \cdots,\ p_r$ は0または正の整数で $p_1+p_2+\cdots+p_r=p$ をみたすとする.

(2) $x_1,\ x_2,\ \cdots,\ x_r$ が正の整数のとき,
$$(x_1+x_2+\cdots+x_r)^p - (x_1^p+x_2^p+\cdots+x_r^p)$$
は p で割り切れることを示せ.

(3) r は p で割り切れないとする.このとき,$r^{p-1}-1$ は p で割り切れることを示せ. （大阪大）

標問 **4** 二項係数の和

(1) 自然数 n が3以上の奇数であるとき，次の等式を証明せよ．

  (i) $\ _nC_1+\ _nC_3+\ _nC_5+\ _nC_7+\cdots+\ _nC_n=2^{n-1}$

  (ii) $\ _nC_0+\ _nC_2+\ _nC_4+\ _nC_6+\cdots+\ _nC_{n-1}=2^{n-1}$ （東北学院大）

(2) 自然数 n に対して，次の和を求めよ．

  (i) $\ _nC_1+2\ _nC_2+3\ _nC_3+\cdots+n\ _nC_n$

  (ii) $1\cdot2\ _nC_1+2\cdot3\ _nC_2+3\cdot4\ _nC_3+\cdots+n\cdot(n+1)\ _nC_n$ （慶　大）

精講   (1) 二項定理を利用します．

$$(1+x)^n=\ _nC_0+\ _nC_1x^1+\cdots+\ _nC_{n-1}x^{n-1}+\ _nC_nx^n$$

の両辺に $x=1$ を代入すると

$$_nC_0+\ _nC_1+\cdots+\ _nC_{n-1}+\ _nC_n=2^n$$

本問はひとつ飛びの和になっています．

$x=-1$ を代入した式もつくってみましょう．

(2) (i) 標問 **3** で証明した等式

$$r\cdot\ _nC_r=n\cdot\ _{n-1}C_{r-1}\quad(1\leqq r\leqq n)$$

を利用しましょう．

(ii) (i)で用いた等式を2度使うと

$$r(r+1)\ _nC_r=n(r+1)\ _{n-1}C_{r-1}$$
$$=n(2+r-1)\ _{n-1}C_{r-1}$$
$$=n\{2\ _{n-1}C_{r-1}+(n-1)\ _{n-2}C_{r-2}\}\quad(2\leqq r\leqq n)$$

と変形することができます．

解法のプロセス

$_nC_r$ の和
⇩
二項定理の利用

解法のプロセス

(変数)×(二項係数) の和
⇩
(定数)×(二項係数) の和
に変形する

〈 **解 答** 〉

(1) 二項定理より

$$(1+x)^n=\ _nC_0+\ _nC_1x+\ _nC_2x^2+\cdots+\ _nC_{n-1}x^{n-1}+\ _nC_nx^n \quad\cdots\cdots①$$

①において $x=\pm1$ を代入する．n が3以上の奇数であることに注意すると

$$(1+1)^n=\ _nC_0+\ _nC_1+\ _nC_2+\ _nC_3+\cdots+\ _nC_{n-1}+\ _nC_n \quad\cdots\cdots②$$
$$(1-1)^n=\ _nC_0-\ _nC_1+\ _nC_2-\ _nC_3+\cdots+\ _nC_{n-1}-\ _nC_n \quad\cdots\cdots③$$

(i) ②−③より $2^n-0=2(\ _nC_1+\ _nC_3+\ _nC_5+\ _nC_7+\cdots+\ _nC_n)$

    ∴ $_nC_1+\ _nC_3+\ _nC_5+\ _nC_7+\cdots+\ _nC_n=2^{n-1}$

(ii) ②+③より $2^n+0=2(\ _nC_0+\ _nC_2+\ _nC_4+\ _nC_6+\cdots+\ _nC_{n-1})$

    ∴ $_nC_0+\ _nC_2+\ _nC_4+\ _nC_6+\cdots+\ _nC_{n-1}=2^{n-1}$

(2) (i) 公式 $r_nC_r=n_{n-1}C_{r-1}$ $(1\leqq r\leqq n)$ ……④ を用いると ← 標問**3**(2)(i)

$$_nC_1+2_nC_2+3_nC_3+\cdots+n_nC_n$$
$$=n(_{n-1}C_0+_{n-1}C_1+_{n-1}C_2+\cdots+_{n-1}C_{n-1})$$
$$=n(1+1)^{n-1}=\boldsymbol{n2^{n-1}}$$

(ii) 公式④を用いると

$$(与式)=2\cdot1_nC_1+3\cdot2_nC_2+4\cdot3_nC_3+\cdots+(n+1)\cdot n_nC_n$$
$$=n\{2_{n-1}C_0+3_{n-1}C_1+4_{n-1}C_2+\cdots+(n+1)_{n-1}C_{n-1}\}$$
$$=n\{2_{n-1}C_0+(2+1)_{n-1}C_1+(2+2)_{n-1}C_2+\cdots+(2+n-1)_{n-1}C_{n-1}\}$$
$$=n\{2(_{n-1}C_0+_{n-1}C_1+_{n-1}C_2+\cdots+_{n-1}C_{n-1})$$
$$\qquad\qquad+_{n-1}C_1+2_{n-1}C_2+3_{n-1}C_3+\cdots+(n-1)_{n-1}C_{n-1}\}$$
$$=n\{2\cdot2^{n-1}+(n-1)2^{n-2}\}$$
$$\qquad\qquad(\because \ \{ \ \}\text{の中の第2項目は(i)の}n\text{を}n-1\text{とおいた})$$
$$=\boldsymbol{n(n+3)2^{n-2}}$$

研究 (2)については，①を x で微分すると（数学Ⅲ）

$$n(1+x)^{n-1}=_nC_1+2_nC_2x+3_nC_3x^2+\cdots+n_nC_nx^{n-1} \quad\cdots\cdots①'$$

$x=1$ を代入すると

$$_nC_1+2_nC_2+3_nC_3+\cdots+n_nC_n=n(1+1)^{n-1}=n2^{n-1} \quad\cdots\cdots(\text{i})$$

①′ を x で微分すると

$$n(n-1)(1+x)^{n-2}=2\cdot1_nC_2+3\cdot2_nC_3x+\cdots+n(n-1)_nC_nx^{n-2}$$

$x=1$ を代入すると

$$n(n-1)2^{n-2}=\sum_{k=2}^{n}k(k-1)_nC_k \quad (\sum_{k=2}^{n}a_k \text{ は } a_2+a_3+\cdots+a_n \text{ を表す})$$
$$=\sum_{k=1}^{n}k(k-1)_nC_k \quad (k=2 \text{ を } k=1 \text{ としてもよい})$$
$$=\sum_{k=1}^{n}k(k+1-2)_nC_k$$

よって，$\sum_{k=1}^{n}k(k+1)_nC_k=n(n-1)2^{n-2}+2\sum_{k=1}^{n}k_nC_k$ （以下，(i)を利用する）

演習問題

4-1 n は 0 または正の整数とする．
$$_nC_0+3_nC_1+3^2_nC_2+\cdots+3^n_nC_n=4^n$$
を示せ． （富山県立大）

4-2 和 $\dfrac{_nC_0}{2}+\dfrac{_nC_1}{2\cdot2^2}+\dfrac{_nC_2}{3\cdot2^3}+\dfrac{_nC_3}{4\cdot2^4}+\cdots+\dfrac{_nC_n}{(n+1)\cdot2^{n+1}}$ を求めよ． （信州大）

標問	**5**	**恒等式⑴**

(1)　次の式の両辺は実数を係数とする x の整式として等しい.
$$x^4+6x^3+ax^2+bx+16=(x+c)^2(x+d)^2$$
　a, b, c, d の値を求めよ. ただし, $c<d$ である.　　　(*帝京大)

(2)　3次式 $(x-2)^3+a(x-4)^2+b(x-6)-c=x^3+x^2-36x+21$ が, x について の恒等式となるとき, 定数 a, b, c の値を求めよ.　　　(中京大)

精講　(1)「x の整式として等しい」ということは, 両辺の次数が一致し, 両辺の各 x^i の係数が等しい, すなわち, x の恒等式ということです.

右辺を展開して, 係数を比較することにしましょう.

(2)　恒等式は x にどのような値を代入しても成り立つ等式です.

x に3つの値を代入すれば, a, b, c の値は決まりますが, これは必要条件にすぎません. 十分条件であることも示しましょう.

解法のプロセス

2つの整式が恒等的に等しい
⇩
係数比較……(1)
または
数値代入……(2)

〈　**解　答**　〉

(1)　右辺を展開して整理すると　　　　　◀ 展開して係数比較
$$(右辺)=(x^2+2cx+c^2)(x^2+2dx+d^2)$$
$$=x^4+(2c+2d)x^3+(c^2+d^2+4cd)x^2+(2c^2d+2cd^2)x+c^2d^2$$
両辺の係数を比較すると
$$\begin{cases} c+d=3 & \cdots\cdots① \\ c^2+d^2+4cd=a & \cdots\cdots② \\ 2c^2d+2cd^2=b & \cdots\cdots③ \\ c^2d^2=16 & \cdots\cdots④ \end{cases}$$
④より　$cd=\pm4$, ①と組んで

(i)　$\begin{cases} c+d=3 \\ cd=4 \end{cases}$　∴　$c(3-c)=4$, $c^2-3c+4=0$　これは実数解をもたない.

(ii)　$\begin{cases} c+d=3 \\ cd=-4 \end{cases}$　∴　$c(3-c)=-4$, $c^2-3c-4=0$, $(c+1)(c-4)=0$

∴　$(c, d)=(-1, 4)$, $(4, -1)$

c, d は実数かつ $c<d$ より, $c=-1$, $d=4$

②, ③に代入し $a=1$, $b=-24$

(2) 与式に $x=2, 4, 6$ を代入する. ← 数値を代入して連立方程式をつくる

$x=2$ を代入すると $4a-4b-c=-39$ ……①

$x=4$ を代入すると $8-2b-c=-43$ ……②

$x=6$ を代入すると $64+4a-c=57$ ……③

①, ②, ③を解くと $a=7$, $b=8$, $c=35$ ← 必要条件

このとき, （左辺）$=(x^3-6x^2+12x-8)+7(x^2-8x+16)+8(x-6)-35$

$=x^3+x^2-36x+21=$（右辺） ← 十分性も示された

であり, すべての x に対して（左辺）$=$（右辺）といえる.

よって, $a=7$, $b=8$, $c=35$

研究

1° 2つの整式

$$f(x)=a_nx^n+a_{n-1}x^{n-1}+\cdots+a_1x+a_0 \ (a_n\neq0),$$
$$g(x)=b_nx^n+b_{n-1}x^{n-1}+\cdots+b_1x+b_0 \ (b_n\neq0) \ \text{に対し,}$$

$f(x)=g(x)$ が恒等的に等しい

$\Longleftrightarrow a_n=b_n,\ a_{n-1}=b_{n-1},\ \cdots,\ a_1=b_1,\ a_0=b_0$

（⟸の証明） これは明らか.

（⟹の証明） $a_k-b_k=c_k \ (k=0, 1, 2, \cdots, n)$ とおくと

$$f(x)-g(x)=c_nx^n+c_{n-1}x^{n-1}+\cdots+c_1x+c_0$$

右辺を $h(x)$ とおき, $c_n\neq0$ と仮定する. $f(x)=g(x)$ すなわち, $h(x)=0$ は任意の x に対して成立するから, 異なる n 個の値 $\alpha_1, \alpha_2, \alpha_3, \cdots, \alpha_n$ に対してもこの等式は成立する. 因数定理（標問 8 →研究 参照）より

$$h(x)=c_n(x-\alpha_1)(x-\alpha_2)\cdots(x-\alpha_n)$$

と表すことができる. さらに, $\alpha_1, \alpha_2, \alpha_3, \cdots, \alpha_n$ と異なる α_{n+1} を代入しても, $h(\alpha_{n+1})=0$ すなわち $c_n(\alpha_{n+1}-\alpha_1)(\alpha_{n+1}-\alpha_2)\cdots(\alpha_{n+1}-\alpha_n)=0$ が成立する. ここで, 各因数

$$\alpha_{n+1}-\alpha_1,\ \alpha_{n+1}-\alpha_2,\ \cdots,\ \alpha_{n+1}-\alpha_n$$

は 0 でないから, $c_n=0$ となり, $c_n\neq0$ に反する. よって, $c_n=0$ である. 同様にして, $c_{n-1}=\cdots=c_1=c_0=0$ が示される.

2° 上の証明より

$f(x)=g(x)$ が恒等的に等しい

$\Longleftrightarrow$ 異なる $n+1$ 個の値に対して $f(x)=g(x)$ が成り立つ

演習問題

⑤ $x^3+1=(x-2)^3+a(x-2)^2+b(x-2)+c$ がすべての x について成り立つとき, 定数 a, b, c の値を求めよ.
（同志社女大）

6　**恒等式(2)**

整式 $f(x)$ は，すべての x に対して

$$xf(x^2-1)-5f(x)=(x^3+1)f(x-1)-2(x-1)f(x+1)-4x-29$$

をみたすとする．このとき，次の各問いに答えよ．

(1) $f(0)$，$f(1)$，$f(-1)$ の値を求めよ．

(2) $f(x)$ の次数を求めよ．

(3) $f(x)$ を求めよ．

(宮崎大)

精講　(1) 与えられた等式は，x について
の恒等式，すなわち x にどんな値を
代入しても成立する等式ですから，
**$f(0)$，$f(1)$，$f(-1)$ が登場するように x の値を
うまく選んで代入**します．

(2) **両辺の最高次の項に着目**します．左辺にお
いて最高次の項が現れるのは $xf(x^2-1)$ を展開
したとき，右辺において最高次の項が現れるのは
$(x^3+1)f(x-1)$ を展開したときです．$f(x)$ の
次数を n とすると，$xf(x^2-1)$ の次数は，

　　$(1 次式)×(2n 次式)=(2n+1) 次式$

より $(2n+1)$ 次となります．また，
$(x^3+1)f(x-1)$ の次数は $(3+n)$ 次です．

解法のプロセス

(1) 恒等式なので，x にどんな
値を代入しても等式は成立す
る
　　⇩
$f(0)$，$f(1)$，$f(-1)$ が登場す
るように x の値を工夫する

(2) 両辺の次数を比較する
　　⇩
最高次の項に着目

〈　**解　答**　〉

(1) 与式に $x=0$，1，-1 を代入する．

$x=0$ を代入すると

　　$-5f(0)=f(-1)+2f(1)-29$

　　$\therefore\ 5f(0)+f(-1)+2f(1)=29$　　……①

$x=1$ を代入すると

　　$f(0)-5f(1)=2f(0)-33$

　　$\therefore\ f(0)+5f(1)=33$　　……②

$x=-1$ を代入すると

　　$-f(0)-5f(-1)=4f(0)-25$

　　$\therefore\ f(0)+f(-1)=5$　　……③

②，③より，$f(1)=\dfrac{33-f(0)}{5}$，　$f(-1)=5-f(0)$

◀ 数値を代入して，$f(0)$,
$f(1)$, $f(-1)$ の連立方程式を
つくる

これらを①に代入すると

$$5f(0)+\{5-f(0)\}+2\cdot\frac{33-f(0)}{5}=29$$

∴ $18f(0)=54$

∴ $f(0)=3$, $f(1)=6$, $f(-1)=2$

(2) $f(x)$ の次数を n とすると,

与式の左辺は $(2n+1)$ 次式,　　　　　　　　　← 最高次の項に着目

右辺は $(n+3)$ 次式であるから

$2n+1=n+3$ ∴ $n=2$

$f(x)$ は **2次**式である.

(3) $f(x)=ax^2+bx+c$ とおくと, (1)より

$$\begin{cases}f(0)=3\\f(1)=6\\f(-1)=2\end{cases} \therefore \begin{cases}c=3\\a+b+c=6\\a-b+c=2\end{cases}$$

∴ $c=3$, $a=1$, $b=2$

よって, $f(x)=x^2+2x+3$

このとき, 与式の左辺, 右辺はともに

$$x^5-5x^2-8x-15$$

となり条件をみたす.　　　　　　　　　　← 恒等式であることを確認する

よって, $f(x)=x^2+2x+3$

研究 (3)のように2次式 $f(x)$ を ax^2+bx+c とおいて, 係数 a, b, c を求める方法を**未定係数法**という. 与式の両辺を整理して係数比較する方法もあるが得策ではない. **解答**のように(1)の利用を考え, 数値を代入するのがよい.

標問**5**の 研究 の証明により, $f(x)$ が n 次以下の整式のとき

$f(x)=0$ は恒等式である

⟺ 異なる $n+1$ 個の値に対して, $f(x)=0$ が成り立つ

である. 本問の等式の両辺は5次式であり, $x=0, 1, -1$ の3つの値を代入しただけでは恒等式とはいえない. 恒等式であることの確認が必要である.

演習問題

(6) 整式 $f(x)$ は, すべての x に対して

$$(x+1)f(x+1)-(x-1)f(x-1)=x^2+x+1$$

をみたすとする. このとき, 整式 $f(x)$ の次数 n は $n=\boxed{}$ であり, また $f(0)=\boxed{}$ である.

（慶大-看護医療）

標問 **7** **整式の割り算**(1)

a を実数とする. 整式

$$F = x^4 + x^3 - 4x^2 - 3x + 15,$$

$$G = x^2 - 3x + a$$

に対し, 次の問いに答えよ.

(1) F を G で割ったときの商と余りをそれぞれ求めよ.

(2) ある実数 b に対して, F を $(x+b)G$ で割ったときの余りが G であるとき, a の値を求めよ.

(3) 上の(2)における b の値を求めよ.

(神戸大)

精講 整式の除法は次のように定義されます. 整式 A, B, Q, R(ただし, $B \neq 0$)に対し, 次の式が成り立つとき, Q を A を B で割ったときの商, R を余りという.

$$A = BQ + R$$

ただし, R は, 0 か B より次数の低い整式

1次式で割るときの商, 余りは組立除法を用いることもできますが, 2次以上の式による割り算は,「縦の割り算」を実行します.

(2), (3)は(1)を利用します.

「F を $(x+b)G$ で割ったときの余りが G である」
ならば,

「F は G で割り切れる」
から, (1)が利用できます.

解法のプロセス

(1) 割り算を実行する
(2) (1)を利用する
　余り $Ax + B = 0$
　　　⇩
　　$A = B = 0$
(3) (1)を利用する

〈 **解 答** 〉

(1) 割り算を実行すると

$$
\begin{array}{r}
x^2 + 4x + 8 - a \\
x^2-3x+a \overline{) x^4 + x^3 \quad -4x^2 \quad -3x \quad +15} \\
\underline{x^4 - 3x^3 + ax^2} \\
4x^3 - (a+4)x^2 \quad -3x \\
\underline{4x^3 \quad -12x^2 \quad +4ax} \\
(8-a)x^2 - (4a+3)x \quad +15 \\
\underline{(8-a)x^2 + (3a-24)x \quad 8a-a^2} \\
(21-7a)x + a^2 - 8a + 15
\end{array}
$$

$$F = (x^2 - 3x + a)(x^2 + 4x + 8 - a) + (21 - 7a)x + a^2 - 8a + 15$$

であるから

商は $x^2 + 4x + 8 - a$, 余りは $(21 - 7a)x + a^2 - 8a + 15$

(2) F を $(x + b)G$ で割ったときの商は $x + c$ とおけるから   ◀ 商は1次で, 係数は 1

$$F = (x + b)G \cdot (x + c) + G = G\{(x + b)(x + c) + 1\}$$

F は G で割り切れるから, (1)の余りは 0 である. よって

$$\begin{cases} 7(3 - a) = 0 \\ (a - 3)(a - 5) = 0 \end{cases}$$
     ◀ (1)の結果を利用

$$\therefore \quad a = 3$$

(3) $a = 3$ のとき, (1)と(2)の F を G で割った商を比較すると

$$(x + b)(x + c) + 1 = x^2 + 4x + 8 - 3$$
$$(x + b)(x + c) = (x + 2)^2$$
$$\therefore \quad b = c = 2$$

研 究   **組立除法**

$f(x) = a_0 x^n + a_1 x^{n-1} + a_2 x^{n-2} + \cdots + a_n$ を $x - \alpha$ で割ったとき,

商を $g(x) = b_0 x^{n-1} + b_1 x^{n-2} + \cdots + b_{n-1}$, 余りを R とすると

$$f(x) = (x - \alpha)g(x) + R$$

両辺の同次の項の係数をくらべて

$b_0 = a_0$, $b_1 = a_1 + b_0 \alpha$, $b_2 = a_2 + b_1 \alpha$, $\cdots$, $R = a_n + b_{n-1}\alpha$

よって, 次の形式で商の係数と余りが求められる.

a_0	a_1	a_2	$\cdots\cdots$	a_{n-1}	a_n	$\lfloor \alpha$
	$b_0\alpha$	$b_1\alpha$	$\cdots\cdots$	$b_{n-2}\alpha$	$b_{n-1}\alpha$	
b_0	b_1	b_2	$\cdots\cdots$	b_{n-1}	R	

加える ↓ ＋   ○   ×α ‖ α をかける

演習問題

(7-1) 整式 $P(x)$, $Q(x)$ を

$$P(x) = x^5 + 6x^4 + 8x^3 + 5x^2 + 13x + 1,$$
$$Q(x) = x^2 + 4x - 1$$

と定める.

(1) $P(x)$ を $Q(x)$ で割った余りを求めよ.

(2) $\alpha = \sqrt{9 - 4\sqrt{5}}$ とおくとき, $P(\alpha)$ の値を求めよ.   (室蘭工大)

(7-2) $f(x) = x^2 + ax + b$ とする. 次の問いに答えよ.

(1) 整式 $P(x)$ を $f(x)$ で割ったときの余りを $cx + d$, $xP(x)$ を $f(x)$ で割ったときの余りを $qx + r$ とするとき, q と r を a, b, c, d を用いて表せ.

(2) x^{2004} を $f(x)$ で割ったときの余りが $2x + 1$, x^{2005} を $f(x)$ で割ったときの余りが $x + 2$ となるような a, b はない. その理由を述べよ.   (神戸大)

標問 **8** 整式の割り算(2)

(1) 整式 $P(x)$ を $(x+2)^2$ で割ると余りが $x+3$ であり, $x+4$ で割ると余りが -3 である. $P(x)$ を $(x+2)^2(x+4)$ で割ったときの余りを求めよ.

(佐賀大)

(2) 整式 $x^4+ax^3+ax^2+bx-6$ が整式 x^2-2x+1 で割り切れるとき a, b の値を求めよ.

(千葉大)

精講 (1) $P(x)$ を 3 次式で割るのですから, **求める余りは 2 次以下の整式で**す.

(2) 整式 $P(x)$ が 2 次式 $(x-1)^2$ で割り切れるということは, $P(x)$ が 1 次式 $(x-1)$ で割り切れ, そのときの商も $(x-1)$ で割り切れるということです.

解法のプロセス

(1) 3 次式で割ったときの余りは, 2 次以下の整式
⇩
余りを ax^2+bx+c とおく

(2) $x-1$ で 2 回割る

〈 **解 答** 〉

(1) $P(x)$ を $(x+2)^2(x+4)$ で割ったときの商を $Q(x)$, 余りを ax^2+bx+c とおくと ← 余りは2次以下の整式

$$P(x)=(x+2)^2(x+4)Q(x)+ax^2+bx+c$$

$P(x)$ を $(x+2)^2$ で割った余り $x+3$ は, ax^2+bx+c を $(x+2)^2$ で割った余りでもあるから

$$ax^2+bx+c=a(x+2)^2+x+3$$

$\therefore$ $P(x)=(x+2)^2(x+4)Q(x)+a(x+2)^2+x+3$

$P(x)$ を $x+4$ で割った余りは -3 であるから, 剰余定理より

$$P(-4)=-3 \quad \therefore \quad a(-2)^2-4+3=-3 \quad \therefore \quad a=-\frac{1}{2}$$

よって, 求める余りは $-\dfrac{1}{2}(x+2)^2+x+3=-\dfrac{1}{2}x^2-x+1$

(2) $P(x)=x^4+ax^3+ax^2+bx-6$ とおく. $P(x)$ が $x^2-2x+1=(x-1)^2$ で割り切れるためには, $P(x)$ が $x-1$ で割り切れることが必要であり,

$$P(1)=0 \quad \therefore \quad 2a+b-5=0 \quad \therefore \quad b=5-2a$$

このとき,

$P(x)=x^4+ax^3+ax^2+(5-2a)x-6$ ← $P(x)$ は $(x-1)$ を因数にもつ
$\quad =(x-1)\{x^3+(a+1)x^2+(2a+1)x+6\}$ ……(∗)

よって, $Q(x)=x^3+(a+1)x^2+(2a+1)x+6$ とおくと, $P(x)$ が

$x^2-2x+1=(x-1)^2$ で割り切れる条件は $Q(x)$ が $x-1$ で割り切れることであるから　　　　　　　　　　　　　　←$Q(x)$ も $(x-1)$ を因数にもつ

$\qquad Q(1)=0 \qquad \therefore \quad 1+(a+1)+(2a+1)+6=0$

$\qquad\qquad\qquad \therefore \quad a=-3, \quad b=11$

第1章

研究　剰余定理（余りの定理）

(i)　整式 $P(x)$ を1次式 $x-\alpha$ で割った余りは $P(\alpha)$ に等しい.

(ii)　整式 $P(x)$ を1次式 $ax-b$ で割った余りは $P\left(\dfrac{b}{a}\right)$ に等しい.

（証明）(i)　整式 $P(x)$ を1次式 $x-\alpha$ で割ったときの商を $Q(x)$, 余りを R（R は定数）とおくと

$\qquad P(x)=(x-\alpha)Q(x)+R$

$x=\alpha$ を代入すると　　$P(\alpha)=0\cdot Q(\alpha)+R \quad \therefore \quad R=P(\alpha)$

(ii)　整式 $P(x)$ を1次式 $ax-b$ で割ったときの商を $Q(x)$, 余りを R（R は定数）とおくと

$\qquad P(x)=(ax-b)Q(x)+R$

$x=\dfrac{b}{a}$ を代入すると　　$P\left(\dfrac{b}{a}\right)=0\cdot Q\left(\dfrac{b}{a}\right)+R \quad \therefore \quad R=P\left(\dfrac{b}{a}\right)$

特に，整式 $P(x)$ が1次式 $x-\alpha$ で割り切れるとは，余りが0ということであるから

1次式 $x-\alpha$ が整式 $P(x)$ の因数である $\iff P(\alpha)=0$　（因数定理）

(2)の(*)は，次のように**組立除法**（標問7 研究）で計算するとよい.

$$\begin{array}{c|ccccc} & 1 & a & a & 5-2a & -6 \ \underline{|1} \\ & & 1 & a+1 & 2a+1 & 6 \\ \hline & 1 & a+1 & 2a+1 & 6 & 0 \end{array}$$

加える↓ ＋ ○×1　＝1をかける

数学Ⅲで積の微分を学んだ人は，次の定理

（標問**94**）を利用することもできる.

$P(x)$ が $(x-\alpha)^2$ で割り切れる $\iff P(\alpha)=P'(\alpha)=0$

演習問題

8-1　x の整式 ax^3+bx^2+7x-2 を x^2-3x+2 で割ると余りが $x-2$ になるように a と b の値を定めよ. また，そのときの商を求めよ.　　（東京電機大）

8-2　x についての整式

$\qquad (x-a)(x-2)^2+(x-b)(x-1)^2+(x-c)x^2$

を $x-1$ で割ると1余り，$(x-2)^2$ で割ると $2x-3$ 余る. このとき，a, b, c の値を求めよ.　　（上智大）

標問 **9** 整式の割り算(3)

> m, n は正の整数とする.
>
> (1) $x^{3m}+1$ を x^3-1 で割ったときの余りを求めよ.
>
> (2) x^n+1 を x^2+x+1 で割ったときの余りを求めよ. (室蘭工大)

精講 (1) まずは x^{3m} を x^3-1 で割ることを考えます.

(2) (1)において

$x^3-1=(x-1)(x^2+x+1)$ より, $n=3k$ のときは, 処理済です. あとは, $n=3k+1$, $3k+2$ と場合分けして調べていきましょう.

解法のプロセス

(1) $x^{3m}=(x^3-1+1)^m$
$=(X+1)^m$ とみて展開

(2) $n=3k$, $3k+1$,
$3k+2$ と場合分けする

〈 **解 答** 〉

(1) $x^{3m}+1=(x^3)^m+1=(x^3-1+1)^m+1$

$X=x^3-1$ とおいて二項展開すると

$\begin{aligned} x^{3m}+1&=(X+1)^m+1\\ &=\{(X \text{の}1\text{次以上の整式})+1\}+1\\ &=X(X \text{の整式})+2\\ &=(x^3-1)(x \text{の整式})+2 \end{aligned}$

よって, $x^{3m}+1$ を x^3-1 で割った余りは **2**

← 二項定理より
$(X+1)^m$
$={}_mC_0X^m\cdot1^0+{}_mC_1X^{m-1}\cdot1^1+$
$\cdots+{}_mC_mX^0\cdot1^m$

(2) (1)より, k が正の整数のとき

$\begin{aligned} x^{3k}+1&=(x^3-1)(x \text{の整式})+2\\ &=(x-1)(x^2+x+1)Q(x)+2 \quad \cdots\cdots① \end{aligned}$

$\qquad\qquad (Q(x) \text{は} x \text{の整式})$

である.

$n=3k$ のとき, x^n+1 を x^2+x+1 で割った余りは2である.

$n=3k+1$ のとき, ①の両辺に x をかけて, 変形すると

$x^{3k+1}+x=(x^2-x)(x^2+x+1)Q(x)+2x$

$\qquad x^{3k+1}=(x^2-x)(x^2+x+1)Q(x)+x \quad \cdots\cdots②$

$x^{3k+1}+1=(x^2-x)(x^2+x+1)Q(x)+x+1$

これは $k=0$ ($n=1$) のときも成り立つ.

$n=3k+2$ のとき, ②の両辺に x をかけて, 変形すると

$x^{3k+2}=(x^3-x^2)(x^2+x+1)Q(x)+x^2$

$x^{3k+2}+1=(x^3-x^2)(x^2+x+1)Q(x)+x^2+1$

$\qquad\qquad =(x^3-x^2)(x^2+x+1)Q(x)+(x^2+x+1)-x$

これは $k=0$ $(n=2)$ のときも成り立つ.

以上より, x^n+1 を x^2+x+1 で割った余りは

$\begin{cases} n=3k \text{ (k は正の整数) のとき,} & 2 \\ n=3k+1 \text{ (k は 0 以上の整数) のとき,} & x+1 \\ n=3k+2 \text{ (k は 0 以上の整数) のとき,} & -x \end{cases}$

研 究　(2)は割り算を実行すると

$$
\begin{array}{r}
x^{n-2}-x^{n-3} \\
\hline
x^2+x+1\,{\overline{\smash{\big)}\,x^n \phantom{+x^{n-1}+x^{n-2}} +1}} \\
x^n+x^{n-1}+x^{n-2} \\
\hline
-x^{n-1}-x^{n-2} \\
-x^{n-1}-x^{n-2}-x^{n-3} \\
\hline
x^{n-3}+1
\end{array}
$$

$$x^n+1=(x^2+x+1)(x^{n-2}-x^{n-3})+x^{n-3}+1$$

これは x^n+1 を x^2+x+1 で割った余りは, $x^{n-3}+1$ を x^2+x+1 で割った余りに等しいことを示している.

この論法を繰り返すと x^2+x+1 で割った余りは $x^{n-6}+1$, $x^{n-9}+1$, … すなわち, $x^{n-3l}+1$ を x^2+x+1 で割った余りを調べればよいことがわかる. $n\geq1$ より, $n-3l=1, 2, 3$ について調べればよい.

$$x+1=(x^2+x+1)\cdot0+x+1$$
$$x^2+1=(x^2+x+1)\cdot1-x$$
$$x^3+1=(x^2+x+1)(x-1)+2$$

であるから, 求める余りは

$n=3k$ $(k\geq1)$ のとき,　　2
$n=3k+1$ $(k\geq0)$ のとき,　$x+1$
$n=3k+2$ $(k\geq0)$ のとき,　$-x$

演習問題

(9-1)　次の問いに答えよ.

(1)　x^3 を $x-1$ で割ったときの余りを求めよ.

(2)　x^{12} を x^4-1 で割ったときの余りを求めよ.

(3)　x^{13} を x^4-1 で割ったときの余りを求めよ.　　　　　　（都立大）

(9-2)　n を自然数とする.

(1)　整式 x^n を x^5-1 で割ったときの余りを求めよ.

(2)　整式 $x^{4n}+x^{3n}+x^{2n}+x^n$ を $x^4+x^3+x^2+x+1$ で割ったときの余りを求めよ.　　　　　　（大分大）

標問 **10**　分数式

次の式を簡単にせよ.

(1)　$\dfrac{1}{(a-b)(b-c)}+\dfrac{1}{(b-c)(c-a)}+\dfrac{1}{(c-a)(a-b)}$

(2)　$\dfrac{ca}{(a-b)(b-c)}+\dfrac{ab}{(b-c)(c-a)}+\dfrac{bc}{(c-a)(a-b)}$

(3)　$\dfrac{c^2a^2}{(a-b)(b-c)}+\dfrac{a^2b^2}{(b-c)(c-a)}+\dfrac{b^2c^2}{(c-a)(a-b)}$

(岐阜聖徳学園大)

精講　式をまとめることを考えます.

通分すると(1), (2), (3)の分母はすべて $(a-b)(b-c)(c-a)$ となります. あとは, 分子の整理です. 分母との約分を考えて, 因数分解した形にまとめます. **因数分解の手順は**

(ⅰ)　共通因数でくくる

(ⅱ)　最低次数の文字について整理する

(ⅲ)　公式・因数定理の利用

(ⅳ)　おきかえ

と考えるとよいでしょう.

解法のプロセス

3 式を 1 つの式にまとめる
⇩
通分する
⇩
分子を因数分解する

◁　**解　答**　▷

(1)　通分して, 式をまとめると

$$\dfrac{1}{(a-b)(b-c)}+\dfrac{1}{(b-c)(c-a)}+\dfrac{1}{(c-a)(a-b)}$$

$$=\dfrac{(c-a)+(a-b)+(b-c)}{(a-b)(b-c)(c-a)}=\mathbf{0}$$

(2)　(1)と同じく通分すると

$(分子)=ca(c-a)+ab(a-b)+bc(b-c)$　　　　◀ a について整理

$=(b-c)a^2-(b^2-c^2)a+bc(b-c)$

$=(b-c)\{a^2-(b+c)a+bc\}$

$=(b-c)(a-b)(a-c)=-(a-b)(b-c)(c-a)$

よって, (与式)$=\mathbf{-1}$

(3)　(1)と同じく通分すると

$(分子)=c^2a^2(c-a)+a^2b^2(a-b)+b^2c^2(b-c)$

$=(b^2-c^2)a^3-(b^3-c^3)a^2+b^2c^2(b-c)$

$=(b-c)\{(b+c)a^3-(b^2+bc+c^2)a^2+b^2c^2\}$　　　◀ $(a-b)$, $(b-c)$, $(c-a)$
　　　　　　　　　　　　　　　　　　　　　　　　　　を因数にもつ

$$=(b-c)\{(c^2-a^2)b^2-a^2(c-a)b-a^2c(c-a)\}$$ ← { } の中を b について整理

$$=(b-c)(c-a)\{(b^2-a^2)c+ab(b-a)\}$$ ← { } の中を c について整理

$$=(b-c)(c-a)(b-a)\{(b+a)c+ab\}$$

$$=-(a-b)(b-c)(c-a)(ab+bc+ca)$$

よって，（与式）$=-(\boldsymbol{ab+bc+ca})$

研究 いくつかの文字を含む式において，式の中の 2 文字を交換すると符号が変わる式をその 2 文字についての**交代式**という．式の中のどの 2 文字についても交代式ならば，単に交代式という．

(2), (3)の通分したあとの分子をそれぞれ $P_1(a, b, c)$, $P_2(a, b, c)$ とおくと，どちらも交代式である．一般に，交代式 $P(a, b, c)$ において，a と b を交換すると

$P(b, a, c)=-P(a, b, c)$ であるから，$a=b$ とおくと

$$P(b, b, c)=-P(b, b, c) \quad \therefore \quad P(b, b, c)=0$$

$P(a, b, c)$ を a についての整式とみると，$P(a, b, c)$ は $a-b$ という因数をもつ（因数定理より）．同じく，$P(a, b, c)$ を b, c についての整式とみることにより，$b-c$ および $c-a$ という因数をもつことがわかるから，

交代式 $P(a, b, c)$ は $(a-b)(b-c)(c-a)$ という因数をもつ

（この積を a, b, c の**差積**または最簡交代式という）

これを用いると 3 次の交代式 $P_1(a, b, c)$ は

$$P_1(a, b, c)=k(a-b)(b-c)(c-a) \quad (k \text{ は定数})$$

とおけて，両辺の a^2b の係数を比較し，$k=-1$ となる．

演習問題

（**10**）次の各式を計算して簡単にせよ．ただし，a, b, c は相異なるものとする．

(1) $\dfrac{a}{(a-b)(a-c)}+\dfrac{b}{(b-c)(b-a)}+\dfrac{c}{(c-a)(c-b)}$

(2) $\dfrac{a^2}{(a-b)(a-c)}+\dfrac{b^2}{(b-c)(b-a)}+\dfrac{c^2}{(c-a)(c-b)}$

（名古屋学院大）

標問 **11**　部分分数分解

(1) $\dfrac{a}{x-2}+\dfrac{b}{x-1}=\dfrac{x}{(x-2)(x-1)}$ が x についての恒等式であるとき，定数 a, b の値を求めよ。

（埼玉工大）

(2) 恒等式 $\dfrac{2x+1}{x(x-1)^2}=\dfrac{a}{x}+\dfrac{b}{(x-1)^2}+\dfrac{c}{(x-1)}$ をみたす定数 a, b, c の値を求めよ。

（東海大）

精講　分数式 $\dfrac{A(x)}{B(x)}$ において，

$(A(x)$ の次数$)\geqq(B(x)$ の次数$)$

のとき，$A(x)$ を $B(x)$ で割ったときの商を $Q(x)$，余りを $R(x)$ とすると

$$\frac{A(x)}{B(x)}=Q(x)+\frac{R(x)}{B(x)}$$

$(R(x)$ の次数$)<(B(x)$ の次数$)$

となります。

分母 $B(x)$ を因数分解したときの各因数，およびそのベキを分母とする分数式の和に分解することを**部分分数分解**する，または部分分数展開するといいます。

解法のプロセス

部分分数分解
⇩
分母の因数，およびそのベキの和で展開する
⇩
通分し，もとの分子と比較した式は恒等式
⇩
係数比較または数値代入

〈　**解答**　〉

(1)　左辺を通分してまとめると

$$(左辺)=\frac{a(x-1)+b(x-2)}{(x-2)(x-1)}=\frac{(a+b)x-a-2b}{(x-2)(x-1)}$$

右辺の分子と比較して

◀ 恒等式の係数比較

$$\begin{cases}a+b=1\\-a-2b=0\end{cases}\qquad\therefore\quad a=2,\ b=-1$$

(2)　右辺を通分すると

$$(右辺)=\frac{a(x-1)^2+bx+cx(x-1)}{x(x-1)^2}$$

$$=\frac{(a+c)x^2+(-2a+b-c)x+a}{x(x-1)^2}$$

左辺の分子と比較して

$$\begin{cases} a+c=0 \\ -2a+b-c=2 \\ a=1 \end{cases} \qquad \therefore \quad a=1, \ b=3, \ c=-1$$

研究 (1)において $\qquad a(x-1)+b(x-2)=x \qquad \cdots\cdots\text{①}$
は，x についての恒等式なので

$x=2$ を代入して，$a=2$

$x=1$ を代入して，$-b=1 \qquad \therefore \quad b=-1$

としてもよい．（分母)$\neq0$ より，$x\neq2,\ 1$ であり，$x=2,\ 1$ を代入するのは
おかしいと思う人がいるかもしれない．

$\qquad$「$x=2,\ 1$ を除くすべての x に対して①が成立する」$\quad\cdots\cdots\text{㋐}$

$\quad$一方，①は x の 1 次式であるから，

$\qquad$「異なる 2 個の x に対して①が成立する」$\qquad\qquad\cdots\cdots\text{㋑}$

ことと，

$\qquad$「任意の x に対して①が成立する」$\qquad\qquad\qquad\cdots\cdots\text{㋒}$

ことは同値（標問 5 ►研究 2°）であり，㋐ $\Longrightarrow$ ㋑ $\Longleftrightarrow$ ㋒ $\Longrightarrow$ ㋐．
よって，㋐ $\Longleftrightarrow$ ㋒．

したがって，㋐で除かれた $x=2,\ 1$ を用いてもよいのである．

$\quad$(2)において，（分子の次数)$<$(分母の次数) だからといって，右辺を

$$\frac{2x+1}{x(x-1)^2}=\frac{A}{x}+\frac{Bx+C}{(x-1)^2}+\frac{D}{x-1}$$

とおかなくてもよい．なぜなら，

$$\frac{Bx+C}{(x-1)^2}=\frac{B(x-1)+B+C}{(x-1)^2}=\frac{B}{x-1}+\frac{B+C}{(x-1)^2}$$

であるから

$$\frac{2x+1}{x(x-1)^2}=\frac{A}{x}+\frac{B+C}{(x-1)^2}+\frac{B+D}{x-1}$$

であり，$a=A,\ b=B+C,\ c=B+D$ とおけば，本問の形になる．

演習問題

(11-1) 次の式の左右両辺を等しくする整数 $a,\ b,\ c,\ d$ を求めよ．

$$\frac{a}{2x+1}-\frac{1}{x-2}=\frac{d}{2x^2+bx+c}$$

（広島国際学院大）

(11-2) 等式 $\dfrac{1}{x^3-6x^2+11x-6}=\dfrac{A}{x-1}-\dfrac{1}{x-2}+\dfrac{1}{2(x-3)}$ が成立するとき，

定数 A の値を求めよ．

（京都産大）

標問 **12** 比例式

(1) $\dfrac{a+1}{b+c+2}=\dfrac{b+1}{c+a+2}=\dfrac{c+1}{a+b+2}$ のとき，この式の値を求めよ．

（東北学院大）

(2) $\dfrac{x+y}{6}=\dfrac{y+z}{7}=\dfrac{z+x}{8}\neq0$ のとき，$\dfrac{x^2-y^2}{x^2+xz+yz-y^2}$ の値を求めよ．

（福岡大）

精講　比例式は「$=k$」とおいて，分母を払うのが定石です．
また，サイクリックな式が現れたら各式を加えてみましょう．対称式が現れて式が扱いやすくなります．

解法のプロセス
- 比例式は「$=k$」とおけ
- サイクリックな式は加えてみよ

〈　**解　答**　〉

(1) $\dfrac{a+1}{b+c+2}=\dfrac{b+1}{c+a+2}=\dfrac{c+1}{a+b+2}=k$　　　　←「$=k$」とおく

とおいて分母を払うと
$a+1=k(b+c+2)$ ……①，$b+1=k(c+a+2)$ ……②，
$c+1=k(a+b+2)$ ……③
3式の辺々を加えると
$a+b+c+3=2k(a+b+c+3)$
$\therefore\ (2k-1)(a+b+c+3)=0$

よって　$k=\dfrac{1}{2}$　または　$a+b+c+3=0$

(i) $k=\dfrac{1}{2}$ となるのは，①，②，③が

　$2a=b+c$ ……①′，$2b=c+a$ ……②′，$2c=a+b$ ……③′
のときであり，①′−②′ より　$2a-2b=b-a$　$\therefore\ a=b$
　　　　　　　②′−③′ より　$2b-2c=c-b$　$\therefore\ b=c$
$a=b=c\,(\neq-1)$ のとき与えられた等式は成り立　←分母$\neq0$ より $\neq-1$ である
ち，$k=\dfrac{1}{2}$ となる．

(ii) $a+b+c+3=0$ のとき，もとの式にもどって
$\dfrac{a+1}{b+c+2}=\dfrac{a+1}{-(a+3)+2}=-\dfrac{a+1}{a+1}=-1$

同じく，$\dfrac{b+1}{c+a+2}=-\dfrac{b+1}{b+1}=-1$，$\dfrac{c+1}{a+b+2}=-\dfrac{c+1}{c+1}=-1$　∴　$k=-1$

(i)，(ii)より，求める式の値は　　$\dfrac{1}{2}$ または -1

(2)　$\dfrac{x+y}{6}=\dfrac{y+z}{7}=\dfrac{z+x}{8}=k\ (\neq0)$　　　　　　　◀「$=k$」とおく

とおいて分母を払うと

$x+y=6k$ ……①，　　$y+z=7k$ ……②，　　$z+x=8k$ ……③

3式の辺々を加えると

$2(x+y+z)=21k$　　∴　$x+y+z=\dfrac{21}{2}k$　　　　……④

①，②，③を順次④に代入することにより

$z=\dfrac{9}{2}k$，$x=\dfrac{7}{2}k$，$y=\dfrac{5}{2}k$　　∴　$z=9l$，$x=7l$，$y=5l\ (l\neq0)$

を得る．これより，求める式の値は

$$\dfrac{x^2-y^2}{x^2+xz+yz-y^2}=\dfrac{7^2-5^2}{7^2+7\cdot9+5\cdot9-5^2}=\dfrac{2}{11}$$

研究　$a:b:c$ を連比といい，$a=kx$，$b=ky$，$c=kz$ をみたす実数 k
（$\neq0$）が存在するとき，$a:b:c=x:y:z$ と書く．これは

$\dfrac{a}{x}=\dfrac{b}{y}=\dfrac{c}{z}$ を意味する．

(2)では，与式を x，y について整理し

$$\begin{cases}7(x+y)=6(y+z)\\8(x+y)=6(z+x)\end{cases}　∴\begin{cases}7x+y=6z\\x+4y=3z\end{cases}$$

これを x，y について解いて $x=\dfrac{7}{9}z$，$y=\dfrac{5}{9}z$

∴　$x:y:z=\dfrac{7}{9}z:\dfrac{5}{9}z:z=7:5:9$

としてもよいが，**解答**のように「$=k$」とする方が見通しがよい．

演習問題

12-1　実数 x，y，z $(xyz\neq0)$ について，$\dfrac{x}{3(y+z)}=\dfrac{y}{3(z+x)}=\dfrac{z}{3(x+y)}$ が

成り立つとき，この式の値を求めよ．　　　　　　　　　　　　　（拓殖大）

12-2　$abc\neq0$，$a+b+c\neq0$ および $\dfrac{b+c}{a}=\dfrac{c+a}{b}=\dfrac{a+b}{c}$ のとき，

$\dfrac{(a+b+c)(ab+bc+ca)-abc}{abc}$ の値を求めよ．　　　　　　　（昭和薬大）

標問 **13** 　絶対値と不等式

(1) x が実数のとき，$\sqrt{x^2-2x+1}-\sqrt{x^2+4x+4}$ を簡単にせよ．（福岡工大）

(2) 不等式 $|x-3|+|x+3|<8$ をみたす実数 x の範囲を求めよ．　（徳島大）

(3) a を実数とする．$ax\geqq 0$ かつ $0\leqq|x|\leqq|a|$ であるすべての実数 x に対して，$|a|<|1-x|$ をみたすような a の範囲を求めよ．　（山口大）

精講　(1)　一般には $\sqrt{a^2}=a$ ではありません．$\sqrt{a^2}=|a|$ です．

(2)　絶対値をはずすためには $x=\pm 3$ を境目に3つの場合に分けます．

(3)　$|x|$ は点 x の原点からの距離であり，$|x-a|$ は2点 x と a との距離を表しています．$a>0$ のとき，

$$|x|<a \Longleftrightarrow -a<x<a$$
$$|x|>a \Longleftrightarrow x<-a \text{ または } a<x$$

$b>0$ のとき，

$$|x-a|<b \Longleftrightarrow a-b<x<a+b$$
$$|x-a|>b \Longleftrightarrow x<a-b \text{ または } a+b<x$$

解法のプロセス

(1)　$\sqrt{a^2}=|a|$

(2)　絶対値をはずすために場合分けをする

(3)　命題 $p(x)$，$q(x)$ の真理集合をそれぞれ P，Q とおくと
$$p(x)\to q(x)$$
$$\Longleftrightarrow P\subset Q$$

〈　**解答**　〉

(1)　$\sqrt{x^2-2x+1}=\sqrt{(x-1)^2}=|x-1|=\begin{cases} x-1 & (x\geqq 1 \text{ のとき}) \\ -(x-1) & (x\leqq 1 \text{ のとき}) \end{cases}$

$\sqrt{x^2+4x+4}=\sqrt{(x+2)^2}=|x+2|=\begin{cases} x+2 & (x\geqq -2 \text{ のとき}) \\ -(x+2) & (x\leqq -2 \text{ のとき}) \end{cases}$

であるから

$x\geqq 1$ のとき　　（与式）$=(x-1)-(x+2)=-3$

$-2\leqq x\leqq 1$ のとき　（与式）$=-(x-1)-(x+2)=-2x-1$

$x\leqq -2$ のとき　　（与式）$=-(x-1)+(x+2)=3$

(2)　$|x-3|+|x+3|=\begin{cases} x\geqq 3 \text{ のとき} & (x-3)+(x+3)=2x \\ -3\leqq x\leqq 3 \text{ のとき} & -(x-3)+(x+3)=6 \\ x\leqq -3 \text{ のとき} & -(x-3)-(x+3)=-2x \end{cases}$

より，与えられた不等式は

$x\geqq 3$ のとき　　　$2x<8$　　∴　$3\leqq x<4$

$-3\leqq x\leqq 3$ のとき　$6<8$　　∴　$-3\leqq x\leqq 3$　　← このとき不等式はつねに成り立つ

$x\leqq -3$ のとき　　$-2x<8$　　∴　$-4<x\leqq -3$

以上より，　$-4<x<4$

(3)　$P=\{x|ax\geqq0$ かつ $0\leqq|x|\leqq|a|\}$

　　　$Q=\{x||a|<|1-x|\}$

とおく．$P\subset Q$ であるような a の範囲を求めればよい．

(i)　$a=0$ のとき，$P=\{x|x=0\}$，$Q=\{x|x\neq1\}$ より，$P\subset Q$ は成り立つ．

(ii)　$a>0$ のとき，$P=\{x|0\leqq x\leqq a\}$，$Q=\{x|x<1-a$ または $1+a<x\}$

　　　$1+a>0$ に注意すると

　　　求める a の条件は

　　　　　$a<1-a$　　　∴　$0<a<\dfrac{1}{2}$

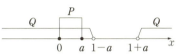

(iii)　$a<0$ のとき，$P=\{x|a\leqq x\leqq0\}$，

　　　$Q=\{x|x<1+a$ または $1-a<x\}$

　　　$1-a>0$ に注意すると

　　　求める a の条件は

　　　　　$0<1+a$　　　∴　$-1<a<0$

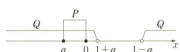

以上，(i)，(ii)，(iii)より　　　$-1<a<\dfrac{1}{2}$

研究　(2)は折れ線 $y=|x-3|+|x+3|$ と直線 $y=8$ のグラフをかくと，解 x の範囲は一目瞭然である．

　　絶対値をはずすとき

$$|a|=\begin{cases} a & (a\geqq0 \text{ のとき}) \\ -a & (a<0 \text{ のとき}) \end{cases}$$

として場合分けするが，これは

$$|a|=\begin{cases} a & (a\geqq0 \text{ のとき}) \\ -a & (a\leqq0 \text{ のとき}) \end{cases}$$

としてもよく，グラフをかくときなどはグラフの連続性もわかることから $a\geqq0$，$a\leqq0$ として両方に等号を入れておくとよい．

演習問題

(13-1)　$x=a^2+9$ のとき，$\sqrt{x+6a}-\sqrt{x-8a+7}$ を a で表せ．　　　(釧路公立大)

(13-2)　$|x-1|+2|x-3|\leqq11$ をみたす x の値の範囲を求めよ．　　　(西南学院大)

(13-3)　$0<x<1$ ……①，$|x-a|<2$ ……②　とする．

　　このとき，①をみたすどのような x についても②がみたされるときの実数 a の範囲を求めよ．また，①をみたすある x について②がみたされるときの実数 a の範囲を求めよ．　　　(東洋大)

標問 **14** 不等式の証明

(1) 正の実数 a, b, c, d が $\dfrac{a}{b} < \dfrac{c}{d}$ をみたすとき，次の(i), (ii)に答えよ．

(ⅰ) 不等式 $\dfrac{a}{b} < \dfrac{a+c}{b+d} < \dfrac{c}{d}$ が成り立つことを示せ．

(ⅱ) $a < c$ のとき，不等式 $\dfrac{a}{b} < \dfrac{2ac}{ad+bc} < \dfrac{a+c}{b+d}$ が成り立つことを示せ．

(宮崎大)

(2) a, b は正の整数とする．$\sqrt{3}$ は $\dfrac{a}{b}$ と $\dfrac{a+3b}{a+b}$ の間にあることを証明せよ．

(慶 大)

精講 (1) $A < B \iff B - A > 0$ ですから，**(右辺)−(左辺)** を変形して，(i), (ii)の各不等式を証明していきます．

(2) x が p, q の間にある
$\iff p < x < q$ または $q < x < p$
$\iff x-p$ と $x-q$ は異符号
$\iff (x-p)(x-q) < 0$

解法のプロセス

(1) $A < B \iff B - A > 0$

(2) x が p, q の間にある
$\iff (x-p)(x-q) < 0$

〈 **解 答** 〉

(1) a, b, c, d は正の実数， ……①

$\dfrac{a}{b} < \dfrac{c}{d}$ より $ad - bc < 0$ $(\because\ b > 0,\ d > 0)$ ……②

である．

(ⅰ) $\dfrac{a+c}{b+d} - \dfrac{a}{b} = \dfrac{b(a+c)-a(b+d)}{b(b+d)} = \dfrac{bc-ad}{b(b+d)} > 0$ $(\because$ ①, ②$)$

$\dfrac{c}{d} - \dfrac{a+c}{b+d} = \dfrac{c(b+d)-d(a+c)}{d(b+d)} = \dfrac{bc-ad}{d(b+d)} > 0$ $(\because$ ①, ②$)$

よって，与えられた不等式は成り立つ．

(ⅱ) $\dfrac{2ac}{ad+bc} - \dfrac{a}{b} = \dfrac{2abc-a(ad+bc)}{b(ad+bc)} = \dfrac{a(bc-ad)}{b(ad+bc)} > 0$ $(\because$ ①, ②$)$

$\dfrac{a+c}{b+d} - \dfrac{2ac}{ad+bc} = \dfrac{(a+c)(ad+bc)-2ac(b+d)}{(ad+bc)(b+d)}$

$= \dfrac{-abc-acd+a^2d+bc^2}{(ad+bc)(b+d)} = \dfrac{(a-c)(ad-bc)}{(ad+bc)(b+d)} > 0$ $(\because\ a < c,$ ①, ②$)$

よって，与えられた不等式は成り立つ．

(2) $\sqrt{3}$ が $\dfrac{a}{b}$ と $\dfrac{a+3b}{a+b}$ の間にあることを示すには,

$$\left(\dfrac{a}{b}-\sqrt{3}\right)\left(\dfrac{a+3b}{a+b}-\sqrt{3}\right)<0$$

を示せばよい.

◀ $\left(\dfrac{a}{b}-\sqrt{3}\right)$ と $\left(\dfrac{a+3b}{a+b}-\sqrt{3}\right)$ は異符号

$$\left(\dfrac{a}{b}-\sqrt{3}\right)\left(\dfrac{a+3b}{a+b}-\sqrt{3}\right)=\dfrac{a-\sqrt{3}\,b}{b}\cdot\dfrac{a+3b-\sqrt{3}\,(a+b)}{a+b}$$

$$=\dfrac{(a-\sqrt{3}\,b)\{a(1-\sqrt{3})+b\sqrt{3}\,(\sqrt{3}-1)\}}{b(a+b)}$$

$$=\dfrac{(1-\sqrt{3})(a-\sqrt{3}\,b)^2}{b(a+b)}$$

$a,\ b$ は正の整数より, (分母)>0, $a-\sqrt{3}\,b\neq0$ であり, これらと $1-\sqrt{3}<0$ から $\left(\dfrac{a}{b}-\sqrt{3}\right)\left(\dfrac{a+3b}{a+b}-\sqrt{3}\right)<0$ が成り立つ. よって, 証明された.

研究 **不等式 $A>B$, $A\geqq B$ の証明法**

 (a) $A>\cdots>B$, $A\geqq\cdots\geqq B$

 (b) $A>B\Longleftrightarrow A-B>0$, $A\geqq B\Longleftrightarrow A-B\geqq0$

 (a)のように, A を変形してBより大きい(B以上である)ことを示す方法もあるが, いろいろ変形の工夫が必要である.

 (b)の場合は, $A-B$ を変形し, 正である(0以上である)ことを示すことになる. 本問(1)のように, $A-B$ を積の形に整理するだけで, 与えられた条件から >0 とわかるものもあるし, (2)の後半にあるように

  (実数)$^2\geqq0$ あるいは **(実数)$^2+\cdots+$(実数)$^2\geqq0$**

を使うものもある.

演習問題

14-1 実数a, bが不等式 $|a|<1<b$ をみたすとき,

$$-1<\dfrac{ab+1}{a+b}<1$$

が成立することを証明せよ. (群馬大)

14-2 次の各問いに答えよ.

(1) 2個の負でない実数a, bに対して, $\dfrac{a}{1+a}+\dfrac{b}{1+b}\geqq\dfrac{a+b}{1+a+b}$ が成り立つことを示せ.

(2) 負でない実数a, b, cについて, $a+b\geqq c$ ならば $\dfrac{a}{1+a}+\dfrac{b}{1+b}\geqq\dfrac{c}{1+c}$ が成り立つことを示せ. (鹿児島大)

標問 **15** 相加平均・相乗平均(1)

x が正の数のとき,

(1) $x+\dfrac{16}{x}$ の最小値を求めよ.

(2) $x+\dfrac{16}{x+2}$ の最小値を求めよ.

(3) $\dfrac{x}{x^2+16}$ の最大値を求めよ.

(4) $\dfrac{x+2}{x^2+2x+16}$ の最大値を求めよ. (九州産大)

精講 (1) 和の最小値を求める問題であり,

積 $x\cdot\dfrac{16}{x}$ をつくると一定とわかり

ます. 和と積についての絶対不等式である**相加平均・相乗平均の不等式**が利用できますね.

(2) $x+2$ を t とおけば, (1)の式が現れます.

(3) 分母, 分子を x で割れば, (1)の式が現れます.

(4) 同じく, 分母, 分子を $x+2$ で割ってみましょう. 今度は(2)の式が現れます.

解法のプロセス

和・積に関する大小関係
⇩
(1) 相加平均・相乗平均の不等式
(2) 積が一定となる工夫
(3), (4)は(1), (2)の利用

〈 **解 答** 〉

(1) $x>0$, $\dfrac{16}{x}>0$ より $x+\dfrac{16}{x}\geqq 2\sqrt{x\cdot\dfrac{16}{x}}=8$ ← 相加平均・相乗平均の不等式

等号成立は $x=\dfrac{16}{x}$ すなわち, $x=4$ のときで, 最小値は **8** である.

(2) $x+2=t$ とおくと $t>2\ (>0)$ より

$$x+\dfrac{16}{x+2}=t-2+\dfrac{16}{t}=t+\dfrac{16}{t}-2\geqq 8-2=6$$

((1)より, 等号成立は $t=4$ のとき)

← 等号の成立が確認されて, 最小値の存在が保証される

よって, $x=2$ のとき最小値は **6** である.

(3) 分母, 分子を x で割ると $\dfrac{x}{x^2+16}=\dfrac{1}{x+\dfrac{16}{x}}$

分母は, (1)より, $x=4$ のとき最小値 8 をとる.

よって, $\dfrac{x}{x^2+16}$ は $x=4$ のとき, 最大値 $\dfrac{1}{8}$ をとる.

(4) 分母，分子を $x+2$ で割ると $\dfrac{x+2}{x^2+2x+16}=\dfrac{1}{x+\dfrac{16}{x+2}}$

分母は，(2)より，$x=2$ のとき，最小値 6 をとる．

よって，$\dfrac{x+2}{x^2+2x+16}$ は $x=2$ のとき，最大値 $\dfrac{1}{6}$ をとる．

研究 (2)で次のような答案を書いてはいけない．

「$x>0$，$\dfrac{16}{x+2}>0$ より，$x+\dfrac{16}{x+2}\geqq 2\sqrt{x\cdot\dfrac{16}{x+2}}=8\sqrt{\dfrac{x}{x+2}}$

等号成立は $x=\dfrac{16}{x+2}$ のときであるから

$x=-1+\sqrt{17}\ (>0)$ のとき，最小値 $8\sqrt{\dfrac{\sqrt{17}-1}{\sqrt{17}+1}}=2(\sqrt{17}-1)$ をとる．」

$f(x)=x+\dfrac{16}{x+2}$，$g(x)=8\sqrt{\dfrac{x}{x+2}}$

とおき，$y=f(x)$ と $y=g(x)$ のグラフ（数学Ⅲ）をかくと右図のようになる．

$x=-1+\sqrt{17}$ で 2 曲線は接していて，等号は成立しているが，$f(x)$ の最小値となっていないことがわかるであろう．

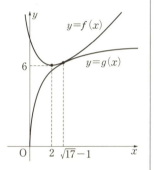

> $f(x)$ の最小値が m であるとは
> 「$f(x)\geqq m$ が定義域内のすべての x について成り立ち，$f(x)=m$ をみたす x が定義域内に存在する」

ことである．もちろん m は x によらない定数である．

したがって，相加平均・相乗平均の不等式を最小値を求めるために使うときはおさえる値を定数にしなければならない．

演習問題

15-1 条件 $x>0$ のもとでの関数 $\left(x+\dfrac{4}{x}\right)\left(x+\dfrac{9}{x}\right)$ の最小値を求めよ．

(兵庫医大)

15-2 多項式 x^4+3x^2+6 を x^2+1 で割ったときの商と余りを求めよ．また，相加・相乗平均の不等式を用いて，x が実数全体を動くときの関数

$\dfrac{x^4+3x^2+6}{x^2+1}$ の最小値を求めよ．

(*日本大)

16　　相加平均・相乗平均(2)

b_1, b_2, b_3 を正の実数とする. $a_1 = b_1{}^3$, $a_2 = b_2{}^3$, $a_3 = b_3{}^3$ としたとき,

$$\frac{a_1 + a_2 + a_3}{3} - \sqrt[3]{a_1 a_2 a_3} = \frac{1}{\boxed{}}(b_1 + b_2 + b_3)\{(b_1 - b_2)^2 + (b_2 - b_3)^2 + (b_3 - b_1)^2\}$$

となる. したがって

$$\frac{a_1 + a_2 + a_3}{3} \geqq \sqrt[3]{a_1 a_2 a_3}$$

であり, 等号は $a_1 = a_2 = a_3$ のときに限り成立する.

この不等式を用いれば, 正の実数 a, b に対して

$$4(a^2 + ab)^3 \geqq 3^3(a^2 b)^{\boxed{}}$$

を得る.

底面が半径 a の円で高さが b の直円柱を考える. 不等式の等号条件から, 表面積を一定にして体積を最大にしたとき, $b = \boxed{}a$ である.　　　　(慶　大)

精講　$x^3 + y^3 + z^3 - 3xyz$ に関する等式は標問 **1**(3), 標問 **27** を参照して下さい.

a_1, a_2, a_3 をどのようにおきかえれば, $a^2 + ab$ が現れるか考えましょう. この不等式が直円柱の体積の最大値を求めるヒントになっています.

解法のプロセス
相加平均・相乗平均の不等式を利用する
⇩
おきかえの工夫

〈　解　答　〉

$a_1 = b_1{}^3$, $a_2 = b_2{}^3$, $a_3 = b_3{}^3$ より

$$\frac{a_1 + a_2 + a_3}{3} - \sqrt[3]{a_1 a_2 a_3} = \frac{1}{3}(b_1{}^3 + b_2{}^3 + b_3{}^3 - 3b_1 b_2 b_3)$$

$$= \frac{1}{3}(b_1 + b_2 + b_3)(b_1{}^2 + b_2{}^2 + b_3{}^2 - b_1 b_2 - b_2 b_3 - b_3 b_1)$$

$$= \frac{1}{6}(b_1 + b_2 + b_3)\{(b_1 - b_2)^2 + (b_2 - b_3)^2 + (b_3 - b_1)^2\}$$

$$\geqq 0 \quad (\because \ b_1, \ b_2, \ b_3 \text{ は正の実数})$$

したがって, $\dfrac{a_1 + a_2 + a_3}{3} \geqq \sqrt[3]{a_1 a_2 a_3}$ であり, 等号は

$b_1 - b_2 = b_2 - b_3 = b_3 - b_1 = 0$ のとき

すなわち, $a_1 = a_2 = a_3$ のときに限り成立する.

この不等式を用いると

$$a^2 + ab = a^2 + \frac{1}{2}ab + \frac{1}{2}ab \geqq 3\sqrt[3]{a^2 \cdot \frac{1}{2}ab \cdot \frac{1}{2}ab} = 3\left(\frac{1}{4}a^4 b^2\right)^{\frac{1}{3}}$$

$$\therefore \quad 4(a^2 + ab)^3 \geqq 3^3(a^2 b)^2 \quad \cdots\cdots ①$$

底面が半径 a の円，高さが b の直円柱の表面積を S，体積を V とおくと

$$S = 2 \times \pi a^2 + 2\pi a \cdot b = 2\pi(a^2 + ab), \quad V = \pi a^2 b$$

不等式①に代入すると　$4\left(\dfrac{S}{2\pi}\right)^3 \geqq 3^3\left(\dfrac{V}{\pi}\right)^2$　したがって，$V \leqq \sqrt{\dfrac{S^3}{2 \cdot 3^3 \pi}}$

等号が成立するのは $a^2 = \dfrac{1}{2}ab$，すなわち，$b = 2a$ のときである．

よって，表面積 S が一定のとき体積 V が最大になるのは，**$b = 2a$** のときである．

研究　別証明を示す．2個のときの相加平均・相乗平均の不等式の成立を既知とし，a_1, a_2, a_3, a_4 は正の数とする．

$$\frac{a_1 + a_2 + a_3 + a_4}{4} = \frac{1}{2}\left(\frac{a_1 + a_2}{2} + \frac{a_3 + a_4}{2}\right) \geqq \frac{1}{2}(\sqrt{a_1 a_2} + \sqrt{a_3 a_4})$$

$$\geqq \sqrt{\sqrt{a_1 a_2}\sqrt{a_3 a_4}} = \sqrt[4]{a_1 a_2 a_3 a_4}$$

等号は $a_1 = a_2$ かつ $a_3 = a_4$ かつ $\sqrt{a_1 a_2} = \sqrt{a_3 a_4}$ より，$a_1 = a_2 = a_3 = a_4$

のとき成立する．この不等式において，$a_4 = \dfrac{a_1 + a_2 + a_3}{3}$ とおくと

$$\frac{a_1 + a_2 + a_3 + \dfrac{a_1 + a_2 + a_3}{3}}{4} \geqq \sqrt[4]{a_1 a_2 a_3 \cdot \frac{a_1 + a_2 + a_3}{3}}$$

$$\therefore \quad \left(\frac{1}{4} \cdot \frac{4(a_1 + a_2 + a_3)}{3}\right)^4 \geqq a_1 a_2 a_3 \cdot \frac{a_1 + a_2 + a_3}{3}$$

$$\therefore \quad \left(\frac{a_1 + a_2 + a_3}{3}\right)^3 \geqq a_1 a_2 a_3$$

$$\therefore \quad \boldsymbol{\frac{a_1 + a_2 + a_3}{3} \geqq \sqrt[3]{a_1 a_2 a_3}}$$

等号は $a_1 = a_2 = a_3 = \dfrac{a_1 + a_2 + a_3}{3}$ より，$a_1 = a_2 = a_3$ のとき成立する．

演習問題

16　直方体の体積を k^3 とし，その直方体の縦，横，高さをそれぞれ a, b, h とする．次の問いに答えよ．

(1) 直方体の体積 k^3 と高さ h を固定したとき，対角線の長さの 2 乗の最小値を求めよ．

(2) 体積が k^3 である直方体の中で，対角線の長さが最小となるのは立方体であることを示せ．

（岩手大）

標問 **17** コーシー・シュワルツの不等式

x, y, z, a, b, c が実数のとき，次の問いに答えよ．

(1) $(ax+by+cz)^2 \leqq (a^2+b^2+c^2)(x^2+y^2+z^2)$ が成り立つことを証明し，等号が成立する条件を求めよ．

(2) $x+y+z=7$ のとき，$x^2+y^2+z^2$ の最小値とそのときの x, y, z の値を求めよ． (宮城大)

精講 (1) 不等式の証明ですから，まずは

$$(右辺) - (左辺) \geqq 0$$

を示してみましょう．左辺に積の和 $ax+by+cz$ があります．**積の和はベクトルの内積**に密接に関係しています．

(2)は(1)の利用を考えます．

解法のプロセス

(1) (右辺)−(左辺) の変形を考える

(2) (1)の利用を考える
⇩
$1 \cdot x + 1 \cdot y + 1 \cdot z$ (積の和)

〈 解 答 〉

(1) 右辺と左辺の差をつくると

$(a^2+b^2+c^2)(x^2+y^2+z^2)-(ax+by+cz)^2$ ← (右辺)−(左辺)

$=(a^2x^2+a^2y^2+a^2z^2+b^2x^2+b^2y^2+b^2z^2+c^2x^2+c^2y^2+c^2z^2)$
$\quad -(a^2x^2+b^2y^2+c^2z^2+2abxy+2bcyz+2cazx)$

$=(a^2y^2+b^2x^2-2abxy)+(b^2z^2+c^2y^2-2bcyz)+(c^2x^2+a^2z^2-2cazx)$

$=(ay-bx)^2+(bz-cy)^2+(cx-az)^2 \geqq 0$

であり，与えられた不等式は成立する．

等号は，$ay=bx$ かつ $bz=cy$ かつ $cx=az$

$(a:b:c=x:y:z)$ のとき成立する．

(2) (1)の不等式で $a=b=c=1$ とおくと， ← (1)の不等式の利用

$(1 \cdot x + 1 \cdot y + 1 \cdot z)^2 \leqq (1^2+1^2+1^2)(x^2+y^2+z^2)$

$x+y+z=7$ より

$7^2 \leqq 3(x^2+y^2+z^2)$ ∴ $x^2+y^2+z^2 \geqq \dfrac{49}{3}$

等号は $x+y+z=7$ かつ $x:y:z=1:1:1$ より，$x=y=z=\dfrac{7}{3}$ のとき成立する．

よって，$x^2+y^2+z^2$ は $x=y=z=\dfrac{7}{3}$ のとき，最小値 $\dfrac{49}{3}$ をとる．

研究 空間ベクトル $\vec{a}=(a,\ b,\ c)$, $\vec{x}=(x,\ y,\ z)$ のなす角を $\theta\ (0\leqq\theta\leqq\pi)$ とすると

$$(\vec{a}\cdot\vec{x})^2=|\vec{a}|^2|\vec{x}|^2\cos^2\theta\leqq|\vec{a}|^2|\vec{x}|^2$$

これを成分表示すると

$$(ax+by+cz)^2\leqq(a^2+b^2+c^2)(x^2+y^2+z^2)$$

であり，等号が成立するのは，$\cos^2\theta=1$ のときであり

$$\cos\theta=\pm1\ \Longleftrightarrow\ \theta=0\ \text{または}\ \pi\ \Longleftrightarrow\ \vec{a}/\!/\vec{x}$$

であるから，$a:b:c=x:y:z$ のときであるともいえる.

次のような別証明もある．t についての関数

$$f(t)=(at-x)^2+(bt-y)^2+(ct-z)^2$$

を考える．（実数）$^2\geqq0$ より，

任意の実数 t に対して，$f(t)\geqq0$

であるから，$a^2+b^2+c^2\neq0$ のとき，方程式 $f(t)=0$，つまり

$$(a^2+b^2+c^2)t^2-2(ax+by+cz)t+(x^2+y^2+z^2)=0$$

の判別式Dは $D\leqq0$ である．すなわち

$$(ax+by+cz)^2-(a^2+b^2+c^2)(x^2+y^2+z^2)\leqq0$$
$$\therefore\ \ (ax+by+cz)^2\leqq(a^2+b^2+c^2)(x^2+y^2+z^2)$$

等号は $at-x=bt-y=ct-z=0$ となる実数 t が存在するとき（$a:b:c=x:y:z$ のとき）成立する.

$a^2+b^2+c^2=0$ のとき，$a=b=c=0$ であり，任意の $x,\ y,\ z$ に対して目標の不等式はつねに $0=0$ であるから等号が成立する.

演習問題

(17-1) $a,\ b,\ c$ は正数，$p,\ q,\ r$ は実数とする．このとき，次の不等式が成り立つことを示せ.

$$(a+b+c)\left(\frac{p^2}{a}+\frac{q^2}{b}+\frac{r^2}{c}\right)\geqq(p+q+r)^2$$

（愛知大）

(17-2) すべての正の実数 $x,\ y$ に対し
$$\sqrt{x}+\sqrt{y}\leqq k\sqrt{2x+y}$$
が成り立つような実数kの最小値を求めよ.

（東　大）

標問 **18** 凸関数の不等式

次の問いに答えよ.

(1) $p>0$, $q>0$, $p+q=1$ のとき, 関数 $f(x)=x^2$ について, 次の不等式が成り立つことを示せ.

$$f(px_1+qx_2) \leqq pf(x_1)+qf(x_2)$$

(2) $a>0$, $b>0$, $a+b=1$ のとき, (1)を用いて次の不等式が成り立つことを示せ.

$$\left(a+\frac{1}{a}\right)^2+\left(b+\frac{1}{b}\right)^2 \geqq \frac{25}{2}$$

(早　大)

> **精講** (1) (右辺)$-$(左辺)$\geqq 0$ を示します.
> $p+q=1$ を利用しながら式をまとめてみましょう.
> (2) (1)が利用できる形に左辺を変形しましょう.

解法のプロセス
(1) (右辺)$-$(左辺)$\geqq 0$
(2) (1)を利用しながら
　(左辺)$\geqq \cdots \geqq$(右辺)

〈 **解答** 〉

(1) $pf(x_1)+qf(x_2)-f(px_1+qx_2)$　　　　　　　　　　← (右辺)$-$(左辺)

$= px_1{}^2+qx_2{}^2-(px_1+qx_2)^2$　　　　　　　　　　← 関数の式 $f(x)=x^2$ に代入

$= p(1-p)x_1{}^2+q(1-q)x_2{}^2-2pqx_1x_2$

$= pqx_1{}^2+pqx_2{}^2-2pqx_1x_2$　$(\because\ p+q=1)$

$= pq(x_1-x_2)^2$

$\geqq 0$　$(\because\ p>0,\ q>0)$　　　　　　　　　　　　　← 等号が成立するのは $x_1=x_2$ のときである

(2) (1)の不等式より

$(\text{左辺})=2\left\{\dfrac{1}{2}\left(a+\dfrac{1}{a}\right)^2+\dfrac{1}{2}\left(b+\dfrac{1}{b}\right)^2\right\}$

$\quad=2\left\{\dfrac{1}{2}f\left(a+\dfrac{1}{a}\right)+\dfrac{1}{2}f\left(b+\dfrac{1}{b}\right)\right\}$　　　← (1)で $p=\dfrac{1}{2}$, $q=\dfrac{1}{2}$,

$\quad\geqq 2f\left(\dfrac{1}{2}\left(a+\dfrac{1}{a}\right)+\dfrac{1}{2}\left(b+\dfrac{1}{b}\right)\right)$　　　　$x_1=a+\dfrac{1}{a}$, $x_2=b+\dfrac{1}{b}$ として不等式を利用

$\quad=2\left\{\dfrac{1}{2}\left(a+\dfrac{1}{a}\right)+\dfrac{1}{2}\left(b+\dfrac{1}{b}\right)\right\}^2$

$\quad=\dfrac{1}{2}\left(a+\dfrac{1}{a}+b+\dfrac{1}{b}\right)^2$

$\quad=\dfrac{1}{2}\left(1+a\cdot\dfrac{1}{a^2}+b\cdot\dfrac{1}{b^2}\right)^2$　$(\because\ a+b=1)$　$\cdots\cdots(\ast)$

$$= \frac{1}{2}\left\{1 + a \cdot f\left(\frac{1}{a}\right) + b \cdot f\left(\frac{1}{b}\right)\right\}^2$$

← さらに(1)の不等式を利用

$$\geqq \frac{1}{2}\left\{1 + f\left(a \cdot \frac{1}{a} + b \cdot \frac{1}{b}\right)\right\}^2 = \frac{1}{2}(1 + 2^2)^2 = \frac{25}{2}$$

第
1
章

研究　(1)の不等式は右図を考えるとよい.

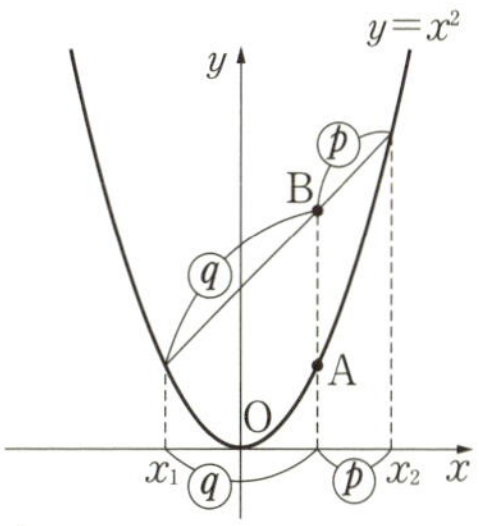

$p > 0$, $q > 0$, $p + q = 1$ より,

x 軸上の点 x_1, x_2 を $q : p$ に内分する点は

$$\frac{px_1 + qx_2}{p + q} = px_1 + qx_2$$

であり,

A の y 座標 $= f(px_1 + qx_2)$

B の y 座標 $= \dfrac{pf(x_1) + qf(x_2)}{p + q} = pf(x_1) + qf(x_2)$

である. $y = f(x)$ のグラフは下に凸であるから,

A の y 座標 $\leqq$ B の y 座標

∴ $f(px_1 + qx_2) \leqq pf(x_1) + qf(x_2)$

が成り立つ.

$f(x) = x^2$ に限らず, 関数 $f(x)$ が $p > 0$, $q > 0$, $p + q = 1$ をみたす p, q に対して

$$f(px_1 + qx_2) \leqq pf(x_1) + qf(x_2)$$

をみたすとき, $f(x)$ を**凸関数**という.

解答の(*)に気づかない場合は次のようにしてもよい.

$$(左辺) = \cdots \geqq \frac{1}{2}\left(a + \frac{1}{a} + b + \frac{1}{b}\right)^2$$

$$= \frac{1}{2}\left(a + b + \frac{b+a}{ab}\right)^2 = \frac{1}{2}\left(1 + \frac{1}{ab}\right)^2 \quad (\because \ a + b = 1)$$

$a > 0$, $b > 0$ より, 相加平均・相乗平均の不等式を使うと

$$\frac{a+b}{2} \geqq \sqrt{ab}, \quad \frac{1}{2} \geqq \sqrt{ab} \quad (\because \ a + b = 1) \qquad \therefore \ \frac{1}{ab} \geqq 4$$

よって,

$$(左辺) \geqq \frac{1}{2}\left(1 + \frac{1}{ab}\right)^2 \geqq \frac{1}{2}(1 + 4)^2 = \frac{25}{2}$$

演習問題

(18)　a, b を正の数とし, x, y を $x + y = 1$ をみたす正の数とする. このとき, 不等式 $\dfrac{a^3}{x^2} + \dfrac{b^3}{y^2} \geqq (a + b)^3$ が成り立つことを証明せよ.　　　　　　　（信州大）

第 **2** 章　複素数と方程式

| 標問 | **19** | **複素数の相等・計算** |

(1)　$(\sqrt{3}+\sqrt{-4})(1-\sqrt{-3})$ を $a+bi$（ただし，a, b は実数とする）の形で表せ．

（帝京大）

(2)　$(x+yi)^2=-3+4i$ をみたす実数 x, y の組で $x>0$ をみたすものを求めよ．ここで，i は虚数単位を表す．

（京都産大）

(3)　$\left(\dfrac{1-i}{\sqrt{3}+i}\right)^3$ を $a+bi$（a, b は実数）の形で表せ．ただし，i は虚数単位である．

（東北学院大）

精講　(1)　2乗すると -1 になる数を i で表し，これを**虚数単位**といいます．すなわち，$i^2=-1$ です．

　$a>0$ のとき，$\sqrt{-a}$ は

$$\sqrt{-a}=\sqrt{a}\,i\quad\text{特に}\quad\sqrt{-1}=i$$

と定められています．また，$a+bi$（a, b は実数）という形をした数を**複素数**といい，a を**実部**，b を**虚部**といいます．

　(2)　2つの複素数 $a+bi$ と $c+di$ が等しいということは実部も虚部も等しいということです．

$$a+bi=c+di \iff \begin{cases} a=c \\ b=d \end{cases}$$

で定義されます．

　(3)　分母を実数化してから3乗するか，分母分子をそれぞれ3乗してから分母を実数化するか．

解法のプロセス

(1)　$\sqrt{-a}\ (a>0)$ がでてきたら，
$$\sqrt{-a}=\sqrt{a}\,i$$
⇩
i を文字とみて，普通の式と同じように変形する
⇩
i^2 がでたら，$i^2=-1$

(2)　$a+bi=c+di$
⇩
$a=c$ かつ $b=d$

(3)　分母分子をそれぞれ3乗してから，分母を実数化する

――――――――〈　**解答**　〉――――――――

(1)　$(\sqrt{3}+\sqrt{-4})(1-\sqrt{-3})=(\sqrt{3}+2i)(1-\sqrt{3}\,i)$
　　　$=\sqrt{3}+\{2-(\sqrt{3})^2\}i-2\sqrt{3}\,i^2=3\sqrt{3}-i$

　　　　　　← $\sqrt{-4}=\sqrt{4}\,i=2i$
　　　　　　← i^2 がでたら -1 におきかえる

(2)　$(x+yi)^2=x^2-y^2+2xyi$
　　であるから，

$$(x+yi)^2=-3+4i \iff \begin{cases} x^2-y^2=-3 \\ 2xy=4 \end{cases}$$

　　　　　　← $a+bi=c+di$
　　　　　　　$\iff a=c$ かつ $b=d$

第 2 の式から得られる $y=\dfrac{2}{x}$ を第 1 の式に代入して，y を消去すると

$$x^2-\left(\dfrac{2}{x}\right)^2=-3 \qquad x^4+3x^2-4=0$$

$$\therefore \quad (x-1)(x+1)(x^2+4)=0$$

x は正の実数であるから $(x,\ y)=(1,\ 2)$

(3) $\left(\dfrac{1-i}{\sqrt{3}+i}\right)^3=\dfrac{1-3i+3i^2-i^3}{3\sqrt{3}+3\cdot3i+3\cdot\sqrt{3}\,i^2+i^3}$

$=\dfrac{-2-2i}{8i}=-\dfrac{(1+i)i}{4i^2}=-\dfrac{1}{4}+\dfrac{1}{4}i$

研究

1° $a<0,\ b<0$ のとき，等式 $\sqrt{a}\sqrt{b}=\sqrt{ab}$ を適用してはならない．

例えば，$a=-2,\ b=-3$ のとき，この等式を適用すると

$$\sqrt{-2}\sqrt{-3}=\sqrt{(-2)(-3)}=\sqrt{6}$$

であり，これは 2 乗すると 6 となる正の数であることを意味する．一方，$\sqrt{(負の数)}$ の約束にしたがって，左辺を変形すると

$$\sqrt{-2}\sqrt{-3}=\sqrt{2}\,i\sqrt{3}\,i=\sqrt{2}\sqrt{3}\,i^2=-\sqrt{2\cdot3}=-\sqrt{6}$$

となり，これは 2 乗すると 6 となる負の数であることを意味する．

$\sqrt{(負の数)}$ が現れたときは，まず

$$\sqrt{-a}=\sqrt{a}\,i \quad (a>0)$$

としてから，式を変形していくことを心掛けなければならない．

2° 複素数の四則計算は，i を文字のように考えて，ふつうの式と同じように計算を進め，i^2 がでてくれば，$i^2=-1$ とおきかえればよい．

一般に，複素数の四則計算は次のように行われる．

(i) $(a+bi)\pm(c+di)=(a\pm c)+(b\pm d)i$ （複号同順）

(ii) $(a+bi)(c+di)=(ac-bd)+(ad+bc)i$

(iii) $\dfrac{a+bi}{c+di}=\dfrac{ac+bd}{c^2+d^2}+\dfrac{-ad+bc}{c^2+d^2}i$ （ただし，$c+di\neq0$）

演習問題

(19-1) $(\sqrt{3}-i)^2+a(\sqrt{3}+i)-b=0$ をみたす実数 $a,\ b$ の値を求めよ．ただし，i は虚数単位とする． （北海道工大）

(19-2) 次の複素数の計算をして $a+bi$（$a,\ b$ は実数）の形で表せ．

(1) $\dfrac{1}{1-3i}-\dfrac{1-i}{3+i}$

(2) $(\sqrt{3}+2i)^3$ （山梨大）

標問 **20** 共役複素数

(1) 複素数 α, β について，次のことを証明せよ．

  (ⅰ) $\overline{\alpha+\beta}=\overline{\alpha}+\overline{\beta}$

  (ⅱ) $\overline{\alpha\beta}=\overline{\alpha}\,\overline{\beta}$

  (ⅲ) $\overline{\left(\dfrac{\alpha}{\beta}\right)}=\dfrac{\overline{\alpha}}{\overline{\beta}}$ ただし，$\beta\neq0$ とする．

  (ⅳ) α が実数であるための必要十分条件は $\alpha=\overline{\alpha}$ である． (香川医大)

(2) 複素数 z に対し，その共役複素数を $\overline{z}$ で表す．

  (ⅰ) 複素数 $z=x+yi$ (x, y は実数) が $z^2+\overline{z}^2=0$ をみたすとき，y を x を用いて表せ．

  (ⅱ) $2z+i\overline{z}$ が z の実数倍となるとき，z は $z^2+\overline{z}^2=0$ をみたすことを示せ． (三重大)

精講 (1) 複素数 $z=a+bi$ (a, b は実数) に対して，$a-bi$ を z の**共役複素数**といい，$\overline{z}$ と表します．(ⅰ)～(ⅳ)は共役についての基本性質です．共役の定義にしたがって，両辺の実部，虚部を比較しましょう．

(2) (ⅰ) $\overline{\alpha\beta}=\overline{\alpha}\,\overline{\beta}$ において，$\beta=\alpha$ とおけば，
$$\overline{\alpha^2}=\overline{\alpha}^2$$
また，$\alpha+\overline{\alpha}=(a+bi)+(a-bi)=2a$
$$=2\times(\alpha\,\text{の実部})$$

(ⅱ) 実数であるための必要十分条件である(1)(ⅳ)を使ってみましょう．

また，共役の定義より $\overline{\overline{\alpha}}=\alpha$ が成り立つことも直ちにわかります．

解法のプロセス

(1) 共役の定義に戻る
 (右辺)=…=(左辺)，
 または，両辺を
  (実部)+(虚部)i
 の形に変形して，一致することを示す

(2) 共役の基本性質を使う

(ⅰ) $\overline{\alpha^2}=\overline{\alpha}^2$，
 $\alpha+\overline{\alpha}=2\times(\alpha\,\text{の実部})$

(ⅱ) $\overline{\overline{\alpha}}=\alpha$，
 α が実数 $\Longleftrightarrow$ $\alpha=\overline{\alpha}$

⟨ **解 答** ⟩

(1) $\alpha=a+bi$, $\beta=c+di$, a, b, c, d は実数で，i は虚数単位とする．

← $\alpha=a+bi$, $\beta=c+di$ とおく

(ⅰ) $\overline{\alpha}+\overline{\beta}=(a-bi)+(c-di)=(a+c)-(b+d)i$
$$=\overline{(a+c)+(b+d)i}=\overline{(a+bi)+(c+di)}=\overline{\alpha+\beta}$$

(ⅱ) $\overline{\alpha}\,\overline{\beta}=\overline{(a+bi)(c+di)}=\overline{(ac-bd)+(ad+bc)i}$
$$=(ac-bd)-(ad+bc)i$$

一方，$\overline{\alpha}\,\overline{\beta}=(a-bi)(c-di)=(ac-bd)-(ad+bc)i$

$\therefore\quad \overline{\alpha\beta}=\overline{\alpha}\,\overline{\beta}$

(iii) (ii)より，$\overline{\left(\dfrac{\alpha}{\beta}\right)}=\overline{\alpha\cdot\dfrac{1}{\beta}}=\overline{\alpha}\,\overline{\left(\dfrac{1}{\beta}\right)}$ である．

$\overline{\left(\dfrac{1}{\beta}\right)}=\overline{\left(\dfrac{1}{c+di}\right)}=\overline{\left(\dfrac{c-di}{c^2+d^2}\right)}=\dfrac{c}{c^2+d^2}+\dfrac{d}{c^2+d^2}i$

一方，$\dfrac{1}{\overline{\beta}}=\dfrac{1}{c-di}=\dfrac{c+di}{c^2+d^2}=\dfrac{c}{c^2+d^2}+\dfrac{d}{c^2+d^2}i$

$\therefore\quad \overline{\left(\dfrac{1}{\beta}\right)}=\dfrac{1}{\overline{\beta}}$

よって，$\overline{\left(\dfrac{\alpha}{\beta}\right)}=\overline{\alpha}\cdot\dfrac{1}{\overline{\beta}}=\dfrac{\overline{\alpha}}{\overline{\beta}}$

(iv) α が実数ならば，$\alpha=a+0i$ であり，

$\overline{\alpha}=\overline{a+0i}=a-0i=a=\alpha$

逆に，$\overline{\alpha}=\alpha$ ならば，

$a-bi=a+bi$ より $-b=b$ $\therefore$ $b=0$ となり α は実数である．

よって，α が実数であるための必要十分条件は $\alpha=\overline{\alpha}$ である．

(2) (i) $z^2=(x+yi)^2=x^2-y^2+2xyi$ であるから，

$z^2+\overline{z^2}=2\times(z^2\text{の実部})=2(x^2-y^2)$ であり，$z^2+\overline{z^2}=0$ より

$x^2-y^2=0$ $\therefore$ $\boldsymbol{y=\pm x}$

(ii) $2z+i\overline{z}=kz$（k は実数）となるとき，

(ア) $z=0$ のとき，$z^2+\overline{z^2}=0$ は成り立つ．

(イ) $z\neq0$ のとき，$k=\dfrac{2z+i\overline{z}}{z}=2+\dfrac{i\overline{z}}{z}$

$\dfrac{i\overline{z}}{z}(=k-2)$ は実数であるから

$\dfrac{i\overline{z}}{z}=\overline{\left(\dfrac{i\overline{z}}{z}\right)}$ より $\dfrac{i\overline{z}}{z}=\dfrac{-iz}{\overline{z}}$ $\therefore$ $z^2+\overline{z^2}=0$ ◀ $\overline{(i\overline{z})}=\overline{i}\,\overline{\overline{z}}=-iz$

以上，(ア)，(イ)いずれのときも $z^2+\overline{z^2}=0$ は成り立つ．

演習問題

(20-1) $z=\dfrac{-1+\sqrt{3}\,i}{2}$ とするとき，$z+\overline{z}=\boxed{}$，$z\overline{z}=\boxed{}$，

$\dfrac{1}{z}+\dfrac{1}{\overline{z}}=\boxed{}$ である．ただし，i は虚数単位を表し，$\overline{z}$ は z と共役な複素数

を表す． （東京工科大）

(20-2) α を虚部が 0 でない複素数とする．α の共役な複素数と α^2 が等しいとき，α を求めよ． （九州歯大）

標問 **21** ±1 の虚数立方根

$z^3=1$ の虚数解の 1 つを ω とするとき，次の式の値を求めよ.

(1) $1+\omega+\omega^2$

(2) $(1+\omega-\omega^2)(1-\omega+\omega^2)$

(3) $(1-\omega)(1-\omega^2)(1-\omega^4)(1-\omega^5)$

(徳島文理大)

精講　$z^3=1$ の虚数解 ω を 1 の虚数立方根といいます.

$$z^3-1=(z-1)(z^2+z+1)$$

より，ω は $z^2+z+1=0$ の解であり，

$$\omega=\frac{-1\pm\sqrt{3}\,i}{2}$$

ですが，この値を直接(1), (2), (3)の各式に代入したりはしません. ω がみたす等式

$$\omega^2+\omega+1=0$$
$$\omega^3=1$$

を利用して，まず式を簡単にすることを考えます.

解法のプロセス

ω は 1 の虚数立方根
⇩
$\omega^3=1$
$\omega^2=-\omega-1$
⇩
式の次数下げ

〈　**解　答**　〉

$$z^3-1=0$$
$$\therefore\ \ (z-1)(z^2+z+1)=0\ \ \ \ \ \cdots\cdots①$$

← 因数分解をする

(1) ω は方程式①の虚数解であるから，$\omega-1\neq0$

$$\therefore\ \ 1+\omega+\omega^2=\mathbf{0}$$

(2) $\omega^2=-1-\omega$ より

$$(1+\omega-\omega^2)(1-\omega+\omega^2)$$
$$=\{1+\omega-(-1-\omega)\}\{1-\omega+(-1-\omega)\}$$
$$=2(1+\omega)\cdot(-2\omega)$$
$$=-4(\omega+\omega^2)$$
$$=-4\cdot(-1)$$
$$=\mathbf{4}$$

← $\omega^2=-\omega-1$ を使って次数を下げる

(3) ω は $\omega^3=1$ をみたすから

$$\omega^4=\omega\cdot\omega^3=\omega,\ \ \omega^5=\omega^2\cdot\omega^3=\omega^2$$

が成り立つ. これより

$$(1-\omega)(1-\omega^2)(1-\omega^4)(1-\omega^5)$$
$$=(1-\omega)(1-\omega^2)(1-\omega)(1-\omega^2)$$

← $\omega^3=1$ を使って次数を下げる

$$= \{(1-\omega)(1-\omega^2)\}^2$$
$$= \{1-(\omega+\omega^2)+\omega^3\}^2$$
$$= \{1-(-1)+1\}^2$$
$$= 9$$

研 究　1の虚数立方根 $\omega = \dfrac{-1\pm\sqrt{3}\,i}{2}$ は

$$\omega^3 = 1, \quad \omega^2+\omega+1 = 0$$

をみたすが，その他にも次のことが直ちに確認される．

$\dfrac{-1\pm\sqrt{3}\,i}{2}$ の一方を ω とすると他方は $\overline{\omega}$ であり，$\omega^2 = -1-\omega$ より

$$\left(\frac{-1\pm\sqrt{3}\,i}{2}\right)^2 = -1-\frac{-1\pm\sqrt{3}\,i}{2} = \frac{-1\mp\sqrt{3}\,i}{2} \quad (\text{以上，複号同順})$$

$$\therefore \quad \overline{\omega} = \omega^2 = \frac{1}{\omega}$$

である．したがって，

　　　1の立方根は，1，ω，$\omega^2\,(=\overline{\omega})$

の3つである．

　-1 の虚数立方根 z も同じような性質がある．

$z^3+1 = (z+1)(z^2-z+1) = 0$ より

$$z^3 = -1$$
$$z^2-z+1 = 0$$
$$\overline{z} = \frac{1}{z}$$

演習問題 ㉑-3 ではこれらのうち上2つの性質が使われる．

演習問題

㉑-1　$\omega = -\dfrac{1}{2} - \dfrac{\sqrt{3}}{2}i$ とおくと，$\omega^2+\omega+1 = \boxed{}$，$\omega^3 = \boxed{}$ だから

$\omega^{77}+\omega^{88}+\omega^{99} = \boxed{}$ である．　　　　　　　　　　（関東学院大）

㉑-2　$\left\{\left(\dfrac{-1+\sqrt{3}\,i}{2}\right)^{23} + \left(\dfrac{-1-\sqrt{3}\,i}{2}\right)^{23}\right\}^3 = \boxed{}$　　　（北見工大）

㉑-3　$z^3 = -1$ の虚数解の1つを w とするとき，次の式の値を求めよ．

$(w^2+w+1)^6 + (w^2+w-1)^6 + (w^2-w+1)^6 + (w^2-w-1)^6 + (-w^2-w+1)^6$

　　　　　　　　　　　　　　　　　　　　　　　　　　　　　　（帝京大）

標問 **22** 判別式

a, b を実数の定数とするとき,

$$x^2+y^2+axy+b(x+y)+1=0 \qquad \cdots\cdots(*)$$

について考える. 以下の問いに答えよ.

(1) 実数 y を固定したとき, x についての2次方程式(*)が実数解をもつための条件を a, b, y を用いて表せ.

(2) $-2<a<2$ とする. (*)をみたす実数 x, y が存在するための条件を a, b を用いて表せ.

(岐阜大)

精講 (1) x について式を整理します. (*)は, 実数係数の2次方程式ですから

  実数解をもつ $\iff$ (判別式)$\geqq 0$

が成り立ちます.

(2) (1)で実数 x が存在する条件をおさえてあるので, あとは実数 y が存在する条件を求めます. (1)で得た不等式を y についての2次関数のグラフとして考えるとよいでしょう. 条件 $-2<a<2$ はこのグラフが上に凸であることを示しています.

解法のプロセス

(1) 実数係数の2次方程式が実数解をもつ
⇩
(判別式)$\geqq 0$

(2) 2次関数 $f(y)$ のグラフが上に凸であるとき,
$f(y)\geqq 0$ をみたす実数 y が存在する
⇩
$f(y)=0$ の (判別式)$\geqq 0$

◁ **解 答** ▷

(1) y は固定されている. (*)を x について整理すると

$$x^2+(ay+b)x+y^2+by+1=0$$

判別式を D とおくと, (*)が実数解をもつための条件は, $D\geqq 0$ である.

$D=(ay+b)^2-4(y^2+by+1)$ より

$$(a^2-4)y^2+2b(a-2)y+b^2-4\geqq 0 \qquad \cdots\cdots①$$

(2) $-2<a<2$ のとき, 不等式①をみたす y が存在するための a, b の条件を求めればよい.

$f(y)=(a^2-4)y^2+2b(a-2)y+b^2-4$ とおくと, $-2<a<2$ であるから $a^2-4<0$ であり, $f(y)$ のグラフは上に凸である.

したがって, $f(y)\geqq 0$ をみたす実数 y が存在するための a, b の条件は $f(y)=0$ の (判別式)$\geqq 0$ である.

$$b^2(a-2)^2-(a^2-4)(b^2-4)\geqq 0$$
$$\therefore \quad (a-2)\{b^2(a-2)-(a+2)(b^2-4)\}\geqq 0$$
$$\therefore \quad (a-2)\{-4b^2+4(a+2)\}\geqq 0$$

$a-2<0$ より，求める条件は
$$-4b^2+4(a+2)\leqq 0$$
すなわち
$$b^2\geqq a+2$$

研究　2次方程式 $ax^2+bx+c=0$ $(a\neq 0)$ の解は
$$x=\frac{-b\pm\sqrt{b^2-4ac}}{2a}$$
であり，a, b, c が実数のとき，$D=b^2-4ac$ の符号により
$$D>0 \iff 異なる2つの実数解をもつ$$
$$D=0 \iff 重解をもつ$$
$$D<0 \iff 異なる2つの虚数解をもつ$$
といった具合に解を判別することができる.

　a, b, c が**虚数**のときは，判別式により，重解であるか否かの判別は $b^2-4ac=0$, $\neq 0$ により可能であるが，**実数解をもつか否かの判別はできない**. 注意が必要である.

　例えば，虚数を係数にもつ2次方程式
$$x^2-2ix-2=0$$
の判別式を D とおくと
$$\frac{D}{4}=(-i)^2-(-2)=-1+2=1\ (D\neq 0\ より重解でないことが分かる)$$
判別式は正であるが，解の公式より
$$x=i\pm\sqrt{1}=i\pm 1$$
であり，実数解をもたない. さらに，方程式
$$x^2-(1+i)x+i=0$$
は $x^2-(1+i)x+i=(x-1)(x-i)$ と変形されるから $x=1$, i と，実数解と虚数解が共存する.

　虚数を係数にもつ2次方程式については演習問題 30-1, 30-2 も参照せよ. 標問 **109** では3次方程式の判別式についても扱っている.

演習問題

22-1　$mx^2-2x+(2m-3)=0$ が重解をもつとき，m の値を求めよ.
（静岡理工科大）

22-2　2次方程式 $x^2-2(k-1)x+4k+1=0$（k は実数）が虚数解をもつような k の値の範囲を求めよ.
（新潟大）

22-3　k を整数とし，2次方程式 $(k+7)x^2-2(k+4)x+2k=0$ が異なる2つの実数解をもつとき，k の最小値および最大値を求めよ.
（中京大）

標問 **23** **2次方程式の解と係数の関係**

(1) 2次方程式 $x^2+ax+b=0$ が0でない解 α, β をもち $\alpha^2+\beta^2=3$,

$\dfrac{1}{\alpha}+\dfrac{1}{\beta}=1$ が成り立つとき，実数 a, b の値を求めよ． (武蔵工大)

(2) 2次方程式 $x^2-4x+7=0$ の解を α, β とする．

(i) $\alpha-3$, $\beta-3$ を解とする2次方程式をつくれ．

(ii) α^2, β^2 を解とする2次方程式をつくれ． (福井工大)

精講　　(1) 解と係数の関係
$$\begin{cases} \alpha+\beta=-a \\ \alpha\beta=b \end{cases}$$
により，与えられた条件式は a, b についての連立方程式に直すことができます．

(2) 2つの数 α, β を解とする2次方程式の1つは
$$(x-\alpha)(x-\beta)=0$$
であり，これを展開すると
$$x^2-(\alpha+\beta)x+\alpha\beta=0$$
となります．すなわち，

　　和 $\alpha+\beta=p$，積 $\alpha\beta=q$

がわかれば，α, β を解とする2次方程式の1つは
$$x^2-px+q=0$$
として得られます．その他に
$$k(x^2-px+q)=0 \quad (k は 0 でない定数)$$
も条件をみたす2次方程式です．

解法のプロセス

(1) 解と係数の関係
　　　　⇩
$$\begin{cases} \alpha+\beta=-a \\ \alpha\beta=b \end{cases}$$

(2) α, β を解とする2次方程式の1つ
　　　　⇩
$$\begin{cases} \alpha+\beta=p \\ \alpha\beta=q \end{cases}$$
　　　　⇩
$$x^2-px+q=0$$

〈 **解答** 〉

(1) $\begin{cases} \alpha^2+\beta^2=3 \\ \dfrac{1}{\alpha}+\dfrac{1}{\beta}=1 \end{cases} \iff \begin{cases} (\alpha+\beta)^2-2\alpha\beta=3 \\ \dfrac{\alpha+\beta}{\alpha\beta}=1 \end{cases}$

　　解と係数の関係より

　　　$\alpha+\beta=-a$ かつ $\alpha\beta=b$

　　であるから上式は

　　$\begin{cases} a^2-2b=3 \\ \dfrac{-a}{b}=1 \end{cases} \iff \begin{cases} b=-a \\ (a-1)(a+3)=0 \end{cases}$

← α, β の対称式は基本対称式 $\alpha+\beta$, $\alpha\beta$ で表すことができる

$$\therefore \quad (a, \ b)=(1, \ -1), \ (-3, \ 3)$$

(2) (i) α, β は 2 次方程式 $\quad x^2-4x+7=0$

の解であるから

$$\alpha+\beta=4 \ \text{かつ} \ \alpha\beta=7$$

これより

$$\begin{cases} (\alpha-3)+(\beta-3)=\alpha+\beta-6=4-6=-2 \\ (\alpha-3)(\beta-3)=\alpha\beta-3(\alpha+\beta)+9=7-3\cdot4+9=4 \end{cases}$$

よって、$\alpha-3$, $\beta-3$ を解とする 2 次方程式の 1 つは

$$x^2+2x+4=0$$

(ii) $\begin{cases} \alpha^2+\beta^2=(\alpha+\beta)^2-2\alpha\beta=4^2-2\cdot7=2 \\ \alpha^2\cdot\beta^2=(\alpha\beta)^2=7^2=49 \end{cases}$

← u, v を解とする 2 次方程式
の 1 つは
$x^2-(u+v)x+uv=0$

よって、α^2, β^2 を解とする 2 次方程式の 1 つは

$$x^2-2x+49=0$$

研究 解と係数の関係は，次のようにして得られる．

　2 次方程式 $ax^2+bx+c=0$ の解が α, β である

$\Longleftrightarrow ax^2+bx+c=a(x-\alpha)(x-\beta) \quad (\because \ \text{因数定理})$

$\Longleftrightarrow ax^2+bx+c=a\{x^2-(\alpha+\beta)x+\alpha\beta\}$

$\Longleftrightarrow \begin{cases} b=-a(\alpha+\beta) \\ c=a\cdot\alpha\beta \end{cases} \quad (\because \ \text{恒等式})$

$\Longleftrightarrow \begin{cases} \alpha+\beta=-\dfrac{b}{a} \\ \alpha\beta=\dfrac{c}{a} \end{cases} \quad (\because \ a\neq0)$

　「2 次方程式の解が α, β である」ことと「解と係数の関係」が同値であることを強調しておく．また，「解と係数の関係」の方から解釈し直せば，**2 文字の基本対称式による連立方程式は 2 次方程式に書き直せる**ということである．

演習問題

(23-1) 2 次方程式 $2x^2-4x+3=0$ の 2 つの解を α, β とするとき，$\alpha^2+\beta^2$, $(\alpha-1)(\beta-1)$ の値を求めよ． (北海道工大)

(23-2) 2 次方程式 $x^2-6x+c=0$ の 2 つの解のうち 1 つの解が他の解の 2 倍であるとき，c の値を求めよ． (東京経大)

(23-3) 2 次方程式 $x^2+ax+b=0$ の解を α, β とする．2 次方程式 $x^2+bx+a=0$ の解が $\alpha+1$, $\beta+1$ であるとき，$a=\boxed{}$, $b=\boxed{}$ であり，$x^2+ax+b=0$ の正の解は $x=\boxed{}$ である． (東海大)

標問 **24**   **解の配置(1)**

(1) 2次方程式 $kx^2-2(k+2)x+3k+2=0$ (k は 0 でない定数) が,異なる 2つの正の解をもつ k の範囲は ☐ であり,異なる 2つの負の解をもつ k の範囲は ☐ であり,正負の解を 1つずつもつ k の範囲は ☐ である.

(同志社大)

(2) x, y を実数とする.t についての方程式 $t^4+xt^2+y=0$ が少なくとも 1つの実数解をもつための x, y の条件を求め,その条件の表す領域を図示せよ.

(鳴門教育大)

精講   実数係数の2次方程式
$ax^2+bx+c=0$ の 2 解を α, β,判別式を D とおくと

(i) $\alpha>0$, $\beta>0$ である条件は
$$D\geqq0,\quad \alpha+\beta>0,\quad \alpha\beta>0$$

(ii) $\alpha<0$, $\beta<0$ である条件は
$$D\geqq0,\quad \alpha+\beta<0,\quad \alpha\beta>0$$

(iii) α, β が異符号である条件は
$$\alpha\beta<0$$

です.(i),(ii)では,α, β が実数であるための条件

$D\geqq0$ は必要ですが,(iii)では,$\alpha\beta=\dfrac{c}{a}<0$ より,

a, c は異符号なので,$ac<0$.したがって,
$b^2-4ac>0$ となり,$D>0$ は保証されるので**不要**です.

解法のプロセス

解の符号
⇩
・2解が同符号
$$\begin{cases} D\geqq0 \\ 2\text{解の和} \\ 2\text{解の積} \end{cases}$$
・2解が異符号
2解の積 <0

解 答

(1) 判別式を D,2解を α, β とおくと
$$\frac{D}{4}=(k+2)^2-k(3k+2)=-2(k+1)(k-2),$$
$$\alpha+\beta=\frac{2(k+2)}{k},\qquad \alpha\beta=\frac{3k+2}{k}$$

(i) 異なる2つの正の解をもつ
$$\iff \begin{cases} \dfrac{D}{4}>0 \\ \alpha+\beta>0 \\ \alpha\beta>0 \end{cases} \iff \begin{cases} -1<k<2 \\ k<-2 \ \text{または} \ 0<k \\ k<-\dfrac{2}{3} \ \text{または} \ 0<k \end{cases}$$

⬅ $\begin{cases} (\text{判別式})>0 \\ (2\text{解の和})>0 \\ (2\text{解の積})>0 \end{cases}$

$$\therefore \quad 0<k<2$$

(ⅱ) 異なる2つの負の解をもつ

$$\Longleftrightarrow \begin{cases} \dfrac{D}{4}>0 \\ \alpha+\beta<0 \\ \alpha\beta>0 \end{cases} \Longleftrightarrow \begin{cases} -1<k<2 \\ -2<k<0 \\ k<-\dfrac{2}{3}\ \text{または}\ 0<k \end{cases}$$

← $\begin{cases}(\text{判別式})>0\\(2\text{解の和})<0\\(2\text{解の積})>0\end{cases}$

$$\therefore \quad -1<k<-\dfrac{2}{3}$$

(ⅲ) 正負の解を1つずつもつ

$$\Longleftrightarrow \alpha\beta<0 \Longleftrightarrow -\dfrac{2}{3}<k<0$$

← $(2\text{解の積})<0$

よって，順に **$0<k<2$，$-1<k<-\dfrac{2}{3}$，$-\dfrac{2}{3}<k<0$**

(2) $t^4+xt^2+y=0$ ……①

$t^2=u$ とおくと，$u^2+xu+y=0$ ……②

   ①が少なくとも1つの実数解をもつ

$\Longleftrightarrow$ ②が少なくとも1つ0以上の実数解をもつ

$\Longleftrightarrow$ ②は「2解が共に正である」または「解0をもつ」

   または「負の解と正の解をもつ」 ……(*)

②の2解を α，β，判別式を D とおくと

$$(*) \Longleftrightarrow \begin{cases} D\geqq0 \\ \alpha+\beta>0 \quad\text{または「}\alpha\beta=0\text{」または「}\alpha\beta<0\text{」} \\ \alpha\beta>0 \end{cases}$$

$$\Longleftrightarrow \begin{cases} x^2-4y\geqq0 \\ -x>0 \qquad\text{または「}y=0\text{」または「}y<0\text{」} \\ y>0 \end{cases}$$

よって，求める条件は $\begin{cases} \boldsymbol{y\leqq\dfrac{x^2}{4}} \\ \boldsymbol{x<0} \\ \boldsymbol{y>0} \end{cases}$ **または $\boldsymbol{y\leqq0}$**

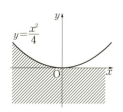

これを図示すると右図の斜線部分となる．境界も含む．

演習問題

(24-1) x の2次方程式 $x^2-2(a-1)x+a^2-9=0$ について，2つの解が共に正であるとき a の値の範囲は $\boxed{}$ である．また，1つの解が正，他の解が負であるとき，a の値の範囲は $\boxed{}$ である．

(明星大)

(24-2) $ax^2+bx+c=0$ が2つの正の解をもつとき，$bx^2+cx+a=0$ は正と負の解をもつことを示せ．

(公立はこだて未来大)

標問 **25** 解の配置(2)

実数 a, b に対し, x についての 2 次方程式 $x^2-2ax+b=0$ は, $0 \leqq x \leqq 1$ の範囲に少なくとも 1 つ実数解をもつとする. このとき, a, b がみたす条件を求め, 点 (a, b) の存在範囲を図示せよ. （大阪市立大）

精講 解の配置をおさえるには,
グラフの利用
を考えます. 具体的には

$\begin{cases} 判別式 \\ 軸の位置 \\ 端点の y 座標の符号 \end{cases}$

を調べます.

解法のプロセス

解の配置
⇓
$\begin{cases} 判別式 \\ 軸の位置 \\ 端点の y 座標の符号 \end{cases}$

〈 **解 答** 〉

$f(x)=x^2-2ax+b$ とおき, $y=f(x)$ のグラフが x 軸と $0 \leqq x \leqq 1$ の範囲で少なくとも 1 つの共有点をもつための条件を軸 $x=a$ の位置で場合分けすることにより求める.

(i) $a<0$ のとき, 条件は

$\begin{cases} f(0) \leqq 0 \\ f(1) \geqq 0 \end{cases}$ すなわち $\begin{cases} b \leqq 0 \\ 1-2a+b \geqq 0 \end{cases}$

∴ $2a-1 \leqq b \leqq 0$

(i)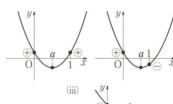

(ii) $0 \leqq a \leqq 1$ のとき, 条件は (ii)
判別式を D とすると

$\begin{cases} \dfrac{D}{4} \geqq 0 \\ \lceil f(0) \geqq 0 \quad または \\ f(1) \geqq 0 \rfloor \end{cases}$

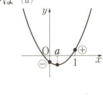

すなわち $\begin{cases} a^2-b \geqq 0 \\ \lceil b \geqq 0 \quad または \quad 1-2a+b \geqq 0 \rfloor \end{cases}$

∴ $b \leqq a^2$ かつ 「$b \geqq 0$ または $b \geqq 2a-1$」

(iii) $a>1$ のとき, 条件は

$\begin{cases} f(0) \geqq 0 \\ f(1) \leqq 0 \end{cases}$ すなわち $\begin{cases} b \geqq 0 \\ 1-2a+b \leqq 0 \end{cases}$

∴ $0 \leqq b \leqq 2a-1$

(i)または(ii)または(iii)をみたす点 (a, b) を図示すると右

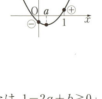

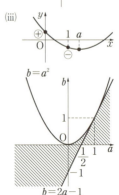

図の斜線部分となる．これが求める点 $(a,\ b)$ の求める範囲である．境界はすべて含む．

研究 　2次方程式 $x^2-2ax+b=0$ について
　　　　「2つの実数解 $\alpha,\ \beta$ をもち共に $x>1$ の範囲にある」
という条件を解と係数の関係を使っておさえるならばどうなるか．
　判別式を D とすると
$$D\geqq0 \ \text{かつ}\ \alpha+\beta>2\ \text{かつ}\ \alpha\beta>1$$
はもちろんダメ．$(\alpha,\ \beta)=\left(\dfrac{1}{2},\ 4\right)$ が反例になる．次のように符号の判定にいい換えることになる．

$$\begin{cases}\alpha>1\\\beta>1\end{cases}\iff\begin{cases}\alpha-1>0\\\beta-1>0\end{cases}\iff\begin{cases}D\geqq0\\(\alpha-1)+(\beta-1)>0\\(\alpha-1)(\beta-1)>0\end{cases}$$

$$\iff\begin{cases}D\geqq0\\\alpha+\beta-2>0\\\alpha\beta-(\alpha+\beta)+1>0\end{cases}\iff\begin{cases}a^2-b\geqq0\\2a-2>0\\b-2a+1>0\end{cases}$$

　意外に面倒．また，「異なる2解」とあれば $D>0$ であるが，単に「**2解**」**というときには，重解を「2個」と数えるのが習慣**であり $D\geqq0$ とする．
　これを $f(x)=x^2-2ax+b$ とし，$y=f(x)$ のグラフで考えるなら
$$\begin{cases}D\geqq0\\\text{軸の位置}:a>1\\\text{端点の}\ y\ \text{座標}\ f(1)\ \text{の符号}:1-2a+b>0\end{cases}$$
であり，上の解法よりスッキリしている．

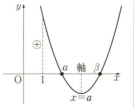

演習問題

(25-1) $(m-3)x^2+(5-m)x+2(2m-7)=0$ を，異なる2つの実数解をもつ x についての2次方程式とする．その解の一方が2より大きく他方が2より小さいときの m の値の範囲を求めよ．また，両方がともに2より大きいときの m の値の範囲を求めよ．
（東京理大）

(25-2) k を実数とする．x に関する2次方程式
$8x^2-8|k-1|x+8k^2-4k+1=0$ について，以下の問いに答えよ．
(1)　この方程式が実数解をもつとき，k の値の範囲を求めよ．
(2)　この方程式が異なる2つの実数解をもつとき，2つの解がともに0と1の間にあることを証明せよ．
（甲南大）

<table>
<tr><td>標問</td><td>**26**</td><td>**3次方程式の解と係数の関係**</td></tr>
</table>

次の問いに答えよ.

(1) 3次方程式 $ax^3+bx^2+cx+d=0$ の3つの解を α, β, γ とする. このとき

$$\alpha+\beta+\gamma=-\frac{b}{a}, \quad \alpha\beta+\beta\gamma+\gamma\alpha=\frac{c}{a}, \quad \alpha\beta\gamma=-\frac{d}{a}$$

が成り立つことを示せ.

(2) 3次方程式 $2x^3-2tx^2+3tx+t-1=0$ の3つの解を α, β, γ とする. t が $0\leqq t\leqq 3$ の範囲を動くとき, $\alpha^2+\beta^2+\gamma^2-\alpha^2\beta^2\gamma^2$ の最大値と最小値を求めよ.

(香川大)

精講 2次方程式と同じように3次方程式にも解と係数の関係があります.

(1) 証明は標問 **23** の →研究 を真似て下さい.

(2) 対称式は基本対称式で表すことができます. 本問では与えられた式を3文字の基本対称式

$$\alpha+\beta+\gamma, \ \alpha\beta+\beta\gamma+\gamma\alpha, \ \alpha\beta\gamma$$

で表すことから始めます.

解法のプロセス

(1) 解と係数の関係をつくる
⇩
因数定理,
恒等式（係数比較）の利用

(2) 対称式
⇩
基本対称式で表す

〈 **解 答** 〉

(1) α, β, γ は3次方程式 $ax^3+bx^2+cx+d=0$ の3つの解であるから

ax^3+bx^2+cx+d
$=a(x-\alpha)(x-\beta)(x-\gamma)$ ← 因数定理
$=a\{x^3-(\alpha+\beta+\gamma)x^2+(\alpha\beta+\beta\gamma+\gamma\alpha)x-\alpha\beta\gamma\}$

これは x についての恒等式であるから, 係数を比較すると

$$\begin{cases} b=-a(\alpha+\beta+\gamma) \\ c=a(\alpha\beta+\beta\gamma+\gamma\alpha) \\ d=-a\cdot\alpha\beta\gamma \end{cases} \therefore \begin{cases} \alpha+\beta+\gamma=-\dfrac{b}{a} \\ \alpha\beta+\beta\gamma+\gamma\alpha=\dfrac{c}{a} \\ \alpha\beta\gamma=-\dfrac{d}{a} \end{cases}$$

← 3次方程式より
$a\neq 0$

(2) (1)より

$$\alpha+\beta+\gamma=t, \ \alpha\beta+\beta\gamma+\gamma\alpha=\frac{3}{2}t, \ \alpha\beta\gamma=-\frac{t-1}{2}$$

であるから

$$\alpha^2+\beta^2+\gamma^2-\alpha^2\beta^2\gamma^2$$

← 対称式は基本対称式で表せる

$$=(\alpha+\beta+\gamma)^2-2(\alpha\beta+\beta\gamma+\gamma\alpha)-(\alpha\beta\gamma)^2$$

$$=t^2-2\cdot\frac{3}{2}t-\left(\frac{1-t}{2}\right)^2$$

$$=\frac{3}{4}t^2-\frac{5}{2}t-\frac{1}{4}$$

$$=\frac{3}{4}\left(t-\frac{5}{3}\right)^2-\frac{7}{3}$$

$0\leqq t\leqq 3$ の範囲でのグラフは右図の太線部分となるから

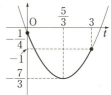

$$\begin{cases} t=0 \ \text{で最大値} -\dfrac{1}{4} \\[2mm] t=\dfrac{5}{3} \ \text{で最小値} -\dfrac{7}{3} \end{cases}$$

をとる.

研究 対称式は**基本対称式**で表すことができる.

2文字 x, y についての対称式 $f(x, y)$ について考える.

$f(x, y)$ が項 $ax^m y^n$ を含んでいるならば, $f(x, y)$ は項 $ax^n y^m$ も含んでいなければならない. したがって, $f(x, y)$ は $a(x^m y^n+x^n y^m)$ という形の和として表される. あとは $x^m y^n+x^n y^m$ が基本対称式で表されることを数学的帰納法で示せばよい.

演習問題

(26-1) 方程式 $x^3+3x^2-4x+2=0$ の解を α, β, γ とするとき,

(1) $\dfrac{1}{\alpha}+\dfrac{1}{\beta}+\dfrac{1}{\gamma}$ の値を求めよ.

(2) $\dfrac{1}{\alpha^2}+\dfrac{1}{\beta^2}+\dfrac{1}{\gamma^2}$ の値を求めよ. （城西大）

(26-2) $f(x)=x^3-Ax^2+Bx-1$ とする. $f(x)=0$ の3つの解を a, b, c とする. ただし, A, B は実数とする. このとき, 以下の問いに答えよ.

(1) $a+b+c$, $ab+bc+ca$ を A, B を用いて表せ. また, $abc=1$ を示せ.

(2) $g(x)=x^3+Px^2+Qx+R$ とする. $g(x)=0$ が $\dfrac{1}{a}$, $\dfrac{1}{b}$, $\dfrac{1}{c}$ を3つの解としてもつとき, P, Q を A, B を用いて表せ. また, $R=-1$ を示せ.

(3) $f(x)$ と $g(x)$ が等しいとき, $f(x)=0$ が $x=1$ を解としてもつことを示せ.

(4) (3)の条件のもとで, $f(x)=0$ の3つの解が実数であるための必要十分条件を, A を用いて表せ. （北見工大）

標問 **27**　　**3次方程式**

次の問いに答えよ.

(1)　$a^3+b^3+c^3-3abc$ を因数分解せよ.

(2)　次の関係式をみたす実数の組 $(\alpha,\ \beta)$ をすべて求めよ.

$$\alpha\beta=12,\ \ \alpha^3+\beta^3=91$$

(3)　次の方程式の解をすべて求めよ. 必要ならば, (1), (2)を利用せよ.

$$x^3-36x+91=0$$

(*お茶の水女大)

◆ **精 講**　　(1)　この式の因数分解は標問**1**(3)の
▶研究 でも扱っています. ここでは
因数定理を用いて因数分解してみましょう.

(2)　$\alpha+\beta$, $\alpha\beta$ のセットに直すこともできます
が, $\boldsymbol{\alpha^3+\beta^3}$, $\boldsymbol{\alpha^3\beta^3}$ のセットの方が手間が省けま
す. 2次方程式の解と係数の関係を使います.

(3)　やはり, (1), (2)の利用を考えます. 定数項
の 91 は $91=\alpha^3+\beta^3$, 1次の係数 -36 は
$-36=-3\cdot12=-3\alpha\beta$ とみるとよいでしょう.

▶ **解法のプロセス**

(1)　1つの文字について整理する
⇩
因数定理

(2)　$\begin{cases} \alpha^3+\beta^3=p \\ \alpha^3\beta^3=q \end{cases}$
⇩
α^3, β^3 は
$t^2-pt+q=0$ の解

(3)は設問の誘導に乗る

〈　**解　答**　〉

(1)　a について整理すると

$$a^3+b^3+c^3-3abc=a^3-3bca+b^3+c^3$$

$a+b+c$ による割り算を組立除法で実行すると

1	0	$-3bc$	b^3+c^3	$\underline{-b-c}$
	$-b-c$	$(b+c)^2$	$-(b^3+c^3)$	
1	$-b-c$	b^2-bc+c^2	0	

← $a=-(b+c)$ を代入すると
（与式）$=0$
となるので $a+b+c$ を因数にもつ

$$a^3+b^3+c^3-3abc$$
$$=(a+b+c)\{a^2-(b+c)a+b^2-bc+c^2\}$$
$$=\boldsymbol{(a+b+c)(a^2+b^2+c^2-ab-bc-ca)}$$

(2)　$\alpha^3+\beta^3=91$, $\alpha^3\beta^3=12^3$ より, α^3, β^3 は2次方程式

$$t^2-91t+12^3=0\quad\text{すなわち}\quad(t-3^3)(t-4^3)=0$$

の解 3^3, 4^3 である.

← α^3, β^3 は
$t^2-(\alpha^3+\beta^3)t+\alpha^3\beta^3$
$=0$ の解

α, β は実数なので　$(\alpha,\ \beta)=\boldsymbol{(3,\ 4),\ (4,\ 3)}$

(3)　(2)の α, β を用いると

$$x^3-36x+91=x^3-3\cdot12\cdot x+91$$
$$=x^3-3\alpha\beta x+(\alpha^3+\beta^3)=x^3+\alpha^3+\beta^3-3x\alpha\beta$$

← (2)の $\alpha^3+\beta^3=91$ に着目

$$=(x+\alpha+\beta)(x^2+\alpha^2+\beta^2-x\alpha-\alpha\beta-\beta x) \quad (\because \ (1))$$
$$=(x+\alpha+\beta)\{x^2-(\alpha+\beta)x+(\alpha+\beta)^2-3\alpha\beta\}$$
$$=(x+7)(x^2-7x+7^2-3\cdot12)$$
$$=(x+7)(x^2-7x+13)$$

よって，求める解は $x=-7,\ \dfrac{7\pm\sqrt{3}\,i}{2}$

第2章

研究 本問は3次方程式の解の公式へとつながる**カルダノの解法**が題材になっている．(1)の等式を巧妙に活用している．(1)の等式は演習問題 27-1 にもあるように1の虚数立方根 ω（標問 **21** 研究）と絡んでさらに変形される．

$a^2+b^2+c^2-ab-bc-ca=0$ を
$$a^2-(b+c)a+b^2-bc+c^2=0$$
と変形し，a についての2次方程式とみて，解の公式を用いると
$$a=\frac{b+c\pm\sqrt{(b+c)^2-4(b^2-bc+c^2)}}{2}$$
$$=\frac{b+c\pm(b-c)\sqrt{3}\,i}{2}$$
$$=b\frac{1+\sqrt{3}\,i}{2}+c\frac{1-\sqrt{3}\,i}{2},\ \ b\frac{1-\sqrt{3}\,i}{2}+c\frac{1+\sqrt{3}\,i}{2}$$
$$=-b\omega^2-c\omega,\ -b\omega-c\omega^2\ \ \left(\omega=\frac{-1+\sqrt{3}\,i}{2}\ とした\right)$$
したがって，次のように因数分解できる．
$$(a+b+c)(a^2+b^2+c^2-ab-bc-ca)$$
$$=(a+b+c)(a+b\omega+c\omega^2)(a+b\omega^2+c\omega)$$

演習問題

27-1 3次方程式 $x^3-1=0$ の1と異なる解の1つを ω とする．このとき，次の問いに答えよ．
(1) $\omega^2+\omega$ の値を求めよ．
(2) 等式 $x^3-3abx+a^3+b^3=(x+a+b)(x+a\omega+b\omega^2)(x+a\omega^2+b\omega)$ を示せ．
(3) (2)を利用して3次方程式 $x^3-6x+6=0$ の解を ω を用いて表せ．（静岡大）

27-2 $\alpha=\sqrt[3]{\sqrt{\dfrac{28}{27}}+1}-\sqrt[3]{\sqrt{\dfrac{28}{27}}-1}$ とする．
(1) 整数を係数とする3次方程式で，α を解にもつものがあることを示せ．
(2) α は整数であることを示せ．また，その整数を答えよ．（大阪教育大）

標問　**28**　　**高次方程式**

次の方程式を解け.

(1) $x^4 + 7x^3 - 3x^2 - 23x - 14 = 0$ 　　　　　　　　　　　　　　(創価大)

(2) $(x+1)(x+2)(x+3)(x+6) - 15x^2 = 0$ 　　　　　　　　　　(福岡大)

(3) $2x^4 - 3x^3 + 5x^2 - 3x + 2 = 0$ 　　　　　　　　　　　　(愛知学院大)

精 講　　3次, 4次の方程式には解の公式がありますが, 5次以上の方程式では解の公式がつくれないことが証明されています. 解の公式がなくても

因数分解, おきかえ

などにより, 解くことができる高次方程式もあります.

(1)は因数分解を考えます.

(2)は完全に展開せず, おきかえ(式のかたまり)を考えます.

(3)は**相反方程式**(あるいは逆数方程式)とよばれるもので

$$ax^4 + bx^3 + cx^2 + bx + a = 0$$

といった具合に係数が対称にならんだ方程式です. 両辺を $x^2 (\neq 0)$ で割って, $X = x + \dfrac{1}{x}$ とおきかえます.

解法のプロセス

(1)　　　　因数分解
　　　　　　⇩
　　　因数定理の利用
(2)　複雑な式の因数分解
　　　　　　⇩
　　　おきかえの工夫
(3)　　　相反方程式
　　　　　　⇩
　$X = x + \dfrac{1}{x}$ とおく

〈　**解 答**　〉

(1) $x = -1$ とおくと, (左辺)$=0$ となるから, 左辺は $x+1$ で割り切れて
$$(x+1)(x^3 + 6x^2 - 9x - 14) = 0$$
さらに, 第2因子において $x = -1$ とおくと, (第2因子)$=0$ となるから, 第2因子は $x+1$ で割り切れて
$$(x+1)^2 (x^2 + 5x - 14) = 0$$
$$\therefore \quad (x+1)^2 (x-2)(x+7) = 0$$
$$\therefore \quad x = -1, \ 2, \ -7$$

(2) $(x+1)(x+2)(x+3)(x+6) - 15x^2$
$= (x+1)(x+6) \times (x+2)(x+3) - 15x^2$
$= (x^2 + 6 + 7x)(x^2 + 6 + 5x) - 15x^2$

◀ 展開の組合せを考えると, $x^2 + 6$ のかたまりができる

$$=(x^2+6)^2+12x(x^2+6)+20x^2$$
$$=\{(x^2+6)+2x\}\{(x^2+6)+10x\}$$
$$=(x^2+2x+6)(x^2+10x+6)$$

よって，求める解は $\quad x=-1\pm\sqrt{5}\,i,\ -5\pm\sqrt{19}$

(3) $\quad 2x^4-3x^3+5x^2-3x+2=0\quad\cdots\cdots$①

$\quad x=0$ は①をみたさないので，$x=0$ は解ではない．したがって，$x\neq0$ であり，①の両辺を x^2 で割ると

$$2x^2-3x+5-\frac{3}{x}+\frac{2}{x^2}=0$$

$$\therefore\quad 2\left(x^2+\frac{1}{x^2}\right)-3\left(x+\frac{1}{x}\right)+5=0$$

$$\therefore\quad 2\left\{\left(x+\frac{1}{x}\right)^2-2\right\}-3\left(x+\frac{1}{x}\right)+5=0$$

$$\therefore\quad 2\left(x+\frac{1}{x}\right)^2-3\left(x+\frac{1}{x}\right)+1=0$$

$X=x+\dfrac{1}{x}$ とおくと

$$2X^2-3X+1=0\qquad\therefore\ (2X-1)(X-1)=0\qquad\therefore\ X=\frac{1}{2},\ 1$$

$x+\dfrac{1}{x}=\dfrac{1}{2}$ を解くと $\quad 2x^2-x+2=0\qquad\therefore\ x=\dfrac{1\pm\sqrt{15}\,i}{4}$

$x+\dfrac{1}{x}=1$ を解くと $\quad x^2-x+1=0\qquad\therefore\ x=\dfrac{1\pm\sqrt{3}\,i}{2}$

以上より，$x=\dfrac{1\pm\sqrt{15}\,i}{4},\ \dfrac{1\pm\sqrt{3}\,i}{2}$

演習問題

28-1 方程式 $(x+2)(x+3)(x-4)(x-5)=44$ を解け． （東京理大）

28-2 実数 $x\neq0$ に対して，$X=x+\dfrac{1}{x}$ とする．

(1) X の値がとり得る範囲は，$x<0$ のとき $X\leqq\boxed{}$ で，また $x>0$ のとき $X\geqq\boxed{}$ である．

(2) a をある実数とし，4次方程式
$$x^4+ax^3-x^2+ax+1=0$$
を考える．$x=0$ はこの方程式の解にはならないことに注意して，X の2次方程式に書きかえると $X^2+aX+\boxed{}=0$ となる．したがって上の4次方程式は，$2a\leqq\boxed{}$ のとき $x>0$ で，2つの実数解（重解を含む）をもつ．また $2a\geqq\boxed{\ *\ }$ のとき $x<0$ で，2つの実数解（重解を含む）をもつ．とくに $2a=\boxed{\ *\ }$ のとき，この4次方程式の実数解は重解で $\boxed{}$ となる．

（早　大）

標問 **29** 虚数解をもつ高次方程式

a, b は実数であり，方程式

$$x^4+(a+2)x^3-(2a+2)x^2+(b+1)x+a^3=0$$

が解 $x=1+i$ をもつとする．ただし，$i=\sqrt{-1}$ とする．このとき，a, b を求めよ．また，このときの方程式の他の解も求めよ．

(東北大)

精講 　左辺を $f(x)$ とおき，$f(1+i)$ を計算し整理すると

$$f(1+i)=A+Bi \quad (A,\ B\ は\ a,\ b\ の整式)$$

の形になります．a, b は実数ですから，

$$A=0 \ \ かつ \ \ B=0$$

であり，この連立方程式を解けば，a, b が決まりますが，計算量が多いですね．

実数係数の方程式 $f(x)=0$ が虚数解 $\alpha=1+i$ をもつならば，共役複素数の $\overline{\alpha}=1-i$ も解であることを使います．

$$(x-\alpha)(x-\overline{\alpha})=x^2-2x+2$$

で $f(x)$ を割り，「余り＝0」として a, b の値を決めるのも1つの解法です．**解答**ではもう一工夫してみましょう．

解法のプロセス

実数係数の方程式
$f(x)=0$
⇩
虚数解 α が解
⇩
共役複素数 $\overline{\alpha}$ も解
⇩
$f(x)$ は
$(x-\alpha)(x-\overline{\alpha})$ で割り切れる

◁ **解 答** ▷

$f(x)=x^4+(a+2)x^3-(2a+2)x^2+(b+1)x+a^3$　とおく．

$f(x)=0$ は実数係数の方程式であるから，複素数 $\alpha=1+i$ を解にもつことから，この共役複素数 $\overline{\alpha}=1-i$ も解である．$f(x)$ は $(x-\alpha)(x-\overline{\alpha})$ で割り切れる．

$$\alpha+\overline{\alpha}=2,\ \ \alpha\overline{\alpha}=2$$

より，

$$(x-\alpha)(x-\overline{\alpha})=x^2-(\alpha+\overline{\alpha})x+\alpha\overline{\alpha}=x^2-2x+2$$

であり，x^4 の係数と定数項に着目すると，実数 p を用いて

$$f(x)=(x^2-2x+2)\Big(x^2+px+\frac{a^3}{2}\Big)$$

とおける．これを展開したときの x^3 の係数と $f(x)$ の x^3 の係数とを比較すると

$$p-2=a+2 \quad \therefore \quad p=a+4$$

これにより

$$f(x)=(x^2-2x+2)\Big\{x^2+(a+4)x+\frac{a^3}{2}\Big\}$$

である. さらに, x^2 と x の係数を比較すると

$$\begin{cases} \dfrac{a^3}{2}-2(a+4)+2=-2a-2 \\ -2\cdot\dfrac{a^3}{2}+2(a+4)=b+1 \end{cases} \quad \therefore \quad \begin{cases} a^3=8 \\ b=-a^3+2a+7 \end{cases}$$

a は実数なので $\quad a=2, \ b=3$

よって

$$f(x)=(x^2-2x+2)(x^2+6x+4)$$

であり, $f(x)=0$ の他の解は $1-i, \ -3\pm\sqrt{5}$ である.

研究 標問 **20** で証明した共役複素数の性質を利用して,

「**実数係数の整式 $f(x)$ において,**

$f(\alpha)=0$ **ならば, $f(\overline{\alpha})=0$ である**」

ことを示す.

$$f(x)=a_n x^n+a_{n-1}x^{n-1}+\cdots+a_1 x+a_0$$

$$(a_n \neq 0, \ a_k \, (k=0, \ 1, \ \cdots, \ n) \text{ は実数})$$

とし, $f(\alpha)=0$ とすると

$$f(\overline{\alpha})=a_n(\overline{\alpha})^n+a_{n-1}(\overline{\alpha})^{n-1}+\cdots+a_1\overline{\alpha}+a_0$$

$$=a_n\overline{\alpha^n}+a_{n-1}\overline{\alpha^{n-1}}+\cdots+a_1\overline{\alpha}+a_0 \quad (\because \ \overline{\alpha}\,\overline{\beta}=\overline{\alpha\beta} \ \text{より} \ (\overline{\alpha})^k=\overline{\alpha^k})$$

$$=\overline{a_n}\,\overline{\alpha^n}+\overline{a_{n-1}}\,\overline{\alpha^{n-1}}+\cdots+\overline{a_1}\,\overline{\alpha}+\overline{a_0} \quad (\because \ a_k \text{ は実数})$$

$$=\overline{a_n\alpha^n+a_{n-1}\alpha^{n-1}+\cdots+a_1\alpha+a_0} \quad (\because \ \overline{\alpha}\,\overline{\beta}=\overline{\alpha\beta}, \ \overline{\alpha}+\overline{\beta}=\overline{\alpha+\beta})$$

$$=\overline{f(\alpha)}=\overline{0}=0$$

演習問題

29-1 $a, \ b$ は実数とする. 複素数 $z=1+i$ が 3 次方程式 $z^3+az+b=0$ の解であるとき, $a, \ b$ の値を求めよ. また, 他の 2 つの解も求めよ. ただし, $i^2=-1$ とする. (慶 大)

29-2 $f(x)=x^4+ax^3+bx^2+cx+1$ は整数を係数とする x の 4 次式とする. 4 次方程式 $f(x)=0$ の重複も込めた 4 つの解のうち, 2 つは整数で残りの 2 つは虚数であるという. このとき, $a, \ b, \ c$ の値を求めよ. (京 大)

29-3 $a, \ b, \ c, \ d$ を実数とするとき, x の 5 次方程式 $x^5+x^4+ax^3+bx^2+cx+d=0$ が相異なる純虚数の解を 4 つもつための条件を求めよ. (お茶の水女大)

30　　**虚数係数の方程式**

i を虚数単位として，以下の設問に解答せよ．

(1) 虚数 α, β を係数にもつ 2 次方程式

$$z^2 + \alpha z + \beta = 0$$

が異なる虚数解 w_1, w_2 をもつとする．このとき，係数が実数であり，w_1, w_2 を解にもつ 4 次方程式

$$z^4 + az^3 + bz^2 + cz + d = 0$$

をつくる．α, β およびそれと共役な複素数 $\overline{\alpha}$, $\overline{\beta}$ を用いて a, b, c, d を表せ．

(2) 方程式

$$z^2 + \frac{1 + (2 - \sqrt{3})i}{2}z + \frac{\sqrt{3} + i}{2} = 0$$

の解を求めよ．

(立命館大)

精講　(1)　4 次方程式の係数は実数ですから，虚数 w_1, w_2 が解なら $\overline{w_1}$, $\overline{w_2}$ も解です．

(2)　(1)がなければ，$z = p + qi$（p, q は実数）とおいて，与えられた方程式に代入しますが，ここでは(1)の利用を考えます．まずは，(1)が使える条件になっているかどうかを確かめます．

解法のプロセス

(1)　実数係数の方程式
⇩
w_1 が解なら，$\overline{w_1}$ も解

(2)　(1)の利用を考える

〈　**解　答**　〉

(1)　w_1, w_2 は 2 次方程式 $z^2 + \alpha z + \beta = 0$ の解であるから，解と係数の関係より

$$w_1 + w_2 = -\alpha, \quad w_1 w_2 = \beta \quad \cdots\cdots\textcircled{1}$$

係数が実数の 4 次方程式 $z^4 + az^3 + bz^2 + cz + d = 0$ において，異なる虚数 w_1, w_2 が解ならば，共役複素数 $\overline{w_1}$, $\overline{w_2}$ も解であり，①より，$w_1 + w_2 =$（虚数）なので，$\overline{w_1} \neq w_2$ でもある．したがって w_1, w_2, $\overline{w_1}$, $\overline{w_2}$ のすべては異なるから

$$z^4 + az^3 + bz^2 + cz + d$$
$$= (z - w_1)(z - w_2)(z - \overline{w_1})(z - \overline{w_2}) \qquad \Leftarrow 因数定理$$
$$= \{z^2 - (w_1 + w_2)z + w_1 w_2\}\{z^2 - (\overline{w_1} + \overline{w_2})z + \overline{w_1}\,\overline{w_2}\}$$
$$= (z^2 + \alpha z + \beta)(z^2 + \overline{\alpha} z + \overline{\beta}) \quad (\because \textcircled{1}) \qquad \Leftarrow w_1, w_2 を消去$$
$$= z^4 + (\alpha + \overline{\alpha})z^3 + (\alpha\overline{\alpha} + \beta + \overline{\beta})z^2 + (\alpha\overline{\beta} + \overline{\alpha}\beta)z + \beta\overline{\beta}$$

係数を比較して

$$a=\alpha+\overline{\alpha}, \quad b=\alpha\overline{\alpha}+\beta+\overline{\beta}, \quad c=\alpha\overline{\beta}+\overline{\alpha}\beta, \quad d=\beta\overline{\beta}$$

(2) $z^2+\dfrac{1+(2-\sqrt{3})i}{2}z+\dfrac{\sqrt{3}+i}{2}=0 \quad \cdots\cdots\textcircled{2}$

②が実数解 $z=p$ をもつとすると $p^2+\dfrac{1+(2-\sqrt{3})i}{2}p+\dfrac{\sqrt{3}+i}{2}=0$

実部，虚部に分けて

$$\begin{cases} p^2+\dfrac{1}{2}p+\dfrac{\sqrt{3}}{2}=0 \\ \dfrac{2-\sqrt{3}}{2}p+\dfrac{1}{2}=0 \end{cases}$$

これをみたす実数 p は存在しない．また，

$$(判別式)=\left\{\dfrac{1+(2-\sqrt{3})i}{2}\right\}^2-4\cdot\dfrac{\sqrt{3}+i}{2}\neq0$$

← 標問 **22** の →研究 参照

より，重解になることもない．

以上より，方程式②は異なる虚数解 w_1, w_2 をもつから，

$\alpha=\dfrac{1+(2-\sqrt{3})i}{2}$, $\beta=\dfrac{\sqrt{3}+i}{2}$ とおくと，(1)より w_1, w_2 は

$$z^4+(\alpha+\overline{\alpha})z^3+(\alpha\overline{\alpha}+\beta+\overline{\beta})z^2+(\alpha\overline{\beta}+\overline{\alpha}\beta)z+\beta\overline{\beta}=0$$

の解である．各係数を計算して整理すると

$z^4+z^3+2z^2+z+1=0 \quad\cdots\cdots\textcircled{3}$

$(z^4+z^3+z^2)+(z^2+z+1)=0$

$(z^2+1)(z^2+z+1)=0$

$\therefore \quad z=\pm i, \ \dfrac{-1\pm\sqrt{3}i}{2}$

①をみたすのは $-i$, $\dfrac{-1+\sqrt{3}i}{2}$ のみである．

よって，求める解 z は $z=-i, \ \dfrac{-1+\sqrt{3}i}{2}$

注 ③は相反方程式とみて解くこともできる．

演習問題

(30-1) a を実数の定数とするとき，
$$(2+i)x^2+(2+ai+i)x-4+ai=0$$
をみたす実数 x が存在するように，a の値を定めよ． (東北学院大)

(30-2) k を実数定数，$i=\sqrt{-1}$ を虚数単位とする．x の2次方程式
$$(1+i)x^2+(k+i)x+3-3ki=0$$
が純虚数解をもつとき，k の値を求めよ． (摂南大)

(30-3) 2乗すると $z^2=2+2\sqrt{3}i$ となり，3乗すると $z^3=-8i$ となる複素数 z を求めよ．ただし，i は虚数単位である． (九州歯大)

第3章 図形と方程式

(1)　平面上に2点P(4, 4)，Q(−2, −5) がある．

(ⅰ)　線分QP を 5:1 に内分する点の座標を求めよ．

(ⅱ)　線分PQ を 7:1 に外分する点の座標を求めよ．

(ⅲ)　直線PQ 上の点 R(22, 31) は線分QP を □ の比に外分する．

(日本大)

(2)　三角形ABC の頂点Aの座標は (3, 4)，重心の座標は (1, 1) とする．頂点Bの座標を (a, b) とするとき，頂点Cの座標を a, b で表せ．　(成蹊大)

→ **精講**　　(1)「線分PQ を $m:n$ に内分する」ということと「線分QP を $m:n$ に内分する」ということは意味が違うことに注意しましょう．外分も含めて具体的な例で示しておきましょう．

　　　　線分PQ を 2:3 に内分する点をR
　　　　線分QP を 2:3 に内分する点をS
　　　　線分PQ を 2:3 に外分する点をT
　　　　線分QP を 2:3 に外分する点をU

とすると4点R, S, T, U の位置は次のようになります．

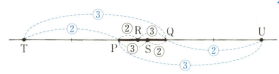

「線分PQ を $m:n$ に外分する」ということは「線分PQ を $m:-n$ に分ける」あるいは「線分PQ を $-m:n$ に分ける」として長さを逆向きにはかることだと考えればよいでしょう．

(2)は重心の公式を使うことになります．

解法のプロセス

(1) $P(x_1, y_1)$, $Q(x_2, y_2)$ を結ぶ線分PQ を $m:n$ に分ける

⇩ 分点公式

$$\left(\frac{nx_1+mx_2}{m+n}, \frac{ny_1+my_2}{m+n} \right)$$

$mn>0$ ならば内分点，
$mn<0$ ならば外分点

解法のプロセス

(2) 3点 $A(x_1, y_1)$, $B(x_2, y_2)$, $C(x_3, y_3)$ を頂点とする三角形の重心

⇩ 重心の公式

$$\left(\frac{x_1+x_2+x_3}{3}, \frac{y_1+y_2+y_3}{3} \right)$$

〈 **解 答** 〉

(1) (ⅰ) 線分QPを $5:1$ に内分する点をSとおく
と

$$S\left(\frac{1\cdot(-2)+5\cdot4}{5+1}, \ \frac{1\cdot(-5)+5\cdot4}{5+1}\right)$$

$$\therefore \ \ S\left(3, \ \frac{5}{2}\right)$$

(ⅱ) 線分PQを $7:1$ に外分する点をTとおくと

$$T\left(\frac{-1\cdot4+7\cdot(-2)}{7-1}, \ \frac{-1\cdot4+7\cdot(-5)}{7-1}\right)$$

$$\therefore \ \ T\left(-3, \ -\frac{13}{2}\right)$$

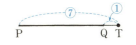

(ⅲ) 点Rが線分QPを $m:n$ に外分している
とすると

$$\begin{cases} \dfrac{-n\cdot(-2)+m\cdot4}{m-n}=22 \\[3mm] \dfrac{-n\cdot(-5)+m\cdot4}{m-n}=31 \end{cases}$$

◀P, Q, Rは一直線上にある
ので，どちらか一方の式で十
分である

$$\therefore \ \ 4n=3m$$

$$\therefore \ \ m:n=4:3$$

(2) 頂点Cの座標を $(\alpha, \ \beta)$ とおくと

$$\frac{3+a+\alpha}{3}=1, \ \frac{4+b+\beta}{3}=1$$

◀重心の公式

$$\therefore \ \ \alpha=-a, \ \beta=-b-1$$

$$\therefore \ \ C(-a, \ -b-1)$$

演習問題

31 (1) 2点を A$(3, \ 4)$，B$(8, \ 9)$ とするとき，ABを $2:3$ に内分する点P
の座標を求めよ．

(2) 線分ABを $m:n \ (m>n>0)$ の比に内分する点をC，外分する点をDと
するとき，$\dfrac{1}{AC}+\dfrac{1}{AD}=\dfrac{k}{AB}$ が成立するような，kの値を求めよ．（創価大）

(3) 点 $(a, \ b)$ の点 $(2, \ 1)$ に関する対称点Rの座標を求めよ．

標問 **32**　　距離の公式，中線定理

(1)　点 A(2, 2)，点 B(6, 10)，点Cによってつくられる三角形が，線分 AB を底辺とし，線分 AC の長さが 10 である二等辺三角形であるとき，点C の座標を求めよ．ただし，点Cは第1象限にある．

(2)　∠AOB＝90° の直角三角形 AOB がある．線分 AB の3等分点を D，E とすれば，OD²＋OE²＋ED²＝□ AB² となる．　　　　（東京工芸大）

精　講　(1)　△ABC は CA＝CB の二等辺三角形ですから，点Cの座標を (x, y) とすれば，

　　　CA＝10，CB＝10

より，x，y についての関係式が2つ得られます．

　これを解けば点Cの座標が決まるわけです．条件をみたすCは2点存在します．これを1点にしぼるために，点Cは第1象限にあるという条件がついています．

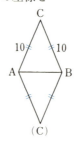

> **解法のプロセス**
>
> (1)　CA＝CB の二等辺三角形
> 　　　⇩
> 　Cの座標を (x, y) とおく
> 　　　⇩
> 　CA＝10，CB＝10 を距離の公式で表す
> 　　　⇩
> 　Cが第1象限にあることを確認する

(2)　OD²＋OE²＋ED² において，ED＝$\dfrac{1}{3}$AB なので，考えるのは OD²＋OE² についてです．

　O(0, 0)，A(3a, 0)，B(0, 3b) となる座標軸を設定するのも1つの手ですが，三角形の2辺の平方和については，中線定理があります．

中線定理（パップスの定理）

　△ODE において，DE の中点をMとすれば

$$OD^2＋OE^2＝2(OM^2＋MD^2)$$

が成り立つ．この定理を使ってみましょう．

> **解法のプロセス**
>
> (2)　△ODE において，
> 　OD²＋OE² を求めたい
> 　　　⇩
> 　中線定理の利用

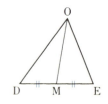

〈　**解　答**　〉

(1)　点Cの座標を (x, y) とおくと

　　　AC＝10，BC＝10

　より

　　　$\begin{cases} (x-2)^2+(y-2)^2=10^2 & \cdots\cdots① \\ (x-6)^2+(y-10)^2=10^2 & \cdots\cdots② \end{cases}$

$$\therefore \begin{cases} x^2+y^2-4x-4y=92 & \cdots\cdots① ' \\ x^2+y^2-12x-20y=-36 & \cdots\cdots② ' \end{cases}$$

①$'$−②$'$ より

$$8x+16y=128 \qquad \therefore \quad x=16-2y \quad \cdots\cdots③$$

③を①に代入して

$$(14-2y)^2+(y-2)^2=10^2$$
$$\therefore \quad 5y^2-60y+100=0$$
$$\therefore \quad 5(y-2)(y-10)=0$$

$y=10$ のとき，③から $x=-4<0$ となり，点Cが第1象限にあることに反する.

$$\therefore \quad y=2, \quad x=12$$

ゆえに，**C(12, 2)**

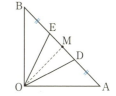

(2) DE の中点をMとおけば，中線定理より

$$\mathrm{OD}^2+\mathrm{OE}^2+\mathrm{ED}^2$$
$$=2(\mathrm{OM}^2+\mathrm{MD}^2)+\mathrm{ED}^2$$
$$=2\left\{\left(\frac{1}{2}\mathrm{AB}\right)^2+\left(\frac{1}{6}\mathrm{AB}\right)^2\right\}+\left(\frac{1}{3}\mathrm{AB}\right)^2$$
$$=\frac{2}{3}\mathrm{AB}^2 \qquad よって，\frac{2}{3}$$

← Oは AB を直径とする円周上の点であるから，
OM＝MA＝MB. また，DE の中点Mは，AB の中点でもある

研究 ・中線定理を証明しておこう.

DE を x 軸にとり，O(b, c)，D$(-a, 0)$，E$(a, 0)$，M$(0, 0)$ とすれば

$$\mathrm{OD}^2+\mathrm{OE}^2=\{(b+a)^2+c^2\}+\{(b-a)^2+c^2\}$$
$$=2(b^2+c^2+a^2)$$
$$=2(\mathrm{OM}^2+\mathrm{MD}^2)$$

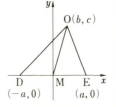

・ここで ∠DOE＝90° としてみよう. OはD, E を直径の両端とする円周上の点であり，OM＝DM であるから

$$2(\mathrm{OM}^2+\mathrm{MD}^2)=4\mathrm{DM}^2=(2\mathrm{DM})^2=\mathrm{DE}^2$$

すなわち OD^2＋OE^2＝DE^2

であり，中線定理は三平方の定理となる.

演習問題

(32) (1) 2点 A$(1, -2)$，B$(-1, 2)$ を頂点とする正三角形 ABC がある. 頂点Cの座標を求めよ. ただし，頂点Cは第1象限にあるとする. （大阪産大）

(2) 平面上に2点 A(p, q)，B$(-q, p)$ がある. AB を1辺とする正方形の中心の座標を求めよ.

（大東文化大）

標問 **33** **2直線の平行，直交**

> 2直線 $x+ay+1=0$,
> $$ax+(a+2)y+b=0$$
> が一致するとき，定数 a，b の値を求めよ．
> また，直交するときの a の値を求めよ．
>
> （順天堂大）

精講 　　2直線 $a_1x+b_1y+c_1=0$
$$a_2x+b_2y+c_2=0$$
について，

> **平行条件：$a_1b_2-b_1a_2=0$**
> **直交条件：$a_1a_2+b_1b_2=0$**

は使えるようにしておきましょう（2直線が一致するときも平行な2直線に含める）．頭の中で，
2直線の傾き $-\dfrac{a_1}{b_1}$，$-\dfrac{a_2}{b_2}$（$b_1\neq0$ かつ $b_2\neq0$ とする）を考え

> 平行条件：$-\dfrac{a_1}{b_1}=-\dfrac{a_2}{b_2}$ より $a_1b_2-b_1a_2=0$
>
> 直交条件：$\left(-\dfrac{a_1}{b_1}\right)\cdot\left(-\dfrac{a_2}{b_2}\right)=-1$ より $a_1a_2+b_1b_2=0$

とし，$b_1=0$ または $b_2=0$ のときもこの条件式に含まれることを確認してもよいのですが，数学B
でベクトルを学んだ人は**法線ベクトル** $\begin{pmatrix} a_1 \\ b_1 \end{pmatrix}$，$\begin{pmatrix} a_2 \\ b_2 \end{pmatrix}$
の平行条件，直交条件を考えるとよいでしょう．
　また，2直線が一致するのは
　　　　平行かつ共有点をもつ
場合ですが，2直線を直接比較して
　　　　$a_1:b_1:c_1=a_2:b_2:c_2$
としてもよいでしょう．これを
　　　　$a_1=a_2$ かつ $b_1=b_2$ かつ $c_1=c_2$
としないように注意しましょう．例えば，
　　　　$x+y+1=0$，$2x+2y+2=0$
は直線として一致しますが，各係数が等しいわけ
ではありませんね．

解法のプロセス
> 2直線
> $$a_1x+b_1y+c_1=0$$
> $$a_2x+b_2y+c_2=0$$
> について
> **平行**（一致も含む）
> 　　　$\iff a_1b_2-b_1a_2=0$
> **直交** $\iff a_1a_2+b_1b_2=0$

解法のプロセス
> 2直線
> $$a_1x+b_1y+c_1=0$$
> $$a_2x+b_2y+c_2=0$$
> が**一致する条件**は
> **$a_1:b_1:c_1=a_2:b_2:c_2$**

$\langle$ 解 答 $\rangle$

2直線が一致するのは，2直線の方程式の係数が比例するときである．

$$1:a:1=a:(a+2):b$$

$$\Longleftrightarrow \begin{cases} 1:a=a:(a+2) \\ 1:1=a:b \end{cases} \Longleftrightarrow \begin{cases} (a-2)(a+1)=0 \\ b=a \end{cases}$$

← $1:a=a:(a+2)$ は2直線の平行条件である

よって，$(a,\ b)=(2,\ 2),\ (-1,\ -1)$

また，直交する条件は

$$1\cdot a+a\cdot(a+2)=0$$

← 2直線の直交条件

$$\therefore\quad a(a+3)=0$$

よって，$a=0,\ -3$

第3章

研究

1° y軸に平行ではない直線で，傾きが m，y切片が n であるものは方程式

$$y=mx+n \qquad\qquad \cdots\cdots①$$

と表される．

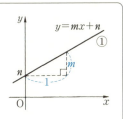

y軸に平行な直線で，x切片が k であるものは方程式

$$x=k \qquad\qquad \cdots\cdots②$$

と表される．

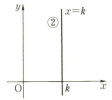

2° いくつかの条件をみたす直線の方程式を示しておこう．

(1) 点 $(x_1,\ y_1)$ を通り，x軸と平行な直線は

$$y=y_1$$

点 $(x_1,\ y_1)$ を通り，y軸と平行な直線は

$$x=x_1$$

(2) 点 $(x_1,\ y_1)$ を通り，傾き m の直線は

$$y-y_1=m(x-x_1)$$

(3) 2点 $(x_1,\ y_1),\ (x_2,\ y_2)$ を通る直線は

$$x_1\neq x_2\ \text{ならば，}\ y-y_1=\frac{y_2-y_1}{x_2-x_1}(x-x_1)$$

$$x_1=x_2\ \text{ならば，}\ x=x_1$$

(4) 2点 $(a,\ 0),\ (0,\ b)$ $(a\neq0$ かつ $b\neq0$ とする) を通る直線は

$$\frac{x}{a}+\frac{y}{b}=1$$

3°　直線の傾き m とは，$\dfrac{y \text{ の増分}}{x \text{ の増分}}$ のことであり，直

線と x 軸の正方向とのなす角を θ とすると，

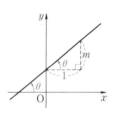

$$m = \tan\theta$$

である．普通，θ は反時計方向に $0° \leqq \theta \leqq 180°$ の範
囲ではかる．

4°　2直線 $l_1 : y = m_1 x + n_1$, $l_2 : y = m_2 x + n_2$ において

> $l_1 /\!/ l_2 \iff m_1 = m_2$
> $l_1 \perp l_2 \iff m_1 m_2 = -1$

がいえる．ここで，2直線が一致する場合も平行に含めることにする．平
行条件が $m_1 = m_2$ であることは明らかであろう．

　直交条件について確認しておく．右図のように l_1,
l_2 の交点が原点にくるように平行移動して $\mathrm{P}(1, m_1)$,
$\mathrm{Q}(1, m_2)$ をとる．

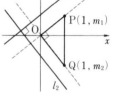

　　∠POQ＝90° より
　　　　$\mathrm{PQ}^2 = \mathrm{OP}^2 + \mathrm{OQ}^2$　　　……③
　　∴　$(m_2 - m_1)^2 = (1 + m_1{}^2) + (1 + m_2{}^2)$
　　∴　$m_1 m_2 = -1$　　　　……④

逆に，④が成り立つと③が成り立つから　∠POQ＝90°，すなわち $l_1 \perp l_2$
である．

5°　直線の方程式 $y = mx + n$ ……①, $x = k$ ……② は x, y の1次方程式
　　$ax + by + c = 0$　　……(*)
とまとめることができる（$a = -m$, $b = 1$, $c = -n$ とおけば①，$a = 1$,
$b = 0$, $c = -k$ とおけば②となる）．

　逆に，(*)は $b \neq 0$ ならば，傾き $-\dfrac{a}{b}$ の直線を表し，$b = 0$ ならば，y 軸
に平行な直線を表す．

　よって，1次方程式(*)は直線の方程式の一般式となっている．

6°　2直線 $l_1 : a_1 x + b_1 y + c_1 = 0$, $l_2 : a_2 x + b_2 y + c_2 = 0$ について

> $l_1 /\!/ l_2 \iff a_1 b_2 - b_1 a_2 = 0$
> $l_1 \perp l_2 \iff a_1 a_2 + b_1 b_2 = 0$

である．

平行条件について

l_1, l_2 を原点を通るように平行移動したものを l_1', l_2' とすると

$$l_1' : a_1x + b_1y = 0$$
$$l_2' : a_2x + b_2y = 0$$

となる. このとき,

$$l_1 /\!/ l_2$$
$\Longleftrightarrow$ l_1' と l_2' が一致する
$\Longleftrightarrow$ l_2' 上の原点と異なる点 $(b_2, -a_2)$ が l_1' 上にある
$\Longleftrightarrow$ $a_1b_2 - b_1a_2 = 0$

直交条件について

$b_1b_2 \neq 0$ のとき

$l_1 \perp l_2$ $\Longleftrightarrow$ 傾きの積 $= -1$
$$\Longleftrightarrow \left(-\frac{a_1}{b_1}\right)\left(-\frac{a_2}{b_2}\right) = -1$$
$$\Longleftrightarrow a_1a_2 + b_1b_2 = 0$$

b_1, b_2 のうち少なくとも一方が 0 のとき, 例えば, $b_1 = 0$ のときを考える. l_1 は y 軸に平行な直線であり, $l_1 \perp l_2$ であるためには l_2 は x 軸に平行でなければならない. したがって, $a_2 = 0$ である. このとき,

$$a_1a_2 + b_1b_2 = a_1 \cdot 0 + 0 \cdot b_2 = 0$$

したがって, $b_1b_2 \neq 0$, $b_1b_2 = 0$ に関わらず

$$a_1a_2 + b_1b_2 = 0$$

は直交条件として用いることができる.

第3章

演習問題

(33-1) 2つの直線 $(1-4k)x + 2y = 0$ ……①, $3x + (k-3)y = 0$ ……② がある. ただし, k は実数である.

(1) 2つの直線①, ②が直交するときの k の値を求めよ.

(2) 2つの直線①, ②が一致するときの k の値を求めよ. (北海学園大)

(33-2) 2直線 $a_1x + b_1y + c_1 = 0$ ……①, $a_2x + b_2y + c_2 = 0$ ……② がある.

(1) ①と②とが平行である (一致は除く) ための条件を求めよ.

(2) ①と②とが一致するための条件を求めよ.

(3) ①と②とが1点で交わるための条件を求めよ.

(4) ①と②とが直交するための条件を求めよ.

34　　**1点で交わる3直線**

> $x+2y=a,\ 2x+ay=1,\ ax+y=-16$
>
> が表す3直線が1点で交わるとき，a の値を求めよ．ただし，a は実数とする．
>
> （第一薬大）

精講　　3直線が1点で交わる条件は，2直線①，②の交点が第3の直線③の上にあることです．

①，②が平行なとき，交点が1つに決まらなかったり，存在しなかったりすることがありますが，それは計算を進めながら調べていきます．

また，第1，第2の直線が交点をもつとき，方程式 $(x+2y-a)+k(2x+ay-1)=0$ は第1，第2の直線の交点を通る直線を表しています．したがってこれが，第3の直線に一致すれば，問題文の3直線が1点で交わることになります．

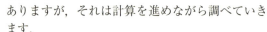

解法のプロセス

3直線が1点で交わる
⇩
2直線の交点が，残りの直線上にある

解法のプロセス

2曲線 $f(x,\ y)=0,$
　　　$g(x,\ y)=0$
の交点を通る図形
⇩
$f(x,\ y)+kg(x,\ y)=0$

〈　**解　答**　〉

$$x+2y=a \qquad \cdots\cdots①$$
$$2x+ay=1 \qquad \cdots\cdots②$$
$$ax+y=-16 \qquad \cdots\cdots③$$

3直線が1点で交わる条件は，①，②が交点をもち，その交点が③上にあることである．

①×a－②×2 より　$(a-4)x=a^2-2$

①×2－② より　$(4-a)y=2a-1$

①，②が交点をもつことから $a-4\neq0$ であり，①，②の交点の座標は

$$\left(\frac{a^2-2}{a-4},\ \frac{2a-1}{4-a}\right)$$

これが③上にある条件は

$$a\cdot\frac{a^2-2}{a-4}+\frac{2a-1}{4-a}=-16$$

分母を払って整理すると

← $a=4$ とすると
$0\cdot x=16-2$
$0\cdot y=8-1$
となり，どちらも不合理

$a^3+12a-63=0$

$\therefore \quad (a-3)(a^2+3a+21)=0$

$a^2+3a+21=0$ は実数解をもたないから，   ← $D=3^2-4\cdot21=-75<0$

求める a の値は $a=3$

研究   **1°**   2曲線 $f(x, y)=0$, $g(x, y)=0$ が共有点をもつとき，k を定数として

$$f(x, y)+kg(x, y)=0 \quad \cdots\cdots(*)$$

は2曲線のすべての共有点を通る図形の方程式である．

   なぜならば，点 (α, β) を共有点とすると

$$f(\alpha, \beta)=0 \ \text{かつ} \ g(\alpha, \beta)=0$$

より

$$f(\alpha, \beta)+kg(\alpha, \beta)=0+k\cdot0=0$$

であり，点 (α, β) は図形$(*)$上にあることがわかる．

2°   **1°** を利用して，本問は次のように解くこともできる．

$$x+2y=a \quad \cdots\cdots①$$
$$2x+ay=1 \quad \cdots\cdots②$$
$$ax+y=-16 \quad \cdots\cdots③$$

$1\cdot a-2\cdot2=a-4$ より $a=4$ とすると，①∥②（一致はしない）であり，①，②は共有点をもたない．これは題意をみたさないので不適．

   $a\neq4$ のとき，k を定数として

$$(x+2y-a)+k(2x+ay-1)=0$$

$$\therefore \quad (2k+1)x+(ak+2)y-k-a=0 \quad \cdots\cdots(**)$$

を考える．$(**)$は①，②の交点を通る直線を表している．③が①，②と一致しないことに注意すると，$(**)$と③が一致することが，①，②，③が1点で交わることと同値である．

$$(2k+1):(ak+2):(-k-a)=a:1:16$$

$$\Longleftrightarrow \begin{cases} 2k+1=a(ak+2) & \cdots\cdots④ \\ -k-a=16(ak+2) & \cdots\cdots⑤ \end{cases}$$

   ⑤より $k=\dfrac{-a-32}{16a+1}$ であり，④に代入し整理すると

$a^3+12a-63=0$ を得る．以下，解答と同じ．

演習問題

34   異なる3直線 $ax+by+c=0$, $bx+cy+a=0$, $cx+ay+b=0$ が，ただ1つの点で交わるための条件を求めよ．また，そのときの交点の座標を求めよ．

           （東北学院大）

<table>
<tr><td>標問</td><td>**35**</td><td>**点と直線の距離**</td></tr>
</table>

(1)　直線 $x+y-3=0$ の上にある点Pと直線 $3x+4y+5=0$ の距離が3の
とき，点Pの座標を求めよ．　　　　　　　　　　　　　　　　　（早　大）

(2)　点 $(2, 1)$ を通る直線で，点 $(5, 3)$ からの距離が2であるものの方程式を
求めよ．　　　　　　　　　　　　　　　　　　　　　　　　　（三重大）

→ **精 講**　　(1)　直線 $x+y-3=0$ 上の点は，x
座標を t とおけば，$(t, 3-t)$ とな
ります．

あとは点と直線の距離の公式に代入して，t に
ついての方程式を解けばよいわけです．

(2)　方程式
$$a(x-2)+b(y-1)=0$$
は点 $(2, 1)$ を通る直線のすべてを表します．傾
きをmとして
$$y-1=m(x-2)$$
とおくときには，y 軸に平行な**直線 $x=2$ が除か
れている**ことに注意しましょう．

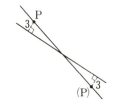

解法のプロセス

直線 $ax+by+c=0$ と点
(x_0, y_0) の距離 h
$$\Downarrow$$
$$h=\frac{|ax_0+by_0+c|}{\sqrt{a^2+b^2}}$$

〈　**解 答**　〉

(1)　点Pは直線 $x+y-3=0$ 上の点であるからP
の座標を $(t, 3-t)$ とおくことができる．

Pと直線 $3x+4y+5=0$ の距離が3なので
$$\frac{|3t+4(3-t)+5|}{\sqrt{3^2+4^2}}=3$$
　∴　$|17-t|=15$　　∴　$t=2, 32$

よって，Pの座標は
$$(2, 1), (32, -29)$$

←　点と直線の距離の公式

(2)　点 $(2, 1)$ を通る直線を
$$y-1=m(x-2)$$
　∴　$mx-y-2m+1=0$

とおくと，点 $(5, 3)$ と，この直線の距離が2であ
る条件は
$$\frac{|5m-3-2m+1|}{\sqrt{m^2+(-1)^2}}=2$$

←　直線 $x=2$ と点 $(5, 3)$ の距
離は3であるので y 軸に平行
な直線は考えなくてよい

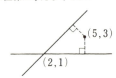

$$\therefore \quad |3m-2|=2\sqrt{m^2+1}$$

平方して整理すると

$$m(5m-12)=0$$

$$\therefore \quad m=0, \ \frac{12}{5}$$

よって，求める直線の方程式は

$$y=1, \ 12x-5y=19$$

研究　点と直線の距離：点 $P(x_0, y_0)$ と直線 $l: ax+by+c=0$ との距離 h は

$$h=\frac{|ax_0+by_0+c|}{\sqrt{a^2+b^2}}$$

で与えられる.

　実直に計算しても証明できるが，少し工夫する.

　点Pが原点にくるように l を平行移動すると

$$a(x+x_0)+b(y+y_0)+c=0$$

この直線を

$$l': ax+by+ax_0+by_0+c=0$$

とする．いま，$ax_0+by_0+c=d$ とおくと

$$l': ax+by+d=0 \qquad \cdots\cdots ①$$

この直線と原点との距離を調べる.

　原点を通り l' に垂直な直線は

$$bx-ay=0 \qquad \cdots\cdots ②$$

①×a＋②×b より　$(a^2+b^2)x+ad=0$

①×b－②×a より　$(a^2+b^2)y+bd=0$

したがって，①，②の交点Hの座標は，

$$H\left(-\frac{ad}{a^2+b^2}, \ -\frac{bd}{a^2+b^2}\right)$$

$$\therefore \quad h=OH=\sqrt{\left(-\frac{ad}{a^2+b^2}\right)^2+\left(-\frac{bd}{a^2+b^2}\right)^2}$$

$$=\sqrt{\frac{(a^2+b^2)d^2}{(a^2+b^2)^2}}=\frac{|d|}{\sqrt{a^2+b^2}}=\frac{|ax_0+by_0+c|}{\sqrt{a^2+b^2}}$$

ベクトルによる証明もある（標問 **161** を参照せよ）.

演習問題

35　点Pが放物線 $y=-x^2+4x-3$ の上を動くとき，Pから直線 $y=x+2$ への距離の最小値を求めよ.

（津田塾大）

36　　**三角形の面積**

O(0, 0)，A(4, 6)，B(12, 2) を頂点とする三角形を考える．

(1)　線分 OB 上にある点 P$\left(8, \dfrac{4}{3}\right)$ と OA 上の点 Q とを結ぶ線分 PQ で，

　　△OAB の面積を 2 等分するとき，Q の座標を求めよ．

(2)　△OAB の重心を G とし，直線 PG が OA と交わる点を R とするとき

　　(i)　△OPR の面積を求めよ．

　　(ii)　△PQR の面積を求めよ．

　　　　　　　　　　　　　　　　　　　　　　　　　　　（上智大）

精講　　OP，OQ は OB，OA をそれぞれ縮小したものです．

　点Pが線分 OB を $p:1-p\ (0<p<1)$ に内分し，点Qが線分 OA を $q:1-q\ (0<q<1)$ に内分する点とすると

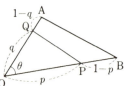

$$\triangle OPQ = \frac{1}{2} OP \cdot OQ \sin\theta$$
$$(\theta = \angle AOB \text{ とする})$$
$$= \frac{1}{2} p OB \cdot q OA \sin\theta$$
$$= \frac{1}{2} pq \cdot OA \cdot OB \sin\theta$$
$$= pq \triangle OAB$$

また，A(x_1, y_1)，B(x_2, y_2) のとき，

$$\triangle OAB = \frac{1}{2} |x_1 y_2 - x_2 y_1|$$

でもあります．

解法のプロセス

(1)　OP $= p$OB $(p>0)$,
　　　OQ $= q$OA $(q>0)$
　　　　　⇩
　　△OPQ $= pq$△OAB
　　　　　⇩
　　△OPQ $= \dfrac{1}{2}$△OAB で
ある条件は $pq = \dfrac{1}{2}$

解法のプロセス

(2)　R は 2 直線 PG, OA の交点
　　　　　⇩
　　R の座標を求める
　　　　　⇩
　　P(x_1, y_1), R(x_2, y_2)
のとき
　△OPR $= \dfrac{1}{2}|x_1 y_2 - x_2 y_1|$

〈　**解　答**　〉

(1)　点Pは線分 OB を
　　　$8:(12-8)=2:1$
　　に内分する点である．点Qが線分 OA を
　　$q:1-q$ に内分する点とすると
　　　　　$\triangle OPQ = \dfrac{1}{2}\triangle OAB$

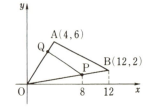

であるための条件は

$$\frac{2}{3} \cdot q \triangle \text{OAB} = \frac{1}{2} \triangle \text{OAB} \qquad \therefore \quad q = \frac{3}{4}$$

点Qは線分 OA を $3:1$ に内分する点ゆえ, 点 $\quad\leftarrow x=\dfrac{1 \cdot 0+3 \cdot 4}{3+1}$

Q の座標は $\left(3, \dfrac{9}{2}\right)$ である. $\qquad\qquad y=\dfrac{1 \cdot 0+3 \cdot 6}{3+1}$

(2) △OAB の重心 G の座標は

$$\left(\frac{4+12}{3}, \frac{6+2}{3}\right) \qquad \therefore \quad \text{G}\left(\frac{16}{3}, \frac{8}{3}\right)$$

よって, 直線 PG の方程式は

$$\left(8-\frac{16}{3}\right)\left(y-\frac{4}{3}\right)=\left(\frac{4}{3}-\frac{8}{3}\right)(x-8)$$

$$\therefore \quad y=-\frac{1}{2}x+\frac{16}{3}$$

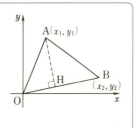

これと直線 OA の方程式 $y=\dfrac{3}{2}x$ を連立して

$$\text{R}\left(\frac{8}{3}, 4\right)$$

(ⅰ) $\quad \triangle \text{OPR}=\dfrac{1}{2}\left|8 \cdot 4-\dfrac{4}{3} \cdot \dfrac{8}{3}\right|=\dfrac{128}{9}$

(ⅱ) $\quad \triangle \text{PQR}=\triangle \text{OPQ}-\triangle \text{OPR}=\dfrac{1}{2}\triangle \text{OAB}-\triangle \text{OPR}$

$$=\frac{1}{2} \cdot \frac{1}{2}|4 \cdot 2-6 \cdot 12|-\frac{128}{9}=\frac{16}{9}$$

研究 O$(0, 0)$, A(x_1, y_1), B(x_2, y_2) のとき

$$\triangle \textbf{OAB}=\frac{1}{2}|\boldsymbol{x_1 y_2 - x_2 y_1}| \text{ である.}$$

なぜならば, 直線 OB : $y_2 x - x_2 y = 0$ と A(x_1, y_1)

との距離が, $\dfrac{|y_2 x_1 - x_2 y_1|}{\sqrt{x_2{}^2 + y_2{}^2}}=\dfrac{|x_1 y_2 - x_2 y_1|}{\text{OB}}$ なので

$$\triangle \text{OAB}=\frac{1}{2}\text{OB} \cdot \frac{|x_1 y_2 - x_2 y_1|}{\text{OB}}=\frac{1}{2}|x_1 y_2 - x_2 y_1|$$

演習問題

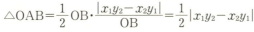

(36) (1) 3直線 $4x-3y=14$, $x-2y=1$, $x-7y=16$ で定まる三角形の面積を求めよ.

(2) 曲線 $y=|x|$ と直線 $y=ax+b\,(b>0)$ とで囲まれた部分の面積が 4 であるとき, a, b の関係を求めよ.

(岡山理大)

37　三角形の内心

> 平面上の3点 O(0, 0), A(63, 0), B(15, 20) に対し，三角形 OAB の内心
> の座標を求めよ．
> （立命館大）

→ 精講　三角形の内心の定義を確認しておき
ましょう．内心とは，内接円の中心
であり，

3辺に至る距離が等しい点

と定義されます．また，内心は

内角の二等分線3本の交点

ととらえることもできます．内心をどちらの立場
でみるかは問題によって使い分けていけばよいで
しょう．

　内心を「内接円の中心」とみると，点と直線の
距離の公式を使うことになります．「3直線に至
る距離が等しい」という条件をみたす点は実は4
点（内心と傍心が3点）あります．点と直線の距
離の公式における絶対値記号をはずして1つの点
にしぼります．

　内心を「内角の二等分線3本の交点」とみると
きには次の幾何的な性質を使うことになります．

　「三角形 ABC において，∠A の二等分線が BC
と交わる点をDとすると

BD : DC ＝ AB : AC

である」

　比がわかれば，D の座標は分点公式により求め
られます．同じように，∠B の二等分線と AD の
交点 I が求められ，このときの交点 I が △ABC
の内心となります．

解法のプロセス

内心
- 内接円の中心 ⇒ 点と直線の距離の公式
- 内角の二等分線 ⇒ 分点公式

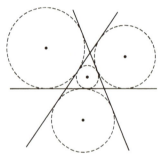

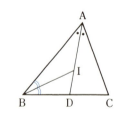

〈　**解　答**　〉

　内心は3辺 OA，OB，AB に至る距離が等しい点
である．

　それぞれの直線の方程式は

OA：$y=0$

OB：$4x-3y=0$

AB：$5x+12y-315=0$

であるから，内心 I の座標を $(a,\ b)$ とおくと

$$|b|=\frac{|4a-3b|}{\sqrt{4^2+(-3)^2}}=\frac{|5a+12b-315|}{\sqrt{5^2+12^2}}$$

である．

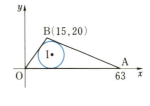

I は △OAB の内部にあるから

$$\begin{cases} b>0 \\ 4a-3b>0 \\ 5a+12b-315<0 \end{cases}$$

である．これと上式より

$$b=\frac{4a-3b}{5}=-\frac{5a+12b-315}{13}$$

$$\therefore \quad \begin{cases} 5b=4a-3b \\ -13b=5a+12b-315 \end{cases} \qquad \therefore \quad b=9,\ a=18$$

よって，内心 I の座標は $(\mathbf{18},\ \mathbf{9})$

← I は直線 OB の下側にある
から
$$b<\frac{4}{3}a \quad \therefore \quad 4a-3b>0$$
同じく，I は x 軸の上側，直線 AB の下側にあるので，
$b>0,\ 5a+12b-315<0$

← すべての絶対値をはずした

（別解） OB $=\sqrt{15^2+20^2}=25$

AB $=\sqrt{(15-63)^2+20^2}=52$

∠OBA の二等分線が OA と交わる点を C とすると

OC：CA $=$ OB：BA $=25:52$

よって，C の x 座標は

$$\frac{25}{25+52}\cdot63=\frac{225}{11} \qquad \therefore \quad C\left(\frac{225}{11},\ 0\right)$$

∠BOC の二等分線と BC の交点が内心 $I(a,\ b)$ である．

$$BI:IC=OB:OC=25:\frac{225}{11}=11:9$$

なので

$$a=\frac{9\cdot15+11\cdot\dfrac{225}{11}}{11+9}=18,$$

$$b=\frac{9\cdot20+11\cdot0}{11+9}=9$$

よって，内心 I の座標は $(18,\ 9)$

37 2 直線 $2x+y-3=0$，$x-2y+1=0$ のなす角の二等分線の方程式を求めよ．

（学習院大）

標問 **38** **直線に関する対称点**

> xy 平面上に直線 $l : x-y-4=0$ と 2 点 P(3, 2), Q(−3, 3) がある.
>
> (1) 直線 l に関して，点Pと対称な点の座標を求めよ．
>
> (2) 直線 l 上を点Rが動くとき，PR＋QR の最小値を求めよ． （近畿大）

精講 (1) 2点 P, P′ が直線 l に関して対称であるとは，l に沿って平面を折ったとき，PとP′が重なることです．

解法のプロセス

(1) 2点 P, P′ が直線 l に関して対称

⇩

$\begin{cases} \text{PP′ の中点が } l \text{ 上にある} \\ \text{PP′}\perp l \end{cases}$

その条件は，PP′ と l の交点をMとすると

PM＝P′M かつ PP′⊥l

をみたすことです．

これは

PP′ の中点が l 上にあり，PP′⊥l

をみたすことといえます．

(2) Rの座標を $(t, t-4)$ などとして

PR＋QR

$$=\sqrt{(t-3)^2+(t-6)^2}+\sqrt{(t+3)^2+(t-7)^2}$$

の最小値を考えるなどとするのは無謀です．(1)の対称点 P′ の利用を考えます．PR＝P′R なので

PR＋QR＝P′R＋RQ

と直すことができます．

2 点 P′, Q を結ぶ折れ線の長さが最小となるのは，3 点 P′, R, Q が一直線上に並んで線分 P′Q と重なるときです．

解法のプロセス

(2) 折れ線の最短距離

⇩

対称点 P′ の利用

⇩

PR＋QR＝P′R＋RQ

≧P′Q

等号は P′, R, Q が一直線上に並ぶときである

(1) 点 P′(a, b) が点 P と直線 l に関して対称である条件は

　　　線分 PP′ の中点が直線 l 上にあり，かつ
　　　PP′$\perp l$

となることである．

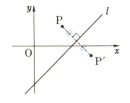

　　PP′ の中点 $\left(\dfrac{a+3}{2}, \dfrac{b+2}{2}\right)$ が直線 l 上にある

条件は

$$\dfrac{a+3}{2} - \dfrac{b+2}{2} - 4 = 0$$

$$\therefore \quad a - b - 7 = 0 \qquad\qquad \cdots\cdots ①$$

　　PP′$\perp l$ である条件は　$\dfrac{b-2}{a-3} \cdot 1 = -1$　　◀ 直交条件は $mm' = -1$

$$\therefore \quad a + b - 5 = 0 \qquad\qquad \cdots\cdots ②$$

①かつ②より　$a = 6, \ b = -1$

対称点 P′ の座標は $(6, \ -1)$

(2)　PR = P′R だから

　　　PR + QR = P′R + RQ ≧ P′Q

　　この等号が成り立つのは 3 点 P′, R, Q が一直線上に並ぶときである．

　　　よって，求める最小値は P′Q であり

$$\sqrt{(6+3)^2 + (-1-3)^2} = \sqrt{97}$$

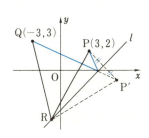

演習問題

38-1　点 P と直線 $y = 2x$ に関して対称な点を Q とする．Q を x 軸方向に 1 だけ平行移動した点を R とすると，R と P は直線 $y = x$ に関して対称になる．このとき P の座標を求めよ．　　　　　　　　　　　　　　　　（東海大）

38-2　平面上に 2 点 A$(2, 0)$, B$(4, 3)$ と直線 $y = x$ が与えられており，また点 P がその直線上を動くものとする．そのとき，

(1)　$\overline{\mathrm{AP}}$ と $\overline{\mathrm{PB}}$ の和 $\overline{\mathrm{AP}} + \overline{\mathrm{PB}}$ が最小となる点 P の座標は ($\boxed{}$, $\boxed{}$) である．

(2)　また，その最小値は $\boxed{}$ である．　　　　　　　　　（立正大）

標問 **39** 定点を通る直線

(1) 直線群 $(a+2)x+(3a-2)y+1=0$ のどの直線もつねに定点 □ を
通る. （立正大）

(2) 2直線 $x+2y-5=0$, $2x-3y+4=0$ の交点をPとするとき，

(i) 点Pと原点 $(0, 0)$ を通る直線の方程式を求めよ.

(ii) 点Pを通り，直線 $3x-4y+1=0$ に平行な直線の方程式を求めよ.

（上智大）

精講 (1) a の値を決めれば，直線が1つ決まります．したがって，"どの直線も…"ということは，

"**どんな a に対しても…**"

ということになります．**与えられた式を a について**の恒等式として処理することになります.

(2) 2直線 $x+2y-5=0$, $2x-3y+4=0$ の交点Pの座標を求めると $(1, 2)$ となります.

これより，(i)は2点 O$(0, 0)$, P$(1, 2)$ を通る直線 $(y=2x)$，(ii)は，点 $(1, 2)$ を通り，傾き $\frac{3}{4}$ の直線 $\left(y-2=\frac{3}{4}(x-1) \text{ より } 3x-4y+5=0 \right)$

として求めることもできますが，**解答**では交点Pの座標を求めずに解いてみます.

そのためには

「図形 $f(x, y)=0$, $g(x, y)=0$ が共有点をもつとき，方程式

$$mf(x, y)+ng(x, y)=0$$

の表す図形は，m, n の値にかかわらず，つねにその共有点のすべてを通る」

という定理を使います.

$m=1$ のときは標問 **34** ■研究 で説明済みです.

解法のプロセス

(1) "どんな a に対しても…"
⇩
a について整理する
⇩
a についての恒等式

解法のプロセス

(2) 図形 $f(x, y)=0$,
$g(x, y)=0$ の共有点を通る図形
⇩
$mf(x, y)+ng(x, y)=0$
⇩
条件をみたすように m, n の値を求める

〈 **解 答** 〉

(1) $(a+2)x+(3a-2)y+1=0$ ……①
を a について整理すると

$(x+3y)a+(2x-2y+1)=0$ ……①′

これがすべての a に対して成立する条件は

$$\begin{cases} x+3y=0 \\ 2x-2y+1=0 \end{cases}$$

$$\therefore \quad (x,\ y)=\left(-\frac{3}{8},\ \frac{1}{8}\right)$$

← $Aa+B=0$ がすべての a に
  対して成立する条件は
  $\qquad A=B=0$

よって，直線①は a がどのような値であっても

定点 $\left(-\dfrac{3}{8},\ \dfrac{1}{8}\right)$ を通る.

(2) $(m,\ n)\neq(0,\ 0)$ として

$$m(x+2y-5)+n(2x-3y+4)=0 \quad ……②$$

を考える.

　この方程式は，$x,\ y$ の 1 次方程式なので直線を表しており，

2 直線 $x+2y-5=0,\ 2x-3y+4=0$ の交点 P を $(\alpha,\ \beta)$ とすると

$$m(\alpha+2\beta-5)+n(2\alpha-3\beta+4)=m\cdot0+n\cdot0=0$$

より，②は点 P を通る. すなわち，②は点 P を通

る直線の方程式である.

← ②は点 P を通るすべての直線
  を表している

(i) ②が原点 $(0,\ 0)$ を通るとき

$$-5m+4n=0$$

$$\therefore \quad n=\frac{5}{4}m \ ただし, \ m\neq0$$

← なぜなら $(m,\ n)\neq(0,\ 0)$

このとき，②は

$$4m(x+2y-5)+5m(2x-3y+4)=0$$

$$7m(2x-y)=0$$

$m\neq0$ より

$$\boldsymbol{y=2x}$$

である.

(ii) ②が直線 $3x-4y+1=0$ と平行になるのは

②を $x,\ y$ について整理すると

$$(m+2n)x+(2m-3n)y-5m+4n=0$$

であるから，

$$3(2m-3n)+4(m+2n)=0$$

$$\therefore \quad n=10m \ ただし, \ m\neq0$$

← $ax+by+c=0$
  $a'x+b'y+c'=0$
  が平行であるための条件は
  $ab'-ba'=0$
  （一致を含む）

のときである.

このとき，②は

$$m(x+2y-5)+10m(2x-3y+4)=0$$

$$7m(3x-4y+5)=0$$

$m\neq0$ より

$$\boldsymbol{3x-4y+5=0}$$

である.

研究　(1)で示したのは，①で表されるすべての直線は，定点 $\left(-\dfrac{3}{8},\ \dfrac{1}{8}\right)$ を通るということであり，定点 $\left(-\dfrac{3}{8},\ \dfrac{1}{8}\right)$ を通るすべての直線が①で表される**わけではない**．実際①′の形から，a をどのようにとっても，**$x+3y=0$ という直線を表すことはできない**.

では，点 $\left(-\dfrac{3}{8},\ \dfrac{1}{8}\right)$ を通るすべての直線を表すにはどうしたらよいのか？それは

$$a(x+3y)+b(2x-2y+1)=0 \quad \text{ただし，}\ (a,\ b) \neq (0,\ 0)\ \cdots\cdots(*)$$

という方程式を考えればよい.

(*)は，$x,\ y$ の1次方程式なので直線を表しており，$a,\ b$ の値にかかわらず2直線の方程式

$$x+3y=0 \qquad \cdots\cdots\text{⑦}$$
$$2x-2y+1=0 \quad \cdots\cdots\text{④}$$

をみたす $(x,\ y)$，すなわち交点 $\left(-\dfrac{3}{8},\ \dfrac{1}{8}\right)$ に対して成立する.

よって，(*)は2直線⑦，④の交点を通る直線である.

次に(*)を $x,\ y$ について整理すると

$$(a+2b)x+(3a-2b)y+b=0 \quad \cdots\cdots(*')$$

この直線の法線ベクトルは

$$\begin{pmatrix} a+2b \\ 3a-2b \end{pmatrix}=a\begin{pmatrix} 1 \\ 3 \end{pmatrix}+2b\begin{pmatrix} 1 \\ -1 \end{pmatrix}$$

であり，$\begin{pmatrix} 1 \\ 3 \end{pmatrix}$, $\begin{pmatrix} 1 \\ -1 \end{pmatrix}$ は1次独立 (標問 **154** を参照) であるから，

$(a,\ b) \neq (0,\ 0)$ のもとでは $\begin{pmatrix} a+2b \\ 3a-2b \end{pmatrix}$ は $\vec{0}$ 以外のすべてのベクトルを表す.

したがって，(*′)は直線⑦，④の交点を通るすべての直線を表す.

演習問題

(39-1)　直線 $(2k+1)x+(k+4)y-k+3=0$ は，実数 k の値にかかわらず定点 □ を通る.　　　　　　　　　　　　　　　　　　(南山大)

(39-2)　2直線 $2x-y-1=0$，$3x+2y-3=0$ の交点をPとするとき，

(1)　点Pと点 $(-1,\ 1)$ を通る直線の方程式を求めよ.

(2)　点Pを通り，直線 $2x-3y=0$ に平行な直線の方程式を求めよ.

(3)　点Pを通り，直線 $x+3y=0$ に垂直な直線の方程式を求めよ.　　(近畿大)

標問 **40** **2直線を表す方程式**

p, q を実数の定数とする2次方程式 $2x^2+3xy+py^2-7x+qy+3=0$ が点 $(1,\ 1)$ を通る2つの直線を表すとき，定数 p, q の値と2直線の方程式を求めよ．

(西南学院大)

精講 　与えられた2次方程式が2直線を表すのは

$$(ax+by+c)(a'x+b'y+c')=0$$

として x, y の1次式の積に因数分解されるときです．この式を展開して，もとの方程式との係数比較でもよいのですが，別の方法を考えてみます．

上式を x について解くと

$$x=-\frac{by+c}{a},\ \ -\frac{b'y+c'}{a'}$$

となります．こうなる条件は

$$2x^2+(3y-7)x+py^2+qy+3=0$$

の解 $x=\dfrac{-3y+7\pm\sqrt{D}}{4}$ において

　　　 $D=$完全平方式

となることです．

解法のプロセス

　x, y の2次方程式が2直線を表す
(解1) 　$(ax+by+c)$
　　　　 $\times(a'x+b'y+c')=0$
　を展開して，係数比較
(解2) 　与式を x について解くと
$$x=\frac{-3y+7\pm\sqrt{D}}{4}$$
　　　　 ⇩
　　 $D=$完全平方式

第3章

〈 **解 答** 〉

$$2x^2+3xy+py^2-7x+qy+3=0 \qquad \cdots\cdots①$$

①が点 $(1,\ 1)$ を通る条件は　$p+q+1=0$　$\cdots\cdots②$

①を x についての2次方程式 $2x^2+(3y-7)x+py^2+qy+3=0$ とみると

$$x=\frac{-3y+7\pm\sqrt{D_x}}{4} \qquad\qquad\cdots\cdots③$$

ただし，$D_x=(3y-7)^2-4\cdot2(py^2+qy+3)$
　　　　　　$=(9-8p)y^2-2(21+4q)y+25$

③が2直線を表す条件は，y の式として D_x が完全平方式になることである．
$9-8p=0$ のとき，$D_x=-2(21+4q)y+25$．これが完全平方式となるのは，

$21+4q=0$ のときのみであるが，このとき $(p,\ q)=\left(\dfrac{9}{8},\ -\dfrac{21}{4}\right)$ であり，②をみたさない．よって，求める条件は

$9-8p\neq0$ かつ $D_y=0$ （ただし，D_y は $D_x=0$ の判別式である）

である．

$$\frac{D_y}{4}=(21+4q)^2-25(9-8p)$$

$$=(17-4p)^2-25(9-8p) \qquad \text{← ②より } q=-p-1$$

$$=16p^2+64p+64=16(p+2)^2$$

であるから，$D_y=0$ より

$$p=-2, \quad q=1 \ (\because \ ②より) \qquad \text{← これは } p\neq\frac{9}{8} \text{ をみたしている}$$

このとき，$D_x=25y^2-50y+25=25(y-1)^2$ であり

$$x=\frac{-3y+7\pm5(y-1)}{4}$$

よって，求める2直線の方程式は $2x-y-1=0, \ x+2y-3=0$

別解 1. 2直線はともに点 $(1, \ 1)$ を通るから，2直線を表す方程式は

$$\{2(x-1)+a(y-1)\}\{(x-1)+b(y-1)\}=0$$

$$\therefore \ (2x+ay-2-a)(x+by-1-b)=0 \quad \cdots\cdots(*)$$

とおける．$(*)$ を展開すると

$$2x^2+(a+2b)xy+aby^2$$
$$-(4+a+2b)x-(a+2b+2ab)y+(2+a)(1+b)=0$$

これと与式 $2x^2+3xy+py^2-7x+qy+3=0$ の係数を比較すると

$$\begin{cases} a+2b=3 & \cdots\cdots① \\ ab=p & \cdots\cdots② \\ 4+a+2b=7 & \cdots\cdots③ \\ a+2b+2ab=-q & \cdots\cdots④ \\ (2+a)(1+b)=3 & \cdots\cdots⑤ \end{cases}$$

①$(\Leftrightarrow③)$，⑤より $(a, \ b)=\left(4, \ -\dfrac{1}{2}\right), \ (-1, \ 2)$

$(a, \ b)$ がどちらの組のときも $p=-2, \ q=1$ である．

また，$(a, \ b)$ がどちらの組のときも2直線を表す方程式は

$$(2x-y-1)(x+2y-3)=0$$

別解 2. 与式で $y=0$ とすると $2x^2-7x+3=0$ $\therefore$ $x=\dfrac{1}{2}, \ 3$

2点 $(1, \ 1), \ \left(\dfrac{1}{2}, \ 0\right)$ を通る直線の方程式は $2x-y-1=0$

2点 $(1, \ 1), \ (3, \ 0)$ を通る直線の方程式は $x+2y-3=0$

である．$p, \ q$ については，これらの左辺の積をつくることにより得られる．

演習問題

40 $x, \ y$ の方程式 $2x^2+3xy+y^2+ax+y+b=0$ が2直線を表すのは，実数の定数 $a, \ b$ の間に $b=-a^2+\boxed{}a-\boxed{}$ という関係が成り立つときである．

(東京薬大)

標問	**41**	**円の方程式**

(1) 座標平面上に 2 点 A(4, 1)，B(p, q) があるとき線分 AB を直径とする円の方程式を求めよ．

(2) xy 平面において，円 $(x-3)^2+(y-3)^2=2$ 上に中心があり，x 軸および y 軸に接するような円の方程式を求めよ． (愛知工大)

(3) 直線 $x+y+1=0$ の上に中心をもち，2 点 $(1, 1)$，$(2, 4)$ を通る円の方程式を求めよ． (工学院大)

(4) 3 点 $(0, 0)$，$(2, 1)$，$(-1, 2)$ を通る円の方程式を求めよ． (北海道工大)

精講 円とは

定点Aからの距離が一定

な点の軌跡です．点A(中心)の座標を (a, b)，A からの距離(半径)を r とすると，この円の方程式は

$$(x-a)^2+(y-b)^2=r^2$$

となります．

(1)〜(3)は中心，半径を調べ円の方程式を求めていきます．

(4)については，円の一般式

$$x^2+y^2+ax+by+c=0$$

を利用するとよいでしょう．

> **解法のプロセス**
>
> (1), (2), (3) 円の方程式
> ⇩
> 中心 (a, b)，半径 r
> ⇩
> $(x-a)^2+(y-b)^2=r^2$

> **解法のプロセス**
>
> (4) 3 点を通る円の方程式
> ⇩
> 円の一般式
> $x^2+y^2+ax+by+c=0$
> に代入

〈 **解 答** 〉

(1) 線分 AB の中点 $\left(\dfrac{p+4}{2}, \dfrac{q+1}{2}\right)$ が中心であり，

半径は $\dfrac{\text{AB}}{2}=\dfrac{1}{2}\sqrt{(p-4)^2+(q-1)^2}$ である．

よって，求める円の方程式は

$$\left(x-\frac{p+4}{2}\right)^2+\left(y-\frac{q+1}{2}\right)^2=\frac{(p-4)^2+(q-1)^2}{4}$$

(2) 半径を r とおくと，円は x 軸および y 軸に接するから中心の座標は (r, r) である．

← 円は x 軸，y 軸に接し，中心は第 1 象限にある

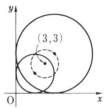

また，中心は円 $(x-3)^2+(y-3)^2=2$ 上にあるから

$(r-3)^2+(r-3)^2=2$

∴ $(r-3)^2=1$ ∴ $r=2,\ 4$

よって，求める円の方程式は

$(x-2)^2+(y-2)^2=4,$

$(x-4)^2+(y-4)^2=16$

(3) 中心の座標を $(a,\ -a-1)$ とおくと，中心から $(1,\ 1)$，$(2,\ 4)$ までの距離が等しいことから

$(a-1)^2+(-a-2)^2=(a-2)^2+(-a-5)^2\ (=(半径)^2)$

∴ $4a+24=0$ ∴ $a=-6$

このとき半径の平方は，$(-6-1)^2+(6-2)^2=65$

よって，求める円の方程式は

$(x+6)^2+(y-5)^2=65$

(4) 円の方程式を $x^2+y^2+ax+by+c=0$ とおく．

3点 $(0,\ 0)$，$(2,\ 1)$，$(-1,\ 2)$ を通ることから，

$c=0,\ 2a+b+c+5=0,\ -a+2b+c+5=0$

∴ $a=-1,\ b=-3,\ c=0$

よって，求める円の方程式は

$x^2+y^2-x-3y=0$

研究 1° (1)では，中心の座標と半径を求めて円の方程式をつくったが，∠APB＝90° より円周上の点を $P(x,\ y)$ として

$AP^2+BP^2=AB^2$

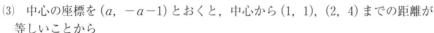

∴ $(x-4)^2+(y-1)^2+(x-p)^2+(y-q)^2$
$=(p-4)^2+(q-1)^2$

∴ $x^2+y^2-(p+4)x-(q+1)y+4p+q=0$

としてもよい．

一般に，2点 $A(x_1,\ y_1)$，$B(x_2,\ y_2)$ を直径の両端とする円の方程式は

$(x-x_1)^2+(y-y_1)^2+(x-x_2)^2+(y-y_2)^2=(x_2-x_1)^2+(y_2-y_1)^2$

∴ $x^2+y^2-(x_1+x_2)x-(y_1+y_2)y+x_1x_2+y_1y_2=0$

したがって，

$(x-x_1)(x-x_2)+(y-y_1)(y-y_2)=0$

で与えられる．これはベクトルの内積 $\overrightarrow{AP}\cdot\overrightarrow{BP}=0$ を展開した式でもある．

2° (3)では，2点 $(1,\ 1)$，$(2,\ 4)$ を結ぶ線分の垂直二等分線の方程式を求めると，$x+3y-9=0$ となり，これと $x+y+1=0$ の交点が中心になる．

このように考えることもできる．

標問 **42**　**円を表す2次式**

方程式 $x^2+y^2-2mx-2(m-1)y+3m^2-6m+4=0$ が円を表すとき

(1)　m の値の範囲を求めよ.

(2)　半径が最大となるような m の値を求めよ. （岐阜女大）

精講　前問で円の一般式は
$$x^2+y^2+Ax+By+C=0$$
となる，といいましたが，この形をした方程式がいつも円を表すのでしょうか. そうではありませんね. 円を表すには，A，B，C にある**条件が必要**です.

この条件は覚えるのではなく，中心，半径がわかる標準的な円の方程式に変形して，つくりだしていけばよいのです.

解法のプロセス

$x^2+y^2+Ax+By+C=0$
⇓
$(x-a)^2+(y-b)^2=c$
において
$c>0$ ならば 円
$c=0$ ならば 点 (a, b)
$c<0$ ならば 空集合

第3章

〈 **解　答** 〉

(1)　与式を x と y それぞれについて平方完成していく.
$$x^2-2mx+y^2-2(m-1)y+3m^2-6m+4=0$$
$$(x-m)^2+\{y-(m-1)\}^2$$
$$=m^2+(m-1)^2-3m^2+6m-4$$
◆ $x^2-2mx=(x-m)^2-m^2$
$$\therefore\ (x-m)^2+\{y-(m-1)\}^2=-m^2+4m-3$$
この方程式が円を表す条件は
$$-m^2+4m-3>0$$
$$\therefore\ (m-1)(m-3)<0$$
$$\therefore\ \boldsymbol{1<m<3}$$

(2)　(1)の範囲において円の半径を r とすると
$$r^2=-m^2+4m-3$$
$$=-(m-2)^2+1$$
よって，半径が最大となるのは
$\boldsymbol{m=2}$ のときである.

演習問題

42　座標平面上の3点を A(3, 4)，B(-5, 0)，C(5, 0) とする. 動点 P(x, y) が PA^2+PB^2+PC$^2=k^2$ $(k>0)$ をみたしながら円上を動くとき，k のみたす条件を求めよ. （関西大）

標問 **43** 定点を通る円

円 $x^2+y^2+2kx+(k+2)y-\dfrac{1}{4}(k+1)=0$ （k は実数）について

(1) k の値がどんな実数をとっても，この円はつねに2つの定点を通る．この定点の座標を求めよ．

(2) この円の半径の最小値と，そのときの中心の座標を求めよ．

（北海道教育大）

精講 (1)「すべての実数 k に対して……」という式は，k についての恒等式として処理することになります．この手の問題は標問 **39** で一度とりあげました．

(2)を考えるには，まず半径がわかるように与えられた円の方程式を変形する必要があります．x と y それぞれについて平方完成してみましょう．

解法のプロセス

"どんな k に対しても ……"

⇓

k について整理する

⇓

k についての恒等式

＜ **解答** ＞

(1) k について整理すると

$$x^2+y^2+2y-\dfrac{1}{4}+k\left(2x+y-\dfrac{1}{4}\right)=0$$

← k についての恒等式

これがすべての実数 k に対して成立する条件は

$$\begin{cases} x^2+y^2+2y-\dfrac{1}{4}=0 \\ 2x+y-\dfrac{1}{4}=0 \end{cases}$$

← $0+k\cdot 0=0$ はすべての k に対して成立する

2式から y を消去して整理すると

$$16x^2-16x+1=0$$

$$\therefore\quad x=\dfrac{2\pm\sqrt{3}}{4}$$

← $x^2+\left(\dfrac{1}{4}-2x\right)^2$
$+2\left(\dfrac{1}{4}-2x\right)-\dfrac{1}{4}=0$

$$y=\dfrac{1}{4}-2x=\dfrac{-3\mp 2\sqrt{3}}{4}\quad \text{（複号同順）}$$

よって，求める定点の座標は $\left(\dfrac{2\pm\sqrt{3}}{4},\ \dfrac{-3\mp 2\sqrt{3}}{4}\right)$ **（複号同順）**

(2) 与式を x と y それぞれについて平方完成すると

$$(x+k)^2+\left(y+\dfrac{k+2}{2}\right)^2=\dfrac{5}{4}(k^2+k+1)\quad \cdots\cdots(*)$$

$$（半径)^2=\frac{5}{4}(k^2+k+1)$$

$$=\frac{5}{4}\left\{\left(k+\frac{1}{2}\right)^2+\frac{3}{4}\right\}\geqq\frac{15}{16}$$

← 2次式の最大・最小は平方完成を実行する

であるから，$k=-\dfrac{1}{2}$ のとき半径は最小値 $\dfrac{\sqrt{15}}{4}$ をとり，

このときの中心の座標は $\left(\dfrac{1}{2},\ -\dfrac{3}{4}\right)$ である．

別解 (2)では，(1)で求めた2定点を直径とする円の半径が最小であることは明らかである．このとき中心は2定点を結ぶ線分の中点である．

$$最小半径=\frac{1}{2}\sqrt{\left(\frac{2+\sqrt{3}}{4}-\frac{2-\sqrt{3}}{4}\right)^2+\left(\frac{-3-2\sqrt{3}}{4}-\frac{-3+2\sqrt{3}}{4}\right)^2}$$

$$=\frac{1}{2}\sqrt{\left(\frac{\sqrt{3}}{2}\right)^2+(-\sqrt{3})^2}=\frac{\sqrt{15}}{4}$$

中心の座標は $\left(\dfrac{1}{2}\left(\dfrac{2+\sqrt{3}}{4}+\dfrac{2-\sqrt{3}}{4}\right),\ \dfrac{1}{2}\left(\dfrac{-3-2\sqrt{3}}{4}+\dfrac{-3+2\sqrt{3}}{4}\right)\right)$

より $\left(\dfrac{1}{2},\ -\dfrac{3}{4}\right)$ である．

研 究　(*)より，円の中心を $(x,\ y)$ とすると

$$\begin{cases} x=-k \\ y=-\dfrac{k+2}{2} \end{cases}$$

であるから，中心は直線 $y=\dfrac{x}{2}-1$ 上のすべての点を動く．円は(1)の2定点を通るから，右図のように動くことがわかる．

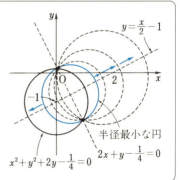

第3章

演習問題

43 実数 k に対して，曲線 $C_k:x^2+y^2+3kx+(k-2)y-6k-4=0$ を考える．

(1) 任意の実数 k に対して C_k は円を表すことを証明し，k を動かしたときの C_k の中心の軌跡を求めよ．

(2) すべての C_k が通る点があれば，それをすべて求めよ．

(3) どの C_k も通らない点があれば，それをすべて求めよ．

(立命館大)

標問	**44**	円と直線

(1)　円 $x^2+y^2-2x-4cy+d=0$ が，点 $(-3, 4)$ を通り，かつ x 軸に接する
ように定数 c, d の値を定めよ．　　　　　　　　　　　　　　（摂南大）

(2)　円 $C:x^2+y^2=1$ を直線 $y=\dfrac{1}{2}x+k$ に関して対称に折り返して得ら

れる円が直線 $y=\dfrac{4}{3}x-1$ に接するように k の値を定めよ．　　（関西大）

精 講　円と直線の位置関係には共有点の個数で分類すると，次の3つの場合があります．

(i)　2点で交わる　　(ii)　接する　　(iii)　共有点をもたない

$d<r$

$d=r$

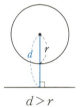
$d>r$

これらの位置関係を調べるには

(I)　**円と直線の方程式を連立して，実数解の個
数を調べる．**

(II)　**円の中心と直線の距離を求め，円の半径と
の大小を比較する．**

の2つの方法があります．

　2つの方法を比較すると一般には(II)の方が簡単
です．解答でもこの方法を使うことにしましょう．

　また，直線に関する対称移動については，標問
38 で扱いました．

　円 C を直線 l に関して対称移動した図形はやは
り円となります．C の中心を A，半径を r とし，
移動後の円 C' の中心を A'，半径を r' とすると，
A' は A の l に関する対称点であり，$r'=r$ とな
ります．

▶ **解法のプロセス**

(1)　円と直線の位置関係

　　↓　点と直線の距離の
　　　　公式

　中心と直線の距離と半径
　の大小を比較する

▶ **解法のプロセス**

(2)　円の直線に関する対称移動
　　　　⇩
　半径は不変なので，移動後の
　中心の座標を求める
　　　　⇩
　直線に関する対称点

〈 **解 答** 〉

(1) 与えられた円が点 $(-3, 4)$ を通る条件は

$$31-16c+d=0 \qquad \cdots\cdots ①$$

また，与えられた円 $(x-1)^2+(y-2c)^2=4c^2-d+1$

が x 軸と接する条件は

$$(2c)^2=4c^2-d+1 \qquad\qquad \Leftarrow (中心と x 軸の距離)^2=(半径)^2$$

$$\therefore \quad d=1 \qquad\qquad\qquad \cdots\cdots ②$$

②を①に代入して $c=2$

よって，$c=\mathbf{2}, \ d=\mathbf{1}$

(2) 円 C の中心 $\mathrm{O}(0, 0)$ を直線 $l_1 : y=\dfrac{1}{2}x+k$ に関して対称移動した点を

$\mathrm{A}(a, b)$ とおくと，移動後の円 C' の方程式は

$$C' : (x-a)^2+(y-b)^2=1$$

である．

C を l_1 に関して対称移動した円が C' であるための条件は，「OA の中点は l_1 上にあり，OA と l_1 は垂直である」ことであるから

$$\begin{cases} \dfrac{b}{2}=\dfrac{a}{4}+k & \cdots\cdots ① \\[2mm] \dfrac{b}{a}\cdot\dfrac{1}{2}=-1 & \cdots\cdots ② \end{cases}$$

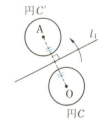

円 C'

円 C

①，②より $a=-\dfrac{4}{5}k, \ b=\dfrac{8}{5}k$

このとき円 C' が直線 $l_2 : 4x-3y-3=0$ に接 $\qquad \Leftarrow$ 中心と l_2 の距離＝半径

する条件は

$$\dfrac{|4a-3b-3|}{\sqrt{4^2+(-3)^2}}=1$$

$$\therefore \quad \left|-\dfrac{16}{5}k-\dfrac{24}{5}k-3\right|=5 \quad \therefore \quad 8k+3=\pm5 \quad \therefore \quad k=\mathbf{-1}, \ \dfrac{\mathbf{1}}{\mathbf{4}}$$

演習問題

44-1 方程式 $2x^2-6x+2y^2+10y=1$ で表される円を，直線 $x+2y=1$ に関して対称移動したときの円の方程式を求めよ． (中央学院大)

44-2 傾きが $\dfrac{3}{4}$ で，円 $x^2+y^2=1$ に接する直線の方程式を求めよ． (近畿大)

44-3 円 $x^2+y^2+(a-1)x+ay-a=0$ と直線 $y=x+1$ との共有点の個数を求めよ． (山形大)

第3章

標問 **45** 弦の長さ

座標平面上に原点を中心とする半径 3 の円と，点 A(2, 0) が与えられている．Aを通る直線をひき，この円によって切りとられる線分の長さが円の直径の $\frac{3}{4}$ 倍になるようにするとき，この直線の傾きを求めよ． （武蔵工大）

→ **精講** 直線が円によって切りとられる線分の長さは交点 P，Q の座標を求めて，距離の公式を利用することにより得られます．交点 P，Q の座標は，直線の方程式と円の方程式を連立すればよいわけですが，これは少々しんどい．

円の幾何的性質を利用して，この計算を省くことを考えましょう．すなわち，線分 PQ の中点を M，円の中心を C とすると，

$$PQ=2PM=2\sqrt{CP^2-CM^2}$$

ここで，CP は円の半径ですから，CM の長さを求めれば，PQ の長さが求まることになります．CM を求めるには

点と直線の距離の公式

があります．

解法のプロセス

円の弦の長さ
⇩
中心と弦の距離 d を考える
点と直線の距離の公式
弦の長さ$=2\sqrt{(半径)^2-d^2}$

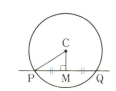

――――――――〈 **解 答** 〉――――――――

点Aを通る直線を l とし，l と円の交点を P，Qとすると

$$PQ=\frac{3}{4}\times(直径)$$

であるから

$$2\sqrt{3^2-(\text{O と } l \text{ の距離})^2}=\frac{3}{4}\times6$$

$$\therefore \quad (\text{O と } l \text{ の距離})^2=\frac{63}{16} \quad \cdots\cdots(*)$$

$(\text{O と } l \text{ の距離})\neq2$ より，l は y 軸と平行でないから，l を表す方程式は

$$y=m(x-2)$$

$$\therefore \quad mx-y-2m=0$$

とおける．

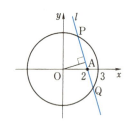

◀ $2\sqrt{(半径)^2-(中心と \, l \, の距離)^2}$
$=\frac{3}{4}\times(直径)$

したがって，(✻)より

$$\left(\frac{|-2m|}{\sqrt{m^2+1}}\right)^2=\frac{63}{16}$$

←点と直線の距離の公式

$$64m^2=63(m^2+1) \quad \therefore \quad m^2=63$$

よって，$m=\pm3\sqrt{7}$

別解　円：$x^2+y^2=3^2$　……①

直線：$y=m(x-2)$　……②

の交点 P，Q の座標を考えて，弦 PQ の長さを求めてみよう．

②を①に代入すると

$$x^2+m^2(x-2)^2=9$$

$$\therefore \quad (1+m^2)x^2-4m^2x+4m^2-9=0$$

P，Q の x 座標 p，q はこの 2 次方程式の解である．

右図より

$$PQ=\sqrt{1+m^2}\,|p-q|$$

$D=16m^4-4(1+m^2)(4m^2-9)$ とすると，解の公式より

$$PQ=\sqrt{1+m^2}\left|\frac{4m^2+\sqrt{D}}{2(1+m^2)}-\frac{4m^2-\sqrt{D}}{2(1+m^2)}\right|$$

$$=\frac{\sqrt{D}}{\sqrt{1+m^2}}$$

$$=\sqrt{\frac{16m^4-4(1+m^2)(4m^2-9)}{1+m^2}}$$

$$=\sqrt{\frac{4(5m^2+9)}{1+m^2}}$$

$PQ=\dfrac{3}{4}\times6$ より

$$\frac{4(5m^2+9)}{1+m^2}=\frac{81}{4} \qquad \therefore \quad m^2=63$$

$$\therefore \quad m=\pm3\sqrt{7}$$

演習問題

45　円 $x^2+y^2-2x-4y-4=0$ が直線 $y=x-1$ から切りとる弦の長さを求めよ．

（神戸学院大）

標問 **46** 円の接線

> 円 $C：x^2+y^2+4x-4\sqrt{3}\,y+4=0$ がある.
>
> (1) 円C上の点$(1,\ \sqrt{3}\,)$における円Cの接線の方程式を求めよ.
>
> (2) 原点Oから円Cにひいた2本の接線の接点をA，Bとするとき $\angle$AOB の大きさを求めよ.
>
> （福岡大）

精講 (1) 原点を中心とする半径rの円 $x^2+y^2=r^2$ 上の点$(x_0,\ y_0)$における接線の方程式が

$$x_0x+y_0y=r^2$$

であることはどの教科書でも扱われています.

では，中心が$(a,\ b)$で半径がrの円
$$(x-a)^2+(y-b)^2=r^2 \quad \cdots\cdots①$$
上の点$(x_0,\ y_0)$における接線の方程式についてはどうでしょうか. それは

$$(x_0-a)(x-a)+(y_0-b)(y-b)=r^2$$

となります. 原点を中心とする円の接線の公式をもとに説明するなら次のようになります.

円①の中心が原点に一致するように平行移動します. このとき，円①上の点$(x_0,\ y_0)$も平行移動してきて，円 $x^2+y^2=r^2$ 上の点
$$(x_0-a,\ y_0-b)$$
となります. このときの接線の方程式は
$$(x_0-a)x+(y_0-b)y=r^2$$
です. これを先ほどと逆の平行移動をして
$$(x_0-a)(x-a)+(y_0-b)(y-b)=r^2$$
となります.

(2) とにかく2本の接線を求めます. 原点を通る直線 $ax+by=0$ が円Cと接する条件，すなわち，中心と直線の距離$=2\sqrt{3}$（半径）より$a,\ b$の条件を求めることもできますが，(1)の接線は原点を通っています. (1)以外の原点を通る接線を求めればよいわけです. 図をていねいにかいてみましょう.

解法のプロセス

円 $(x-a)^2+(y-b)^2=r^2$

$\Updownarrow$ 円上の点$(x_0,\ y_0)$ における接線

$(x_0-a)(x-a)$
$\quad +(y_0-b)(y-b)=r^2$

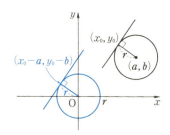

〈 **解 答** 〉

(1) 円Cの方程式を変形して

$$(x+2)^2+(y-2\sqrt{3})^2=12$$

この円上の点 $(1, \sqrt{3})$ における接線の方程式は

$$(1+2)(x+2)+(\sqrt{3}-2\sqrt{3})(y-2\sqrt{3})=12$$

∴ $3(x+2)-\sqrt{3}(y-2\sqrt{3})=12$

∴ $3x-\sqrt{3}y=0$

よって，**$y=\sqrt{3}x$**

(2) (1)で求めた接線は原点を通る．また，円 Cの中心 $(-2, 2\sqrt{3})$ の y座標が半径に一致するので円 C は x軸に接する．したがって，(1)の接線と x軸が原点Oからひいた2本の接線である．(1)の接線と x軸のなす角は $60°$ であるから，

$$∠AOB=\mathbf{120°}$$

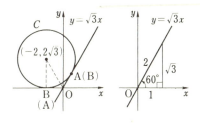

第3章

研究 円の接線についてもう少していねいに解説しておこう．

右図のように円の中心を $A(a, b)$，接点を $T(x_0, y_0)$，接線上の任意の点を $P(x, y)$ とすると

$$AP^2=PT^2+AT^2$$

であり $AT=r$ であるから

$$AP^2-PT^2=r^2$$

ところで

$$AP^2=(x-a)^2+(y-b)^2$$

$$PT^2=(x-x_0)^2+(y-y_0)^2$$

$$=(x-a+a-x_0)^2+(y-b+b-y_0)^2$$

$$=(x-a)^2+(y-b)^2-2(x_0-a)(x-a)$$

$$\qquad\qquad -2(y_0-b)(y-b)+(x_0-a)^2+(y_0-b)^2$$

よって，$AP^2-PT^2=r^2$ は $2(x_0-a)(x-a)+2(y_0-b)(y-b)-r^2=r^2$

∴ $(x_0-a)(x-a)+(y_0-b)(y-b)=r^2$

これが接線の方程式である．特に，$a=b=0$ のときは，

$$x_0x+y_0y=r^2$$

演習問題

46 円 $x^2+y^2=20$ の上に，点 $A(2, 4)$，点 $B(4, -2)$ がある．この円の点 Aを通る接線と点 Bを通る接線の交点の座標を求めよ．

（龍谷大）

標問 **47**　円の極・極線

> 原点 $O(0, 0)$ を中心とする円 $C : x^2 + y^2 = 1$ の外部の点 $P_1(a_1, b_1)$ から円 C にひいた2つの接線の接点 $Q_1(x_1, y_1)$, $Q_2(x_2, y_2)$ を通る直線を L_1 とする.
>
> (1)　直線 L_1 の方程式を求めよ.
>
> (2)　直線 L_1 上にある円 C 外の任意の点 $P_2(a_2, b_2)$ から円 C にひいた2つの接線の接点を通る直線 L_2 は点 $P_1(a_1, b_1)$ を通ることを証明せよ.
>
> （東京女大）

精講　(1)　Q_1, Q_2 の座標を具体的に求めようとすると繁雑な計算にひきこまれてしまいます.

そこで, $Q_1(x_1, y_1)$, $Q_2(x_2, y_2)$ のみたす条件について調べてみます.

円の接線公式を用いてもよいのですが, まずは素朴に考えてみましょう. $\triangle OP_1Q_1$ は直角三角形ですから

$$OP_1{}^2 = OQ_1{}^2 + P_1Q_1{}^2$$

$\therefore$　$a_1{}^2 + b_1{}^2 = x_1{}^2 + y_1{}^2 + (x_1 - a_1)^2 + (y_1 - b_1)^2$

整理すると

$$a_1x_1 + b_1y_1 = x_1{}^2 + y_1{}^2$$

となります. Q_1 は円上の点ですから $x_1{}^2 + y_1{}^2 = 1$ をみたします. これより,

$$a_1x_1 + b_1y_1 = 1$$

同じく, 直角三角形 OP_1Q_2 を考えると

$$a_1x_2 + b_1y_2 = 1$$

であることがわかります.

この2つの式をじっとみて, Q_1, Q_2 を通る直線 L_1 の方程式が浮かびあがってくるでしょうか. すなわち, (x_1, y_1), (x_2, y_2) がみたす x, y の1次方程式

$$a_1x + b_1y = 1$$

が浮かびあがってくるでしょうか.

$a_1x + b_1y = 1$ が2点 Q_1, Q_2 を通ることが確認できたら, 2点を通る直線は1本しかないので, これが求める直線 L_1 の方程式ということになり

解法のプロセス

円 $x^2 + y^2 = 1$ 外の点 (a, b) から接線をひく

⇩

2つの接点 (x_1, y_1), (x_2, y_2) におけるそれぞれの接線はどちらも点 (a, b) を通る

⇩

$$\begin{cases} ax_1 + by_1 = 1 \\ ax_2 + by_2 = 1 \end{cases}$$

⇩

直線 $ax + by = 1$ は2接点を通る

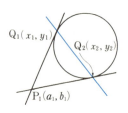

ます.

(2) (1)と同じようにして，P_2 から円 C にひい
た2本の接線の接点を通る直線 L_2 の方程式を求
めることができます．(a_1, b_1) がこの方程式をみ
たすことを確認すれば，L_2 は P_1 を通ることを示
したことになります．

〈 解 答 〉

(1) 円 $C : x^2 + y^2 = 1$ 上の点 $Q_1(x_1, y_1)$, $Q_2(x_2, y_2)$ にお
ける接線の方程式はそれぞれ

$$x_1 x + y_1 y = 1 \qquad \cdots\cdots①$$
$$x_2 x + y_2 y = 1 \qquad \cdots\cdots②$$

である．2直線①，②はともに点 $P_1(a_1, b_1)$ を通るから

$$x_1 a_1 + y_1 b_1 = 1 \qquad \cdots\cdots③$$
$$x_2 a_1 + y_2 b_1 = 1 \qquad \cdots\cdots④$$

をみたす．ここで直線

$$a_1 x + b_1 y = 1 \qquad \cdots\cdots⑤$$

を考えると，③，④より⑤は2点 Q_1, Q_2 を通ることがわかる．
よって，⑤が求める直線 L_1 である．

$$L_1 : \boldsymbol{a_1 x + b_1 y = 1}$$

(2) (1)と同じく，$P_2(a_2, b_2)$ から円 C にひいた2つの接線の接
点を通る直線 L_2 の方程式は

$$L_2 : a_2 x + b_2 y = 1 \qquad \cdots\cdots⑥$$

である．P_2 は L_1 上の点であり，P_2 の座標は⑤をみたすから

$$a_1 a_2 + b_1 b_2 = 1 \qquad \cdots\cdots⑦$$

⑥，⑦より，直線 L_2 は $P_1(a_1, b_1)$ を通ることがわかる．

別解 1. 直線 L_1 の方程式の求め方の別法を示しておこう．
OP_1 と L_1 の交点を H とすると，
$\triangle OHQ_1 \backsim \triangle OQ_1 P_1$ より

$$\frac{OH}{OQ_1} = \frac{OQ_1}{OP_1} \quad \therefore \quad OH = \frac{OQ_1{}^2}{OP_1}$$

一方，H の座標は $\left(\dfrac{OH}{OP_1} a_1, \ \dfrac{OH}{OP_1} b_1 \right)$ である．

$$\frac{OH}{OP_1} = \left(\frac{OQ_1}{OP_1} \right)^2 = \frac{1}{a_1{}^2 + b_1{}^2}$$

より $H\left(\dfrac{a_1}{a_1{}^2 + b_1{}^2}, \ \dfrac{b_1}{a_1{}^2 + b_1{}^2} \right)$

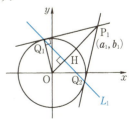

第3章

L_1 は OP_1 に垂直で，H を通る直線であるから

$$a_1\left(x - \frac{a_1}{a_1{}^2 + b_1{}^2}\right) + b_1\left(y - \frac{b_1}{a_1{}^2 + b_1{}^2}\right) = 0$$

$$\therefore \quad a_1 x + b_1 y = 1$$

（別解）2. $\angle OQ_1P_1 = \angle OQ_2P_1 = 90°$ より Q_1, Q_2 は
2点 O, P_1 を直径の両端とする円

$$x(x - a_1) + y(y - b_1) = 0 \quad \cdots\cdots ①$$

上にある.

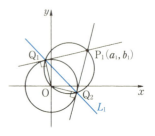

一方，Q_1, Q_2 は円

$$x^2 + y^2 = 1 \qquad\qquad \cdots\cdots ②$$

上の点でもあるから，Q_1, Q_2 を通る直線 L_1 は①，
②の2交点を通る直線である.

②－①より

$$a_1 x + b_1 y = 1$$

これが直線 L_1 の方程式である.

研究　　$P_1(a_1, b_1)$ を**極**といい，直線 $L_1 : a_1 x + b_1 y = 1$ を**極線**という. いま，
P_1 は円の外部にあったが，P_1 が $x^2 + y^2 = 1$ 上にあるとき，L_1 は
P_1 における接線である.

　では，P_1 が円の内部にあるときはどうか. 実は，L_1 は P_1 を通る弦の両端
においてひいた2本の接線の交点の軌跡となる.

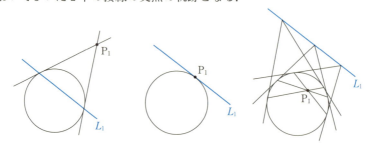

演習問題

47　円 $x^2 + y^2 = 1$ と直線 $ax + by = 1$ とが相異なる2点 P, Q で交わって
いる. このとき，次の問いに答えよ.

(1)　実数 a, b が満足する条件式を求めよ.

(2)　2点 P, Q において円 $x^2 + y^2 = 1$ にひいた2接線の交点Rの座標を a, b
　を用いて表せ. 　　　　　　　　　　　　　　　　　　　　　　　　　（鳥取大）

| 標問 | **48** | **2円の位置関係** |

2つの円 $x^2+y^2-6x+2y-6=0$　……①

　　　　$x^2+y^2-14x-4y+52=0$　……② について

(1) 2つの円は外接していることを示せ.

(2) 接点における共通接線の方程式を求めよ.

精 講 (1) 2円の位置関係には, 次の5つがあります. 2円の半径を r_1, r_2, 中心間の距離を d として

(i) 分離

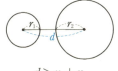

$$d>r_1+r_2$$

(ii) 外接

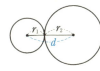

$$d=r_1+r_2$$

(iii) 2点で交わる

$$|r_1-r_2|<d<r_1+r_2$$

(iv) 内接

$$d=|r_1-r_2|$$

(v) 内包

$$d<|r_1-r_2|$$

▶ **解法のプロセス**

2円の位置関係

⇩

2円の中心間の距離と半径の大小関係を調べる

(1) 外接する

⇩

中心間の距離=半径の和であることを示す

(2) 標問 **39** で次の定理を使いました.

「図形 $f(x, y)=0$, $g(x, y)=0$ が共有点をもつとき, 方程式

$$mf(x, y)+ng(x, y)=0　……(*)$$

の表す図形は, m, n の値にかかわらず, つねにその共有点のすべてを通る」

この問題でも, この定理が使えます.

2円は外接しているので共有点は1つしかなく, 方程式(*)は接点を通る図形を表すことになります. 目標はこの接点を通る直線を求めることですから, (*)が直線を表すように m, n の値を決めればよいわけです. すなわち, (*)が x, y の1次式になるように $m=1$, $n=-1$ とします.

▶ **解法のプロセス**

(2) 2円

$$x^2+y^2+ax+by+c=0$$
$$……①$$
$$x^2+y^2+a'x+b'y+c'=0$$
$$……②$$

が共有点をもつとき,

①, ②の共有点を通る直線

⇩

①−②より

$$(a-a')x+(b-b')y$$
$$+(c-c')=0$$

これが2円の共通接線であることを確認する

〈 **解 答** 〉

(1)　2つの円の方程式を変形すると

$$(x-3)^2+(y+1)^2=16 \quad \cdots\cdots ①'$$
$$(x-7)^2+(y-2)^2=1 \quad \cdots\cdots ②'$$

となる．2円の中心間の距離 d は

$$d=\sqrt{(7-3)^2+(2+1)^2}=5$$

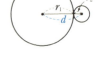

　2円の半径の和 r_1+r_2 は　$r_1+r_2=4+1=5$

より，$d=r_1+r_2$ なので，2円①，②は外接する．

(2)　2円の方程式を連立して差をつくると

$$(x^2+y^2-6x+2y-6)-(x^2+y^2-14x-4y+52)=0$$
$$8x+6y-58=0 \quad \therefore \quad 4x+3y-29=0 \quad \cdots\cdots ③$$

　③と①が接点以外に共有点をもつとすると，その点は①$-2\times$③つまり②の上の点でもある．これは，①と②が接することに反する．

　よって，③と①は接点以外に共有点をもたない．
同じく，③と②は接点以外に共有点をもたない．
したがって，③が①，②の共通接線である．

←$\dfrac{|4\cdot 3+3\cdot(-1)-29|}{\sqrt{4^2+3^2}}$
$=4$（半径）
を確認してもよい

　求める方程式は　$4x+3y-29=0$

別解　(2)　2円①′，②′の接点を求めて，共通接線の方程式を導くことも可能である．

　2円の中心を $A_1(3,\ -1)$，$A_2(7,\ 2)$ とすると接点Tは線分 A_1A_2 を $4:1$ に内分する点であるから

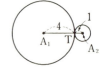

$$\left(\dfrac{1\cdot 3+4\cdot 7}{5},\ \dfrac{1\cdot(-1)+4\cdot 2}{5}\right) \quad \therefore \quad T\left(\dfrac{31}{5},\ \dfrac{7}{5}\right)$$

　求める共通接線の方程式は

$$\left(\dfrac{31}{5}-3\right)(x-3)+\left(\dfrac{7}{5}+1\right)(y+1)=16$$

←$(x_0-a)(x-a)+(y_0-b)(y-b)=r^2$

$$16(x-3)+12(y+1)=16\cdot 5$$
$$\therefore \quad 4x+3y=29$$

演習問題

48-1　2つの円周 $(x+1)^2+(y+2)^2=16$，$(x-2)^2+(y-2)^2=R^2$ が共有点をもたないような R の値の範囲を求めよ．ただし，$R>0$ とする．　（常葉学園大）

48-2　xy 平面上に2つの円

　　$C_1:(x-1)^2+(y-3)^2=4$，$C_2:(x-4)^2+(y-1)^2=9$ がある．

(1)　円 C_1 と円 C_2 の2つの交点を通る直線の方程式を求めよ．

(2)　円 C_1 と円 C_2 の2つの交点および点 $(3,\ 1)$ を通る円の方程式を求めよ．

（近畿大）

標問 49　2円の直交

　円 $A : x^2 + y^2 = 16$ と点 $(0, 5)$ を中心とする円Bとの交点におけるそれぞれの円の接線が直交するという.

　円Bの方程式を求めよ. また, 円Aと円Bの交点の座標を求めよ.

（神戸学院大）

精講　2つの円が交点をもち, その交点におけるそれぞれの円の接線が直交するとき, その**2円は直交する**, といいます.

　このことは, 交点における接線が互いの円の中心を通ることを意味します.

解法のプロセス

直交する2円
⇩
直角三角形に着目

〈　**解　答**　〉

　1つの交点を T, 円Bの中心を C$(0, 5)$ とすると, $\angle \text{CTO} = 90°$ より

$$\begin{aligned} \text{CT}^2 &= \text{OC}^2 - \text{OT}^2 \\ &= 5^2 - 4^2 = 9 \end{aligned}$$

　CT は円Bの半径であるから, 円Bの方程式は

$$x^2 + (y-5)^2 = 9$$

である.

　また, 円Aと円Bの交点の座標は

$$\begin{cases} x^2 + y^2 = 16 & \cdots\cdots① \\ x^2 + (y-5)^2 = 9 & \cdots\cdots② \end{cases}$$

の解である. ①－② より

$$10y - 25 = 16 - 9$$
$$\therefore \quad 5y = 16 \quad \cdots\cdots③$$

③を①に代入して

$$x^2 + \left(\frac{16}{5}\right)^2 = 16$$

$$\therefore \quad x = \pm\sqrt{16\left(1 - \frac{16}{25}\right)} = \pm\frac{12}{5}$$

よって, 円Aと円Bの交点の座標は

$$\left(\pm\frac{12}{5}, \ \frac{16}{5}\right)$$

である.

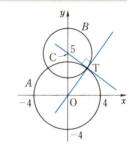

← ①－② により, 2交点を通る直線③がつくられた
$\left(\begin{array}{l} 0 \cdot x + 5y = 16 \ \text{とみると③} \\ \text{は円①の極} (0, 5) \text{に対す} \\ \text{る極線となっている} \end{array}\right)$

← $\{①, ②\} \Longleftrightarrow \{①, ③\}$

標問　**50**　アポロニウスの円

平面上の2点 A(3, 0)，B(0, 6) と動点 P(x, y) がある.

点Pが次の条件をみたしながら動くとき，それぞれの場合について，点P
の軌跡の方程式を求めよ.

(1)　AP＝BP をみたしながら動く場合

(2)　AP＝2BP をみたしながら動く場合

(近畿大)

精講　ある条件のもとに点Pが動くとき，点Pがえがく図形をその条件をみた
す点の**軌跡**といいます. そして，軌跡を表す方程
式を求めるには動点Pの座標を (x, y) とおいて，

与えられた条件をみたす x, y の関係式

をつくることになります.

軌跡を求めるには，

解析的方法と，幾何的方法

があります. 与えられた条件を幾何的に読むと

（1）は**線分 AB の垂直二等分線**

（2）は**アポロニウスの円**

となります.

> **解法のプロセス**
>
> 軌跡の条件
>
> ⇩ P(x, y) とおく
>
> x, y の関係式を求める

〈　解　答　〉

(1)　$AP＝\sqrt{(x-3)^2+y^2}$，$BP＝\sqrt{x^2+(y-6)^2}$
であるから，与えられた条件は

$$\sqrt{(x-3)^2+y^2}＝\sqrt{x^2+(y-6)^2}$$
$$\therefore \quad (x-3)^2+y^2＝x^2+(y-6)^2$$
$$\therefore \quad 6x-12y+27＝0$$
$$\therefore \quad \boldsymbol{2x-4y+9＝0}$$

(2)　与えられた条件は

$$\sqrt{(x-3)^2+y^2}＝2\sqrt{x^2+(y-6)^2}$$
$$\therefore \quad (x-3)^2+y^2＝4\{x^2+(y-6)^2\}$$
$$\therefore \quad 3x^2+3y^2+6x-48y+135＝0$$
$$\therefore \quad x^2+y^2+2x-16y+45＝0$$
$$\therefore \quad \boldsymbol{(x+1)^2+(y-8)^2＝20}$$

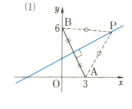

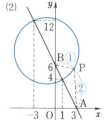

研　究　本問を一般化して 2 定点 A，B に対して

$$AP : PB = m : n$$

をみたす点 P の軌跡を**幾何的方法**で求めておこう．

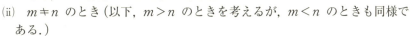

(i)　$m = n$ のとき

　　AP : PB = 1 : 1 $\iff$ AP = PB

　　であり，P は線分 AB の垂直二等分線をえがく．

(ii)　$m \neq n$ のとき（以下，$m > n$ のときを考えるが，$m < n$ のときも同様である．）

　　AB を $m : n$ に内分する点を M，外分する点を N とする．

(ア)　P が直線 AB 上にあるならば，P は M または N に一致する．

　　P が M，N 以外のとき，AP : PB = AM : MB，

　　AP : PB = AN : NB であるから，線分 PM，PN

　　は $\angle APB$ の内角および外角の二等分線である．

　　よって，$\angle MPN = 90°$ であり，点 P は線分 MN

　　を直径とする円周上にある．

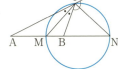

(イ)　逆に，線分 MN を直径とする円周上の点を P

　　とする．P が M に一致，または，N に一致する

　　とき，AP : PB = $m : n$ をみたす．

　　P が M，N 以外のとき，図のように直線 AB 上に

　　　　$\angle APM = \angle MPB'$

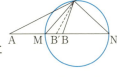

となる点 B′ をとる．$\angle MPN = 90°$ より線分 PN は $\angle APB'$ の外角の

二等分線となる．

　　　　AM : MB′ = AP : PB′ = AN : NB′

　　　　∴　AM : AN = MB′ : NB′　　……①

一方，AM : MB = AN : NB $(= m : n)$ であるから

　　　　AM : AN = MB : NB　　……②

①，②より　　MB′ : NB′ = MB : NB であり，B と B′ は一致する．

すなわち，PM は $\angle APB$ の二等分線であり

　　　　AP : PB = AM : MB = $m : n$

をみたす．

演習問題

(50)　2 定点 A，B に対して AP : PB = $m : n$ $(m \neq n)$ をみたす点 P は線分
AB を $m : n$ に内分する点，外分する点を直径の両端とする円をえがくことを，
座標をとることにより証明せよ．

標問 **51**　**交点の軌跡**

(1)　a を任意の実数とするとき，2つの直線 $ax+y=a$，$x-ay=-1$ の交点はどんな図形をえがくか．

(2)　$\dfrac{1}{\sqrt{3}} \leqq a \leqq \sqrt{3}$ のとき(1)の2直線の交点はどんな範囲にあるか．

(愛知学院大)

精講　パラメータ a を含む2直線の交点の軌跡を求める問題です．求める軌跡を C とすると，C は，パラメータ a によって決まる点 (x, y) の全体ですから

$$(x, y)\in C \Longleftrightarrow \begin{cases} ax+y=a \\ x-ay=-1 \end{cases} \text{をみたす実数 } a \text{ が存在する}$$

ということになります．

このとき，上の連立方程式を解いて

$$x=\frac{a^2-1}{a^2+1},\quad y=\frac{2a}{a^2+1}$$

とする必要はありません．2式をみたす実数 a が存在するための x, y の条件を求めます．

解法のプロセス

図形 $f(x, y, a)=0$
　　　$g(x, y, a)=0$
の交点の軌跡

⇩

(1)　2式をみたす実数 a が存在するための x, y の条件を求める

(2)　2式をみたす a が
$\dfrac{1}{\sqrt{3}} \leqq a \leqq \sqrt{3}$ の範囲に存在するための x, y の条件を求める

〈　解　答　〉

(1)　$ax+y=a$　……①　　　$x-ay=-1$　……②

①，②をみたす実数 a が存在するための x, y の条件を求める．

②は $ya=x+1$　……②′ と変形できる．

これを a についての方程式とみる．

(ⅰ)　$y=0$ のとき，②′ をみたす a が存在するのは $x=-1$ のときであり，このとき①は $-a+0=a$ となるので，$a=0$ が①，②′ をみたす．

すなわち，$(x, y)=(-1, 0)$ は条件をみたす．

← 任意の実数 a に対して②は成立

← ①，②をみたす a は0

(ⅱ)　$y \neq 0$ のとき，②′ をみたす a の値は $a=\dfrac{x+1}{y}$

これが①もみたすための x, y の条件は

$$\frac{x+1}{y}\cdot x+y=\frac{x+1}{y}\qquad \therefore\quad x^2+y^2=1 \text{ かつ } y \neq 0$$

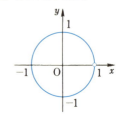

(i), (ii)より，求める交点の軌跡は

円 $x^2+y^2=1$　ただし，点 $(1,\ 0)$ を除く．

(2)　$\dfrac{1}{\sqrt{3}}\leqq a\leqq\sqrt{3}$　……③　として，①，②，③をみたす実数 a が存在するための $x,\ y$ の条件を求める．(1)より

(i)　$y=0$ のとき，①，②をみたす a が存在する条件は $x=-1$ であり，このとき，a は 0 であるが，これは③をみたさない．

(ii)　$y\neq0$ のとき，①，②，③をみたす a が存在するための $x,\ y$ の条件は

$$x^2+y^2=1 \text{ かつ } \dfrac{1}{\sqrt{3}}\leqq\dfrac{x+1}{y}\leqq\sqrt{3}\quad\cdots\cdots④$$

$-1<x<1$ より $x+1>0$ であり，④から $y>0$．

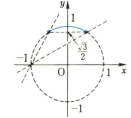

以上(i)，(ii)より，求める交点の軌跡は

$$\begin{cases}x^2+y^2=1\\ \dfrac{x+1}{\sqrt{3}}\leqq y\leqq\sqrt{3}\,(x+1)\end{cases}\left(\Longleftrightarrow\begin{cases}x^2+y^2=1\\ \dfrac{\sqrt{3}}{2}\leqq y\leqq1\end{cases}\right)$$

別解　2直線 $ax+y=a$　……①，$x-ay=-1$　……② の位置関係を調べると，a の値にかかわらず，①は定点 A$(1,\ 0)$，②は定点 B$(-1,\ 0)$ を通り，①と②は直交している．

よって，①，②の交点は A，B を直径の両端とする円上を動く．

(1)　a がすべての実数を動くとき，①は直線 $x=1$ 以外の A を通る直線すべてを表す．②も直線 $y=0$ 以外の B を通る直線のすべてを表す．

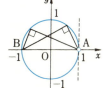

よって，交点の軌跡は

円 $x^2+y^2=1$　ただし，点 $(1,\ 0)$ は除く．

(2)　$\dfrac{1}{\sqrt{3}}\leqq a\leqq\sqrt{3}$ より，①の傾き $-a$ のとり得る範囲は　　$-\sqrt{3}\leqq-a\leqq-\dfrac{1}{\sqrt{3}}$

であり，右図より，交点の軌跡は，円 $x^2+y^2=1$ の $\dfrac{\sqrt{3}}{2}\leqq y\leqq1$ の部分である．

演習問題

(51-1)　2直線 $y=tx$，$y=(t+1)x-t$ の交点を P とする．t が変化するとき，P の軌跡の方程式を求めよ．　　　　　　　　　　　　　　　　（学習院大）

(51-2)　xy 平面において円 $(x-t)^2+y^2=t^2$ と直線 $y=tx$ との交点を P(t) とする．t が正の実数を動くとき，P(t) のえがく曲線を求めて，それを図示せよ．　　　　　　　　　　　　　　　　（広島文教女大）

標問 **52** 中点の軌跡

> 直線 $y=mx$ が，円 $(x-1)^2+(y-1)^2=1$ と異なる 2 点 P，Q で交わると
> する．
> m の値が変化するとき，線分 PQ の中点 $M(X,\ Y)$ はどのような図形をえ
> がくか．その方程式を X，Y の式で表せ． (東京歯大)

●━━ **精 講**　　直線と円が 2 点で交わる条件を求め
　　　　　　　るには

(ⅰ)　(円の中心と直線との距離)<(円の半径)

(ⅱ)　直線と円の方程式を連立して，判別式>0
の 2 つの方法がありますが，本問では交点の中点
M を考察するので**解答**では(ⅱ)を使います．

　別解 1 の方針をとるなら(ⅰ)がよいでしょう．
　線分 PQ の中点 M の座標を求めると
$$(X,\ Y)=\left(\frac{1+m}{m^2+1},\ \frac{m(1+m)}{m^2+1}\right)$$
となりますが，これを求める必要はありません．
目標は，M を与える

　　　　　　パラメータ m の存在条件

です．これは前問の標問 **51** と同じ考え方です．
　このとき，直線と円が 2 点で交わるための m
の条件を忘れないようにしましょう．

解法のプロセス

図形 $f(x,\ y,\ m)=0$
　　　$g(x,\ y,\ m)=0$
による 2 交点の中点の軌跡
　　　　⇩
2 交点の存在条件に注意して，
中点を与える m が存在するた
めの x，y の条件を求める

〈 **解 答** 〉

　$y=mx$ を $(x-1)^2+(y-1)^2=1$ に代入して整理
すると $(m^2+1)x^2-2(1+m)x+1=0$

　この 2 次方程式の異なる 2 つの実数解 α，β が交
点 P，Q の x 座標である．2 点で交わる条件は
　　　　$(1+m)^2-(m^2+1)>0$ ◀ 判別式>0

　　∴　　$m>0$ ……① ◀ m のとり得る値の範囲を求めた

M$(X,\ Y)$ は線分 PQ の中点なので
　　$X=\dfrac{\alpha+\beta}{2}=\dfrac{1+m}{m^2+1}$ ……② ◀ 解と係数の関係

　　$Y=mX$ ……③ ◀ $Y=\dfrac{m(1+m)}{m^2+1}$ を求める必要
はない

①, ②, ③を同時にみたす m が存在するための X, Y の条件を求める.

③を m についての方程式とみる.

$X=0$ のとき, ②をみたす m は $m=-1$ であるが, これは①をみたさない. したがって, $X=0$ (Y 軸) 上の点は適さない.

$X \neq 0$ のとき, ③をみたす m は $m=\dfrac{Y}{X}$ である.

これと①, ②を同時にみたす m が存在するための X, Y の条件は

$$\begin{cases} \dfrac{Y}{X} > 0 \\ \left(\dfrac{Y^2}{X^2}+1\right)X = 1+\dfrac{Y}{X} \end{cases}$$

整理すると
$$\begin{cases} XY > 0 \\ \left(X-\dfrac{1}{2}\right)^2+\left(Y-\dfrac{1}{2}\right)^2 = \dfrac{1}{2} \end{cases}$$

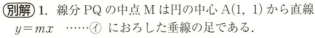

(別解) 1. 線分 PQ の中点 M は円の中心 A(1, 1) から直線 $y=mx$ ……④ におろした垂線の足である.

垂線 AM の方程式は $x-1+m(y-1)=0$ ……㋺ であり, 2交点 P, Q が存在する条件
$$m>0 \quad ……①$$
とあわせて, ①, ④, ㋺をみたす m が存在するための x, y の条件を求めればよい.

これから先の処理は前問の標問 **51** の**解答**と同じである.

(別解) 2. あるいは, つねに OM⊥AM であることから, M は 2定点 O, A を直径の両端とする円上を動くことがわかるから, 直線④の傾き $m>0$ に注意すると, 右図を得ることができる.

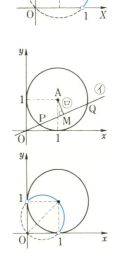

演習問題

(52-1) 座標平面上に 2点 O(0, 0), A(2, 4) と円 $x^2+y^2=64$ がある. また, P をこの円周上の点とし, 2点 P, A を通る弦を PQ とする.

点 P が円周上を動くとき, 弦 PQ の中点を M として, 動点 M の軌跡の方程式を求めよ. (和歌山大)

(52-2) O を原点とし, 放物線 $C: y=\sqrt{3}\,x^2$ 上に 2点 P と Q を ∠POQ=90° となるようにとる.

P と Q が C 上を動くとき, 線分 PQ の中点 R はどのような曲線上を動くか.

(東北大)

標問 **53** 反　転

> 原点と異なる点 P(x, y) に対し，点 Q$\left(\dfrac{x}{x^2+y^2}, \dfrac{y}{x^2+y^2}\right)$ を対応させる．
>
> (1)　点Pが直線 $x+2y=1$ 上を動くときの点Qの軌跡を求めよ．
>
> (2)　点Pが円 $(x-a)^2+y^2=1$ 上を動くときの点Qの軌跡を求めよ．ただし，$a^2 \neq 1$ とする．

精講　Q(X, Y) とおけば
$$X=\frac{x}{x^2+y^2}, \quad Y=\frac{y}{x^2+y^2} \quad \cdots\cdots①$$
より，　$x=\dfrac{X}{X^2+Y^2}, \quad y=\dfrac{Y}{X^2+Y^2} \quad \cdots\cdots②$
と書き直すことができます．

(1)　点(X, Y) が求める軌跡の上の点であるための条件は

$x+2y=1$ かつ①をみたす x, y が存在する

ことです．

$(x, y) \neq (0, 0)$ のとき，①と②は同値であり

$x+2y=1$ かつ②をみたす x, y が存在する

ための X, Y の条件を求めればよいことになります．すなわち，②の x, y を $x+2y=1$ に代入すればよいことになります．

解法のプロセス

P$(x, y) \longrightarrow$ Q(X, Y)
$$\begin{cases} X=f(x, y) \\ Y=g(x, y) \end{cases} \cdots\cdots①$$
において
点Pが図形 $F(x, y)=0$ 上を動くときの点Qの軌跡

$\Updownarrow$

①かつ $F(x, y)=0$ をみたす x, y が存在するための X, Y の条件式

$\Downarrow$

①を使って，$F(x, y)=0$ を X, Y の条件式に変形

<　解　答　>

$$X=\frac{x}{x^2+y^2}, \quad Y=\frac{y}{x^2+y^2} \qquad \cdots\cdots①$$

とおくと，$X^2+Y^2=\dfrac{1}{x^2+y^2}$ より

$\longleftarrow$ これにより $X^2+Y^2 \neq 0$

$$x=\frac{X}{X^2+Y^2}, \quad y=\frac{Y}{X^2+Y^2} \qquad \cdots\cdots②$$

$\longleftarrow x=X(x^2+y^2)$
$\quad =\dfrac{X}{X^2+Y^2}$
$y=Y(x^2+y^2)$
$\quad =\dfrac{Y}{X^2+Y^2}$

(1)　$x+2y=1$ かつ②をみたす x, y が存在するための X, Y の条件は

$$\frac{X}{X^2+Y^2}+2\cdot\frac{Y}{X^2+Y^2}=1$$

$$X^2+Y^2-X-2Y=0 \quad \text{かつ} \quad X^2+Y^2 \neq 0$$

よって，点Qの軌跡は

円 $\left(x-\dfrac{1}{2}\right)^2+(y-1)^2=\dfrac{5}{4}$

ただし，原点 $(0,\ 0)$ は除く．

⬅ $X^2+Y^2\neq 0$ より $(X,\ Y)\neq(0,\ 0)$

(2)　$(x-a)^2+y^2=1$ に②を代入して

$$\left(\dfrac{X}{X^2+Y^2}-a\right)^2+\left(\dfrac{Y}{X^2+Y^2}\right)^2=1$$

∴　$\dfrac{X^2+Y^2}{(X^2+Y^2)^2}-2a\cdot\dfrac{X}{X^2+Y^2}+a^2-1=0$

∴　$(a^2-1)(X^2+Y^2)-2aX+1=0$

⬅ $X^2+Y^2\neq 0$ はこの式に含まれている

$a^2\neq 1$ より，点Qの軌跡は

円 $\left(x-\dfrac{a}{a^2-1}\right)^2+y^2=\dfrac{1}{(a^2-1)^2}$

> **研究**　xy 平面上の原点以外の点Pに対して，点Qを
> **半直線 OP 上に，OP・OQ＝a**（a は正の定数）
> をみたすように対応させる変換を**反転**という．
>
> 　Pの座標を $(x,\ y)$，Qの座標を $(X,\ Y)$ とすると，
> OP・OQ＝a であることから
> $$(x^2+y^2)(X^2+Y^2)=a^2\quad\cdots\cdots(*)$$
> また，半直線 OP 上に点Qがあるから，正の実数 k
> を用いて
> $$X=kx,\quad Y=ky$$
> と表すことができる．
>
> 　これら2式を(*)に代入して，$x,\ y$ を消去すると
> $$\dfrac{1}{k}=\dfrac{a}{X^2+Y^2}\ (>0)$$
> 　したがって，$x,\ y$ は $X,\ Y$ を用いて
> $$x=\dfrac{X}{k}=\dfrac{aX}{X^2+Y^2},\quad y=\dfrac{Y}{k}=\dfrac{aY}{X^2+Y^2}$$
> と表すことができる．

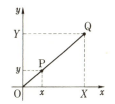

演習問題

53　$x,\ y$ と $X,\ Y$ の間に $X=\dfrac{2x}{x^2+y^2}$，$Y=\dfrac{2y}{x^2+y^2}$ の関係がある．

点 $P(x,\ y)$ が，円弧：$x^2+y^2=1,\ 0\leqq x\leqq 1,\ 0\leqq y\leqq 1$ ……①，
線分：$y=1,\ 0\leqq x\leqq 1$ ……②，線分：$x=1,\ 0\leqq y\leqq 1$ ……③ で囲まれる図
形の周上を動くとき，点 $Q(X,\ Y)$ はどんな図形をえがくか，図示せよ．

(関西大)

標問 **54** 点 $(a+b,\ ab)$ の軌跡

> 点 P$(a,\ b)$ が円 $x^2+y^2=1$ の上を動くとき，$(a+b,\ ab)$ を座標とする点の軌跡を求めよ． (熊本商大)

精講 $x=a+b,\ y=ab$ とおき，$a^2+b^2=1$ の 3 式をみたす

$a,\ b$ が存在するための $x,\ y$ の条件式を導くだけでは**不十分**

です．もう一度繰り返しますが，

$$\begin{cases} x=a+b \\ y=ab \end{cases} \quad \cdots\cdots① $$

のとき，点 $(x,\ y)$ が求める軌跡の上の点である条件は，$a^2+b^2=1$ **かつ①をみたす実数** $a,\ b$ **が存在することです．** $a,\ b$ **は実数であることに注意して下さい．**

解法のプロセス

$$\begin{cases} x=a+b \\ y=ab \end{cases} \quad \cdots\cdots① $$

において，点 P$(a,\ b)$ が図形 $F(a,\ b)=0$ 上を動くときの Q$(x,\ y)$ の軌跡

$\Updownarrow$

①かつ $F(a,\ b)=0$ をみたす実数 $a,\ b$ が存在するための $x,\ y$ の条件式

〈 **解 答** 〉

$x=a+b$ ……①，$y=ab$ ……② とおく．点 $(a,\ b)$ は $x^2+y^2=1$ 上を動くから $a^2+b^2=1$ ……③

①，②，③を同時にみたす実数 $a,\ b$ が存在するための $x,\ y$ の条件を求める．$a,\ b$ は $t^2-xt+y=0$ の解であり，さらに実数であるから ← 標問 23

（判別式）$\geqq 0$ ∴ $x^2-4y\geqq 0$ ……④

$a,\ b$ が③をみたすための条件は

$a^2+b^2=1$ $(a+b)^2-2ab=1$

∴ $x^2-2y=1$ ……⑤

④，⑤をみたす x の範囲を求めると

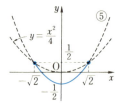

$x^2-4\cdot\dfrac{x^2-1}{2}\geqq 0$ ∴ $x^2\leqq 2$ ∴ $-\sqrt{2}\leqq x\leqq\sqrt{2}$

よって，求める点の軌跡は**放物線** $y=\dfrac{x^2-1}{2}$ の $-\sqrt{2}\leqq x\leqq\sqrt{2}$ の部分．

演習問題

54 実数 $x,\ y$ が関係式 $x^2+y^2+2x+2y=1$ をみたしながら変わるとき，$a=x+y,\ b=xy$ として点 $(a,\ b)$ のえがく図形をかけ． (九州東海大)

標問 **55** 不等式の表す領域(1)

次の不等式が表す領域を図示せよ.

(1) $\begin{cases} x^2 - y \geqq 0 \\ x^2 + y^2 - 2 \leqq 0 \end{cases}$

(2) $x^2 - y \geqq 0$ または $x^2 + y^2 - 2 \leqq 0$

(3) $(x^2 - y)(x^2 + y^2 - 2) \leqq 0$

精講 　不等式が表す領域とは，不等式をみたす点 (x, y) の集合のことです.

(i) $\boldsymbol{y > mx + n}$ $(\boldsymbol{y < mx + n})$ は直線 $y = mx + n$ の上側（下側）を表します.

(ii) $a \neq 0$ のとき，$\boldsymbol{y > ax^2 + bx + c}$ $(\boldsymbol{y < ax^2 + bx + c})$ は放物線 $y = ax^2 + bx + c$ の上側（下側）を表します.

(iii) $\boldsymbol{(x-a)^2 + (y-b)^2 > r^2}$ $(\boldsymbol{(x-a)^2 + (y-b)^2 < r^2})$ は円 $(x-a)^2 + (y-b)^2 = r^2$ の外部（内部）を表します.

▶**解法のプロセス**

不等式が表す領域
(i) $y > f(x)$ は $y = f(x)$ の上側
(ii) $y < f(x)$ は $y = f(x)$ の下側
(iii) $(x-a)^2 + (y-b)^2 < r^2$ $((x-a)^2 + (y-b)^2 > r^2)$ は 円 $(x-a)^2 + (y-b)^2 = r^2$ の内部（外部）

(1)は2つの不等式それぞれが表す領域の共通部分です.

(2)は和集合です.

(3)は $AB \leqq 0 \iff \begin{cases} A \geqq 0 \\ B \leqq 0 \end{cases}$ または $\begin{cases} A \leqq 0 \\ B \geqq 0 \end{cases}$

〈　**解 答**　〉

(1) $y \leqq x^2$ は放物線 $y = x^2$ とその下側を表し，$x^2 + y^2 \leqq 2$ は円 $x^2 + y^2 = 2$ の周および内部を表す.

　求める領域はこれらの共通部分であるから，右図(1)の斜線部分になる. ただし，境界も含む.

(2) 求める領域は放物線 $y = x^2$ とその下側，および円 $x^2 + y^2 = 2$ の周および内部の和集合であるから，右図(2)の斜線部分になる. ただし，境界も含む.

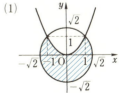

(1)

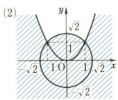

(2)

(3) 与えられた不等式は

$$\begin{cases} x^2 - y \geqq 0 \\ x^2 + y^2 - 2 \leqq 0 \end{cases} \quad \text{または} \quad \begin{cases} x^2 - y \leqq 0 \\ x^2 + y^2 - 2 \geqq 0 \end{cases}$$

と同値である.

　第1の連立不等式は(1)と一致しており，第2の
連立不等式が表す領域は放物線 $y = x^2$ とその上
側，円 $x^2 + y^2 = 2$ の周および外部の共通部分で
ある.

　2つの不等式の表す領域の和集合が求める領域
であり，右図(3)の斜線部分になる．ただし，境界
も含む.

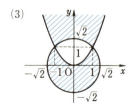
(3)

研究　　2変数 x, y の関数 $F(x, y)$ の値が0になるような点の集合は，一
般には曲線（直線も含む）をえがく.

　不等式 $F(x, y) > 0$ をみたす点 (x, y) の集合を $F(x, y)$ の**正領域**,
$F(x, y) < 0$ をみたす点の集合を $F(x, y)$ の**負領域**という.

　正領域，負領域の考え方で(3)を図示してみよう.

　まず，境界線の $y = x^2$, $x^2 + y^2 = 2$ により xy 平面は4つの領域に分けら
れる．ある1つの部分で

$$F(x, y) = (x^2 - y)(x^2 + y^2 - 2)$$

の符号が正（または負）ならば，境界線を隔てた隣り
の部分の符号は逆転して負（または正）となる．これ
は境界線をまたぐことにより **$x^2 - y$ あるいは
$x^2 + y^2 - 2$ の一方のみの符号が変わる**からである.

(3)

　したがって，4つの部分のうち，いずれか1つ符号
がわかれば他の3つの部分の符号は機械的に決まる.

　例えば，$(x, y) = (1, 0)$ を $F(x, y)$ に代入すると，

$$F(1, 0) = (1^2 - 0)(1^2 + 0^2 - 2) = -1 < 0$$

より，点 $(1, 0)$ を含む領域，すなわち放物線の下側かつ円の内部の領域の符
号は負であり，他の3つの部分の符号も右図のように決まる.

演習問題

(55)　次の不等式が表す領域を図示せよ.

(1)　$(x^2 + y)(x^2 + y^2 - 2) < 0$ 　　　　　　　　　　　　　　（東京工芸大）

(2)　$(x^2 + y^2 - 9)(y^2 - x^2) < 0$ 　　　　　　　　　　　　　（女子栄養大）

| 標問 | **56** | **不等式の表す領域(2)** |

次の不等式が表す領域を図示せよ.

(1) $|y-x|<|x|$ （創価大）

(2) $\begin{cases} |x-1|\leqq 1 \\ |y|\leqq 1 \\ |x-2y|\leqq 1 \end{cases}$ （近畿大）

(3) $|x|+|y|\leqq 2$ （北　大）

(4) $|x+y|+|x-y|<2$ （関西大）

精講 絶対値記号を含む不等式で表された領域の図示問題です.

絶対値記号は

中の符号で場合分け

してはずすのが基本です.

(1)はこの方針で場合分けします.

(2)は絶対値は原点からの距離を表す，と考え

$$|A|\leqq 1 \iff -1\leqq A\leqq 1$$

として絶対値記号をはずすことができます.

(3)，(4) 絶対値の中の符号で場合分けすると4つの場合分けが必要になります. 対称性に着目して場合分けを減らしましょう.

図形 $f(x,\ y)=0$ において

$$f(-x,\ y)=f(x,\ y)$$
$$\iff f(x,\ y)=0 \text{ は } y \text{ 軸に関して対称}$$

$$f(x,\ -y)=f(x,\ y)$$
$$\iff f(x,\ y)=0 \text{ は } x \text{ 軸に関して対称}$$

$$f(y,\ x)=f(x,\ y)$$
$$\iff f(x,\ y)=0 \text{ は直線 } y=x \text{ に関して対称}$$

となります.

注 (1) 両辺は負でないので，平方して
$$(y-x)^2<x^2 \quad \therefore \quad y(y-2x)<0$$
として図示してもよい.

解法のプロセス

(1) 絶対値記号のはずし方
$$|A|=\begin{cases} A & (A\geqq 0 \text{ のとき}) \\ -A & (A\leqq 0 \text{ のとき}) \end{cases}$$

(2) 絶対値は原点からの距離
$$|A|\leqq 1 \iff -1\leqq A\leqq 1$$

(3)，(4) 対称性の利用
⇩
場合分けを少なくする

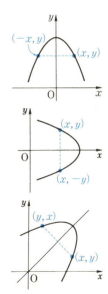

〈 **解 答** 〉

(1) (i) $y-x \geqq 0$ かつ $x \geqq 0$ のとき

 $y-x < x$ ∴ $y < 2x$

◀ 絶対値の中の符号で場合分け

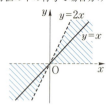

(ii) $y-x \geqq 0$ かつ $x \leqq 0$ のとき

 $y-x < -x$ ∴ $y < 0$

(iii) $y-x \leqq 0$ かつ $x \geqq 0$ のとき

 $-(y-x) < x$ ∴ $y > 0$

(iv) $y-x \leqq 0$ かつ $x \leqq 0$ のとき

 $-(y-x) < -x$ ∴ $y > 2x$

以上より，右図の斜線部分を得る．ただし，境界線上の点は除く．

(2) $|x-1| \leqq 1 \iff -1 \leqq x-1 \leqq 1 \iff 0 \leqq x \leqq 2$ ◀ $|A| \leqq 1 \iff -1 \leqq A \leqq 1$

 $|y| \leqq 1 \iff -1 \leqq y \leqq 1$

 $|x-2y| \leqq 1 \iff -1 \leqq x-2y \leqq 1$

したがって，右図の斜線部分を得る．ただし，境界線上の点も含む．

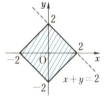

(3) $|x|+|y|$ は x を $-x$ とかえても，y を $-y$ とかえても式に変化がないので，$|x|+|y| \leqq 2$ が表す領域は y 軸および x 軸に関して対称な領域である．そこで，

$$x+y \leqq 2 \ (x \geqq 0, \ y \geqq 0)$$

を図示し，対称性を利用すると，求める領域は右図の斜線部分となる．ただし，境界線上の点も含む．

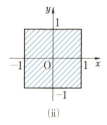

(4) $|x+y|+|x-y|$ は x を $-x$ とかえても，y を $-y$ とかえても式に変化がない．さらに，x, y を y, x とかえても式に変化がないので，$|x+y|+|x-y| < 2$ が表す領域は y 軸，x 軸および直線 $y=x$ に関して対称な領域である．

 $x \geqq 0, \ y \geqq 0, \ y \leqq x$ とすると

 $(x+y)+(x-y) < 2$ ∴ $x < 1$

これは右図(i)のような三角領域となる．

対称性から，求める領域は右図(ii)の正方形の斜線部分となる．境界線上の点は除く．

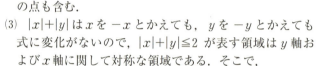

(i)   (ii)

演習問題

56 次の2つの条件(i)，(ii)を同時にみたす点 (x, y) の存在する範囲の面積を求めよ．

(i) $|x|$ と $|y|$ を比較して，大きくないほうが1を超えない．

(ii) $|x|$ と $|y|$ を比較して，小さくないほうが3を超えない． (一橋大)

標問 **57** **領域における最大・最小**

連立不等式 $\begin{cases} x-2y\geqq -6 \\ 7x-2y\leqq 18 \\ 5x+2y\geqq 6 \end{cases}$ が表す領域を D とする．点 $(x,\ y)$ が領域 D を

動くとき，次のとり得る値の範囲を求めよ．

(1) $x+2y$ (2) x^2+y^2 (3) $\dfrac{y+1}{x+1}$

精講 まずは連立不等式で表された領域 D を図示しましょう．交点の座標も求めておきます．

(1) $x+2y$ の値が k となる，ということは

$x+2y=k$ **をみたす点 $(x,\ y)$ が D に存在する**

ということです．すなわち，

直線 $x+2y=k$ と領域 D が共有点をもつ

ということです．

(2), (3)も同様にして

$$x^2+y^2=r^2,\quad \frac{y+1}{x+1}=m$$

とおき，領域 D と共有点をもつための条件を求めればよいのです．

解法のプロセス

領域 D における $f(x,\ y)$ のとり得る値の範囲

⇩

$f(x,\ y)=k$ とおく

⇩

図形 $f(x,\ y)=k$ と領域 D が共有点をもつ条件を求める

〈 **解答** 〉

領域 D は右図の斜線部分である．ただし，境界も含む．

(1) $x+2y=k$ ……① とおき，直線①と領域 D が共有点をもつための条件を求める．k はこの直線①の x 切片であり，k が最大，最小となるのは①がそれぞれ点 $(4,\ 5)$, $(2,\ -2)$ を通るときである．したがって，k のとり得る値の範囲は

$$2+2\cdot (-2)\leqq k\leqq 4+2\cdot 5$$

である．よって，

$$-2\leqq x+2y\leqq 14$$

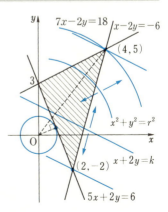

(2) $x^2+y^2=r^2$ ……② とおき，円②と領域Dが共有点をもつための条件を求める.

$(x, y)\neq0$ より $r>0$ であり，r は円②の半径である.r が最大となるのは，点$(4, 5)$を通るとき，最小となるのは直線 $5x+2y-6=0$ と接するときである.したがって，r^2 のとり得る値の範囲は

$$\left(\frac{6}{\sqrt{5^2+2^2}}\right)^2\leqq r^2\leqq4^2+5^2$$

である.よって $\dfrac{36}{29}\leqq x^2+y^2\leqq41$

← $\dfrac{6}{\sqrt{5^2+2^2}}$ は中心 $(0, 0)$
と直線 $5x+2y-6=0$ の距離

(3) $\dfrac{y+1}{x+1}=m$，すなわち

$$y+1=m(x+1) \text{ かつ } x\neq-1 \quad\text{……③}$$

とおき，直線③と領域Dが共有点をもつための条件を求める.

m は③の傾きであるから，m が最大，最小となるのは③がそれぞれ $(0, 3)$，$(2, -2)$ を通るときである.したがって，m のとり得る値の範囲は

$$\frac{-2+1}{2+1}\leqq m\leqq\frac{3+1}{0+1}$$

である.よって $-\dfrac{1}{3}\leqq\dfrac{y+1}{x+1}\leqq4$

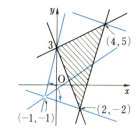

演習問題

(57-1) 連立不等式 $y\leqq0$，$x^2+y^2-2x+4y\leqq4$，$y\geqq-|x-1|+1$ をみたす (x, y) の領域をDとする.

領域Dを図示し，実数の組 (x, y) が領域Dを動くとき，$k=2x+y$ のとり得る値の範囲を求めよ. (南山大)

(57-2) 不等式 $|3x+y|\leqq5$，$|x-3y|\leqq5$ で定まる領域Dを動く点Pの座標を (x, y) とし，$x^2-10x+y^2$ のとり得る値の最大値と最小値を求めよ. (甲南大)

(57-3) (1) 連立不等式 $x^2-2x+3y\leqq0$，$x^2+2x-2y-1\leqq0$ の表す領域を図示せよ.

(2) 点 (x, y) が(1)の領域内にあるとき $\dfrac{y+1}{x-1}$ の最大値と最小値を求めよ.

(広島経大)

標問 58　領域における最大・最小（パラメータ入り）

次の連立不等式の表す領域を D とする.
$$\begin{cases} x^2+y^2-1\leqq 0 \\ x+2y-2\leqq 0 \end{cases}$$
このとき，次の問いに答えよ.

(1)　領域 D を図示せよ.

(2)　a を実数とする. 点 $(x,\ y)$ が D を動くとき，$ax+y$ の最小値を a を用いて表せ.

(3)　a を実数とする. 点 $(x,\ y)$ が D を動くとき，$ax+y$ の最大値を a を用いて表せ.

(広島大)

精講　今度も領域における最大・最小問題ですが，関数の中にパラメータ a が入っています. $ax+y=k$ とおき，この
直線と領域 D が共有点をもつ
ためのk の条件を求める方針は同じです. この直線の傾き $-a$ の値がどのような範囲にあるかで最大・最小となる点の位置が変わるので，a の値による**場合分け**が必要になります. それぞれの範囲の中で
最大・最小となる点が領域 D に存在する
ことを確かめながら最大値，最小値を求めていきましょう. 演習問題 58 では，領域を表す不等式の中にパラメータ a が入っている問題を拾っておきました.

解法のプロセス

領域 D における $f(x,\ y,\ a)$ の最大値，最小値
⇩
$f(x,\ y,\ a)=k$ とおく
⇩
$f(x,\ y,\ a)=k$ と領域 D が共有点をもつ条件を a の値で場合分けしながら求める

解答

(1)　　$D:\begin{cases} x^2+y^2-1\leqq 0 \\ x+2y-2\leqq 0 \end{cases}$

円 $x^2+y^2=1$ ……① と直線 $x+2y-2=0$ ……② の交点は
$$(2-2y)^2+y^2=1$$
$$\therefore\ 5y^2-8y+3=0$$
$$\therefore\ (y-1)(5y-3)=0\qquad \therefore\ y=1,\ \frac{3}{5}$$

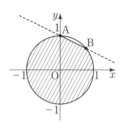

$$\therefore \quad A(0,\ 1),\ B\left(\frac{4}{5},\ \frac{3}{5}\right)$$

よって，領域 D は右図の斜線部分となる．境界も含む．

(2) $ax+y=k$ ……③ とおき，直線③が領域 D と共有点をもつときの k の最小値を求める．

直線③が円①に接する条件は

中心と直線③との距離＝半径

であるから

$$\frac{|-k|}{\sqrt{a^2+1^2}}=1$$

$$\therefore \quad k=\pm\sqrt{a^2+1}$$

$k=-\sqrt{a^2+1}$ のとき，直線③の方程式は $\dfrac{a}{k}x+\dfrac{1}{k}y=1$ でもあり，接点の座標は $\left(\dfrac{a}{k},\ \dfrac{1}{k}\right)=\left(-\dfrac{a}{\sqrt{a^2+1}},\ -\dfrac{1}{\sqrt{a^2+1}}\right)$ である． $\quad\longleftarrow$ $x_0x+y_0y=1$ は $x^2+y^2=1$ 上の点 $(x_0,\ y_0)$ における接線の方程式である

接点の y 座標は負であるから，接点は D 内にある．

よって，求める最小値は $\quad -\sqrt{a^2+1}$

(3) k の最大値を M とおく．点 A，B における円の接線の傾きはそれぞれ 0，$-\dfrac{4}{3}$ であることに注意して，直線③の傾き $-a$ の値により最大値を分類すると

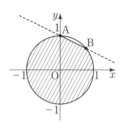

(i) $-a\leqq-\dfrac{4}{3}$ $\left(\text{すなわち}\ a\geqq\dfrac{4}{3}\right)$ のとき

③が第1象限で①と点 $\left(\dfrac{a}{\sqrt{a^2+1}},\ \dfrac{1}{\sqrt{a^2+1}}\right)$ で接するとき，k は最大となる．よって

$$M=a\cdot\frac{a}{\sqrt{a^2+1}}+\frac{1}{\sqrt{a^2+1}}=\sqrt{a^2+1}$$

(ii) $-\dfrac{4}{3}\leqq-a\leqq-\dfrac{1}{2}$ $\left(\text{すなわち}\ \dfrac{1}{2}\leqq a\leqq\dfrac{4}{3}\right)$ のとき

③が点 $B\left(\dfrac{4}{5},\ \dfrac{3}{5}\right)$ を通るとき，k は最大となる．よって

$$M=\frac{4}{5}a+\frac{3}{5}$$

(iii) $-\dfrac{1}{2}\leqq-a\leqq0$ $\left(\text{すなわち}\ 0\leqq a\leqq\dfrac{1}{2}\right)$ のとき

③が点 $A(0,\ 1)$ を通るとき，k は最大となる．よって

$$M=0\cdot a+1=1$$

(iv) $-a \geqq 0$ （すなわち $a \leqq 0$）のとき

③が第2象限で①と点 $\left(\dfrac{a}{\sqrt{a^2+1}}, \ \dfrac{1}{\sqrt{a^2+1}} \right)$ で接するとき，k は最大となる．

よって
$$M = \sqrt{a^2+1}$$

以上より

最大値 $M = \begin{cases} \sqrt{a^2+1} & \left(a \geqq \dfrac{4}{3} \ \text{のとき} \right) \\ \dfrac{4}{5}a + \dfrac{3}{5} & \left(\dfrac{1}{2} \leqq a \leqq \dfrac{4}{3} \ \text{のとき} \right) \\ 1 & \left(0 \leqq a \leqq \dfrac{1}{2} \ \text{のとき} \right) \\ \sqrt{a^2+1} & (a \leqq 0 \ \text{のとき}) \end{cases}$

演習問題

58　a を正の実数とする．次の2つの不等式を同時にみたす点 (x, y) 全体からなる領域を D とする．

$$y \geqq x^2$$
$$y \leqq -2x^2 + 3ax + 6a^2$$

領域 D における $x+y$ の最大値，最小値を求めよ． （東　大）

標問 **59** 予選・決勝法

> $1 \leqq x \leqq 2$, $1 \leqq y \leqq 2$ のとき, $x^2-2xy+2y^2$ の最大値, 最小値およびそのときの x, y の値を求めよ.

精講　$1 \leqq x \leqq 2$, $1 \leqq y \leqq 2$ の表す領域は1辺の長さ1の正方形となります.

$x^2-2xy+2y^2=k$ とおき, この曲線と正方形が共有点をもつときの k のとり得る値の範囲を調べるというのが標問 **57** のプロセスでしたが, 本問では, $x^2-2xy+2y^2=k$ がどのような曲線を表すのかわかりません. そこで今度は次のように考えます.

x, y は独立に動きますから, まずは

y を固定して, x の関数と考え, その最大値 $M(y)$, 最小値 $m(y)$ を求めます.

次に, 固定してあった y を動かして

$$M(y) \text{ の最大値, } m(y) \text{ の最小値}$$

を求めます. もちろん, x を先に固定してもかまいません.

これは, 最初の最大値・最小値を求める操作が**予選**であり, 次の最大値・最小値を求める操作を**決勝**と考えるとわかりやすいでしょう.

解法のプロセス

独立2変数の最大・最小
⇩
予選・決勝法
一方を固定し, 最大値・最小値を求め (予選), 次に固定したものを動かして最大値・最小値を求める (決勝)

< **解 答** >

$f(x, y)=x^2-2xy+2y^2$ とおく.

y を固定して, x についての2次関数とみると

$$f(x, y)=(x-y)^2+y^2 \ (1 \leqq x \leqq 2)$$

$1 \leqq y \leqq 2$ より, 軸 $x=y$ は定義域 $1 \leqq x \leqq 2$ 内にあるから, 最小値は, $x=y$ のときで

$$f(y, y)=y^2$$

である. ついで, y を $1 \leqq y \leqq 2$ の範囲で動かすと, y^2 は

$$y=1 \text{ のとき, 最小値 } 1$$

をとる. よって, $f(x, y)$ は

$$x=y=1 \text{ のとき, 最小値 } 1$$

をとる.

← 予選をして

← 決勝をした

次に最大値について考える．再び，y を固定して $f(x, y)$ を x の2次関数とみる．最大となるのは軸 $x=y$ から最も離れた端点であるから

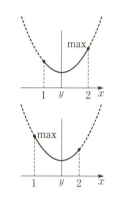

$1 \leqq y \leqq \dfrac{3}{2}$ のとき，最大値は $x=2$ のときで

$$f(2, y)=(2-y)^2+y^2=2(y-1)^2+2$$

$\dfrac{3}{2} \leqq y \leqq 2$ のとき，最大値は $x=1$ のときで

$$f(1, y)=(1-y)^2+y^2=2\left(y-\dfrac{1}{2}\right)^2+\dfrac{1}{2}$$

└─ 予選をして

ここで，$g(y)$ を

$$g(y)=\begin{cases} 2(y-1)^2+2 & \left(1 \leqq y \leqq \dfrac{3}{2}\right) \\ 2\left(y-\dfrac{1}{2}\right)^2+\dfrac{1}{2} & \left(\dfrac{3}{2} \leqq y \leqq 2\right) \end{cases}$$

とおく．ついで，y を動かす．

$1 \leqq y \leqq \dfrac{3}{2}$ のとき，最大値は

$$g\left(\dfrac{3}{2}\right)=\dfrac{5}{2}$$

◀ 準決勝をして

$\dfrac{3}{2} \leqq y \leqq 2$ のとき，最大値は

$$g(2)=5$$

◀ 準決勝をして

2つの大小を比較して，$f(x, y)$ は

◀ 決勝をした

$$x=1, \ y=2 \ \text{のとき，最大値} 5$$

をとる．

演習問題

59-1　2次式 $F(x, y)=(3y-x+1)^2+x^2-4x+6$ について，次の問いに答えよ．

(1)　x, y がすべての実数値をとるとき，$F(x, y)$ の最小値と，それを与える x, y の値を求めよ．

(2)　x, y が $3 \leqq x \leqq 5, \ 0 \leqq y \leqq 1$ をみたすとき，$F(x, y)$ の最大値および最小値を求めよ．　　　　　　　　　　　　　　　　　　　　（広島県立大）

59-2　点 (x, y) が連立不等式 $x-3y \geqq -6, \ x+2y \geqq 4, \ 3x+y \leqq 12$ の表す領域 D 内を動くとき，次の問いに答えよ．

(1)　D を図示せよ．　　(2)　x^2-y^2 の最大値と最小値を求めよ．（横浜国立大）

標問 **60** 線形計画法

　3種類の工程 A，B，C をもつラジオとテレビの組立工場がある．各工程で使用できる組立機械数および製品 1 台を組み立てるのに要する組立機械数は，右の表のとおりである．

	①	②	③
A	4	4	144
B	1	2	52
C	1	0	22

① 　ラジオ 1 台を組み立てるのに要する組立機械数

② 　テレビ 1 台を組み立てるのに要する組立機械数

③ 　組立機械総数

　ラジオ，テレビの組立による利益は，1 台につきそれぞれ 350 円，600 円である．工場全体の利益を最大にするには，ラジオ，テレビをそれぞれ何台ずつ組み立てたらよいか．また，そのときの利益額を求めよ．

（信州大）

精 講　　題意が読みとれたでしょうか．まず，ラジオ 1 台，テレビ 1 台をつくるには A，B，C の 3 工程を通過しなければなりません．工程Aについてみてみましょう．工程Aでは 1 台のラジオ，テレビをつくるのに組立機械が 4 台ずつ必要ですから，ラジオ，テレビをそれぞれ x 台，y 台ずつ組み立てるとすると

$$4x+4y（台）$$

の組立機械が必要となります．このとき組立機械の総数は 144 台なので

$$4x+4y \leqq 144$$

という条件を x，y はみたしていなければなりません．同じことは工程 B，C についてもいえます．
　これらの条件のもとで

$$利益＝350x+600y（円）$$

の最大値を求めればよいわけです．

　このように有限個の不等式で制限された条件のもとで，1 次式の最大・最小を求める問題を**線形計画法**といいます．

解法のプロセス

　線形計画法

　生産台数を x，y とおく

　⇩

　制約条件を x，y の不等式で表す

　⇩

　利益を x，y で表す

　⇩

　領域における最大・最小問題を解く

⟨ **解　答** ⟩

ラジオ，テレビをそれぞれ x 台，y 台組み立てる
とすると

$$\begin{cases} x \geqq 0, \ y \geqq 0 \\ 4x + 4y \leqq 144 \\ x + 2y \leqq 52 \\ x \leqq 22 \end{cases}$$

この連立不等式をみたす領域は右図のようになる
（境界も含む）.

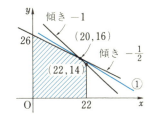

　利益は $350x + 600y$ 円である.

$$350x + 600y = k \quad \cdots\cdots①$$

とおき，直線①と右の領域が共有点をもつときの k
の最大値を求める.

　境界線 $x + y = 36$，$x + 2y = 52$ の傾きはそれぞれ，

-1，$-\dfrac{1}{2}$ であり，直線①の傾きは $-\dfrac{7}{12}$ であるか

ら k は，直線①が

　　点 $(20, \ 16)$

を通るとき最大となる. よって

**　　ラジオを 20 台，テレビを 16 台組み立てると**

**　　き，最大利益 16600 円**

を得る.

演習問題

60-1　2 種類の薬品 P，Q がある. それらの 1 g について，A 成分の含有量；
B 成分の含有量；価格は，それぞれ 2 mg，1 mg；1 mg，3 mg；2 円，3 円であ
る. 最低 A を 10 mg，B を 15 mg とる必要があるとき，その費用を最小にする
には，P，Q をそれぞれ何 g ずつとればよいか. また，その最小費用はいくら
か. 　　　　　　　　　　　　　　　　　　　　　　　　　　　　　（愛知学院大）

60-2　ある製品を生産するためには，数種の原料の投入を必要とする. そして，
ある特定の原料の投入量 x と製品の生産量 y との間には $y = ax + b$ という関
係がある. ただし，a，b は他の原料の投入量，設備，労働者の資質などによっ
て変化する値である. この特定の原料 1 トンの投入量に対し生産量は 2 トンか
ら 4 トンの範囲にあり，3 トンの投入量に対し生産量は 4 トンから 6 トンの範
囲にあることがわかっている. このとき，6 トンの投入量によって生ずる生産
量は最小 [　　　] トン，最大 [　　　] トンと考えられる. 　　　　（慶　大）

<table>
<tr><td>標問</td><td>**61**</td><td>**通過領域**</td></tr>
</table>

(1) どのような実数 α を選んでも，直線 $y=2\alpha x-(\alpha+1)^2$ が決して通らない点 $(a,\ b)$ の存在範囲を求め，これを図示せよ． (日本女大)

(2) k が正の実数値をとるとき，直線 $2kx+y+k^2=0$ が通る範囲を図示せよ．

→ 精 講 (1) 直線 $l_\alpha : y=2\alpha x-(\alpha+1)^2 \cdots ①$
が通過する領域を D とします．実数 α を1つ与えると直線 l_α が1本決まり，その直線上の点が D 内の点ということになります．すなわち，

$(x,\ y)$ が D に属する $\Longleftrightarrow$
l_α の方程式①をみたす α が存在する

ということです．

もう少し具体的にみていきましょう．

点 $(0,\ -1)$ について，①に $x=0$, $y=-1$ を代入すると，

$$-1=-(\alpha+1)^2 \quad \therefore \quad \alpha=0,\ -2$$

点 $(0,\ -1)$ は直線 l_0, l_{-2} 上の点である．

点 $(0,\ 0)$ について，①に $x=0$, $y=0$ を代入すると $0=-(\alpha+1)^2 \quad \therefore \quad \alpha=-1$

点 $(0,\ 0)$ は直線 l_{-1} 上の点である．

点 $(0,\ 1)$ について，①に $x=0$, $y=1$ を代入すると $1=-(\alpha+1)^2$ これをみたす実数 α は存在しない．点 $(0,\ 1)$ は通過領域 D 内の点ではない．

以上のことからわかるように①をみたす実数 α が少なくとも1つ存在すればその点が通過領域 D 内にあることが確認されるのです．

では，一般の点として $(a,\ b)$ についてはどうでしょうか．同じようにして①に $x=a$, $y=b$ を代入して

$$b=2a\alpha-(\alpha+1)^2$$
$$\therefore \quad \alpha^2+2(1-a)\alpha+b+1=0$$

この α についての2次方程式が実数解をもてば点 $(a,\ b)$ は通過領域 D 内の点ということになります．

解法のプロセス

パラメータを含む直線の通過領域を求める

⇩

パラメータが存在するための $x,\ y$ の条件を求める

⑴は実数解をもたない条件を調べることになり，⑵は正の実数解 k を少なくとも 1 つもつ条件を調べることになります．

〈 **解 答** 〉

⑴ $y=2ax-(a+1)^2$ に $x=a$，$y=b$ を代入して，

$$b=2aa-(a+1)^2$$

これを a について整理して

$$a^2+2(1-a)a+b+1=0$$

これをみたす実数 a が存在しない条件を調べて

$$(1-a)^2-(b+1)<0 \quad \longleftarrow \text{判別式}<0$$

$$\therefore \quad \boldsymbol{b>(a-1)^2-1}$$

これが求める領域であり，右図を得る．
ただし，境界線上の点は含まない．

⑵ $2kx+y+k^2=0$ を k について整理して，

$$k^2+2xk+y=0$$

これを k についての 2 次方程式とみて，正の実数解が少なくとも 1 つ存在する条件を求める．

$f(k)=k^2+2xk+y$ とおく．

（i） 2 つ（重解を含む）の正の実数解をもつとき

$$\begin{cases} \text{判別式}：x^2-y\geqq 0 \\ \text{対称軸}：-x>0 \\ f(0)>0：y>0 \end{cases}$$

（ii） 正，負の解を 1 つずつもつとき

$$f(0)<0：y<0$$

（iii） 0 と正の解をもつとき

$$\begin{cases} f(0)=0：y=0 \\ \text{対称軸}：-x>0 \end{cases}$$

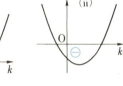
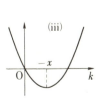
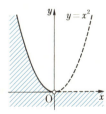

以上より，右図の斜線部分を得る．
ただし，境界線上の点は，$y=x^2$ の $x<0$ の部分のみ含み他は除く．

第3章

演習問題

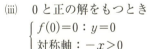 a がすべての実数値をとって変わるとき，直線 $y=ax+a^2-5$ のグラフが動き得る領域を図示せよ．

（岐阜大）

標問 **62** 線分の通過領域

平面上に，原点 O，点 A(1, 0)，点 B(0, 1) を頂点とする △OAB がある．辺 OA 上の動点Pと，辺 OB 上の動点Qは，線分 PQ が △OAB の面積を2等分するように動く．線分 PQ が通る点の全体からなる領域を図示せよ．

(一橋大)

精講 通過領域を求める問題をさらに追求しておきましょう．今度は線分の通過領域です．線分は直線の一部ですから，直線の通過領域を求めて △OAB との共通部分をとれば求める領域が得られます．

標問 **61** では (x, y) が通過領域に属するための条件としてパラメータの存在条件を考えました．一般化していうと，曲線族の方程式 $f(x, y, m)=0$ に対して，x, y を固定しパラメータ m についての方程式とみてパラメータ m の存在条件を求めたわけです．**解答**ではこの解法をとることにします．

→研究 では別の解法も考えてみます．

まず，x を固定してみましょう．パラメータ m が変わると図形が動き，固定された x に対する y も変わります．すなわち，曲線族の方程式 $f(x, y, m)=0$ に対して，**x を固定して y をパラメータ m の関数とみる**ことにより y の値域を求めるという解法が考えられます．

あるいは，曲線族の動きが分れば直接図示することもできます．曲線族がある曲線と接線を共有するとき，この曲線を包絡線といいます．**包絡線を求める**こと（見つけること）ができれば，通過領域を視覚的に求めることができます（包絡線は存在しないこともあります）．

▶ **解法のプロセス**

線分の通過領域
⇩
まずは
　　　直線の通過領域
を求める

▶ **解法のプロセス**

通過領域の求め方
⇩
曲線族 $f(x, y, m)=0$ に対して
(i) m の方程式とみる
(ii) m の関数とみる
(iii) 包絡線を求める

〈 解 答 〉

辺 OA 上の点 P, 辺 OB 上の点 Q の座標をそれぞれ
P(p, 0), Q(0, q) とおくと,

$$0 \leqq p \leqq 1, \ 0 \leqq q \leqq 1 \quad \cdots\cdots①$$

であり, 線分 PQ が △OAB の面積を 2 等分する条件は,

$$\frac{1}{2}pq = \frac{1}{2} \times \frac{1}{2} \cdot 1 \cdot 1 \quad \therefore \quad pq = \frac{1}{2} \quad \cdots\cdots②$$

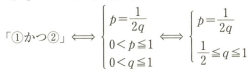

②より $p \neq 0$, $q \neq 0$ であり, ①, ②をまとめると

$$「①かつ②」 \Longleftrightarrow \begin{cases} p = \dfrac{1}{2q} \\ 0 < p \leqq 1 \\ 0 < q \leqq 1 \end{cases} \Longleftrightarrow \begin{cases} p = \dfrac{1}{2q} \\ \dfrac{1}{2} \leqq q \leqq 1 \end{cases}$$

である. このとき, 直線 PQ の方程式は,

$$\frac{x}{p} + \frac{y}{q} = 1 \quad \therefore \quad 2qx + \frac{y}{q} = 1 \quad \therefore \quad 2q^2x + y - q = 0$$

よって, 直線 PQ が通る点の全体からなる領域 D は,

$$「\frac{1}{2} \leqq q \leqq 1 \quad \cdots\cdots③, \ 2xq^2 - q + y = 0 \quad \cdots\cdots④$$

をともにみたす実数 q が存在する $\cdots\cdots(*)$」ような点 (x, y) の集合である. 点 (x, y) は線分 PQ 上の点より $x \geqq 0$ について考えれば十分である.

(i) $x = 0$ のとき　　　　　　　　　　　　　　　← ④は q の 1 次方程式である

　④をみたす q は $q = y$ であるから, $(*)$の条件は,

$$\frac{1}{2} \leqq y \leqq 1$$

(ii) $x \neq 0$ のとき, $x > 0$ である.　　　　　　← ④は q の 2 次方程式である

　$f(q) = 2xq^2 - q + y$ とおくと

$$f(q) = 2x\left(q - \frac{1}{4x}\right)^2 + y - \frac{1}{8x}$$

であり, $f(q)$ のグラフの軸 $q = \dfrac{1}{4x}$ の位置で場合分けする.

(ア)　$0 < \dfrac{1}{4x} \leqq \dfrac{1}{2}$ $\left(すなわち \ x \geqq \dfrac{1}{2}\right)$ のとき

$$(*) \Longleftrightarrow f\left(\frac{1}{2}\right) \leqq 0 \ かつ \ f(1) \geqq 0$$

$$\Longleftrightarrow \frac{x}{2} - \frac{1}{2} + y \leqq 0 \ かつ \ 2x - 1 + y \geqq 0$$

$$\Longleftrightarrow -2x + 1 \leqq y \leqq -\frac{x}{2} + \frac{1}{2}$$

(イ) $\dfrac{1}{2} \leqq \dfrac{1}{4x} \leqq 1 \left(\text{すなわち } \dfrac{1}{4} \leqq x \leqq \dfrac{1}{2}\right)$ のとき

$\quad$ (*) $\Longleftrightarrow f\left(\dfrac{1}{4x}\right) \leqq 0$ かつ 「$f\left(\dfrac{1}{2}\right) \geqq 0$ または $f(1) \geqq 0$」

$\quad\quad \Longleftrightarrow y - \dfrac{1}{8x} \leqq 0$ かつ 「$\dfrac{x}{2} - \dfrac{1}{2} + y \geqq 0$ または $2x-1+y \geqq 0$」

$\quad\quad \Longleftrightarrow y \leqq \dfrac{1}{8x}$ かつ 「$y \geqq -\dfrac{x}{2} + \dfrac{1}{2}$ または $y \geqq -2x+1$」

(ウ) $1 \leqq \dfrac{1}{4x} \left(\text{すなわち } 0 < x \leqq \dfrac{1}{4}\right)$ のとき

$\quad$ (*) $\Longleftrightarrow f\left(\dfrac{1}{2}\right) \geqq 0$ かつ $f(1) \leqq 0$

$\quad\quad \Longleftrightarrow \dfrac{x}{2} - \dfrac{1}{2} + y \geqq 0$

$\quad\quad\quad$ かつ $2x-1+y \leqq 0$

$\quad\quad \Longleftrightarrow -\dfrac{x}{2} + \dfrac{1}{2} \leqq y \leqq -2x+1$

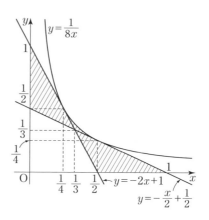

　よって，求める領域は，△OAB の内部と周をあわせた図形と D の共通部分であることより，右図の斜線部分（境界も含む）のようになる．

研究

別解 1. $\{③, ④\} \Longleftrightarrow \begin{cases} \dfrac{1}{2} \leqq q \leqq 1 & \cdots\cdots③ \\ y = -2xq^2 + q & \cdots\cdots④' \end{cases}$

　④' において，x を $0 \leqq x \leqq 1$ の範囲で固定し，y を q の関数とみる．

(i) $x = 0$ のとき

$\quad y = q$ より，y の変域は $\quad \dfrac{1}{2} \leqq y \leqq 1$

(ii) $x \neq 0$ のとき，$x > 0$ である．この下で $g(q) = -2xq^2 + q$ とおく．

$\quad$ このとき $g(q) = -2x\left(q - \dfrac{1}{4x}\right)^2 + \dfrac{1}{8x}$ となる．

$\quad$ 軸 $q = \dfrac{1}{4x}$ の位置で場合分けする．

(ア) $(0<) \dfrac{1}{4x} \leqq \dfrac{1}{2} \left(\text{すなわち } x \geqq \dfrac{1}{2}\right)$ のとき

$\quad y$ の変域は $g(1) \leqq y \leqq g\left(\dfrac{1}{2}\right)$ $\quad \therefore \quad -2x+1 \leqq y \leqq -\dfrac{1}{2}x + \dfrac{1}{2}$

(イ) $\dfrac{1}{2} \leqq \dfrac{1}{4x} \leqq 1 \left(\text{すなわち } \dfrac{1}{4} \leqq x \leqq \dfrac{1}{2}\right)$ のとき

y の変域は　$y \leqq g\left(\dfrac{1}{4x}\right)$ かつ「$g\left(\dfrac{1}{2}\right) \leqq y$ または $g(1) \leqq y$」

$\therefore \quad y \leqq \dfrac{1}{8x}$ かつ「$y \geqq -\dfrac{1}{2}x + \dfrac{1}{2}$ または $y \geqq -2x + 1$」

(ウ)　$1 \leqq \dfrac{1}{4x}$ $\left(\text{すなわち } 0 < x \leqq \dfrac{1}{4}\right)$ のとき

y の変域は　$g\left(\dfrac{1}{2}\right) \leqq y \leqq g(1)$ $\quad \therefore \quad -\dfrac{1}{2}x + \dfrac{1}{2} \leqq y \leqq -2x + 1$

以上を図示すると**解答**の図を得る.

(別解) 2.（包絡線を利用する）

$\{③, ④\}$ において

$x = 0$ のとき　$\dfrac{1}{2} \leqq y \leqq 1$ である.

$x \neq 0$ のとき，④は　$y = -2x\left(q - \dfrac{1}{4x}\right)^2 + \dfrac{1}{8x}$　と変形される.

ここで曲線　$y = \dfrac{1}{8x}$　……⑤

を考え，④と⑤を連立すると

$\qquad$ ← ④と連立して重解となるものを考えている

$-2x\left(q - \dfrac{1}{4x}\right)^2 + \dfrac{1}{8x} = \dfrac{1}{8x}$

$\left(q - \dfrac{1}{4x}\right)^2 = 0 \quad \therefore \quad x = \dfrac{1}{4q}$（重解）

すなわち，直線④は曲線⑤上の点

$\left(\dfrac{1}{4q}, \dfrac{q}{2}\right)$ における接線である. q

は③の範囲で動くから接点の x 座標

は $\dfrac{1}{4} \leqq x \leqq \dfrac{1}{2}$ であり，直線④は右

図のように動く. これより**解答**の通

過領域を得る.

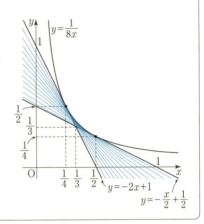

演習問題

(62)　A$(-1, 0)$，B$(1, 0)$ を直径とする右の図

のような半円がある. 弧 AB 上に 2 点 P，Q を

とり，弦 PQ を折り目として弧 PQ を x 軸に接

するように折り返す. 接点の x 座標を

$t\,(-1 \leqq t \leqq 1)$ とするとき，次の問いに答えよ.

(1)　2 点 P，Q を通る直線の方程式を求めよ.

(2)　t が -1 から 1 まで動くとき，弦 PQ が通過する範囲を図示せよ. (*広島大)

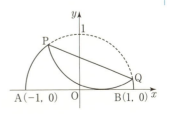

<table><tr><td>標問</td><td>63</td><td>円の通過領域</td></tr></table>

k を正の実数とする．点 $(3k,\ 4k)$ を中心とする半径 $5k+1$ の円を C_k とするとき，次の問いに答えよ．

(1) 円 C_k が原点を通るかどうかを答えよ．

(2) k がすべての正の実数値をとって変化するとき，円 C_k の動く範囲を求め，座標平面上に図示せよ．

(山口大)

精 講　今度は円の通過領域です．考え方は標問 **61**，**62** と同じです．パラメータ k の存在条件を考えましょう．

円 C_k の方程式を k について整理し，k についての方程式とみます．

k についての方程式 $ak=b$ の解の状態は

(i) $a\neq0$ のとき $k=\dfrac{b}{a}$ （**一意解**）

(ii) $a=0$ のとき $[0k=b]$

　(ア) $b=0$ のとき k は任意 （**不定解**）

　(イ) $b\neq0$ のとき k は存在しない （**不能**）

です．

解法のプロセス

k をパラメータとする円の通過領域

⇩

k が存在するための x, y の条件を求める

〈 **解 答** 〉

(1) $A_k(3k,\ 4k)$ $(k>0)$ とおく．
$$OA_k=\sqrt{(3k)^2+(4k)^2}=5k<5k+1$$
であるから，原点 O は円 C_k の内部にあり，**C_k は O を通らない**．

(2) 円 C_k の方程式は
$$(x-3k)^2+(y-4k)^2=(5k+1)^2$$
$$\therefore\quad x^2+y^2-6kx-8ky=10k+1$$
$$\therefore\quad 2(3x+4y+5)k=x^2+y^2-1\quad\cdots\cdots①$$
円 C_k の動く範囲 D は，「①をみたす正の実数 k が存在する $\cdots\cdots$(*)」ような点 $(x,\ y)$ の集合である．

(i) $3x+4y+5=0$ のとき
$$(*)\Longleftrightarrow x^2+y^2-1=0$$
直線 $3x+4y+5=0$ と円 $x^2+y^2=1$ は
$$中心と直線の距離=\frac{|5|}{\sqrt{3^2+4^2}}=1$$

より，接しており，その接点

$$(x,\ y)=\left(-\frac{3}{5},\ -\frac{4}{5}\right)$$

のみが D に含まれる点である.

← $x_0x+y_0y=1$ は $x^2+y^2=1$ 上の点 $(x_0,\ y_0)$ における接線の方程式である

(ⅱ) $3x+4y+5 \neq 0$ のとき

$$① \iff k=\frac{x^2+y^2-1}{2(3x+4y+5)}$$

であるから

$$(*) \iff \frac{x^2+y^2-1}{3x+4y+5}>0$$
$$\iff (x^2+y^2-1)(3x+4y+5)>0$$

以上より，円 C_k の動く範囲は右図の斜線部分である．境界は点 $\left(-\dfrac{3}{5},\ -\dfrac{4}{5}\right)$ のみ含む.

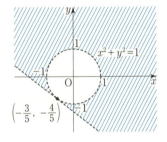

第3章

演習問題

63-1 xy 平面に円 $C:x^2+y^2-2ay+a^2-a=0$ がある．ただし，a は正の実数値をとる定数とする．円 C の存在する領域 D を図示せよ． (福井工大)

63-2 a を正の定数とする．放物線 $P:y=ax^2$ 上の動点 A を中心とし x 軸に接する円を C とする．動点 A が放物線 P 上のすべての点を動くとき，座標平面上で $y>0$ の表す領域において，どの円 C の内部にも含まれない点がある．この点の集まりを図示せよ． (名古屋大)

第4章 三角関数

標問 64 弧度法

(1) 次の大小を比較せよ.

$$\sin 1,\ \sin 2,\ \sin 3,\ \sin 4$$

(神奈川大)

(2) 周の長さが一定 $2a$ の扇形のうちでその面積が最大になるのは，中心角が □ ラジアンのときである.

(明治大)

精講

(1) $\sin 1$, 何これ？と思うかもしれませんね. ここでの角は**弧度法**です. 角 1 とは 1 ラジアンのことであり，**1 ラジアン**は，ある円において半径と等しい長さの弧がつくる中心角のことです.

有名角 30°, 45°, 60°, 90°, …に対応する $\dfrac{\pi}{6}$, $\dfrac{\pi}{4}$, $\dfrac{\pi}{3}$, $\dfrac{\pi}{2}$, …の sin, cos, tan はすぐにいえなければいけません.

$\pi = 3.14\cdots$ より, $\dfrac{\pi}{4} < 1 < \dfrac{\pi}{3}$ であり,

$$\sin\frac{\pi}{4} < \sin 1 < \sin\frac{\pi}{3}$$

すなわち

$$\frac{\sqrt{2}}{2} < \sin 1 < \frac{\sqrt{3}}{2}$$

です. $\sqrt{2} = 1.414\cdots$, $\sqrt{3} = 1.732\cdots$ より $\sin 1$ を既知の値で評価することができます. $\sin 2$, $\sin 3$, $\sin 4$ も同じように既知の値で評価していきましょう.

(2) 扇形の弧長 l と面積 S は，半径が r で中心角が θ ならば,

$$l = r\theta$$

$$S = \frac{1}{2}r^2\theta = \frac{1}{2}rl$$

です.

解法のプロセス

(1) 1, 2, 3, 4（弧度法）を既知の角で評価する

⇩

例えば, $\dfrac{\pi}{4} < 1 < \dfrac{\pi}{3}$

⇩

$\sin\dfrac{\pi}{4} < \sin 1 < \sin\dfrac{\pi}{3}$

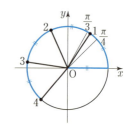

解法のプロセス

(2) 周の長さが $2a$

⇩

$r\theta + r + r = 2a$

⇩

面積 S を r（または θ）で表す

⇩

S が最大となる θ を求める

面積 S は r(または θ) の関数として表すことができます. 変数の変域に注意して S が最大となるときを求めます.

〈 **解 答** 〉

(1) 単位円上に点 $(1, 0)$ からの弧の長さが 1, 2, 3, 4 である点をとる. $\pi=3.14\cdots$ より, 1, 2, 3, 4 と既知の角の $\sin$ の値を比較すると

$$\sin 1, \ \sin 2, \ \sin 3, \ \sin 4$$

は y 軸上の点として右図のようにとることができる.

　よって, $\boldsymbol{\sin 4 < \sin 3 < \sin 1 < \sin 2}$

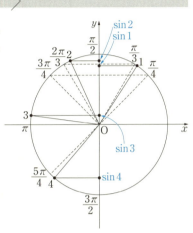

(2) 扇形の周の長さが $2a$ であるから, 中心角を θ, 半径を r とおくと

$$2a=r\theta+r+r \qquad \therefore \quad \theta=\frac{2(a-r)}{r}$$

扇形の面積 S は

$$S=\frac{1}{2}r^2\theta=\frac{1}{2}r^2\cdot\frac{2(a-r)}{r}=-r^2+ar=-\left(r-\frac{a}{2}\right)^2+\frac{a^2}{4}$$

$0<\theta<2\pi$ より $0<\dfrac{2(a-r)}{r}<2\pi$ であり, これを整理すると

$$\frac{a}{1+\pi}<r<a$$

$r=\dfrac{a}{2}$ はこの範囲にあるから, S は $r=\dfrac{a}{2}$ のとき, すなわち

$\theta=2\left(a-\dfrac{a}{2}\right)\div\dfrac{a}{2}=\boldsymbol{2}$ (ラジアン) のとき最大になる.

研究 　1° 公式 $\sin(\pi-\theta)=\sin\theta$ を利用すると,

$$\sin 2=\sin(\pi-2), \ \sin 3=\sin(\pi-3), \ \sin 4=\sin(\pi-4)$$

である. ここで,

$$-\frac{\pi}{2}<\pi-4<0<\pi-3<1<\pi-2<\frac{\pi}{2}$$

であり, $\sin\theta$ は $-\dfrac{\pi}{2}\leqq\theta\leqq\dfrac{\pi}{2}$ の範囲で単調増加であるから

$$\sin(\pi-4)<\sin(\pi-3)<\sin 1<\sin(\pi-2)$$
$$\therefore \quad \sin 4<\sin 3<\sin 1<\sin 2$$

2° (2) の S を θ で表すと次のようになる.

$$2a = r\theta + r + r \quad \text{より} \quad r = \frac{2a}{\theta + 2}$$

θ は $0 < \theta < 2\pi$ の範囲を動くから，相加平均・相乗平均の不等式を用いると

$$S = \frac{1}{2}r^2\theta = \frac{1}{2}\left(\frac{2a}{\theta+2}\right)^2\theta = \frac{2a^2}{\theta + 4 + \dfrac{4}{\theta}} \leqq \frac{2a^2}{4 + 2\sqrt{\theta \cdot \dfrac{4}{\theta}}} = \frac{a^2}{4}$$

等号は $\theta = \dfrac{4}{\theta}$ のとき，すなわち $\theta = 2$ のとき成り立つ．これは $0 < \theta < 2\pi$ をみたす.

よって，S が最大となるのは $\theta = 2$ のときである.

3° r（または θ）の変域について，もう少し触れておこう.

r, θ はそれぞれ扇形の半径，中心角であるから

$$r > 0 \quad \cdots\cdots\text{①}, \quad 0 < \theta < 2\pi \quad \cdots\cdots\text{②}$$

であり，扇形の周の長さが $2a$ である条件は

$$2a = r\theta + r + r \quad \therefore \quad 2a = r(\theta + 2) \quad \cdots\cdots\text{③}$$

である．①，②，③を同時にみたす θ（または r）が存在するための r（または θ）の条件を求める.

③より $\theta = \dfrac{2(a-r)}{r}$ であり，この θ が存在する条件は

$$0 < \frac{2(a-r)}{r} < 2\pi \quad \text{したがって，} r \text{の動く範囲は} \quad \frac{a}{1+\pi} < r < a \text{ である.}$$

これは**解答**で示した通りである.

③より $r = \dfrac{2a}{\theta + 2}$ であり，この r が存在する条件は

$$\frac{2a}{\theta + 2} > 0 \quad \therefore \quad \theta > -2 \quad (\because \quad a > 0)$$

である．②との共通部分をとると，θ の動く範囲は $0 < \theta < 2\pi$ である.

演習問題

64-1 $\cos 1$ と $\cos 10$ の大小を比較せよ（その理由を述べよ）．ただし，角は弧度法を表すものとする.
(大阪工大)

64-2 半径 r の円を中心角 θ で切り取った扇形について，

(1) 円弧の部分の長さ l を求めよ.

(2) この扇形の全周の長さが π であるとき，面積 S を半径 r の関数でかけ.

(3) (2)で S が最大となるとき，半径 r，中心角 θ，面積 S はどんな値になるか.

(4) (3)で求めた扇形を側面とするような円錐の体積を求めよ.
(福岡大)

標問	65	三角関数の定義と象限の符号

α が第 2 象限，β が第 3 象限の角で，$\sin\alpha = \dfrac{4}{5}$，$\cos\beta = -\dfrac{12}{13}$ のとき，

$\alpha + \beta$ は第何象限の角か．

(岐阜大)

精 講　α が第 2 象限，β が第 3 象限の角で，$\alpha + \beta$ の象限が問題となっているので回転数は無視して，それぞれを

$$\frac{\pi}{2} < \alpha < \pi, \quad \pi < \beta < \frac{3}{2}\pi$$

としても一般性を失いません．このとき，

$\dfrac{3}{2}\pi < \alpha + \beta < \dfrac{5}{2}\pi$ とわかりますが，これではまだ $\alpha + \beta$ が第何象限にあるのかしぼれていません．もう少しきつい条件で

角の範囲をおさえる

ことを考えます．

例えば　$\dfrac{\sqrt{2}}{2} < \dfrac{4}{5} < \dfrac{\sqrt{3}}{2}$

であり，これを第 2 象限の角で表すと

$$\sin\frac{3}{4}\pi < \sin\alpha < \sin\frac{2}{3}\pi$$

$$\therefore \quad \frac{3}{4}\pi > \alpha > \frac{2}{3}\pi$$

といった具合です．

別解としては，加法定理の利用もあります．

$\sin(\alpha+\beta)$, $\cos(\alpha+\beta)$ の符号

を調べればよいのです．

解法のプロセス

$\cos\theta$, $\sin\theta$ の定義
⇓
単位円周上の点

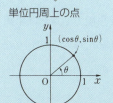

$\dfrac{\pi}{6}$, $\dfrac{\pi}{4}$, $\dfrac{\pi}{3}$ の cos, sin の値は覚えておく

解法のプロセス

$\alpha + \beta$ は第何象限か
⇓
$\cos(\alpha+\beta)$, $\sin(\alpha+\beta)$ の符号を調べる

〈　解　答　〉

回転数は無視して $\dfrac{\pi}{2} < \alpha < \pi$，$\pi < \beta < \dfrac{3}{2}\pi$ としてよい．

$$\frac{\sqrt{2}}{2} < \frac{4}{5} < \frac{\sqrt{3}}{2}$$

なので

$\leftarrow$　$\dfrac{\sqrt{3}}{2} - \dfrac{4}{5} = \dfrac{5\sqrt{3}-8}{10} > 0$

　$\dfrac{4}{5} - \dfrac{\sqrt{2}}{2} = \dfrac{8-5\sqrt{2}}{10} > 0$

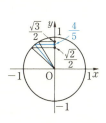

$$\sin\frac{3}{4}\pi<\sin\alpha<\sin\frac{2}{3}\pi$$

第2象限で $\sin x$ は単調減少であるから

$$\frac{3}{4}\pi>\alpha>\frac{2}{3}\pi \quad\cdots\cdots\text{①}$$

また

$$-1<-\frac{12}{13}<-\frac{\sqrt{3}}{2}$$

なので

$$\cos\pi<\cos\beta<\cos\frac{7}{6}\pi$$

第3象限で $\cos x$ は単調増加であるから

$$\pi<\beta<\frac{7}{6}\pi \quad\cdots\cdots\text{②}$$

$\leftarrow -\dfrac{\sqrt{3}}{2}-\left(-\dfrac{12}{13}\right)$

$= \dfrac{24-13\sqrt{3}}{26}>0$

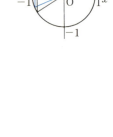

①，②を加えると

$$\frac{2}{3}\pi+\pi<\alpha+\beta<\frac{3}{4}\pi+\frac{7}{6}\pi \qquad \therefore \quad \frac{5}{3}\pi<\alpha+\beta<\frac{23}{12}\pi$$

よって，$\alpha+\beta$ は**第4象限**の角である．

(別解) 加法定理を使うと次のように説明することもできる．

α が第2象限，β が第3象限の角であるから

$$\cos\alpha<0, \ \sin\beta<0$$

であり

$$\cos\alpha=-\sqrt{1-\left(\frac{4}{5}\right)^2}=-\frac{3}{5}$$

$$\sin\beta=-\sqrt{1-\left(-\frac{12}{13}\right)^2}=-\frac{5}{13}$$

$\leftarrow \cos\alpha$ の符号

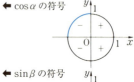

$\leftarrow \sin\beta$ の符号

よって，加法定理から

$$\cos(\alpha+\beta)=\cos\alpha\cos\beta-\sin\alpha\sin\beta$$
$$=\left(-\frac{3}{5}\right)\left(-\frac{12}{13}\right)-\frac{4}{5}\left(-\frac{5}{13}\right)=\frac{56}{65}>0$$
$$\sin(\alpha+\beta)=\sin\alpha\cos\beta+\cos\alpha\sin\beta$$
$$=\frac{4}{5}\left(-\frac{12}{13}\right)+\left(-\frac{3}{5}\right)\left(-\frac{5}{13}\right)=-\frac{33}{65}<0$$

したがって，$\alpha+\beta$ は第4象限の角である．

演習問題

(65) α が第1象限，β が第4象限の角で，$\sin\alpha=\dfrac{3}{5}$，$\cos\beta=\dfrac{5}{13}$ のとき $\alpha+\beta$ は第何象限の角か．

(＊摂南大)

標問	**66**	**加法定理**

(1) 一般角 θ に対して $\sin\theta$, $\cos\theta$ の定義を述べよ.

(2) (1)で述べた定義にもとづき, 一般角 α, β に対して,

$$\sin(\alpha+\beta)=\sin\alpha\cos\beta+\cos\alpha\sin\beta$$
$$\cos(\alpha+\beta)=\cos\alpha\cos\beta-\sin\alpha\sin\beta$$

を証明せよ. (東　大)

精　講　(1)　O を始点とする動径を考えます. O からの距離が r で始線とのなす角が θ の動径上の点 P の座標を (x, y) とする. P により決まる値

$$\frac{y}{r}(=\sin\theta), \quad \frac{x}{r}(=\cos\theta)$$

は r の値, すなわち P の位置とは無関係に **θ のみで決まる値**であることを主張することが大切です.

1 つの動径上に異なる点 A, A′ をとり, この 2 点から x 軸上に下ろした垂線の足をそれぞれ H, H′ とすると

$$\triangle OAH \backsim \triangle OA'H'$$

より

$$\frac{AH}{OA}=\frac{A'H'}{OA'}$$
$$\frac{OH}{OA}=\frac{OH'}{OA'}$$

です. A の座標を (x, y), $r=OA$ とするとそれぞれの値は

$$\frac{y}{r}, \quad \frac{x}{r}$$

であり, これは A′ の位置に無関係に決まる値です.

(2)　「(1)で述べた定義にもとづき証明せよ.」となっているところに注意を払います. (1)で初めて $\sin\theta$, $\cos\theta$ が定義されたのですから,

$$\sin^2\theta+\cos^2\theta=1$$

などの証明の途中で**必要とされる定理はすべて証明してから使うべき**です.

解法のプロセス

(1)　O を始点とする動径上の点 P(x, y) に対して

$$\frac{y}{r}, \frac{x}{r} \ (r=OP)$$

は P の位置に無関係に決まる値である

⇩

$\dfrac{y}{r}, \dfrac{x}{r}$ は θ の関数として定義可能である

(2)　A$(\cos\alpha, \sin\alpha)$, B$(\cos\beta, \sin\beta)$ をとる

⇩

A, B を原点のまわりに $-\beta$ 回転させ, A′, B′ とする

⇩

回転しても距離は不変

⇩

$$AB=A'B'$$

第4章

$\sin\theta$, $\cos\theta$ は始点 O からの距離 r に無関係に決まる値なので $r=1$ としてよく, このときの θ に対する動径上の点 P の座標は

$(\cos\theta,\ \sin\theta)$

であり,

$\cos^2\theta + \sin^2\theta = 1$

が成り立ちます.

角 α, β の動径上の点で始点からの距離が 1 の点をそれぞれ A, B としてとると

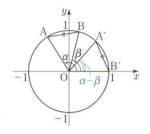

$A(\cos\alpha,\ \sin\alpha)$, $B(\cos\beta,\ \sin\beta)$

であり, これらを原点のまわりに $-\beta$ 回転した点をそれぞれ A′, B′ とする. このとき A′, B′ の座標は

$A'(\cos(\alpha-\beta),\ \sin(\alpha-\beta))$, $B'(1,\ 0)$

であり, **回転しても 2 点間の距離は不変なので**, AB＝A′B′ が成り立ちます.

$\langle$ **解 答** $\rangle$

(1) 座標平面上で, x 軸の正方向を始線とする一般角 θ の動径上に点 $P(x, y)$ をとる. $OP = r$ とすると $\dfrac{y}{r}$, $\dfrac{x}{r}$ は r に無関係であり, θ だけにより決まる値である. この値をそれぞれ

$$\sin\theta = \frac{y}{r},\ \cos\theta = \frac{x}{r}$$

と定義する.

(2) $\sin\theta$, $\cos\theta$ は r に無関係なので $r=1$ としてよい. 一般角 α, β に対して動径 OA, OB が決まり

$A(\cos\alpha,\ \sin\alpha)$, $B(\cos\beta,\ \sin\beta)$

である. この 2 点をともに原点のまわりに $-\beta$ 回転した点をそれぞれ A′, B′ とすると

$A'(\cos(\alpha-\beta),\ \sin(\alpha-\beta))$, $B'(1,\ 0)$

このとき, 距離の公式より

$AB^2 = (\cos\alpha - \cos\beta)^2 + (\sin\alpha - \sin\beta)^2$
$\quad\quad = \cos^2\alpha + \sin^2\alpha + \cos^2\beta + \sin^2\beta - 2(\cos\alpha\cos\beta + \sin\alpha\sin\beta)$

ここで, $\cos^2\alpha + \sin^2\alpha = OA^2 = 1$, 同じく $\cos^2\beta + \sin^2\beta = 1$ より

$AB^2 = 2 - 2(\cos\alpha\cos\beta + \sin\alpha\sin\beta)$

一方

$A'B'^2 = \{1 - \cos(\alpha-\beta)\}^2 + \sin^2(\alpha-\beta)$

$$=2-2\cos(\alpha-\beta) \quad (\because \quad \cos^2(\alpha-\beta)+\sin^2(\alpha-\beta)=1)$$

AB＝A′B′ より

$$\cos(\alpha-\beta)=\cos\alpha\cos\beta+\sin\alpha\sin\beta \quad \cdots\cdots①$$

①は任意の α, β に対して成り立つから

$$\cos(\alpha+\beta)=\cos(\alpha-(-\beta))$$
$$=\cos\alpha\cos(-\beta)+\sin\alpha\sin(-\beta) \quad \cdots\cdots①'$$

θ と $-\theta$ の動径上の点で原点からの距離が 1 の点をそれぞれ P, Q とすると, P, Q は x 軸に関して対称であるから

$$\begin{cases} \cos(-\theta)=\cos\theta \\ \sin(-\theta)=-\sin\theta \end{cases}$$

が成り立つ. ①′ より

$$\cos(\alpha+\beta)=\cos\alpha\cos\beta-\sin\alpha\sin\beta$$

次に, θ, $\dfrac{\pi}{2}-\theta$ の動径上の点で原点からの距離が 1 の点をそれぞれ P, R とすると

$$\frac{\theta+\left(\dfrac{\pi}{2}-\theta\right)}{2}=\frac{\pi}{4}$$

より, P, R は直線 $y=x$ に関して対称であるから

$$\begin{cases} \cos\left(\dfrac{\pi}{2}-\theta\right)=\sin\theta \\ \sin\left(\dfrac{\pi}{2}-\theta\right)=\cos\theta \end{cases} \quad \cdots\cdots②$$

が成り立つ. よって

$$\sin(\alpha+\beta)=\cos\left\{\frac{\pi}{2}-(\alpha+\beta)\right\} \qquad (\because \quad ②の1番目の式)$$
$$=\cos\left\{\left(\frac{\pi}{2}-\alpha\right)-\beta\right\}$$
$$=\cos\left(\frac{\pi}{2}-\alpha\right)\cos\beta+\sin\left(\frac{\pi}{2}-\alpha\right)\sin\beta \quad (\because \quad ①)$$
$$=\sin\alpha\cos\beta+\cos\alpha\sin\beta \qquad\qquad (\because \quad ②)$$

$\therefore \quad \sin(\alpha+\beta)=\sin\alpha\cos\beta+\cos\alpha\sin\beta$

研 究　1°　①を用いて②を示すこともできる.

①において, $\alpha=\dfrac{\pi}{2}$, $\beta=\theta$ とおくと

$$\cos\left(\frac{\pi}{2}-\theta\right)=\cos\frac{\pi}{2}\cos\theta+\sin\frac{\pi}{2}\sin\theta=\sin\theta$$

さらに, この式において, θ を $\dfrac{\pi}{2}-\theta$ とおけば

第4章

$$\cos\theta = \sin\left(\frac{\pi}{2}-\theta\right) \qquad \therefore \quad \sin\left(\frac{\pi}{2}-\theta\right) = \cos\theta$$

である.

2° (2)をベクトルを利用して示す.

$\overrightarrow{OA}=(\cos\alpha,\ \sin\alpha)$ とし, $\overrightarrow{OA'}=(-\sin\alpha,\ \cos\alpha)$ とする. $\overrightarrow{OA}\cdot\overrightarrow{OA'}=0$ より $\overrightarrow{OA}\perp\overrightarrow{OA'}$ である. A を原点Oのまわりに β だけ回転した点をPとすると

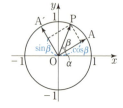

$$P(\cos(\alpha+\beta),\ \sin(\alpha+\beta)) \quad \cdots\cdots ③$$

である. 一方,

$$\begin{aligned}
\overrightarrow{OP} &= \cos\beta\,\overrightarrow{OA} + \sin\beta\,\overrightarrow{OA'} \\
&= \cos\beta(\cos\alpha,\ \sin\alpha) + \sin\beta(-\sin\alpha,\ \cos\alpha) \\
&= (\cos\alpha\cos\beta - \sin\alpha\sin\beta,\ \sin\alpha\cos\beta + \cos\alpha\sin\beta) \quad \cdots\cdots ④
\end{aligned}$$

③, ④の成分を比較して

$$\cos(\alpha+\beta) = \cos\alpha\cos\beta - \sin\alpha\sin\beta$$
$$\sin(\alpha+\beta) = \sin\alpha\cos\beta + \cos\alpha\sin\beta$$

3° tan の加法定理も証明しておこう.

$\alpha+\beta \neq \frac{\pi}{2}+n_1\pi,\ \alpha \neq \frac{\pi}{2}+n_2\pi,\ \beta \neq \frac{\pi}{2}+n_3\pi\ (n_1,\ n_2,\ n_3$ は整数$)$ とする.

$$\tan(\alpha+\beta) = \frac{\sin(\alpha+\beta)}{\cos(\alpha+\beta)} = \frac{\sin\alpha\cos\beta + \cos\alpha\sin\beta}{\cos\alpha\cos\beta - \sin\alpha\sin\beta}$$

分母, 分子を $\cos\alpha\cos\beta$ でそれぞれ割ると

$$\tan(\alpha+\beta) = \frac{\dfrac{\sin\alpha}{\cos\alpha} + \dfrac{\sin\beta}{\cos\beta}}{1 - \dfrac{\sin\alpha}{\cos\alpha}\cdot\dfrac{\sin\beta}{\cos\beta}} = \frac{\tan\alpha + \tan\beta}{1 - \tan\alpha\tan\beta}$$

$$\therefore \quad \tan(\alpha+\beta) = \frac{\tan\alpha + \tan\beta}{1 - \tan\alpha\tan\beta}$$

演習問題

(66) 座標平面上の2直線 $l_1 : y = \dfrac{4}{3}x$ と $l_2 : y = 2x$ について考える. $l_1,\ l_2$ が x 軸とつくる鋭角をそれぞれ $\theta_1,\ \theta_2$ とする.

(1) $\sin\theta_1,\ \cos\theta_1,\ \sin\theta_2,\ \cos\theta_2$ を求めよ.

(2) $\sin(\theta_1+\theta_2),\ \cos(\theta_1+\theta_2)$ を求めよ.

（東京理大）

標問 **67** 　　15°，75°，18°

(1) 次の値を求めよ.

　(i) sin15° 　　　　　　　　　　（東京電機大）　(ii) tan75° 　　　　　　　　（広島女大）

(2) sin75°cos15° の値を求めよ.

(3) θ＝18° とする.

　(i) sin2θ＝cos3θ であることを示せ.

　(ii) sin18° を求めよ. 　　　　　　　　　　　　　　　　　　　　　（大阪教育大）

精講　　(1) 30°，45°，60° の sin, cos, tan の値は覚えておく必要があります.

右の直角三角形を思いえがきましょう. 後は

　　15°＝60°－45° あるいは 15°＝45°－30°

　　75°＝45°＋30°

と変形して，加法定理を使えば求まります.

　　sin(α±β), cos(α±β), tan(α±β)

の展開式（加法定理）はすべて覚えておかなければなりません.

(2) (1)の延長として

$$\sin75°＝\sin(45°＋30°)＝\cdots＝\frac{\sqrt{6}+\sqrt{2}}{4}$$

$$\cos15°＝\cos(60°－45°)＝\cdots＝\frac{\sqrt{6}+\sqrt{2}}{4}$$

を求めて

$$\sin75°\cos15°＝\left(\frac{\sqrt{6}+\sqrt{2}}{4}\right)^2＝\frac{2+\sqrt{3}}{4}$$

と計算してもよいのですが，与式を少し整理して

$$\sin75°\cos15°＝\sin(90°－15°)\cos15°$$

$$＝\cos^2 15°＝\frac{1+\cos30°}{2}$$

として，既知の角 30° に直すこともできます. いろいろな公式を使えるようにしておきましょう.

(3) θ＝18° とすると

　　5θ＝90° であり　2θ＋3θ＝90°

と分解できます. これより後は2倍角の公式，3倍角の公式の適用を考えます.

解法のプロセス

三角関数の値

⇩

30°，45°，60° の組合せを考える

⇩

加法定理の利用

（半角の公式，2倍角の公式，3倍角の公式の利用もある）

第4章

< **解 答** >

(1) (ⅰ) $\sin 15° = \sin (60° - 45°)$

　　　　$= \sin 60° \cos 45° - \cos 60° \sin 45°$ 　　　　← $\sin(\alpha - \beta)$

　　　　$= \dfrac{\sqrt{3}}{2} \cdot \dfrac{1}{\sqrt{2}} - \dfrac{1}{2} \cdot \dfrac{1}{\sqrt{2}} = \dfrac{\sqrt{6} - \sqrt{2}}{4}$

　(ⅱ) $\tan 75° = \tan (45° + 30°)$

　　　　$= \dfrac{\tan 45° + \tan 30°}{1 - \tan 45° \tan 30°}$ 　　　　← $\tan(\alpha + \beta)$

　　　　$= \dfrac{1 + \dfrac{1}{\sqrt{3}}}{1 - 1 \cdot \dfrac{1}{\sqrt{3}}} = \dfrac{\sqrt{3} + 1}{\sqrt{3} - 1} = 2 + \sqrt{3}$

(2)　$\sin 75° \cos 15° = \sin (90° - 15°) \cos 15°$

　　$= \cos^2 15° = \dfrac{1}{2}(1 + \cos 30°)$ 　　　　← 半角の公式

　　$= \dfrac{1}{2}\left(1 + \dfrac{\sqrt{3}}{2}\right) = \dfrac{2 + \sqrt{3}}{4}$

(3) (ⅰ)　$5\theta = 90°$ より，$2\theta = 90° - 3\theta$

　　　　∴ $\sin 2\theta = \sin (90° - 3\theta) = \cos 3\theta$

　(ⅱ) (ⅰ)より

　　　$2 \sin \theta \cos \theta = 4 \cos^3 \theta - 3 \cos \theta$ 　　← 2倍角・3倍角の公式

　　　両辺を $\cos \theta (\neq 0)$ で割って，$\sin \theta$ だけで表すと

　　　$2 \sin \theta = 4 \cos^2 \theta - 3$

　　　　　　　$= 4(1 - \sin^2 \theta) - 3$

　　　∴ $4 \sin^2 \theta + 2 \sin \theta - 1 = 0$

　　　$0 < \sin \theta < 1$ ゆえ，

　　　$\sin \theta = \dfrac{\sqrt{5} - 1}{4}$　∴　$\sin 18° = \dfrac{\sqrt{5} - 1}{4}$

研究 1° 加法定理にはいろいろな証明がある．例えば，特殊な状況だが，右図において，面積を考えると

　　　　$\triangle ABC = \triangle ABH + \triangle AHC$

　(左辺) $= \dfrac{1}{2} AB \cdot AC \sin (\alpha + \beta)$

　(右辺) $= \dfrac{1}{2} AB \sin \alpha \cdot AC \cos \beta + \dfrac{1}{2} AB \cos \alpha \cdot AC \sin \beta$

　∴ $\sin (\alpha + \beta) = \sin \alpha \cos \beta + \cos \alpha \sin \beta$

2° 上の等式も含めて，次の一連の加法定理が成り立つ．これらは三角関数

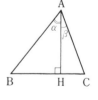

の出発点であるから覚えておかなければならない.

(1) $\cos(\alpha+\beta)=\cos\alpha\cos\beta-\sin\alpha\sin\beta$

(1)' $\cos(\alpha-\beta)=\cos\alpha\cos\beta+\sin\alpha\sin\beta$

(2) $\sin(\alpha+\beta)=\sin\alpha\cos\beta+\cos\alpha\sin\beta$

(2)' $\sin(\alpha-\beta)=\sin\alpha\cos\beta-\cos\alpha\sin\beta$

(3) $\tan(\alpha+\beta)=\dfrac{\tan\alpha+\tan\beta}{1-\tan\alpha\tan\beta}$

(3)' $\tan(\alpha-\beta)=\dfrac{\tan\alpha-\tan\beta}{1+\tan\alpha\tan\beta}$

3° 加法定理(1), (2), (3)において, $\beta=\alpha$ とおくと **2倍角の公式**が得られる.

$$\sin 2\alpha=2\sin\alpha\cos\alpha$$

$$\cos 2\alpha=\cos^2\alpha-\sin^2\alpha=\begin{cases}2\cos^2\alpha-1\\1-2\sin^2\alpha\end{cases}$$

$$\tan 2\alpha=\dfrac{2\tan\alpha}{1-\tan^2\alpha}$$

さらに $\cos 2\alpha$ の展開式を $\cos^2\alpha$ と $\sin^2\alpha$ について解くと

$$\cos 2\alpha=2\cos^2\alpha-1 \quad より \quad \cos^2\alpha=\dfrac{1+\cos 2\alpha}{2}$$

$$\cos 2\alpha=1-2\sin^2\alpha \quad より \quad \sin^2\alpha=\dfrac{1-\cos 2\alpha}{2}$$

α を $\dfrac{\alpha}{2}$ とおきかえると, **半角の公式**が得られる.

$$\cos^2\dfrac{\alpha}{2}=\dfrac{1+\cos\alpha}{2}, \quad \sin^2\dfrac{\alpha}{2}=\dfrac{1-\cos\alpha}{2}$$

4° 加法定理と2倍角の公式を組み合わせると**3倍角の公式**が得られる.

$$\cos 3\alpha=4\cos^3\alpha-3\cos\alpha$$

$$\sin 3\alpha=3\sin\alpha-4\sin^3\alpha$$

これは覚えなくてもよい. 必要になったらその都度導けばよい.

5° **15°, 75° が現れる三角形**

右図のように3辺の長さが 2, 1, $\sqrt{3}$ の直角三角形 ABC を考え, AC の延長上に BC=CD となるようにDをとる.

$$\angle BDC=\angle DBC=15°$$

であり,

$$\angle DBA=\angle DBC+\angle CBA=75°$$

$$BD^2=AB^2+AD^2=1^2+(2+\sqrt{3})^2=8+2\sqrt{12}=(\sqrt{6}+\sqrt{2})^2$$

$$\therefore \quad BD=\sqrt{6}+\sqrt{2}$$

よって，$\sin 15°(=\cos 75°)=\dfrac{1}{\sqrt{6}+\sqrt{2}}=\dfrac{\sqrt{6}-\sqrt{2}}{4}$，

$\cos 15°(=\sin 75°)=\dfrac{2+\sqrt{3}}{\sqrt{6}+\sqrt{2}}=\dfrac{\sqrt{6}+\sqrt{2}}{4}$，

$\tan 15°=\dfrac{1}{2+\sqrt{3}}=2-\sqrt{3}$，$\tan 75°=2+\sqrt{3}$

6° 三角形で 18°，72°，36° が現れるもの

$\sin 18°$ を図形的に求めることもできる．

右図において，$\angle A=36°$，$AB=AC=1$，$BC=x$ とする．

$\angle B$ の2等分線が AC と交わる点をDとすれば，

△ABC∽△BCD より，$AB:BC=BC:CD$

$\therefore\quad 1:x=x:(1-x)$ $\quad\therefore\quad x^2+x-1=0$

$\therefore\quad x=\dfrac{-1+\sqrt{5}}{2}\quad(\because\quad x>0)$

$\therefore\quad AH=\sqrt{1-\left(\dfrac{x}{2}\right)^2}=\sqrt{1-\left(\dfrac{-1+\sqrt{5}}{4}\right)^2}=\dfrac{\sqrt{10+2\sqrt{5}}}{4}$

よって，$\sin 18°(=\cos 72°)=\dfrac{BH}{AB}=\dfrac{x}{2}=\dfrac{-1+\sqrt{5}}{4}$

また $\quad\cos 18°(=\sin 72°)=\dfrac{AH}{AB}=\dfrac{AH}{1}=\dfrac{\sqrt{10+2\sqrt{5}}}{4}$

$\cos 36°=2\cos^2 18°-1=2\cdot\dfrac{10+2\sqrt{5}}{16}-1=\dfrac{1+\sqrt{5}}{4}$

でもある．

7° 正五角形

上の二等辺三角形は正五角形のなかに現れる．

正五角形の内角の1つは

$$\dfrac{180°\times 3}{5}=36°\times 3=108°$$

である．右図において，△BAC は頂角 $B=108°$
の二等辺三角形であるから，底角は 36° である．同
じことが △EAD でもいえて，

$\angle BAC=\angle EAD=36°$

$\therefore\quad \angle CAD=108°-2\times 36°=36°$

△ACD が **6°** で用いた二等辺三角形であることが
わかる．

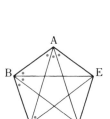
・は 36° を表す．

標問 **68** $\tan\dfrac{x}{2}=t$

(1) $\tan\dfrac{x}{2}=t$ とおくとき，$\sin x$，$\cos x$ を t を用いて表せ．　　（西日本工大）

(2) $\tan\alpha=\dfrac{1}{3}$ のとき，$\sin 2\alpha$，$\cos 2\alpha$ の値を求めよ．　　（京都教育大）

精講　(1) $\sin x$，$\cos x$ を $\tan\dfrac{x}{2}$ で表すこ

とをまず考えます．そのためには角 x を $\dfrac{x}{2}$ に直
さなければなりません．2倍角の公式が必要にな
ります．

　もちろん，これだけでは不足であり，三角関数
の相互関係

$$\tan x=\frac{\sin x}{\cos x},\quad 1+\tan^2 x=\frac{1}{\cos^2 x}$$

も使います．まずは

$$\sin x=\sin\left(2\cdot\frac{x}{2}\right)=2\sin\frac{x}{2}\cos\frac{x}{2}$$

から出発しましょう．

　(2) $x=2\alpha$ として(1)の利用を考えます．

解法のプロセス

$\tan\dfrac{x}{2}=t$ とおく

⇩

$\sin x=2\sin\dfrac{x}{2}\cos\dfrac{x}{2}$

　　　$=2\tan\dfrac{x}{2}\cos^2\dfrac{x}{2}$,

$\cos x=2\cos^2\dfrac{x}{2}-1$

⇩

$\cos^2\dfrac{x}{2}=\dfrac{1}{1+\tan^2\dfrac{x}{2}}$ より

⇩

$\sin x$，$\cos x$ は $\tan\dfrac{x}{2}$ で表す
ことができる

第4章

解答

(1) $\sin x=2\sin\dfrac{x}{2}\cos\dfrac{x}{2}=2\tan\dfrac{x}{2}\cos^2\dfrac{x}{2}$

$$=\frac{2\tan\dfrac{x}{2}}{1+\tan^2\dfrac{x}{2}}=\frac{2t}{1+t^2}$$

$\cos x=2\cos^2\dfrac{x}{2}-1=\dfrac{2}{1+\tan^2\dfrac{x}{2}}-1$

$$=\frac{1-\tan^2\dfrac{x}{2}}{1+\tan^2\dfrac{x}{2}}=\frac{1-t^2}{1+t^2}$$

← 2倍角の公式，
　$\dfrac{\sin\theta}{\cos\theta}=\tan\theta$

← $\cos^2\theta=\dfrac{1}{1+\tan^2\theta}$

← 2倍角の公式，
　$\cos^2\theta=\dfrac{1}{1+\tan^2\theta}$

⑵ ⑴の x を 2α とおくと,

$$\sin 2\alpha = \frac{2\tan\alpha}{1+\tan^2\alpha} = \frac{2\cdot\frac{1}{3}}{1+\frac{1}{9}} = \frac{3}{5}$$

$$\cos 2\alpha = \frac{1-\tan^2\alpha}{1+\tan^2\alpha} = \frac{1-\frac{1}{9}}{1+\frac{1}{9}} = \frac{4}{5}$$

研究　**1°** 右図のように，単位円上の点Pに対して，$\angle XOP = x\ (x \neq \pi)$ とおくと，$\tan\dfrac{x}{2}$ は点 A$(-1,\ 0)$ を通る直線 AP の傾きであるから，

$\tan\dfrac{x}{2} = t$ とおくと，$(-1,\ 0)$ 以外の円周上の点 P$(\cos x,\ \sin x)$ は

　　　直線 $Y = t(X+1)$ と円 $X^2 + Y^2 = 1$

の交点である.

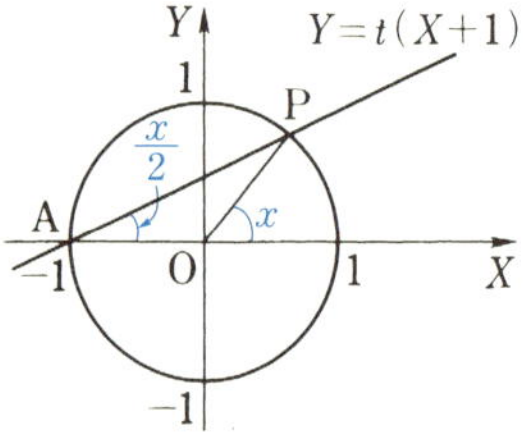

　連立すると

　　　$X^2 + t^2(X+1)^2 = 1$

　　　$(1+t^2)X^2 + 2t^2 X + t^2 - 1 = 0$

$X = -1$ が解の1つであることはわかっているので

　　　$(X+1)\{(1+t^2)X + t^2 - 1\} = 0$

交点PのX座標$\neq -1$ より

$$\cos x = X = \frac{1-t^2}{1+t^2}, \quad \sin x = Y = t(X+1) = \frac{2t}{1+t^2}$$

である.

2° $\sin x$, $\cos x$ の有理式は $\tan\dfrac{x}{2} = t$ のおきかえにより，t の有理式として表されることがわかる.

> $$\tan\frac{x}{2} = t$$
> $\sin x$, $\cos x$ の有理式 $\xrightarrow{\hspace{2cm}}$ t の有理式

このおきかえは数学Ⅲの積分法などで重要な役割をはたす.

演習問題

68 $\tan\theta = \boxed{}$ のとき，$\sin 2\theta = -\dfrac{4}{5}$，$\cos 2\theta = -\dfrac{3}{5}$ である.

標問 **69** 積→和，和→積の公式

(1) 次の式の値を求めよ．

　(ⅰ) $\cos 20° \cos 40° \cos 80°$　　　　　　　　　　　　（北海道教育大）

　(ⅱ) $\sin 10° + \sin 50° + \sin 250°$　　　　　　　　　　　（東京工芸大）

(2) $\triangle ABC$ において，3つの内角を A，B，C とするとき，

$$\sin 2A + \sin 2B + \sin 2C = 4\sin A \sin B \sin C$$

　が成り立つことを示せ．　　　　　　　　　　　　　　　　　（日本大）

精 講　(1) 既知の角 30°，45°，60° が現れるように角を変形していきます．

　(ⅰ)において使われている角は 20°，40°，80° ですから，

　$20° + 40° = 60°$，$80° - 20° = 60°$，$80° + 40° = 120°$

といった組合せが考えられます．

　積 $\cos \times \cos$ を和に直す公式は

$$\cos \alpha \cos \beta = \frac{1}{2}\{\cos(\alpha + \beta) + \cos(\alpha - \beta)\}$$

なので，右辺の角のところに上の組合せのどれを使うかを決めていきます．解答では $\alpha = 20°$，$\beta = 40°$ としてみましょう．

　(ⅱ)において，和 $\sin + \sin$ を積に直す公式は

$$\sin x + \sin y = 2\sin \frac{x+y}{2} \cos \frac{x-y}{2}$$

です．これに合わせて，角を考えると

$$\frac{10° + 50°}{2} = 30°，\quad \frac{50° + 250°}{2} = 150°$$

などの組合せが考えられます．

　ここで，$\sin 250°$ は

$$\sin 250° = \sin(180° + 70°) = -\sin 70°$$

と直しておくとよいでしょう．

　(2) 左辺から右辺への変形を考えると，和を積に直す公式を使うことになります．A, B, C は三角形の内角ですから，

$$A + B + C = 180°$$

の利用も必要です．

解法のプロセス

(1) 既知の角 30°，45°，60° などが現れるように

⇩

積和の公式，和積の公式を利用

（これらの公式は加法定理より導きながら使う）

解法のプロセス

(2) 左辺＝…＝右辺を導く

⇩

・和積の公式
・$A + B + C = 180°$

を利用する

第4章

⟨ **解 答** ⟩

(1) (i) $\cos 20° \cos 40° \cos 80°$

$= \dfrac{1}{2}\{\cos 60° + \cos(-20°)\}\cos 80°$ ← 積和の公式

$= \dfrac{1}{2}(\cos 60° \cos 80° + \cos 20° \cos 80°)$

$= \dfrac{1}{4}\cos 80° + \dfrac{1}{4}\{\cos 100° + \cos(-60°)\}$ ← $\cos 60° = \dfrac{1}{2}$, 積和の公式

$= \dfrac{1}{4}\{\cos 80° + \cos(180° - 80°)\} + \dfrac{1}{4}\cos 60°$

$= \dfrac{1}{4}(\cos 80° - \cos 80°) + \dfrac{1}{8} = \dfrac{1}{8}$

(ii) $\sin 10° + \sin 50° + \sin 250°$

$= \sin 10° + \sin 50° - \sin 70°$ ← $250° = 180° + 70°$

$= \sin 10° + 2\cos\dfrac{50° + 70°}{2}\sin\dfrac{50° - 70°}{2}$ ← 和積の公式

$= \sin 10° - 2\cos 60° \sin 10°$

$= 0$ ← $\cos 60° = \dfrac{1}{2}$

(2) A, B, C は三角形の内角ゆえ,
$A + B + C = 180°$ である. このことに注意して

$\sin 2A + \sin 2B + \sin 2C$

$= 2\sin\dfrac{2A + 2B}{2}\cos\dfrac{2A - 2B}{2} + 2\sin C \cos C$ ← 和積の公式, 2倍角の公式

$= 2\sin(180° - C)\cos(A - B)$
$\quad + 2\sin C \cos(180° - A - B)$ ← $A + B + C = 180°$

$= 2\sin C \cos(A - B) - 2\sin C \cos(A + B)$

$= 2\sin C\{\cos(A - B) - \cos(A + B)\}$

$= 2\sin C \times (-2)\sin\dfrac{(A - B) + (A + B)}{2}\sin\dfrac{(A - B) - (A + B)}{2}$

$= 2\sin C \times (-2)\sin A \sin(-B)$ ← 和積の公式
    (加法定理で展開してもよい)

$= 4\sin A \sin B \sin C$

研究 **1° 積和の公式**

"積を和に直す"公式を加法定理から導いておく.

$\cos(\alpha + \beta) = \cos\alpha\cos\beta - \sin\alpha\sin\beta$ ……①

$\cos(\alpha - \beta) = \cos\alpha\cos\beta + \sin\alpha\sin\beta$ ……②

$\sin(\alpha + \beta) = \sin\alpha\cos\beta + \cos\alpha\sin\beta$ ……③

$\sin(\alpha - \beta) = \sin\alpha\cos\beta - \cos\alpha\sin\beta$ ……④

(①+②)÷2 より $\quad \cos\alpha\cos\beta = \dfrac{1}{2}\{\cos(\alpha+\beta)+\cos(\alpha-\beta)\}$ $\quad\cdots\cdots$⑤

(①−②)÷(−2) より $\quad \sin\alpha\sin\beta = -\dfrac{1}{2}\{\cos(\alpha+\beta)-\cos(\alpha-\beta)\}$

$\qquad\qquad\qquad\qquad\qquad\qquad\qquad\qquad\qquad\qquad\qquad\qquad$ $\cdots\cdots$⑥

(③+④)÷2 より $\quad \sin\alpha\cos\beta = \dfrac{1}{2}\{\sin(\alpha+\beta)+\sin(\alpha-\beta)\}$ $\quad\cdots\cdots$⑦

(③−④)÷2 より $\quad \cos\alpha\sin\beta = \dfrac{1}{2}\{\sin(\alpha+\beta)-\sin(\alpha-\beta)\}$ $\quad\cdots\cdots$⑧

2° 和積の公式

次に，"和を積に直す"公式を導く．上の積和の公式において

$\qquad \alpha+\beta=x, \ \alpha-\beta=y$

とおくと

$\qquad \alpha=\dfrac{x+y}{2}, \ \beta=\dfrac{x-y}{2}$

これらを⑤，⑥，⑦，⑧に代入すると

$\qquad \cos x + \cos y = 2\cos\dfrac{x+y}{2}\cos\dfrac{x-y}{2}$ $\qquad\cdots\cdots$⑤′

$\qquad \cos x - \cos y = -2\sin\dfrac{x+y}{2}\sin\dfrac{x-y}{2}$ $\qquad\cdots\cdots$⑥′

$\qquad \sin x + \sin y = 2\sin\dfrac{x+y}{2}\cos\dfrac{x-y}{2}$ $\qquad\cdots\cdots$⑦′

$\qquad \sin x - \sin y = 2\cos\dfrac{x+y}{2}\sin\dfrac{x-y}{2}$ $\qquad\cdots\cdots$⑧′

を得る．

3° "和を積に直す公式"，"積を和に直す公式"は教科書では「発展」として取り上げられている．これらの公式が頻繁に使われるのは数学Ⅲの微分積分のところである．数学Ⅱでも三角関数の方程式，不等式あるいは合成など，この公式を知っていると便利なこともあるので覚えておくとよい．

第4章

演習問題

69 $0°<x<90°, \ 0°<y<90°$ のとき，次の問いに答えよ．

(1) $\sin(x+y)$ と $\sin x+\sin y$ の大小を比較せよ．

(2) $2\sin(x+y)$ と $\sin 2x+\sin 2y$ の大小を比較せよ．

$\qquad\qquad\qquad\qquad\qquad\qquad\qquad\qquad\qquad\qquad\qquad\qquad\qquad$（茨城大）

標問 **70** **合成の公式**

(1) $\cos x - \sqrt{3}\sin x = r\sin(x+\alpha)$ をみたす定数 r, α を求めよ. ただし, $r>0$, $0\leq\alpha<2\pi$ とする.　　　　　　　　　　　　　（北見工大）

(2) $\sin^3 x + \cos^3 x = 1$ のとき, $\sin x + \cos x$ の値を求めよ. また, $\sin^4 x + \cos^4 x$ の値を求めよ.

精 講　　(1) $a\sin x + b\cos x$ ($a=b=0$ でない) を $\sqrt{a^2+b^2}\sin(x+\alpha)$ あるいは $\sqrt{a^2+b^2}\cos(x-\beta)$ の形に変形することを **合成する**といいます.

$\sin x$, $\cos x$ の2つの振動の和を1つの振動で表そうというわけです. これは加法定理を使います.

(2) $\sin x$, $\cos x$ の対称式は, **基本対称式**

$$\sin x + \cos x, \quad \sin x\cos x$$

で表すことができます. ここで

$$\sin x + \cos x = t$$

とおくと, $(\sin x + \cos x)^2 - t^2$ より

$$\sin x\cos x = \frac{t^2-1}{2}$$

であり, もとの式は t についての多項式に変形できます.

解法のプロセス

(1)　**合成の公式**
$a\sin x + b\cos x$
$$\Big\Downarrow \sqrt{a^2+b^2} \text{ でくくる}$$
加法定理を使って
$\sqrt{a^2+b^2}\sin(x+\alpha)$

解法のプロセス

(2) $\sin x$, $\cos x$ の対称式
$$\Downarrow$$
$\sin x + \cos x = t$ とおく
$$\Big\Downarrow \sin x\cos x = \frac{t^2-1}{2}$$
$\sin x$, $\cos x$ の式は t の多項式になる

〈　**解 答**　〉

(1)　$\cos x - \sqrt{3}\sin x$

$$= 2\left\{\sin x\cdot\left(-\frac{\sqrt{3}}{2}\right) + \cos x\cdot\frac{1}{2}\right\}$$　　　　← $\sqrt{1^2+(-\sqrt{3})^2}=2$

$$= 2\sin\left(x+\frac{5}{6}\pi\right) \quad \therefore \quad r=2, \ \alpha=\frac{5}{6}\pi$$　　← $2\left(\sin x\cos\frac{5}{6}\pi + \cos x\sin\frac{5}{6}\pi\right)$

(2)　$\sin^3 x + \cos^3 x = 1$ から得られる

$$(\sin x + \cos x)(\sin^2 x - \sin x\cos x + \cos^2 x) = 1$$　　← X^3+Y^3
　　　　　　　　　　　　　　　　　　　　　　　$=(X+Y)(X^2-XY+Y^2)$

に $\sin x + \cos x = t$ を代入する.

$2\sin x\cos x = t^2-1$ ゆえ,

$$t(2-t^2+1)=2 \quad \therefore \quad t^3-3t+2=0$$

$$\therefore \quad (t-1)^2(t+2)=0$$

ここで，$\sin x+\cos x=\sqrt{2}\sin\left(x+\dfrac{\pi}{4}\right)$ より，$-\sqrt{2}\leqq t\leqq\sqrt{2}$ であるから

$t=1$　　$\therefore$　　$\boldsymbol{\sin x+\cos x=1}$

また，$\sin^4 x+\cos^4 x=(\sin^2 x+\cos^2 x)^2-2\sin^2 x\cos^2 x=1-2(\sin x\cos x)^2$

$2\sin x\cos x=t^2-1=0$　ゆえ　$\boldsymbol{\sin^4 x+\cos^4 x=1}$

研 究　　**1°　単振動**

　　　　$A\sin(\omega x+\alpha)$ や $A\cos(\omega x+\alpha)$ という形で表される x の関数は単振動（単純調和振動 simple harmonic motion）とよばれる．

　$a\sin x+b\cos x$ は，2つの単振動の和である．これは1つの単振動にまとめることができる．その証明は加法定理を使えばよい．

$$a\sin x+b\cos x=\sqrt{a^2+b^2}\left(\sin x\cdot\frac{a}{\sqrt{a^2+b^2}}+\cos x\cdot\frac{b}{\sqrt{a^2+b^2}}\right)$$

$\dfrac{a}{\sqrt{a^2+b^2}}$，$\dfrac{b}{\sqrt{a^2+b^2}}$ は，平方して加えると1になるので，

点 $\left(\dfrac{a}{\sqrt{a^2+b^2}},\ \dfrac{b}{\sqrt{a^2+b^2}}\right)$ は円 $x^2+y^2=1$ 上の点である．よって

$$\frac{a}{\sqrt{a^2+b^2}}=\cos\alpha,\ \ \frac{b}{\sqrt{a^2+b^2}}=\sin\alpha,\ \ 0\leqq\alpha<2\pi$$

となる角 α が存在する．

$$a\sin x+b\cos x=\sqrt{a^2+b^2}(\sin x\cos\alpha+\cos x\sin\alpha)$$
$$=\sqrt{a^2+b^2}\sin(x+\alpha)$$

　また，点 $\left(\dfrac{b}{\sqrt{a^2+b^2}},\ \dfrac{a}{\sqrt{a^2+b^2}}\right)$ も円 $x^2+y^2=1$ 上の点であり

$$\frac{b}{\sqrt{a^2+b^2}}=\cos\beta,\ \ \frac{a}{\sqrt{a^2+b^2}}=\sin\beta,\ \ 0\leqq\beta<2\pi$$

となる角 β が存在する．これを使うと

$$a\sin x+b\cos x=\sqrt{a^2+b^2}(\cos x\cos\beta+\sin x\sin\beta)$$
$$=\sqrt{a^2+b^2}\cos(x-\beta)$$

となる．sin に合成するか，cos に合成するかはそれぞれの場合に応じて，都合のよいほうにすればよい．

2°　(1)を $r\sin(x-\alpha)$，$r\cos(x\pm\beta)$ の形に合成してみよう．

$$\cos x-\sqrt{3}\sin x=2\left\{\sin x\cdot\left(-\frac{\sqrt{3}}{2}\right)-\cos x\cdot\left(-\frac{1}{2}\right)\right\}=2\sin\left(x-\frac{7}{6}\pi\right)$$

$$\cos x-\sqrt{3}\sin x=2\left\{\cos x\cdot\left(\frac{1}{2}\right)-\sin x\cdot\left(\frac{\sqrt{3}}{2}\right)\right\}=2\cos\left(x+\frac{\pi}{3}\right)$$

$$\cos x-\sqrt{3}\sin x=2\left\{\cos x\cdot\left(\frac{1}{2}\right)+\sin x\cdot\left(-\frac{\sqrt{3}}{2}\right)\right\}=2\cos\left(x-\frac{5}{3}\pi\right)$$

| 標問 | **71** | **周期関数** |

(1) 関数 $\cos^2 3x + \sin 3x \cos 3x$ の周期を求めよ. （北　大）

(2) $f(x) = \sin x + \cos\sqrt{2}\,x$ は周期関数でないことを示せ.

精講　(1) $\sin x$, $\cos x$ の周期はともに 2π です. これが $\sin 3x$, $\cos 3x$ と

なると

$$3x = 2\pi \qquad \therefore \quad x = \frac{2}{3}\pi$$

より, ともに周期が $\frac{2}{3}\pi$ とわかります. では, $\sin 3x \cos 3x$ ではどうでしょう. どちらの周期も $\frac{2}{3}\pi$ だから, これも $\frac{2}{3}\pi$ といえるでしょうか $\left(\text{基本周期が } \frac{2}{3}\pi \text{ だといえるでしょうか}\right)$. 2つの振動をまとめることを考えましょう.

(2) 周期関数の定義までもどって考えます.

また, 本問は「〜でない」ことの証明ですから, 背理法を用いるとよいでしょう.

> **解法のプロセス**
>
> $f(x)$ の周期が $p\,(\neq 0)$
> $\Longleftrightarrow$ すべての x に対して
> $\qquad f(x+p) = f(x)$
> が成り立つ
> $\quad \sin x$ の周期は 2π
> $\quad \cos x$ の周期は 2π
> $\quad \tan x$ の周期は π
> (1) $\sin 3x \cos 3x$
> $\qquad\qquad \Downarrow$ 2倍角の公式
> $\qquad\quad \frac{1}{2}\sin 6x$
> (2) $f(x+p) = f(x)$
> となる p が存在しないことを示す
> $\qquad\qquad \Downarrow$
> $\qquad\quad$ 背理法

<　　**解　答**　　>

(1) $\cos^2 3x + \sin 3x \cos 3x$

$\quad = \dfrac{1 + \cos 6x}{2} + \dfrac{1}{2}\sin 6x$　　　　　◀ 半角の公式, 2倍角の公式

$\quad = \dfrac{1}{2} + \dfrac{1}{2}(\sin 6x + \cos 6x)$

$\quad = \dfrac{1}{2} + \dfrac{\sqrt{2}}{2}\sin\left(6x + \dfrac{\pi}{4}\right)$　　　　　◀ 合成の公式

　ここで, $\sin 6x$ の周期は $\dfrac{2\pi}{6} = \dfrac{\pi}{3}$ であるから

$\sin\left(6x + \dfrac{\pi}{4}\right)$ の周期も $\dfrac{\pi}{3}$ である.

　よって, 与えられた関数の周期は, $\dfrac{\pi}{3}$ である.

(2) $f(x)$ が周期 p の周期関数であるとすれば, すべての x に対し

$$f(x+p)=f(x) \quad (p \neq 0)$$ ← 周期 p の定義

が成り立つ． $x=0,\ -p$ とおいて，

$$f(p)=f(0),\ f(-p)=f(0)$$

$$\therefore\quad \sin p+\cos\sqrt{2}\,p=1,\ -\sin p+\cos\sqrt{2}\,p=1$$

$$\therefore\quad \sin p=0,\ \cos\sqrt{2}\,p=1$$

よって， $p=\pi\times n$ （ n は整数）かつ

$$\sqrt{2}\,p=2\pi\times m\ (m\text{ は整数}) \text{ ただし，} mn \neq 0 \quad ← p \neq 0$$

このとき

$$\pi\times\sqrt{2}\,n=2\pi\times m \quad \therefore\quad \sqrt{2}=\frac{2m}{n}$$

$\sqrt{2}$ は無理数ゆえ，これは矛盾である．よって， $f(x)$ は周期関数でない．

研究

1° 関数 $f(x)$ が 0 でない定数 p に対して，つねに

$$\boldsymbol{f(x+p)=f(x)}$$

となるとき， $f(x)$ は**周期関数**であるといい， p を**周期**という．

p が周期のときは

$$f(x+2p)=f(x+p+p)=f(x+p)=f(x)$$

$$f(x+3p)=f(x+2p+p)=f(x+2p)=f(x)$$

$$\cdots\cdots\cdots\cdots$$

であるから， np（ n は整数）も周期である．正の周期のうちで最小のものを**基本周期**という．基本周期のことを単に周期ということが多い．

2° $y=\sin x$ について

$$\sin(x+2\pi)=\sin x$$

であり， $0 \leqq x \leqq 2\pi$ でのグラフは右の青線部分となる．

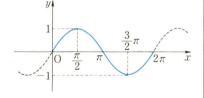

2π は $\sin x$ の（基本）周期である．

3° $y=a\sin(kx+\alpha)$ は

$$\text{振幅 } |a|,\ \text{周期 } \frac{2\pi}{k}$$

の周期関数である．

第4章

演習問題

71 $y=\sin\left(\dfrac{\pi}{6}-2x\right)+\cos 2x$ とする．このとき，次の問いに答えよ．

(1) $y=a\sin(2x+b)$ をみたす $a,\ b$ を $a \geqq 0,\ 0 \leqq b < 2\pi$ の範囲で求めよ．

(2) 関数 y の周期を求めよ． (*北見工大)

標問 **72** 三角関数を含む方程式(1)

次の方程式を解け.

(1) $2\sin^2\theta - \cos\theta - 1 = 0$ （北里大）

(2) $\sin 4\theta + \sin\theta = 0$ （武蔵大）

(3) $\sin\theta + \cos\theta = \dfrac{1}{\sin\theta}$ （東京経済大）

▶ **精 講** 　三角方程式を解く問題です. **単位円を用いたり, グラフを用いたりする** 解法があります.

例えば, $\sin\theta = a$ を解いてみます.

$\sin\theta$ は円 $x^2 + y^2 = 1$ 上の点の y 座標であり

$$-1 \leqq y \leqq 1 \quad より \quad -1 \leqq \sin\theta \leqq 1$$

よって, a が $-1 \leqq a \leqq 1$ をみたすとき, この方程式の解は存在します.

α を解の1つ, n を整数とすると, 右図より,

$$\theta = \alpha + 2n\pi$$

または

$$\theta = (\pi - \alpha) + 2n\pi$$

となります. 角の範囲に指定がないときは一般角で答えます.

あるいは $y = \sin\theta$ のグラフをかいて上の解を得ることもできます.

▶ **解法のプロセス**

三角方程式

⇩

$\sin\theta = a$ などの形にし,

⇩

(i) 単位円で考える
(ii) グラフの利用

角の範囲に指定がないときは, 一般角で答える

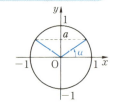

$\sin\theta = a$

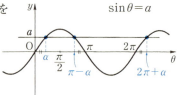

同じようにして,

$\cos\theta = a \ (-1 \leqq a \leqq 1)$ の解は, α を解の1つとして

$$\theta = \pm\alpha + 2n\pi$$

$\tan\theta = a$ （a は任意の実数）の解は, α を解の1つとして

$$\theta = \alpha + n\pi$$

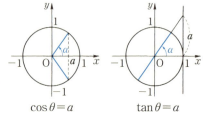

$\cos\theta = a$ 　　　 $\tan\theta = a$

〈 解 答 〉

以下，n は整数とする.

(1) $2(1-\cos^2\theta)-\cos\theta-1=0$

$2\cos^2\theta+\cos\theta-1=0$

$(2\cos\theta-1)(\cos\theta+1)=0$

$\cos\theta=\dfrac{1}{2}$ または -1

よって，$\theta=\pm\dfrac{\pi}{3}+2n\pi$ または

$\pi+2n\pi$

◀ 関数の種類をそろえる

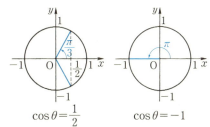

$\cos\theta=\dfrac{1}{2}$　　　$\cos\theta=-1$

(2) $\sin4\theta=-\sin\theta$

$\sin4\theta=\sin(-\theta)$

$4\theta=-\theta+2n\pi$ または

$\pi-(-\theta)+2n\pi$

よって，$\theta=\dfrac{2}{5}n\pi$ または $\dfrac{\pi}{3}+\dfrac{2}{3}n\pi$

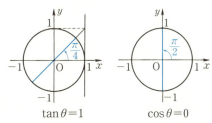

または

$\sin4\theta=\sin(-\theta)$

(3) $\sin^2\theta+\sin\theta\cos\theta=1$

$\sin\theta\cos\theta-(1-\sin^2\theta)=0$

$(\sin\theta-\cos\theta)\cos\theta=0$

$\sin\theta=\cos\theta$ または $\cos\theta=0$

$\tan\theta=1$ または $\cos\theta=0$

よって，$\theta=\dfrac{\pi}{4}+n\pi$ または $\dfrac{\pi}{2}+n\pi$

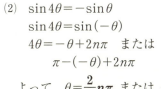

$\tan\theta=1$　　　$\cos\theta=0$

研究 (2)は和積の公式を用いて　$2\sin\dfrac{5\theta}{2}\cos\dfrac{3\theta}{2}=0$

$\dfrac{5\theta}{2}=n\pi$ または $\dfrac{3\theta}{2}=\dfrac{\pi}{2}+n\pi$ として解いてもよい.

(3)において，でてくる方程式 $\sin\theta-\cos\theta=0$ については，合成して

$\sqrt{2}\sin\left(\theta-\dfrac{\pi}{4}\right)=0$　　$\therefore$　$\theta-\dfrac{\pi}{4}=n\pi$ として解いてもよい.

演習問題

72 次の方程式を解け.

(1) $\dfrac{1}{4}+\cos\theta-\sin^2\theta=0$　（福岡大）　　(2) $\cos^2\theta+\cos\left(\dfrac{\pi}{2}-\theta\right)=\dfrac{5}{4}$

(3) $1+\sin\theta+\cos\theta+\tan\theta=0$　（関東学園大）

標問 | **73**　三角関数を含む方程式⑵

次の方程式を解け.

(1)　$\cos 2x + 7\sin x - 4 = 0$ 　　　　　　　　　　　　　　　　(琉球大)

(2)　$\sin x + \sin 2x = \cos x + \cos 2x$ 　$(0 \leqq x \leqq \pi)$ 　　　　　(九　大)

(3)　$\cos x - \sqrt{3}\,\sin x = -1$ 　　　　$(0 \leqq x < 2\pi)$ 　　(東海大)

● 精 講　標問 **72** よりは複雑な形をした三角方程式です. 三角方程式を解くためには, まず, $\sin x$, $\cos x$, $\tan x$ について解きます. 三角関数の値が求められれば, 次に動径が決まって, 未知数としての角の値がわかることになります.

三角関数の値を求めるには次のように式を整理していきます.

(i)　**角と関数の種類をそろえる.**

(ii)　**和を積に直す公式や因数分解によって**
　　　(　　)(　　)$=0$ **の形に直す.**

(iii)　$a\cos x + b\sin x$ **は合成する.**

(1)　角をみると $2x$ と x の2種類があるので, 2倍角の公式を用います. $\cos 2x$ を $2\cos^2 x - 1$ にするか, $1 - 2\sin^2 x$ にするかは, 関数の統一を考えると, 後者を選択することになります.

(2)　2倍角の公式を用いて, 両辺に表れる角をそろえてみます.
$$\sin x + 2\sin x\cos x = \cos x + 2\cos^2 x - 1$$
これを
$$\sin x(2\cos x + 1) = (2\cos x - 1)(\cos x + 1)$$
としても, 両辺に共通因数がないので,
$$左辺 - 右辺 = (\quad)(\quad) = 0$$
の形にはなりません. 他の方法が必要です. 和を積に直す公式を使ってみましょう.

(3)　合成の公式を使って, 左辺を $\cos$ または $\sin$ の関数にまとめます.

解法のプロセス

三角方程式の解法

(1)　角を x に統一し, 関数を $\sin$ に統一する

(2)　和積の公式を利用して,
　　　(　　)(　　)$=0$
　　　の形を導く

(3)　合成の公式を利用する

(1)　$(1-2\sin^2 x)+7\sin x-4=0$

　　　$(2\sin x-1)(\sin x-3)=0$

← 角と関数の種類をそろえる

　　$-1\leqq\sin x\leqq1$ より $\sin x=\dfrac{1}{2}$

　$\therefore$　$x=\dfrac{\pi}{6}+2n\pi$ または $\dfrac{5}{6}\pi+2n\pi$　（n は整数）

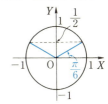

(2)　与式は $2\sin\dfrac{3x}{2}\cos\dfrac{x}{2}=2\cos\dfrac{3x}{2}\cos\dfrac{x}{2}$

← 和を積に直す公式

　　$\therefore$　$2\cos\dfrac{x}{2}\left(\sin\dfrac{3x}{2}-\cos\dfrac{3x}{2}\right)=0$

　$0\leqq x\leqq\pi$ より $0\leqq\dfrac{x}{2}\leqq\dfrac{\pi}{2}$, $0\leqq\dfrac{3x}{2}\leqq\dfrac{3}{2}\pi$

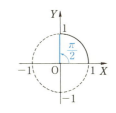

　$\cos\dfrac{x}{2}=0$ を解くと　$\dfrac{x}{2}=\dfrac{\pi}{2}$　$\therefore$　$x=\pi$

　$\sin\dfrac{3x}{2}-\cos\dfrac{3x}{2}=0$ において, $\cos\dfrac{3x}{2}=0$

とすると $\sin\dfrac{3x}{2}=\pm1$ であり, 上式をみたさな

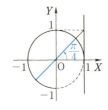

いから, $\cos\dfrac{3x}{2}\neq0$ であり

　$\tan\dfrac{3x}{2}=1$　$\therefore$　$\dfrac{3x}{2}=\dfrac{\pi}{4}$, $\dfrac{5}{4}\pi$　$\therefore$　$x=\dfrac{\pi}{6}$, $\dfrac{5}{6}\pi$

以上より, 解は $x=\pi$, $\dfrac{\pi}{6}$, $\dfrac{5}{6}\pi$

(3)　$\cos x-\sqrt{3}\sin x=2\cos\left(x+\dfrac{\pi}{3}\right)$

← 合成の公式

　より, 与式は $\cos\left(x+\dfrac{\pi}{3}\right)=-\dfrac{1}{2}$

　　$0\leqq x<2\pi$ より　$\dfrac{\pi}{3}\leqq x+\dfrac{\pi}{3}<\dfrac{7}{3}\pi$

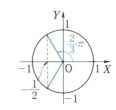

　よって, $x+\dfrac{\pi}{3}=\dfrac{2}{3}\pi$, $\dfrac{4}{3}\pi$　$\therefore$　$x=\dfrac{\pi}{3}$, π

演習問題

73　次の方程式を解け.

(1)　$\cos\left(x+\dfrac{\pi}{3}\right)=\sqrt{3}-\cos x$　　　　　　　（武蔵大）

(2)　$\sin x+\sin 2x+\sin 3x=\cos x+\cos 2x+\cos 3x$　　　（京都府医大）

(3)　$\dfrac{1}{\cos x}+\tan x=\sqrt{3}$　$(0\leqq x<2\pi)$　　　（東京医大）

第4章

標問 **74** 連立方程式

次の連立方程式を解け.

(1) $\begin{cases} \sin x + \sin y = 1 \\ \cos x + \cos y = \sqrt{3} \end{cases}$

ただし, $0 \leqq x < 2\pi$, $0 \leqq y < 2\pi$ とする. (学習院大)

(2) $\begin{cases} \cos x + \cos y = \sin x + \sin y \\ \sin(2x - y) + \sin(x - 2y) = 2\sin x - 2\sin y \end{cases}$

ただし, $0 \leqq y \leqq x < \pi$ とする. (東京商船大)

精講 (1) 連立方程式ですから文字の消去を考えます. 第1式, 第2式より

$\sin y = 1 - \sin x$,
$\cos y = \sqrt{3} - \cos x$

であり, これらを

$\sin^2 y + \cos^2 y = 1$

に代入することにより, y を消去します.

(2) 今度は(1)のように1文字消去ができない問題です. 各式をそれぞれ解いてみましょう. 類題は標問 **73** の(2)にあります. **和を積に直す公式を使う**のでした.

解法のプロセス

連立方程式の解法

(1) $\cos^2 \theta + \sin^2 \theta = 1$ を利用して

1文字消去

(2) 和積の公式を利用して2式をそれぞれ解く

⇩

$\begin{cases} x + y = \dfrac{\pi}{2} \\ x - y = 0, \ \dfrac{\pi}{3} \end{cases}$

⇩

x, y を求める

解答

(1) $\sin y = 1 - \sin x$, $\cos y = \sqrt{3} - \cos x$ より

$(1 - \sin x)^2 + (\sqrt{3} - \cos x)^2 = 1$ ← $\sin^2 y + \cos^2 y = 1$

展開し, 整理すると

$2(\sin x + \sqrt{3} \cos x) = 4$

∴ $\sin\left(x + \dfrac{\pi}{3}\right) = 1$ ← 合成の公式

$\dfrac{\pi}{3} \leqq x + \dfrac{\pi}{3} < \dfrac{7}{3}\pi$ より $x + \dfrac{\pi}{3} = \dfrac{\pi}{2}$ ∴ $x = \dfrac{\pi}{6}$

このとき, $\begin{cases} \sin y = \dfrac{1}{2} \\ \cos y = \dfrac{\sqrt{3}}{2} \end{cases}$

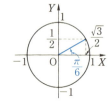

$0 \leqq y < 2\pi$ より $y = \dfrac{\pi}{6}$

(2) 第1式より

$$2\cos\dfrac{x+y}{2}\cos\dfrac{x-y}{2} = 2\sin\dfrac{x+y}{2}\cos\dfrac{x-y}{2}$$

← 和を積に直す公式

$$\therefore\quad 2\cos\dfrac{x-y}{2}\left(\cos\dfrac{x+y}{2} - \sin\dfrac{x+y}{2}\right) = 0$$

$0 \leqq \dfrac{x-y}{2} < \dfrac{\pi}{2}$ より $\cos\dfrac{x-y}{2} \neq 0$ なので

$$\cos\dfrac{x+y}{2} - \sin\dfrac{x+y}{2} = 0$$

$\cos\dfrac{x+y}{2} \neq 0$ より $\tan\dfrac{x+y}{2} = 1$

$0 \leqq \dfrac{x+y}{2} < \pi$ より $\dfrac{x+y}{2} = \dfrac{\pi}{4}$

$$\therefore\quad x+y = \dfrac{\pi}{2} \qquad\qquad \cdots\cdots①$$

← $\cos\dfrac{x+y}{2} = 0$ とすると $\sin\dfrac{x+y}{2} = 0$ となり, $\sin^2\dfrac{x+y}{2} + \cos^2\dfrac{x+y}{2} = 1$ に反するので $\cos\dfrac{x+y}{2} \neq 0$

また, 第2式より

$$2\sin\dfrac{3(x-y)}{2}\cos\dfrac{x+y}{2} = 4\cos\dfrac{x+y}{2}\sin\dfrac{x-y}{2}$$

← 和を積に直す公式

$\cos\dfrac{x+y}{2} \neq 0$ より

$$\sin\dfrac{3(x-y)}{2} = 2\sin\dfrac{x-y}{2}$$

$$\therefore\quad 3\sin\dfrac{x-y}{2} - 4\sin^3\dfrac{x-y}{2} = 2\sin\dfrac{x-y}{2}$$

← 3倍角の公式 $\sin3\theta = 3\sin\theta - 4\sin^3\theta$

$$\therefore\quad 4\sin^3\dfrac{x-y}{2} - \sin\dfrac{x-y}{2} = 0$$

$$\therefore\quad \sin\dfrac{x-y}{2}\left(2\sin\dfrac{x-y}{2} - 1\right)\left(2\sin\dfrac{x-y}{2} + 1\right) = 0$$

$0 \leqq \dfrac{x-y}{2} < \dfrac{\pi}{2}$ より $\sin\dfrac{x-y}{2} = 0,\ \dfrac{1}{2}$

← $\sin\dfrac{x-y}{2} = -\dfrac{1}{2}$ は不適

よって, $\dfrac{x-y}{2} = 0,\ \dfrac{\pi}{6}$

$$\therefore\quad x-y = 0,\ \dfrac{\pi}{3} \qquad\qquad \cdots\cdots②$$

①かつ②より

$$(x,\ y) = \left(\dfrac{\pi}{4},\ \dfrac{\pi}{4}\right),\ \left(\dfrac{5}{12}\pi,\ \dfrac{\pi}{12}\right)$$

第4章

別解を示しておこう.

別解 1. (1) $\sin x + \sin y = 1$, $\cos x + \cos y = \sqrt{3}$

　　　この2つの式を**このまま平方して**辺々加えると,

$$(\sin x + \sin y)^2 + (\cos x + \cos y)^2 = 1 + 3$$

∴ $(\sin^2 x + \cos^2 x) + (\sin^2 y + \cos^2 y) + 2(\sin x \sin y + \cos x \cos y) = 4$

∴ $\cos(x - y) = 1$, $-2\pi < x - y < 2\pi$

ゆえに $x - y = 0$, すなわち $x = y$

　　　2式は $\sin x = \dfrac{1}{2}$, $\cos x = \dfrac{\sqrt{3}}{2}$ となるから $x = y = \dfrac{\pi}{6}$

別解 2. 単位円を使って解く.

(1) 点 $P(\cos x,\ \sin x)$, $Q(\cos y,\ \sin y)$ は, 共に原点を中心とする半径1の円周上にある. また $\overrightarrow{OP}$, $\overrightarrow{OQ}$ が x 軸正方向となす角がそれぞれ x, y である.

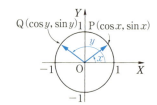

　　連立方程式から

$$\frac{\cos x + \cos y}{2} = \frac{\sqrt{3}}{2}, \quad \frac{\sin x + \sin y}{2} = \frac{1}{2}$$

これは PQ の中点Rが点 $\left(\dfrac{\sqrt{3}}{2},\ \dfrac{1}{2}\right)$ であることを意味しており, この点は単位円周上の点である. $P \neq Q$ のとき PQ の中点は円の内部にあるから, PQ の中点が単位円周上にあるのは, P, Q がRと一致する場合だけである.

$$\therefore \quad x = y = \frac{\pi}{6}$$

(2) (1)と同様に考え, 第1式から, $P(\cos x,\ \sin x)$, $Q(\cos y,\ \sin y)$ の中点が, 直線 $Y = X$ 上にあることがわかる. これと $0 \leqq y \leqq x < \pi$ から

$$\frac{x + y}{2} = \frac{\pi}{4} \quad \therefore \quad x + y = \frac{\pi}{2}$$

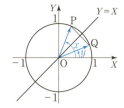

このあとは, 第2式に $y = \dfrac{\pi}{2} - x$ を代入して, x だけの式にする. 3倍角の公式を用いると, $\sin x = \cos x$ または $\sin 2x = \dfrac{1}{2}$ が得られて, 解決する.

演習問題

74 次の連立方程式を解け.

(1) $2\sin x = \sqrt{3}\sin y$, $2\cos x + \cos y = 1$ 　　　　　　(同志社大)

(2) $\begin{cases} \sin(x + y) = \sin x + \sin y \\ \cos(x + y) = \cos x + \cos y \end{cases}$ 　　　　　　(関西学院大)

75　　解の個数

与えられた正の実数 a に対して，$0 \leqq x < 2\pi$ の範囲で
$$\sin 3x - 2\sin 2x + (2-a^2)\sin x = 0$$
はいくつ解をもつか調べよ.

（奈良女大）

→ **精講**　　まずは角をそろえます．3倍角，2倍角の公式を使って式を整理すると
$$\sin x \times (\cos x についての2次式) = 0$$
となります．$\sin x = 0$ と，
$$(\cos x についての2次式) = 0 \qquad \cdots\cdots ①$$
の解を調べればよいわけです.

　①で **$\cos x = t \ (-1 \leqq t \leqq 1)$ とおく**と
$$4t^2 - 4t + 1 - a^2 = 0 \qquad \cdots\cdots ②$$
となり，この解は定数 a の値により変わります.

　$\cos x = t$ をみたす x の個数は，1つの t に対して
　　$-1 < t < 1$ のとき，x は2個，
　　$t = 1$ または -1 のとき，x は1個
であり，**②の解 t を調べれば，①の解 x の個数がわかる**ことになります.

　また，②の解については**定数 a を分離して**
$$4t^2 - 4t + 1 = a^2$$
と考えるとよいでしょう.

解法のプロセス

三角方程式の解の個数
　　角をそろえる
　　　　⇩
　　$\cos x = t$ とおく
　　　　⇩
$\cos x = t \ (0 \leqq x < 2\pi)$ をみたす x の個数は，1つの t に対し $-1 < t < 1$ のとき，
　　x は2個
$t = \pm 1$ のとき，
　　x は1個

第4章

〈　**解　答**　〉

与えられた方程式は
$$(3\sin x - 4\sin^3 x) - 2 \cdot 2\sin x \cos x$$
$$+ (2-a^2)\sin x = 0$$
　　$\therefore \quad \sin x\{3 - 4(1-\cos^2 x) - 4\cos x + 2 - a^2\} = 0$
　　$\therefore \quad \sin x(4\cos^2 x - 4\cos x + 1 - a^2) = 0 \quad \cdots\cdots ①$
と変形できる.

← 3倍角，2倍角の公式

　a の値にかかわらず，$\sin x = 0$ をみたす x は解であり，$0 \leqq x < 2\pi$ の範囲では
$$x = 0, \ \pi$$
である.

次に，$0<x<\pi$，$\pi<x<2\pi$ ……② の範囲で
$$4\cos^2 x-4\cos x+1=a^2$$
の解の個数を調べる.

◀ 定数 a^2 を分離する

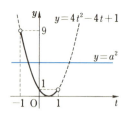

$\cos x=t$ $(-1<t<1)$ とおき，曲線 $y=4t^2-4t+1$ と直線 $y=a^2$ (>0) の共有点の個数を調べると

$a^2\geqq 9$ のとき，0個
$1\leqq a^2<9$ のとき，1個
$0<a^2<1$ のとき，2個

$\cos x=t$ $(-1<t<1)$ をみたす x は，1つの t に対して②の範囲に2つあるから，$x=0$，π とあわせて，①をみたす x の個数を数えると，$a>0$ より

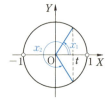

$$\begin{cases} a\geqq 3 \text{ のとき，} 0\times 2+2=2 \text{（個）} \\ 1\leqq a<3 \text{ のとき，} 1\times 2+2=4 \text{（個）} \\ 0<a<1 \text{ のとき，} 2\times 2+2=6 \text{（個）} \end{cases}$$

研究 定数 a を分離せずに
$$4t^2-4t+1-a^2=0 \quad (-1<t<1)$$
を解くと次のようになる. 比較すると定数分離の威力がわかるだろう.

$$f(t)=4t^2-4t+1-a^2=4\left(t-\frac{1}{2}\right)^2-a^2$$

とおくと，$f\left(\dfrac{1}{2}\right)=-a^2<0$ $(\because \quad a\neq 0)$ より，$f(1)=1-a^2$，$f(-1)=9-a^2$ の符号により場合分けする.

$a^2<1$ のとき　　　$1\leqq a^2<9$ のとき　　　$a^2\geqq 9$ のとき

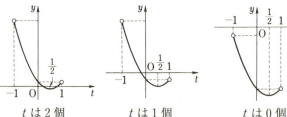

t は2個　　　　　　t は1個　　　　　　t は0個

演習問題

75-1 $0\leqq\theta<2\pi$ とする. $\cos^2\theta-\sqrt{3}\sin\theta=k$ を満足する θ が存在するような実数 k の範囲を求めよ. （専修大）

75-2 $0\leqq x\leqq\pi$ のとき，方程式 $\cos 2x+4a\sin x+a-2=0$ が異なる2つの解をもつための a の範囲を求めよ. （長崎大）

標問 **76** 三角関数を含む不等式

次の不等式を解け.

(1) $\cos 2\theta > 3\sin\theta + 2$ $(0 \leqq \theta < 2\pi)$ （東京芸大）

(2) $1 - \sin\theta > \cos\theta$ （東邦大）

(3) $\sin\theta + \sin 2\theta + \sin 3\theta > 0$ $(0 \leqq \theta < 2\pi)$ （日本歯大）

(4) $\dfrac{5}{8} \leqq \sin^4\dfrac{\theta}{2} + \cos^4\dfrac{\theta}{2} \leqq \dfrac{7}{8}$ $(0 < \theta < \pi)$ （岡山大）

精講 三角関数を含む不等式を解く問題です. 式を変形をして

$$\sin\theta \gtreqless a,\ \cos\theta \gtreqless a,\ \tan\theta \gtreqless a \qquad \cdots\cdots(\ast)$$

の形を導きます. そのためには

(i) **角と関数の種類をそろえる**

(ii) **和を積に直す公式や因数分解によって**
   $(\quad)(\quad) \gtreqless 0$ **の形に直す**

(iii) $a\cos\theta + b\sin\theta$ **は合成する**

ということを考えます.

$(\ast)$の形を導いてからは, 単位円またはグラフを用いて角の範囲を調べます.

例えば, n を整数とすると

$\sin\theta > \dfrac{1}{2}$ の解は

$\dfrac{\pi}{6} + 2n\pi$

$< \theta < \dfrac{5}{6}\pi + 2n\pi$

$\cos\theta > \dfrac{1}{2}$ の解は

$-\dfrac{\pi}{3} + 2n\pi$

$< \theta < \dfrac{\pi}{3} + 2n\pi$

$\tan\theta > \sqrt{3}$ の解は

$\dfrac{\pi}{3} + n\pi$

$< \theta < \dfrac{\pi}{2} + n\pi$

> **解法のプロセス**
>
> 三角関数を含む不等式
> ⇩
> $\sin\theta \gtreqless a$ などの形にし,
> ⇩
> {(i) 単位円で考える
> {(ii) グラフの利用
>   角の範囲に指定がないときは, 一般角で答える

第4章

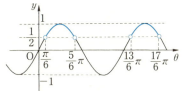
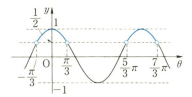
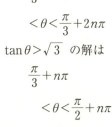
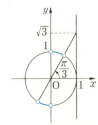
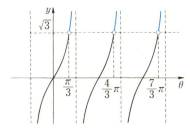

⟨ **解 答** ⟩

(1) 与えられた不等式は $1-2\sin^2\theta>3\sin\theta+2$

$\quad\therefore\quad 2\sin^2\theta+3\sin\theta+1<0$

$\quad\therefore\quad (2\sin\theta+1)(\sin\theta+1)<0$

$\quad\therefore\quad -1<\sin\theta<-\dfrac{1}{2}$

これをみたす θ の範囲は右図の青線部分の角である.

$0\leqq\theta<2\pi$ より,解は

$$\dfrac{7}{6}\pi<\theta<\dfrac{3}{2}\pi,\quad\dfrac{3}{2}\pi<\theta<\dfrac{11}{6}\pi$$

◀ 2倍角の公式を使って,角と関数の種類をそろえる

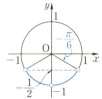

(2) 与えられた不等式は $\cos\theta+\sin\theta<1$

$\quad\therefore\quad \sqrt{2}\cos\left(\theta-\dfrac{\pi}{4}\right)<1$

$\quad\therefore\quad \cos\left(\theta-\dfrac{\pi}{4}\right)<\dfrac{1}{\sqrt{2}}$

これをみたす $\theta-\dfrac{\pi}{4}$ の範囲は右図の青線部分の角である.

$$\dfrac{\pi}{4}+2n\pi<\theta-\dfrac{\pi}{4}<\dfrac{7}{4}\pi+2n\pi$$

よって,解は $\dfrac{\pi}{2}+2n\pi<\theta<2(n+1)\pi$

$\qquad\qquad\qquad\qquad$ (**n は整数**)

◀ 合成の公式を使って,関数を1つにする
sin に合成するなら
$\quad\sqrt{2}\sin\left(\theta+\dfrac{\pi}{4}\right)<1$
となる

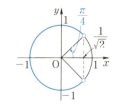

(3) 与えられた不等式は $(\sin3\theta+\sin\theta)+\sin2\theta>0$

$2\sin2\theta\cos\theta+\sin2\theta>0$

$\sin2\theta(2\cos\theta+1)>0$

(i) $\begin{cases}\sin2\theta>0\\[4pt]\cos\theta>-\dfrac{1}{2}\end{cases}$ または (ii) $\begin{cases}\sin2\theta<0\\[4pt]\cos\theta<-\dfrac{1}{2}\end{cases}$

$0\leqq\theta<2\pi$ より,

(i)のとき

$\begin{cases}(0<2\theta<\pi \text{ または } 2\pi<2\theta<3\pi)\\[4pt]\left(0\leqq\theta<\dfrac{2}{3}\pi \text{ または } \dfrac{4}{3}\pi<\theta<2\pi\right)\end{cases}$

◀ 和を積に直す公式を使って,左辺を積の形に直す

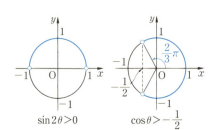

$\sin2\theta>0\qquad\qquad\cos\theta>-\dfrac{1}{2}$

$\therefore \begin{cases} \left(0<\theta<\dfrac{\pi}{2} \text{ または } \pi<\theta<\dfrac{3}{2}\pi\right) \\ \left(0\leqq\theta<\dfrac{2}{3}\pi \text{ または } \dfrac{4}{3}\pi<\theta<2\pi\right) \end{cases}$

$\therefore \quad 0<\theta<\dfrac{\pi}{2}, \ \dfrac{4}{3}\pi<\theta<\dfrac{3}{2}\pi$

(ii)のとき

$\begin{cases} (\pi<2\theta<2\pi \text{ または } 3\pi<2\theta<4\pi) \\ \dfrac{2}{3}\pi<\theta<\dfrac{4}{3}\pi \end{cases}$

$\Longleftrightarrow \begin{cases} \left(\dfrac{\pi}{2}<\theta<\pi \text{ または } \dfrac{3}{2}\pi<\theta<2\pi\right) \\ \dfrac{2}{3}\pi<\theta<\dfrac{4}{3}\pi \end{cases}$

$\Longleftrightarrow \dfrac{2}{3}\pi<\theta<\pi$

以上，(i)，(ii)より，解は

$$0<\theta<\dfrac{\pi}{2}, \ \dfrac{2}{3}\pi<\theta<\pi, \ \dfrac{4}{3}\pi<\theta<\dfrac{3}{2}\pi$$

$\sin 2\theta<0$ $\qquad$ $\cos\theta<-\dfrac{1}{2}$

(4) 与えられた不等式は $\dfrac{5}{8}\leqq\left(\sin^2\dfrac{\theta}{2}+\cos^2\dfrac{\theta}{2}\right)^2-2\sin^2\dfrac{\theta}{2}\cos^2\dfrac{\theta}{2}\leqq\dfrac{7}{8}$

$-\dfrac{3}{8}\leqq-2\sin^2\dfrac{\theta}{2}\cos^2\dfrac{\theta}{2}\leqq-\dfrac{1}{8}$ $\qquad$ ← $\sin^2\dfrac{\theta}{2}+\cos^2\dfrac{\theta}{2}=1$

$\dfrac{3}{4}\geqq\left(2\sin\dfrac{\theta}{2}\cos\dfrac{\theta}{2}\right)^2\geqq\dfrac{1}{4}$

$\dfrac{1}{4}\leqq\sin^2\theta\leqq\dfrac{3}{4}$ $\qquad$ ← 2倍角の公式

$0<\theta<\pi$ より $\sin\theta>0$

$\therefore \quad \dfrac{1}{2}\leqq\sin\theta\leqq\dfrac{\sqrt{3}}{2}$

よって，解は $\dfrac{\pi}{6}\leqq\theta\leqq\dfrac{\pi}{3}, \ \dfrac{2}{3}\pi\leqq\theta\leqq\dfrac{5}{6}\pi$

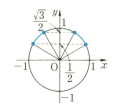

演習問題

76 次の不等式を解け．

(1) $\cos 2x+\cos x<0$ $\qquad(0\leqq x\leqq\pi)$ $\qquad$ （金沢美工大）

(2) $|\sin x|>|\cos x|$ $\qquad(0<x<\pi)$ $\qquad$ （岐阜女大）

(3) $\cos 5x>\cos x$ $\qquad(0<x<\pi)$ $\qquad$ （東京薬大）

(4) $\sin^2 2x+6\sin^2 x\leqq 4$ $\qquad(0\leqq x\leqq 2\pi)$ $\qquad$ （東京学芸大）

標問 **77** ## 最大・最小(1)

(1) θ の関数 $a^2-2a\sin\theta-\cos^2\theta$ の最小値を求めよ. ただし, $0\leq\theta\leq\pi$ とする.

(関西大)

(2) $\cos\theta\cos\left(\theta+\dfrac{\pi}{3}\right)$ の最大値, 最小値およびそのときの θ の値を求めよ. ただし, $0\leq\theta\leq\pi$ とする.

(3) $\dfrac{\sin x+1}{\cos x+2}$ の最大値と最小値を求めよ. ただし, $0\leq x<2\pi$ とする.

精講　$\sin x$, $\cos x$ などを含む関数の最大値, 最小値を求める問題です. 方針は

登場する三角関数を1つにそろえる

ことです. そろえるための道具としては
$$\cos^2\theta+\sin^2\theta=1,$$
合成の公式, 和を積に直す公式,
$$\tan\dfrac{\theta}{2} \text{ へのおきかえ}$$
などがあります.

(1) $\cos^2\theta=1-\sin^2\theta$ とすれば $\sin\theta$ だけの式になります. $\sin\theta=t$ とおけば
　　　与式＝(t の2次関数)
となります. $0\leq\theta\leq\pi$ より, $0\leq t\leq1$ に注意して最大値, 最小値を求めます.

(2) 積を和に直す公式
$$\cos\alpha\cos\beta=\dfrac{1}{2}\{\cos(\alpha+\beta)+\cos(\alpha-\beta)\}$$
を使ってみましょう. $\alpha=\theta+\dfrac{\pi}{3}$, $\beta=\theta$ とおくと
$$\alpha+\beta=2\theta+\dfrac{\pi}{3},\quad \alpha-\beta=\dfrac{\pi}{3}$$
となり, **変数 θ が1か所にまとまります.**

(3) $(\cos x, \sin x)$ は単位円 $X^2+Y^2=1$ 上の点を表します.
$$\dfrac{Y+1}{X+2}=k$$
とおくと, k は2点 (X, Y), $(-2, -1)$ を通る直線の**傾き**です.

解法のプロセス

三角関数の最大・最小

$\cos^2\theta+\sin^2\theta=1$ (1)
合成の公式
和積の公式 (2)
$\tan\dfrac{\theta}{2}$ へのおきかえ
などを利用して

⇓

変数を含む関数を1つにそろえる

⇓

変域に注意して, 最大値, 最小値を求める

解法のプロセス

(3) $\cos x=X$, $\sin x=Y$
　　　与式＝k とおく

⇓

$\begin{cases} X^2+Y^2=1 \\ Y+1=k(X+2) \end{cases}$

直線と円が共有点をもつための k の条件を求める

⇓

k の最大値, 最小値

〈 **解 答** 〉

(1) $a^2 - 2a\sin\theta - \cos^2\theta$

$= \sin^2\theta - 2a\sin\theta + a^2 - 1$ ……(*)

$\sin\theta = t$ とおくと，$0 \le \theta \le \pi$ より $0 \le t \le 1$ であり

(*) $= t^2 - 2at + a^2 - 1 = (t-a)^2 - 1$

(*)のグラフを考え，軸の位置で場合分けすると

最小値 $= \begin{cases} a^2 - 1 & (a < 0 \text{ のとき}) \\ -1 & (0 \le a \le 1 \text{ のとき}) \\ a^2 - 2a & (a > 1 \text{ のとき}) \end{cases}$

← $\sin\theta$ についての2次関数

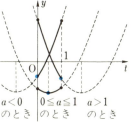

(2) $\cos\theta\cos\left(\theta + \dfrac{\pi}{3}\right) = \dfrac{1}{2}\left\{\cos\left(2\theta + \dfrac{\pi}{3}\right) + \cos\dfrac{\pi}{3}\right\}$

$= \dfrac{1}{2}\left\{\cos\left(2\theta + \dfrac{\pi}{3}\right) + \dfrac{1}{2}\right\}$

$0 \le \theta \le \pi$ より $\dfrac{\pi}{3} \le 2\theta + \dfrac{\pi}{3} \le \dfrac{7}{3}\pi$ だから

← 積を和に直す公式を使って変数 θ を1つにまとめる

← $-1 \le \cos\left(2\theta + \dfrac{\pi}{3}\right) \le 1$

$2\theta + \dfrac{\pi}{3} = 2\pi$ のとき最大となり，

$2\theta + \dfrac{\pi}{3} = \pi$ のとき最小となる．すなわち，

$\theta = \dfrac{5}{6}\pi$ のとき，**最大値 $\dfrac{3}{4}$** ；$\theta = \dfrac{\pi}{3}$ のとき，**最小値 $-\dfrac{1}{4}$**

(3) $\cos x = X$, $\sin x = Y$ とおくと，X, Y は

$X^2 + Y^2 = 1$ ……①

をみたす．さらに

$\dfrac{\sin x + 1}{\cos x + 2} = \dfrac{Y+1}{X+2}$

である．右辺を k とおくと

$kX - Y + 2k - 1 = 0$ ……②

かつ $X + 2 \ne 0$ ……③

①より $-1 \le X \le 1$ であり，③はつねに成立するから，

円①と直線②が共有点をもつような k の条件を求めればよい．

$\dfrac{|2k-1|}{\sqrt{k^2+1}} \le 1$ ∴ $(2k-1)^2 \le k^2 + 1$

← 中心と直線の距離 ≦ 半径

∴ $3k^2 - 4k \le 0$ ∴ $0 \le k \le \dfrac{4}{3}$

よって，**最大値 $\dfrac{4}{3}$，最小値 0**

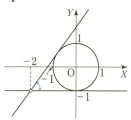

第4章

別解 (2) $\cos\theta\cos\left(\theta+\dfrac{\pi}{3}\right)=\cos\theta\left(\dfrac{1}{2}\cos\theta-\dfrac{\sqrt{3}}{2}\sin\theta\right)$ ◀ 加法定理

$=\dfrac{1}{2}\cdot\dfrac{1+\cos2\theta}{2}-\dfrac{\sqrt{3}}{4}\sin2\theta$ ◀ 半角の公式，2倍角の公式

$=\dfrac{1}{4}+\dfrac{1}{4}(\cos2\theta-\sqrt{3}\,\sin2\theta)=\dfrac{1}{4}+\dfrac{1}{2}\cos\left(2\theta+\dfrac{\pi}{3}\right)$ ◀ 合成の公式

以下，解答と同じ．

(3) 解答において $\dfrac{Y+1}{X+2}$ は点 A$(-2,\ -1)$ と点 $(X,\ Y)$

を通る直線の傾きを表す．右図のように α をとると，
円と直線が共有点をもつ条件は

$\tan0\leqq(\text{直線の傾き})\leqq\tan2\alpha$

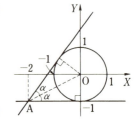

である．$\tan\alpha=\dfrac{1}{2}$ より $\tan2\alpha=\dfrac{2\cdot\dfrac{1}{2}}{1-\left(\dfrac{1}{2}\right)^2}=\dfrac{4}{3}$ なの

で，上の不等式は

$0\leqq\dfrac{Y+1}{X+2}\leqq\dfrac{4}{3}$

である．

あるいは，$\tan\dfrac{x}{2}=t$ とおくと $\sin x=\dfrac{2t}{1+t^2}$, $\cos x=\dfrac{1-t^2}{1+t^2}$ ◀ 標問 **68** (1)

であるから，

$k=\dfrac{\sin x+1}{\cos x+2}=\dfrac{2t+1+t^2}{1-t^2+2(1+t^2)}=\dfrac{t^2+2t+1}{t^2+3}$

分母を払って

$(k-1)t^2-2t+3k-1=0$ ……ⓐ

これをみたす実数 t が存在するような k の条件を求める．

(i) $k=1$ のとき，ⓐは $t=1$ であり，ⓐをみたす実数 t は存在する．すなわち，$k=1$ は k のとり得る値の1つである．

(ii) $k\neq1$ のとき，ⓐをみたす実数 t が存在する条件は，判別式 $\geqq0$ であり

$1-(k-1)(3k-1)\geqq0$

∴ $3k^2-4k\leqq0$ ∴ $0\leqq k\leqq\dfrac{4}{3}$ かつ $k\neq1$

(i), (ii)より $0\leqq k\leqq\dfrac{4}{3}$ である．よって，最大値は $\dfrac{4}{3}$，最小値は 0

演習問題

77 (1) $y=\sin^2x+\cos x+1$ の最大値と最小値を求めよ． （東京工芸大）

(2) $y=\dfrac{1-\sin x}{1+\cos x}$ $\left(0\leqq x\leqq\dfrac{2}{3}\pi\right)$ の最大値と最小値を求めよ． （長崎総合科学大）

標問 **78** **最大・最小(2)**

(1) $x-y=\dfrac{\pi}{4}$, $0\leqq y\leqq\pi$ のとき，$\sin x+\cos y$ の最大値，最小値を求めよ．

(愛知大)

(2) $0\leqq\theta\leqq\dfrac{\pi}{2}$ のとき，$\cos^2\theta-2\sin\theta\cos\theta+3\sin^2\theta$ の最大値，最小値を求めよ．

(関西大)

精講 (1) 等式 $x-y=\dfrac{\pi}{4}$ を使えば**1文字消去**できます．どちらの文字を消去するかというと，y についての条件が別にあるので，x を消去します．

$$\text{与式}=\dfrac{1}{\sqrt{2}}\{(\sqrt{2}+1)\cos y+\sin y\}$$

と整理されます．このあとは，合成の公式を使って変数をひとつにまとめ，変域に注意しながら値域を調べます．合成の際，既知の角が登場しませんが手順は同じです．

(2) $\sin\theta$, $\cos\theta$ の対称式ならば，
$$\sin\theta+\cos\theta=t$$
のおきかえが定石です（標問**70**）．

本問のように対称式でないならば，**次数下げ**を考えて

$$a\cos^2\theta+b\sin\theta\cos\theta+c\sin^2\theta$$
$$=a\cdot\dfrac{1+\cos2\theta}{2}+b\cdot\dfrac{\sin2\theta}{2}+c\cdot\dfrac{1-\cos2\theta}{2}$$
$$=\dfrac{a-c}{2}\cos2\theta+\dfrac{b}{2}\sin2\theta+\dfrac{a+c}{2}$$

このあとは，合成の公式を使って，変数をまとめるのが定石です．

解法のプロセス

条件つき2変数関数
(1) 1文字消去を考える
⇩
どちらを消去するか？
‖条件つきの
⇩yは残す
1変数関数の最大・最小

解法のプロセス

(2) $\sin\theta$, $\cos\theta$ の2次形式
$a\sin^2\theta+b\sin\theta\cos\theta+c\cos^2\theta$
⇩
(i) 対称式ならば，
$t=\sin\theta+\cos\theta$
とおく
(ii) 非対称式ならば，
次数下げを考える

第4章

〈 解 答 〉

(1) $x-y=\dfrac{\pi}{4}$ より，$z=\sin x+\cos y$ とおくと

$$z=\sin\left(\dfrac{\pi}{4}+y\right)+\cos y$$

← xを消去

$$=\left(1+\frac{1}{\sqrt{2}}\right)\cos y+\frac{1}{\sqrt{2}}\sin y$$

$$=\frac{1}{\sqrt{2}}\{(\sqrt{2}+1)\cos y+\sin y\}$$

← $\sqrt{(\sqrt{2}+1)^2+1^2}$
$=\sqrt{4+2\sqrt{2}}=\sqrt{2}\sqrt{2+\sqrt{2}}$

$$=\sqrt{2+\sqrt{2}}\left(\cos y\cdot\frac{\sqrt{2}+1}{\sqrt{4+2\sqrt{2}}}+\sin y\cdot\frac{1}{\sqrt{4+2\sqrt{2}}}\right)$$

$$=\sqrt{2+\sqrt{2}}\cos(y-\alpha)$$

ただし，α は $\cos\alpha=\dfrac{\sqrt{2}+1}{\sqrt{4+2\sqrt{2}}}$，$\sin\alpha=\dfrac{1}{\sqrt{4+2\sqrt{2}}}$

をみたす $0<\alpha<\dfrac{\pi}{2}$ の範囲にある定角とする．

$0\leqq y\leqq\pi$ なので，$-\alpha\leqq y-\alpha\leqq\pi-\alpha$ であり

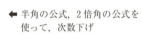

$$-\frac{\sqrt{2}+1}{\sqrt{4+2\sqrt{2}}}\leqq\cos(y-\alpha)\leqq1$$

$\sqrt{2+\sqrt{2}}$ をかけると，z の変域は $\quad-\dfrac{\sqrt{2}+1}{\sqrt{2}}\leqq z\leqq\sqrt{2+\sqrt{2}}$

よって，**最大値 $\sqrt{2+\sqrt{2}}$，最小値 $-\dfrac{2+\sqrt{2}}{2}$**

(2) $y=\dfrac{1+\cos2\theta}{2}-\sin2\theta+3\cdot\dfrac{1-\cos2\theta}{2}$

← 半角の公式，2倍角の公式を
　使って，次数下げ

$$=2-(\sin2\theta+\cos2\theta)$$

$$=2-\sqrt{2}\sin\left(2\theta+\frac{\pi}{4}\right)$$

← 合成の公式

$0\leqq\theta\leqq\dfrac{\pi}{2}$ なので $\dfrac{\pi}{4}\leqq2\theta+\dfrac{\pi}{4}\leqq\dfrac{5}{4}\pi$

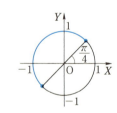

$$\therefore\quad-\frac{1}{\sqrt{2}}\leqq\sin\left(2\theta+\frac{\pi}{4}\right)\leqq1$$

y の変域は

$$2-\sqrt{2}\times1\leqq y\leqq2-\sqrt{2}\times\left(-\frac{1}{\sqrt{2}}\right)$$

$$\therefore\quad2-\sqrt{2}\leqq y\leqq3$$

よって，**最大値 3，最小値 $2-\sqrt{2}$**

演習問題

(78-1) $x+y=\dfrac{2}{3}\pi$，$0\leqq x\leqq\dfrac{\pi}{2}$ のとき，$\sin x+\sin y$ の最小値を求めよ．

（静岡大）

(78-2) $f(x)=2\sin^2x-4\sin x\cos x+5\cos^2x$ の最大値，最小値を求めよ．

（工学院大）

標問 **79** **最大・最小，対称式**

関数 $f(x)=(\sin x+1)(\cos x+1)$ $(0\leqq x<2\pi)$ がある．

(1) $t=\sin x+\cos x$ とするとき，t の範囲を求めよ．

(2) $\sin x\cos x$ を t で表せ．

(3) $f(x)$ の最大値と最小値を求めよ． (長崎総合科学大)

精講 本問の $f(x)$ は $\sin x$, $\cos x$ の対称式ですから基本対称式である

$$\sin x+\cos x, \quad \sin x\cos x$$

で $f(x)$ は表せます．さらに(2)にあるように，$\sin x\cos x$ は $\sin x+\cos x$ で表せます．

すなわち

$$\sin x+\cos x=t \text{ とおく}$$

と $f(x)$ は t の関数で表せます．

> **解法のプロセス**
>
> $\sin x$, $\cos x$ の対称式
> ⇩
> $\sin x+\cos x=t$
> $\| \quad \sin x\cos x=\dfrac{t^2-1}{2}$
> $f(x)$ は t の関数
> ⇩
> t の変域に注意して最大値，最小値を求める

第4章

〈 **解 答** 〉

(1) $t=\sin x+\cos x=\sqrt{2}\sin\left(x+\dfrac{\pi}{4}\right)$ ← 合成の公式

$0\leqq x<2\pi$ より $\dfrac{\pi}{4}\leqq x+\dfrac{\pi}{4}<\dfrac{9}{4}\pi$ であり $-1\leqq\sin\left(x+\dfrac{\pi}{4}\right)\leqq 1$

よって，t の範囲は $-\sqrt{2}\leqq t\leqq\sqrt{2}$

(2) $t^2=(\sin x+\cos x)^2=1+2\sin x\cos x$

よって，$\sin x\cos x=\dfrac{t^2-1}{2}$

(3) $f(x)=\sin x\cos x+(\sin x+\cos x)+1$

$$=\dfrac{t^2-1}{2}+t+1=\dfrac{1}{2}(t+1)^2$$

(1)より $-\sqrt{2}\leqq t\leqq\sqrt{2}$ なので

最大値 $\dfrac{(\sqrt{2}+1)^2}{2}$，最小値 0

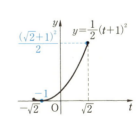

演習問題

79 $y=\sin^3 x+\cos^3 x+4\sin x\cos x$ について

(1) $\sin x+\cos x=t$ とおき，y を t の関数で表せ．

(2) y の最大値および最小値を求めよ．(微分法を用いよ．) (防衛大)

標問 **80** 三角形の決定条件

正の数 a, b, c および正の角 A, B, C が

$$A+B+C=\pi, \quad \frac{a}{\sin A}=\frac{b}{\sin B}=\frac{c}{\sin C}$$

をみたすならば

$$|b-c|<a<b+c$$

が成り立つことを示せ.

(*愛知教育大)

精講 本問において，正の角 A, B, C は
$$A+B+C=\pi$$
をみたすから，三角形の3つの内角となりますが，この段階では a, b, c が3辺の長さを表すわけではありません. まして，a が角 A の対辺の長さなどという仮定は全くないのです.

a, b, c を3辺とする三角形が存在する条件"2辺の長さの和>他の1辺の長さ"をまとめたものが

$$|b-c|<a<b+c \qquad \cdots\cdots①$$

です. 本問は
$$\begin{cases} A+B+C=\pi & \cdots\cdots② \\ \dfrac{a}{\sin A}=\dfrac{b}{\sin B}=\dfrac{c}{\sin C} & \cdots\cdots③ \end{cases}$$
ならば，

a, b, c は三角形の3辺となる

ことを示しています.

解法のプロセス

$\begin{cases} \text{内角の和②} \\ \text{正弦定理③} \end{cases}$

↑ ↓ 本問

a, b, c が三角形の3辺である
（三角不等式①）

$$|b-c|<a<b+c$$

⇕

$$\begin{cases} c+a>b \\ a+b>c \\ b+c>a \end{cases}$$

〈 **解答** 〉

$\dfrac{a}{\sin A}=\dfrac{b}{\sin B}=\dfrac{c}{\sin C}=k$ とおく.

$\quad b+c-a$
$=k(\sin B+\sin C-\sin A)$
$=k\{\sin B+\sin C-\sin(B+C)\}$
$=k\{\sin B(1-\cos C)+\sin C(1-\cos B)\}$

$0<B<\pi$, $0<C<\pi$ より

$\quad k>0$, $\sin B>0$, $\sin C>0$,

⬅ $A=\pi-(B+C)$

⬅ $\sin(B+C)$
$\quad =\sin B\cos C+\cos B\sin C$

$$\cos C < 1, \ \cos B < 1$$

であるから $b+c-a>0$ ∴ $a<b+c$

同様にして $b<c+a$ かつ $c<a+b$

が示される. これをまとめると

$$\begin{cases} b-c<a \\ -(b-c)<a \end{cases} \quad ∴ \quad |b-c|<a$$

よって, $|b-c|<a<b+c$

研 究　**1°** a, b, c を3辺とする三角形の存在条件

2辺の長さの和 > 他の1辺の長さ　……(∗)

は**解答**の後半にあるように

$$(∗) \begin{cases} b+c>a \\ c+a>b \\ a+b>c \end{cases} \iff \begin{cases} b+c>a \\ a>b-c \\ a>-(b-c) \end{cases} \iff \begin{cases} b+c>a \\ a>|b-c| \end{cases}$$

$$\iff |b-c|<a<b+c \quad ……①$$

とまとめられる. 不等式①を**三角不等式**とよぶ.

この証明において, $a>|b-c|\geqq 0$ より $a>0$ が確認される. 同じように $b>0$, $c>0$ も示される. よって(∗)の3つの不等式において $a>0$, $b>0$, $c>0$ という条件がなくてもよいことがわかる.

（本問では, $k>0$ を示すために $a>0$, $b>0$, $c>0$ は必要）

2°　ベクトルにおける三角不等式もある.

$$||\vec{a}|-|\vec{b}||<|\vec{a}+\vec{b}|<|\vec{a}|+|\vec{b}|$$

3°　正の数 a, b, c および正の角 A, B, C が $A+B+C=\pi$ をみたすとき, 次の条件は同値である.

(1)　3辺の長さが a, b, c でそれぞれの対角が A, B, C である三角形 ABC が存在する.

(2)　$\dfrac{a}{\sin A}=\dfrac{b}{\sin B}=\dfrac{c}{\sin C}$ （正弦定理）

(3)　$a^2=b^2+c^2-2bc\cos A$ かつ $b^2=c^2+a^2-2ca\cos B$ かつ

$c^2=a^2+b^2-2ab\cos C$ （3つのうちの2つが成り立てばよい）

（余弦定理）

演習問題

(80)　長さ a, b の2線分と角 θ $(0<\theta<\pi)$ が与えられたとき,

BC$=a$, CA$=b$, ∠B$=\theta$ である三角形 ABC が存在するための条件は,

$$b^2=a^2+c^2-2ac\cos\theta$$

をみたす正の数 c が存在することであることを証明せよ.

標問 **81** 形状決定

(1) 三角形 ABC で, $\sin 4A + \sin 4B + \sin 4C = 0$ が成立すれば, この三角形はどんな形状の三角形であるか. （日本歯大）

(2) 四角形 ABCD の 4 つの内角を A, B, C, D で表すとき,

$$\sin A + \sin B = \sin C + \sin D$$

が成り立つならば, この四角形はどんな形か. （京都府医大）

精講 三角形や四角形に辺や角についての条件を与えて, その形状を決定する問題です. 数学Ⅰでもこの手の問題はありました. そこでは

余弦定理を用いて, 辺だけ

または

正弦定理を用いて, 角だけ

の関係式に直して式を整理することが基本方針でした. 加法定理や和を積に直す公式などが使えるようになると, いろいろな三角方程式が解けるようになるのでこの手の問題が幅広く扱えるようになります.

(1) 断りがなくても, A, B, C は △ABC の ∠A, ∠B, ∠C を意味します. 角だけの関係式が与えられていますが, A, B, C とも 4 倍角となっており, これらを展開するのはつらい. そこで, 和を積に直す公式などを使い左辺を積の形に直すことを考えましょう.

途中

$$A + B + C = 180°$$

といった関係も使います.

(2) 四角形なので正弦定理というわけにもいきません. (1)と同じく, 和を積に直す公式を使いましょう.

解法のプロセス

三角形の形状決定

余弦・正弦定理を利用して

⇓

"角だけ" または "辺だけ" の関係式を導く

角だけの関係式は

⇓

和積の公式などを使って

$(\quad)(\quad)=0$

の形に変形

(1) $A + B + C = 180°$ も使う

(2) $A + B + C + D = 360°$

　も使う

〈 **解 答** 〉

(1) 左辺 $= 2\sin 2(A+B)\cos 2(A-B)$
　　　　　$+ 2\sin 2C \cos 2C$

◀ 和を積に直す公式, 2倍角の公式

$$= -2\sin 2C \cos 2(A-B) + 2\sin 2C \cos 2C \qquad \blacktriangleleft\ 2(A+B)=360°-2C$$
$$= 2\sin 2C \{\cos 2C - \cos 2(A-B)\}$$
$$= 2\sin 2C \cdot (-2)\sin(C+A-B)\sin(C-A+B)$$
$$= -4\sin 2A \sin 2B \sin 2C \qquad\qquad\quad \blacktriangleleft\ C+A-B=180°-2B$$
$$ C-A+B=180°-2A$$

であるから

$$与式 \iff \sin 2A \sin 2B \sin 2C = 0$$

$0° < 2A < 360°,\ 0° < 2B < 360°,\ 0° < 2C < 360°$ より,

$2A = 180°$ または $2B = 180°$ または $2C = 180°$

∴ $A = 90°$ または $B = 90°$ または $C = 90°$

よって，三角形 ABC は**直角三角形**.

(2) 左辺－右辺

$$= 2\sin\frac{A+B}{2}\cos\frac{A-B}{2} - 2\sin\frac{C+D}{2}\cos\frac{C-D}{2} \qquad \blacktriangleleft\ \frac{C+D}{2}=\frac{360°-(A+B)}{2}$$
$$= 2\sin\frac{A+B}{2}\left(\cos\frac{A-B}{2} - \cos\frac{C-D}{2}\right) \qquad\qquad\quad =180°-\frac{A+B}{2}$$
$$= 2\sin\frac{A+B}{2}\cdot(-2)\sin\frac{A-B+C-D}{4}\sin\frac{A-B-C+D}{4}$$

$0° < \dfrac{A+B}{2} < 180°$ より $\sin\dfrac{A+B}{2} \neq 0$ であるから $\qquad \blacktriangleleft\ A+B+C+D=360°$
$\phantom{0° < \dfrac{A+B}{2} < 180°}$ より $0° < A+B < 360°$

$$与式 \iff \sin\frac{A-B+C-D}{4}\sin\frac{A-B-C+D}{4} = 0$$

$-90° < \dfrac{A-B+C-D}{4} < 90°,\ -90° < \dfrac{A-B-C+D}{4} < 90°$ より，

$A-B+C-D = 0°$ または $A-B-C+D = 0°$

∴ $A+C = B+D = 180°$ または $A+D = B+C = 180°$

よって，四角形 ABCD は

円に内接する四角形 または AB∥CD の台形.

演習問題

81-1 △ABC において，次の問いに答えよ．

(1) $\sin A + \sin B + \sin C = 4\cos\dfrac{A}{2}\cos\dfrac{B}{2}\cos\dfrac{C}{2}$ が成り立つことを示せ．

(2) $(\sin A + \sin B + \sin C)(\sin B + \sin C - \sin A) = 3\sin B\sin C$

が成り立つとき，この三角形はどんな形か． (電通大)

81-2 凸四角形 ABCD で

$$\cos\frac{A}{2}\cos\frac{B}{2} + \cos\frac{C}{2}\cos\frac{D}{2} = 1$$

が成り立つとき，この四角形はどんな形か． (東京薬大)

標問 **82** ## 2直線のなす角

座標平面上に，3点 A$(0, a)$，B$(0, b)$，P$(x, 0)$ がある．ただし，$a > b > 0$，$x > 0$ とする．

(1) $\tan \angle \mathrm{APB}$ を a，b，x を用いて表せ．

(2) 点Pが x 軸の正の部分を動くとき，$\angle \mathrm{APB}$ を最大にする x の値を a と b を用いて表せ．

(福井大)

精講 $\angle \mathrm{APB}$ は2直線 AP，BP のなす角（鋭角）です．2直線のなす角の扱い方としては

$\tan$ の加法定理を利用する
内積を利用する

といった方法が考えられます．

ここでは，前者の方法を考えます．一般に，2直線

$$l_1 : y = m_1 x + n_1$$
$$l_2 : y = m_2 x + n_2 \quad (m_1 > m_2)$$

のなす角 θ $(0 \le \theta \le \pi)$ は，l_1，l_2 と x 軸とのなす角をそれぞれ θ_1，θ_2 とすると

$$m_1 = \tan \theta_1, \quad m_2 = \tan \theta_2$$

ですから，$m_1 m_2 \ne -1$ のとき

$$\tan \theta = \tan(\theta_1 - \theta_2)$$
$$= \frac{\tan \theta_1 - \tan \theta_2}{1 + \tan \theta_1 \tan \theta_2} = \frac{m_1 - m_2}{1 + m_1 m_2}$$

となります．すなわち，

2直線の傾きから，なす角 θ が求まる

ことがわかります．

θ を鋭角にとるときは，$\tan \theta > 0$ より

$$\tan \theta = \left| \frac{m_1 - m_2}{1 + m_1 m_2} \right|$$

となります．$m_1 m_2 = -1$ のときは，なす角は $\dfrac{\pi}{2}$ となります．

解法のプロセス

2直線のなす角 θ
⇩
2直線の傾き m_1，m_2
⇩ ($m_1 m_2 \ne -1$ のとき)
$\tan \theta = \dfrac{m_1 - m_2}{1 + m_1 m_2}$

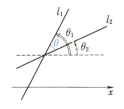

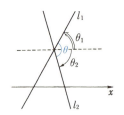

解答

(1) $\angle \mathrm{APB} = \theta$，$\angle \mathrm{APO} = \alpha$，$\angle \mathrm{BPO} = \beta$ とおくと

$$\tan\theta = \tan(\alpha-\beta)$$

$$=\frac{\tan\alpha-\tan\beta}{1+\tan\alpha\tan\beta}=\frac{\dfrac{a}{x}-\dfrac{b}{x}}{1+\dfrac{a}{x}\cdot\dfrac{b}{x}}=\frac{(a-b)x}{x^2+ab}$$

← Pは A, B を直径とする円上の点ではないから，$\theta\ne\dfrac{\pi}{2}$ である

(2) $x>0$ より $\tan\theta=\dfrac{a-b}{x+\dfrac{ab}{x}}$

$0<\theta<\dfrac{\pi}{2}$ より

θ が最大 $\iff$ $\tan\theta$ が最大

$a-b$ は正の定数より，$x+\dfrac{ab}{x}$ が最小となる x

← 分子 $a-b$ は正の定数

を求めればよい．

$x>0$, $\dfrac{ab}{x}>0$ より $x+\dfrac{ab}{x}\geqq 2\sqrt{x\cdot\dfrac{ab}{x}}=2\sqrt{ab}$

← 相加・相乗平均の不等式

等号が成立するのは $x=\dfrac{ab}{x}$ すなわち $x=\sqrt{ab}$ のときである．

よって，求める x の値は $\sqrt{ab}$ である．

研究 弧 AB の円周角に着目した別解を示しておく．2点 A，B を通り x 軸と接する円の中心を C とし，接点を H とする．点 P は x 軸の正の部分を動くから $\angle APB\leqq\angle AHB$ であり，P=H のとき，$\angle APB$ は最大となる．
AB の中点を M とすると

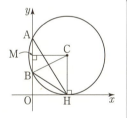

$$x=CM=\sqrt{BC^2-BM^2}=\sqrt{CH^2-BM^2}$$
$$=\sqrt{\left(\frac{a+b}{2}\right)^2-\left(\frac{a-b}{2}\right)^2}=\sqrt{ab}$$

あるいは，方べきの定理を用いて

$$OH^2=OA\cdot OB \quad\therefore\quad x^2=ab \quad\therefore\quad x=\sqrt{ab} \text{ としてもよい．}$$

演習問題

82-1 点 $(-3, 2)$ を通り直線 $3x-4y-12=0$ とのなす角が $\dfrac{\pi}{4}$ の直線の方程式を求めよ．

(東邦大)

82-2 縦 1.4 m の絵が垂直な壁にかかっていて，絵の下端が眼の高さより 1.8 m 上方の位置にある．この絵を，縦方向に見込む角が最大となる位置は，壁から何 m の所か．

(大阪教育大)

第4章

標問 **83** 円に内接する図形

> 円に内接する1辺の長さ a の正三角形 ABC がある．いま，∠ACB を円周角とする弧 AB 上に点 P をとり，∠ACP $= \theta$ $(0° < \theta < 60°)$ とする．
>
> (1) △APC の面積を a と θ を用いて表せ．
>
> (2) △APC の面積と △APB の面積の和を最大にする θ とその最大値を求めよ．
>
> (広島大)

▶ **精 講** 円に内接する図形に対しては

円周角の定理

$\begin{cases} (\text{i}) \qquad 円周角 = \dfrac{1}{2} \times (中心角) \\ (\text{ii}) \quad 等しい弧の上に立つ円周角は等しい \end{cases}$

といった定理がよく使われます．本問でも，円周角の定理が使われます．

(1) △APC において，既知な長さは AC $= a$ のみであり，これを用いると △APC の面積は

$$\frac{1}{2} AP \cdot AC \sin \angle PAC$$

または $\dfrac{1}{2} PC \cdot AC \sin \theta$

のどちらかを計算することになります．△APC は2角と1辺の長さがわかっているので，正弦定理を使えば AP，PC どちらも計算可能です．

(2) (1)で AP の長さを求めておくと △APB の面積を求めるときにも使うことができます．△APB の面積も求めて，2つの面積の和をつくると，θ の関数になります．変数 θ を1か所にまとめるという方針で式を変形していけばよいでしょう．

解法のプロセス

> 円周角の定理より，∠APC を求める
>
> ⇩
>
> 正弦定理より，AP を求める
>
> ⇩
>
> 三角形の面積は2辺と夾角で決まる
>
> $\triangle APC = \dfrac{1}{2} AP \cdot AC \sin \angle PAC$

〈 **解 答** 〉

(1) ∠APC＝∠ABC＝60° なので　　　　　　　　　　　◀ 円周角の定理

$$\angle PAC＝180°-(60°+\theta)＝120°-\theta$$

一方，正弦定理より

$$\frac{AP}{\sin\theta}＝\frac{AC}{\sin 60°}\qquad\therefore\quad AP＝\frac{2a}{\sqrt{3}}\sin\theta$$

以上より

$$\triangle APC＝\frac{1}{2}AP\cdot AC\sin\angle PAC$$

$$＝\frac{1}{2}\cdot\frac{2a}{\sqrt{3}}\sin\theta\cdot a\cdot\sin(120°-\theta)$$

$$＝\boldsymbol{\frac{a^2}{\sqrt{3}}\sin\theta\sin(120°-\theta)}$$

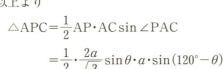

(2) $\triangle APB＝\dfrac{1}{2}AP\cdot AB\sin\angle PAB$

$\angle PAB＝\angle PCB＝60°-\theta$ なので

$$\triangle APB＝\frac{a^2}{\sqrt{3}}\sin\theta\sin(60°-\theta)$$

$$\therefore\quad\triangle APC+\triangle APB$$

$$＝\frac{a^2}{\sqrt{3}}\sin\theta\{\sin(120°-\theta)+\sin(60°-\theta)\}\qquad◀ 和を積に直す公式$$

$$＝\frac{a^2}{\sqrt{3}}\sin\theta\cdot 2\sin(90°-\theta)\cos 30°$$

$$＝a^2\sin\theta\cos\theta$$

$$＝\frac{a^2}{2}\sin 2\theta$$

$0°<2\theta<120°$ より $2\theta＝90°$，すなわち　　　　　　◀ $0°<\theta<60°$

$\theta＝45°$ のとき，最大値 $\dfrac{a^2}{2}$ となる.

演習問題

83 　半径 1 の円に正方形 ABCD が内接しているとき，円周の $\dfrac{1}{4}$ である弧

$\overgroup{AD}$ 上の点を P とする．∠PAD の大きさを θ とするとき，次の問いに答えよ.

(1) PA，PB，PC，PD の長さを θ を用いて表せ.

(2) $PA^2+PB^2+PC^2+PD^2$ の値を求めよ.

(3) $PA^4+PB^4+PC^4+PD^4$ の値を求めよ.

　　　　　　　　　　　　　　　　　　　　　　　　　　　　（慶　大）

第4章

標問 **84**　　**面積の最大・最小**

∠A＝α，AB＝AC＝a である三角形 ABC に，図のように正三角形 PQR を外接させ，∠BAR＝θ とする．

(1)　QR の長さを a，α，θ を用いて表せ．

(2)　θ が変わるとき，△PQR の面積が最大となるのはどんな場合か．

（都立大）

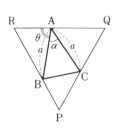

精講　正三角形 PQR の面積が最大となるのは，正三角形の1辺の長さが最大となるときです．そのために(1)があります．

QR＝AR＋AQ

なので，AR，AQ の長さを求めるのが第1の作業です．AR は △ABR において

2角と1辺の長さ

が与えられているので，

正弦定理

を使って求めることができます．

AQ についても，△ACQ において正弦定理を使えば求めることができます．

解法のプロセス

(1)　QR＝AR＋AQ
⇓
△ABR (△ACQ) において，正弦定理を使い，AR (AQ) を求める

解法のプロセス

(2)　正三角形 PQR の面積が最大
⇓
1辺 QR の長さが最大
⇓
QR は θ の関数である

⟨　**解　答**　⟩

(1)　△ABR において

∠ABR＝$180°-(60°+\theta)=120°-\theta$

正弦定理より

$$\frac{AR}{\sin(120°-\theta)}=\frac{a}{\sin 60°}　\quad\therefore\quad AR=\frac{2}{\sqrt{3}}a\sin(120°-\theta)$$

同じく，△ACQ において

∠ACQ＝$180°-\{60°+(180°-\theta-\alpha)\}=\theta+\alpha-60°$

より

$$\frac{AQ}{\sin(\theta+\alpha-60°)}=\frac{a}{\sin 60°}　\quad\therefore\quad AQ=\frac{2}{\sqrt{3}}a\sin(\theta+\alpha-60°)$$

よって

$$\text{QR} = \text{AR} + \text{AQ}$$

$$= \frac{2}{\sqrt{3}}a\{\sin(120° - \theta) + \sin(\theta + \alpha - 60°)\}$$

$$= \frac{4}{\sqrt{3}}a\sin\left(\frac{\alpha}{2} + 30°\right)\cos\left(90° - \theta - \frac{\alpha}{2}\right) \qquad \text{← 和を積に直す公式}$$

$$= \frac{4}{\sqrt{3}}a\sin\left(\frac{\alpha}{2} + 30°\right)\sin\left(\theta + \frac{\alpha}{2}\right)$$

(2)　α は $0° < \alpha < 180°$ の定角ゆえ，$30° < \dfrac{\alpha}{2} + 30° < 120°$

であり，$\sin\left(\dfrac{\alpha}{2} + 30°\right)$ は正の定数である．θ のとり得る値として

$$\begin{cases} \theta > 0° \\ 120° - \theta > 0° \end{cases} \text{かつ} \begin{cases} 180° - \theta - \alpha > 0° \\ \theta + \alpha - 60° > 0° \end{cases}$$

が必要である．このとき

$$0° < \theta < 120° \text{ かつ } 60° - \alpha < \theta < 180° - \alpha$$

であり

$$\frac{\alpha}{2} < \theta + \frac{\alpha}{2} < 120° + \frac{\alpha}{2} \text{ かつ } 60° - \frac{\alpha}{2} < \theta + \frac{\alpha}{2} < 180° - \frac{\alpha}{2}$$

である．$\dfrac{\alpha}{2}$ は $0° < \dfrac{\alpha}{2} < 90°$ をみたす定角なので，$\theta + \dfrac{\alpha}{2} = 90°$ をみたす θ は存在する．したがって，QR は

$$\theta + \frac{\alpha}{2} = 90°$$

のとき最大となる．

　すなわち，$\triangle$PQR の面積が最大となるのは

$$\theta = 90° - \frac{\alpha}{2}$$

の場合である．

演習問題

84　半径 1，中心角 $60°$ の扇形 OAB がある．図のように弧 AB 上に 2 点 P，Q，線分 OA 上に点 S，線分 OB 上に点 R を四角形 PQRS が長方形となるようにとる．

(1)　$\angle$AOP $= \theta$ とするとき，線分 OS の長さを θ で表せ．

(2)　長方形 PQRS の面積を最大にする θ，およびそのときの面積を求めよ． （岐阜大）

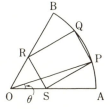

第5章 指数関数・対数関数

標問 **85** 指数・対数の計算

(1) $2^x - 2^{-x} = 1$ のとき，$8^x - 8^{-x}$ の値を求めよ． (立正大)

(2) $2^x = 5^y = 100$ のとき，$\dfrac{1}{x} + \dfrac{1}{y}$ の値を求めよ． (東京歯大)

(3) $\log_{10} 2 = a$，$\log_{10} 3 = b$ とおく．$\log_5 12$ を a，b を用いて表せ． (慶　大)

(4) $3^{\frac{2}{3}\log_9 8}$ の値を求めよ． (琉球大)

精講 指数・対数の基本的な計算規則を確認する問題です．

(1) a，b が正の定数のとき，任意の実数 x，y に対して

指数法則 $a^x a^y = a^{x+y}$
$(a^x)^y = a^{xy}$
$(ab)^x = a^x b^x$

が成り立ちます．計算の途中これらが使われます．
また，求めようとする値は

$$8^x - 8^{-x} = (2^3)^x - (2^3)^{-x} = (2^x)^3 + (-2^{-x})^3$$

であり，2^x，-2^{-x} についての対称式です．**対称式は基本対称式** $2^x + (-2^{-x})$，$2^x \cdot (-2^{-x})$ で表すことができます．

$2^x \cdot (-2^{-x}) = -2^{x-x} = -2^0 = -1$ ですから，結局 $2^x - 2^{-x}$ の値がわかれば十分ということになります．

(2)，(3) 対数の諸性質を確認しておきましょう．
a，b が 1 でない正の数，$x>0$，$y>0$，p が実数のとき

$$\log_a xy = \log_a x + \log_a y$$

$$\log_a \frac{x}{y} = \log_a x - \log_a y$$

$$\log_a x^p = p \log_a x$$

$$\log_a x = \frac{\log_b x}{\log_b a} \qquad \textbf{(底の変換公式)}$$

が成立します．

解法のプロセス

指数・対数の計算
⇩
(i) 指数法則，対数の諸性質を自在に使う
(ii) 指数と対数の関係
$x = a^y \Longleftrightarrow y = \log_a x$

解法のプロセス

(1) $8^x - 8^{-x}$ は 2^x，-2^{-x} についての対称式
⇩
$2^x - 2^{-x}$，$2^x \cdot (-2^{-x})$
で与式を表す

解法のプロセス

(2) $2^x = 100$，$5^y = 100$
⇩
$x = \dfrac{2}{\log_{10} 2}$，$y = \dfrac{2}{\log_{10} 5}$
⇩
$\dfrac{1}{x} + \dfrac{1}{y}$ を整理する

解法のプロセス

(3) $\log_5 12$
⇩ 底の変換公式
$\log_{10} 2$，$\log_{10} 3$ で表す

(4) $x=a^y \Longleftrightarrow y=\log_a x$

ですから

$$X=a^{\log_a x} \Longleftrightarrow \log_a x = \log_a X$$
$$\Longleftrightarrow X=x$$
$$\therefore \quad a^{\log_a x}=x$$

あるいは，対数関数 $y=\log_a x$ は指数関数
$y=a^x$ の逆関数（数学III）ですから
$f(x)=a^x$ とおくと $f^{-1}(x)=\log_a x$ であり
$$a^{\log_a x}=f(\log_a x)=f(f^{-1}(x))=x$$

となります.

解法のプロセス

(4) $3^{\frac{2}{3}\log_9 8}$

⇩

$3^{\log_3 \square}$ の形に変形する

⇩

$a^{\log_a x}=x$

〈 解 答 〉

(1) $8^x-8^{-x}=2^{3x}-2^{-3x}$

⟵ $(2^3)^x=2^{3x}=(2^x)^3$

$=(2^x-2^{-x})^3+3\cdot 2^x 2^{-x}(2^x-2^{-x})$

⟵ $a^3-b^3=(a-b)^3+3ab(a-b)$

$=1^3+3\cdot 2^{x-x}\cdot 1=4$

⟵ $2^0=1$

(2) $2^x=5^y=10^2$ において，底を 10 とする対数をとると

$$x\log_{10}2=y\log_{10}5=2$$
$$\therefore \quad \frac{1}{x}+\frac{1}{y}=\frac{\log_{10}2}{2}+\frac{\log_{10}5}{2}$$
$$=\frac{\log_{10}10}{2}=\frac{1}{2}$$

(3) $\log_5 12=\dfrac{\log_{10}2^2\cdot 3}{\log_{10}5}$

⟵ 底を 10 にとる

$=\dfrac{2\log_{10}2+\log_{10}3}{1-\log_{10}2}$

⟵ $\log_{10}5=\log_{10}\dfrac{10}{2}$

$=\dfrac{2a+b}{1-a}$

(4) $\dfrac{2}{3}\log_9 8=\dfrac{2}{3}\cdot\dfrac{\log_3 2^3}{\log_3 3^2}=\dfrac{2}{3}\cdot\dfrac{3}{2}\log_3 2=\log_3 2$

⟵ 底を 3 にとる

$\therefore \quad 3^{\frac{2}{3}\log_9 8}=3^{\log_3 2}=2$

⟵ $a^{\log_a x}=x$

研究

1° **指数の拡張**：a の n 個の積を a^n と書き，a の n 乗と読む．このとき，n を a の**指数**という．

ここで，指数の n は個数であるから当然正の整数（自然数）である．

次に，指数を整数の範囲まで拡張する．$a^m a^n = a^{m+n}$ が整数の範囲でも成り立つとすると，

$$a^0 a^n = a^{0+n} = a^n \quad \text{より} \quad a^0 = 1 \qquad \cdots\cdots ①$$

$$a^{-n} a^n = a^{-n+n} = a^0 = 1 \quad \text{より} \quad a^{-n} = \frac{1}{a^n} \qquad \cdots\cdots ②$$

よって，指数が 0 や負の整数の場合も①，②のように定めると

　$a \neq 0$ で，m，n が整数のとき

指数法則：$a^m a^n = a^{m+n}$，$(a^m)^n = a^{mn}$，$(ab)^m = a^m b^m$

が成り立つ．

2° **n 乗根**：n が 2 以上の整数のとき，n 乗して a になる数，つまり

$$x^n = a$$

をみたす x を a の **n 乗根**という．2 乗根，3 乗根，4 乗根，…をまとめて**累乗根**という．

　x を実数とし，$y = x^n$ と $y = a$ のグラフを考えると

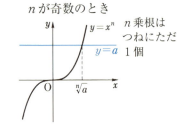

n が偶数のとき
n 乗根は
$a > 0$ のとき
　2 個（異符号）
$a = 0$ のとき
　1 個
$a < 0$ のとき
　なし

n が奇数のとき
n 乗根は
つねにただ
1 個

そこで，

(i) n が偶数のとき，

　$a > 0$ ならば，a の実数の n 乗根は正と負の 2 つあって，絶対値が等しい．正のほうを $\sqrt[n]{a}$，負のほうを $-\sqrt[n]{a}$ で表す．$a < 0$ ならば，a の n 乗根はない．

(ii) n が奇数のとき，a の実数の n 乗根は 1 つあって a と同符号である．これを $\sqrt[n]{a}$ で表す．

　注 n が偶数，奇数のいずれであっても $\sqrt[n]{0} = 0$ である．

$a > 0$，$b > 0$ で，m，n が正の整数のとき，次の性質がある．

(1) $(\sqrt[n]{a})^n = a$　　　(2) $\sqrt[n]{a}\,\sqrt[n]{b} = \sqrt[n]{ab}$　　　(3) $\dfrac{\sqrt[n]{a}}{\sqrt[n]{b}} = \sqrt[n]{\dfrac{a}{b}}$

(4) $(\sqrt[n]{a})^m = \sqrt[n]{a^m}$　　(5) $\sqrt[m]{\sqrt[n]{a}} = \sqrt[mn]{a}$

3° **指数の有理数への拡張**：$(a^m)^n=a^{mn}$ をもとに，指数を有理数の範囲まで拡張する．$a>0$，m が整数，n が正の整数のとき

$$(a^{\frac{m}{n}})^n=a^{\frac{m}{n}\times n}=a^m \quad より \quad a^{\frac{m}{n}}=\sqrt[n]{a^m}$$

と定義する．すると **1°** の指数法則が成り立つ．特に $a^{\frac{1}{n}}=\sqrt[n]{a}$ である．

4° **指数の実数への拡張**：指数を有理数から無理数へ拡張する話は高校の範囲を超える（実数の連続性）．直観的な説明をしておく．例えば，無理数

$$\sqrt{2}=1.4142\cdots$$

に収束する有理数列 1.4，1.41，1.414，1.4142，…に対して

$$a^{1.4},\ a^{1.41},\ a^{1.414},\ a^{1.4142},\ \cdots$$

という数列は，限りなく 1 つの値に近づいていくことが知られており，この数を $a^{\sqrt{2}}$ と定める．このように指数を拡張しても **1°** の指数法則が成り立つことが示される．

5° **指数関数** 以上で，$a>0$ のとき，すべての実数 x に対して a^x が定義され，1 つの関数 $y=a^x$ が確定したことになる．これを a を底とする指数関数という．ただし，$a=1$ のときは，つねに 1 となり，つまらない関数なので底 $a \neq 1$ とする．

　指数関数のグラフは，$a>1$ のときと $0<a<1$ のときとでは様子が違う．

$a>1$ のとき

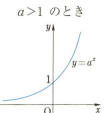

実数全体で定義され，$y>0$．x 軸が漸近線．点 $(0,\ 1)$ を通り，単調増加

$0<a<1$ のとき

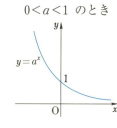

実数全体で定義され，$y>0$．x 軸が漸近線．点 $(0,\ 1)$ を通り，単調減少

第5章

演習問題

（85）　(1)　次式の値を求めよ．

（i）　$2^{2x}=3$ のとき，$\dfrac{2^{3x}+2^{-3x}}{2^x+2^{-x}}$　　　　　　　　　　　　（早　大）

（ii）　$\log_{3\sqrt{3}}81\sqrt{3}$　　　　　　　　　　　　　　　　（自治医大）

（iii）　$2^{-\log_2(\sqrt{2}+1)}$　　　　　　　　　　　　　　　　（明治大）

（iv）　$(\log_2 3+\log_8 3)(\log_3 2+\log_9 2)$　　　　　　　（広島工大）

(2)　x，y を実数とする．$3^x=5^y=a$，$\dfrac{1}{x}+\dfrac{1}{y}=2$ をみたす実数 a の値を求めよ．

（津田塾大）

標問 **86**　指数・対数方程式

次の方程式を解け.

(1) $4 \cdot 2^{2x-2} - 2^{x+1} - 8 = 0$ 　　　　　　　　　（共立薬大）

(2) $\log_2(x-1) = 1 + 2\log_2(x-2)$ 　　　　　　　（神奈川大）

(3) $(\log_2 \sqrt{x})^2 - \log_4 x^3 + 2 = 0$ 　　　　　　　（創価大）

(4) $3^y = x+1$, $y-1 = 2\log_3(x-1)$ 　　　　　　（追手門学院大）

精講　指数・対数を含む方程式の問題です. 2つのタイプがあります.

(i) a^x, $\log_a x$ を X とみて, X について解き
$$X(=a^x) = b \longrightarrow x = \log_a b$$
$$X(=\log_a x) = b \longrightarrow x = a^b$$

(ii) 底をそろえて, 式を整理し
$$a^{f(x)} = a^{g(x)} \longrightarrow f(x) = g(x)$$
$$\log_a f(x) = \log_a g(x) \longrightarrow f(x) = g(x)$$
といったタイプです.

(1) $4 \cdot 2^{2x-2} = 2^2 \cdot 2^{2x-2}$
$$= 2^{2+(2x-2)} = 2^{2x} = (2^x)^2$$

また, $2^{x+1} = 2 \cdot 2^x$ ですから, $2^x = X$ とおけば, 与えられた式は X についての2次方程式になります.

(2) 真数条件は式変形する前におさえなければなりません.

(3) 底を2にそろえて, $\log_2 x = X$ とおけば, 与えられた式は X の2次方程式になります.

(4) 連立方程式ですから, 1文字消去を考えます. どちらの文字を消去するのが楽でしょうか? 考える舞台を指数または対数にそろえましょう.

解法のプロセス

指数方程式

(i) $a^x = X$ とおき, X の方程式を解く　　　　(1)
$X > 0$ に注意

(ii) $a^x = b$
$\longrightarrow x = \log_a b$

(iii) $a^{f(x)} = a^{g(x)}$
$\longrightarrow f(x) = g(x)$

対数方程式

(i) 真数条件は最初におさえる

(ii) $\log_a x = X$ とおき, X の方程式を解く　　　　(3)

(iii) $\log_a x = b$
$\longrightarrow x = a^b$　　　(3), (4)

(iv) $\log_a f(x) = \log_a g(x)$
$\longrightarrow f(x) = g(x)$　　　(2)

〈　**解　答**　〉

(1) $(2^x)^2 - 2 \cdot 2^x - 8 = 0$

　　$(2^x - 4)(2^x + 2) = 0$

　$2^x > 0$ より 　　$2^x = 4$

　∴ 　$2^x = 2^2$

　∴ 　$x = 2$

← $4 \times 2^{2x-2} = 2^{2+(2x-2)} = 2^{2x}$

← 2^x についての2次方程式とみる

← 指数の比較

(2) 真数条件より $\begin{cases} x-1>0 \\ x-2>0 \end{cases}$ $\quad \therefore \quad x>2$

　　このとき

　　　　右辺 $=\log_2 2+\log_2(x-2)^2=\log_2 2(x-2)^2$

　　であるから

　　　　与式 $\Longleftrightarrow x-1=2(x-2)^2$ 　　　　　　　　$\longleftarrow \log_2 A=\log_2 B \Longleftrightarrow A=B$

　　　　$\therefore \quad 2x^2-9x+9=0$

　　　　$\therefore \quad (2x-3)(x-3)=0$

　　$x>2$ より 　　$x=\mathbf{3}$

(3) 真数条件より $\begin{cases} \sqrt{x}>0 \\ x^3>0 \end{cases}$ $\quad \therefore \quad x>0$

　　このとき，与式を整理すると

　　　　$\left(\dfrac{1}{2}\log_2 x\right)^2-3\cdot\dfrac{\log_2 x}{\log_2 4}+2=0$ 　　　　$\longleftarrow$ 底を 2 にそろえる

　　　　$(\log_2 x)^2-6\log_2 x+8=0$

　　　　$(\log_2 x-2)(\log_2 x-4)=0$ 　　　　　　　　$\longleftarrow \log_2 x=X$ とみる

　　　　$\therefore \quad \log_2 x=2,\ 4 \quad \therefore \quad x=2^2,\ 2^4$

　　　　$\therefore \quad x=\mathbf{4},\ \mathbf{16}$ 　$(x>0$ をみたす$)$

(4) 真数条件より 　$x>1$

　　このとき，与式は

　　　　$\begin{cases} 3^y=x+1 \\ y-1=\log_3(x-1)^2 \end{cases} \Longleftrightarrow \begin{cases} 3^y=x+1 & \cdots\cdots① \\ 3^{y-1}=(x-1)^2 & \cdots\cdots② \end{cases}$

　　①を②に代入して 3^y を消去すると 　　　　$\longleftarrow$ 1 文字消去

　　　　$\dfrac{x+1}{3}=(x-1)^2$

　　　　$\therefore \quad 3x^2-7x+2=0$

　　　　$\therefore \quad (3x-1)(x-2)=0$

　　$x>1$ より 　　$x=2$

　　①に代入して 　　$3^y=3$ 　　$\therefore \quad y=1$

　　よって，$(x,\ y)=(\mathbf{2},\ \mathbf{1})$

演習問題

86 次の方程式を解け．

(1) $2^{x+2}-2^{-x}+3=0$ 　　　　　　　　　　　　　　　　　　　（日本大）

(2) $\log_{10}(x+3)+\log_{10}(x-6)=1$ 　　　　　　　　　　　　（熊本商大）

(3) $x^{2\log_{10}x}=\dfrac{x^5}{100}$ 　　　　　　　　　　　　　　　　　　（創価大）

(4) $3^x-3^y=18,\ 3^{x+y}=3^5$ 　　　　　　　　　　　　　　　　（大阪学院大）

第5章

標問 **87** 指数・対数不等式

次の不等式を解け. ただし, a は1でない正の定数とする.

(1) $a^{2x}-8a^x-20<0$ （成蹊大）

(2) $\log_a(x-a) \geqq \log_{a^2}(x-a)$ （福岡大）

(3) $\log_a x \leqq \log_x a$

精講 指数・対数を含む不等式の問題です. 方程式のときと同じ要領で解くことができます.

1° **真数条件, 底条件に注意**します.

問題文1行目の "a は1でない正の定数とする" というのが**底条件**です.

$\log_a x$ において "$x>0$" というのが**真数条件**です.

2° **底 a が1より大きいか小さいかで関数の増減が変わる**ことに注意します.

次のようになります.

関数 $y=a^x$ について

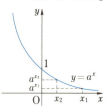
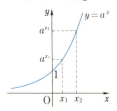

関数 $y=\log_a x$ について

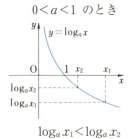
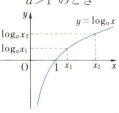

解法のプロセス

指数不等式

$a^{x_1}<a^{x_2}$

$\Longleftrightarrow \begin{cases} 0<a<1 \text{ のとき, } x_1>x_2 \\ a>1 \text{ のとき, } x_1<x_2 \end{cases}$

対数不等式

$\log_a x_1<\log_a x_2$

$\Longleftrightarrow \begin{cases} 0<a<1 \text{ のとき, } x_1>x_2 \\ a>1 \text{ のとき, } x_1<x_2 \end{cases}$

〈 **解　答** 〉

(1)　$(a^x)^2-8a^x-20<0$　　　　　　　　　　　　　← $a^x=X$ とみる

$(a^x-10)(a^x+2)<0$

$a^x>0$ より　　$0<a^x<10$

よって，$\begin{cases} 0<a<1 \text{ のとき } x>\log_a 10 \\ a>1 \text{ のとき }\quad x<\log_a 10 \end{cases}$

(2)　真数条件より　$x>a$　　　　　　……①

このとき

$右辺=\dfrac{\log_a(x-a)}{\log_a a^2}=\dfrac{\log_a(x-a)}{2}$ であるから

与式 $\Longleftrightarrow \log_a(x-a)\geqq 0$

$\Longleftrightarrow \log_a(x-a)\geqq \log_a 1$　　　　← $\log_a A \geqq \log_a B$

これは $\begin{cases} 0<a<1 \text{ のとき, } x-a\leqq 1 \\ a>1 \text{ のとき, } x-a\geqq 1 \end{cases}$ と同値であるから

①とあわせると，解は $\begin{cases} 0<a<1 \text{ のとき, } a<x\leqq a+1 \\ a>1 \text{ のとき, } x\geqq a+1 \end{cases}$

(3)　真数条件，底条件より，$x>0$, $x\neq 1$ ……①

このとき

$右辺=\dfrac{\log_a a}{\log_a x}=\dfrac{1}{\log_a x}$ であるから

$\log_a x=X$ とおくと

与式 $\Longleftrightarrow X\leqq \dfrac{1}{X} \Longleftrightarrow \dfrac{X^2-1}{X}\leqq 0$

$\Longleftrightarrow X(X+1)(X-1)\leqq 0$ かつ $X\neq 0$

これをみたすXは $X\leqq -1$, $0<X\leqq 1$

$\log_a x\leqq \log_a a^{-1}$, $\log_a 1<\log_a x\leqq \log_a a$

①とあわせると，解は $\begin{cases} 0<a<1 \text{ のとき, } x\geqq \dfrac{1}{a},\ 1>x\geqq a \\ a>1 \text{ のとき, } 0<x\leqq \dfrac{1}{a},\ 1<x\leqq a \end{cases}$

演習問題

87　次の不等式を解け.

(1)　$2^{2x}-4\leqq 2(2^{x+2}-8)$　　　　　　　　　　　　　　　　（長崎総合科学大）

(2)　$\log_2 x+\log_2(x-1)\leqq 1$　　　　　　　　　　　　　　　（玉川大）

(3)　$\log_{\frac{1}{2}} x^2<(\log_{\frac{1}{2}} x)^2$　　　　　　　　　　　　　　　（南山大）

(4)　$\log_a x-3\log_x a>2$　　　（a は定数）　　　　　　　　（南山大）

(5)　$\log_9(\log_2 x-1)\leqq \dfrac{1}{2}$　　　　　　　　　　　　　　　（北海学園大）

第5章

標問 **88** 大小比較

正数 a, x に対して以下の場合に，次の3つの数の大小を判定せよ．
$$A = \log_a x, \ B = (\log_a x)^2, \ C = \log_a(\log_a x)$$

(1) $1 < a < x < a^a$　　(2) $1 < x < a$

(3) $x < a < 1$　　(4) $a^a < x < 1$

(上智大)

精講　B, C は A で表すことができます．
$$B = A^2, \ C = \log_a A$$
まず，C の真数条件より $A > 0$ です．
A と B の大小は
　　$A > 1$ のとき，$A < A^2$ より $A < B$
　　$0 < A < 1$ のとき，$A^2 < A$ より $B < A$
です．

C については，条件として与えられた不等式の対数をとると，$\log_a x$，すなわち，A についての不等式ができます．この不等式に対してもう一度対数をとると，$\log_a A$，すなわち，C についての不等式ができます．

このとき，底 a の値が $a > 1$ なのか，$0 < a < 1$ なのか注意が必要です．

$a > 1$ のとき，$\log_a x$ は増加関数なので
　　$x_1 < x_2 \iff \log_a x_1 < \log_a x_2$

$0 < a < 1$ のとき，$\log_a x$ は減少関数なので
　　$x_1 < x_2 \iff \log_a x_1 > \log_a x_2$

でしたね．

解法のプロセス

B, C を A で表す
⇩
条件式の対数をとり，A の範囲を調べる
⇩
$B = A^2$ と A の大小は $|A|$ と 1 の大小で決まる
$C = \log_a A$ の範囲は底 a の範囲に注意する

〈　**解　答**　〉

$A = \log_a x$ より　$B = A^2$, $C = \log_a A$

(1) 条件式の底を a とする対数をとると
　　$\log_a 1 < \log_a a < \log_a x < \log_a a^a$
　　$\therefore \ 0 < 1 < A < a$　　　……①
　　$1 < A$ より　$A < A^2 = B$　　……②
　　①の底を a とする対数をとると
　　$\log_a 1 < \log_a A < \log_a a$
　　$\therefore \ 0 < C < 1$　　　……③

◀ $a > 1$ より，$\log_a x$ は単調増加
$x_1 < x_2 \Rightarrow \log_a x_1 < \log_a x_2$

①, ②, ③より

$$C < A < B$$

← $0 < C < 1 < A < B$

(2) 条件式より　$\log_a 1 < \log_a x < \log_a a$

← $a > 1$ より, $\log_a x$ は単調増加

$\quad\quad \therefore \quad 0 < A < 1$ ……④

正の数 A をかけて　$0 < A^2 < A$

$\quad\quad \therefore \quad 0 < B < A < 1$ ……⑤

④の後半の不等式で対数をとると　$\log_a A < \log_a 1$

$\quad\quad \therefore \quad C < 0$ ……⑥

⑤, ⑥より

$$C < B < A$$

← $C < 0 < B < A < 1$

(3) 条件式より　$\log_a x > \log_a a > \log_a 1$

← $0 < a < 1$ より, $\log_a x$ は単調減少
$x_1 < x_2 \to \log_a x_1 > \log_a x_2$

$\quad\quad \therefore \quad A > 1 > 0$ ……⑦

正の数 A をかけて　$A^2 > A > 0$

$\quad\quad \therefore \quad B > A > 1$ ……⑧

⑦の前半の不等式で対数をとると　$\log_a A < \log_a 1$

$\quad\quad \therefore \quad C < 0$ ……⑨

⑧, ⑨より

$$C < A < B$$

← $C < 0 < 1 < A < B$

(4) $a^a < 1$ より　$0 < a < 1$ である.

← $a \geqq 1$ とすると $a^a \geqq 1$ となり $a^a < 1$ に反する

条件式より　　$\log_a a^a > \log_a x > \log_a 1$

$\quad\quad \therefore \quad a > A > 0$ ……⑩

← $\log_a x$ は単調減少

$1 > a > A > 0$ より　　$1 > A > A^2$

$\quad\quad \therefore \quad 1 > A > B$ ……⑪

⑩の前半の不等式で対数をとると　$\log_a a < \log_a A$

$\quad\quad \therefore \quad 1 < C$ ……⑫

⑪, ⑫より

$$B < A < C$$

← $0 < B < A < 1 < C$

第5章

演習問題

(88) $1 < a < b < a^2$ のとき, $\log_a b$, $\log_b a$, $\log_a \dfrac{a}{b}$, $\log_b \dfrac{b}{a}$ の大小関係を定めよ.

標問 **89** 対数表

次の値を小数第1位まで求めよ（小数第2位以下は切り捨てよ）.

必要なら次の数値を参考にしてもよい.

$$2^1 = 2, \quad 2^2 = 4, \quad 2^3 = 8, \quad 2^4 = 16, \quad 2^5 = 32, \quad 2^6 = 64,$$

$$2^7 = 128, \quad 2^8 = 256, \quad 2^9 = 512, \quad 2^{10} = 1024$$

(1) $\log_{10} 2$

(2) $\log_{10} 5$

(3) $\log_{10} 3$

(津田塾大)

精講 10を底とする対数の値は常用対数表になっていて, その表をみると

$$\log_{10} 2 = 0.3010\cdots, \quad \log_{10} 3 = 0.4771\cdots$$

とわかります. この2つくらいは何回かつきあううちに記憶してしまうでしょうが, 他の値となるとそうもいきません.

そこで, 常用対数表を手作りしてみましょう.

$$\log_{10} 2 = a \iff 2 = 10^a$$

等号が成立する a を求めるのは無理なので, 近似値を探します.

$$2^{10} = 1024 \fallingdotseq 10^3 \text{ より} \quad 2 \fallingdotseq 10^{0.3}$$

$$\therefore \quad \log_{10} 2 \fallingdotseq 0.3$$

$2^{10} > 10^3$ より, $\log_{10} 2$ は0.3より少し大きいということがわかります. 真の値は $0.3010\cdots$ ですから, なかなかの精度といえます.

次のような感覚も大切です. 実際 x と指数関数 10^x の関係を1本の数直線上にかくと下図のようになります.

$x:$	-1	0	1	2	3
$10^x:$	0.1	1	10	100	1000

上の目盛は公差1の等差数列であり, 対応する下の目盛りは公比10の等比数列となっています. したがって, 下の目盛りが1, 2, 4, 8と並んでいるとき上の目盛りは0, a, $2a$, $3a$ となります.

解法のプロセス

$\log_{10} n$ の値

⇩

$$\begin{cases} n^\alpha < 10^{\alpha'} \\ n^\beta > 10^{\beta'} \end{cases}$$

（ここでよい近似をつくる）

⇩

$$10^{\frac{\beta'}{\beta}} < n < 10^{\frac{\alpha'}{\alpha}}$$

⇩

$$\frac{\beta'}{\beta} < \log_{10} n < \frac{\alpha'}{\alpha}$$

$$
\begin{array}{c}
x: \quad 0 \qquad a \qquad 2a \qquad 3a \quad 1 \\
10^x: \quad 1 \qquad 2 \qquad 4 \qquad 8 \quad 16 \\
\qquad\qquad\qquad\qquad\qquad 10
\end{array}
$$

$3a$ は 1 より少し小さいので，$a \fallingdotseq 0.3$ であり

　　　$10^{0.3} \fallingdotseq 2$ ということは $\log_{10} 2 \fallingdotseq 0.3$

ということです．

　同じようにして，$\log_{10} 3$ は，3^2 が 10 より少し小さいので，0.5 より少し小さいとわかります．

$$\langle \quad \text{解　答} \quad \rangle$$

(1)　$\log_{10} 2 = a$ とおくと　$2 = 10^a$

$$
\begin{cases}
2^3 = 8 < 10 \\
2^{10} = 1024 > 10^3
\end{cases}
$$

　より　$10^{\frac{3}{10}} < 2 < 10^{\frac{1}{3}}$

　　　$\therefore$　$10^{0.3} < 10^a < 10^{0.33\cdots}$　　$\therefore$　$0.3 < a < 0.33\cdots$

　　　$\therefore$　$0.3 < \log_{10} 2 < 0.33\cdots$

　よって，$\log_{10} 2$ の小数第 1 位までの値は **0.3** である．

(2)　$\log_{10} 5 = \log_{10} \dfrac{10}{2} = 1 - \log_{10} 2 = 1 - a$

　　$a = 1 - \log_{10} 5$ を(1)の不等式に代入して

　　　$0.3 < 1 - \log_{10} 5 < 0.33\cdots$

　　　$\therefore$　$0.66\cdots < \log_{10} 5 < 0.7$

　よって，$\log_{10} 5$ の小数第 1 位までの値は **0.6** である．

(3)　3^n の表をつくると右のようになる．

n	1	2	3	4	5	$\cdots$
3^n	3	9	27	81	243	$\cdots$

　　$\log_{10} 3 = b$ とおくと　$3 = 10^b$

$$
\begin{cases}
3^2 = 9 < 10 \\
3^5 = 243 > 10^2
\end{cases}
$$

　より　$10^{\frac{2}{5}} < 3 < 10^{\frac{1}{2}}$

　　　$\therefore$　$10^{0.4} < 10^b < 10^{0.5}$　　$\therefore$　$0.4 < b < 0.5$

　　　$\therefore$　$0.4 < \log_{10} 3 < 0.5$

　よって，$\log_{10} 3$ の小数第 1 位までの値は **0.4** である．

第 5 章

標問　**90**　桁　数

> $\log_{10}2=0.3010$, $\log_{10}3=0.4771$ とする. $\log_{10}4$, $\log_{10}5$, $\log_{10}6$, $\log_{10}8$, $\log_{10}9$ の値を求めよ. また, これらを用いて, 次の問いに答えよ.
>
> (1) 3^{60} は何桁の整数か. $\left(\dfrac{1}{2}\right)^{60}$ は小数第何位で初めて 0 でない数字が現れるか.
>
> (福岡大)
>
> (2) 3^{60} の最高位の数字は何か. $\left(\dfrac{1}{2}\right)^{60}$ の初めて現れる 0 でない数字は何か.

精 講　(1)　正の数 N の桁数は $\log_{10}N$ の整数部分からわかります.

$$N \text{ は } n \text{ 桁の数} \Longleftrightarrow 10^{n-1} \leqq N < 10^n$$
$$\Longleftrightarrow n-1 \leqq \log_{10}N < n$$

例えば, $\log_{10}N=19.97$ のとき　$19 \leqq \log_{10}N < 20$ ですから, N は 20 桁の数といえます.

N は小数第 n 位で初めて 0 でない数字が現れる数
$$\Longleftrightarrow 10^{-n} \leqq N < 10^{-n+1}$$
$$\Longleftrightarrow -n \leqq \log_{10}N < -n+1$$

例えば, $\log_{10}N=-19.97$ のとき
$$-20 \leqq \log_{10}N < -19$$
ですから, N は小数第 20 位で初めて 0 でない数字が現れる数といえます.

(2)　常用対数の整数部分, 小数部分がそれぞれ n, α, すなわち
$$\log_{10}N=n+\alpha \ (n \text{ は整数}, \ 0 \leqq \alpha < 1)$$
のとき, n を**指標**, α を**仮数**といいます.
　整数 N の最高位の数字, 小数 N の初めて現れる 0 でない数字については, 仮数から探っていきます.

解法のプロセス

(1)　(i)　N は n 桁の数
$\Longleftrightarrow n-1 \leqq \log_{10}N < n$

(ii)　N は小数第 n 位で初めて 0 でない数字が現れる数
$\Longleftrightarrow -n \leqq \log_{10}N < -n+1$

(2)　最高位の数字は
$\log_{10}N$ の仮数
(小数部分)
を探る

　　　　　　解　答

$\log_{10}4=\log_{10}2^2=2\log_{10}2=2\times0.3010=\textbf{0.6020}$

$$\log_{10} 5 = \log_{10} \frac{10}{2} = 1 - \log_{10} 2 = 1 - 0.3010 = \mathbf{0.6990}$$

$$\log_{10} 6 = \log_{10}(2 \cdot 3) = \log_{10} 2 + \log_{10} 3 = 0.3010 + 0.4771 = \mathbf{0.7781}$$

$$\log_{10} 8 = \log_{10} 2^3 = 3\log_{10} 2 = 3 \times 0.3010 = \mathbf{0.9030}$$

$$\log_{10} 9 = \log_{10} 3^2 = 2\log_{10} 3 = 2 \times 0.4771 = \mathbf{0.9542}$$

(1) $\log_{10} 3^{60} = 60\log_{10} 3 = 60 \times 0.4771 = 28.626$ なので $28 < \log_{10} 3^{60} < 29$

$\therefore$ $10^{28} < 3^{60} < 10^{29}$ よって，**29 桁**である．

また，$\log_{10}\left(\dfrac{1}{2}\right)^{60} = -60\log_{10} 2 = -60 \times 0.3010 = -18.06$ なので

$-19 < \log_{10}\left(\dfrac{1}{2}\right)^{60} < -18$ $\therefore$ $10^{-19} < \left(\dfrac{1}{2}\right)^{60} < 10^{-18}$

よって，**小数第 19 位**に初めて 0 でない数字が現れる．

(2) $\log_{10} 3^{60}$ の小数部分 0.626 と $\log_{10} 2$ から $\log_{10} 9$ までの値を比較すると

$\log_{10} 4 < 0.626 < \log_{10} 5$

$\therefore$ $28 + \log_{10} 4 < 28.626 < 28 + \log_{10} 5$

$\therefore$ $\log_{10}(4 \times 10^{28}) < \log_{10} 3^{60} < \log_{10}(5 \times 10^{28})$

$\therefore$ $4 \times 10^{28} < 3^{60} < 5 \times 10^{28}$ よって，**最高位の数字は 4** である．

また，$-18.06 = -19 + 0.94$ であり，

$\log_{10} 8 < 0.94 < \log_{10} 9$ であるから

$\log_{10}(8 \times 10^{-19}) < \log_{10}\left(\dfrac{1}{2}\right)^{60} < \log_{10}(9 \times 10^{-19})$

$\therefore$ $8 \times 10^{-19} < \left(\dfrac{1}{2}\right)^{60} < 9 \times 10^{-19}$

よって，**初めて現れる 0 でない数字は 8** である．

演習問題

90-1 29^{100} は 147 桁である．29^{23} は何桁の数となるか． （近畿大）

90-2 $(1.25)^n$ の整数部分が 3 桁となる自然数 n はどんな範囲の数か．ただし，$\log_{10} 2 = 0.3010$ とする． （創価大）

90-3 自然数 n は $(6.25)^n$ の整数部分が 6 桁になるような数であるという．

$\left(\dfrac{1}{8}\right)^n$ は小数第何位に初めて 0 でない数字が現れるか．ただし，$\log_{10} 2 = 0.3010$ とする． （同志社大）

90-4 $\left(\dfrac{6}{7}\right)^{50}$ について，次の各問いに答えよ．ただし，$\log_{10} 2 = 0.3010$，

$\log_{10} 3 = 0.4771$，$\log_{10} 7 = 0.8451$ とする．

(1) $\left(\dfrac{6}{7}\right)^{50}$ は小数第何位目に初めて 0 でない数字が現れるか．

(2) (1)の数字を求めよ． （東京理大）

第 5 章

第 **6** 章 微分法とその応用

標問 **91** 関数の極限

(1) 次の極限値を求めよ.

(ⅰ) $\displaystyle\lim_{x\to 1}\left(\dfrac{1}{x-1}-\dfrac{5x-2}{x^3-1}\right)$ （東京学芸大）

(ⅱ) $\displaystyle\lim_{x\to 0}\dfrac{\sqrt{x+4}-2}{x}$ （城西大）

(2) 次の等式が成り立つように, a, b の値を定めよ.

(ⅰ) $\displaystyle\lim_{x\to 3}\dfrac{ax^2+bx+3}{x^2-2x-3}=\dfrac{5}{4}$ （早　大）

(ⅱ) $\displaystyle\lim_{x\to 1}\dfrac{x^3-2x^2-x+2}{x^3+ax+b}=\dfrac{1}{2}$ （小樽商大）

精 講 (1) (ⅰ) $\dfrac{1}{x-1}$ は $x=1$ では定義さ
れないので, $x=1$ を代入するわけにはいきませ
んが,

$$x\to 1$$

は, **x が 1 と異なる値をとりながら限りなく 1 に
近づく**という意味ですから, $\dfrac{1}{x-1}$ の極限を考え
ることはできます. x が 1 より大きい値（小さい
値）をとりながら, 1 に限りなく近づくことを

$$x\to 1+0 \ (1-0)$$

と表すと

$$\lim_{x\to 1+0}\frac{1}{x-1}=+\infty, \ \lim_{x\to 1-0}\frac{1}{x-1}=-\infty$$

です.

$$\lim_{x\to 1\pm 0}\left(\frac{1}{x-1}-\frac{5x-2}{x^3-1}\right)$$
$$=\pm(\infty-\infty) \qquad （複号同順）$$

このままでは, 第 1 項, 第 2 項の∞の比較がで
きず極限は＋∞なのか, －∞なのか, あるいは有
限確定値なのか, それともどれでもないのか不明

解法のプロセス

(1) 不定形の極限

$\displaystyle\lim_{x\to a}\dfrac{f(x)}{g(x)}$ が不定形

のとき,

(ⅰ) $\dfrac{f(x)}{g(x)}$＝分数式 ならば,

分母を通分して $x-a$ で約分
する

(ⅱ) $\dfrac{f(x)}{g(x)}$＝無理式 ならば,

有理化して $x-a$ で約分する

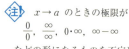

注 $x\to a$ のときの極限が
$\dfrac{0}{0}$, $\dfrac{\infty}{\infty}$, $0\cdot\infty$, $\infty-\infty$
などの形になるものを不定形
といいます.

のままです.

不定形 $\infty - \infty$ を解消するために，通分して

$x-1$ で約分

します.

(ii) $\displaystyle\lim_{x\to 0\pm 0}\frac{\sqrt{x+4}-2}{x}=\frac{0}{0}$ という不定形になり

ます. 分子を有理化して

x で約分

し，この不定形を解消します.

(2) 次の定理を使います.

$$\lim_{x\to a}\frac{f(x)}{g(x)}=\alpha \text{ のとき}$$

(i) $\displaystyle\lim_{x\to a}g(x)=0$ **かつ** α **が有限確定値**

ならば，

$$\lim_{x\to a}f(x)=0$$

である.

(ii) $\displaystyle\lim_{x\to a}f(x)=0$ **かつ** α **が 0 でない有限確定値**

ならば，

$$\lim_{x\to a}g(x)=0$$

である.

証明は簡単です.

(i) $\displaystyle\lim_{x\to a}f(x)=\lim_{x\to a}\left\{\frac{f(x)}{g(x)}\cdot g(x)\right\}=\alpha\cdot 0=0$

(ii) $\displaystyle\lim_{x\to a}g(x)=\lim_{x\to a}\left\{\frac{g(x)}{f(x)}\cdot f(x)\right\}=\frac{1}{\alpha}\cdot 0=0 \quad (\because \quad \alpha\neq 0)$

> **解法のプロセス**
>
> (2) $\displaystyle\lim_{x\to a}\frac{f(x)}{g(x)}=\alpha$ のとき
>
> （α は有限確定値）
>
> $\Downarrow$
>
> 分母，分子の極限を調べる
>
> $\Downarrow$
>
> (i) 分母 $\to 0$
>
> ならば，分子 $\to 0$
>
> (ii) 分子 $\to 0$ かつ $\alpha\neq 0$
>
> ならば，分母 $\to 0$

第6章

〈 **解 答** 〉

(1) (i) 与式 $\displaystyle=\lim_{x\to 1}\frac{(x^2+x+1)-(5x-2)}{(x-1)(x^2+x+1)}$ ← 通分する

$\displaystyle=\lim_{x\to 1}\frac{(x-1)(x-3)}{(x-1)(x^2+x+1)}$

$\displaystyle=\lim_{x\to 1}\frac{x-3}{x^2+x+1}$

$\displaystyle=-\frac{2}{3}$

(ii) 与式 $\displaystyle=\lim_{x\to 0}\frac{(x+4)-2^2}{x(\sqrt{x+4}+2)}$ ← 分子を有理化する

$$=\lim_{x \to 0} \frac{1}{\sqrt{x+4}+2}$$

$$=\frac{1}{4}$$

(2) (i) $\displaystyle\lim_{x \to 3}(分母)=9-6-3=0$ かつ

右辺＝(有限確定値) ゆえ,

$\displaystyle\lim_{x \to 3}(分子)=0$, すなわち

$3(3a+b+1)=0$

$\therefore\quad b=-3a-1$ ……①

であることが必要である. ①のとき,

$$左辺=\lim_{x \to 3} \frac{ax^2-(3a+1)x+3}{(x-3)(x+1)}$$

$$=\lim_{x \to 3} \frac{(x-3)(ax-1)}{(x-3)(x+1)}$$

◀ 分母, 分子は共通因子 $x-3$ をもつ

$$=\lim_{x \to 3} \frac{ax-1}{x+1}=\frac{3a-1}{4}$$

であるから, 与えられた条件は, ①のもとで

$$\frac{3a-1}{4}=\frac{5}{4} \qquad \therefore\quad a=2 \qquad ……②$$

と同値である. よって

$a=2,\ b=-3a-1=-7$

(ii) $\displaystyle\lim_{x \to 1}(分子)=1-2-1+2=0$ かつ

右辺＝(0 でない有限確定値) ゆえ,

$\displaystyle\lim_{x \to 1}(分母)=0$, すなわち

$1+a+b=0$

$\therefore\quad b=-a-1$ ……③

であることが必要である. ③のとき,

$$左辺=\lim_{x \to 1} \frac{(x-1)(x^2-x-2)}{(x-1)(x^2+x+1+a)}$$

◀ 分母, 分子は共通因子 $x-1$ をもつ

$$=\lim_{x \to 1} \frac{x^2-x-2}{x^2+x+1+a}$$

$$=\frac{-2}{3+a}$$

であるから, 与えられた条件は, ③のもとで

$$\frac{-2}{3+a}=\frac{1}{2} \qquad \therefore\quad a=-7 \qquad ……④$$

と同値である. よって

$a=-7,\ b=6$

研究 **1°** lim という記号は，極限を意味する limit（リミット，ラテン語では limes リーメス）という言葉の略である．

関数 $f(x)$ が $x=a$ の近くで定義されているとして（ただし，$x=a$ において $f(x)$ は定義されていなくてもよい），x が a と異なる値をとりながら限りなく a に近づく場合を考える．このとき，$f(x)$ が限りなく α に近づくならば，この α を

　　　　x が限りなく a に近づくときの $f(x)$ の極限値

または極限といい

　　　　「$x \to a$ のとき $f(x) \to \alpha$」または $\displaystyle\lim_{x \to a} f(x) = \alpha$

と書く．

2°　極限に関する基本定理

$\displaystyle\lim_{x \to a} f(x) = \alpha,\ \lim_{x \to a} g(x) = \beta$ のとき

（ i ）　$\displaystyle\lim_{x \to a} kf(x) = k\alpha$ （ただし，k は定数）

（ ii ）　$\displaystyle\lim_{x \to a} \{f(x) \pm g(x)\} = \alpha \pm \beta$ （複号同順）

（iii）　$\displaystyle\lim_{x \to a} f(x)g(x) = \alpha\beta$

（iv）　$\displaystyle\lim_{x \to a} \frac{f(x)}{g(x)} = \frac{\alpha}{\beta}$ （ただし，$\beta \neq 0$ とする）

第６章

演習問題

91-1　次の極限値を求めよ．

(1)　$\displaystyle\lim_{x \to 1} \frac{2x^2 - x - 1}{x^2 + 2x - 3}$

(2)　$\displaystyle\lim_{x \to 0} \frac{\sqrt{x^2 - x + 1} - (x+1)}{x}$ 　　　　　　　　　　（近畿大）

(3)　$\displaystyle\lim_{x \to \infty} x^3(\sqrt{x^2 + \sqrt{x^4 + 1}} - \sqrt{2}\,x)$ 　　　　　　　（東邦大）

91-2　次の式をみたすような定数 a，b を求めよ．

　　　　$\displaystyle\lim_{x \to 1} \frac{x^3 + 3ax^2 + b}{x - 1} = -3$ 　　　　　　　　　（岡山理大）

91-3　次の 2 つの式をみたすような定数 a，b，c，d を求めよ．

　　　　$\displaystyle\lim_{x \to 1} \frac{ax^3 + bx^2 + cx + d}{x^2 + x - 2} = 1$，　$\displaystyle\lim_{x \to -2} \frac{ax^3 + bx^2 + cx + d}{x^2 + x - 2} = 4$

　　　　　　　　　　　　　　　　　　　　　　　　　　（関西学院大）

標問 **92** 微分係数

(1) x が 1 から 3 まで変わる間の $f(x)=x^2+ax+1$ の平均変化率が $f'(a)$ に等しいとき，a の値を求めよ． (工学院大)

(2) 関数 $y=f(x)$ の $x=a$ における微分係数が 1 のとき
$$\lim_{h\to 0}\frac{f(a+3h)-f(a-2h)}{h} \text{ を求めよ.}$$
(日本大)

(3) 関数 $y=f(x)$ において，$\displaystyle\lim_{x\to a}\frac{x^2 f(x)-a^2 f(a)}{x^2-a^2}$ を a，$f(a)$，$f'(a)$ を用いて表せ． (弘前大)

精講 (1) 平均変化率と微分係数の定義を確認しておきましょう．

関数 $y=f(x)$ において，x が a から b まで変わるとき，y は $f(a)$ から $f(b)$ まで変わります．x の変化量 $b-a$ を Δx，y の変化量 $f(b)-f(a)$ を Δy とすると，この変化の比

$$\frac{\Delta y}{\Delta x}=\frac{f(b)-f(a)}{b-a}$$

を x が a から b まで変わるときの $f(x)$ の**平均変化率**（あるいはニュートン商，ニュートン比）といいます．これは直線 AB の傾きを表します．

Δ（デルタ）は，差を意味する Difference の頭文字Dのギリシア文字です．ここで，b を変数とみて x とおきかえ，$x\to a$ とするとき，極限値

$$\lim_{x\to a}\frac{f(x)-f(a)}{x-a}$$

が存在するならば，これを関数 $f(x)$ の $x=a$ における**微分係数**といい，$f'(a)$ と表します．すなわち，

$$f'(a)=\lim_{x\to a}\frac{f(x)-f(a)}{x-a}$$

(3)ではこの形で微分係数 $f'(a)$ をとらえます．

(2) また，$\Delta x=x-a$ ですから，$x\to a$ のとき，$\Delta x\to 0$ であり，

$$f'(a)=\lim_{\Delta x\to 0}\frac{\Delta y}{\Delta x}=\lim_{\Delta x\to 0}\frac{f(a+\Delta x)-f(a)}{\Delta x}$$

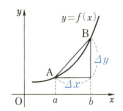

解法のプロセス

a から b までの平均変化率

(1) $\dfrac{f(b)-f(a)}{b-a}$

$x=a$ における微分係数

(2) $f'(a)$
$$=\lim_{h\to 0}\frac{f(a+h)-f(a)}{h}$$

(3) $f'(a)$
$$=\lim_{x\to a}\frac{f(x)-f(a)}{x-a}$$

とも表されます. Δx を h とすると

$$f'(a)=\lim_{h \to 0}\frac{f(a+h)-f(a)}{h}$$

です. この形のときは

$$\lim_{\bullet \to 0}\frac{f(a+\bullet)-f(a)}{\bullet}$$

といった具合に ● が同じ値であることが大切です.

〈 解 答 〉

(1) x が1から3まで変わる間の平均変化率は

$$\frac{f(3)-f(1)}{3-1}$$　　　　　　　　　　　← 平均変化率の定義

$$=\frac{(3a+10)-(a+2)}{2}=a+4 \qquad \cdots\cdots①$$

$$f'(a)=\lim_{h \to 0}\frac{f(a+h)-f(a)}{h}$$　　　　← 微分係数の定義

$$=\lim_{h \to 0}\frac{(2a^2+3ah+h^2+1)-(2a^2+1)}{h}$$　　　← $f(a+h)=(a+h)^2+a(a+h)+1$
　　　　　　　　　　　　　　　　　　　　　　　　$=2a^2+3ah+h^2+1$

$$=\lim_{h \to 0}\frac{3ah+h^2}{h}$$

$$=\lim_{h \to 0}(3a+h)=3a \qquad \cdots\cdots②$$　　　← $f'(x)=2x+a$ より
　　　　　　　　　　　　　　　　　　　　　　　　$f'(a)=3a$ としてもよい

①$=$② より

$$a+4=3a \qquad \therefore \quad a=2$$

(2) $\displaystyle\lim_{h \to 0}\frac{f(a+3h)-f(a-2h)}{h}$

$$=\lim_{h \to 0}\frac{f(a+3h)-f(a)-\{f(a-2h)-f(a)\}}{h}$$

$$=3\lim_{3h \to 0}\frac{f(a+3h)-f(a)}{3h}$$　　　　　← $h \to 0$ のとき $3h \to 0$

$$\quad +2\lim_{-2h \to 0}\frac{f(a-2h)-f(a)}{-2h}$$　　　← $\displaystyle\lim_{\bullet \to 0}\frac{f(a+\bullet)-f(a)}{\bullet}$

$$=3f'(a)+2f'(a)=5f'(a)=5 \cdot 1=5$$

(3) $\displaystyle\lim_{x \to a}\frac{x^2f(x)-a^2f(a)}{x^2-a^2}$

$$=\lim_{x \to a}\frac{x^2\{f(x)-f(a)\}+(x^2-a^2)f(a)}{x^2-a^2}$$

$$=\lim_{x \to a}\left\{\frac{x^2}{x+a}\cdot\frac{f(x)-f(a)}{x-a}+f(a)\right\}$$　　← $f'(a)=\displaystyle\lim_{x \to a}\frac{f(x)-f(a)}{x-a}$

$a \neq 0$ のとき,

$$与式=\frac{a^2}{2a}f'(a)+f(a)=\frac{a}{2}f'(a)+f(a)$$

← 分母 $2a \neq 0$ のときを考えている

$a=0$ のとき,

$$与式=\lim_{x\to 0}\left\{x\cdot\frac{f(x)-f(0)}{x-0}+f(0)\right\}=0\cdot f'(0)+f(0)=f(0)$$

これは, $a \neq 0$ の場合の結果に含まれる. よって

$$与式=\frac{a}{2}f'(a)+f(a)$$

研究　1° $\displaystyle\lim_{x\to a}\frac{f(x)-f(a)}{x-a}=f'(a)$

は x が a に十分近いとき

$$f(x)-f(a) \fallingdotseq f'(a)(x-a) \qquad \therefore \quad f(x) \fallingdotseq f'(a)(x-a)+f(a)$$

すなわち, 曲線 $y=f(x)$ は直線 $y=f'(a)(x-a)+f(a)$ ……(∗) にほぼ等しいということを表している. これを $y=f(x)$ の $x=a$ における **1次近似**という. 微分係数 $f'(a)$ は, 曲線 $y=f(x)$ 上の点 $(a,\ f(a))$ における接線の傾きを表しており, 直線(∗)は点 $(a,\ f(a))$ における接線の方程式である. つまり, 曲線を接線で近似するのが1次近似である.

2°　(3)において, $a \neq 0$, $a=0$ と場合分けしたのは,

$$\lim_{x\to a}\frac{x^2}{x+a}=\frac{a^2}{2a}$$

が現れ, これは $a=0$ では定義されないからである. しかし, これは

$$\lim_{x\to a}\frac{x^2}{x+a}=\lim_{x\to a}\frac{x}{1+\dfrac{a}{x}}=\frac{a}{2}$$

とすれば解消される. すなわち, 場合分けはしなくてもよい.

演習問題

(92-1)　関数 $f(x)=x^3$ について極限値 $\displaystyle\lim_{h\to 0}\frac{f(1+2h)-f(1)}{h}$ を求めよ.

(滋賀大)

(92-2)　関数 $f(x)$ の $x=a$ における微分係数を b とするとき,

$\displaystyle\lim_{h\to 0}\frac{f(a+2h)-f(a-3h)}{h}$ を b で表せ.　(防衛医大)

(92-3)　$f(x)$, $g(x)$ が多項式で $g(a) \neq ag'(a)$ のとき

$$\lim_{x\to a}\frac{af(x)-xf(a)}{ag(x)-xg(a)}=\boxed{}$$

である. ($a,\ f(a),\ g(a),\ f'(a),\ g'(a)$ などで表すこと)

(小樽商大)

標問 **93** 導関数

(1) $f(x)$, $g(x)$ を x の整式とするとき，次の等式を証明せよ．
$$\{f(x)g(x)\}' = f'(x)g(x) + f(x)g'(x)$$

(2) $f(x)$ を 0 でない x の整式とする．自然数 n について
$$\frac{d}{dx}\{f(x)\}^n = n\{f(x)\}^{n-1}f'(x)$$

であることを証明せよ． (滋賀大)

精講 (1)は積の微分，(2)は合成関数の微分の特殊な例です．どちらも数学Ⅲで扱うものですが，知っておいて損はないでしょう．

(1) 導関数 $f'(x)$ の定義から出発しましょう．

関数 $y=f(x)$ が与えられたとき，x のおのおのの値 a に対し，$f'(a)$ が存在するとき，対応 $a \longrightarrow f'(a)$ は1つの新しい関数となります．

これは $f(x)$ から導かれた新しい関数ですから，$f(x)$ の**導関数** (derived function, derivative) といい，$f'(x)$ と表します．

$$f'(x) = \lim_{h \to 0} \frac{f(x+h)-f(x)}{h}$$

$f(x)$ から $f'(x)$ を求めることを微分するといいます．導関数の表し方は $f'(x)$ のほかに

$$y', \ \dot{y}, \ \frac{dy}{dx}, \ \frac{d}{dx}f(x), \ Df(x)$$

などもあります．$\dot{y}$ はニュートン，$\frac{dy}{dx}$ はライプニッツが用いた記号です．

(2) 自然数 n についての証明問題ですから，数学的帰納法を使うとよいでしょう．

解法のプロセス

導関数 $f'(x)$ の定義
⇩
$$\lim_{h \to 0} \frac{f(x+h)-f(x)}{h}$$
⇩
(1) 積の微分
$$\{f(x)g(x)\}'$$
$$= f'(x)g(x)+f(x)g'(x)$$
(2) 合成関数の微分
$$\{(f(x))^n\}'$$
$$= n\{f(x)\}^{n-1}f'(x)$$
特に
$$\{(ax+b)^n\}'$$
$$= na(ax+b)^{n-1}$$
この公式は使えるようにしておこう

第6章

解答

(1) $\{f(x)g(x)\}'$

$$= \lim_{h \to 0} \frac{f(x+h)g(x+h)-f(x)g(x)}{h}$$ ← 導関数の定義

$$= \lim_{h \to 0} \frac{\{f(x+h)-f(x)\}g(x+h)+f(x)\{g(x+h)-g(x)\}}{h}$$ ← $f'(x)$, $g'(x)$ が現れるように工夫する

$$=\lim_{h\to 0}\left\{\frac{f(x+h)-f(x)}{h}\cdot g(x+h)+f(x)\cdot\frac{g(x+h)-g(x)}{h}\right\}$$
$$=f'(x)g(x)+f(x)g'(x)$$

(2) $n=1$ のとき，両辺とも $f'(x)$ となり成り立つ．　　◆ $\{f(x)\}^0=1$

$n=k$ での成立を仮定する：$\dfrac{d}{dx}\{f(x)\}^k=k\{f(x)\}^{k-1}f'(x)$

このとき

$$\frac{d}{dx}\{f(x)\}^{k+1}=\frac{d}{dx}\{(f(x))^k f(x)\}$$
$$=\frac{d}{dx}\{f(x)\}^k\cdot f(x)+\{f(x)\}^k f'(x)\quad(\because\ (1))$$
$$=k\{f(x)\}^{k-1}f'(x)\cdot f(x)+\{f(x)\}^k f'(x)\ (\because\ \text{仮定})$$
$$=(k+1)\{f(x)\}^k f'(x)$$

となり，$n=k+1$ のときも成り立つ．

ゆえに，すべての自然数 n について成立する．

研究　　**1°**　次の公式は定義にもどれば簡単に証明できる．
　　　　　$f(x)$, $g(x)$ を微分可能な関数，k を定数とすると

(ⅰ)　(定数)$'=0$,　$(x)'=1$

(ⅱ)　$\{kf(x)\}'=kf'(x)$

(ⅲ)　$\{f(x)\pm g(x)\}'=f'(x)\pm g'(x)$　　　(複号同順)

　(2)において，$f(x)=x$ とおくと，$(x)'=1$ より
　　　$(x^n)'=nx^{n-1}$　$(n\geqq 1)$

である．これにより，**すべての整式は微分できる**ことになる．

2°　$(x^n)'=nx^{n-1}$ を直接示すには二項定理
　　　$(x+h)^n={}_nC_0 x^n+{}_nC_1 x^{n-1}h+{}_nC_2 x^{n-2}h^2+\cdots+{}_nC_n h^n$

　　　ただし，${}_nC_k=\dfrac{n!}{(n-k)!\,k!}$,　　$k!=k(k-1)\cdot\cdots\cdot 3\cdot 2\cdot 1$

を使えばよい．

　　　$(x^n)'=\lim_{h\to 0}\dfrac{(x+h)^n-x^n}{h}=\lim_{h\to 0}(nx^{n-1}+{}_nC_2 x^{n-2}h+\cdots+{}_nC_n h^{n-1})=nx^{n-1}$

3°　(1)の拡張として
　　　$\{f(x)g(x)h(x)\}'=f'(x)g(x)h(x)+f(x)g'(x)h(x)+f(x)g(x)h'(x)$

があり，(2)の実用的な応用としては
　　　$\{(ax+b)^n\}'=n(ax+b)^{n-1}(ax+b)'=\boldsymbol{na(ax+b)^{n-1}}$

がある．

標問 **94** 整式の重解条件

(1) 整式 $f(x)$ が $(x-\alpha)^2$ で割り切れるための必要十分条件は
$$f(\alpha)=f'(\alpha)=0$$
であることを証明せよ.

(2) 整式 $f(x)=ax^n+bx^{n-1}+x+1$ $(n\geqq3)$ が x^2-2x+1 で割り切れる
とき, a, b を n の式で表せ. (広島大)

精講 (1) 整式 $f(x)$ が $x-\alpha$ で割り切れる条件は
$$f(\alpha)=0 \text{（因数定理）}$$
ですが, $(x-\alpha)^2$ で割り切れる条件は何か, これが(1)の問題です.

$(x-\alpha)^2$ は x の2次式ですから, 余りは1次以下の整式です.
$$f(x)=(x-\alpha)^2g(x)+ax+b$$
とおくことから出発しましょう.

$f'(\alpha)$ も必要となりますので, 積の微分を使って $f'(x)$ も準備しておきます.

(2) $x^2-2x+1=(x-1)^2$ ですから, (1)の応用問題です.

解法のプロセス

(1) $f(x)$ を $(x-\alpha)^2$ で割った余りを $ax+b$ とおく
⇩
$f'(x)$ を準備
⇩
$a=b=0$（割り切れる）
と $f(\alpha)=f'(\alpha)=0$ が同値であることを示す

(2) (1)の利用を考える

第6章

解答

(1) $f(x)=(x-\alpha)^2g(x)+ax+b$
と整式 $g(x)$, 定数 a, b を用いて表すことができる. このとき
$$f'(x)=2(x-\alpha)g(x)+(x-\alpha)^2g'(x)+a \qquad \text{← 積の微分}$$
これより
$$\begin{cases} f(\alpha)=a\alpha+b \\ f'(\alpha)=a \end{cases} \quad\therefore\quad \begin{cases} a=f'(\alpha) \\ b=f(\alpha)-f'(\alpha)\alpha \end{cases}$$
よって,
$f(x)$ が $(x-\alpha)^2$ で割り切れる
$$\Longleftrightarrow \begin{cases} a=0 \\ b=0 \end{cases} \Longleftrightarrow \begin{cases} f'(\alpha)=0 \\ f(\alpha)-f'(\alpha)\alpha=0 \end{cases} \qquad \text{← 割り切れる ⟺ 余り=0}$$
$$\Longleftrightarrow \begin{cases} f'(\alpha)=0 \\ f(\alpha)=0 \end{cases}$$
$$\Longleftrightarrow f(\alpha)=f'(\alpha)=0$$

⑵　$f(x)=ax^n+bx^{n-1}+x+1$ から

$f'(x)=nax^{n-1}+(n-1)bx^{n-2}+1$

$f(x)$ が $x^2-2x+1=(x-1)^2$ で割り切れるから，⑴より

$\quad f(1)=f'(1)=0$

よって $\begin{cases} a+b+2=0 \\ na+(n-1)b+1=0 \end{cases}$ 　　　　　$\leftarrow f(1)=a+b+2$
$\qquad\qquad\qquad\qquad\qquad\qquad\qquad f'(1)=na+(n-1)b+1$

これを解いて

$\quad \boldsymbol{a=2n-3,\ b=-2n+1}$

研究　⑴の定理は次のように拡張される.

> 整式 $f(x)$ が $(x-\alpha)^n$ で割り切れるための必要十分条件は
> $$f(\alpha)=f'(\alpha)=f''(\alpha)=\cdots=f^{(n-1)}(\alpha)=0$$
> である.

　⑵は微分を使わずに，次のように "おきかえ" により処理することもできる.

　$f(x)$ は $(x-1)^2$ で割り切れるから

$\quad f(x)=ax^n+bx^{n-1}+x+1=(x-1)^2g(x)$

と表せる. $x-1=t$ とおくと

$\quad a(t+1)^n+b(t+1)^{n-1}+t+2=t^2g(t+1)$

　ここで，右辺の1次の係数と定数項は0であるから

$\quad (t+1)^n=t^n+\cdots+nt+1$

$\quad (t+1)^{n-1}=t^{n-1}+\cdots+(n-1)t+1$

より，左辺の係数と比較すると

$\quad$ 1次の係数：$na+(n-1)b+1=0$

$\qquad$ 定数項：$a+b+2=0$

　これを解いて，$a=2n-3,\ b=-2n+1$

演習問題

94　5次関数 $f(x)=ax^5+bx^4+cx+4$ がある.

⑴　$f(x)$ を $(x-1)^2$ で割ったときの余りは，$f'(1)(x-1)+f(1)$ で表されることを証明せよ.

⑵　$\displaystyle\lim_{x\to1}\frac{f(x)}{(x-1)^2}=4$ が成り立つように，a，b，c の値を定めよ. 　　　（埼玉大）

標問	**95**	**接線の方程式(1)**

(1) 曲線 $y=4x-x^3$ 上の点 $(1,\ 3)$ における接線の方程式を求めよ.

(2) 曲線 $y=4x-x^3$ に点 $(0,\ -2)$ からひいた接線の方程式を求めよ.

（千葉工大）

(3) 曲線 $y=\dfrac{x^3}{3}-x^2$ の接線で，その傾きが 3 であるものの方程式を求めよ.

（長岡技科大）

精講　(1)　接線の方程式を求める基本問題です．接線の方程式

$$y=f'(a)(x-a)+f(a)$$

にあてはめます.

(2)　点 $(0,\ -2)$ は曲線上の点ではないので，(1)のように接線の傾きはすぐには求まりません.

そこで

接点の座標を $(t,\ 4t-t^3)$

とおき，接線の方程式を求めます．この接線が点 $(0,\ -2)$ を通るということから，t の値が決まります.

(3)　傾き m が与えられたときは

$$f'(x)=m$$

を解くことにより，接点の x 座標が決まります.

解法のプロセス

(1) 曲線 $y=f(x)$ 上の点 $(a,\ f(a))$ における接線
$y=f'(a)(x-a)+f(a)$

(2) 曲線外の点 $(a,\ b)$ から $y=f(x)$ にひいた接線
⇩
接点を $(t,\ f(t))$ とおく
⇩
$y=f'(t)(x-t)+f(t)$
に $x=a,\ y=b$ を代入
⇩
t を決定
⇩
接線決定

第6章

解答

(1)　$f(x)=4x-x^3$ とおく.

$f'(x)=4-3x^2$ より $f'(1)=1$

よって，曲線上の点 $(1,\ 3)$ における接線の方程式は

$$y=1\cdot(x-1)+3 \qquad\qquad \Leftarrow y=f'(1)(x-1)+f(1)$$

$$\therefore\ \ y=x+2$$

(2)　曲線上の点 $(t,\ 4t-t^3)$ における接線の方程式は

$$y=(4-3t^2)(x-t)+4t-t^3 \qquad \Leftarrow y=f'(t)(x-t)+f(t)$$

$$\therefore\ \ y=(4-3t^2)x+2t^3$$

これが点 $(0,\ -2)$ を通る t の値は　$-2=2t^3$　$\therefore\ \ t=-1$

よって，$y=x-2$

(3)　接線の傾きが 3 であることより，$y'=3$ 　　$\Leftarrow$（接線の傾き）＝（微分係数）

$$\therefore \quad x^2 - 2x = 3$$
$$\therefore \quad (x-3)(x+1) = 0 \qquad \therefore \quad x = 3, \ -1$$

接点の座標は $(3, \ 0)$, $\left(-1, \ -\dfrac{4}{3}\right)$ であるから,

それぞれの接線の方程式を求めると

$$y = 3(x-3), \ y = 3(x+1) - \dfrac{4}{3}$$

よって, $y = 3x - 9, \ y = 3x + \dfrac{5}{3}$

研究　接線の定義を思い出しておこう.

曲線 $y = f(x)$ 上の点 $A(a, \ f(a))$ とAの近くの点 $P(a+h, \ f(a+h))$ をとる. PをAに限りなく近づけ

$$P_1 \to P_2 \to P_3 \to \cdots \to A$$

とするとき, 割線 AP が右下図のように

$$AP_1 \to AP_2 \to AP_3 \to \cdots \to AT$$

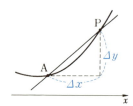

と限りなく直線 AT に近づくならば, 直線 AT を曲線 $y = f(x)$ のAにおける接線という. すなわち

$$\text{割線 AP の傾き} = \dfrac{\Delta y}{\Delta x} = \dfrac{f(a+h) - f(a)}{h}$$

であり

$$f'(a) = \lim_{h \to 0} \dfrac{f(a+h) - f(a)}{h}$$

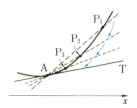

が存在するならば,

$$\text{接線 AT の傾き} = f'(a)$$

であり

接線の定義

曲線 $y = f(x)$ 上の点 $(a, \ f(a))$ における接線の方程式は
$$y = f'(a)(x-a) + f(a)$$

である.

演習問題

95　次の直線の方程式を求めよ.

(1)　3次曲線 $y = x^3 + x^2 - 1$ の接線で, 原点を通る直線.

(2)　曲線 $y = x^2$ 上の点 $(1, \ 1)$ における接線に直交し, $y = x^2$ に接する直線.

（東京電機大）

96 **接線の方程式(2)**

(1) $f(x)$ は x についての多項式とする.

曲線 $C : y = f(x)$ 上の点 $P(a, f(a))$ を通る直線 $y = mx + n$ が P にお
ける C の接線であるための必要十分条件は

$$f(x) - mx - n = 0 \ \text{が} \ x = a \ \text{となる重解をもつ}$$

ことである. これを証明せよ. (福岡教育大)

(2) 直線 $y = m(x-1)$ と曲線 $y = (x-1)(x+a)(x-a)^2$ が接するときの m
の値を求めよ. ただし, a は $0 < a < 1$ をみたす定数とする. (島根大)

精講 (1) $y = mx + n$ が $P(a, f(a))$ にお
ける接線であるということは,

$$mx + n = f'(a)(x-a) + f(a)$$

が任意の x に対して成り立つということです.

一方, $g(x) = f(x) - mx - n$ とおくと
$g(x)$ は多項式であり,

方程式 $g(x) = 0$ が重解 a をもつ

ための必要十分条件は

$$g(a) = g'(a) = 0 \quad \text{(標問 94)}$$

でした. $g(a)$, $g'(a)$ の中に, $f(a)$, $f'(a)$ が現れ
ますから, m, n の条件とつながります.

(2) $g(x) = (x-1)(x+a)(x-a)^2 - m(x-1)$ と
して(1)を利用します.

解法のプロセス

(1) 点 $(a, f(a))$ における接線
が $y = mx + n$ である条件(A)
を式で表す

⇩

$$f(x) - mx - n = 0$$
が $x = a$ で重解をもつ条件
(B)を式で表す

⇩

(A) ⇒ (B) かつ (B) ⇒ (A) を示す

(2) (1)の利用を考える

⇩

$$f(x) - m(x-1) = 0$$
が重解をもつ

⟨ **解 答** ⟩

(1) $P(a, f(a))$ における接線の方程式は

$$y = f'(a)(x-a) + f(a) \quad \therefore \quad y = f'(a)x + f(a) - af'(a)$$

であるから

「$y = mx + n$ が P における C の接線である」

$$\Longleftrightarrow \text{「} m = f'(a) \ \text{かつ} \ n = f(a) - af'(a) \text{」} \quad \cdots\cdots\text{(A)}$$

一方, $g(x) = f(x) - mx - n$ とおくと

「$f(x) - mx - n = 0$ が $x = a$ となる重解をもつ」

$$\Longleftrightarrow \text{「} g(a) = 0 \ \text{かつ} \ g'(a) = 0 \text{」} \quad \cdots\cdots\text{(B)}$$

であるから, (A) $\Longleftrightarrow$ (B) であることを示す.

(A) $\Longrightarrow$ (B) であること ((B)は(A)の必要条件):

$$g(x) = f(x) - xf'(a) - \{f(a) - af'(a)\} \ \text{とおくと}$$

$$g'(x)=f'(x)-f'(a)$$

ゆえに，$g(a)=g'(a)=0$

(B) $\Longrightarrow$ (A)であること　((B)は(A)の十分条件)：

$$\begin{cases} g(a)=0 \\ g'(a)=0 \end{cases} \quad \therefore \quad \begin{cases} f(a)-ma-n=0 \\ f'(a)-m=0 \end{cases}$$

$$\therefore \quad m=f'(a), \quad n=f(a)-af'(a)$$

以上より，(A) $\Longleftrightarrow$ (B)が示された．

(2)　$g(x)=(x-1)(x+a)(x-a)^2-m(x-1)$ とおくと

$$g(x)=(x-1)\{(x+a)(x-a)^2-m\}=(x-1)h(x)$$

である．ただし，$h(x)=(x+a)(x-a)^2-m$ とおいた．

「$y=m(x-1)$ が $y=(x-1)(x+a)(x-a)^2$ の接線である」

$\Longleftrightarrow g(x)=0$ が重解をもつ

$\Longleftrightarrow h(1)=0$ または $h(x)=0$ が重解をもつ」

(i)　$h(1)=0$ となるのは，$m=(1+a)(1-a)^2$ のときである．

(ii)　$h(x)=0$ が重解をもつのは，$h(\alpha)=h'(\alpha)=0$

をみたす α が存在するときである．

$$h'(x)=(x-a)^2+(x+a)\cdot 2(x-a)=(x-a)(3x+a)$$

ゆえに，$\alpha=a,\ -\dfrac{a}{3}$ の場合を考える．

$h(a)=h'(a)=0$ をみたす m は　$m=0$

$h\left(-\dfrac{a}{3}\right)=h'\left(-\dfrac{a}{3}\right)=0$ をみたす m は　$m=\dfrac{32}{27}a^3$

以上(i)，(ii)より　$m=(1+a)(1-a)^2,\ \dfrac{32}{27}a^3,\ 0$

研究　一般に，2つの曲線 $y=f(x)$ と $y=g(x)$ が $x=a$ で接する（**接線を共有する**）条件は

$$\begin{cases} f(a)=g(a) \\ f'(a)=g'(a) \end{cases}$$

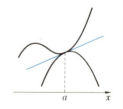

である．2曲線のうち一方が直線であってもこの条件に変わりはない．

$h(x)=f(x)-g(x)$ とおくと，上式は　$h(a)=h'(a)=0$ と同値である．したがって　**$h(x)$ は $(x-a)^2$ で割り切れる**ということになる．このことは常識としておきたい．

演習問題

(96)　2つの曲線 $y=x^3-3x^2+3x+2$ と $y=x^2-kx+4$ には，共通の接線をもつ共有点が存在する．このとき，k の値を求めよ．

（関西学院大）

標問 **97** **法線の方程式**

曲線上の１点Pを通り，Pにおけるその曲線の接線に直交する直線を，その曲線の点Pにおける法線という．いま k を実数とするとき

(1) 曲線 $y=x^3+kx$ 上の点 $(a,\ a^3+ka)$ における法線の方程式を求めよ．

(2) 曲線 $y=x^3+kx$ の法線で，同時にその曲線の接線にもなっているものが存在するための k の値の範囲を求めよ． (城西大)

精講　法線の傾きを m として，直線の直交条件を考えると，

接線の傾き $f'(a)$ が $f'(a)\neq0$ をみたすとき

$$m\cdot f'(a)=-1 \quad\therefore\quad m=-\frac{1}{f'(a)}$$

ですから，法線の方程式は

$$y=-\frac{1}{f'(a)}(x-a)+f(a)$$

となります．

$f'(a)=0$ のときは，法線は y 軸と平行となるので $x=a$ です．これらは

$$\boldsymbol{f'(a)(y-f(a))=-(x-a)}$$

とすればまとめられます．

また，Pにおける接線が直線 $x=a$ のとき，Pにおける法線の方程式は

$$y=f(a)$$

となります．

解法のプロセス

(1) 点 $(a,\ f(a))$ における法線の方程式は
$$f'(a)(y-f(a))$$
$$=-(x-a)$$

(2) 曲線①と法線②が接する
$\Longleftrightarrow$ ①，②を連立した方程式が重解をもつ

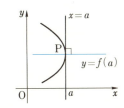

〈 **解　答** 〉

(1) $y=x^3+kx$ ……①

$y'=3x^2+k$

曲線上の点 $(a,\ a^3+ka)$ における法線の方程式は

$$(3a^2+k)(y-a^3-ka)=-(x-a)$$

である．よって，

$$\boldsymbol{(x-a)+(3a^2+k)(y-a^3-ka)=0} \quad\text{……②}$$

← 点 $(a,\ f(a))$ における法線の方程式は
$f'(a)(y-f(a))=-(x-a)$

(2) ①と②を連立して

$$(x-a)+(3a^2+k)(x^3+kx-a^3-ka)=0$$

$$\therefore\quad (x-a)+(3a^2+k)(x-a)(x^2+ax+a^2+k)=0$$

$$\therefore \quad (x-a)\{1+(3a^2+k)(x^2+ax+a^2+k)\}=0 \quad \cdots\cdots ③$$

「②が①の接線である　……(*)」ための条件は
「③が重解をもつ」ことである.

③の { } において，$x=a$ とすると

$$\{\ \}=1+(3a^2+k)^2\neq0$$

であるから

(*) $\Longleftrightarrow$ ③の { }$=0$ が重解をもつ

題意より，$3a^2+k\neq0$ であり

$$(*)\Longleftrightarrow x^2+ax+a^2+k+\frac{1}{3a^2+k}=0$$

が重解をもつ

$\Longleftrightarrow$ 判別式 $D_x=0$

である.

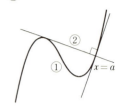

← $3a^2+k=0$ となる点における
法線は y 軸と平行であり，曲
線の接線とはなり得ない

$$D_x=a^2-4\left(a^2+k+\frac{1}{3a^2+k}\right)$$

$$=-\frac{9a^4+15ka^2+4k^2+4}{3a^2+k}$$

であるから，(*)をみたす実数 a が存在する条件は

$9a^4+15ka^2+4k^2+4=0$ をみたす実数 a が存在する

$\Longleftrightarrow t^2+5kt+4k^2+4=0$ をみたす $t\geqq0$ が存在する　　← $t=3a^2$

$$\cdots\cdots(**)$$

$g(t)=t^2+5kt+4k^2+4$ とおくと

$$g(0)=4k^2+4>0$$

より

$$(**)\Longleftrightarrow\begin{cases}(g(t)=0\ \text{の判別式})\geqq0\\ g(t)\ \text{のグラフの軸の位置}:-\dfrac{5k}{2}>0\end{cases}$$

$$\therefore \quad \begin{cases}9k^2-16\geqq0\\ k<0\end{cases}$$

よって，k の値の範囲は，$\boldsymbol{k\leqq-\dfrac{4}{3}}$

演習問題

(97)　関数 $y=x^3-ax$ のグラフ上の点Pにおける接線 T_P がふたたびこのグラフと交わる点をQとする. ただし，T_P がこのグラフと共有する点がP以外にないときは Q=P と定める.

(1)　Pの x 座標を c として，Qの座標を求めよ.

(2)　点Qにおけるこのグラフへの接線が T_P と直交するようなPは何個あるか.

(京　大)

標問 **98** **2 接線のなす角**

曲線 $y=x^3$ 上の点 $P(a,\ a^3)$ における接線を l, l がふたたびこの曲線と交わる点を Q, Q におけるこの曲線の接線を m とし, 2直線 l, m のなす角のうち鋭角であるほうを θ とする. $a>0$ として, 次の問いに答えよ.

(1) $\tan\theta$ を a で表せ.

(2) θ が最大になるときの a の値と $\tan\theta$ の値を求めよ.

(*一橋大, *福井大, *近畿大)

→ **精講** 2直線のなす角はそれぞれの傾きがわかれば求めることができます.

2直線を $y=m_1x+n_1$, $y=m_2x+n_2$ とし, x軸とのなす角をそれぞれ α, β とすると, この2直線のなす角 θ (鋭角) は

$m_1m_2 \neq -1$ のとき

$$\tan\theta=|\tan(\beta-\alpha)|$$
$$=\left|\frac{\tan\beta-\tan\alpha}{1+\tan\beta\tan\alpha}\right|$$
$$=\left|\frac{m_2-m_1}{1+m_1m_2}\right|$$

$m_1m_2=-1$ のとき

2直線は直交し, $\theta=90°$

また, 2直線のなす角 θ を考えるのにベクトルの内積を使うという考え方もできますが, 本問の(1)では $\tan\theta$ を求めているので

$\tan\theta$ の加法定理を利用する

のが自然でしょう.

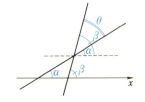

解法のプロセス

2直線のなす角
⇓
$\tan\theta$ の加法定理
⇓ 相加・相乗平均
$\tan\theta$ の最大値

第6章

〈 **解 答** 〉

(1) $y=x^3$, $y'=3x^2$

点 $P(a,\ a^3)$ における接線 l の方程式は
$$y=3a^2(x-a)+a^3$$
$$\therefore\ y=3a^2x-2a^3$$

曲線と l との交点の x 座標は
$$x^3=3a^2x-2a^3$$
$$\therefore\ (x-a)^2(x+2a)=0 \quad \cdots\cdots①$$

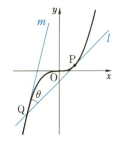

$\therefore$ $x=a$, $-2a$

Q$\neq$P より，Q$(-2a,\ -8a^3)$ である．

点Qにおける接線 m の傾きは

$$3(-2a)^2=12a^2$$

よって，

$$\tan\theta=\left|\frac{12a^2-3a^2}{1+12a^2\cdot 3a^2}\right|=\frac{9a^2}{1+36a^4}$$

(2) $a\neq 0$ ゆえ

$$\tan\theta=\frac{9}{\dfrac{1}{a^2}+36a^2}\leqq\frac{9}{2\sqrt{\dfrac{1}{a^2}\cdot 36a^2}}=\frac{3}{4}$$

◀ 相加平均・相乗平均の不等式

等号が成立するのは

$$\frac{1}{a^2}=36a^2 \qquad \text{すなわち } a=\frac{1}{\sqrt{6}}\ (a>0)\ \text{のときである．}$$

よって，θ は $a=\dfrac{1}{\sqrt{6}}$ のとき最大となり，

このとき $\tan\theta=\dfrac{3}{4}$ である．

研究 ①の因数分解は，題意から読みとれる．すなわち

"l は曲線 $y=x^3$ に $x=a$ で接するのだから，$(x-a)^2$ を因数にもつ"のである．これをもっと積極的に使うと接線 l の方程式を導かなくても交点Qの座標を求めることができる．

すなわち，接線 l の方程式を $y=mx+n$ とおく．曲線 $y=x^3$ と l は $x=a$ で接するから

$$x^3-(mx+n)=(x-a)^2(x-b)$$

となる b が存在する．両辺の x^2 の係数を比較すると

$$0=2a+b \qquad \therefore\quad b=-2a$$
$$\therefore\quad Q(-2a,\ -8a^3)$$

演習問題

98 xy 平面上の曲線 $C:y=x^2$ の上に2個の動点 $A(a,\ a^2)$，$B(b,\ b^2)$ があり，直線 AB が点Aにおける曲線Cの接線と直交するものとする．

このとき，点Bにおいて直線 AB が曲線Cの接線となす鋭角を θ とすれば，次のことが成り立つ．

(1) $a=1$ ならば，$b=\boxed{}$，$\tan\theta=\boxed{}$

(2) $b=\pm\sqrt{\boxed{}}$ のとき $|b|$ は最小になり，そのとき $\tan\theta=\sqrt{\boxed{}}$

標問 **99**　**3次曲線と接線**

> 点 $(1, 0)$ を通って，曲線 $y=x^3+ax^2+bx$ に異なる3本の接線をひくことができるような，a, b の条件を求め，点 (a, b) の存在する領域を図示せよ．

精講　曲線 $y=f(x)$ の接線の方程式は，接点 $(t, f(t))$ により決まります．

このときの接線の方程式は
$$y=f'(t)(x-t)+f(t)$$
であり，これが点 (a, b) を通ることから，t の方程式
$$b=f'(t)(a-t)+f(t) \quad \cdots\cdots(*)$$
を得ることができます．この方程式をみたす t を求めれば，その点における接線が1本ひけることになります．すると，**3次関数のグラフでは接点が異なれば接線も異なるので，**

　　　接線の本数＝接点の個数
　　　　　　＝方程式(*)の実数解の個数

ということになります．

解法のプロセス

接線の方程式
$$y=f'(t)(x-t)+f(t)$$
⇩　　点 $(1, 0)$ を通る
$$0=f'(t)(1-t)+f(t)$$
⇩　　　　　　　　$\cdots\cdots(*)$

方程式(*)が異なる3つの実数解をもつ
⇩
接線が3本存在する

〈　**解　答**　〉

$$y=x^3+ax^2+bx$$
$$y'=3x^2+2ax+b$$

曲線上の点 (t, t^3+at^2+bt) における接線の方程式は
$$y=(3t^2+2at+b)(x-t)+t^3+at^2+bt$$
$$\therefore \quad y=(3t^2+2at+b)x-2t^3-at^2$$

これが点 $(1, 0)$ を通るのは
$$0=-2t^3+(3-a)t^2+2at+b$$
のときである．
$$f(t)=2t^3-(3-a)t^2-2at-b$$
とおく．3次関数のグラフでは接点が異なれば接線も異なるので

　　　点 $(1, 0)$ を通る接線が3本ひける
　　　$\iff f(t)=0$ が異なる3つの実数解をもつ

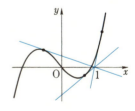

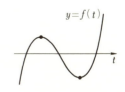

第6章

$$\Longleftrightarrow f(t) \text{ が極値をもち, (極大値)(極小値)} < 0 \quad \cdots\cdots(\ast)$$

であり, (∗)が成立するための a, b の条件を求める.

$$f'(t) = 6t^2 - 2(3-a)t - 2a$$
$$= 2(t-1)(3t+a)$$

であるから

$$(\ast) \Longleftrightarrow f(1)f\left(-\frac{a}{3}\right) < 0 \text{ となる.}$$

$$\therefore \quad -(a+b+1)\left(\frac{a^3}{27} + \frac{a^2}{3} - b\right) < 0$$

$$\therefore \quad (b+a+1)\left(b - \frac{a^3}{27} - \frac{a^2}{3}\right) < 0$$

これを図示すると右図の斜線部分となる. ただし, 境界は含まない. なお, 直線 $b = -a-1$ は曲線と点 $(-3,\ 2)$ で接している.

← $f(1)f\left(-\dfrac{a}{3}\right) < 0$ ならば

$1 \neq -\dfrac{a}{3}$ であり, $f(x)$ は極値をもつ

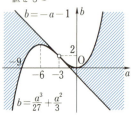

研究　定点Pからひける3次曲線の接線の本数は1本, 2本, 3本の3種類がある. このときのPの領域を図示すると下のようになる.

接線が1本ひける　　　　接線が2本ひける　　　　接線が3本ひける

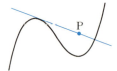　　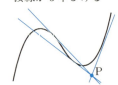

接線1本のPの領域　　接線2本のPの領域　　接線3本のPの領域

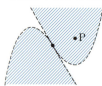　　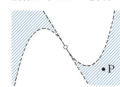

　上の図の中に現れる直線は変曲点を通る接線である. 変曲点とは, 曲線の凹凸の変わり目のところであり, $f''(x)$ の符号が変わるところである.

演習問題

99　点 $(a,\ b)$ から曲線 $y = x^3 - 3x$ に異なる3本の接線がひけるという. 点 $(a,\ b)$ の存在する領域を図示せよ.

（東海大）

標問 **100**　**4次曲線と接線**

4次曲線 $y=x^4-x^2+x$ に相異なる2点で接する直線の方程式を求めよ.

(信州大)

→ **精講**　いろいろな解法が考えられます. 曲線上の異なる2点におけるそれぞれの接線を求め, それらが一致する条件を求める（解1）. あるいは, 曲線上の点 $(\alpha,\ f(\alpha))$ における接線の方程式を求め, これと曲線の方程式を連立したものが $x=\alpha$ 以外の重解をもつ条件を求めてもよい（解2）でしょう.

整式で表された曲線において,

"**接する $\Longleftrightarrow$ 重解**"

という定理を使うわけです. これは標問 **96** で扱いました. これをさらに進めて, 求める直線の方程式を $y=mx+n$ とおくと, 直線は4次曲線と2点で接するわけですから,

$$x^4-x^2+x-(mx+n)=(x-\alpha)^2(x-\beta)^2$$

とおける（解3）. ただし, $\alpha,\ \beta\ (\alpha\ne\beta)$ は2接点の x 座標です.

解法のプロセス

4次曲線 $y=ax^4+\cdots\cdots$ と直線 $y=mx+n$ が異なる2点で接する

⇩

$(ax^4+\cdots\cdots)-(mx+n)$
$=a(x-\alpha)^2(x-\beta)^2$
とおける

⇩

係数比較

⇩

$m,\ n$ を決定

〈 **解答** 〉

求める直線を $y=mx+n$ とし, 2つの接点の x 座標を $\alpha,\ \beta\ (\alpha<\beta)$ とすると, $\alpha,\ \beta$ は方程式

$$x^4-x^2+x=mx+n$$
$$\therefore\ x^4-x^2+(1-m)x-n=0$$

の異なる2つの重解だから

$$x^4-x^2+(1-m)x-n=(x-\alpha)^2(x-\beta)^2$$

が成り立つ. 右辺を展開して, 左辺の係数と比較すると

$$\begin{cases} -2(\alpha+\beta)=0 \\ (\alpha+\beta)^2+2\alpha\beta=-1 \\ -2\alpha\beta(\alpha+\beta)=1-m \\ \alpha^2\beta^2=-n \end{cases}$$

整理すると

← （解3）の解法

$$\begin{array}{rrr} 1 & -2\alpha & \alpha^2 \\ \times)\ 1 & -2\beta & \beta^2 \\ \hline 1 & -2\alpha & \alpha^2 \\ & -2\beta & 4\alpha\beta & -2\alpha^2\beta \\ & & \beta^2 & -2\alpha\beta^2 & \alpha^2\beta^2 \\ \hline \text{4次} & \text{3次} & \text{2次} & \text{1次} & \text{定数} \end{array}$$

第6章

$\alpha+\beta=0$, $\alpha\beta=-\dfrac{1}{2}$ であり,

$m=1$, $n=-\dfrac{1}{4}$ である.

α, β は方程式 $t^2-\dfrac{1}{2}=0$ の解であるから

$$\alpha=-\dfrac{1}{\sqrt{2}}, \quad \beta=\dfrac{1}{\sqrt{2}}$$ ← $\alpha<\beta$

である.

よって, 求める直線の方程式は

$$y=x-\dfrac{1}{4} \quad \text{である.}$$

別解 (解2) を示しておく.

曲線上の点 $(\alpha, \alpha^4-\alpha^2+\alpha)$ における接線の方程式は

$$y=(4\alpha^3-2\alpha+1)(x-\alpha)+\alpha^4-\alpha^2+\alpha$$
$$\therefore \quad y=(4\alpha^3-2\alpha+1)x-3\alpha^4+\alpha^2 \quad \cdots\cdots①$$

①と曲線の方程式を連立すると

$$x^4-x^2+x=(4\alpha^3-2\alpha+1)x-3\alpha^4+\alpha^2$$
$$x^4-x^2-(4\alpha^3-2\alpha)x+3\alpha^4-\alpha^2=0$$

$(x-\alpha)^2$ を因数にもつはずと考えて, 割り算を実行すると

$$(x-\alpha)^2(x^2+2\alpha x+3\alpha^2-1)=0$$

$x^2+2\alpha x+3\alpha^2-1=0$ が $x=\alpha$ 以外の重解をもつ条件は

$$\begin{cases} \alpha^2-(3\alpha^2-1)=0 & \cdots\cdots② \\ 6\alpha^2-1\neq0 & \cdots\cdots③ \end{cases}$$

← $\dfrac{判別式}{4}=0$

← $\alpha^2+2\alpha\cdot\alpha+3\alpha^2-1\neq0$

②より, $\alpha=\pm\dfrac{1}{\sqrt{2}}$ これは③をみたす.

$\alpha=\pm\dfrac{1}{\sqrt{2}}$ いずれのときも, ①は $y=x-\dfrac{1}{4}$ である.

演習問題

(100) $f(x)$ は x について 4 次の多項式で x^4 の係数は 1 である.

$(x+2)^2$, $(x-2)^2$ で $f(x)$ を割ったときの余りは等しく, また $f(x)$ は $(x-1)^2$ で割り切れるという. このとき, 曲線 $y=f(x)$ と相異なる 2 点で接する直線の方程式は, $y=\boxed{}x+\boxed{}$ である.

(慶 大)

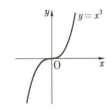

　　　関数の増減

> 関数 $f(x)=x^3-3ax^2+3bx-2$ の値が区間 $0\leqq x\leqq 1$ でつねに増加する
> とき，点 (a, b) の存在する範囲を図示せよ．
>
> （徳島文理大）

精講　　まず，「増加関数」の定義を確認して
おきましょう．

　関数 $f(x)$ において

　　　x が増えると，$f(x)$ も増える

とき，$f(x)$ を**増加関数**といいます．もう少し厳
密にいうと，ある区間 I において

　　　$x_1, x_2 \in I, x_1 < x_2 \Longrightarrow f(x_1) < f(x_2)$

であるならば，$f(x)$ は I で増加関数であるといいます．

　例えば，$y=x^3$ は実数全体で増加関数です．
なぜなら，$x_1 < x_2$ とすると

　　　$x_2{}^3 - x_1{}^3$
　　　$=(x_2-x_1)(x_2{}^2+x_2 x_1+x_1{}^2)$
　　　$=(x_2-x_1)\left\{\left(x_2+\dfrac{x_1}{2}\right)^2+\dfrac{3}{4}x_1{}^2\right\}>0$

　　　$\therefore$　$x_1{}^3 < x_2{}^3$

$x_1 < x_2 \Longrightarrow x_1{}^3 < x_2{}^3$ をみたすので，$y=x^3$ は
実数全体で増加関数です．

　$f'(x)$ の符号と $f(x)$ の増減の間には密接な関
係があります．それは，関数 $f(x)$ がある区間 I
において

　　つねに $f'(x)>0 \Longrightarrow f(x)$ は I で増加関数

ということです．

　ここで，$f'(x)>0$ は $f(x)$ が増加であるため
の十分条件とはなりますが，必要条件でないこと
に注意しましょう．上の例 $y=x^3$ のように，
$f'(0)=0$ であっても，実数全体で（もちろん，
$x=0$ も含めて）増加関数ということがあるのです．

　これを修正すると

　　「**ある区間 I において，$f'(x)=0$ となる x が**
　　有限個のとき，

　　　　つねに $f'(x)\geqq 0 \Longleftrightarrow f(x)$ が I で増加関数」

となります．

第6章

解法のプロセス

3次関数 $f(x)$ が $0\leqq x\leqq 1$
でつねに増加

⇩

$0\leqq x\leqq 1$ でつねに
$f'(x)\geqq 0$

⇩

2次関数 $f'(x)$ の軸の位置
による場合分け

注 　$f'(a)>0$ のとき, 関数 $f(x)$ は
　　$x=a$ で増加の状態にある
といいます.

〈 **解　答** 〉

　　　$f(x)=x^3-3ax^2+3bx-2$
　　　$f'(x)=3x^2-6ax+3b$
　　　　　　$=3(x-a)^2+3b-3a^2$
　　$f(x)$ が $0\leqq x\leqq 1$ でつねに増加
　$\Longleftrightarrow 0\leqq x\leqq 1$ において, つねに $f'(x)\geqq 0$
　$\Longleftrightarrow 0\leqq x\leqq 1$ における $f'(x)$ の最小値が 0 以上
　　　である

　$f'(x)$ は 2 次関数ゆえ, $f'(x)$ のグラフの軸
$x=a$ の位置で場合分けしながら, $0\leqq x\leqq 1$ におけ
る $f'(x)$ の最小値を調べていく.

(ⅰ) $a\leqq 0$ のとき, $\min f'(x)=f'(0)=3b$ であるか
　　ら, $\min f(x)\geqq 0$ である条件は
　　　　$b\geqq 0$

(ⅱ) $0\leqq a\leqq 1$ のとき, $\min f'(x)=f'(a)=3(b-a^2)$
　　であるから, $\min f(x)\geqq 0$ である条件は
　　　　$b\geqq a^2$

(ⅲ) $1\leqq a$ のとき, $\min f'(x)=f'(1)=3(1-2a+b)$
　　であるから, $\min f(x)\geqq 0$ である条件は
　　　　$b\geqq 2a-1$

← (ⅰ), (ⅱ), (ⅲ)の端点にすべて等
　号を入れておくと, 点 (a, b)
　を図示するとき, 境界がつな
　がっていることがよくわかる

以上より, 点 (a, b) の存在範囲は
　　　「$a\leqq 0$ かつ $b\geqq 0$」
　　　または
　　　「$0\leqq a\leqq 1$ かつ $b\geqq a^2$」
　　　または
　　　「$a\geqq 1$ かつ $b\geqq 2a-1$」
であり, 図示すると右図の斜線部分となる. 境界も
含む. ($b=a^2$ と $b=2a-1$ のグラフは $a=1$ で接
している.)

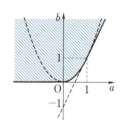

演習問題

(101) 　$f(x)=ax^3-x^2+(a-2)x+1$ が単調増加であるための a の範囲を求め
　よ.

(東邦大)

> a, b を実数とするとき, x の関数 $f(x)=x^4+ax^2-2(a+2)x+b$ がただ
> 1つの極値をもち, かつ, その極値が正であるための a, b の関係を求めよ.
>
> (東京医大)

精 講 関数 $f(x)$ において, $x=a$ を内部に含む十分小さい区間において, a と異なる任意の x に対して

$f(a)<f(x)$ ならば, $f(a)$ を**極小値**

$f(x)<f(a)$ ならば, $f(a)$ を**極大値**

つまり, 局所的な最小値, 局所的な最大値をそれぞれ**極小値, 極大値**といいます. 極小値と極大値をまとめて**極値**といいます.

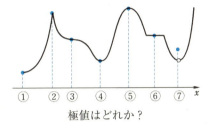

極値はどれか？

では, 上図の7つの点のうち極値となるのはどの点でしょうか. (→研究 を参照.)

連続な関数においては,

　　　　減少から増加に変わるところが極小値,

　　　　増加から減少に変わるところが極大値

です.

微分可能な関数においては, $f'(x)$ の符号の変化を調べることになります. すなわち

$f'(x)$ **の符号が負から正に変わるところが極小値**

$f'(x)$ **の符号が正から負に変わるところが極大値**

です.

$x=a$ で $f(x)$ が微分可能な関数のときは

　　　　$f(a)$ が極値 $\Longrightarrow f'(a)=0$

が成り立ちますが, 逆は成り立ちません.

（$y=x^3$ での $x=0$ のときが反例）.

解法のプロセス

　4次関数 $f(x)$ がただ1つの極値をもつ

　　　　⇩

　$f'(x)$ の符号がただ1回変化する

　　　　⇩

　3次関数 $f'(x)$ のグラフを調べる

第6章

〈 **解 答** 〉

$f(x)=x^4+ax^2-2(a+2)x+b$

$f'(x)=4x^3+2ax-2(a+2)=2(x-1)(2x^2+2x+a+2)$

$g(x)=2x^2+2x+a+2$ とおく.

　　　　$f(x)$ がただ1つの極値をもつ

　　　　$\Longleftrightarrow f'(x)$ の符号がただ1回変化する

$\Longleftrightarrow$ (i) $g(x)$ の符号は変化しない　または　(ii) $g(1)=0$

(i)である条件は，$g(x)=0$ の判別式を D とおくと，$D \le 0$ より

$$1-2(a+2) \le 0 \qquad \therefore \quad a \ge -\frac{3}{2}$$

さらに，極値 $f(1)>0$ より　$-a+b-3>0$

(ii)である条件は，$a+6=0$　　　$\therefore$　$a=-6$

このとき，$g(x)=2x^2+2x-4=2(x-1)(x+2)$

$$\therefore \quad f'(x)=4(x-1)^2(x+2)$$

さらに，極値 $f(-2)>0$ より $8a+b+24>0$　　$\therefore$　$b-24>0$

以上より，求める $a,\ b$ の関係は

$$\text{「}a \ge -\frac{3}{2}\ \text{かつ}\ b>a+3\text{」または「}a=-6\ \text{かつ}\ b>24\text{」}$$

研究　前ページ図の①は，この関数の最小値になっているが，定義域の端点であり，この点を内部に含む小区間がとれないので，極値の対象とはならない．

②は尖っていて，微分できない点であるが局所的な最大値となっているから極大値である．

③は $f'(x)=0$ であるが，$f'(x)$ の符号の変化はなく（この点の付近では $f'(x) \le 0$），極値ではない．

④，⑤がそれぞれ極小値，極大値というのは問題ないだろう．

⑥はこの付近でつねに $f'(x)=0$ の状態である．局所的には定数関数となっており，極値ではない．

⑦は不連続な状態での話である．連続であろうとなかろうと局所的な最大値であるから，これは極大値である．

私達が扱うのは整式で表された関数であり，⑦のような不連続な点は現れない．ただ，$y=|x(x-1)|$ といった微分できない点を含む関数も扱う対象となる．

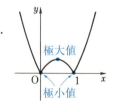

結局①〜⑦のうち，極大値は②，⑤，⑦，極小値は④である．

演習問題

(102-1)　x の関数 $y=x^4-4(a-1)x^3+2(a^2-1)x^2$ が極大値をもつような実数 a の値の範囲を求めよ． (阪　大)

(102-2)　4次関数 $f(x)=\dfrac{1}{4}x^4+\dfrac{1}{3}ax^3+\dfrac{1}{2}bx^2+2x$ は $x=-2$ において極値をとり，さらに $x=-2$ 以外でも $f'(c)=0$ となる $x=c$ があるが，$x=c$ では極値をとらないものとする．このとき $a,\ b$ の値を求めよ． (東京農工大)

標問 **103**　**3次関数の極値と対称性**

3次関数 $f(x)=x^3+3px^2+3qx+r$ が $x=\alpha$ で極大, $x=\beta$ で極小となるとき

(1)　$f(\alpha)+f(\beta)$ を p, q, r で表せ.

(2)　曲線 $y=f(x)$ の極大点, 極小点(それぞれ y 座標が極大, 極小となる点)をそれぞれ A, B とすれば, 線分 AB の中点 M はこの曲線上にあることを示せ. (愛知大, *大阪工大)

精 講　(1)　$f'(x)=0$ の解 α, β が簡単な形で表されるときは, α, β を $f(x)$ に代入して $f(\alpha)+f(\beta)$ を計算すればよいのですが, α, β が複雑なときは直接代入するのは無謀です.

このときは

　　　$f(x)$ を $f'(x)$ で割って
　　　$f(x)=f'(x)g(x)+r(x)$
　　　　　（$g(x)$ は商, $r(x)$ は余り）

という等式をつくっておきます. α は $f'(x)=0$ の解なので, $f'(\alpha)=0$, すなわち

　　　$f(\alpha)=0\cdot g(\alpha)+r(\alpha)=r(\alpha)$

となり, $f(x)$ より次数の低い $r(x)$ に α を代入すればよいことになります.

(2)　線分 AB の中点 M が曲線 $y=f(x)$ 上にあることを示すには, M の x 座標が $\dfrac{\alpha+\beta}{2}$ なので

　　　M の y 座標 $\dfrac{f(\alpha)+f(\beta)}{2}$ が $f\Big(\dfrac{\alpha+\beta}{2}\Big)$ に等しい

ことを確かめることになります.

解法のプロセス

(1)　極値 $f(\alpha)$ を求めるには
　$f(x)$ を $f'(x)$ で割って
　$f(x)=f'(x)g(x)+r(x)$
　　　⇩
　$f(\alpha)=r(\alpha)$

(2)　AB の中点が曲線上にある
　　　⇩
　$\Big(\dfrac{\alpha+\beta}{2},\ \dfrac{f(\alpha)+f(\beta)}{2}\Big)$ が曲線上にある
　　　⇩
　$\dfrac{f(\alpha)+f(\beta)}{2}=f\Big(\dfrac{\alpha+\beta}{2}\Big)$

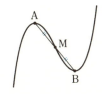

第6章

⟨　**解 答**　⟩

(1)　$f(x)=x^3+3px^2+3qx+r$
　　$f'(x)=3x^2+6px+3q$
　　　　　$=3(x^2+2px+q)$
　であり
　　$f(x)=(x^2+2px+q)(x+p)+2(q-p^2)x+r-pq$

$$
\begin{array}{r}
1 \quad p \\
1\ 2p\quad q\ \overline{)\,1\ \ 3p\quad\ 3q\qquad\ r\,} \\
\underline{1\ 2p\qquad q} \\
p\quad 2q\qquad\ r \\
\underline{p\quad 2p^2\qquad pq} \\
2(q-p^2)\quad r-pq
\end{array}
$$

$$=\frac{1}{3}f'(x)(x+p)+2(q-p^2)x+r-pq$$

である.

$f'(\alpha)=f'(\beta)=0$ であるから

$$f(\alpha)=2(q-p^2)\alpha+r-pq$$
$$f(\beta)=2(q-p^2)\beta+r-pq$$
$$\therefore\quad f(\alpha)+f(\beta)=2(q-p^2)(\alpha+\beta)+2(r-pq)$$

解と係数の関係より

$$\alpha+\beta=-2p$$

← $\alpha,\ \beta$ は
$x^2+2px+q=0$
の解である

であるから

$$f(\alpha)+f(\beta)=-4p(q-p^2)+2(r-pq)$$
$$=4p^3-6pq+2r$$

(2) $A(\alpha,\ f(\alpha))$, $B(\beta,\ f(\beta))$ である. 線分 AB の中点を $M(x,\ y)$ とすれば

$$x=\frac{\alpha+\beta}{2}=\frac{-2p}{2}=-p$$

$$y=\frac{f(\alpha)+f(\beta)}{2}=2p^3-3pq+r$$

一方, $f\left(\dfrac{\alpha+\beta}{2}\right)=f(-p)=2p^3-3pq+r$

← $f\left(\dfrac{\alpha+\beta}{2}\right)=$（M の y 座標）

よって, M は曲線 $y=f(x)$ 上にある.

研究 1° (2)で, 極大となる点と極小となる点が曲線上の1点に関して対称であることを示した. 実は, 3次関数のグラフは, 極大となる点, 極小となる点だけでなく, 曲線全体も曲線上のこの1点に関して対称である. 一般化した形では

> 3次関数 $f(x)=ax^3+bx^2+cx+d$ のグラフは, 曲線上の点 $M\left(-\dfrac{b}{3a},\ f\left(-\dfrac{b}{3a}\right)\right)$ に関して対称である.

（証明） $y=f(x)$ を M が原点に移るように平行移動したときの関数が奇関数であることを示せばよい.

$-\dfrac{b}{3a}=p$ とおき, $y=f(x)$ を x 軸正方向に $-p$, y 軸正方向に $-f(p)$ だけ平行移動すると

$$y=a(x+p)^3+b(x+p)^2+c(x+p)+d-f(p)$$
$$\therefore\quad y=ax^3+(3ap+b)x^2+(3ap^2+2bp+c)x$$
$$\therefore\quad y=ax^3-\frac{b^2-3ac}{3a}x\qquad\left(\because\quad p=-\frac{b}{3a}\right)$$

これは奇関数なので，$y=f(x)$ は点 M に関して対称である．

(注) $f'(x)=3ax^2+2bx+c,\ f''(x)=6ax+2b$

であり，$f''(x)=0$ の解が $x=-\dfrac{b}{3a}$ である．

$y=f(x)$ は M を境にして，凹凸を変えるので M は**変曲点**とよばれる．

2° 3次関数 $f(x)=ax^3+bx^2+cx+d$ が
$x=\alpha,\ \beta\ (\alpha<\beta)$ で極値をもつとき，点
$(\alpha,\ f(\alpha))$ における接線 $y=f(\alpha)$ と曲線
$y=f(x)$ の交点の x 座標のうち α でない
ものを γ とすると

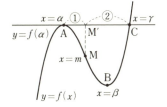

$$f(x)-f(\alpha)$$
$$=ax^3+bx^2+cx+d-f(\alpha)$$
$$=a(x-\alpha)^2(x-\gamma)$$

とおける．展開して x^2 の係数を比較すると　$2\alpha+\gamma=-\dfrac{b}{a}$

1° の M の x 座標 $-\dfrac{b}{3a}$ を m とおくと

$$2\alpha+\gamma=3m \qquad \therefore\quad m=\dfrac{2\alpha+\gamma}{3}$$

上図において　AM′：M′C＝1：2
であることが示された．

もう一方の極値における接線 $y=f(\beta)$ と曲線
$y=f(x)$ の交点についても同じことがいえるから，
3次曲線のグラフは右図のようになる．

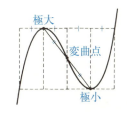

演習問題

(103-1) x の関数 $f(x)=x^3+ax^2+2x-2a$ が 2 つの異なる極値をもち，しかも極大値と極小値の和が 0 となるように定数 a の値を定めよ． (杏林大)

(103-2) 3次関数 $f(x)=3x^3+ax^2+bx+c$ が次の条件(1), (2)をみたすとき，定数 a, b, c の値を求めよ．

(1) $f(x)$ は $x=\alpha$ および $x=\beta\ (\alpha\neq\beta)$ で極値をとり，2 点 $(\alpha,\ f(\alpha))$, $(\beta,\ f(\beta))$ は点 $(0,\ 1)$ に関して対称である．

(2) $|f(\alpha)-f(\beta)|=\dfrac{4}{9}$ (京都工繊大)

(103-3) 3次関数 $f(x)=x^3+ax^2+bx+c$ が $x=\alpha$ で極大値，$x=\beta$ で極小値をとり，$f(\gamma)=f(\alpha)$，$\gamma\neq\alpha$ とする．

(1) a, b を α, β で表せ． (2) $(\gamma-\beta):(\beta-\alpha)$ を求めよ． (宮城教育大)

第6章

標問 **104** 文字係数を含む関数の最大・最小

関数 $f(x)=|x^3-3a^2x|$ の $0\leqq x\leqq1$ における最大値 $M(a)$ を求めよ．ただし，$a\geqq0$ とする．さらに，$M(a)$ を最小にする a の値を求めよ． （福井大）

精講 関数 $y=|g(x)|$ のグラフは，$y=g(x)$ のグラフをかいて，x 軸の下側の部分を上側に

折り返す

ことにより得られます．絶対値をはずすための場合分けは問題を煩雑にするだけです．

本問の場合は，$g(x)=x^3-3a^2x$ だから
$$g'(x)=3x^2-3a^2=3(x+a)(x-a)$$

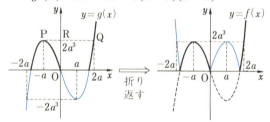

図の点Qの x 座標は，$y=x^3-3a^2x$ と $y=2a^3$ を連立させて求めます．このとき，Pの x 座標 $-a$ が重解となることを考えれば，連立した式は直ちに整理されるでしょう．

次に $y=f(x)$ のグラフをみると，$M(a)$ を求めるためには

定義域の右端 $x=1$ の位置が区間

$a\leqq x\leqq2a$ の範囲にあるか否かで場合分け

が必要なことに気づきます．

解法のプロセス

折り返しを利用して $y=|g(x)|$ のグラフをかく

⇩

$y=|g(x)|$ が最大となるのは極大または右端

⇩

定義域の右端 $x=1$ の位置と区間 $a\leqq x\leqq2a$ を比較しながら最大値を求める

← 3次関数の対称性から
  PR：RQ＝1：2
より，Qの x 座標は $2a$ とわかる
（標問 **103** の →**研究** を参照）

〈 **解 答** 〉

$g(x)=x^3-3a^2x$ とおく．
$g'(x)=3x^2-3a^2=3(x+a)(x-a)$
$a>0$ のとき，$x\geqq0$ における $g(x)$ の増減表は右のようになる．
$x^3-3a^2x=2a^3$ を解くと
$$x^3-3a^2x-2a^3=0$$

x	0	$\cdots$	a	$\cdots$
$g'(x)$		$-$	0	$+$
$g(x)$	0	$\searrow$	$-2a^3$	$\nearrow$

$\therefore \quad (x+a)^2(x-2a)=0$

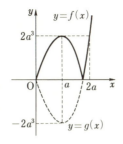

← $x=-a$ は重解となる

よって $x\geqq0$ での解は

$\qquad x=2a$

これより，$x\geqq0$ における $y=f(x)\ (=|g(x)|)$ の
グラフは右図のようになる．

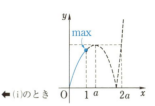

$0\leqq x\leqq1$ における最大
値 $M(a)$ は

(ⅰ) $1\leqq a$ のとき

$\qquad M(a)=f(1)=-g(1)=3a^2-1$

←(ⅰ)のとき

(ⅱ) $a\leqq1\leqq2a\ \left(\dfrac{1}{2}\leqq a\leqq1\right)$ のとき

$\qquad M(a)=f(a)=-g(a)=2a^3$

←(ⅱ)のとき

(ⅲ) $2a\leqq1\ \left(0<a\leqq\dfrac{1}{2}\right)$ のとき

$\qquad M(a)=f(1)=g(1)=1-3a^2$

←(ⅲ)のとき

$a=0$ のとき，$f(x)=|x^3|=x^3\ (x\geqq0)$ は単調増
加であり，$0\leqq x\leqq1$ における最大値 $M(0)$ は

$\qquad M(0)=f(1)=1$

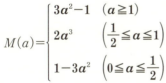

これは(ⅲ)の結果に含めることができる．
よって，

$$M(a)=\begin{cases} 3a^2-1 & (a\geqq1) \\ 2a^3 & \left(\dfrac{1}{2}\leqq a\leqq1\right) \\ 1-3a^2 & \left(0\leqq a\leqq\dfrac{1}{2}\right) \end{cases}$$

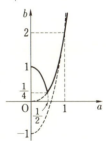

$b=M(a)$ のグラフは右図のようになる．
（$b=3a^2-1$ と $b=2a^3$ のグラフは $a=1$ で接して
いる）

よって，$M(a)$ を最小にする a の値は

$\qquad a=\dfrac{1}{2}$ である．

演習問題

(104) 関数 $f(x)=3x^2-ax^3$ の区間 $0\leqq x\leqq2$ における最小値は -4 である．

(1) a の値を求めよ．

(2) 区間 $0\leqq x\leqq2$ における $f(x)$ の最大値 M を求めよ． （一橋大）

第6章

標問 **105** 変化する定義域における関数の最大・最小

$f(t)=2t^3-9t^2+12t-2$ とする. 各実数 x に対して, 区間 $x \leqq t \leqq x+1$ における $f(t)$ の最大値を対応させる関数を $g(x)$ で表す.

$g(x)$ を求め, $y=g(x)$ のグラフをかけ. （信州大）

精 講 $y=f(t)$ のグラフは, 微分し, 増減を調べれば直ちに得られます. 問題はこの関数の定義域が確定されていないということです. xを与えることにより定義域がいろいろに変わるのです. しかし, いずれのときも

定義域の幅が1

ということは変わりません. このことに注意して x を動かしていくと, 最大値を調べるには次の4つの場合分けが必要なことに気づきます.

解法のプロセス

定義域の幅が 1 であることに着目

⇩

$f(x)=f(x+1)$ となる x で左端, 右端の大小が入れかわる

⇩

最大となるのは, 極大点または端点である

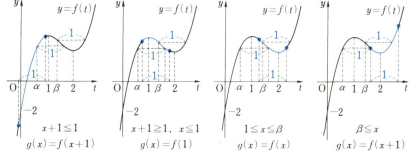

| $x+1 \leqq 1$ | $x+1 \geqq 1,\ x \leqq 1$ | $1 \leqq x \leqq \beta$ | $\beta \leqq x$ |
| $g(x)=f(x+1)$ | $g(x)=f(1)$ | $g(x)=f(x)$ | $g(x)=f(x+1)$ |

第3, 第4の場合の β は $f(x)=f(x+1)$ となる x の大きい方の値です.

〈 **解 答** 〉

$f(t)=2t^3-9t^2+12t-2$

$f'(t)=6t^2-18t+12=6(t-1)(t-2)$

$f(t)$ の増減表は次のようになる.

t	$\cdots$	1	$\cdots$	2	$\cdots$
$f'(t)$	+	0	−	0	+
$f(t)$	↗	3	↘	2	↗

$f(t)=f(t+1)$ となる t を求める.

$f(t+1)-f(t)=6t^2-12t+5$

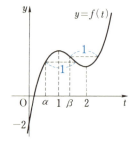

であり，$6t^2-12t+5=0$ を解くと

$$t=\frac{6\pm\sqrt{6}}{6}$$

この2数を α, β $(\alpha<\beta)$ とすると $y=f(t)$ のグラフは前図のようになる．
これより，$x\leqq t\leqq x+1$ における $f(t)$ の最大値 $g(x)$ は

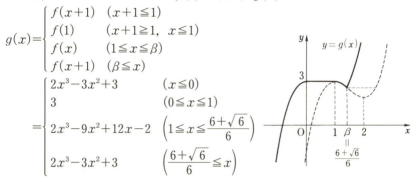

$$g(x)=\begin{cases} f(x+1) & (x+1\leqq1) \\ f(1) & (x+1\geqq1,\ x\leqq1) \\ f(x) & (1\leqq x\leqq\beta) \\ f(x+1) & (\beta\leqq x) \end{cases}$$

$$=\begin{cases} 2x^3-3x^2+3 & (x\leqq0) \\ 3 & (0\leqq x\leqq1) \\ 2x^3-9x^2+12x-2 & \left(1\leqq x\leqq\dfrac{6+\sqrt{6}}{6}\right) \\ 2x^3-3x^2+3 & \left(\dfrac{6+\sqrt{6}}{6}\leqq x\right) \end{cases}$$

これを図示すると右図のようになる．

研究

1° $y=g(x)$ のグラフをかくとき，例えば，

$\qquad x\leqq0$ のときは $y=g(x)=f(x+1)$

であるから，$y=f(x)$ のグラフを x 軸正方向に -1 だけ平行移動すればよい．

2° $f(t)$ の最大値 $g(x)$ は，極大値となる $x=1$ が定義域 $x\leqq t\leqq x+1$ に含まれるか否かで場合分けすると

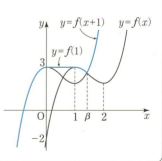

$$g(x)=\begin{cases} x\leqq1\leqq x+1 \text{ のとき，} \\ \max\{f(x),\ f(1),\ f(x+1)\} \\ x+1\leqq1 \text{ または } 1\leqq x \text{ のとき，} \\ \max\{f(x),\ f(x+1)\} \end{cases}$$

ここで，$\max\{X,\ Y\}$ は X, Y を比較して小さくない方を表すものとする．

$f(x)=f(x+1)$ の大きい方の解を β とすると $y=g(x)$ のグラフは右図の青線部分となる．

演習問題

105 x の関数 $f(x)=(x^2-4)(x^2-9)$ の，$t\leqq x\leqq t+1$ という範囲における最大値を $g(t)$ とする．t が $-3\leqq t\leqq3$ の範囲を動くとき，関数 $s=g(t)$ を求め，そのグラフをえがけ．

（東　大）

標問 **106** **図形の最大・最小⑴**

> 半径2の円に内接する二等辺三角形の中で，面積が最大となるものを求めよ．
>
> （立教大）

精講 変数のとり方によって，三角形の面積はいろいろな形で表されます．

例えば，右図において，$\mathrm{BM}=t$ とおくと

$$\triangle \mathrm{ABC}=\frac{1}{2}\cdot 2t(2+\sqrt{4-t^2})$$

あるいは，$\angle \mathrm{OBM}=\theta$ とおくと

$$\triangle \mathrm{ABC}=2\cos\theta(2+2\sin\theta)$$

となりますが，どちらも数学Ⅱの範囲で最大値を求めるのは無理です（数学Ⅲの範囲なら O.K.）

変数のとり方に工夫が必要です．最大値を考えるので3点は A，O，M の順に並びます．

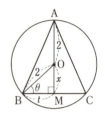

解法のプロセス

必要なものができるだけ簡単な式で表されるように
変数のとり方を工夫する

〈 **解答** 〉

BC の中点を M とすると，最大値を考えるので A，O，M はこの順に並ぶものとしてよい．

$\mathrm{OM}=x$ $(0\leqq x<2)$ とすると

$$\triangle \mathrm{ABC}=\frac{1}{2}\cdot 2\mathrm{BM}\cdot \mathrm{AM}=\sqrt{4-x^2}\,(2+x)=\sqrt{(2-x)(2+x)^3}$$

$f(x)=(2-x)(2+x)^3$ とおくと　　　　← $\sqrt{}$ の中を考える

$f'(x)=-(2+x)^3+(2-x)\cdot 3(2+x)^2$　　← 積の微分法

$\qquad =4(1-x)(2+x)^2$

右の増減表が得られ，面積は $x=1$ のとき最大となる．このとき，

$$\mathrm{BM}=\sqrt{4-1}=\sqrt{3}\qquad \therefore\quad \mathrm{BC}=2\sqrt{3}$$

また，$\mathrm{AB}=\mathrm{AC}=\sqrt{3^2+\mathrm{BM}^2}=2\sqrt{3}$

よって，面積が最大となるのは**正三角形**のときである．　　← 最大面積は $3\sqrt{3}$

x	0	$\cdots$	1	$\cdots$	(2)
$f'(x)$		$+$	0	$-$	
$f(x)$		$\nearrow$	27	$\searrow$	

演習問題

106 直径 AB の半円がある．この半円に図のように台形 ABQP を内接させるとき，その台形の面積の最大値を求めよ．ただし，$\mathrm{AB}=2r$ とする．

（名古屋大）

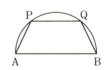

標問 **107** 図形の最大・最小(2)

水平におかれたコップに水がいっぱい入っている．コップの内側は，口の半径が a，底の半径が b $(a>b)$，深さが h の円錐台をなしている．このコップに半径が x，高さが h より大きい直円柱のガラス棒をその底面が水平になるように沈めるとき，排除される水の量 V が最大となるような x を求めよ．

(広島大)

精講 x の動く範囲は $0<x<a$ ですが，$0<x\leqq b$ において V が最大となるのは明らかに $x=b$ のときなので，$b\leqq x<a$ の範囲での V の最大値を考えれば十分です．

ガラス棒の半径 x が与えられれば，ガラス棒とコップがどの位置で触れるか決まります．

すなわち，ガラス棒の水に沈んだ部分の長さは x で表すことができます．これにより，排除される水の量

$$V=\pi x^2\times(\text{ガラス棒の水に沈んだ長さ})$$

は x の関数として表されます．

このあとは，V を x で微分します．増減表をかくときに，**極値となる x が定義域 $b\leqq x<a$ 内にあるか否かの場合分け**が必要になります．

> **解法のプロセス**
>
> 水に沈んだガラス棒の長さを x で表し
>
> ⇩
>
> V を x の関数として表す
>
> ⇩
>
> V の極値となる x が定義域 $b\leqq x<a$
>
> の内にあるか否かで場合分けする

第6章

〈 **解 答** 〉

$0<x\leqq b$ のとき，V は単調増加であり，V は $x=b$ で最大となる．したがって，$b\leqq x<a$ で考えれば十分である．

ガラス棒の水に沈んだ部分の長さを y とすれば，右図で，$\triangle APQ \backsim \triangle ABC$ から

$$\frac{y}{a-x}=\frac{h}{a-b} \qquad \therefore \quad y=\frac{a-x}{a-b}h$$

$$\therefore \quad V=\pi x^2 y=\frac{\pi h}{a-b}x^2(a-x)$$

ここで，$f(x)=x^2(a-x)$ とおくと

$$f'(x)=2ax-3x^2=3x\left(\frac{2a}{3}-x\right)$$

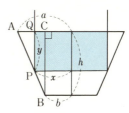

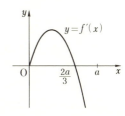

$f(x)$ が極値となる $x = \dfrac{2a}{3}$ が定義域 $b \leqq x < a$ 内にあるか否かで場合分けする.

(ⅰ) $b \geqq \dfrac{2a}{3}$ のとき,

　　$b \leqq x < a$ の範囲で $f'(x) \leqq 0$

　よって, $f(x)$ は $x = b$ で最大.

(ⅱ) $b < \dfrac{2a}{3}$ のとき, $f(x)$ は右表のように増減し,

　$x = \dfrac{2a}{3}$ で最大.

x	b	$\cdots$	$\dfrac{2a}{3}$	$\cdots$	(a)
$f'(x)$		$+$	0	$-$	
$f(x)$		$\nearrow$		$\searrow$	

　　ゆえに, 求める x は

$$\frac{3}{2} < \frac{a}{b} \ \text{のとき}, \quad x = \frac{2a}{3}$$

$$1 < \frac{a}{b} \leqq \frac{3}{2} \ \text{のとき}, \quad x = b$$

研 究 このとき, V は $\dfrac{a}{b}$ が 1 に近ければ $x = b$ で最大となり, 1 よりある程度大きければ $x > b$ をみたす x で最大になると見当がつく.

本問の結果より「ある程度」の境目が $\dfrac{a}{b} = \dfrac{3}{2}$ であることがわかった. 下図を参照せよ.

$1 < \dfrac{a}{b} \leqq \dfrac{3}{2}$ のとき　　　　$\dfrac{a}{b} > \dfrac{3}{2}$ のとき

演習問題

(107) 2辺の比が 2:1 である長方形を底面とする直方体が, 半径 $r\ (r > 0)$ の球に内接している.

(1) 直方体の高さを x とするとき, この直方体の体積 V を x, r で表せ.

(2) r が一定のとき, V の最大値を求めよ.　　　　　　　　　　(専修大)

標問 **108** 方程式への応用(1)

次の方程式が相異なる3つの実数解をもつような a の値の範囲を求めよ.

(1) $x^3-3x^2+2-a=0$ （熊本大）

(2) $x^3-3ax-2a+4=0$ （玉川大）

精講 (1) 与えられた方程式において
定数 a を分離し,
$$x^3-3x^2+2=a$$
と変形すれば,

もとの方程式の実数解の個数
= 曲線 $y=x^3-3x^2+2$ と直線 $y=a$
の共有点の個数

といいかえることができます.

(2) (1)と同じように, 定数 a を分離して
$$x^3+4=a(3x+2)$$
を考えることもできますが(研究 参照), こちら
は3次関数 $y=x^3-3ax-2a+4$ のグラフをか
くことにより考えてみましょう.

左辺を $f(x)$ とおくと, $f(x)=0$ が異なる3つ
の実数解をもつ条件は, $f(x)$ が

（極大値）×（極小値）<0

であるような極値をもつことです.

解法のプロセス

方程式 $f(x)=0$ の実数解
(1) $f(x)=g(x)-a$ のとき
$f(x)=0 \Longleftrightarrow g(x)=a$
⇩
$y=g(x)$ と $y=a$ の共有点
の個数を調べる
(2) $y=f(x)$ の極値の符号を
調べる
$f(x)=0$ の実数解3個
$\Longleftrightarrow$
（極大値）×（極小値）<0

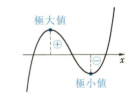

第6章

〈 **解 答** 〉

(1) 与えられた方程式は $x^3-3x^2+2=a$ と言いか
えられる.
$f(x)=x^3-3x^2+2$ とおくと
$f'(x)=3x^2-6x=3x(x-2)$
よって, $y=f(x)$ のグラフは右図のようになる.
ゆえに, 直線 $y=a$ との交点の個数が3つにな
るような a の値の範囲は $-2<a<2$

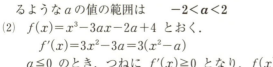

(2) $f(x)=x^3-3ax-2a+4$ とおく.
$f'(x)=3x^2-3a=3(x^2-a)$
$a\leqq0$ のとき, つねに $f'(x)\geqq0$ となり, $f(x)$ は単調増加であり, $f(x)=0$
の実数解はただ1つである. よって, 不適.

$a>0$ のとき, $f'(x)=3(x+\sqrt{a})(x-\sqrt{a})$ であり, $f(x)$ は $x=\pm\sqrt{a}$ で極値をもつ.

$f(x)=0$ が異なる3つの実数解をもつ条件は
$$f(-\sqrt{a})f(\sqrt{a})<0$$
◆ (極大値)(極小値)<0

である.

$$\begin{aligned}
f(-\sqrt{a})f(\sqrt{a})&=(2a\sqrt{a}-2a+4)(-2a\sqrt{a}-2a+4)\\
&=(-2a+4)^2-(2a\sqrt{a})^2\\
&=-4(a^3-a^2+4a-4)\\
&=-4(a-1)(a^2+4)
\end{aligned}$$

なので $-4(a-1)(a^2+4)<0$

∴ $a>1$ ($a>0$ をみたす)

よって, 求める a の値の範囲は $a>1$

研究

(1) **解答**のグラフより, いろいろなことが読みとれる. 例えば

(i) 3つの実数解をもち, かつ, その解のうちの1つが $1<x<2$ の範囲にあるような, a の値の範囲を求めよ. (答) $-2<a<0$

(ii) 異なる3つの実数解 α, β, γ $(\alpha<\beta<\gamma)$ をもつとき, α, β, γ の値の範囲を求めよ. (答) $-1<\alpha<0<\beta<2<\gamma<3$

(2) $x^3+4=a(3x+2)$ と変形するなら, $g(x)=x^3+4$ とおく.

点 (t, t^3+4) における接線
$$y=3t^2x-2t^3+4$$

が点 $\left(-\dfrac{2}{3}, 0\right)$ を通るのは
$$0=-2t^2-2t^3+4=-2(t-1)(t^2+2t+2)$$
より, $t=1$ のときである. 条件をみたすのは

傾き $3a>3\cdot1^2$ ∴ $a>1$

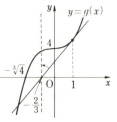

演習問題

(108-1) 曲線 $y=x^3-3ax^2+3$ が線分 $\left\{(x, y)\,|\,0\le x\le2,\ y=\dfrac{5}{2}\right\}$ と共有点をもつように, a の値の範囲を定めよ. (福島大)

(108-2) 直方体 P の1つの頂点に集まる3辺の長さを a, b, c $(a\le b\le c)$ とする. $a+b+c=6$ かつ P の6つの面の面積の和が18であるという条件のもとで

(1) 各辺の長さの動き得る範囲を求めよ.

(2) P の体積 V の最大値とそのときの a, b, c を求めよ. (関西学院大)

(Hint : $a+b+c=6$, $ab+bc+ca=9$, $abc=V$ から a, b, c は, $x^3-6x^2+9x-V=0$ の正の実数解.)

標問 **109** **方程式への応用(2)**

3次方程式 $x^3+3px+q=0$ (p, q は実数) において，$D=4p^3+q^2$ とするとき，この方程式の解について，次のことを示せ．

$$\begin{cases} D<0 \text{ ならば，異なる 3 つの実数解をもつ．} \\ D=0 \text{ ならば，解のすべては実数解であり，重解をもつ．} \\ D>0 \text{ ならば，1 つの実数解と異なる 2 つの虚数解をもつ．} \end{cases}$$

精講 3次方程式 $x^3+3px+q=0$ の解は 3次関数 $y=x^3+3px+q$ のグラフをかき，x 軸との共有点の状態を調べればよく，極値をもつときは

極値の符号

を調べることにより，x 軸との共有点の状態がわかります．したがって，本問はまず

極値をもつかどうか

で場合分けをします．$y'=3(x^2+p)$ ですから，$p \geqq 0$ のときは極値をもたないのですが，本問の D に対して，$p>0$ のときは，$D=4p^3+q^2>0$ と定符号ですが，$p=0$ のときは $D=q^2 \geqq 0$ となり，D の符号が正であったり，0 だったりしますので，$p=0$ は別扱いとします．

$p<0$ のときは極値をもち，このときは，さらに (極大値)×(極小値) の符号で場合分けすることになります．

解法のプロセス

3次方程式の解の状態

⇩

3次関数のグラフをかき，x 軸との共有点を調べる

⇩

$f'(x)$ を計算

⇩

極値をもつかどうか，極値の符号はどうかで場合分けする

第6章

〈 **解答** 〉

$f(x)=x^3+3px+q$ とおく．
$f'(x)=3x^2+3p$

(i) $p<0$ のとき，$f'(x)=0$ は $x=\pm\sqrt{-p}$ を解にもつ．

x	$\cdots$	$-\sqrt{-p}$	$\cdots$	$\sqrt{-p}$	$\cdots$
$f'(x)$	$+$	0	$-$	0	$+$
$f(x)$	↗		↘		↗

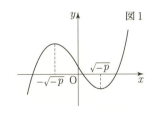

図1

(極大値)×(極小値)$=f(-\sqrt{-p})f(\sqrt{-p})$

$\qquad =(-2p\sqrt{-p}+q)(2p\sqrt{-p}+q)$

$\qquad =4p^3+q^2=D$

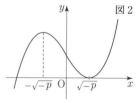

図2

$D<0$ ならば，$y=f(x)$ のグラフは図1のようになり，$f(x)=0$ は異なる3つの実数解をもつ．

$D=0$ ならば，極大値，極小値のどちらか一方が0であり（図2参照），$f(x)=0$ の解はすべて実数解であり，2重解をもつ．

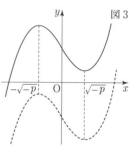

図3

$D>0$ ならば，極大値，極小値は同符号であり（図3参照），$f(x)=0$ は1つの実数解と2つの虚数解をもつ．

(ii) $p=0$ のとき，$f(x)=x^3+q$，$D=q^2$

$D>0$ ならば，$q\neq0$ であり，$f(x)=0$ は1つの実数解と2つの虚数解をもつ．

$D=0$ ならば，$q=0$ であり，$f(x)=0$ は $x=0$ という3重解をもつ．

(iii) $p>0$ のとき，$f'(x)>0$ で，$f(x)$ は単調増加，このとき，$D>0$ であり，$f(x)=0$ は1つの実数解と2つの虚数解をもつ．

以上から，$f(x)=0$ の解は

$$\begin{cases} D<0 \text{ ならば，異なる3つの実数解をもつ．} \\ D=0 \text{ ならば，解のすべては実数解であり，重解をもつ．} \\ D>0 \text{ ならば，1つの実数解と異なる2つの虚数解をもつ．} \end{cases}$$

研究　3次関数 $y=x^3+ax^2+bx+c$ のグラフを変曲点が y 軸にのるように x 軸方向に平行移動すると，$y=x^3+3px+q$ の形に変形することができる．

x 軸方向の平行移動では，方程式の解の状態には変化がないから，3次方程式 $x^3+ax^2+bx+c=0$ の解の状態を調べるには方程式 $x^3+3px+q=0$ の解を調べればよい．本問の D はこの3次方程式の判別式である．

判別式とは，本来方程式が重解をもつか否かを判別するものである．

まずは2次方程式についてみておこう．

2次方程式 $ax^2+bx+c=0$ $(a\neq0)$ の解を α，β とおくと，これが重解であるか否かは $\alpha-\beta$ が $=0$，$\neq0$ のいずれであるかを調べればよい．$\alpha-\beta$ は $(\alpha-\beta)^2$ としてもよい．$(\alpha-\beta)^2$ は対称式なので基本対称式で，すなわち，2次方程式の係数 a，b，c で表すことができる．解と係数の関係より

$$(\alpha-\beta)^2=(\alpha+\beta)^2-4\alpha\beta=\left(-\frac{b}{a}\right)^2-4\frac{c}{a}=\frac{b^2-4ac}{a^2}$$

より，$b^2-4ac=0$ であれば重解であり，$b^2-4ac\neq0$ であれば異なる解であ

る(係数は虚数でもよい).
$$D=a^2(\alpha-\beta)^2=b^2-4ac$$
を2次方程式 $ax^2+bx+c=0$ の判別式という(解の公式を経由しなくても,判別式を導くことができた).

さらに,a,b,c が実数のとき,D は実数であり,α,β が実数ならば,
$$D=a^2(\alpha-\beta)^2=(実数)^2\geqq0$$
であり,α,β が虚数ならば α,$\beta=p\pm qi$(p,q は実数,$q\neq0$)とおくことができ(標問 **29** を参照)
$$D=a^2(\alpha-\beta)^2=a^2(2qi)^2=-4a^2q^2<0 \quad (\because \quad q\neq0)$$

a,b,c が実数のとき,α,β の一方が実数で,他方が虚数ということはないからそれぞれの対偶をとると,

$D<0$ ならば,α,β は虚数解

$D\geqq0$ ならば,α,β は実数解

である.$D=0$,$\neq0$ もあわせて分類すると

$D>0 \Longleftrightarrow \alpha$,$\beta$ は異なる2つの実数解

$D=0 \Longleftrightarrow \alpha$,$\beta$ は重解(実数解)

$D<0 \Longleftrightarrow \alpha$,$\beta$ は異なる2つの共役な虚数解

となり,判別式 D は重解であるか否かだけでなく,実数解か,虚数解かまで判別できる.

3次方程式 $x^3+3px+q=0$ については,解を α,β,γ とおくと,解と係数の関係より
$$(*)\begin{cases}\alpha+\beta+\gamma=0\\\alpha\beta+\beta\gamma+\gamma\alpha=3p\\\alpha\beta\gamma=-q\end{cases}$$
である.このとき
$$(\alpha-\beta)^2(\beta-\gamma)^2(\gamma-\alpha)^2=\{\alpha^2-(\beta+\gamma)\alpha+\beta\gamma\}^2\{(\beta+\gamma)^2-4\beta\gamma\}\cdots\cdots①$$
$(*)$より
$$\beta+\gamma=-\alpha, \quad \beta\gamma=3p-(\beta+\gamma)\alpha=3p+\alpha^2$$
であり,これらを①に代入すると
$$\begin{aligned}(\alpha-\beta)^2(\beta-\gamma)^2(\gamma-\alpha)^2&=(3\alpha^2+3p)^2(-3\alpha^2-12p)\\&=-27(\alpha^2+p)^2(\alpha^2+4p)\\&=-27(\alpha^6+6p\alpha^4+9p^2\alpha^2+4p^3)\\&=-27\{(\alpha^3+3p\alpha)^2+4p^3\}\\&=-27(4p^3+q^2)\quad\cdots\cdots②\end{aligned}$$

したがって,$4p^3+q^2=0$,$\neq0$ により,重解であるか否かの判別ができる(係数は虚数でもよい).

p,q が実数のとき,3次方程式 $x^3+3px+q=0$ は必ず1つの実数解をもつから,$4p^3+q^2\neq0$ のとき(重解をもたないとき),解は

　　相異なる3実数解
　　　　または
　　1つの実数解と相異なる2つの共役な虚数解

のいずれかである.

　相異なる3実数解ならば, (①の左辺)>0 なので, ②より $4p^3+q^2<0$ である.

　1つの実数解と相異なる2つの共役な虚数解をもつならば, 実数解を α, 虚数解 β, γ を $s\pm ti\,(s,\ t$ は実数, $t\ne0)$ とすると, $\beta+\gamma=2s$, $\beta\gamma=s^2+t^2$ であり, ①に代入すると

$$(①の左辺)=\{\alpha^2-2s\alpha+s^2+t^2\}(-4t^2)$$
$$=-4\{(\alpha-s)^2+t^2\}t^2<0\quad(\because\quad t\ne0)$$

②より $4p^3+q^2>0$ である.

　それぞれの対偶をとると,

　　$4p^3+q^2>0$ ならば, 1つの実数解と異なる2つの共役な虚数解をもつ

　　$4p^3+q^2<0$ ならば, 相異なる3つの実数解をもつ

　$4p^3+q^2=0$ のときもあわせて分類すると

　　$4p^3+q^2<0 \Longleftrightarrow$ 相異なる3つの実数解をもつ

　　$4p^3+q^2=0 \Longleftrightarrow$ 重解をもつ(3つとも実数解)

　　$4p^3+q^2>0 \Longleftrightarrow$ 1つの実数解と相異なる2つの共役な虚数解をもつ

である.

演習問題

(109)　実数 p, q (ただし $q\ne0$) に対して, 3つの実数 a_1, a_2, a_3 が

　　$a_1+a_2+a_3=0$, $a_1a_2+a_2a_3+a_3a_1=p$, $a_1a_2a_3=q$

をみたしているとする. このとき, $D=(a_1-a_2)^2(a_2-a_3)^2(a_3-a_1)^2$ を p, q で表したい. (解答はすべて p, q または実数を用いて表せ.)

　いま

　　$f(x)=(x-a_1)(x-a_2)(x-a_3)$

とおき, $f(x)$ の導関数を $f'(x)$ と書く. このとき

　　$D=(^{ア}\boxed{})f'(a_1)f'(a_2)f'(a_3)$

と表すことができる. 一方, 3つの関係式

　　$f'(a_j)=^{イ}\boxed{}+\dfrac{^{ウ}\boxed{}}{a_j}\quad(j=1,\ 2,\ 3)$

を同時にみたす $^{イ}\boxed{}$ と $^{ウ}\boxed{}$ がとれて

　　$\left(x-\dfrac{^{ウ}\boxed{}}{a_1}\right)\left(x-\dfrac{^{ウ}\boxed{}}{a_2}\right)\left(x-\dfrac{^{ウ}\boxed{}}{a_3}\right)$

　　$=x^3+(^{エ}\boxed{})x^2+(^{オ}\boxed{})x+(^{カ}\boxed{})$

となる. 以上を利用して $D=^{キ}\boxed{}$ と表すことができる.

(立命館大)

標問 **110** 不等式への応用

任意の正の数 x, y に対して，$(x+y)^3 \geqq ax^2y$ が成り立つような a の値の範囲を求めよ． (*佐賀大)

精講 変数が x, y と 2 つあるので扱いにくい式となっています．そこで，

変数を 1 つにできないか？

と考えてみます．この不等式の両辺は x, y の**同次式**（ともに 3 次式）になっているので，両辺を $x^3 (>0)$ で割ってみます．与式は

$$\left(1+\frac{y}{x}\right)^3 \geqq a \cdot \frac{y}{x}$$

となり，$t=\dfrac{y}{x}$ とおけば，**1 変数 t についての不等式**として整理されます．

$y^3 (>0)$ で両辺を割ると

$$\left(\frac{x}{y}+1\right)^3 \geqq a\left(\frac{x}{y}\right)^2$$

となり，$s=\dfrac{x}{y}$ のおきかえにより，1 変数 s の不等式となりますが，右辺の次数が上のものより高くなるので，このおきかえは得策ではありません．

上のおきかえをとることにしましょう．

任意の正の数 t に対して，$(1+t)^3 \geqq at$ が成り立つような a の範囲を求めるには，a を原点を通る直線の傾きとみて，$t>0$ において

$y=at$ が $y=(1+t)^3$ の下側

にある条件を求めればよいでしょう．また，

$$f(t)=(1+t)^3-at$$

とし，$t>0$ において，$f(t)\geqq 0$ となる条件を求めてもよいでしょう．これは **別解** でふれることにしましょう．

解法のプロセス

2 変数の同次な不等式
⇓ おきかえ
1 変数の不等式
⇓
$y=$（左辺），$y=$（右辺）
のグラフの上下関係に着目する

◀ x, y が $x>0$, $y>0$ の範囲を独自に動くとき，t のとり得る値の範囲は $t>0$ となる

第6章

⟨ **解 答** ⟩

$(x+y)^3 \geqq ax^2y$ $(x>0, y>0)$

両辺を $x^3 (>0)$ で割り，$\dfrac{y}{x}=t$ (>0) とおき，任意の正の数 t に対して

$$(1+t)^3 \geqq at$$

が成り立つような a の値の範囲を求める.

$y=(1+t)^3$ と $y=at$ が $t=\alpha$ (>0) で接する条件は

$$\begin{cases} (1+\alpha)^3 = a\alpha \\ 3(1+\alpha)^2 = a \end{cases}$$

であり，これを解くと

$$(1+\alpha)^3 = 3(1+\alpha)^2\alpha$$
$$\therefore \quad (1+\alpha)^2(1-2\alpha) = 0$$

$\alpha > 0$ より $\alpha = \dfrac{1}{2}$

このとき $a = 3\left(1+\dfrac{1}{2}\right)^2 = \dfrac{27}{4}$

よって，右図より求める a の値の範囲は

$$a \leqq \dfrac{27}{4}$$

◀ $y=f(t),\ y=g(t)$ が $t=\alpha$ で接する
⟺ $x=\alpha$ で共有点をもち，接線の傾きが一致する
⟺ $\begin{cases} \text{共有点}: f(\alpha)=g(\alpha) \\ \text{傾き}: f'(\alpha)=g'(\alpha) \end{cases}$

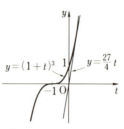

(別解) $(1+t)^3 \geqq at$ $(t>0)$ ……①

$a \leqq 0$ での成立は明らかなので，$a>0$ のときを考える.

$f(t)=(t+1)^3-at$ とおくと

$$f'(t)=3(t+1)^2-a=3\left(t+1+\sqrt{\dfrac{a}{3}}\right)\left(t+1-\sqrt{\dfrac{a}{3}}\right)$$

(i) $a \leqq 3$ のとき，$f'(t)>0$ $(t>0)$ かつ $f(0)=1>0$ だから $f(t)>0$ $(t>0)$ となり①は成立.

(ii) $a>3$ のとき，増減表から，①が成り立つためには

$$f\left(-1+\sqrt{\dfrac{a}{3}}\right) \geqq 0 \quad \therefore \quad a\left(1-\dfrac{2}{3}\sqrt{\dfrac{a}{3}}\right) \geqq 0$$

$$\therefore \quad (3<)a \leqq \dfrac{27}{4}$$

t	0	$\cdots$	$-1+\sqrt{\dfrac{a}{3}}$	$\cdots$
$f'(t)$		$-$	0	$+$
$f(t)$	1	↘	極小	↗

以上から，求める a の値の範囲は，$a \leqq \dfrac{27}{4}$

演習問題

(110-1) $x \geqq 0$ のとき，つねに $x^3-ax+1 \geqq 0$ が成り立つような実数 a の値の範囲を求めよ.　　　　　　　　　　　　　　　　　　　　　　(東北大)

(110-2) すべての $x \geqq 0$ について，$x^3 \geqq a(x^2-a)$ が成り立つような a の値の範囲を求めよ.　　　　　　　　　　　　　　　　　　　　　　(東海大)

第7章 積分法とその応用

標問 111 微分と積分の関係

次の値を求めよ.

(1) $f(x)=(x+1)^4(x-3)^3$ のとき, $\displaystyle\lim_{x\to 0}\frac{1}{x}\int_0^x f(t)\,dt$　　　　（広島修道大）

(2) $f(x)=2x^2-1$ のとき, $\displaystyle\lim_{x\to 3}\frac{1}{x-3}\int_3^x \{f(t)-f(1)\}\,dt$　　　（金沢工大）

精講　関数 $F(x)$ の導関数が $f(x)$ のとき,
すなわち

$$F'(x)=f(x)$$

のとき, $F(x)$ を $f(x)$ の**原始関数**といい, $f(x)$
の原始関数を求めることを**積分する**といいます.

原始関数　　　　　導関数

$F(x)$ $\xrightarrow{\text{微分する}}$ $\boxed{}$

$\boxed{}$ $\xleftarrow{\text{積分する}}$ $f(x)$

という関係にあるので, "微分する", "積分する"
という関数における演算は互いに "逆演算" になり
ます.

$F(x)$ が $f(x)$ の原始関数であるとき

$$F(b)-F(a)$$

を $f(x)$ の a から b までの**定積分**といい,
$\displaystyle\int_a^b f(x)\,dx$ と表します. a を**下端**, b を**上端**とい
います. また, $F(b)-F(a)$ は $\left[F(x)\right]_a^b$ とも略記
されます.

(1)において, $f(x)$ の原始関数を $F(x)$ とすると

$$\lim_{x\to 0}\frac{1}{x}\int_0^x f(t)\,dt=\lim_{x\to 0}\frac{F(x)-F(0)}{x}$$

は微分係数 $F'(0)$ であることに気づきます.

$F'(0)=f(0)$ ですから, 積分 $\displaystyle\int_0^x f(t)\,dt$ を計算

解法のプロセス

微分と積分は逆演算
すなわち

$$\frac{d}{dx}\int_a^x f(t)\,dt=f(x)$$

（微積分学の基本定理）

(1) $f(x)$ の原始関数を $F(x)$
とおく

⇓

与式 $=\displaystyle\lim_{x\to 0}\dfrac{F(x)-F(0)}{x}$

⇓

右辺 $=F'(0)=f(0)$

(2) $f(x)-f(1)$ の原始関数を
$G(x)$ とおく

⇓

与式 $=\displaystyle\lim_{x\to 3}\dfrac{G(x)-G(3)}{x-3}$

⇓

右辺 $=G'(3)=f(3)-f(1)$

する必要はありません.

(2)は $f(x)-f(1)$ の原始関数を $G(x)$ とおくと,計算すべき式は微分係数 $G'(3)$ であることに気づきます.

〈 **解 答** 〉
---

(1) $f(x)$ の原始関数の1つを $F(x)$ とおくと

$$与式=\lim_{x \to 0} \frac{1}{x}\{F(x)-F(0)\}$$

$$=\lim_{x \to 0} \frac{F(0+x)-F(0)}{x}$$

$$=F'(0)=f(0)=1^4 \cdot (-3)^3 \qquad \blacktriangleleft F'(x)=f(x)$$

$$=-27$$

(2) $g(x)=f(x)-f(1)$ とおき, $g(x)$ の原始関数の1つを $G(x)$ とおく.

$$与式=\lim_{x \to 3} \frac{G(x)-G(3)}{x-3}=G'(3)=g(3) \qquad \blacktriangleleft G'(x)=g(x)$$

$$=f(3)-f(1)=17-1$$

$$=16$$

研究 $(x^3)'=3x^2$, $(x^3+1)'=3x^2$, $(x^3+10)'=3x^2$ といった具合に $f(x)=3x^2$ の原始関数は1つではない. $f(x)$ の原始関数の全体を $f(x)$ の**不定積分**といい,$\displaystyle\int f(x)dx$ と書く(インテグラル (integral) $f(x)$ ディーェ x と読む).原始関数の1つ $F(x)$ がわかったとき,不定積分 $\displaystyle\int f(x)dx$ の一般形は

$$\int f(x)\,dx=F(x)+C \quad (C \text{ は定数})$$

である.

なぜなら,他の原始関数を $G(x)$ とすると

$$F'(x)=f(x), \quad G'(x)=f(x)$$

であり

$$\{G(x)-F(x)\}'=G'(x)-F'(x)=f(x)-f(x)=0$$

いたるところで導関数が 0 ということより

$$G(x)-F(x)=C \quad (C \text{ は定数})$$

$$\therefore \quad G(x)=F(x)+C$$

となるからである.これにより,$f(x)$ が原始関数をもつとき,それは無数にあるが,その形は決まっており,原始関数の1つ $F(x)$ がわかれば,他はすべて $F(x)+C$(C は定数)の形をしている.なお,定数 C を**積分定数**という.

標問 **112** **不定積分の計算**

次の不定積分を求めよ.

(1) $\displaystyle\int dx$

(2) $\displaystyle\int (3x^2+4x+2)\,dx$

(3) $\displaystyle\int (2x-3t)^2\,dx$

(4) $\displaystyle\int (2x-3t)^3\,dt$

精講 積分は微分の逆演算ですから，次の関係より，微分の公式を積分の公式に翻訳することができます.

$$F'(x)=f(x) \iff \int f(x)\,dx=F(x)+C$$

（C は積分定数）

（公式1） $\left(\dfrac{x^{n+1}}{n+1}\right)'=x^n$ なので $\displaystyle\int x^n dx=\dfrac{x^{n+1}}{n+1}+C$

（n は 0 以上の整数）

（公式2） $\{(ax+b)^{n+1}\}'=(n+1)(ax+b)^n\cdot a$ なので ← 標問 **93** の 研究 参照

$$\int (ax+b)^n dx=\dfrac{1}{a}\cdot\dfrac{(ax+b)^{n+1}}{n+1}+C \quad (a\neq0)$$

また，次の公式も成り立ちます.

$$\int \{f(x)\pm g(x)\}\,dx=\int f(x)\,dx\pm\int g(x)\,dx \quad (複号同順)$$

$$\int kf(x)\,dx=k\int f(x)\,dx \quad (k は 0 でない定数)$$

解法のプロセス

公式の活用

(1) $\displaystyle\int x^n dx=\dfrac{x^{n+1}}{n+1}+C$

(2) $\displaystyle\int (ax+b)^n dx$
$=\dfrac{1}{a}\cdot\dfrac{(ax+b)^{n+1}}{n+1}+C$

（C はともに積分定数）

解答

(1) $\displaystyle\int dx=\int 1\,dx=x+C$ （C は積分定数，以下同じ）

(2) 与式 $=\displaystyle\int 3x^2 dx+\int 4x\,dx+\int 2\,dx=3\int x^2 dx+4\int x\,dx+2\int dx$

$=3\cdot\dfrac{x^3}{3}+4\cdot\dfrac{x^2}{2}+2x+C=x^3+2x^2+2x+C$ ← 慣れてきたら途中の計算は省略してよい

(3) 与式 $=\dfrac{1}{3}(2x-3t)^3\cdot\dfrac{1}{2}+C=\dfrac{1}{6}(2x-3t)^3+C$ ← x で積分する

(4) 与式 $=\displaystyle\int (-3t+2x)^3 dt=\dfrac{1}{4}(-3t+2x)^4\cdot\left(\dfrac{1}{-3}\right)+C$ ← t で積分する

$=-\dfrac{1}{12}(2x-3t)^4+C$

第7章

標問 **113** 定積分の計算(1)

次の定積分を計算せよ.

(1) $\displaystyle\int_1^3 (x-1)^4(x-3)\,dx$ （福井工大）

(2) $\displaystyle\int_1^3 (x-2)^2(x-3)^2\,dx$ （*自治医大）

(3) $\displaystyle\int_{-3}^3 (x^3+x^2+x+1)\,dx$ （関東学院大）

→ 精 講　(1) $(x-1)^4(x-3)$ を展開するのはイヤですね. そこで

$x-1$ を1つのかたまり

とみて展開することにしましょう.

$$(x-1)^4(x-3)=(x-1)^4\{(x-1)-2\}$$
$$=(x-1)^5-2(x-1)^4$$

となりますから

$$\int_1^3 (x-1)^5\,dx,\quad \int_1^3 (x-1)^4\,dx$$

を計算すればよいことになります.

(2) $(x-2)^2(x-3)^2$ は (2次式)×(2次式) なので, 式の展開だけを考えると, どちらをひとかたまりとみても同じですが, 後の操作

$$\int_1^3 (x-2)^n\,dx=\left[\frac{(x-2)^{n+1}}{n+1}\right]_1^3$$

$$\int_1^3 (x-3)^n\,dx=\left[\frac{(x-3)^{n+1}}{n+1}\right]_1^3$$

を考えると, $(x-3)^{n+1}$ に3を代入すると0となるので後者の方がラクであることがわかります.

(3) 積分区間が原点を中心とした対称区間になっていることに着目します.

奇関数の積分: $\displaystyle\int_{-a}^a x^{2n-1}\,dx=0$

偶関数の積分: $\displaystyle\int_{-a}^a x^{2n}\,dx=2\int_0^a x^{2n}\,dx$

という性質を使います.

▶解法のプロセス

(1) $\displaystyle\int_\alpha^\beta (x-\alpha)^m(x-\beta)^n\,dx$

　次数の高い方を
　　1つのかたまり
　とみて, 式を展開する

(3) 奇関数・偶関数の利用

$$\int_{-a}^a x^{2n-1}\,dx=0$$

$$\int_{-a}^a x^{2n}\,dx=2\int_0^a x^{2n}\,dx$$

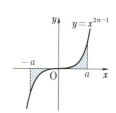

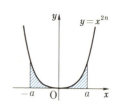

〈 **解 答** 〉

(1) $\displaystyle\int_1^3 (x-1)^4(x-3)\,dx$

$\qquad = \displaystyle\int_1^3 \{(x-1)^5 - 2(x-1)^4\}\,dx$

$\qquad = \left[\dfrac{(x-1)^6}{6} - 2\cdot\dfrac{(x-1)^5}{5}\right]_1^3$

$\qquad = 2^6\left(\dfrac{1}{6} - \dfrac{1}{5}\right) = -\dfrac{32}{15}$

◀ $x-1$ を 1 つのかたまりとみて $\displaystyle\int_1^3 (x-1)^4\{(x-1)-2\}\,dx$

(2) $\displaystyle\int_1^3 (x-2)^2(x-3)^2\,dx$

$\qquad = \displaystyle\int_1^3 \{(x-3)+1\}^2(x-3)^2\,dx$

$\qquad = \left[\dfrac{(x-3)^5}{5} + 2\cdot\dfrac{(x-3)^4}{4} + \dfrac{(x-3)^3}{3}\right]_1^3$

$\qquad = -2^3\left(-\dfrac{4}{5} + \dfrac{4}{4} - \dfrac{1}{3}\right) = \dfrac{16}{15}$

◀ $x-3$ を 1 つのかたまりとみる

(3) $\displaystyle\int_{-3}^3 (x^3+x^2+x+1)\,dx = 2\int_0^3 (x^2+1)\,dx$

$\qquad = 2\left[\dfrac{x^3}{3} + x\right]_0^3 = 24$

◀ 奇関数・偶関数の利用

研究 (1)で $x-1$ を 1 つのかたまりとみるという考え方は，数学Ⅲで学ぶ置換積分にほかならない．$x-1=t$ とおくと $dx=dt$, $x:1\to3$ のとき，$t:0\to2$ であり

$\displaystyle\int_1^3 (x-1)^4(x-3)\,dx = \int_0^2 t^4(t-2)\,dt = \left[\dfrac{t^6}{6} - 2\cdot\dfrac{t^5}{5}\right]_0^2 = -\dfrac{32}{15}$

となる．これは右図のように解釈すれば，**x 軸方向に -1 だけ平行移動**することである．

(3) $f(-x) = -f(x)$ をみたす関数を奇関数，$f(-x) = f(x)$ をみたす関数を偶関数という．x, x^3, $\sin x$ などは奇関数であり，グラフが原点に関して対称，x^2, x^4, $\cos x$ などは偶関数であり，グラフが y 軸に関して対称という性質がある．

$\qquad \displaystyle\int_{-a}^a f(x)\,dx = 0 \qquad\qquad \int_{-a}^a f(x)\,dx = 2\int_0^a f(x)\,dx$

$\qquad\quad$（$f(x)$ は奇関数）$\qquad\qquad$（$f(x)$ は偶関数）

という性質は面積を考えれば理解できるだろうが，一般の場合を証明するには置換積分が必要である．

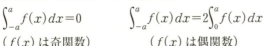

第 7 章

標問 **114**　定積分の計算(2)

> 3次関数 $f(x)=x^3+ax^2+bx+c$ が $x=\alpha$ で極大値，$x=\beta$ で極小値を
> とるとする．このとき，
>
> (1) $\displaystyle\int_\alpha^\beta (x-\alpha)(x-\beta)\,dx=-\frac{1}{6}(\beta-\alpha)^3$ を示せ．
>
> (2) $f(\alpha)-f(\beta)$ を $(a,\ b,\ c$ を使わずに$)$ $\beta-\alpha$ の式で表せ．
>
> (3) $b=a+3$，$f(\alpha)-f(\beta)=4$ となるときの a の値を求めよ．　　（京都教育大）

精講　(1)　公式として覚えておくべき等式
ですが，証明もできるようにしてお
きましょう．標問 **113** と同様に $x-\alpha$ を1つの
かたまりとみて展開していきます．

(2)　　　関数値の差＝定積分
です．すなわち
$$f(\alpha)-f(\beta)=\Big[f(x)\Big]_\beta^\alpha$$
$$=\int_\beta^\alpha f'(x)\,dx$$
です．

(3)　$\alpha,\ \beta\ (\alpha<\beta)$ が $ax^2+bx+c=0$ の解のとき
$$\beta-\alpha=\left|\frac{-b+\sqrt{b^2-4ac}}{2a}-\frac{-b-\sqrt{b^2-4ac}}{2a}\right|$$
$$=\frac{\sqrt{b^2-4ac}}{|a|}$$
となります．

解法のプロセス

(1) $x-\alpha$ を1つのかたまりと
みる
$$\Downarrow$$
$$(x-\alpha)(x-\beta)$$
$$=(x-\alpha)^2-(\beta-\alpha)(x-\alpha)$$

(2) $f(\alpha)-f(\beta)=\displaystyle\int_\beta^\alpha f'(x)\,dx$
$$\Downarrow$$
$$\int_\alpha^\beta (x-\alpha)(x-\beta)\,dx$$
$$=-\frac{(\beta-\alpha)^3}{6}$$
を利用する
$$\Downarrow$$
解の公式を利用して $\beta-\alpha$ を
求める

〈　**解　答**　〉

(1) $\displaystyle\int_\alpha^\beta (x-\alpha)(x-\beta)\,dx$

$=\displaystyle\int_\alpha^\beta (x-\alpha)(x-\alpha+\alpha-\beta)\,dx$

$=\displaystyle\int_\alpha^\beta \{(x-\alpha)^2-(\beta-\alpha)(x-\alpha)\}\,dx$

$=\left[\dfrac{(x-\alpha)^3}{3}-(\beta-\alpha)\cdot\dfrac{(x-\alpha)^2}{2}\right]_\alpha^\beta$

$=\left(\dfrac{1}{3}-\dfrac{1}{2}\right)(\beta-\alpha)^3=-\dfrac{1}{6}(\beta-\alpha)^3$

← $x-\alpha$ を1つのかたまりとみ
る

← 公式として覚えよう

(2) $f(x)=x^3+ax^2+bx+c$ より

$$f'(x)=3x^2+2ax+b$$

$f(x)$ が $x=\alpha$ で極大値，$x=\beta$ で極小値をとるから

$$f'(x)=3(x-\alpha)(x-\beta) \quad (\alpha<\beta)$$

と表せる．

◆ $f(x)$ の x^3 の係数は正であるから $\alpha<\beta$

$$\begin{aligned}
f(\alpha)-f(\beta) &= \Big[f(x)\Big]_\beta^\alpha \\
&= \int_\beta^\alpha f'(x)\,dx \\
&= -\int_\alpha^\beta 3(x-\alpha)(x-\beta)\,dx \\
&= -3\cdot\left\{-\frac{1}{6}(\beta-\alpha)^3\right\} \\
&= \frac{(\beta-\alpha)^3}{2}
\end{aligned}$$

◆ 定積分の定義

◆ $\int_\beta^\alpha=-\int_\alpha^\beta$

◆ (1)の公式

(3) $f(\alpha)-f(\beta)=4$ より $(\beta-\alpha)^3=8$

$$\therefore \quad \beta-\alpha=2$$

$$\begin{aligned}
\beta-\alpha &= \frac{-a+\sqrt{a^2-3b}}{3}-\frac{-a-\sqrt{a^2-3b}}{3} \\
&= \frac{2}{3}\sqrt{a^2-3b}
\end{aligned}$$

◆ 解の公式

であるから

$$a^2-3b=9$$

これに $b=a+3$ を代入すると

$$a^2-3a-18=0$$

$$\therefore \quad (a+3)(a-6)=0$$

$$\therefore \quad a=-3,\ 6$$

第7章

研 究 1° (1)は公式として覚えておくとよい．この公式は面積の計算で威力を発揮する．

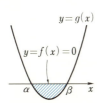 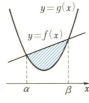 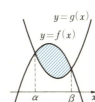 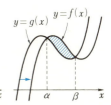

(i)（放物線と x 軸） (ii)（放物線と直線） (iii)（2つの放物線） (iv)（3次曲線の平行移動）

これらの面積はいずれも

$$\int_\alpha^\beta \{f(x) - g(x)\}\,dx = \int_\alpha^\beta -a(x-\alpha)(x-\beta)\,dx$$
$$= a \cdot \frac{(\beta-\alpha)^3}{6} \quad (a > 0)$$

として計算することができる.

2° (2)において,「$f(\alpha) - f(\beta) =$ 定積分」の発想ができなければ次のように直接計算することになる.

　α, β は $f'(x) = 3x^2 + 2ax + b = 0$ の解ゆえ,

$$\begin{cases} \alpha + \beta = -\dfrac{2}{3}a \\ \alpha\beta = \dfrac{b}{3} \end{cases} \qquad \therefore \quad a = -\frac{3}{2}(\alpha+\beta), \quad b = 3\alpha\beta$$

$f(x)$ を $f'(x)$ で割ると

$$f(x) = f'(x)\left(\frac{x}{3} + \frac{a}{9}\right) + \frac{2}{9}(3b - a^2)x + c - \frac{ab}{9}$$

$$\therefore \quad f(\alpha) - f(\beta) = \frac{2}{9}(3b - a^2)(\alpha - \beta)$$
$$= \frac{2}{9}\left\{9\alpha\beta - \frac{9}{4}(\alpha+\beta)^2\right\}(\alpha - \beta)$$
$$= \frac{1}{2}\{4\alpha\beta - (\alpha+\beta)^2\}(\alpha - \beta) = \frac{(\beta-\alpha)^3}{2}$$

なかなかの計算である.

演習問題

(114) 次の条件(i), (ii), (iii)をみたす 3 次関数 $y = f(x)$ を求めよ.

(i) $f(0) = 1$

(ii) $f'(0) = f'(1) = -3$

(iii) 極大値と極小値が存在して, それらの差が極値をとる x の値の差の絶対値に等しい.

(弘前大)

標問 **115** **絶対値のついた関数の積分**(1)

次の定積分を求めよ.

(1) $\int_0^2 |x-1|\,dx$ (2) $\int_0^2 |x-a|\,dx$ (3) $\int_0^a |x-1|\,dx$

精講 絶対値をつけたまま計算することはできません.

$$\int_0^2 |x-1|\,dx = \left[\left|\frac{x^2}{2}-x\right|\right]_0^2 = \cdots$$

などとするのは間違いです.

絶対値をはずすことが第一の作業となります.

絶対値の定義は

$$|A| = \begin{cases} A & (A \geqq 0 \text{ のとき}) \\ -A & (A \leqq 0 \text{ のとき}) \end{cases}$$

でしたから,絶対値記号の中の符号で場合分けすることになります.

(1) $|x-1| = \begin{cases} x-1 & (x \geqq 1 \text{ のとき}) \\ -(x-1) & (x \leqq 1 \text{ のとき}) \end{cases}$

(2) $|x-a| = \begin{cases} x-a & (x \geqq a \text{ のとき}) \\ -(x-a) & (x \leqq a \text{ のとき}) \end{cases}$

ですが積分区間が $0 \leqq x \leqq 2$ ですから,a について

$$a \leqq 0, \ 0 \leqq a \leqq 2, \ 2 \leqq a$$

の場合分けも必要です.

(3) (1)と同じ関数ですが,積分区間が 0 と a の間(ここで,$a \geqq 0$ とは限りません.$a \leqq 0$ かもしれない)となっているので,$x=1$ が積分区間の中にあるか否かで

$$a \leqq 1, \ a \geqq 1$$

の2通りに場合分けします.

解法のプロセス

絶対値のついた関数の積分は積分区間の中で

場合分け

して,絶対値をはずす

(1) $\int_0^2 |x-1|\,dx$

$= \int_0^1 -(x-1)\,dx$

$\qquad + \int_1^2 (x-1)\,dx$

(2) 符号の変わり目 $x=a$ が積分区間 $0 \leqq x \leqq 2$ の中にあるか否か

⇩

$a \leqq 0,\ 0 \leqq a \leqq 2,\ a \geqq 2$ の3つに場合分け

⇩

$0 \leqq a \leqq 2$ については積分区間を分けて絶対値をはずす

(3) 符号の変わり目 $x=1$ が積分区間の中にあるか否か

⇩

$a \leqq 1,\ a \geqq 1$ の2つに場合分け

解答

(1) $\int_0^2 |x-1|\,dx$

$= \int_0^1 -(x-1)\,dx + \int_1^2 (x-1)\,dx$

$= -\left[\frac{(x-1)^2}{2}\right]_0^1 + \left[\frac{(x-1)^2}{2}\right]_1^2 = \frac{1}{2} + \frac{1}{2} = 1$

◀ 絶対値をはずすために,積分区間 $0 \leqq x \leqq 2$ を $0 \leqq x \leqq 1$,$1 \leqq x \leqq 2$ と分ける

(2) (i) $a \leqq 0$ のとき

$$\int_0^2 |x-a|\,dx$$

$$= \int_0^2 (x-a)\,dx = \left[\frac{x^2}{2} - ax\right]_0^2 = 2(1-a)$$

← $x=a$ が積分区間の中にあるか否かを考えて、$a \leqq 0$, $0 \leqq a \leqq 2$, $a \geqq 2$ の3つに場合分けする

(ii) $0 \leqq a \leqq 2$ のとき

$$\int_0^2 |x-a|\,dx$$

$$= \int_0^a -(x-a)\,dx + \int_a^2 (x-a)\,dx$$

$$= -\left[\frac{(x-a)^2}{2}\right]_0^a + \left[\frac{(x-a)^2}{2}\right]_a^2 = \frac{a^2}{2} + \frac{(2-a)^2}{2}$$

(iii) $a \geqq 2$ のとき

$$\int_0^2 |x-a|\,dx = -\int_0^2 (x-a)\,dx = -2(1-a)$$

よって、$\displaystyle \int_0^2 |x-a|\,dx = \begin{cases} 2(1-a) & (a \leqq 0) \\ a^2 - 2a + 2 & (0 \leqq a \leqq 2) \\ 2(a-1) & (a \geqq 2) \end{cases}$

(3) (i) $a \leqq 1$ のとき

$$\int_0^a |x-1|\,dx = \int_0^a -(x-1)\,dx = -\left[\frac{x^2}{2} - x\right]_0^a = -\frac{a^2}{2} + a$$

(ii) $a \geqq 1$ のとき

$$\int_0^a |x-1|\,dx = \int_0^1 -(x-1)\,dx + \int_1^a (x-1)\,dx$$

$$= -\left[\frac{(x-1)^2}{2}\right]_0^1 + \left[\frac{(x-1)^2}{2}\right]_1^a = \frac{1}{2} + \frac{(a-1)^2}{2}$$

← $x=1$ が積分区間の中にあるか否かを考えて、$a \leqq 1$, $a \geqq 1$ の2つに場合分けする

よって、$\displaystyle \int_0^a |x-1|\,dx = \begin{cases} -\dfrac{a^2}{2} + a & (a \leqq 1) \\ \dfrac{a^2}{2} - a + 1 & (a \geqq 1) \end{cases}$

研究 $y = |f(x)|$ のグラフは $y = f(x)$ のグラフを x 軸に関して正方向に折り返したものである。したがって、本問もこの立場に立ってグラフをかきながら、求める定積分を面積とみるとわかりやすい。

(1) $\displaystyle \int_0^2 |x-1|\,dx = \frac{1}{2} \cdot 1^2 + \frac{1}{2} \cdot 1^2 = 1$

(2) 次のように3つに場合分けされる。

(i) $a \leqq 0$ のとき

$$\int_0^2 |x-a|\,dx = \frac{1}{2}\{-a + (2-a)\} \cdot 2 = 2(1-a)$$

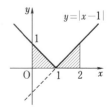

(ii) $0 \leqq a \leqq 2$ のとき

$$\int_0^2 |x-a|dx = \frac{1}{2}a^2 + \frac{1}{2}(2-a)^2 = a^2 - 2a + 2$$

(iii) $a \geqq 2$ のとき

$$\int_0^2 |x-a|dx = \frac{1}{2}\{a+(a-2)\}\cdot 2 = 2(a-1)$$

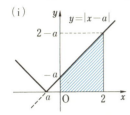
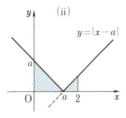
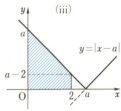

(3) (i) $a \leqq 1$ のとき

$$\int_0^a |x-1|dx = \frac{1}{2}\{(1-a)+1\}a = -\frac{a^2}{2} + a$$

(ii) $a \geqq 1$ のとき

$$\int_0^a |x-1|dx = \frac{1}{2}\cdot 1^2 + \frac{1}{2}\cdot(a-1)^2 = \frac{a^2}{2} - a + 1$$

　ここで，下図(i)-a のときに注意しなければいけない.「定積分＝面積」とする落し穴がここにある. $a \leqq 0$ のときは

$$\int_0^a |x-1|dx = -\int_a^0 |x-1|dx = -(台形の面積)$$

である.

　また，$a \leqq 0$, $0 \leqq a \leqq 1$, $a \geqq 1$ と場合分けする人もたまに見かけるが，解答をみればわかる通り 0 による場合分けはまったく不要である. 要は，積分区間の中に関数のつなぎ目があるか否かだけである.

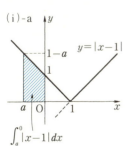
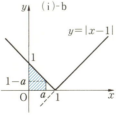
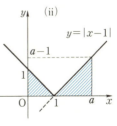

第7章

標問 **116** 絶対値のついた関数の積分⑵

> $0 \leqq a \leqq 2$, また $f(a) = \displaystyle\int_0^1 |3x^2 - 3ax|\,dx$ とする.
>
> ⑴ $f(a)$ を求めよ.
>
> ⑵ $f(a)$ の最大値を求めよ.
>
> (都立大)

精 講 ⑴ 前問同様, 絶対値をはずすことを考えます.

$0 \leqq a \leqq 2$ なので

$$|3x^2 - 3ax|$$
$$= 3|x(x-a)|$$
$$= \begin{cases} -3x(x-a) & (0 \leqq x \leqq a \ \text{のとき}) \\ 3x(x-a) & (x \leqq 0, \ a \leqq x \ \text{のとき}) \end{cases}$$

積分区間が $0 \leqq x \leqq 1$ なので, この区間の中に a があるか否かを考えると

$$0 \leqq a \leqq 1, \ 1 \leqq a \leqq 2$$

の2通りの場合分けが必要になります.

$0 \leqq x \leqq 1$ ですから, 絶対値の中をできるだけスッキリさせて

$$|3x^2 - 3ax| = 3x|x-a|$$

としておいて, a が積分区間の中にあるか否かで

$$0 \leqq a \leqq 1, \ 1 \leqq a \leqq 2$$

の2通りに場合分けすると考えてもよいでしょう.

⑵ 微分を利用します.

解法のプロセス

⑴ **絶対値のついた関数の積分**

$$f(a) = \int_0^1 3x|x-a|\,dx$$

⇩

積分区間の中に a があるか否かと考えて

⇩

$0 \leqq a \leqq 1$, $1 \leqq a \leqq 2$ の2つに場合分け

⑵ **3次関数 $f(a)$ の最大値**

⇩

$f'(a)$ をつくり

⇩

増減表

〈 **解 答** 〉

⑴ 積分区間をみると $0 \leqq x \leqq 1$ ゆえ, この x に対して

$$|3x^2 - 3ax| = 3x|x-a|$$

（ⅰ）$0 \leqq a \leqq 1$ のとき

$$f(a) = \int_0^a -3x(x-a)\,dx + \int_a^1 3x(x-a)\,dx$$
$$= 3 \cdot \frac{a^3}{6} + \left[x^3 - \frac{3}{2}ax^2 \right]_a^1$$
$$= \frac{a^3}{2} + \left(1 - \frac{3}{2}a \right) + \frac{a^3}{2}$$
$$= a^3 - \frac{3}{2}a + 1$$

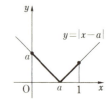

(ii) $1 \leq a \leq 2$ のとき

$$f(a) = \int_0^1 -3x(x-a)\,dx$$

$$= -\left[x^3 - \frac{3}{2}ax^2\right]_0^1$$

$$= \frac{3}{2}a - 1$$

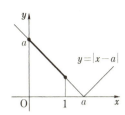

$$y = |x-a|$$

よって，$f(a) = \begin{cases} a^3 - \dfrac{3}{2}a + 1 & (0 \leq a \leq 1) \\[2mm] \dfrac{3}{2}a - 1 & (1 \leq a \leq 2) \end{cases}$

(2) $0 < a < 1$ のとき，$f'(a) = 3\left(a^2 - \dfrac{1}{2}\right)$

$1 < a < 2$ のとき，$f'(a) = \dfrac{3}{2}$

これより，$0 \leq a \leq 2$ における増減表は右のようになる．よって

$$\max f(a) = f(2)$$
$$= 2$$

a	0	$\cdots$	$\dfrac{1}{\sqrt{2}}$	$\cdots$	1	$\cdots$	2
$f'(a)$		$-$	0	$+$		$+$	
$f(a)$	1	$\searrow$		$\nearrow$	$\dfrac{1}{2}$	$\nearrow$	2

研究 $f'(a)$ を求める際，等号を除いて場合分けした．それは

左の端点において，片側からの微分係数しか存在しないし，

つなぎ目の $a=1$ においては，$f'(1)$ が存在するかどうか未確認だからである（実際には，$f'(1) = \dfrac{3}{2}$ として $f'(1)$ は存在する）．$0 \leq a \leq 2$ において $f(a)$ は連続であるので最大値を求めるにあたって，これらの $f'(a)$ を吟味する必要はない．

演習問題

116-1 関数 $f(t)$ を $f(t) = \displaystyle\int_{-1}^1 |x-t|\,dx$ で定める．

(1) $y = f(t)$ のグラフをかけ．

(2) $y = f'(t)$ のグラフをかけ． （日本女大）

116-2 区間 $-1 \leq x \leq 1$ において，関数 $f(x)$ を次式で定義する．

$$f(x) = \int_{-x}^{1-x} |t^3 - t|\,dt$$

このとき，$f(x)$ の最大値，最小値を求めよ． （成蹊大）

第7章

標問 **117** 積分方程式

次の関係式をみたす整式 $f(x)$ を求めよ.

(1) $f(x) = 1 + \displaystyle\int_0^1 (x-t)f(t)\,dt$ （東北学院大）

(2) $\displaystyle\int_1^x f(t)\,dt = xf(x) + x^2 + x^3$ （学習院大）

精 講　未知の積分を含む等式を**積分方程式**といいます.

積分方程式には, 大まかに2つのタイプがあり, その解法には一定の手順があります.

$\displaystyle\int_a^b f(t)\,dt$ **を含むもの**

$\longrightarrow \displaystyle\int_a^b f(t)\,dt = k$ **（定数）とおく.**

$\displaystyle\int_a^x f(t)\,dt$ **を含むもの** $\longrightarrow$ x **で微分する.**

本問の(1), (2)がそれぞれのタイプに対応しています. (1)の積分の両端が定数タイプのものは, 関数が未知だから, 直接 $\displaystyle\int_a^b f(t)\,dt$ の値を求めることはできません. しかし, この値はなんらかの**定数**となるので, それを適当な文字 k でおきかえます.

これに対して, (2)の積分の両端のうち少なくとも一方が変数のタイプは, 微分して**積分記号をはずす**ことを考えます. その際,

$$\frac{d}{dx}\int_a^x f(t)\,dt = f(x)$$

を使うので, 定数項に関する情報が消えます.

$$\int_a^a f(t)\,dt = 0$$

などを利用して, これを補います.

解法のプロセス

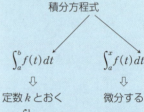

積分方程式

$\displaystyle\int_a^b f(t)\,dt$ 　　　$\displaystyle\int_a^x f(t)\,dt$

⇩　　　　　　⇩

定数 k とおく　　微分する

(1) $\displaystyle\int_0^1 (x-t)f(t)\,dt$

$= x\displaystyle\int_0^1 f(t)\,dt - \int_0^1 tf(t)\,dt$

　（x は積分記号の外に出す）

⇩

$= ax - b$

(2) $F(x) = \displaystyle\int_1^x f(t)\,dt$

$\Longleftrightarrow \begin{cases} F'(x) = f(x) \\ F(1) = 0 \end{cases}$

⟨ **解 答** ⟩

(1)　与えられた等式は

$$f(x) = 1 + x\int_0^1 f(t)\,dt - \int_0^1 tf(t)\,dt$$

◀ x を積分記号の外に出す

と変形できる.

$\int_0^1 f(t)\,dt = a, \quad \int_0^1 tf(t)\,dt = b$ とおくと

$\qquad f(x) = 1 + ax - b = ax + (1-b)$

である. これより

$$\begin{cases} a = \int_0^1 f(t)\,dt = \left[a\cdot\dfrac{t^2}{2} + (1-b)t \right]_0^1 = \dfrac{a}{2} - b + 1 \\[3mm] b = \int_0^1 tf(t)\,dt = \left[a\cdot\dfrac{t^3}{3} + (1-b)\cdot\dfrac{t^2}{2} \right]_0^1 = \dfrac{a}{3} + \dfrac{1-b}{2} \end{cases}$$

$\therefore \quad \begin{cases} a + 2b = 2 \\ 2a - 9b = -3 \end{cases} \qquad \therefore \quad a = \dfrac{12}{13}, \quad b = \dfrac{7}{13}$

よって, $f(x) = \dfrac{12}{13}x + \dfrac{6}{13}$

(2) 両辺を x で微分して

$\qquad f(x) = \{f(x) + xf'(x)\} + 2x + 3x^2$

$\qquad \therefore \quad xf'(x) + 2x + 3x^2 = 0$

$\qquad \therefore \quad x(f'(x) + 2 + 3x) = 0$

← 積の微分 (数学Ⅲ)
$\{f(x)g(x)\}' = f'(x)g(x) + f(x)g'(x)$

任意の x に対してこの等式が成り立つことから

$\qquad f'(x) = -3x - 2$

$\qquad \therefore \quad f(x) = -\dfrac{3}{2}x^2 - 2x + C \quad (C\text{は定数})$

与えられた式で $x = 1$ とおくと

$f(1) + 2 = 0 \qquad \therefore \quad f(1) = -2$

← 積分 $\int_1^x f(t)\,dt$ を消すために, $x = 1$ とおく

ゆえに

$\qquad -\dfrac{3}{2} - 2 + C = -2 \qquad \therefore \quad C = \dfrac{3}{2}$

よって, $f(x) = -\dfrac{3}{2}x^2 - 2x + \dfrac{3}{2}$

第7章

演習問題

117 次の関係式をみたす整式 $f(x)$, $g(x)$ を求めよ.

(1) $f(x) = x^3 - 2x + \dfrac{1}{2}\displaystyle\int_0^1 f(x)\,dx$ （岡山理大）

(2) $f(x) = x - 2\displaystyle\int_0^1 |f(t)|\,dt$ （秋田大）

(3) $f(x) = x^3 + x^2 + \displaystyle\int_{-1}^1 (x-t)^2 f(t)\,dt$ （島根大）

(4) $f(x) = 1 + \displaystyle\int_0^x g(t)\,dt, \quad g(x) = x(x-1) + \displaystyle\int_{-1}^1 f(t)\,dt$ （慶　大）

標問 **118** 曲線で囲まれた図形の面積

曲線 $y=\dfrac{3}{2}x(2-x)$ と x 軸および直線 $x=1$

で囲まれる図形の面積を S とする. n を自然数と

し, x 軸上の区間 $[0, 1]$ を n 等分する. 図のよう

に, 幅 $\dfrac{1}{n}$ の長方形をあわせて階段状の図形を作

り, その面積を S_n とする.

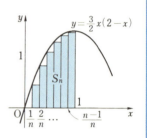

(1) $S-S_n$ を求めよ.

(2) $S-S_n<\dfrac{1}{2^5}$ となるための自然数 n の条件を求めよ.　　　　(山口大)

精講　　区間 $a\leqq x\leqq b$ における曲線

$y=f(x)$ と x 軸とで囲まれた部分

の面積 S は

$f(x)\geqq 0$ ならば, $S=\displaystyle\int_a^b f(x)\,dx$ （図(i)）

$f(x)<0$ ならば, $S=-\displaystyle\int_a^b f(x)\,dx$ （図(ii)）

下図(iii)ならば,

$$S=\int_a^c f(x)\,dx-\int_c^b f(x)\,dx$$

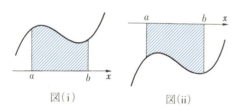

図(i)　　　　　　図(ii)

これらをまとめると次の
ようになります.

$$S=\int_a^b |f(x)|\,dx$$

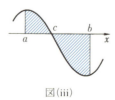

図(iii)

▶解法のプロセス◀

曲線 $y=f(x)$ と x 軸とで囲
まれた図形の面積 S

⇩

$$S=\int_a^b |f(x)|\,dx$$

(1) $S=\displaystyle\int_0^1 f(x)\,dx$

$S_n=\displaystyle\sum_{k=0}^{n-1} f\left(\dfrac{k}{n}\right)\dfrac{1}{n}$

⇩

$S-S_n$ を計算する

(2) $S-S_n<\dfrac{1}{2^5}$ は

n についての2次不等式

⇩

n が自然数であることに注意
する

〈 解 答 〉

(1)　$f(x)=\dfrac{3}{2}x(2-x)$ とおく.

$$S=\int_0^1 f(x)\,dx=\frac{3}{2}\Big[x^2-\frac{x^3}{3}\Big]_0^1=1$$

$$S_n=\sum_{k=0}^{n-1}f\Big(\frac{k}{n}\Big)\cdot\frac{1}{n}=\frac{3}{2}\cdot\frac{1}{n}\sum_{k=0}^{n-1}\frac{k}{n}\Big(2-\frac{k}{n}\Big)$$

$$=\frac{3}{2n^3}\sum_{k=0}^{n-1}(2nk-k^2)$$

$$=\frac{3}{2n^3}\Big\{2n\cdot\frac{(n-1)n}{2}-\frac{(n-1)n(2n-1)}{6}\Big\}$$

$$=\frac{4n^2-3n-1}{4n^2}$$

よって，$S-S_n=1-\dfrac{4n^2-3n-1}{4n^2}=\boldsymbol{\dfrac{3n+1}{4n^2}}$

(2)　$S-S_n<\dfrac{1}{2^5}$ を n について解く.　$\dfrac{3n+1}{4n^2}<\dfrac{1}{32}$

　　　　$n^2-24n-8>0$　　　　$n>12+\sqrt{152}$　　　　← n は自然数

　　$12=\sqrt{144}$，$13=\sqrt{169}$ ゆえ，$24<12+\sqrt{152}<25$

　　n は自然数ゆえ，求める条件は　　$\boldsymbol{n\geqq 25}$

研究　S_n は長方形の寄せ集めによる面積 S の近似であり，$S-S_n$ はその誤差を表している．(2)の結果は 25 個の長方形に分けたとき，実際の面積との誤差が $\dfrac{1}{32}$ 未満になっているということである．

　では，長方形 100 個ではどうか.

$$S-S_{100}=\frac{3\cdot 100+1}{4\cdot 100^2}=\frac{301}{40000}=0.007525\quad（かなり小さい）$$

続いて，200 個，1000 個，……と長方形の個数を多くして，最後 $n\to\infty$ とすると

$$\lim_{n\to\infty}(S-S_n)=\lim_{n\to\infty}\frac{3n+1}{4n^2}=\lim_{n\to\infty}\frac{3+\dfrac{1}{n}}{4n}=0$$

誤差なし. すなわち

$$S=\lim_{n\to\infty}S_n=\lim_{n\to\infty}\sum_{k=0}^{n-1}f\Big(\frac{k}{n}\Big)\frac{1}{n}$$

である.

　これは数学Ⅲで学ぶ区分求積法である．この立場から，区間 $a\leqq x\leqq b$ における一般の曲線 $y=f(x)\,(\geqq 0)$ と x 軸とで囲まれた図形の面積を求めると次のようになる.

区間 $a \leqq x \leqq b$ を n 等分し, 順に

$$a = x_0 < x_1 < x_2 < \cdots < x_k < \cdots < x_n = b$$

とする. このとき, 1つの幅 $\varDelta x$ は

$$\varDelta x = \frac{b-a}{n}$$

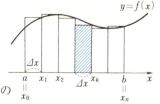

であり, $f(x_k)$ を縦の長さとする微小な長方形の面積は

$$f(x_k) \varDelta x$$

である. したがって, 図形の面積は

$$\lim_{n \to \infty} \sum_{k=1}^{n} f(x_k) \varDelta x = \lim_{n \to \infty} \sum_{k=1}^{n} f\left(a + k \cdot \frac{b-a}{n}\right) \frac{b-a}{n}$$

（あるいは, $\displaystyle\lim_{n \to \infty} \sum_{k=0}^{n-1} f(x_k) \varDelta x$ でもよい）

となる. 面積を $\displaystyle\int_a^b f(x)\,dx$ と書くことにすれば

$$\int_a^b f(x)\,dx = \lim_{n \to \infty} \sum_{k=1}^{n} f(x_k) \varDelta x$$

である. これは定積分の定義の1つの形である. $\displaystyle\int$（インテグラル）は Sum（サム, ギリシャ語でSに相当するのが $\sum$）を引き伸ばしたものであり, 微小幅 $\varDelta x$ が dx に変わって $\displaystyle\int_a^b f(x)\,dx$ の表記ができている.

$$\sum （微小面積） \longrightarrow \int_a^b f(x)\,dx \quad (n \to \infty)$$

（微小面積）＝{縦 $f(x)$}×{横 $\varDelta$} の寄せ集め, といった感じの伝わるうまい表記である. これはライプニッツによるものである.

演習問題

118 次の図形の面積を求めよ.

(1) 曲線 $y = x^3 + x^2 - 2x$ と x 軸とで囲まれる図形

(2) 2つの曲線 $y = 3x(x^2-1)$, $y = 3x(x+1)$ により囲まれる図形 （防衛大）

(3) $y^2 = x$ と $y = x - 2$ で囲まれる図形 （東京電機大）

標問 **119**　放物線と直線で囲まれた図形の面積

$c\,(>1)$ を定数とする．xy 平面で，点 $(1,\ c)$ を通る直線 l と放物線 $y=x^2$ で囲まれる図形の面積を最小にする l の傾きを求めよ．また，その最小面積を求めよ．

（東京工大，*東大，*岩手大，*筑波大，*東海大）

▸ **精 講**　$c>1$ のとき，直線 l の方程式 $y=m(x-1)+c$ と放物線の方程式 $y=x^2$ を連立すれば交点の x 座標が求まり，面積を求めるための積分区間が決まったことになりますが，この x の値は m を含む無理式であり，扱いが厄介です．

とりあえず

　　　　交点の x 座標は $\alpha,\ \beta$ とおく

ことにしましょう．$\alpha,\ \beta\,(\alpha<\beta)$ は

　　　　$m(x-1)+c=x^2$

　　$\therefore\ -x^2+mx-m+c=0$

の実数解ですから，

　　　　$-x^2+mx-m+c=-(x-\alpha)(x-\beta)$

と変形されます．

したがって，面積 S は

$$S=\int_{\alpha}^{\beta}\{m(x-1)+c-x^2\}\,dx$$

$$=-\int_{\alpha}^{\beta}(x-\alpha)(x-\beta)\,dx$$

として，この積分を計算すればよいことになります．標問 **114** の公式が利用できます．

解法のプロセス

　　$y=mx+n$　　　……①
　　$y=ax^2+bx+c$　　……②

が囲む図形の面積 S は

　　①，②の交点の x 座標を
　　$\alpha,\ \beta\,(\alpha<\beta)$ とおく

⇩

$$S=\int_{\alpha}^{\beta}-|a|(x-\alpha)(x-\beta)\,dx$$

⇩

$$S=|a|\frac{(\beta-\alpha)^3}{6}$$

◇〈**解 答**〉◇

点 $(1,\ c)$ を通る直線 l が放物線 $y=x^2$ と 2 点を共有するとき，y 軸とは平行にならないから

　　　　$l:y=m(x-1)+c$

とおける．l と放物線 $y=x^2$ との交点の x 座標は

　　　　$x^2=mx-m+c$

すなわち

　　　　$x^2-mx+m-c=0$　　　　……①

をみたす．$c>1$ ゆえ，m の値にかかわらずこれは

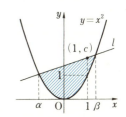

第7章

異なる2実数解 α, $\beta\,(\alpha<\beta)$ をもつ.

このとき, l と放物線で囲まれる図形の面積 S は

$$S=\int_{\alpha}^{\beta}\{(mx-m+c)-x^2\}\,dx$$

$$=-\int_{\alpha}^{\beta}(x-\alpha)(x-\beta)\,dx$$

$$=\frac{(\beta-\alpha)^3}{6}$$

ここで, α, β は①の解ゆえ, ①の判別式を D とすると

$$\beta-\alpha=\frac{m+\sqrt{D}}{2}-\frac{m-\sqrt{D}}{2}$$

$$=\sqrt{D}=\sqrt{m^2-4m+4c}$$

$$=\sqrt{(m-2)^2+4c-4}$$

S が最小となるのは, $\beta-\alpha$ が最小となるとき, すなわち, $m=2$ のときである.

よって, 求める傾きは **2** であり, 最小面積は $\dfrac{1}{6}(4c-4)^{\frac{3}{2}}=\dfrac{4}{3}(c-1)^{\frac{3}{2}}$ である.

研究　$1°$　$\beta-\alpha$ は

$$\beta-\alpha=\sqrt{(\beta-\alpha)^2}=\sqrt{(\alpha+\beta)^2-4\alpha\beta}$$

とし, $\alpha+\beta=m$, $\alpha\beta=m-c$ を代入してもよい.

$2°$　S が最小となるのは, $m=2$ のときである. これは

$$\frac{\alpha+\beta}{2}=\frac{m}{2}=1=\text{点}\ (1,\ c)\ \text{の}x\text{座標}, \text{すなわち},$$

C$(1,\ c)$ が2交点 P, Q の中点となるときである.

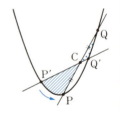

これは偶然ではない. 右図を使ってこれを説明する. 点Cを通る直線の傾きを変えるとき, 図のように, P'Q' から PQ になったとする (m を増加させたとする). 面積 S は斜線部分だけ減り, 打点部分だけ増える.

P'C$>$PC$=$CQ$>$CQ' より, (斜線部分の面積)$>$(打点部分の面積) であり, S は減少する. さらに m を増加させると, 斜線部分と打点部分の大小が逆転し, S は増加する. よって, m の変化に対し, S は PC$=$CQ となるところで, 極小かつ最小となる.

演習問題

119　(1)　点 $(2,\ 4)$ を通り, 傾きが a である直線と曲線 $y=(x-1)^2+2$ とが囲む図形の面積 S を求めよ.

(2)　(1)で求めた面積 S が最小となるような傾き a を求めよ.　　　　　(久留米大)

標問 **120** 放物線と接線で囲まれた図形の面積

座標平面上の曲線 $C_1 : y = x^2$ に点 $P(X, Y)(Y < X^2)$ から 2 本の接線を
ひき，その接点をそれぞれ $Q(\alpha, \alpha^2)$, $R(\beta, \beta^2)(\alpha < \beta)$ とする．

(1) X, Y を α, β で表せ．

(2) 線分 QR と C_1 とで囲まれる部分の面積を S_1，2 つの接線と C_1 とで囲ま
れる部分の面積を S_2 とするとき，$S_1 : S_2$ を求めよ．

(3) 点 P がある曲線 C_2 上を動くとき，つねに $S_2 = \dfrac{2}{3}$ であるという．この
とき，曲線 C_2 の方程式を求めよ． (*山形大，*東京理大，*熊本女大)

精講 接線の方程式は
接点とその点における微分係数
により決まります．

(1) 2 接線の交点が $P(X, Y)$ です．

(2) 直線と放物線の位置関係（上下の関係）を
おさえながら，式をたてます．このとき，接点 Q，
R の x 座標はそれぞれ α, β なので，

$$S_1 = \int_\alpha^\beta -(x-\alpha)(x-\beta)\,dx$$

といった変形が可能です．

> **解法のプロセス**
>
> 接線の方程式は
> まず，接点を決める
> ⇩
> 面積 S_1, S_2 を
> $\beta - \alpha$
> で表す
> ⇩
> $S_1 : S_2$ を求める

⟨ **解 答** ⟩

(1) 点 $Q(\alpha, \alpha^2)$ における接線 l の方程式は
$$y = 2\alpha(x - \alpha) + \alpha^2$$
$$\therefore \quad y = 2\alpha x - \alpha^2 \qquad \cdots\cdots①$$
同じく，点 $R(\beta, \beta^2)$ における接線 m の方程式は
$$y = 2\beta x - \beta^2 \qquad \cdots\cdots②$$
$P(X, Y)$ は l, m の交点ゆえ，①，②を連立して
$$2\alpha X - \alpha^2 = 2\beta X - \beta^2 \quad \therefore \quad 2(\alpha - \beta)X = \alpha^2 - \beta^2$$

$\alpha \neq \beta$ ゆえ $X = \dfrac{\alpha + \beta}{2}$ $\cdots\cdots③$

①に代入し $Y = 2\alpha \cdot \dfrac{\alpha + \beta}{2} - \alpha^2 = \alpha\beta$ $\cdots\cdots④$

よって，$(X, Y) = \left(\dfrac{\alpha + \beta}{2}, \ \alpha\beta \right)$

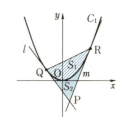

第7章

(2) 直線 QR の方程式は

$$y=\frac{\beta^2-\alpha^2}{\beta-\alpha}(x-\alpha)+\alpha^2 \qquad \therefore \quad y=(\alpha+\beta)x-\alpha\beta$$

これより

$$S_1=\int_\alpha^\beta\{(\alpha+\beta)x-\alpha\beta-x^2\}\,dx=-\int_\alpha^\beta(x-\alpha)(x-\beta)\,dx=\frac{(\beta-\alpha)^3}{6}$$

また, $S_2=\displaystyle\int_\alpha^{\frac{\alpha+\beta}{2}}(x^2-2\alpha x+\alpha^2)\,dx+\int_{\frac{\alpha+\beta}{2}}^\beta(x^2-2\beta x+\beta^2)\,dx$

$$=\int_\alpha^{\frac{\alpha+\beta}{2}}(x-\alpha)^2dx+\int_{\frac{\alpha+\beta}{2}}^\beta(x-\beta)^2dx=\left[\frac{(x-\alpha)^3}{3}\right]_\alpha^{\frac{\alpha+\beta}{2}}+\left[\frac{(x-\beta)^3}{3}\right]_{\frac{\alpha+\beta}{2}}^\beta$$

$$=\frac{1}{3}\left\{\left(\frac{\beta-\alpha}{2}\right)^3-\left(\frac{\alpha-\beta}{2}\right)^3\right\}=\frac{(\beta-\alpha)^3}{12}$$

よって, $S_1:S_2=\dfrac{(\beta-\alpha)^3}{6}:\dfrac{(\beta-\alpha)^3}{12}=\mathbf{2:1}$

(3) $S_2=\dfrac{2}{3}$ となる条件は $(\beta-\alpha)^3=8$ $\therefore$ $\beta-\alpha=2$ ……⑤ であり, 曲線 C_2 は③, ④, ⑤を同時にみたす α, β が存在するような点の集合である.

⑤と③, ④より

$$\begin{cases} X=\dfrac{\alpha+\beta}{2}=\dfrac{\alpha+(\alpha+2)}{2}=\alpha+1 \\ Y=\alpha\beta=\alpha(\alpha+2) \end{cases}$$

$\alpha=X-1$ を第2式に代入すると $Y=(X-1)(X+1)=X^2-1$

であり, ③かつ④かつ⑤は

$$\begin{cases} \beta=\alpha+2 \\ \alpha=X-1 \\ Y=X^2-1 \end{cases}$$

と変形される. これをみたす α, β が存在する条件は

$$Y=X^2-1$$

である. このとき点 $(X,\ Y)$ はつねに $Y<X^2$ をみたす.

よって, 曲線 C_2 の方程式は $\boldsymbol{y=x^2-1}$ である.

研究 1° 面積を求めるのに, 直線 QR や接線 l, m の方程式を用いたが, 実はこれらは不要である. 交点の x 座標さえわかれば十分なのである. 例えば, S_1 について, 直線 QR の方程式は $y=(x\text{の1次式})$ と書けて, 放物線 $y=x^2$ と $x=\alpha$, β で交わるから, 因数定理により

$$(x\text{の1次式})-x^2=-(x-\alpha)(x-\beta)$$

と因数分解される.

$$\therefore \quad S_1 = \int_\alpha^\beta \{(x \text{ の } 1 \text{ 次式}) - x^2\} dx = -\int_\alpha^\beta (x-\alpha)(x-\beta) dx$$

また，S_2 については，"接する $\Longleftrightarrow$ 重解"（標問 **96**）を使うと

$$S_2 = \int_\alpha^{\frac{\alpha+\beta}{2}} \{x^2 - (x \text{ の } 1 \text{ 次式})\} dx + \int_{\frac{\alpha+\beta}{2}}^\beta \{x^2 - (x \text{ の } 1 \text{ 次式})\} dx$$

$$= \int_\alpha^{\frac{\alpha+\beta}{2}} (x-\alpha)^2 dx + \int_{\frac{\alpha+\beta}{2}}^\beta (x-\beta)^2 dx$$

（$\because$　$x=\alpha$ で接する）（$\because$　$x=\beta$ で接する）

となる.

$2°$　S_2 を求めるのに，$\triangle$PQR を利用してもよい.

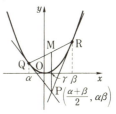

点Pを通る y 軸と平行な直線と QR との交点をM とし，

（P の x 座標）$= \dfrac{\alpha+\beta}{2}$ を γ とおくと

$$\triangle PQR = \triangle QPM + \triangle RPM$$

$$= \frac{1}{2} PM \cdot (\gamma - \alpha) + \frac{1}{2} PM \cdot (\beta - \gamma) = \frac{\beta - \alpha}{2} \cdot PM$$

M の y 座標は $y = (\alpha+\beta) \cdot \dfrac{\alpha+\beta}{2} - \alpha\beta$ であるから

$$PM = \frac{(\alpha+\beta)^2}{2} - 2\alpha\beta = \frac{(\alpha-\beta)^2}{2} \qquad \therefore \quad \triangle PQR = \frac{(\beta-\alpha)^3}{4}$$

$$\therefore \quad S_2 = \triangle PQR - S_1 = \left(\frac{1}{4} - \frac{1}{6}\right)(\beta-\alpha)^3 = \frac{(\beta-\alpha)^3}{12}$$

$3°$　放物線と接線の関係式として次のことは覚えておくとよい.

放物線 $y = ax^2 + bx + c \ (a \neq 0)$ において右図のように点 Q, R で 2 つの接線をひく. Q, R の x 座標をそれぞれ α, β とすると

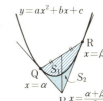

（ i ）**接線の交点 P の x 座標は $\dfrac{\alpha+\beta}{2}$**

（ ii ）$S_1 = \dfrac{|a|}{6}(\beta-\alpha)^3$

（iii）$S_2 = \dfrac{|a|}{12}(\beta-\alpha)^3$

第7章

演習問題

120　直線 $y = x-1$ 上の点 P(a, b) から放物線 $y = x^2$ に 2 本の接線をひき，接点を Q_1, Q_2 とする. 線分 Q_1Q_2 と放物線で囲まれた図形の面積を S とする.

(1)　S を a で表せ.

(2)　S を最小にする a の値および S の最小値を求めよ.　　　　　　　　（信州大）

標問 **121** 放物線と共通接線

2つの放物線

$$C_1 : y = x^2, \quad C_2 : y = (x-1)^2 + 2a$$

がある. ただし, a は定数とする.

(1) C_1 と C_2 の共通接線 l の方程式を求めよ.

(2) C_1, C_2 および l で囲まれた部分の面積を求めよ.

(3) C_1 と C_2 の交点を通り, l に平行な直線を L とする. C_1 と L とで囲まれた部分の面積は, C_2 と L とで囲まれた部分の面積に等しいことを示せ.

(*千葉大, *広島大, *静岡大)

精講 (1) 2本の接線の一致条件より, l を決定してもよいし, 直線 l の方程式を $y = mx + n$ として, 2つの放物線と接する条件 (判別式)=0 から m, n を決定してもよい.

解答では, この解法をミックスしてみましょう. C_1 上の点 (α, α^2) における接線が C_2 と接する条件は, 連立した方程式が重解をもつことです.

(2), (3)での面積計算は標問 **120** と同じです.

解法のプロセス

(1) 2曲線に接する直線
⇩
2接線の一致条件
(曲線が放物線なら
(判別式)=0 の利用もある)

(2) 面積は
接点, または交点
の x 座標に着目して式をまとめていく

〈 **解答** 〉

(1) C_1 上の点 (α, α^2) における接線の方程式は

$$y = 2\alpha(x - \alpha) + \alpha^2 \qquad \therefore \quad y = 2\alpha x - \alpha^2$$

これが C_2 にも接する条件は

$$(x-1)^2 + 2a = 2\alpha x - \alpha^2$$

すなわち

$$x^2 - 2(\alpha+1)x + \alpha^2 + 2a + 1 = 0$$

が重解をもつことである. これは判別式を D とすると, $D=0$ である.

$$\frac{D}{4} = (\alpha+1)^2 - (\alpha^2 + 2a + 1)$$

$$= 2(\alpha - a)$$

なので $\alpha - a = 0$ $\qquad \therefore \quad \alpha = a$

よって, 共通接線 l の方程式は $\boldsymbol{y = 2ax - a^2}$

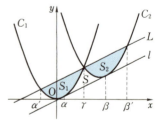

(2) C_2 と l の接点の x 座標を β とすると

$\beta = \alpha + 1 = a + 1$

C_1 と C_2 の交点の x 座標を γ とすると

$\gamma^2 = (\gamma - 1)^2 + 2a$ より $\gamma = \dfrac{2a+1}{2}$

よって，C_1，C_2 および l とで囲まれた部分の面積 S は

$$S = \int_\alpha^\gamma (x-\alpha)^2 dx + \int_\gamma^\beta (x-\beta)^2 dx = \frac{1}{3}(\gamma - \alpha)^3 - \frac{1}{3}(\gamma - \beta)^3$$

$$= \frac{1}{3}\left\{ \left(\frac{2a+1}{2} - a\right)^3 - \left(\frac{2a+1}{2} - a - 1\right)^3 \right\}$$

$$= \frac{1}{3}\left(\frac{1}{8} + \frac{1}{8}\right) = \frac{1}{12}$$

(3) L の方程式は

$$y = 2a(x - \gamma) + \gamma^2 \qquad \therefore \quad y = 2a\left(x - \frac{2a+1}{2}\right) + \left(\frac{2a+1}{2}\right)^2$$

$$\therefore \quad y = 2ax - a^2 + \frac{1}{4}$$

C_1 と L の交点の x 座標は $x^2 = 2ax - a^2 + \dfrac{1}{4}$ を解いて

$$\left(x - a - \frac{1}{2}\right)\left(x - a + \frac{1}{2}\right) = 0$$

$$\therefore \quad x = a + \frac{1}{2} \ (=\gamma), \ a - \frac{1}{2} \ (=\alpha' \text{とする})$$

C_2 と L の交点の x 座標は $x^2 - 2x + 1 + 2a = 2ax - a^2 + \dfrac{1}{4}$ を解いて

$$\left(x - a - \frac{1}{2}\right)\left(x - a - \frac{3}{2}\right) = 0$$

$$\therefore \quad x = a + \frac{1}{2} \ (=\gamma), \ a + \frac{3}{2} \ (=\beta' \text{とする})$$

C_1 と L，C_2 と L とで囲まれた部分の面積をそれぞれ S_1，S_2 とすると

$$S_1 = -\int_{\alpha'}^\gamma (x - \alpha')(x - \gamma)\, dx = \frac{(\gamma - \alpha')^3}{6} = \frac{1}{6}$$

$$S_2 = -\int_\gamma^{\beta'} (x - \gamma)(x - \beta')\, dx = \frac{(\beta' - \gamma)^3}{6} = \frac{1}{6}$$

よって，$S_1 = S_2$ である．

演習問題

(121) 2つの放物線 $y = (x+1)^2$ ……①，$y = (x-1)^2 - 2$ ……② の共通接線を l とする．

(1) l の方程式を求めよ．

(2) 放物線①，②と l とで囲まれた図形の面積を求めよ． (大分大)

標問 **122** 面積の最小と分割

(1) 曲線 $C : y = |x(x-1)|$ と直線 $l : y = mx$ とが異なる3つの共有点を
もつような m の値の範囲を求めよ.

(2) (1)のとき, C と l とで囲まれる部分の面積 S を最小とする m の値を求め
よ. (日本大)

(3) (1)のとき, C と l とで囲まれる2つの部分の面積を等しくする m の値を
求めよ. (東邦大)

精講　(1) $y = |x(x-1)|$ のグラフは,
$y = x(x-1)$ のグラフを x 軸に関し
て上側に折り返したものです. 原点を通る直線
$y = mx$ を動かしてみて, 異なる3つの共有点を
もつ様子を視覚的にとらえてから計算に入るよう
にしましょう.

(2) まずは, 素直に計算してみましょう. 交点
の x 座標 $x = 0,\ 1-m,\ 1+m$ を求め
$f(x) = x(x-1)$ とおくと

$$S = \int_0^{1-m}\{-f(x)-mx\}dx + \int_{1-m}^1\{mx+f(x)\}dx$$
$$+ \int_1^{1+m}\{mx-f(x)\}dx$$

を計算すればよいのです.

(3) 右図で, $S_1 = S_2$
である条件を求めるとき
$S_1,\ S_2$ をそれぞれ求め
る必要はありません.

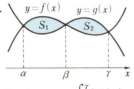

$$S_1 = S_2 \iff S_1 - S_2 = 0 \iff \int_\alpha^\gamma\{f(x)-g(x)\}dx = 0$$
を用いればよいのです.

解法のプロセス

(1) C と l が異なる3つの共
　有点をもつ
　　⇩
　C と l が $0<x<1$ で1つの
　共有点をもつ

(2) $S = (m$ の3次式$)$
　　⇩
　微分して
　　⇩
　最小

(3) $S_1 = S_2$
　　⇩
　$S_1 - S_2 = 0$
　　⇩
　$\int_0^{1+m}\{|f(x)|-mx\}dx = 0$

〈 **解 答** 〉

(1) $f(x) = x(x-1)$ とおくと, 右図より
　　C と l が異なる3つの共有点をもつ
　　⟺ C と l が原点以外に異なる2つの共有点
　　　をもつ
　　⟺ $-f(x) = mx$ が $0<x<1$ なる実数解を
　　　もつ　……(*)

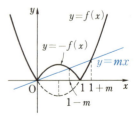

であるから，(※)が成立する m の条件を求める．

$-f(x)=mx$ すなわち $-x(x-1)=mx$ は $x \neq 0$ ゆえ $x=1-m$ といいかえられる．これをみたす x が $0<x<1$ の範囲に存在する m の条件は

$$0<1-m<1 \qquad \therefore \quad \boldsymbol{0<m<1}$$

(2)　$y=f(x)$ と $y=mx$ との交点の x 座標は

$$x(x-1)=mx \qquad \therefore \quad x=0,\ m+1$$

である．よって

$$\begin{aligned}
S &= \int_0^{1-m}\{-f(x)-mx\}\,dx + \int_{1-m}^1 \{mx+f(x)\}\,dx + \int_1^{1+m}\{mx-f(x)\}\,dx \\
&= -\int_0^{1+m} f(x)\,dx + 2\int_{1-m}^1 f(x)\,dx + \int_0^{1+m} mx\,dx - 2\int_0^{1-m} mx\,dx \\
&= \int_0^{1+m}\{mx-f(x)\}\,dx + 2\int_{1-m}^1 f(x)\,dx - 2\int_0^{1-m} mx\,dx \\
&= \int_0^{1+m} -x(x-1-m)\,dx + 2\left[\frac{x^3}{3}-\frac{x^2}{2}\right]_{1-m}^1 - 2\cdot\frac{1}{2}m(1-m)^2 \\
&= \frac{(1+m)^3}{6} + 2\cdot\frac{2m^3-3m^2}{6} - m(1-m)^2 \\
&= \frac{1}{6}(-m^3+9m^2-3m+1)
\end{aligned}$$

これより

$$S'=-\frac{1}{2}(m^2-6m+1)$$

$m=3\pm2\sqrt{2}$ のとき，$S'=0$ となるから
$0<m<1$ における増減表は右のようになる．
よって，S が最小となるのは

$$m=\boldsymbol{3-2\sqrt{2}} \quad \text{のときである．}$$

m	(0)	$\cdots$	$3-2\sqrt{2}$	$\cdots$	(1)
S'		$-$	0	$+$	
S		$\searrow$		$\nearrow$	

(3)　題意は

$$\int_0^{1-m}\{|f(x)|-mx\}\,dx = \int_{1-m}^{1+m}\{mx-|f(x)|\}\,dx$$

$$\therefore \quad \int_0^{1+m}\{|f(x)|-mx\}\,dx=0$$

といいかえられる．

$$\begin{aligned}
(\text{上式の左辺}) &= \int_0^1\{-f(x)-mx\}\,dx + \int_1^{1+m}\{f(x)-mx\}\,dx \\
&= \int_0^1\{-x^2+(1-m)x\}\,dx + \int_1^{1+m}\{x^2-(1+m)x\}\,dx \\
&= \left[-\frac{x^3}{3}+\frac{1-m}{2}x^2\right]_0^1 + \left[\frac{x^3}{3}-\frac{1+m}{2}x^2\right]_1^{1+m} \\
&= -\frac{1}{3}+\frac{1-m}{2}+\frac{m^3+3m^2+3m}{3}-\frac{1+m}{2}\cdot(m^2+2m)
\end{aligned}$$

第7章

$$=-\frac{1}{6}(m^3+3m^2+3m-1)$$

$$=-\frac{1}{6}\{(m+1)^3-2\}$$

であるから，$(m+1)^3-2=0$

$$\therefore\quad m=\sqrt[3]{2}-1$$

研究 (1)は $y=-f(x)$ の原点における接線の傾き
を考えてもよい．

$y'=-f'(x)=-2x+1$ なので $y_{x=0}'=1$

ゆえに，求める m の値の範囲は

$$0<m<1$$

である．

(2), (3)とも計算の工夫ができる．(2)は $f(x)$, mx を
束ねる方向で整理していったが，

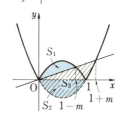

$$S_1=\int_0^{1-m}-x(x-1+m)\,dx=\frac{(1-m)^3}{6}$$

$$S_2=\int_0^{1}-x(x-1)\,dx=\frac{1}{6}$$

$$S_3=\int_0^{1+m}-x(x-1-m)\,dx=\frac{(1+m)^3}{6}$$

とすると

$$S=S_1+S_3-(S_2+\text{△})=S_1+S_3-S_2-(S_2-S_1)$$

$$=S_3+2S_1-2S_2=\frac{(1+m)^3}{6}+2\cdot\frac{(1-m)^3}{6}-2\cdot\frac{1}{6}$$

$$=\frac{1}{6}(-m^3+9m^2-3m+1)$$

(3)についても

$$\text{△}-\text{△}=(S_3-S_2)-(S_2-S_1)=S_3-2S_2+S_1$$

条件より $S_1=S_3-2S_2+S_1$

$$\therefore\quad S_3-2S_2=0 \qquad \therefore\quad \frac{(1+m)^3}{6}-2\cdot\frac{1}{6}=0$$

$$\therefore\quad m=\sqrt[3]{2}-1$$

とできる．

標問 **123** 放物線と円

> 放物線 $y=\dfrac{5}{8}x^2$ と点 A$(0,\ 2)$ を中心とする円が異なる 2 点で接するとき，この円と放物線で囲まれる部分の面積を求めよ．
>
> ただし，円と放物線が共有点 P で接するとは，その点で同じ接線をもつことである．
>
> （お茶の水女大）

◆ **精 講** 一般に，**2 曲線** $y=f(x),\ y=g(x)$ **が接する**というのは，"共有点 P をもち，P における接線が一致する" ことです．
共通接線が y 軸と平行となる場合を除けば，

$$\begin{cases} f(\alpha)=g(\alpha) \\ f'(\alpha)=g'(\alpha) \end{cases} \text{となる実数 } \alpha \text{ が存在する}$$

ことです．本問では

放物線と円が点 P で接する

$\Longleftrightarrow$ 放物線上の点 P における接線 l が A を中心とする円の接線でもある

$\Longleftrightarrow \begin{cases} \text{AP} \perp l \\ \text{P は円上の点（AP は円の半径）} \end{cases}$

といいかえることができます．

▶ **解法のプロセス**

放物線と円が P で接する
⇩
放物線の接線 l が円の接線
⇩
円の中心が A なので
$\begin{cases} \text{AP} \perp l \\ \text{AP は円の半径} \end{cases}$

面積＝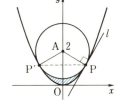

〈 **解 答** 〉

放物線上の点 P$\left(t,\ \dfrac{5}{8}t^2\right)$ $(t \neq 0)$ における接線 l の傾きは $\dfrac{5}{4}t$ であることから

$$\text{AP} \perp l \Longleftrightarrow \frac{\dfrac{5}{8}t^2-2}{t} \cdot \frac{5}{4}t = -1 \qquad \therefore \quad t = \pm\frac{4}{5}\sqrt{3}$$

したがって，接点は P$\left(\dfrac{4}{5}\sqrt{3},\ \dfrac{6}{5}\right)$, P$'\left(-\dfrac{4}{5}\sqrt{3},\ \dfrac{6}{5}\right)$

半径 $\text{AP}=\sqrt{\left(\dfrac{4}{5}\sqrt{3}\right)^2+\left(\dfrac{6}{5}-2\right)^2}=\dfrac{8}{5}$

l の傾き $=\sqrt{3}$ より $\quad \angle\text{OAP}=60°\quad \therefore \quad \angle\text{P}'\text{AP}=120°$

求める部分の面積 S は，上図の斜線部分だから

$$S = \overset{\text{A}}{\underset{\text{O}}{\text{P}'\diamondsuit\text{P}}} - \text{扇形 AP}'\text{P} \qquad \left(\alpha=-\frac{4}{5}\sqrt{3},\ \beta=\frac{4}{5}\sqrt{3} \text{ とおくと}\right)$$

第7章

$$=\left\{\frac{5}{8}\cdot\frac{(\beta-\alpha)^3}{6}+\frac{1}{2}(\beta-\alpha)\cdot\frac{4}{5}\right\}-\frac{1}{3}\pi\left(\frac{8}{5}\right)^2$$

$$=\frac{48}{25}\sqrt{3}-\frac{64}{75}\pi$$

研究 放物線と円が接する条件をとらえるには他にもいろいろ方法がある.

1° 判別式の利用

本問の放物線と円の共有点は高々4個であり，4
つの共有点があるとき，x を消去して得られる y の
2次方程式は異なる2つの正の実数解 y_1, y_2 をもつ.
よって，題意をみたすためには $y_1=y_2(>0)$,

すなわち，正の重解をもつことが必要十分である.

$y=\dfrac{5}{8}x^2$ と $x^2+(y-2)^2=r^2$ $(r>0)$ を連立して

$$\frac{8}{5}y+(y-2)^2=r^2 \qquad \therefore \quad y^2-\frac{12}{5}y+4-r^2=0$$

(判別式)$=0$ より $\left(\dfrac{6}{5}\right)^2-(4-r^2)=0$

$$\therefore \quad r=\frac{8}{5}, \quad y=\frac{6}{5} \quad (>0 \text{ を満たす})$$

2° 放物線の点Pと円の中心Aとの最短距離を考える.

$$\mathrm{AP}^2=t^2+\left(\frac{5}{8}t^2-2\right)^2=\frac{25}{64}t^4-\frac{3}{2}t^2+4$$

$$=\frac{25}{64}\left(t^2-\frac{48}{25}\right)^2+\frac{64}{25}\geqq\left(\frac{8}{5}\right)^2 \quad \left(\text{等号は } t=\pm\frac{4}{5}\sqrt{3} \text{ のとき}\right)$$

すなわち，点 $\left(\pm\dfrac{4}{5}\sqrt{3},\ \dfrac{6}{5}\right)$ において放物線と円 $\left(\text{半径 } \dfrac{8}{5}\right)$ は接する.

3° 放物線上の点Pにおける法線は円の中心Aを通るから

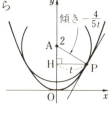

法線 AP の傾き $=-\dfrac{4}{5t}$ $\qquad \therefore \quad \mathrm{AH}=\dfrac{4}{5}$

P の y 座標 $=\dfrac{5}{8}t^2=2-\dfrac{4}{5}$

$\therefore \quad t=\pm\dfrac{4}{5}\sqrt{3},$ 半径 $\mathrm{AP}=\sqrt{t^2+\left(\dfrac{4}{5}\right)^2}=\dfrac{8}{5}$

演習問題

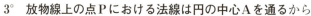

123 放物線 $y=x^2$ と円 $x^2+(y-p)^2=1$ とが異なる2つの共有点A，Bで
共通の接線をもつとき，A，Bを両端とする円の弧の短いほうと放物線とで囲
まれる図形の面積を求めよ. （関西学院大）

3次曲線の平行移動

　曲線 $C：y=x^3-x$ と C を x 軸の正の向きに $a\,(a>0)$ だけ平行移動した曲線 C_a がある．

(1) C と C_a とが異なる2点で交わるような a の範囲を求めよ．

(2) (1)で求めた範囲の a に対して，C と C_a とで囲まれた部分の面積 S を a で表せ．

(3) (2)で求めた S を最大にする a の値を求めよ．

(横浜国大，*図書館情報大)

精講　(1) $y=f(x)$ を x 軸の正方向に a だけ平行移動したものは

$y=f(x-a)$ です．方程式
$$f(x)=f(x-a)$$
の実数解が交点の x 座標であり，**異なる2点で交わる**ということは，この方程式は**異なる2つの実数解をもつ**ということです．

(2) 標問 **119** と同じく，(1)の方程式の解はキタナイ形をしています．とりあえず

　　　交点の x 座標を α，β とおく

のが常套手段です．そのあとは，もちろん
$$\int_\alpha^\beta (x-\alpha)(x-\beta)\,dx=-\frac{(\beta-\alpha)^3}{6}$$
の公式を使います．

(3) 微分を使うことになります．おきかえをして式を簡単にしておきましょう．

解法のプロセス

(1) $f(x)=f(x-a)$ が2つの実数解 $\alpha,\ \beta\ (\alpha<\beta)$ をもつ

(2) $S=\int_\alpha^\beta -3a(x-\alpha)(x-\beta)\,dx$
（x^2 の係数に注意）
⇩
$S=3a\cdot\dfrac{(\beta-\alpha)^3}{6}$
⇩
$\beta-\alpha$ は解の公式を使う

(3) $\sqrt{\ }$ の中に変数を集める
⇩
おきかえ
⇩
微分して増減表をつくる

解　答

(1) $f(x)=x^3-x$ とおくと
　　$C：y=f(x)$ 　　　　　　……①
　　$C_a：y=f(x-a)$ 　　　　……②
　①，②より
$$x^3-x=(x-a)^3-(x-a)$$
$$a(3x^2-3ax+a^2-1)=0$$
　$a>0$ より　$3x^2-3ax+a^2-1=0$ 　……③
　C と C_a とが異なる2点で交わるためには，2次方程式③が異なる2つの実数

解をもつこと，すなわち，③の判別式を D とすると，$D>0$ である．
$$D=9a^2-4\cdot3(a^2-1)=-3(a^2-4)$$
であるから $-3(a^2-4)>0$ であることが必要十分である．$a>0$ とあわせて
$$\boldsymbol{0<a<2}$$

(2) (1)のとき③の2つの実数解を $\alpha,\ \beta\ (\alpha<\beta)$ とすると

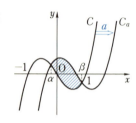

$$\begin{aligned}
S&=\int_\alpha^\beta\{f(x-a)-f(x)\}\,dx\\
&=-3a\int_\alpha^\beta(x-\alpha)(x-\beta)\,dx\\
&=3a\cdot\frac{(\beta-\alpha)^3}{6}
\end{aligned}$$

ここで，
$$\beta-\alpha=\frac{3a+\sqrt{D}}{6}-\frac{3a-\sqrt{D}}{6}=\frac{\sqrt{D}}{3}=\sqrt{\frac{4-a^2}{3}}$$

$$\therefore\quad S=\frac{a}{2}\cdot\left(\frac{4-a^2}{3}\right)^{\frac{3}{2}}=\frac{\sqrt{3}}{18}\boldsymbol{a}(4-a^2)^{\frac{3}{2}}$$

(3) $S=\dfrac{\sqrt{3}}{18}\{a^2(4-a^2)^3\}^{\frac{1}{2}}=\dfrac{\sqrt{3}}{18}\{t(4-t)^3\}^{\frac{1}{2}}$ （$t=a^2$ とおいた）

$g(t)=t(4-t)^3=-t(t-4)^3$ の $0<t<4$ における最大を調べる．

$$\begin{aligned}
g'(t)&=-(t-4)^3-t\cdot3(t-4)^2\\
&=-4(t-4)^2(t-1)
\end{aligned}$$

$g(t)$ の増減表は右のようになる．

t	(0)	$\cdots$	1	$\cdots$	(4)
$g'(t)$		$+$	0	$-$	(0)
$g(t)$		$\nearrow$		$\searrow$	

よって，$g(t)$ は $t=1$ のとき，すなわち，
S は
$$a=\sqrt{t}=1\ \text{のとき最大となる．}$$

研究 (3)で使った積の微分は文系の人も知っておくとよい．また，$t=a^2$
とおいたが，$u=4-a^2$ とおくと
$$a^2(4-a^2)^3=(4-u)u^3\qquad(0<u<4)$$
となり計算もラクになる．

演習問題

(124) 曲線 $y=x^3$ を C とし，C を両座標軸の正の方向にともに $a\,(a>0)$ だけ
平行移動した曲線を C' とする．
(1) C と C' が相異なる2点で交わるような a の範囲を求めよ．
(2) a が前問(1)の範囲にあるとき，C と C' とで囲まれる部分の面積 S を a で
表せ．
(3) 前問(2)の S を最大にする a の値および S の最大値を求めよ． （一橋大）

標問 **125**　　**3次曲線と接線で囲まれた部分の面積**

(1)　$\displaystyle\int_{\alpha}^{\beta}(x-\alpha)^2(x-\beta)\,dx=-\frac{(\beta-\alpha)^4}{12}$　を示せ.　　　　(小樽商大)

(2)　曲線 $C:y=x^3-4x$ 上の点 $(a,\ a^3-4a)$ における接線 l が点 $(1,\ 1)$ を
　　通るようにaの値を定め, 接線 l の方程式を求めよ. また, 接線 l と曲線
　　Cで囲まれる部分の面積を求めよ.　　　　(香川大)

● 精 講　　(1)　標問 **113**, **114** で扱ったように
　　　　　　　　　$x-\alpha$ を１つのかたまり

とみて展開していきます.
$$(x-\alpha)^2(x-\beta)$$
$$=(x-\alpha)^2\{(x-\alpha)+(\alpha-\beta)\}$$
$$=(x-\alpha)^3+(\alpha-\beta)(x-\alpha)^2$$
と変形するわけです.

(2)　曲線上の点 $(a,\ f(a))$ における接線の方程
式は
$$y=f'(a)(x-a)+f(a)$$
ですから, これが点 $(1,\ 1)$ を通るようにaの値を
決めるには, 方程式
$$1=f'(a)(1-a)+f(a)$$
をみたす実数aを求めればよいわけです.

　次に接線 $y=mx+n$ と３次曲線 $y=f(x)$ の
接点以外の交点のx座標をbとすると, 求める面
積Sは

$a<b$ のとき, $\displaystyle S=\int_{a}^{b}\{(mx+n)-f(x)\}\,dx$

$b<a$ のとき, $\displaystyle S=\int_{b}^{a}\{f(x)-(mx+n)\}\,dx=\int_{a}^{b}\{(mx+n)-f(x)\}\,dx$

であり, $a<b$, $b<a$ どちらの場合も
$$S=\int_{a}^{b}\{(mx+n)-f(x)\}\,dx=-\int_{a}^{b}(x-a)^2(x-b)\,dx$$
となり, (1)を使うことができます.

▶ 解法のプロセス

直線 $y=l(x)$ と３次曲線
　　$y=f(x)=x^3+\cdots\cdots$ が
$x=\alpha$ で接するとき
　　　　⬇
$$S=\int_{\alpha}^{\beta}\{l(x)-f(x)\}\,dx$$
$$=\int_{\alpha}^{\beta}-(x-\alpha)^2(x-\beta)\,dx$$
$$=\frac{(\beta-\alpha)^4}{12}\quad((1)の利用)$$

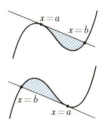

第7章

〈 解 答 〉

(1) $\displaystyle\int_{\alpha}^{\beta}(x-\alpha)^2(x-\beta)\,dx$

$\displaystyle=\int_{\alpha}^{\beta}(x-\alpha)^2\{(x-\alpha)+(\alpha-\beta)\}\,dx$ ← $x-\alpha$ を1つのかたまりとみる(標問 **113**,**114** 参照)

$\displaystyle=\left[\frac{(x-\alpha)^4}{4}+(\alpha-\beta)\cdot\frac{(x-\alpha)^3}{3}\right]_{\alpha}^{\beta}$

$\displaystyle=\left(\frac{1}{4}-\frac{1}{3}\right)(\beta-\alpha)^4=-\frac{(\beta-\alpha)^4}{12}$

(2) $y'=3x^2-4$ より,l の方程式は

$\qquad y=(3a^2-4)(x-a)+a^3-4a$

$\qquad\therefore\quad y=(3a^2-4)x-2a^3$ ……①

これが点 $(1,\ 1)$ を通る a を求めると

$\qquad 2a^3-3a^2+5=0$

$\qquad\therefore\quad (a+1)(2a^2-5a+5)=0$

a は実数だから,$a=\boldsymbol{-1}$

よって,①から $\quad l:\boldsymbol{y=-x+2}$

曲線 C と接線 l の方程式を連立させて

$\qquad x^3-4x=-x+2$

$\qquad\therefore\quad (x+1)^2(x-2)=0\quad\therefore\quad x=-1,\ 2$

ゆえに,求める面積を S とすれば

$S=\displaystyle\int_{-1}^{2}\{-x+2-(x^3-4x)\}\,dx$

$\displaystyle=-\int_{-1}^{2}(x+1)^2(x-2)\,dx=\frac{\{2-(-1)\}^4}{12}\quad(\because\ (1))$

$\displaystyle=\frac{27}{4}$

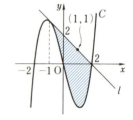

演習問題

125-1　曲線 $y=\dfrac{1}{18}x^3-\dfrac{4}{3}x$ 上のある点における接線が他の点で曲線と直交するとき,その接線と曲線とで囲まれる部分の面積を求めよ.ただし,直線が曲線と直交するとは,直線が曲線と交点をもち,直線がこの交点における曲線の接線と直交することである.　(学習院大)

125-2　xy 平面上で,曲線 $C:y=x^3+ax^2+bx+c$ 上の点Pにおける接線 l が,Pと異なる点QでCと交わるとする.l とCで囲まれた部分の面積と,Qにおける接線 m とCで囲まれた部分の面積の比を求め,これが一定であることを示せ.　(*東大,*宮城教育大)

標問	**126**	**3次曲線と放物線で囲まれた部分の面積**

> 曲線 $y=2x^3+3x^2-12x$ と放物線 $y=ax^2$ $(a>0)$ とで囲まれる2つの
> 部分の面積が等しくなるように a の値を定めよ. (成城大)

精講

まずは2曲線の交点の x 座標を求めます.

$$2x^3+3x^2-12x=ax^2$$

を解くことになり, $x=0$ 以外の解は

$$2x^2+(3-a)x-12=0$$

の解であり, キレイな値にはなりません. こういうときは, とりあえず

$$\alpha,\ \beta\ (\alpha<\beta)\ \text{とおく}$$

のでしたね. このあとは, グラフをかき, 上下関係をおさえて面積の計算に入っていきます.

2つの部分の面積 S_1, S_2 が等しい

という問題は標問 **122**(3)でも扱いましたね.

$$S_1=S_2 \Longleftrightarrow S_1-S_2=0$$

とするのでした. 交点の x 座標は

$$\alpha,\ 0,\ \beta\ (\alpha<0<\beta)$$

となるので

$$S_1-S_2=\int_\alpha^\beta 2(x-\alpha)x(x-\beta)\,dx$$

を計算すればよいことになります. どのように計算しますか.

> **解法のプロセス**
>
> 2曲線 $y=f(x)$, $y=g(x)$ で囲まれる2つの図形の面積 S_1 と S_2 が等しい
> $\Longleftrightarrow$ $S_1-S_2=0$
>
> $f(x)=g(x)$ を解く
> ⇓
> S_1-S_2
> $=\int_\alpha^\gamma\{f(x)-g(x)\}\,dx=0$
> ただし, α, β, γ
> $(\alpha<\beta<\gamma)$ は
> $f(x)=g(x)$ の解である

解答

$f(x)=2x^3+3x^2-12x,\ g(x)=ax^2$ とおく.

2曲線の交点の x 座標は,

$$f(x)-g(x)=0$$

の実数解である.

$$2x^3+(3-a)x^2-12x=0$$
$$\therefore\quad x\{2x^2+(3-a)x-12\}=0$$

2曲線は3つの交点をもつから, $\{\ \}=0$ は異なる2つの実数解をもつ. この解を α, β $(\alpha<\beta)$ とすると $y=f(x)$ と $y=g(x)$ のグラフは右図のようになる.

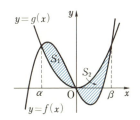

$S_1 = \displaystyle\int_\alpha^0 \{f(x) - g(x)\}\,dx, \ \ S_2 = \displaystyle\int_0^\beta \{g(x) - f(x)\}\,dx$ とおくと

$\quad S_1 = S_2 \iff S_1 - S_2 = 0$

であり,

$\quad S_1 - S_2 = \displaystyle\int_\alpha^\beta \{f(x) - g(x)\}\,dx$

$\quad = \displaystyle\int_\alpha^\beta 2(x-\alpha)x(x-\beta)\,dx \qquad\qquad\qquad$ ← $\displaystyle\int_\alpha^\beta 2(x-\alpha)(x-\alpha+\alpha)(x-\alpha+\alpha-\beta)\,dx$

$\quad = 2\displaystyle\int_\alpha^\beta (x-\alpha)\{(x-\alpha)^2 + (2\alpha-\beta)(x-\alpha) + \alpha(\alpha-\beta)\}\,dx \qquad$ ← $x-\alpha$ を1つのかたまりとみる

$\quad = 2\left[\dfrac{(x-\alpha)^4}{4} + (2\alpha-\beta)\dfrac{(x-\alpha)^3}{3} + \alpha(\alpha-\beta)\dfrac{(x-\alpha)^2}{2}\right]_\alpha^\beta$

$\quad = -\dfrac{(\beta-\alpha)^3}{6}(\alpha+\beta)$

であるから, 求める条件は $-\dfrac{(\beta-\alpha)^3}{6}(\alpha+\beta) = 0$ である.

$\alpha \neq \beta$ より, $\alpha + \beta = 0$

解と係数の関係から $\dfrac{a-3}{2} = 0 \qquad \therefore\quad a = 3$

研究 1° $\displaystyle\int_\alpha^\gamma (x-\alpha)(x-\beta)(x-\gamma)\,dx = \dfrac{(\gamma-\alpha)^3}{12}(2\beta-\alpha-\gamma)$ という公

式があり, これを使うと

$\displaystyle\int_\alpha^\beta 2(x-\alpha)x(x-\beta)\,dx = 2\cdot\dfrac{(\beta-\alpha)^3}{12}\cdot(2\cdot0-\alpha-\beta) = -\dfrac{(\beta-\alpha)^3}{6}\cdot(\alpha+\beta)$

となるが, **解答**のように証明しながら使うという姿勢がよい. また, この
公式は α, β, γ の大小に依存しない.

2° $\displaystyle\int_\alpha^\beta (x-\alpha)x(x-\beta)\,dx = 0$

は曲線 $y = (x-\alpha)x(x-\beta)$ と x 軸とで囲まれた2つの部分の面積が等し
いということである. **解答**のように計算して, $\alpha + \beta = 0$ を導くこともで
きるが,

$\quad$"3次曲線は変曲点に関して対称である"

から, $\alpha < 0 < \beta$ を確認すると原点が変曲点と一致, す
なわち, α, β が原点に関して対称の位置

$\quad\dfrac{\alpha+\beta}{2} = 0$

のとき, 2つの部分の面積が等しいことがわかる.

でてきた結果の検証としてこういった感覚はもって
いた方がよい.

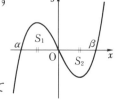

第8章 数列

標問 **127** **等差数列**

(1) a, b を $0<a<b$ である整数とする。a 以上 b 以下である整数からつくられる初項 a, 公差 2 の等差数列の中で, 項数が最大となる数列の和を S とする。次の問いに答えよ。

(ⅰ) S を a, b を用いて表せ。

(ⅱ) $S=250$ となる整数の組 (a, b) をすべて求めよ。　　　　(岩手大)

(2) 3つの数 a, b, c がこの順で等差数列をなし, その和は 6 で, 平方の和は 44 であるとき, $a=\boxed{}$, $b=\boxed{}$, $c=\boxed{}$ である。ただし, $a<b<c$ とする。

(中部大)

精講 (1) 初項 a, 公差 d の等差数列の一般項 a_n は $a_n=a+(n-1)d$ です。また, 等差数列の和 S は

$$S=\frac{(\text{項数})\times(\text{初項}+\text{末項})}{2}$$

により求められます。

(2) a, b, c がこの順で等差数列をなすとき, b を**等差中項**といい, $2b=a+c$ という関係が成り立ちます。

解法のプロセス

(1) 等差数列の和

⇩

$$\frac{(\text{項数})\times(\text{初項}+\text{末項})}{2}$$

(2) a, b, c がこの順で等差数列

⇩

$$2b=a+c$$

〈　**解 答**　〉

(1) (ⅰ) (ア) a, b の偶奇が一致するとき, 与えられた等差数列は

a, $a+2$, $a+4$, $\cdots$, $b-2$, b

であり, 項数 n は $b=a+2(n-1)$ より $n=\dfrac{b-a}{2}+1$ である。

$$\therefore \quad S=\frac{\dfrac{b-a+2}{2}(a+b)}{2}=\frac{1}{4}(b-a+2)(a+b)$$

(イ) a, b の偶奇が異なるとき, 与えられた等差数列は

a, $a+2$, $a+4$, $\cdots$, $b-3$, $b-1$

であり, 項数 n は $b-1=a+2(n-1)$ より $n=\dfrac{b-1-a}{2}+1$ である。

$$\therefore \quad S = \frac{\dfrac{b-a+1}{2}(a+b-1)}{2} = \frac{1}{4}(b-a+1)(a+b-1)$$

よって,

$$S = \begin{cases} \dfrac{1}{4}(b-a+2)(a+b) & (a, \ b \text{ の偶奇が一致するとき}) \\[2mm] \dfrac{1}{4}(b-a+1)(a+b-1) & (a, \ b \text{ の偶奇が異なるとき}) \end{cases}$$

(ii) (ア) $a, \ b$ の偶奇が一致するとき,

$$S = 250 \iff (b-a+2)(a+b) = 1000 = 2^3 \cdot 5^3$$

$b-a+2, \ a+b$ はともに偶数であり,$4 \leqq b-a+2 \leqq a+b$ をみたすから

$$(b-a+2, \ a+b) = (4, \ 250), \ (10, \ 100), \ (20, \ 50)$$

$$\therefore \quad (a, \ b) = (124, \ 126), \ (46, \ 54), \ (16, \ 34)$$

(イ) $a, \ b$ の偶奇が異なるとき,

$$S = 250 \iff (b-a+1)(a+b-1) = 2^3 \cdot 5^3$$

$b-a+1, \ a+b-1$ はともに偶数である.

また,公差 2 の数列より第 2 項の $a+2$ は存在し,$a+2 \leqq b-1$ より

$b-a \geqq 3$ であるから $4 \leqq b-a+1 \leqq a+b-1$ でもある.

よって,$(b-a+1, \ a+b-1) = (4, \ 250), \ (10, \ 100), \ (20, \ 50)$

$$\therefore \quad (a, \ b) = (124, \ 127), \ (46, \ 55), \ (16, \ 35)$$

以上より,$(a, \ b) = \mathbf{(124, \ 126)}, \ \mathbf{(124, \ 127)}, \ \mathbf{(46, \ 54)}, \ \mathbf{(46, \ 55)},$
$$\mathbf{(16, \ 34)}, \ \mathbf{(16, \ 35)}$$

(2) $a, \ b, \ c$ がこの順に等差数列をなすので $2b = a+c$ ……①

また,条件より $\begin{cases} a+b+c=6 & \cdots\cdots ② \\ a^2+b^2+c^2=44 & \cdots\cdots ③ \end{cases}$

①を②に代入すると $3b = 6$ $\therefore \quad b = 2$

これを①,③に代入すると $\begin{cases} a+c=4 \\ a^2+c^2=40 \end{cases}$ $\therefore \quad a^2+(4-a)^2 = 40$

よって, $a = 6, \ -2$

$a < b < c$ であるから $a = \mathbf{-2}, \ c = \mathbf{6}$

演習問題

127-1 等差数列 $\{a_n\}$ の初項 a,公差 d はともに整数とする.$\{a_n\}$ の初項から第 n 項までの和 S_n は,$n=8$ のとき最大となり,そのときの値は 136 であるという.このとき,$a, \ d$ を求めよ. (岡山理大)

127-2 n を 6 以上の自然数とする.$(x+1)^n$ の展開式における $x^4, \ x^5, \ x^6$ の係数がこの順に等差数列をなすとき,n およびこの等差数列の公差を求めよ. (横浜国大)

128 等比数列

(1) 数列 27, 2727, 272727, 27272727, … について

　(i) 第 n 項 a_n を求めよ.

　(ii) 第 n 項までの和 S_n を求めよ.　　　　　　　　　（鳥取大）

(2) 直角三角形の 3 つの角の大きさ A, B, C が, この順で等比数列である

　　とき, その公比を求めよ. ただし, 角度には弧度法を用いるものとする.

　　　　　　　　　　　　　　　　　　　　　　　　　　　　（電通大）

精 講　(1) まずは数列の規則を見つけます.
　　　　例えば, 第 3 項 272727 は 27 が 3 個
連なっています. この特徴を式で表すと

$$a_3 = 272727 = 270000 + 2700 + 27$$
$$= 27 \times 10^4 + 27 \times 10^2 + 27$$

となります. 右端から読むと, 初項 27, 公比
$10^2 = 100$ の等比数列の和になっています.

　初項 a, 公比 r の等比数列の一般項 a_n は

$$a_n = ar^{n-1}$$

であり, 初項 a から第 n 項までの和 S_n は

$$S_n = \begin{cases} \dfrac{a(1-r^n)}{1-r} & (r \neq 1) \\ an & (r = 1) \end{cases}$$

です.

　(2) a, b, c がこの順で等比数列をなすとき, b
を**等比中項**といい, $b^2 = ac$ という関係が成り立
ちます.

　A, B, C の順といっても　$A < B < C$,
$A > B > C$　の 2 通りがあることに注意します.

解法のプロセス

(1)　(公比) $\neq 1$ の等比数列の和
$$\Downarrow$$
$$\dfrac{(\text{初項}) \times \{1 - (\text{公比})^{(\text{項数})}\}}{1 - (\text{公比})}$$

(2)　a, b, c がこの順で等比数
列
$$\Downarrow$$
$$b^2 = ac$$

〈　**解 答**　〉

(1) (i)　$a_n = 272727 \cdots\cdots 27$　($2n$ 桁)

　　　$= 27 \times 100^{n-1} + 27 \times 100^{n-2} + \cdots + 27 \times 100 + 27$

　右端からの和として読み直すと, 初項 27, 公比 100, 項数 n の等比数列の和
であるから

$$a_n = \frac{27(100^n - 1)}{100 - 1} = \frac{3}{11}(100^n - 1)$$

第8章

(ii) 第 n 項までの和 S_n は

$$S_n = \sum_{k=1}^{n} a_k = \sum_{k=1}^{n} \frac{3}{11}(100^k - 1)$$

$$= \frac{3}{11}\left\{ \frac{100(100^n - 1)}{100 - 1} - n \right\} = \frac{100^{n+1} - 99n - 100}{363}$$

(2) 角 A, B, C はこの順で等比数列であるから $B^2 = AC$ ……①

また，A, B, C は直角三角形の内角でもあるから

$$\left. \begin{array}{l} \left\lceil 0 < A < B < C = \dfrac{\pi}{2} \text{ または } \dfrac{\pi}{2} = A > B > C > 0 \right\rfloor \\ \text{かつ} \quad A + B + C = \pi \end{array} \right\} \quad \cdots\cdots②$$

である．最小数（A または C）を X とおくと，3数 A, B, C は X, B, $\dfrac{\pi}{2}$ であり，①かつ②は

$$B^2 = \frac{\pi}{2}X \text{ かつ } 0 < X < B < \frac{\pi}{2} \text{ かつ } X + B = \frac{\pi}{2}$$

である．

$$B^2 = \frac{\pi}{2}\left(\frac{\pi}{2} - B \right) \qquad \therefore \quad 4B^2 + 2\pi B - \pi^2 = 0$$

$B > 0$ より $\qquad B = \dfrac{-\pi + \sqrt{5}\,\pi}{4}$

よって，$A < B < C$ $\left(A < B < \dfrac{\pi}{2} \right)$ のとき

$$公比 = \frac{\dfrac{\pi}{2}}{B} = \frac{\pi}{2} \times \frac{4}{(\sqrt{5} - 1)\pi} = \frac{2}{\sqrt{5} - 1} = \frac{\sqrt{5} + 1}{2}$$

$$A > B > C \left(\frac{\pi}{2} > B > C \right) のとき \quad 公比 = \frac{B}{\dfrac{\pi}{2}} = \frac{\sqrt{5} - 1}{2}$$

演習問題

128-1 数列 1, 11, 111, 1111, … の第 n 項 a_n は 1 を n 個並べてできる n 桁の整数である．一般項 a_n を求め，初項から第 n 項までの和 S を求めよ．

(愛知学院大)

128-2 自然数 n について，数列 $\{a_n\}$ を

$$a_n = 5^n + 4 \cdot 5^{n-1} + 4^2 \cdot 5^{n-2} + \cdots + 4^{n-1} \cdot 5 + 4^n + 4^{n+1}$$

で定める．このとき，$\{a_n\}$ の初項と公比を求めよ． (明治大)

128-3 相異なる3つの実数 a, b, c が a, b, c の順に等比数列となっている．さらに c, a, b の順に等差数列となっている．また，a, b, c の和が6である．このとき，a, b, c を求めよ． (埼玉大)

標問	**129** **複利計算**

(1) 毎年の初めに100万円ずつ積み立てていく．利息が年利率1％の1年複利で計算されるとき，10年後の元利合計を求めよ．ただし，$1.01^{10}=1.1046$ として計算し，1万円未満は切り捨てよ．

(2) ある年の初めに1000万円を借りた．1年ごとに年利率2.5％の利息が生じ，借入金額に加算される（1年複利）．その年末から始めて，毎年末に a 万円ずつ均等返済していき，10年で返済を終わらせたい．毎年の返済額を求めよ．ただし，$1.025^{10}=1.280$ として計算し，1万円未満は切り上げよ． (大阪学院大)

精講 (1) 最初に100万円積み立てたときの1年後の元利合計は

（元金＋利息）$=100+100\times0.01$
$=100\times1.01$（万円）

であり，これに100万円を加えた金額を元金として1年たったときの元利合計は

（元金＋利息）
$=(100\times1.01+100)+(100\times1.01+100)\times0.01$
$=(100\times1.01+100)\times1.01$
$=100\times1.01^2+100\times1.01$
$=$（2年前の100万円の元利合計）
　　　$+$（1年前の100万円の元利合計）

となります．

(2) A 万円借りて，毎年末 a 万円ずつ均等返済するとします．$1.025=r$ とおくと，

1年後の借金の残高は

（借入金の元利合計）$-$（返済額）
$=(A+A\times0.025)-a=Ar-a$

2年後の借金の残高は

$(Ar-a)r-a=Ar^2-ar-a$

3年後の借金の残高は

$(Ar^2-ar-a)r-a$
$=Ar^3-(ar^2+ar+a)$
$=$（A 万円の元利合計）$-$（返済額の元利合計）

となります．

解法のプロセス

(1) 毎年 A 円を積み立てるときの n 年後の元利合計
⇩
（n 年前の A 円の元利合計）
$+$（$n-1$ 年前の A 円の元利合計）
$+\cdots$
$+$（1年前の A 円の元利合計）

(2) 借金の残高
⇩
（借入金の元利合計）
$-$（返済額の元利合計）
であり，返済が終わる
⇩
（借入金の元利合計）
$\leq$（返済額の元利合計）

第8章

〈 **解 答** 〉

⑴ 10年後の元利合計は

$$100 \times 1.01^{10} + 100 \times 1.01^9 + 100 \times 1.01^8 + \cdots + 100 \times 1.01$$

$$= (100 \times 1.01) \times \frac{1.01^{10} - 1}{1.01 - 1} = 101 \times \frac{1.1046 - 1}{0.01} = 101 \times 10.46 = 1056.46 \,(\text{万円})$$

1万円未満を切り捨てると　　**1056万円**

⑵ $1.025 = r$ とおくと，$r^{10} = 1.280$ であり，10年後の借金の残高は

$$1000 \times r^{10} - (ar^9 + ar^8 + \cdots + ar + a)$$

$$= 1000 \times r^{10} - a \cdot \frac{r^{10} - 1}{r - 1}$$

$$= 1280 - a \cdot \frac{1.280 - 1}{1.025 - 1} = 1280 - \frac{56}{5}a$$

10年で返済を終わらせるためには

$$1280 - \frac{56}{5}a = 0 \qquad \therefore \quad a = 1280 \times \frac{5}{56} = 114.28\cdots$$

返済額の1万円未満を切り上げると毎年の返済額は　　**115万円**

> **研 究**　⑴，⑵の n 年後の金額を漸化式で表すこともできる．
>
> 　⑴の n 年後の元利合計を a_n（万円）とすると
>
> $$a_0 = 0, \quad a_{n+1} = 1.01(a_n + 100)$$
>
> ⑵の n 年後の借入残高を b_n（万円）とすると
>
> $$b_0 = 1000, \quad b_{n+1} = 1.025 b_n - a$$
>
> である．このタイプの2項間漸化式は標問 **138** で扱う．

演習問題

129-1 　毎年初めに一定額を積み立て，10年目の終わりに100万円にしたい．いくらずつ積み立てればよいか．ただし，1年間の利息は1.2％で，1年ごとの複利計算とし，税金は考えないものとする．計算においては，$1.012^{10} = 1.13$ とし，100円未満は切り上げるものとする．　　　　　　　　　　　　（名古屋文理大）

129-2 　以下の問いに $\log_{10} 2 = 0.30103$ として答えよ．

⑴　$2^{10} = 1024$ を用いて $\log_{10} 1.024$ の値を求めよ．

⑵　2.4％の複利で1000万円を借りた．まったく返済をしない場合，負債が2000万円を超えるのは何年後か．

⑶　同じ条件で1000万円を借り，毎年48万円ずつ返済するものとする．例えば1年後の負債は $1000 \times 1.024 - 48 = 976$ 万円となる．返済が完了するのは何年後か．　　　　　　　　　　　　　　　　　　　　　　（横浜市立大）

標問 **130** **∑ の計算**

(1) $S_n = \sum_{k=1}^{n} k$ ($n=1, 2, \cdots$) とするとき，次の和を求めよ．

(i) $T_n = \sum_{k=1}^{n} S_k$ (ii) $U_n = \sum_{k=1}^{n} T_k$ （東北大）

(2) $\sum_{k=1}^{n} \dfrac{2k+1}{k(k+1)(k+2)}$ を求めよ． （大妻女大）

精 講 (1) 和の公式

$$\sum_{k=1}^{n} k = \frac{1}{2}n(n+1),$$

$$\sum_{k=1}^{n} k^2 = \frac{1}{6}n(n+1)(2n+1), \quad \sum_{k=1}^{n} k^3 = \frac{1}{4}n^2(n+1)^2$$

は覚えていますね．この公式を使って T_n, U_n を求めることができます．しかし，本問のような

$$\sum（連続積）$$

については「階差への変形」すなわち，「**次数を1つあげて階差をつくる**」という変形をしてみましょう．

(2) ここでも「階差への変形」を考えます．

> **解法のプロセス**
>
> 和の計算
> ⇩
> ・公式の活用
> $\sum k$, $\sum k^2$, $\sum k^3$
> ・$\sum$（階差）への変形

〈 **解 答** 〉

(1) (i) $S_n = \sum_{k=1}^{n} k = \frac{1}{2}n(n+1)$ より

$$T_n = \frac{1}{2}\sum_{k=1}^{n} k(k+1)$$

$$= \frac{1}{2}\sum_{k=1}^{n} \frac{1}{3}\{k(k+1)(k+2)-(k-1)k(k+1)\}$$ ← 次数を1つあげて，階差をつくる

$$= \frac{1}{6}n(n+1)(n+2)$$

(ii) $$U_n = \frac{1}{6}\sum_{k=1}^{n} k(k+1)(k+2)$$

$$= \frac{1}{6}\sum_{k=1}^{n} \frac{1}{4}\{k(k+1)(k+2)(k+3)-(k-1)k(k+1)(k+2)\}$$ ← 階差に分解する

$$= \frac{1}{24}n(n+1)(n+2)(n+3)$$

第8章

(2) $\displaystyle\sum_{k=1}^{n}\frac{2k+1}{k(k+1)(k+2)}=\sum_{k=1}^{n}\left\{\frac{2}{(k+1)(k+2)}+\frac{1}{k(k+1)(k+2)}\right\}$

$\displaystyle=2\sum_{k=1}^{n}\left(\frac{1}{k+1}-\frac{1}{k+2}\right)+\sum_{k=1}^{n}\frac{1}{2}\left\{\frac{1}{k(k+1)}-\frac{1}{(k+1)(k+2)}\right\}$

$\displaystyle=2\left(\frac{1}{2}-\frac{1}{n+2}\right)+\frac{1}{2}\left\{\frac{1}{1\cdot2}-\frac{1}{(n+1)(n+2)}\right\}$

$\displaystyle=\frac{5}{4}-\frac{4n+5}{2(n+1)(n+2)}=\boldsymbol{\frac{n(5n+7)}{4(n+1)(n+2)}}$

研 究　(2) 「階差への変形」を目標に，次のようにしてもよい.

$$\frac{2k+1}{k(k+1)(k+2)}=\frac{ak+b}{k(k+1)}-\frac{a(k+1)+b}{(k+1)(k+2)}$$

となる a, b を求める. 右辺を通分して，両辺の分子を比較すると

$$2k+1=(ak+b)(k+2)-k\{a(k+1)+b\}$$

$$\therefore\quad 2k+1=ak+2b\quad\therefore\quad a=2,\ b=\frac{1}{2}$$

よって，(与式)$=\displaystyle\frac{1}{2}\sum_{k=1}^{n}\left\{\frac{4k+1}{k(k+1)}-\frac{4(k+1)+1}{(k+1)(k+2)}\right\}$

$\displaystyle=\frac{1}{2}\left\{\frac{5}{2}-\frac{4n+5}{(n+1)(n+2)}\right\}=\frac{n(5n+7)}{4(n+1)(n+2)}$

演習問題

130-1　(1)　等式 $(k+1)^5-k^5=5k^4+10k^3+10k^2+5k+1$ を利用して $\displaystyle\sum_{k=1}^{n}k^4$ を

求めよ.　　　　　　　　　　　　　　　　　　　　　　　　　　　　（大阪教育大）

(2)　和 $\displaystyle\sum_{k=1}^{n}k^5$ が n について 6 次式で表されることを示し，6 次の項の係数と 5

次の項の係数を求めよ.　　　　　　　　　　　　　　　　　　　　　（阪　大）

130-2　n を自然数とする. 次の各問いに答えよ.

(1)　次の等式がすべての n に対して成り立つような定数 a, b の値を求めよ.

$$\frac{1}{n(n+1)(n+3)}=a\left(\frac{1}{n}-\frac{1}{n+1}\right)+b\left(\frac{1}{n+1}-\frac{1}{n+3}\right)$$

(2)　(1)の結果を利用して，和 $S(n)=\dfrac{1}{1\cdot2\cdot4}+\dfrac{1}{2\cdot3\cdot5}+\cdots+\dfrac{1}{n(n+1)(n+3)}$

を求めよ.　　　　　　　　　　　　　　　　　　　　　　　　　　（山形大）

130-3　n を 3 以上の自然数とするとき，和 $\displaystyle\sum_{k=1}^{n-2}\frac{1}{\sqrt{k+2}+\sqrt{k+1}}$ は $\boxed{}$ である.

（東京家政学院大）

標問 **131** $\sum a_k r^k$

(1) 関数 $f(x)=2^x(ax^2+bx+c)$ が，つねに $f(x+1)-f(x)=2^x x^2$ をみたすとき，定数 a, b, c を求めよ．

(2) $\displaystyle\sum_{k=1}^{n}2^k k^2$ を求めよ．

(3) $\displaystyle\sum_{k=1}^{n}2^k k$ を求めよ． （横浜国大）

精講 (1) これは(2)の誘導ですね．$2^k k^2$ を階差の形に変形する方法を示唆しています．

▶**解法のプロセス**
$\sum$ の計算
⇩
$\sum$（階差）の形に変形する

(2) (1)の誘導に乗ると
$$\sum_{k=1}^{n}2^k k^2=\sum_{k=1}^{n}\{f(k+1)-f(k)\}$$
$$=f(n+1)-f(1)$$
です．

(3) 今度は自分で，(1)をヒントとして階差となる関数 $g(x)$ をつくります．

〈 **解 答** 〉

(1) $f(x+1)-f(x)$
$=2^{x+1}\{a(x+1)^2+b(x+1)+c\}-2^x(ax^2+bx+c)$
$=2^x\{ax^2+(4a+b)x+(2a+2b+c)\}$
これが $2^x x^2$ と恒等的に等しいためには
$$\begin{cases}a=1\\4a+b=0\\2a+2b+c=0\end{cases}\qquad \therefore\quad a=1,\ b=-4,\ c=6$$

(2) $f(k)=2^k(k^2-4k+6)$ とすると
$$\sum_{k=1}^{n}2^k k^2=\sum_{k=1}^{n}\{f(k+1)-f(k)\}\qquad \text{←(1)の誘導}$$
$$=f(n+1)-f(1)$$
$$=2^{n+1}\{(n+1)^2-4(n+1)+6\}-2\cdot3$$
$$=2^{n+1}(n^2-2n+3)-6$$

(3) $g(x)=2^x(px+q)$ とおく．
$g(x+1)-g(x)=2^{x+1}\{p(x+1)+q\}-2^x(px+q)=2^x(px+2p+q)$
これが $2^x x$ と恒等的に等しいためには

$$\begin{cases} p=1 \\ 2p+q=0 \end{cases} \quad \therefore \quad p=1, \ q=-2 \quad \therefore \quad g(x)=2^x(x-2)$$

$g(k)=2^k(k-2)$ とすると

$$\sum_{k=1}^{n} 2^k k = \sum_{k=1}^{n} \{g(k+1)-g(k)\} = g(n+1)-g(1)$$

$$= 2^{n+1}\{(n+1)-2\}-2\cdot(-1) = 2^{n+1}(n-1)+2$$

研 究　(3)は次のように考えてもよい. (1)の関数 $f(x)$ において

$$f(x+1)-f(x)=2^x\{ax^2+(4a+b)x+(2a+2b+c)\}$$

が $2^x x$ と恒等的に等しいためには

$$\begin{cases} a=0 \\ 4a+b=1 \\ 2a+2b+c=0 \end{cases} \quad \therefore \quad a=0, \ b=1, \ c=-2$$

これより, $f(x)=2^x(x-2)$ を用いればよい.

また, (3)は $\sum k2^k = \sum \{(等差)\times(等比)\}$ であり, 等比数列の和の公式の証明を真似てもよい. すなわち, 求める和を S_n とおくと

$$S_n = 1\cdot2+2\cdot2^2+3\cdot2^3+\cdots+n\cdot2^n$$

$$2S_n = \quad 1\cdot2^2+2\cdot2^3+\cdots+(n-1)\cdot2^n+n\cdot2^{n+1}$$ ← 両辺を公比倍した

辺々ひくと　　$-S_n = 2+2^2+2^3+\cdots+2^n-n\cdot2^{n+1}$

$$\therefore \quad S_n = n2^{n+1}-2\cdot\frac{2^n-1}{2-1}=(n-1)2^{n+1}+2$$

(2)もこの方法 (公比倍して, ひく) を2回使うことにより解くことができるが, **解答**より少しやっかいになる.

演習問題

(131-1)　$\displaystyle\sum_{k=1}^{n} \frac{3k}{2^k}$ を求めよ.　　　　　　　　　　　　　　(鈴鹿国際大)

(131-2)　$S_{100}=\displaystyle\sum_{k=1}^{100} k\cdot\left(\frac{1}{2}\right)^{k-1}$ を超えない最大の整数を求めよ.　(吉備国際大)

(131-3)　$a_1, a_2, \cdots, a_n$ は 0 または 1 であるとし $\displaystyle\sum_{i=1}^{n} a_i 2^{i-1}$ の形に表される数を考える. 自然数 n を固定するとき, このように表される数の全体の集合を S_n とする.

(1)　$50=\displaystyle\sum_{i=1}^{8} a_i 2^{i-1}$ となるような $a_1, a_2, \cdots, a_8$ を求めよ.

(2)　$a_1+a_2+\cdots+a_n=1$ をみたす S_n の要素の和を求めよ.

(3)　$a_1+a_2+\cdots+a_n=2$ をみたす S_n の要素の和を求めよ.　　(名古屋市立大)

標問 132 階差数列

次の数列 $\{a_n\}$ の一般項を以下の手順で求めよ.

$1,\ 2,\ 4,\ 10,\ 23,\ 46,\ 82,\ 134,\ \cdots$

(1) 数列 $\{a_n\}$ の階差数列を $\{b_n\}$ とする. $b_1,\ b_2,\ b_3,\ b_4,\ b_5$ を求めよ.

(2) 数列 $\{b_n\}$ の階差数列は等差数列である. 数列 $\{b_n\}$ の一般項を求めよ.

(3) (2)の結果を用いて, 数列 $\{a_n\}$ の一般項を求めよ. (佐賀大)

精講 数列 $\{a_n\}$ の一般項を求めるのが目標です. 階差の一般項がわかるとそれからもとの数列の一般項を知ることができます. 本問では第2階差が等差数列と与えられています.

第1階差 $\{b_n\}$ がわかったとしてみましょう.

$$a_{k+1}-a_k=b_k$$

ですから

$k=1$ のとき, $a_2-a_1=b_1$

$k=2$ のとき, $a_3-a_2=b_2$

$k=3$ のとき, $a_4-a_3=b_3$

$\vdots$ $\vdots$

$k=n-1$ のとき, $a_n-a_{n-1}=b_{n-1}$

$n \geqq 2$ において辺々加えると

$$a_n-a_1=\sum_{k=1}^{n-1} b_k \quad \therefore \quad \boldsymbol{a_n=a_1+\sum_{k=1}^{n-1} b_k \quad (n \geqq 2)}$$

解法のプロセス

・第1階差で一般項が推定できないときは, 第2階差を考える

・数列 $\{a_n\}$ と階差 $\{b_n\}$

$\Downarrow$

$$a_{k+1}-a_k=b_k$$

$\Downarrow$

$$a_n=a_1+\sum_{k=1}^{n-1} b_k \quad (n \geqq 2)$$

⟨ **解 答** ⟩

数列 $\{a_n\}$ の第1階差, 第2階差をとると

(1) $\{b_n\}$ は $\{a_n\}$ の第1階差であるから

$b_1=\mathbf{1},\ b_2=\mathbf{2},\ b_3=\mathbf{6},\ b_4=\mathbf{13},\ b_5=\mathbf{23}$

(2) $\{b_n\}$ の階差数列を $\{c_n\}$ とおくと, $\{c_n\}$ は等差数列であり, 初項 $c_1=1$, 公差

$c_2-c_1=4-1=3$ であるから

$$c_n=1+3(n-1)=3n-2$$

よって, $n \geqq 2$ のとき

$$b_n = b_1 + \sum_{k=1}^{n-1} c_k = 1 + \sum_{k=1}^{n-1} (3k-2)$$

$$= 1 + \frac{(n-1)\{1+(3n-5)\}}{2} = \frac{3}{2}n^2 - \frac{7}{2}n + 3 \qquad \leftarrow \sum_{k=1}^{n-1}(3k-2)$$

$$= \frac{(\text{項数})\times\{(\text{初項})+(\text{末項})\}}{2}$$

この結果は $n=1$ のときも成り立つ.

$$\therefore \quad b_n = \frac{3}{2}n^2 - \frac{7}{2}n + 3$$

(3)　$n \geqq 2$ のとき

$$a_n = a_1 + \sum_{k=1}^{n-1} b_k = 1 + \sum_{k=1}^{n-1}\left(\frac{3}{2}k^2 - \frac{7}{2}k + 3\right)$$

$$= 1 + \frac{3}{2}\cdot\frac{(n-1)n(2n-1)}{6} - \frac{7}{2}\cdot\frac{(n-1)n}{2} + 3(n-1)$$

$$= \frac{1}{2}n^3 - \frac{5}{2}n^2 + 5n - 2$$

この結果は $n=1$ のときも成り立つ.

$$\therefore \quad a_n = \frac{1}{2}n^3 - \frac{5}{2}n^2 + 5n - 2$$

研究　(2), (3)ともに一般項が出たら，$n=2, 3$ を代入することにより，検算が容易にできる．習慣にしておくとよい．

$$b_2 = \frac{3}{2}\cdot 2^2 - \frac{7}{2}\cdot 2 + 3 = 2, \quad b_3 = \frac{3}{2}\cdot 3^2 - \frac{7}{2}\cdot 3 + 3 = 6$$

$$a_2 = \frac{1}{2}\cdot 2^3 - \frac{5}{2}\cdot 2^2 + 5\cdot 2 - 2 = 2, \quad a_3 = \frac{1}{2}\cdot 3^3 - \frac{5}{2}\cdot 3^2 + 5\cdot 3 - 2 = 4$$

演習問題(132-1)のように，最初の5個しか与えられていない数列については得られる結果は推定にしか過ぎない．この種の問題では数学的でない馴れ合いの上に成り立つ結果を求めているのだと理解しておくべきである.

演習問題

(132-1)　自然数の列 2, 4, 7, 11, 16, … において 45 番目の数は □ である.

(昭和薬大)

(132-2)　数列 $\{a_n\}$ を　$a_1 = \dfrac{1}{3}, \quad \dfrac{1}{a_{n+1}} - \dfrac{1}{a_n} = 1 \quad (n=1, 2, 3, \cdots)$

で定め，数列 $\{b_n\}$ を　$b_1 = a_1 a_2, \quad b_{n+1} - b_n = a_{n+1} a_{n+2} \quad (n=1, 2, 3, \cdots)$

で定める.

(1)　一般項 a_n を n を用いて表せ.

(2)　一般項 b_n を n を用いて表せ.

(阪　大)

133　S_n から a_n を求める

数列 $\{a_n\}$ $(n=1,\ 2,\ 3,\ \cdots)$ があるとき，初項から第 n 項までの和を S_n $(n=1,\ 2,\ 3,\ \cdots)$ と書く．いま，a_n と S_n が，関係式

$$S_n = 2a_n{}^2 + \frac{1}{2}a_n - \frac{3}{2}$$

をみたし，かつ，すべての項 a_n は同符号である．このとき，次の問いに答えよ．

(1)　a_n のみたす漸化式（a_{n+1} と a_n の関係式）を求めよ．

(2)　一般項 a_n を n の式で表せ．　　　　　　　　　　　　　（早　大）

精　講　　(1)　与えられた関係式から S_n を消去することを考えます．

$S_n = a_1 + a_2 + \cdots + a_n$ より，S_n と a_n の間には

$$a_n = \begin{cases} S_n - S_{n-1} & (n \geqq 2) \\ S_1 & (n = 1) \end{cases}$$

という関係が成り立ちます．本問では，a_{n+1} と a_n の関係式をつくれ，とあるので，

$$a_{n+1} = S_{n+1} - S_n \quad (n \geqq 1)$$

を使います．

(2)　(1)で得られる a_{n+1} と a_n の関係式は

$$a_{n+1} = a_n + q \quad (q \text{ は定数})$$

の形をしており，これは数列 $\{a_n\}$ が公差 "q" の等差数列であることを意味しています．初項，公差がわかれば，この数列の一般項を求めることができます．

解法のプロセス

(1)　S_n と a_n の関係式
⇩
$a_n = \begin{cases} S_n - S_{n-1} & (n \geqq 2) \\ S_1 & (n = 1) \end{cases}$

(2)　$a_{n+1} = a_n + q$　（q は定数）
⇩
$\{a_n\}$ は公差 q の等差数列

⟨　**解　答**　⟩

(1)　$S_{n+1} = 2a_{n+1}{}^2 + \dfrac{1}{2}a_{n+1} - \dfrac{3}{2}$

　　　$S_n = 2a_n{}^2 + \dfrac{1}{2}a_n - \dfrac{3}{2}$

　2式の差をつくると，$S_{n+1} - S_n = a_{n+1}$ $(n \geqq 1)$ より

　　　　$a_{n+1} = 2a_{n+1}{}^2 - 2a_n{}^2 + \dfrac{1}{2}a_{n+1} - \dfrac{1}{2}a_n$

　　$\therefore$　$2(a_{n+1}{}^2 - a_n{}^2) - \dfrac{1}{2}(a_{n+1} + a_n) = 0$

$$\therefore \quad (a_{n+1}+a_n)\left(2a_{n+1}-2a_n-\frac{1}{2}\right)=0$$

すべての項 a_n は同符号なので, $a_{n+1}+a_n \neq 0$

$$\therefore \quad 2a_{n+1}-2a_n-\frac{1}{2}=0$$

$$\therefore \quad \boldsymbol{a_{n+1}=a_n+\frac{1}{4}} \quad (n=1, 2, 3, \cdots)$$

(2) (1)より, 数列 $\{a_n\}$ は公差 $\dfrac{1}{4}$ の等差数列である. 初項は

$$a_1=S_1=2a_1{}^2+\frac{1}{2}a_1-\frac{3}{2} \text{ から}$$

$$4a_1{}^2-a_1-3=0$$

$$\therefore \quad (a_1-1)(4a_1+3)=0$$

$$\therefore \quad a_1=1 \text{ または } -\frac{3}{4}$$

$a_1=1$ のとき, $a_n=1+(n-1)\cdot\dfrac{1}{4}=\dfrac{1}{4}n+\dfrac{3}{4}$

すべての項 a_n は正である.

$a_1=-\dfrac{3}{4}$ のとき, $a_n=-\dfrac{3}{4}+(n-1)\cdot\dfrac{1}{4}=\dfrac{1}{4}n-1$

$$\begin{cases} n=1, 2, 3 \text{ のとき } a_n<0 \\ n=4 \text{ のとき } a_4=0 \\ n\geqq 5 \text{ のとき } a_n>0 \end{cases}$$

であり, すべての項 a_n は同符号であるという条件に反する.

以上より $\quad a_n=\dfrac{1}{4}n+\dfrac{3}{4}$

演習問題

(133-1) 数列 $\{a_n\}$ の初項から第 n 項までの和 S_n を
$$S_n=-n^3+21n^2+65n \quad (n=1, 2, 3, \cdots)$$
とする. 一般項 a_n を求めよ. (大分大)

(133-2) 数列 $\{a_n\}$ は各項が正の数で, とくに初項 a_1 は 2 である. この数列の初項から第 n 項までの和を S_n とする. すべての n に対して,
$$2(S_{n+1}+S_n)=(S_{n+1}-S_n)^2 \quad \cdots\cdots(*)$$
が成り立つとき, 次の各問いに答えよ.

(1) S_2, S_3 を求めよ.

(2) a_n を求めよ. (慶 大)

標問 **134** 積の和

(1) 次のような n^2 個の数が配置されている.

$$
\begin{array}{ccccc}
1\cdot1 & 1\cdot2 & 1\cdot3 & \cdots & 1\cdot n \\
2\cdot1 & 2\cdot2 & 2\cdot3 & \cdots & 2\cdot n \\
3\cdot1 & 3\cdot2 & 3\cdot3 & \cdots & 3\cdot n \\
\vdots & \vdots & \vdots & \ddots & \vdots \\
n\cdot1 & n\cdot2 & n\cdot3 & \cdots & n^2
\end{array}
$$

ここに並んでいる数の総和は □□□□ である.　　　　　(小樽商大)

(2) n が 2 以上の自然数のとき,1,2,3,$\cdots$,n の中から異なる 2 個の自然数を取り出してつくった積すべての和 S を求めよ.　　　(宮城教育大)

精講 (1) $(a+b+c)^2$ の展開式を考えてみましょう.

$$
\begin{aligned}
(a+b+c)^2 &= (a+b+c)(a+b+c) \\
&= \quad a^2+ab+ac \\
&\quad +ba+\ b^2+bc \\
&\quad +ca+cb+\ c^2
\end{aligned}
$$

これを 1 から n までの n 個の数の和として 2 乗の展開をすれば(1)の総和になります.

(2) 求める総和 S は,(1)の配置において 1^2,2^2,3^2,$\cdots$,n^2 を対角線として右上の三角形あるいは左下の三角形に表れる数の総和になっています.

> **解法のプロセス**
>
> (1) 求める総和
>
> ⇩
>
> $(1+2+\cdots+n)^2$ の展開式を考える

〈　**解 答**　〉

(1) n^2 個の数は,$(1+2+\cdots+n)^2$ を展開して出てくる n^2 個の項に一致する.

$$
\text{求める総和}=(1+2+\cdots+n)^2=\left\{\frac{n(n+1)}{2}\right\}^2=\frac{n^2(n+1)^2}{4}
$$

(2) $(1+2+\cdots+n)^2=1^2+2^2+\cdots+n^2+2\{1\cdot2+1\cdot3+\cdots+(n-1)\cdot n\}$
$$=1^2+2^2+\cdots+n^2+2S$$

$\therefore\ S=\dfrac{1}{2}\{(1+2+\cdots+n)^2-(1^2+2^2+\cdots+n^2)\}$

$\qquad =\dfrac{1}{2}\left\{\dfrac{1}{4}n^2(n+1)^2-\dfrac{1}{6}n(n+1)(2n+1)\right\}$

$\qquad =\dfrac{1}{24}n(n+1)(n-1)(3n+2)$

第8章

研究 直接，和の計算をしてみる.

(1) 第 k 行目は $k\cdot1$, $k\cdot2$, $\cdots$, $k\cdot n$ が並んでいるから，第1行目，第2行目，$\cdots$，第 n 行目の和をそれぞれ計算し，まとめると求める総和は

$$\sum_{k=1}^{n}(k\cdot1+k\cdot2+\cdots+k\cdot n)$$

$$=(1+2+\cdots+n)\sum_{k=1}^{n}k=\frac{n(n+1)}{2}\cdot\frac{n(n+1)}{2}=\frac{n^2(n+1)^2}{4}$$

(2) 異なる2数 i, j の積は，$1\leqq i<j\leqq n$ をみたす積 ij として表されるから，求める和 S は(1)の右上の三角形をみながら第1行目，第2行目，$\cdots$，第 $n-1$ 行目と加えると

$$S=\sum_{i=1}^{n-1}\{i\cdot(i+1)+i\cdot(i+2)+\cdots+i\cdot n\}$$

$$=\sum_{i=1}^{n-1}\left\{i\cdot\frac{(n-i)(i+1+n)}{2}\right\}=\frac{1}{2}\sum_{i=1}^{n-1}\{-i^3-i^2+n(n+1)i\}$$

$$=\frac{1}{2}\left\{-\frac{(n-1)^2n^2}{4}-\frac{(n-1)n(2n-1)}{6}+n(n+1)\frac{(n-1)n}{2}\right\}$$

$$=\frac{1}{24}(n-1)n(n+1)(3n+2)$$

あるいは，(1)の右上の三角形をみながら第2列目，第3列目，$\cdots$，第 n 列目をそれぞれ計算し加えると

$$S=\sum_{j=2}^{n}\{1\cdot j+2\cdot j+\cdots+(j-1)\cdot j\}$$

$$=\sum_{j=2}^{n}\frac{(j-1)j}{2}\cdot j=\sum_{j=1}^{n}\frac{j^3-j^2}{2}=\frac{1}{2}\left\{\frac{1}{4}n^2(n+1)^2-\frac{1}{6}n(n+1)(2n+1)\right\}$$

$$=\frac{1}{24}n(n+1)(n-1)(3n+2)$$

演習問題

134-1 等差数列 1, 2, 3, $\cdots$, 20 がある.

(1) 各項の2乗の和を求めよ.

(2) 異なる2項の積の総和を求めよ.

(3) p, q を異なる項とするとき，$p\times q^2$ の総和を求めよ. （和光大）

134-2 数列 $\{a_n\}$, $\{b_n\}$ の初項から第 n 項までの和をそれぞれ，

$$S_n=3n^2-5n, \quad T_n=4n^2+n$$

とする. このとき，$a_k=\boxed{}$, $b_k=\boxed{}$ である.

また，$\displaystyle\sum_{k=1}^{n}a_kb_k=n\boxed{}$ であるから，$i\neq j$ とするとき，$\displaystyle\sum_{i=1,j=1}^{n}a_ib_j=n\boxed{}$

となる. ただし，$1\leqq k\leqq n$, $1\leqq i\leqq n$, $1\leqq j\leqq n$ とする. （東京農大）

135 　格子点の個数

x, y, z を整数とするとき，xy 平面上の点 (x, y) を 2 次元格子点，xyz 空間内の点 (x, y, z) を 3 次元格子点という．m, n を 0 以上の整数とするとき，次の問いに答えよ．

(1) $x \geqq 0$, $y \geqq 0$ かつ $\dfrac{1}{3}x + \dfrac{1}{5}y \leqq m$ をみたす 2 次元格子点 (x, y) の総数を求めよ．

(2) $x \geqq 0$, $y \geqq 0$, $z \geqq 0$ かつ $\dfrac{1}{3}x + \dfrac{1}{5}y + z \leqq n$ をみたす 3 次元格子点 (x, y, z) の総数を求めよ． 　　　　　　　　（名古屋市立大）

精講 　(1) 格子点をどう数えるかが問題です．**研究** で $x =$（一定）となる直線上の格子点を順次数えてみましたが，大変です．そこで合同な三角形を付け足して長方形にしてみたらどうでしょう．

(2) $z =$（一定）となる平面による切り口を考えると(1)が利用できます．

解法のプロセス

(1) 三角形内の格子点の総数
　　　⇩
　　長方形を考える
(2) $z =$（一定）な平面による切り口を考える

解 答

(1) O$(0, 0)$, A$(3m, 0)$, B$(3m, 5m)$, C$(0, 5m)$ とおくと，与えられた領域は $\triangle$OAC の周および内部である．

$\triangle$OAC $\equiv \triangle$BCA であり，線分 AC 上には $(0, 5m)$, $(3, 5(m-1))$, $(6, 5(m-2))$, $\cdots$, $(3m, 0)$ の $m+1$ 個の格子点がある．

求める 2 次元格子点の総数 S は，長方形 OABC の周および内部にある 2 次元格子点の総数を T，対角線 AC 上の 2 次元格子点の総数を L とおくと

$$S = \frac{1}{2}(T - L) + L = \frac{1}{2}\{(3m+1)(5m+1) - (m+1)\} + (m+1)$$

$$= \frac{1}{2}(15m^2 + 9m + 2)$$

(2) $\dfrac{1}{3}x + \dfrac{1}{5}y + z \leqq n$ を $\dfrac{1}{3}x + \dfrac{1}{5}y \leqq n - z$ 　……①

と変形する．

z $(z = n, n-1, n-2, \cdots, 0)$ を固定し，

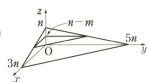

$m=n-z$ $(m=0, 1, 2, \cdots, n)$ とおくと，①は $\dfrac{1}{3}x+\dfrac{1}{5}y \leqq m$ となる．これをみたす 2 次元格子点 (x, y) の総数は，(1)より

$$\frac{1}{2}(15m^2+9m+2)$$

であるから，求める 3 次元格子点の総数は

$$\sum_{m=0}^{n} \frac{1}{2}(15m^2+9m+2)$$

$$=\frac{15}{2} \cdot \frac{n(n+1)(2n+1)}{6}+\frac{9}{2} \cdot \frac{n(n+1)}{2}+(n+1)$$

$$=\frac{1}{2}(n+1)^2(5n+2)$$

研究 (1) $x=$（一定）となる直線上の格子点を数えてみる．$1 \leqq k \leqq m$ をみたす k に対し，△OAB 内の

直線 $x=3k$ 上にある格子点は，$5(m-k)+1$ 個
直線 $x=3k-1$ 上にある格子点は，$5(m-k)+2$ 個
直線 $x=3k-2$ 上にある格子点は，$5(m-k)+4$ 個

であるから，2 次元格子点の総数は

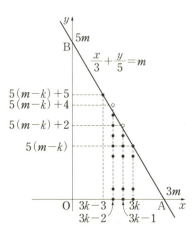

$$(5m+1)+\sum_{k=1}^{m}\{5(m-k)+1\}$$

$$+\sum_{k=1}^{m}\{5(m-k)+2\}$$

$$+\sum_{k=1}^{m}\{5(m-k)+4\}$$

$$=(5m+1)+\sum_{k=1}^{m}\{15(m-k)+7\}$$

$$=(5m+1)+\sum_{j=0}^{m-1}\{15j+7\}$$

$$=(5m+1)+15\frac{(m-1)m}{2}+7m$$

$$=\frac{1}{2}(15m^2+9m+2)$$

演習問題

135 座標平面上で，x 座標と y 座標がいずれも整数である点 (x, y) を格子点という．次の問いに答えよ．

(1) $x \geqq 0$，$y \geqq 0$，$x+y \leqq 20$ を同時にみたす格子点 (x, y) の個数を求めよ．

(2) $y \geqq 0$，$y \leqq 2x$，$x+2y \leqq 20$ を同時にみたす格子点 (x, y) の個数を求めよ．

(滋賀大)

136 群数列(1)

数列 $\dfrac{1}{1}$, $\dfrac{1}{2}$, $\dfrac{3}{2}$, $\dfrac{1}{3}$, $\dfrac{3}{3}$, $\dfrac{5}{3}$, $\dfrac{1}{4}$, $\dfrac{3}{4}$, $\dfrac{5}{4}$, $\dfrac{7}{4}$, $\dfrac{1}{5}$, … について，次の問いに答えよ．

(1) この数列の第 29 項を求めよ．

(2) この数列の第 800 項を求めよ．

(3) この数列の初項から第 800 項までの和を求めよ． (同志社大)

▶ **精講** 分母が等しい分数をまとめて 1 つの群とします．

$$\dfrac{1}{1} \; \left| \; \dfrac{1}{2}, \dfrac{3}{2} \; \right| \; \dfrac{1}{3}, \dfrac{3}{3}, \dfrac{5}{3} \; \left| \; \dfrac{1}{4}, \dfrac{3}{4}, \dfrac{5}{4}, \dfrac{7}{4} \; \right| \; \cdots$$

第 1 群　第 2 群　　第 3 群　　　　第 4 群

$$\cdots \left| \; \dfrac{1}{n}, \dfrac{3}{n}, \cdots, \dfrac{\bigcirc}{n} \; \right| \cdots$$

第 n 群

群数列では，まず

　　第 n 群の末項（または初項）に着目

します．具体的には

(i) **群をつくるときの規則を知る**：

　　第 n 群の分子は奇数が 1 から順に並びます．

(ii) **各群の項数および末項を知る**：

　　第 n 群には n 個の項があり，末項は

　　$\dfrac{2n-1}{n}$ です．

(iii) **第 n 群の末項がもとの数列の第何項目であるかを知る**：

　　各群の項数を加えていくことにより，第 n 群の末項はもとの数列の $1+2+3+\cdots+n$ $=\dfrac{n(n+1)}{2}$ 項目にあることがわかります．

▶ **解法のプロセス**

群数列
⇩
第 n 群の末項（または初項）に着目
⇩
・第 n 群の末項は何か
・第 n 群の末項はもとの数列の何項目か
⇩
もとの数列の第 α 項は群数列では第何群の第何項目か

〈 **解 答** 〉

(1) 分母が n の分数 $\dfrac{1}{n}$, $\dfrac{3}{n}$, $\dfrac{5}{n}$, …, $\dfrac{2n-1}{n}$ をまとめて第 n 群とよぶことにする．

第 n 群には n 個の項があるから，第 n 群の末項は，もとの数列の第

第8章

$$1+2+3+\cdots+n=\frac{n(n+1)}{2}$$

項である．第29項が第n群にあるのは，nが

$$\frac{(n-1)n}{2}<29\leqq\frac{n(n+1)}{2}$$

をみたすときである．

$$\frac{(8-1)8}{2}=28,\quad \frac{8(8+1)}{2}=36$$

であるから，第29項は第8群の初項である．

よって，第29項は $\dfrac{1}{8}$

(2) $\dfrac{(n-1)n}{2}<800\leqq\dfrac{n(n+1)}{2}$

をみたすnは

$$\frac{(40-1)40}{2}=780,\quad \frac{40(40+1)}{2}=820$$

であるから，40である．よって，第800項は第40群の $800-780=20$ 番目の項である．

よって，第800項は $\dfrac{2\times20-1}{40}=\dfrac{39}{40}$

(3) 第n群の総和は

$$\frac{1}{n}+\frac{3}{n}+\frac{5}{n}+\cdots+\frac{2n-1}{n}=\sum_{k=1}^{n}\frac{2k-1}{n}$$

$$=\frac{1}{n}\frac{n\{1+(2n-1)\}}{2}=\frac{n^2}{n}=n$$

よって，初項から第800項までの和は

　　（第1群から第39群までの総和）

　　　　＋（第40群の初項から第20項までの総和）

$$=\sum_{n=1}^{39}n+\sum_{k=1}^{20}\frac{2k-1}{40}=\frac{39\cdot40}{2}+\frac{1}{40}\cdot\frac{20(1+39)}{2}$$

$$=780+10=\mathbf{790}$$

◀ $\displaystyle\sum_{k=1}^{20}(2k-1)$
$=\dfrac{(項数)\times\{(初項)+(末項)\}}{2}$

演習問題

(136) 自然数aとbの組 $(a,\ b)$ を次のような順序で一列に並べる．

　　$(1,\ 1),\ (2,\ 1),\ (1,\ 2),\ (3,\ 1),\ (2,\ 2),\ (1,\ 3),$
　　$(4,\ 1),\ (3,\ 2),\ (2,\ 3),\ (1,\ 4),\ (5,\ 1),\ \cdots$

　　例えば，8番目に現れる組は $(3,\ 2)$ である．

(1) 200番目に現れる組は何か．

(2) 自然数の組 $(m,\ n)$ は何番目に現れるか．

（学習院大）

標問 137 群数列(2)

自然数を右の図のように並べる.

(1) n が偶数のとき，1番上の段の左から n 番目の数を n の式で表せ.

(2) n が奇数のとき，1番上の段の左から n 番目の数を n の式で表せ.

(3) 1000 は左から何番目，上から何段目にあるか.

（岩手大）

1	3	4	10	11	…
2	5	9	12	…	…
6	8	13	…	…	…
7	14	…	…	…	…
15	17	…	…	…	…
16	…	…	…	…	…

精講 自然数が並ぶ斜めの並びで群に分けるとよいでしょう.

$$1|2, 3|4, 5, 6|7, 8, 9, 10|11, 12, \cdots$$

しかし，与えられた表に並ぶ自然数は右上方向，左下方向と交互に並び方を変えているので，順序に注意が必要であり，1番上の段に並ぶ数は，偶数番目の群では末項，奇数番目の群では初項になっています.

解法のプロセス

平面上に並ぶ数列
⇩
並び方の規則をみつける
⇩
数直線上の群数列をつくる
⇩
第 n 群の末項に着目する

《 **解 答** 》

(1) 次のように第 k 群に k 個の項が並ぶ群数列を考える.

$$1|2, 3|4, 5, 6|7, 8, 9, 10|11, 12, \cdots$$

n が偶数のとき，1番上の段の左から n 番目の数は第 n 群の末項であるから，求める数は

$$1+2+3+\cdots+n=\frac{n(n+1)}{2}$$

(2) n が奇数のとき，1番上の段の左から n 番目の数は第 n 群の初項であるから，求める数は

$$1+2+3+\cdots+(n-1)+1=\frac{(n-1)n}{2}+1$$

(3) 1000 が第 n 群にあるとすると

$$(\text{第 } n-1 \text{ 群の末項})<1000\leq(\text{第 } n \text{ 群の末項})$$

$$\frac{(n-1)n}{2}<1000\leq\frac{n(n+1)}{2}$$

ここで，$\frac{44\cdot45}{2}=990$，$\frac{45\cdot46}{2}=1035$ であるから

1000 は第 45 群の $1000-990=10$（項目）

の数である. 第45群は奇数番目の群ゆえ左下方向に向かって自然数が並んでいる.

第44群の末項990は1番上の段の左から44番目にあるから, 1000は左から $45-(10-1)=$ **36(番目)** の上から **10段目** にある.

研究 平面上に並ぶ数を扱うのがテーマであるが, その並び方は問題によっていろいろである. 演習問題では自然数が, 右上方向にのみ並ぶもの, 渦巻状に並ぶものを取り上げた.

(137-1) は, 右上方向に並ぶ数をまとめて1つの群とし

$$1|2, 3|4, 5, 6|7, 8, 9, 10|11, \cdots$$

(137-2) は, 正方形状に区切りを入れて

$$1|2, 3, 4, 5, 6, 7, 8, 9|10, 11, \cdots, 25|26, 27, \cdots$$

とした群数列を考えてみるとよい.

演習問題

(137-1) 正の整数 1, 2, 3, … を右図のように並べ, 上から m 番目, 左から n 番目の数を $a_{m,n}$ とする. 例えば $a_{2,3}=9$, $a_{3,1}=4$ である. このとき次の各問いに答えよ.

(1) $a_{m,1}$ を m の式で表せ.

(2) $a_{m,n}$ を m, n の式で表せ.

(東北学院大)

```
1   3   6   10  15  …
2   5   9   14  ·   …
4   8   13  ·   ·   …
7   12  ·   ·   ·   …
11  ·   ·   ·   ·   …
⋮   ⋮   ⋮   ⋮   ⋮   ⋮
```

(137-2) 右の図のように, 自然数 1, 2, 3, … を 1 を中心に反時計回りに渦巻き状に並べる. 次の問いに答えよ.

(1) 50 の真下 (49 の右斜め下) にくる数は何か.

(2) $x_1=2$, $x_2=12$, $x_3=30$, … のように, 2 を先頭に右斜め上に続く数列を $\{x_n\}$ とする. また, $y_1=6$, $y_2=20$, $y_3=42$, … のように, 6 を先頭に左斜め下に続く数列を $\{y_n\}$ とする. 数列 $\{x_n\}$ および $\{y_n\}$ の一般項を求めよ.

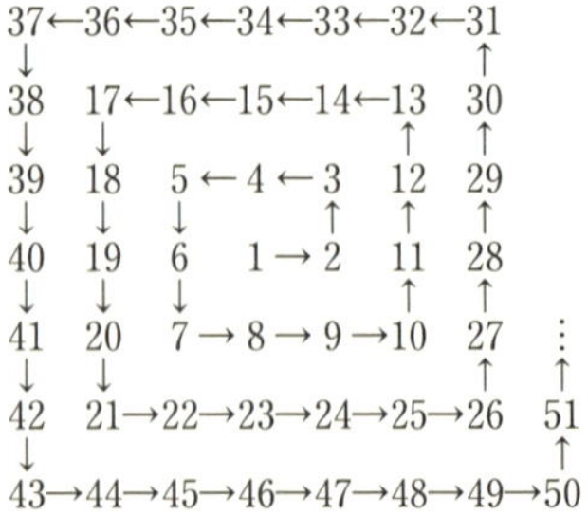

```
37←36←35←34←33←32←31
↓                     ↑
38  17←16←15←14←13   30
↓   ↓              ↑   ↑
39  18   5←4←3    12   29
↓   ↓   ↓     ↑   ↑   ↑
40  19   6   1→2   11   28
↓   ↓   ↓       ↑   ↑
41  20   7→8→9→10   27   ⋮
↓   ↓              ↑
42  21→22→23→24→25→26   51
↓
43→44→45→46→47→48→49→50
```

(*東邦大)

標問 **138**　**2項間漸化式 $a_{n+1}=pa_n+q$**

(1)　$a_1=3$, $a_{n+1}=3a_n-4$ $(n=1, 2, 3, \cdots)$ で定められる数列 $\{a_n\}$ の一般項を求めよ.
(東京電機大)

(2)　$a_1=2$, $a_2=4$, $2a_{n+2}=a_n+3$ $(n=1, 2, 3, \cdots)$ で定められる数列 $\{a_n\}$ の一般項を求めよ.
(山口大)

(3)　正の数からなる数列 a_1, a_2, $\cdots$, a_n, $\cdots$ があり, 漸化式
$$\sqrt{2}\, a_n{}^5 = a_{n-1}{}^6 \quad (n=2, 3, 4, \cdots)$$
をみたすとする. このとき, a_n を a_1 と n を用いて表せ.
(中央大)

精講　(1)　2項間漸化式 $a_{n+1}=pa_n+q$ $(p \neq 1)$ の一般項を求めるには, 1次方程式
$$\alpha = p\alpha + q$$
との差をつくり, 与えられた漸化式を
$$a_{n+1}-\alpha = p(a_n-\alpha)$$
と変形します. この式は数列 $\{a_n-\alpha\}$ が公比 p の等比数列であることを意味しています. ($p=1$ のときは $\{a_n\}$ は公差 q の等差数列です.)

(2)　与えられた漸化式 $2a_{n+2}=a_n+3$ は1つ飛びの漸化式になっています. 初項として a_1, a_2 が与えられると

$$a_1, \bigcirc, a_3, \bigcirc, a_5, \cdots$$
$$\bigcirc, a_2, \bigcirc, a_4, \bigcirc, a_6, \cdots$$

としてそれぞれ奇数番目, 偶数番目の各項が決まります. したがって, 一般項を表すには, **n が奇数か偶数かによる場合分けが必要**になります.

(3)　積を和に直すことを考えます. 両辺の対数をとると(1)のタイプの2項間漸化式になります.

解法のプロセス

(1) $a_{n+1}=pa_n+q$
　　⇩
　　$\alpha=p\alpha+q$
　　⇩
　　$a_{n+1}-\alpha=p(a_n-\alpha)$
(2) $a_{n+2}=pa_n+q$
　　⇩
　　1つ飛びの漸化式
　　⇩
　　n の偶奇による場合分け
(3) 積で表された漸化式
　　⇩
　　対数をとる
　　⇩
　　和で表された漸化式

〈　解　答　〉

(1)　与式は $a_{n+1}-2=3(a_n-2)$ と変形される.
　　よって, 数列 $\{a_n-2\}$ は初項 $a_1-2=3-2=1$,
　　公比3の等比数列であり
$$a_n-2=1\cdot 3^{n-1} \quad \therefore \quad a_n=2+3^{n-1}$$

← $\alpha=3\alpha-4$ より $\alpha=2$

(2) 与式は $a_{n+2}-3=\dfrac{1}{2}(a_n-3)$ と変形される.　　　　←$\alpha=\dfrac{1}{2}\alpha+\dfrac{3}{2}$ より $\alpha=3$

$n=2m-1$（m は自然数）のとき

$$a_{2m-1}-3=(a_1-3)\left(\dfrac{1}{2}\right)^{m-1}=(2-3)\left(\dfrac{1}{2}\right)^{m-1}$$

$$\therefore\quad a_n=3-\left(\dfrac{1}{2}\right)^{\frac{n+1}{2}-1}=3-\left(\dfrac{1}{2}\right)^{\frac{n-1}{2}}$$

$n=2m$（m は自然数）のとき

$$a_{2m}-3=(a_2-3)\left(\dfrac{1}{2}\right)^{m-1}=(4-3)\left(\dfrac{1}{2}\right)^{m-1}$$

$$\therefore\quad a_n=3+\left(\dfrac{1}{2}\right)^{\frac{n}{2}-1}=3+\left(\dfrac{1}{2}\right)^{\frac{n-2}{2}}$$

以上より　$a_n=\begin{cases}3-\left(\dfrac{1}{2}\right)^{\frac{n-1}{2}} & （\boldsymbol{n} \text{ が奇数}）\\[2mm] 3+\left(\dfrac{1}{2}\right)^{\frac{n-2}{2}} & （\boldsymbol{n} \text{ が偶数}）\end{cases}$

(3) 各項は正の数であり，漸化式の両辺に対して，2 を底とする対数をとると

$$\dfrac{1}{2}+5\log_2 a_n=6\log_2 a_{n-1}$$

$b_n=\log_2 a_n$ とおくと，$b_n=\dfrac{6}{5}b_{n-1}-\dfrac{1}{10}$ これより

$$b_n-\dfrac{1}{2}=\dfrac{6}{5}\left(b_{n-1}-\dfrac{1}{2}\right)$$　　　　←$\alpha=\dfrac{6}{5}\alpha-\dfrac{1}{10}$ より $\alpha=\dfrac{1}{2}$

数列 $\left\{b_n-\dfrac{1}{2}\right\}$ は初項 $b_1-\dfrac{1}{2}$，公比 $\dfrac{6}{5}$ の等比数列であるから

$$b_n-\dfrac{1}{2}=\left(b_1-\dfrac{1}{2}\right)\left(\dfrac{6}{5}\right)^{n-1}=\left(\log_2 a_1-\dfrac{1}{2}\right)\left(\dfrac{6}{5}\right)^{n-1}$$

$$\therefore\quad b_n=\log_2\sqrt{2}+\left(\dfrac{6}{5}\right)^{n-1}\log_2\dfrac{a_1}{\sqrt{2}}=\log_2\sqrt{2}\left(\dfrac{a_1}{\sqrt{2}}\right)^{\left(\frac{6}{5}\right)^{n-1}}$$

$$\therefore\quad \boldsymbol{a_n=\sqrt{2}\left(\dfrac{a_1}{\sqrt{2}}\right)^{\left(\frac{6}{5}\right)^{n-1}}}$$

◆**研究**　2 項間漸化式 $a_{n+1}=pa_n+q$ の解き方（一般項の求め方）はいろいろある.

(i) a_1, a_2, a_3, a_4, … と各項を求め，一般項を推定し，それを数学的帰納法で確かめる.（a_5 まで求めて一般項の推定ができないときは他の解法を考える.）

(ii) $p\neq0$ のとき，与えられた漸化式の両辺を p^{n+1} で割ると $\dfrac{a_{n+1}}{p^{n+1}}=\dfrac{a_n}{p^n}+\dfrac{q}{p^{n+1}}$

であり，これは数列 $\left\{\dfrac{a_n}{p^n}\right\}$ の階差が $\dfrac{q}{p^{n+1}}$ であることを示している．

$n \geqq 2$ のとき，$\dfrac{a_n}{p^n} = \dfrac{a_1}{p} + \displaystyle\sum_{k=1}^{n-1} \dfrac{q}{p^{k+1}}$ を計算して，a_n を求めればよい．$n=1$

のときの検証も忘れないで行う．

(iii) **解答** で用いた解法，これが一番手っ取り早い．

1次方程式 $\alpha = p\alpha + q$ の出所を確認しておこう．

$$a_{n+1} = pa_n + q \qquad \cdots\cdots ①$$

変形の目標は等比数列である．そのためには定数 q を a_{n+1}，a_n に振り分けて

$$a_{n+1} - \alpha = p(a_n - \alpha) \ \cdots\cdots ②$$

となる変形を目指す．このような定数 α をみつけるにはどうすればよいか．

②を展開し，$a_{n+1} = pa_n - p\alpha + \alpha$

①と比較し，$q = -p\alpha + \alpha$　　$\therefore$　$\alpha = p\alpha + q$

すなわち，α は1次方程式 $\alpha = p\alpha + q$ の解として求めればよいとわかる．あとは

$$\begin{array}{r} a_{n+1} = pa_n + q \\ -)\quad \alpha = p\alpha\ + q \\ \hline a_{n+1} - \alpha = p(a_n - \alpha) \end{array}$$

といった具合に式を2つ並べて辺々の差をつくればよい．

演習問題

(138-1) 次のように定義された数列 $\{a_n\}$ の一般項を求めよ．

$a_1 = 7$，$3a_{n+1} = a_n + 12$ $(n=1,\ 2,\ \cdots)$ （武蔵工大）

(138-2) 数列 $\{a_n\}$ の初項から第 n 項までの和を S_n とする．

$S_n = -5 + 2n - a_n$ $(n=1,\ 2,\ 3,\ \cdots)$

が成り立つとする．

(1) a_{n+1} と a_n の関係式を求めよ．

(2) a_1 を求めよ．

(3) a_n を n を用いて表せ． （都立科技大）

(138-3) 数列 $\{a_n\}$ を次のように定める．$a_1 = 1$，$a_{n+1} = \dfrac{a_n}{3a_n + 2}$ $(n=1,\ 2,\ 3,\ \cdots)$

このとき，次の設問に答えよ．

(1) $b_n = \dfrac{1}{a_n}$ とおくとき，b_{n+1} と b_n の関係式を求めよ．

(2) 数列 $\{a_n\}$ の一般項を求めよ． （岡山理大）

第8章

標問 **139** **2項間漸化式 $a_{n+1} = pa_n + q(n)$**

(1) 条件 $a_1 = -30$, $9a_{n+1} = a_n + \dfrac{4}{3^n}$ ($n = 1,\ 2,\ 3,\ \cdots$) で定義される数列 $\{a_n\}$ がある.

　(i) $b_n = 3^n a_n$ とおくとき, 数列 $\{b_n\}$ の漸化式を求めよ.

　(ii) 一般項 a_n を求めよ. (広島大)

(2) 数列 $\{a_n\}$ は $a_1 = 4$, $a_{n+1} = 2a_n + n - 1$ ($n = 1,\ 2,\ 3,\ \cdots$) によって定められている. $b_n = a_n + n$ ($n = 1,\ 2,\ 3,\ \cdots$) とおき, 数列 $\{b_n\}$ の一般項を求めよ. また, 数列 $\{a_n\}$ の一般項および初項から第 n 項までの和 S_n を求めよ.

(千葉工大)

精 講 (1) $a_{n+1} = \dfrac{1}{9}a_n + \dfrac{4}{9}\left(\dfrac{1}{3}\right)^n$ を標問

138 で扱った2項間漸化式
$$b_{n+1} = pb_n + q \quad (p,\ q \text{ は定数})$$
の形に変形するための誘導が $b_n = 3^n a_n$ です.

この誘導がないときも, 両辺を $\left(\dfrac{1}{3}\right)^{n+1}$ で割る, すなわち両辺に 3^{n+1} をかけることにより
$$3^{n+1} a_{n+1} = \dfrac{1}{3} \cdot 3^n a_n + \dfrac{4}{3}$$
をつくることができます.

(2) (1)では $q(n)$ が指数の式でしたが, 今度は n についての1次式です. とりあえずは誘導にのって $\{a_n\}$ の一般項を求めますが, このおきかえはどのようにすればつくることができるのかも考えてみましょう (→研究参照).

解法のプロセス

$a_{n+1} = pa_n + q(n)$
(1) $q(n) = cr^{n-1}$ 形
⇩
- 両辺を r^{n+1} で割る
- $q(n)$ を a_n, a_{n+1} に振り分ける
(2) $q(n) = cn + d$ 形
⇩
- 階差をつくる
- $q(n)$ を a_n, a_{n+1} に振り分ける

⟨ **解 答** ⟩

(1) (i) $9a_{n+1} = a_n + \dfrac{4}{3^n}$

　両辺に 3^n をかけると $3 \cdot 3^{n+1} a_{n+1} = 3^n a_n + 4$

　$b_n = 3^n a_n$ であるから $3 \cdot b_{n+1} = b_n + 4$

　∴ $b_{n+1} = \dfrac{1}{3}b_n + \dfrac{4}{3}$ ($n = 1,\ 2,\ 3,\ \cdots$)

(ii) (i)の漸化式は

$$b_{n+1}-2=\frac{1}{3}(b_n-2)$$

と変形される．数列 $\{b_n-2\}$ は初項 $b_1-2=3\cdot(-30)-2=-92$，公比 $\frac{1}{3}$ の等比数列であるから

$$b_n-2=3^n a_n-2=-92\cdot\left(\frac{1}{3}\right)^{n-1}$$

$$\therefore\quad a_n=\frac{2}{3^n}-\frac{92}{3}\left(\frac{1}{9}\right)^{n-1}$$

(2) $a_{n+1}=2a_n+n-1$

に $a_n=b_n-n$ を代入すると

$$b_{n+1}-(n+1)=2(b_n-n)+n-1\qquad\therefore\quad b_{n+1}=2b_n$$

よって，数列 $\{b_n\}$ は初項 $b_1=a_1+1=4+1=5$，公比 2 の等比数列であるから

$$b_n=5\cdot2^{n-1}$$

よって，

$$a_n=b_n-n=5\cdot2^{n-1}-\boldsymbol{n}$$

また，

$$S_n=\sum_{k=1}^{n}(5\cdot2^{k-1}-k)=5\cdot\frac{2^n-1}{2-1}-\frac{n(n+1)}{2}$$

$$=5\cdot2^n-\frac{\boldsymbol{n^2}}{2}-\frac{\boldsymbol{n}}{2}-5$$

研究 (1) $q(n)$ を a_{n+1}, a_n に振り分けることを考える．

$$a_{n+1}=\frac{1}{9}a_n+\frac{4}{9}\left(\frac{1}{3}\right)^n\quad\cdots\cdots①$$

$q(n)=\dfrac{4}{9}\left(\dfrac{1}{3}\right)^n$ であるから，a_n の中に振り分けられる量を $\dfrac{\alpha}{3^n}$（α は定数）

としてみる．すると，a_{n+1} の中に振り分けられる量は $\dfrac{\alpha}{3^{n+1}}$ でなければならず

$$a_{n+1}-\frac{\alpha}{3^{n+1}}=\frac{1}{9}\left(a_n-\frac{\alpha}{3^n}\right)\quad\cdots\cdots②$$

と変形できる定数 α を求めればよいことになる．②を展開して整理すると

$$a_{n+1}=\frac{1}{9}\left(a_n-\frac{\alpha}{3^n}\right)+\frac{\alpha}{3^{n+1}}=\frac{1}{9}a_n+\frac{2\alpha}{9}\left(\frac{1}{3}\right)^n$$

①と比較して

$$\frac{4}{9}\left(\frac{1}{3}\right)^n=\frac{2\alpha}{9}\left(\frac{1}{3}\right)^n\qquad\therefore\quad\alpha=2$$

すなわち，数列 $\left\{a_n-\dfrac{2}{3^n}\right\}$ は，初項 $a_1-\dfrac{2}{3}=-30-\dfrac{2}{3}=-\dfrac{92}{3}$，公比 $\dfrac{1}{9}$ の等比数列である．

次のようにしてもよい.

$$a_{n+1}=\frac{1}{9}a_n+\frac{4}{9}\left(\frac{1}{3}\right)^n$$

$$\frac{\alpha}{3^{n+1}}=\frac{1}{9}\cdot\frac{\alpha}{3^n}+\frac{4}{9}\left(\frac{1}{3}\right)^n$$

と2式を並べ,第2式がどんな自然数nに対しても成り立つαの値を求める.両辺に$9\cdot3^n$をかけて,$3\cdot\alpha=\alpha+4$ $\therefore$ $\alpha=2$

2式の差をとると $a_{n+1}-\dfrac{2}{3^{n+1}}=\dfrac{1}{9}\left(a_n-\dfrac{2}{3^n}\right)$ と変形できる.

(2) 今度は $q(n)=n-1$ であるから,振り分ける量を1次の一般式$\alpha n+\beta$としてみる.

$$a_{n+1}=2a_n+n-1$$

$$\alpha(n+1)+\beta=2(\alpha n+\beta)+n-1$$

と2式を並べ,第2式がどんな自然数nに対しても成り立つα,βの値を求める.nについての1次の係数,定数項を比較すると

$$\begin{cases}\alpha=2\alpha+1\\\alpha+\beta=2\beta-1\end{cases} \quad \therefore \quad \alpha=-1,\ \beta=0$$

2式の差をとると $a_{n+1}+(n+1)=2(a_n+n)$

これが $b_n=a_n+n$ とおく誘導の出所である.

これとは別に,$a_{n+1}=pa_n+q$(qは定数)の形に変形する解法もある.

$$a_{n+1}=2a_n\ +n-1$$
$$\underline{-)\qquad a_n=2a_{n-1}+n-2}$$
$$a_{n+1}-a_n=2(a_n-a_{n-1})+1$$

$$a_{n+1}-a_n+1=2(a_n-a_{n-1}+1) \quad (n\geqq2)$$

が成り立つ.$a_2-a_1+1=(2\cdot4+1-1)-4+1=5$ より

$$a_{n+1}-a_n+1=5\cdot2^{n-1} \quad \therefore \quad a_{n+1}-a_n=5\cdot2^{n-1}-1$$

$n\geqq2$ のとき,

$$a_n=4+\sum_{k=1}^{n-1}(5\cdot2^{k-1}-1)=4+5\cdot\frac{2^{n-1}-1}{2-1}-(n-1)=5\cdot2^{n-1}-n$$

この結果は $n=1$ のときも成り立つ.

演習問題

139-1 次の漸化式で定義される数列の一般項を求めよ.

(1) $a_1=1,\ a_{n+1}=a_n+3^n+2n$ $(n=1,\ 2,\ \cdots)$

(2) $a_1=6,\ a_{n+1}=2a_n+3^n$ $(n=1,\ 2,\ \cdots)$ (広島女大)

139-2 次の条件によって定義される数列$\{a_n\}$の一般項を求めよ.

$$a_1=1,\ a_{n+1}=\frac{a_n}{na_n+2} \quad (n=1,\ 2,\ 3,\ \cdots)$$ (鳴門教育大)

標問 **140** **3項間漸化式**

(1) $a_1=3$, $a_2=7$, $a_{n+2}=4a_{n+1}-3a_n$ で定義される数列 $\{a_n\}$ の一般項を求めよ.

(2) $a_1=1$, $a_2=4$, $a_{n+2}=4a_{n+1}-3a_n-2$ で定義される数列 $\{a_n\}$ の一般項を求めよ.

(兵庫医大)

精講 (1) 3項間漸化式
$$a_{n+2}+pa_{n+1}+qa_n=0$$
の一般項を求めるには, 2次方程式
$$t^2+pt+q=0$$
の解 α, β を用いて
$$a_{n+2}-\alpha a_{n+1}=\beta(a_{n+1}-\alpha a_n)$$
$$a_{n+2}-\beta a_{n+1}=\alpha(a_{n+1}-\beta a_n)$$
と変形します. **数列 $\{a_{n+1}-\alpha a_n\}$, $\{a_{n+1}-\beta a_n\}$ はそれぞれ公比 β, α の等比数列になっています.**

(2) 最後の定数 -2 がなければ, 初期条件の a_1, a_2 の値は違いますが, (1)と同じ関係をもつ漸化式です. -2 を a_{n+2}, a_{n+1}, a_n に振り分けてみます.
$$a_{n+2}-c=4(a_{n+1}-c)-3(a_n-c)$$
となる定数 c がみつからないだろうか. 展開して
$$a_{n+2}=4(a_{n+1}-c)-3(a_n-c)+c$$
$$=4a_{n+1}-3a_n$$

このような定数 c は存在しないことがわかりました. では, 1つ番号を上げた式との差をつくり, 定数 -2 を消去することにしましょう. 階差についての漸化式ができます.

解法のプロセス

(1) $a_{n+2}+pa_{n+1}+qa_n=0$
⇩
$t^2+pt+q=0$ の解 α, β
⇩
$a_{n+2}-\alpha a_{n+1}=\beta(a_{n+1}-\alpha a_n)$,
$a_{n+2}-\beta a_{n+1}=\alpha(a_{n+1}-\beta a_n)$
は等比数列

(2) $a_{n+2}+pa_{n+1}+qa_n+r=0$
⇩
定数 r の消去を考える
・階差をつくる
・振り分ける

〈 **解 答** 〉

(1) 与式は次の2通りに変形される.
$$a_{n+2}-a_{n+1}=3(a_{n+1}-a_n) \quad\quad\cdots\cdots①$$
$$a_{n+2}-3a_{n+1}=a_{n+1}-3a_n \quad\quad\cdots\cdots②$$

← $t^2=4t-3$ を解くと
$(t-1)(t-3)=0$
∴ $t=1$, 3

①より, $\{a_{n+1}-a_n\}$ は初項 $a_2-a_1=7-3=4$, 公比 3 の等比数列であるから
$$a_{n+1}-a_n=4\cdot3^{n-1} \quad\quad\cdots\cdots①'$$

②より, $\{a_{n+1}-3a_n\}$ は初項 $a_2-3a_1=7-3\cdot3=-2$, 公比 1 の等比数列であるから

$a_{n+1}-3a_n=-2\cdot1^{n-1}=-2$ ......②′

①′−②′ より

$2a_n=4\cdot3^{n-1}+2$ ∴ $a_n=\boldsymbol{2\cdot3^{n-1}+1}$

(2) $a_{n+3}=4a_{n+2}-3a_{n+1}-2$ ......③

$a_{n+2}=4a_{n+1}-3a_n-2$ ......④

③−④において, $b_n=a_{n+1}-a_n$ とおくと

$b_{n+2}=4b_{n+1}-3b_n$

$b_1=a_2-a_1=4-1=3,$

$b_2=a_3-a_2=(4\cdot4-3\cdot1-2)-4=7$

$\{b_n\}$ は(1)の $\{a_n\}$ と一致するから, $b_n=2\cdot3^{n-1}+1$ である. $n\geqq2$ のとき

$a_n=a_1+\displaystyle\sum_{k=1}^{n-1}(a_{k+1}-a_k)=a_1+\sum_{k=1}^{n-1}(2\cdot3^{k-1}+1)=1+\dfrac{2(3^{n-1}-1)}{3-1}+(n-1)$

$\qquad=\boldsymbol{3^{n-1}+n-1}$

この結果は $n=1$ のときも成り立つ.

研 究 (2) もう一度, -2 を振り分けることを考えてみる. 今度は

$$a_{n+2}-\alpha a_{n+1}-c=\beta(a_{n+1}-\alpha a_n-c)$$

となる定数 α, β, c がみつからないだろうかと考える. 展開し

$$a_{n+2}=(\alpha+\beta)a_{n+1}-\alpha\beta a_n+(1-\beta)c$$

もとの式と係数を比較して

$$\begin{cases} \alpha+\beta=4 & \text{......①} \\ \alpha\beta=3 & \text{......②} \\ (1-\beta)c=-2 & \text{......③} \end{cases}$$

①, ②より $(\alpha, \beta)=(1, 3), (3, 1)$ であるが, ③をみたすのは

$\qquad(\alpha, \beta, c)=(1, 3, 1)$

よって, $a_{n+2}-a_{n+1}-1=3(a_{n+1}-a_n-1)$

∴ $a_{n+1}-a_n-1=(4-1-1)\cdot3^{n-1}$ ∴ $a_{n+1}-a_n=2\cdot3^{n-1}+1$ 以下同じ.

演習問題

(140) 数列 $\{a_n\}$ を漸化式

$\qquad a_1=1,\ a_2=2,\ a_{n+2}=2a_{n+1}+a_n\ (n=1, 2, 3, \cdots)$

により定める. このとき, 次の問いに答えよ.

(1) $a_{n+2}-pa_{n+1}=q(a_{n+1}-pa_n)\ (n=1, 2, 3, \cdots)$ が成り立つような定数 p, $q\ (p<q)$ の値を求めよ.

(2) 数列 $\{c_n\}$, $\{d_n\}$ を $c_n=a_{n+1}-pa_n$, $d_n=a_{n+1}-qa_n\ (n=1, 2, 3, \cdots)$ により定めたとき, 一般項 c_n, d_n を n を用いて表せ.

(3) 数列 $\{a_n\}$ の一般項 a_n を n を用いて表せ. (宮城教育大)

| 標問 | **141** | **連立漸化式** |

数列 $\{a_n\}$, $\{b_n\}$ が
$$\begin{cases} a_1=1, \ b_1=2 \\ a_{n+1}=a_n+6b_n \quad (n=1, \ 2, \ 3, \ \cdots) \\ b_{n+1}=a_n-4b_n \quad (n=1, \ 2, \ 3, \ \cdots) \end{cases}$$

によって定められるとき，以下の問いに答えよ．

(1) $a_{n+1}+\alpha b_{n+1}=\beta(a_n+\alpha b_n)$ $(n=1, \ 2, \ 3, \ \cdots)$ が成り立つような定数 α, β を2組求めよ．

(2) (1)で求めた2組の $(\alpha, \ \beta)$ を $(\alpha_1, \ \beta_1)$ および $(\alpha_2, \ \beta_2)$ $(\alpha_1<\alpha_2)$ とする．
数列 $\{c_n\}$, $\{d_n\}$ を
$$\begin{cases} c_n=a_n+\alpha_1 b_n \quad (n=1, \ 2, \ 3, \ \cdots) \\ d_n=a_n+\alpha_2 b_n \quad (n=1, \ 2, \ 3, \ \cdots) \end{cases}$$
によって定めるとき，$\{c_n\}$ および $\{d_n\}$ の一般項を求めよ．

(3) 数列 $\{a_n\}$, $\{b_n\}$ の一般項を求めよ． (電通大)

精講 (1) 数列 $\{a_n+\alpha b_n\}$ が公比 β の等比数列となるような α, β を求めようとしています．$a_{n+1}=a_n+6b_n$, $b_{n+1}=a_n-4b_n$ を $a_{n+1}+\alpha b_{n+1}$ に代入し，a_n, b_n の関係に直し，両辺の係数を比較します．

(2) (1)より，数列 $\{c_n\}$, $\{d_n\}$ は公比がそれぞれ β_1, β_2 の等比数列です．

(3) (2)より $\begin{cases} a_n+\alpha_1 b_n=c_1\beta_1{}^{n-1} \\ a_n+\alpha_2 b_n=d_1\beta_2{}^{n-1} \end{cases}$ ですから，a_n, b_n は求まります．

解法のプロセス
連立漸化式
$$\begin{cases} a_{n+1}=pa_n+qb_n \\ b_{n+1}=ra_n+sb_n \end{cases}$$
⇩
$\{a_n+\alpha b_n\}$ が等比数列となるような α を求める

〈 **解 答** 〉

(1) $a_{n+1}+\alpha b_{n+1}=(a_n+6b_n)+\alpha(a_n-4b_n)=(1+\alpha)a_n+(6-4\alpha)b_n$ より
$$a_{n+1}+\alpha b_{n+1}=\beta(a_n+\alpha b_n) \quad \cdots\cdots(*)$$
$$\iff (1+\alpha)a_n+(6-4\alpha)b_n=\beta a_n+\alpha\beta b_n$$

よって，$\begin{cases} 1+\alpha=\beta \\ 6-4\alpha=\alpha\beta \end{cases}$ をみたす α, β に対して(*)はつねに成り立つ．

β を消去して $6-4\alpha=\alpha(1+\alpha)$ ∴ $\alpha^2+5\alpha-6=0$
∴ $(\alpha-1)(\alpha+6)=0$ ∴ $\alpha=1, \ -6$
∴ $(\alpha, \ \beta)=(1, \ 2), \ (-6, \ -5)$

(2) (1)で求めた α, β に対して数列 $\{a_n+\alpha b_n\}$ は公比 β の等比数列であるから
$$a_n+\alpha b_n=(a_1+\alpha b_1)\beta^{n-1}$$
$\alpha_1<\alpha_2$ より, $\alpha_1=-6$, $\alpha_2=1$ である.
$(\alpha_1,\ \beta_1)=(-6,\ -5)$ であり
$$c_n=(1-6\cdot2)(-5)^{n-1}=\boldsymbol{-11\cdot(-5)^{n-1}}$$
$(\alpha_2,\ \beta_2)=(1,\ 2)$ であり
$$d_n=(1+1\cdot2)2^{n-1}=\boldsymbol{3\cdot2^{n-1}}$$

(3) (2)より $\begin{cases} a_n-6b_n=-11\cdot(-5)^{n-1} \\ a_n+b_n=3\cdot2^{n-1} \end{cases}$

a_n, b_n について解くと
$$a_n=\frac{1}{7}\{9\cdot2^n-11\cdot(-5)^{n-1}\},\quad b_n=\frac{1}{7}\{3\cdot2^{n-1}+11\cdot(-5)^{n-1}\}$$

研究 連立漸化式 $\begin{cases} a_{n+1}=pa_n+qb_n \\ b_{n+1}=ra_n+sb_n \end{cases}$ に対し数列 $\{a_n-\alpha b_n\}$ が等比数列となるような α は

$$\begin{aligned} a_{n+1}-\alpha b_{n+1}&=(pa_n+qb_n)-\alpha(ra_n+sb_n)\\ &=(p-r\alpha)a_n+(q-s\alpha)b_n\\ &=(p-r\alpha)\left(a_n-\frac{s\alpha-q}{p-r\alpha}b_n\right) \end{aligned}$$

これより, $\alpha=\dfrac{s\alpha-q}{p-r\alpha}$ $\therefore$ $p\alpha-r\alpha^2=s\alpha-q$

$\therefore$ $r\alpha^2+s\alpha=p\alpha+q$

すなわち, $\alpha=\dfrac{p\alpha+q}{r\alpha+s}$ をみたす α を用いると, 数列 $\{a_n-\alpha b_n\}$ は公比 $p-r\alpha$ の等比数列になる.

演習問題

141-1 自然数 n に対して, 2つの数列 $\{a_n\}$, $\{b_n\}$ を $a_1=1$, $b_1=4$, $a_{n+1}=2a_n+b_n$, $b_{n+1}=4a_n-b_n$ で定める.

(1) $a_{n+1}+tb_{n+1}=k(a_n+tb_n)$ がすべての n について成り立つような t, k の値が2組ある. その値 $(t_1,\ k_1)$, $(t_2,\ k_2)$ $(t_1<t_2)$ を求めよ.

(2) (1)の t_1, t_2 に対して, $a_n+t_1b_n$, $a_n+t_2b_n$ を n で表せ.

(3) a_n, b_n を n で表せ. (*大阪医大)

141-2 数列 $\{a_n\}$, $\{b_n\}$ を, $a_1=b_1=1$, $a_{n+1}=a_n+4b_n$, $b_{n+1}=a_n+b_n$ $(n=1,\ 2,\ 3,\ \cdots)$ と定めるとき, 次の各問いに答えよ.

(1) $a_n+2b_n=3^n$ となることを示せ.

(2) $\{a_n\}$ の一般項を求めよ. (埼玉大)

標問 **142** 漸化式の応用（階差型）

平面上に，次の2つの条件(i), (ii)をみたすように直線を次つぎとひいていくことを考える．

(i) どの2本の直線も平行ではない．

(ii) どの3本の直線も同一点を通らない．

直線をn本までひいたときのすべての交点の個数をa_nと表す．このとき，平面はいくつかの部分に分割される．このうち，線分で囲まれ多角形になる部分の個数をb_nと表す．以下の問いに答えよ．

(1) a_{n+1}をa_nとnの式で表せ．

(2) 一般項a_nを求めよ．

(3) b_{n+1}をb_nとnの式で表せ．

(4) 一般項b_nを求めよ．

(北見工大)

精講 題意を把握するために図をかきながら問題文を読みましょう．

 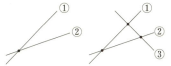

まず1本目の直線をひきます．交点も多角形もないので $a_1=0,\ b_1=0$

2本目をひくと交点が1つできます．

$$a_2=1,\ b_2=0$$

3本目をひくと，交点が2個増え，多角形が1つできるので $a_3=3,\ b_3=1$

4本目の直線を少しずつ伸ばしながら変化の様子をとらえていきましょう．

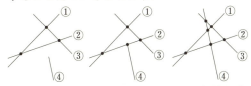

4本目の直線はすでにある3本の直線と交わり，2本の半直線と2本の線分に分けられます．これにより，交点は3個増え，多角形は2個増えます．

解法のプロセス

問題文の把握
⇩
具体的な図をかいてみる
⇩
n本から$n+1$本と直線を増やすときの変化の様子を式で表す

〈 解 答 〉

(1) n 本の直線がひいてあるところに $n+1$ 本目の直線をひくと，条件(i)，(ii)の
   もとでは，新たに n 個の交点ができるから　$a_{n+1}=a_n+n$

(2) $a_1=0$ であるから，$n\geqq2$ のとき

$$a_n=a_1+\sum_{k=1}^{n-1}k=0+\frac{(n-1)n}{2}=\frac{(n-1)n}{2}$$

   この結果は $n=1$ のときも成り立つ.

$$\therefore \quad a_n=\frac{(n-1)n}{2}$$

(3) n 本の直線がひいてあるところに $n+1$ 本目の直線をひくと，条件(i)，(ii)の
   もとでは，$n+1$ 本目の直線は $n-1$ 本の線分と 2 本の半直線に分けられる.
   $n-1$ 本の線分はそれぞれ 1 つの多角形を増やすから　$b_{n+1}=b_n+n-1$

(4) $b_1=0$ であるから，$n\geqq2$ のとき

$$b_n=b_1+\sum_{k=1}^{n-1}(k-1)=0+\frac{(n-2)(n-1)}{2}=\frac{(n-2)(n-1)}{2}$$

   この結果は $n=1$ のときも成り立つ.

$$\therefore \quad b_n=\frac{(n-2)(n-1)}{2}$$

研究 (2)　a_n は組合せを用いて求めることもできる.
   直線 2 本に対して交点は 1 個決まるから，$n\geqq2$ のとき

$$a_n={}_nC_2=\frac{n(n-1)}{2}$$

これは $n=1$ のときも成り立つ.

演習問題

(142)　座標平面上に 3 点 $O(0,\ 0)$，$A(0,\ 1)$，
$B(0,\ 2)$ をとる. 自然数 k に対し点 P_k の座標を
$(k,\ 0)$ とする. 自然数 n に対し，$2n$ 本の線分
AP_1，AP_2，$\cdots$，AP_n，BP_1，BP_2，$\cdots$，BP_n によ
り分けられる第 1 象限の部分の個数を a_n とする.
例えば $n=1$ のとき，図のように第 1 象限が 3 つ
の部分に分けられるので $a_1=3$ である. 次の問いに答えよ.

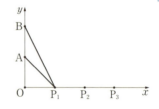

(1)　a_2，a_3 の値を求めよ.

(2)　a_{n+1} を a_n と n を用いて表し，その理由を述べよ.

(3)　a_n を n を用いて表せ.

（神戸大）

143 **2項間漸化式の応用**

> 箱A，箱Bのそれぞれに赤玉が1個，白玉が3個，合計4個ずつ入っている．1回の試行で箱Aの玉1個と箱Bの玉1個を無作為に選び交換する．この試行を n 回繰り返した後，箱Aに赤玉が1個，白玉が3個入っている確率 p_n を求めよ．
>
> （一橋大）

精 講 状況の変化を示す手段として樹形図がありますが，試行の回数が多くなると樹形図では枝が多くなり，すべてを書くことは困難になります．

このようなときは漸化式を立てることを考えます．n 回から $n+1$ 回への状況変化において，

排反でかつすべてを網羅

した場合分けになっているか注意します．

本問の場合，n 回目から $n+1$ 回目の試行において，箱Aに赤玉が1個，白玉が3個となる変化の様子を図示すると次のようになります．

解法のプロセス

n 回から $n+1$ 回への状況変化
⇩
排反でかつすべてを網羅する場合分け
⇩
漸化式の利用
確率の総和＝1 を使うこともある

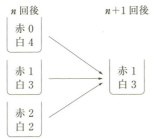

〈 **解 答** 〉

試行を n 回繰り返した後の箱Aに入っている玉は（赤玉1個，白玉3個），（赤玉0個，白玉4個），（赤玉2個，白玉2個）の3通りがある．それぞれの状態である確率を p_n，q_n，r_n とおく．

1回の試行で箱Aに入っている玉が

(i) （赤玉1個，白玉3個）から（赤玉1個，白玉3個）となるのは，箱 A，B から同色の玉，すなわち「赤，赤」または「白，白」を選び交換するときであり，この確率は

$$\frac{1}{4}\cdot\frac{1}{4}+\frac{3}{4}\cdot\frac{3}{4}=\frac{5}{8}$$

(ii) (赤玉 0 個, 白玉 4 個) から (赤玉 1 個, 白玉 3 個) となるのは, 箱 A, B からそれぞれ白玉, 赤玉を選び交換するときであり, この確率は

$$1 \cdot \frac{2}{4} = \frac{1}{2}$$

(iii) (赤玉 2 個, 白玉 2 個) から (赤玉 1 個, 白玉 3 個) となるのは, 箱 A, B からそれぞれ赤玉, 白玉を選び交換するときであり, この確率は

$$\frac{2}{4} \cdot 1 = \frac{1}{2}$$

これらは排反であるから

$$p_{n+1} = p_n \cdot \frac{5}{8} + q_n \cdot \frac{1}{2} + r_n \cdot \frac{1}{2}$$

$$= \frac{5}{8} p_n + \frac{1}{2}(1 - p_n) \quad (\because \quad p_n + q_n + r_n = 1)$$

$$\therefore \quad p_{n+1} = \frac{1}{8} p_n + \frac{1}{2}$$

この漸化式は $p_{n+1} - \dfrac{4}{7} = \dfrac{1}{8}\left(p_n - \dfrac{4}{7}\right)$ と変形 $\quad\blacktriangleleft\ \alpha = \dfrac{1}{8}\alpha + \dfrac{1}{2}\ $ より $\ \alpha = \dfrac{4}{7}$

され, $p_0 = 1$ であることから

$$p_n - \frac{4}{7} = \left(1 - \frac{4}{7}\right)\left(\frac{1}{8}\right)^n$$

$$\therefore \quad p_n = \frac{4}{7} + \frac{3}{7}\left(\frac{1}{8}\right)^n$$

演習問題

(143-1) 平面の上に正四面体がある. 平面と接している面の 3 辺の 1 つを任意に選び, これを軸として正四面体をたおす. この操作を n 回続けて行ったとき, 最初に平面と接していた面が再び平面と接する確率を p_n とする.

(1) p_1, p_2, p_3 を求めよ.

(2) p_n を n を用いて表せ. (琉球大)

(143-2) 図のように $2 \times n$ のマス目に〇または×印をつける. その並び方を n の式で表すと □ ア □ 通りである. 縦の並びを列と呼ぶ. 図では n 個の列がある. 少なくとも 1 つの列に〇が 2 つ並ぶ並び方が P_n 通りであるとすると, $P_1 = $ □ イ □, $P_2 = $ □ ウ □ である. また, どの列も〇が 2 つ並ばないのは (□ ア □$- P_n$) 通りだから, P_{n+1} を P_n と n の式で表すと $P_{n+1} = $ □ エ □ である. いま, 〇と×をそれぞれ $\dfrac{1}{2}$ の確率でつけるとすると, 少なくとも 1 つの列に〇が 2 つ並ぶ確率 q_n は $q_n = \dfrac{P_n}{\boxed{\text{ア}}}$ だから, q_{n+1} を q_n の式で表すと, $q_{n+1} = $ □ オ □ である. q_n を n の式で表すと $q_n = $ □ カ □ である. (京都産大)

n 個

| 〇 | 〇 | …… | × |
| 〇 | × | …… | 〇 |

標問 **144**　**3 項間漸化式の応用**

放物線 $y=x^2$ を C とする．C 上に相異なる点 $P_1(a_1,\ a_1{}^2)$, $P_2(a_2,\ a_2{}^2)$, $\cdots$, $P_n(a_n,\ a_n{}^2)$, $\cdots$ があって，各 $n=1,\ 2,\ \cdots$ に対し，P_{n+2} における C の接線の傾きが P_n と P_{n+1} を結ぶ直線の傾きに等しい．

(1)　a_{n+2} を a_n と a_{n+1} の式で表せ．

(2)　$n=1,\ 2,\ \cdots$ に対し $b_n=a_{n+1}-a_n$ とおく．数列 $\{b_n\}$ は等比数列であることを示せ．

(3)　$a_1=a$, $a_2=b$ として，a_n を a と b と n を使って表せ．　　　　（広島県立大）

精 講　(1), (2)の誘導に従って進んでいけば，(3)では階差の公式

$$a_n=a_1+\sum_{k=1}^{n-1}b_k \quad (n\geqq2)$$

により，一般項 a_n を求めることができます．

標問 **140** で触れたように，3 項間漸化式は 2 通りの等比数列に変形することができます．この手の解法も考えられます（ **研究** 参照）．

解法のプロセス

(1)　(接線の傾き)
　　　−(直線 P_nP_{n+1} の傾き)
　　　　　　⇩
　　　3 項間漸化式
　　　　　　⇩
(2)　等比数列に変形
　　　　　　⇩
(3)　一般項を求める

〈　**解　答**　〉

(1)　$C:y=x^2$ より $y'=2x$

$P_{n+2}(a_{n+2},\ a_{n+2}{}^2)$ における C の接線の傾きが $P_n(a_n,\ a_n{}^2)$ と $P_{n+1}(a_{n+1},\ a_{n+1}{}^2)$ を結ぶ直線の傾きに等しいから

$$2a_{n+2}=\frac{a_{n+1}{}^2-a_n{}^2}{a_{n+1}-a_n} \qquad \therefore\ 2a_{n+2}=a_{n+1}+a_n$$

$$\therefore\ \boldsymbol{a_{n+2}=\frac{a_{n+1}+a_n}{2}}$$

(2)　(1)の両辺から a_{n+1} をひくと

$$a_{n+2}-a_{n+1}=\frac{a_{n+1}+a_n}{2}-a_{n+1}=-\frac{1}{2}(a_{n+1}-a_n)$$

よって，$b_n=a_{n+1}-a_n$ とおくと，数列 $\{b_n\}$ は公比 $-\dfrac{1}{2}$ の等比数列である．

(3)　数列 $\{b_n\}$ は初項 $b_1=a_2-a_1=b-a$，公比 $-\dfrac{1}{2}$ の等比数列であるから

$$b_n=a_{n+1}-a_n=(b-a)\left(-\frac{1}{2}\right)^{n-1}$$

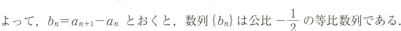

第8章

$n \geqq 2$ のとき，

$$a_n = a + \sum_{k=1}^{n-1}(b-a)\left(-\frac{1}{2}\right)^{k-1} = a + (b-a)\frac{1-\left(-\frac{1}{2}\right)^{n-1}}{1-\left(-\frac{1}{2}\right)}$$

$$= a + \frac{2}{3}(b-a)\left\{1-\left(-\frac{1}{2}\right)^{n-1}\right\} = \frac{a+2b}{3} - \frac{2}{3}(b-a)\left(-\frac{1}{2}\right)^{n-1}$$

この結果は $n=1$ のときも成り立つ.

$$\therefore \quad a_n = \frac{a+2b}{3} - \frac{2}{3}(b-a)\left(-\frac{1}{2}\right)^{n-1}$$

研究 (1)の漸化式は

$$t^2 = \frac{t+1}{2} \quad \text{より} \quad (2t+1)(t-1)=0 \qquad \therefore \quad t = -\frac{1}{2},\ 1$$

を用いると，次の2通りに変形される.

$$a_{n+2} - a_{n+1} = -\frac{1}{2}(a_{n+1} - a_n), \quad a_{n+2} + \frac{1}{2}a_{n+1} = a_{n+1} + \frac{1}{2}a_n$$

数列 $\{a_{n+1} - a_n\}$, $\left\{a_{n+1} + \frac{1}{2}a_n\right\}$ はそれぞれ公比 $-\frac{1}{2}$, 1 の等比数列であり

$$a_{n+1} - a_n = (b-a)\left(-\frac{1}{2}\right)^{n-1}, \quad a_{n+1} + \frac{1}{2}a_n = \left(b+\frac{1}{2}a\right)\cdot 1^{n-1} = b + \frac{1}{2}a$$

2式の差をとり

$$-\frac{3}{2}a_n = (b-a)\left(-\frac{1}{2}\right)^{n-1} - b - \frac{a}{2}$$

$$\therefore \quad a_n = \frac{a+2b}{3} - \frac{2}{3}(b-a)\left(-\frac{1}{2}\right)^{n-1}$$

演習問題

144-1 9段の階段がある. 1度に1段または2段おりることができるものとして，階段のおり方の場合の数を求めよ. ただし，おりる途中で残りがちょうど3段となったときは，1度に3段おりてしまうこともできるものとする.

(産業医大)

144-2 n 個の箱と n 個の球がある. n 個の箱には 1, 2, $\cdots$, n と通し番号がついている. n 個の球にも 1, 2, $\cdots$, n と通し番号がついている. いま，n 個の箱に1つずつ球を入れるとき，箱の番号と球の番号が全部異なっているような入れ方の総数を u_n とする. このとき

(1) $u_1 = 0$, $u_2 = 1$, $u_3 = \boxed{}$, $u_4 = \boxed{}$ である.

(2) u_{n+1}, u_n, u_{n-1} の間には $u_{n+1} = \boxed{}u_n + \boxed{}u_{n-1}$ という関係がある.

(3) u_{n+1} と u_n との間には $u_{n+1} = \boxed{}$ という関係がある. (慶　大)

連立漸化式の応用

　容器Aには濃度 6 % の食塩水が 100 g，容器Bには濃度 18 % の食塩水が 100 g 入っている．容器Bから食塩水 20 g を取り出し容器Aに入れてよくかき混ぜ，次に容器Aから食塩水 20 g を取り出し容器Bに入れてよくかき混ぜる．この一連の操作を n 回行った後の，容器Aと容器Bの食塩水の濃度をそれぞれ a_n % および b_n % とする．

(1)　a_1 と b_1 を求めよ．

(2)　a_n と b_n を求めよ．

(3)　2 つの容器の濃度差がはじめて 2 % 以下になるのは，この操作を何回行った後か．

(信州大)

●**精 講**　濃度 (%) $=\dfrac{食塩の量}{食塩水の量} \times 100$ です．

　　　　n 回後から $n+1$ 回後に変わるときの食塩量の移動を正確にとらえましょう．

　連立漸化式を解くときには，食塩の合計量は一定であることがポイントになります．

> **解法のプロセス**
>
> 濃度の変化をとらえる
> ⇩
> 連立漸化式をたてる

〈　**解　答**　〉

(1)　容器 A, B の最初の濃度はそれぞれ 6 %，18 % であるから，Bから 20 g を取り出し，Aに入れたときのAの濃度 a_1 (%) は

$$a_1 = \frac{(最初の食塩量)+(加えられた食塩量)}{食塩水の量} \times 100$$

$$= \frac{100 \cdot \dfrac{6}{100} + 20 \cdot \dfrac{18}{100}}{100+20} \times 100 = \frac{60+36}{12} = \mathbf{8}\ (\%)$$

次に，20 g をBに戻したときのBの濃度 b_1 (%) は

$$b_1 = \frac{(残っていた食塩量)+(加えられた食塩量)}{食塩水の量} \times 100$$

$$= \frac{80 \cdot \dfrac{18}{100} + 20 \cdot \dfrac{8}{100}}{80+20} \times 100$$

$$= \frac{144+16}{10} = \mathbf{16}\ (\%)$$

(2)　(1)と同じようにして，n 回後から $n+1$ 回後へと変わるときの A, B の濃度を求める．まず，

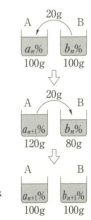

$$a_{n+1} = \frac{100 \cdot \dfrac{a_n}{100} + 20 \cdot \dfrac{b_n}{100}}{100 + 20} \times 100$$

$$= \frac{5}{6}a_n + \frac{1}{6}b_n \ (\%) \qquad \cdots\cdots ①$$

次に，20 g を B に戻したときの B の濃度 b_{n+1} (%) は

$$b_{n+1} = \frac{80 \cdot \dfrac{b_n}{100} + 20 \cdot \dfrac{a_{n+1}}{100}}{80 + 20} \times 100 = \frac{4}{5}b_n + \frac{1}{5}\left(\frac{5}{6}a_n + \frac{1}{6}b_n\right)$$

$$= \frac{1}{6}a_n + \frac{5}{6}b_n \ (\%) \qquad \cdots\cdots ②$$

この連立漸化式を解く．

①＋②より　　　$a_{n+1} + b_{n+1} = a_n + b_n$

$\quad \therefore \ a_n + b_n = a_0 + b_0 = 24 \qquad \cdots\cdots ③$

①－②より　　　$a_{n+1} - b_{n+1} = \dfrac{2}{3}(a_n - b_n)$

$\quad \therefore \ a_n - b_n = \left(\dfrac{2}{3}\right)^n (a_0 - b_0) = -12\left(\dfrac{2}{3}\right)^n \ \cdots\cdots ④$

③，④を連立して

$$a_n = 12 - 6\left(\frac{2}{3}\right)^n, \quad b_n = 12 + 6\left(\frac{2}{3}\right)^n$$

(3) 濃度差がはじめて 2 % 以下になるのを n 回後とすると，n は $b_n - a_n \leqq 2$ をみたす最小の自然数である．

$$b_n - a_n \leqq 2 \quad \therefore \ 12\left(\frac{2}{3}\right)^n \leqq 2 \quad \therefore \ \left(\frac{2}{3}\right)^n \leqq \frac{1}{6} \quad \therefore \ 2^{n+1} \leqq 3^{n-1}$$

n	1	2	3	4	5	$\cdots$
2^{n+1}	4	8	16	32	64	$\cdots$
3^{n-1}	1	3	9	27	81	$\cdots$

であるから，**5 回行った後である．**

演習問題

(145) $(x+1)^n$ を $x^2 - 2x - 2$ で割った余りを $a_n x + b_n$ $(n=1, 2, 3, \cdots)$ とする．

(1) a_{n+1}，b_{n+1} をそれぞれ a_n，b_n を用いて表せ．

(2) a_n を 5 で割った余りを求めよ．

(3) $c_n = a_n + t b_n$ とする．数列 $\{c_n\}$ が等比数列となるように，定数 t の値を定めよ．

(4) a_n，b_n を求めよ．

(大分医大)

標問 146　数学的帰納法⑴

(1) 任意の自然数 n に対して

$$1+\frac{1}{2}+\frac{1}{3}+\cdots+\frac{1}{n}\geqq\frac{2n}{n+1}$$

が成り立つことを数学的帰納法によって証明せよ.　　　　（愛知学院大）

(2) 初項 $a_1=1$ と漸化式 $a_{n+1}=\dfrac{3a_n-1}{4a_n-1}$ $(n=1,\ 2,\ 3,\ \cdots)$ で定まる数列

$\{a_n\}$ について, 以下の問いに答えよ.

(i) $a_2,\ a_3,\ a_4$ を求めよ.

(ii) a_n を n で表す式を推測し, それを証明せよ.　　　　（愛知教育大）

精講　　(1) 自然数 n についての命題 $P(n)$ に対し, 次の2つのことを示して, 無限にある命題がすべて真であるとする証明法を **数学的帰納法** といいます.

(I) $P(1)$ は真である.

(II) $P(k)$ は真であると仮定すると, $P(k+1)$ も真である.

(2) 型にはまった2項間, 3項間漸化式でないときは, なかなか一般項が求められないものです. このようなときは, 本問のような(i), (ii)の誘導がなくても, 一般項を推定し, それを数学的帰納法で示すといった解法をとります.

▶解法のプロセス

(1) 自然数 n についての命題 $P(n)$ の証明法

⇩

数学的帰納法

・$P(1)$ は正しい

・$P(k)$ が正しいと仮定すると, $P(k+1)$ も正しい

(2) 推定

⇩

数学的帰納法で確かめる

〈　解　答　〉

(1) (I) $n=1$ のとき, (左辺)$=1$, (右辺)$=\dfrac{2}{1+1}=1$ となり, 成立する.

(II) $n=k$ での成立を仮定すると

$$\left(1+\frac{1}{2}+\frac{1}{3}+\cdots+\frac{1}{k}+\frac{1}{k+1}\right)-\frac{2(k+1)}{k+2}$$

$$\geqq\left(\frac{2k}{k+1}+\frac{1}{k+1}\right)-\frac{2(k+1)}{k+2}\quad(\because\ 帰納法の仮定)$$

$$=\frac{(2k+1)(k+2)-2(k+1)^2}{(k+1)(k+2)}=\frac{k}{(k+1)(k+2)}>0$$

であるから, $n=k+1$ のときも成立する.

(I), (II)より, 任意の自然数 n に対して与えられた不等式は成立する.

第8章

(2) (i) $a_1=1$, $a_{n+1}=\dfrac{3a_n-1}{4a_n-1}$ より

$$a_2=\frac{3\cdot1-1}{4\cdot1-1}=\frac{2}{3}, \quad a_3=\frac{3\cdot\dfrac{2}{3}-1}{4\cdot\dfrac{2}{3}-1}=\frac{3}{5}, \quad a_4=\frac{3\cdot\dfrac{3}{5}-1}{4\cdot\dfrac{3}{5}-1}=\frac{4}{7}$$

(ii) (i)より，$a_n=\dfrac{n}{2n-1}$ と推測される．これを数学的帰納法で証明する．

(I) $n=1$ のとき，$\dfrac{1}{2\cdot1-1}=1$，$a_1=1$ であり，$n=1$ のときは成立する．

(II) $n=k$ での成立を仮定する．

$$a_{k+1}=\frac{3a_k-1}{4a_k-1}=\frac{3\cdot\dfrac{k}{2k-1}-1}{4\cdot\dfrac{k}{2k-1}-1}=\frac{3k-(2k-1)}{4k-(2k-1)}=\frac{k+1}{2k+1}=\frac{k+1}{2(k+1)-1}$$

となるので，$n=k+1$ のときも成立する．

(I), (II)より，すべての自然数 n に対して $a_n=\dfrac{n}{2n-1}$ であることが示された．

研究 数学的帰納法を図に示すと次のようになる．

第2段階目の証明(II)が無限を扱う武器となっている．「前」の成立を仮定すると「次」の命題も正しい．「正しさが移行」することの証明をしている．
(I)で「最初の P(1) は正しい」と示しているのだから，(II)により P(2) も正しい，ならば P(3) も正しい，…．したがって，すべての自然数 n に対して命題 P(n) は正しいということになる．「正しさの移行」は将棋倒しやドミノを思い出すとよいだろう．

演習問題

(146-1) $\displaystyle\sum_{r=1}^{n}\frac{1}{r^3}\leqq2-\frac{1}{n^2}$ を数学的帰納法で証明せよ． (東北学院大)

(146-2) 数列 $\{a_n\}$ は，$a_1=4$ で，$n=1, 2, 3, \cdots$ に対し次の関係をみたしている．
$$a_{n+1}=\frac{4}{n+1}+\frac{1}{a_n}$$

(1) a_2, a_3, a_4 を求め，$\{a_n\}$ の一般項を予想せよ．

(2) 数学的帰納法により(1)の予想が正しいことを証明せよ． (広島県立大)

147 **数学的帰納法⑵**

(1) $x=t+\dfrac{1}{t}$, $P_n=t^n+\dfrac{1}{t^n}$ $(n=1, 2, 3, \cdots)$ とおくとき, P_n は x の n 次

式で表されることを証明せよ. (香川大)

(2) 各項が正である数列 $\{a_n\}$ が, 任意の自然数 n に対して

$$\left(\sum_{k=1}^{n} a_k\right)^2 = \sum_{k=1}^{n} a_k{}^3 \quad \text{をみたすとする.}$$

(ⅰ) a_1, a_2, a_3 を求めよ.

(ⅱ) a_n を求めよ. (*九州産大)

精講 (1) 自然数 n についての命題なので数学的帰納法を使って証明することができます. 帰納法の第2段階目の証明で, 帰納法の仮定を使うために P_{k+1} を P_k を用いて表そうとすると

$$P_{k+1}=t^{k+1}+\dfrac{1}{t^{k+1}}=\cdots=xP_k-P_{k-1}$$

となり, **P_k と P_{k-1} についての成立の仮定**が必要になります. したがって, 第1段階目では $n=1, 2$ での成立を示さなければなりません.

(2) 結論を推定し, それを数学的帰納法で確かめるというタイプの典型的な問題です.

与えられた関係式から a_{m+1} を求めようとすると, a_k について $k=1, 2, 3, \cdots, m$ までの情報がないと a_{m+1} の項を求めることはできません.

第2段階目の証明では $k=1, 2, 3, \cdots, m$ での成立を仮定する必要があります.

解法のプロセス

(1) $n=k$, $k-1$ での成立を仮定し
　　　⇩
$n=k+1$ での成立を示す

(2) $n=1, 2, \cdots, m$ での成立を仮定し
　　　⇩
$n=m+1$ での成立を示す

　　　（Ⅰ）　　　　　（Ⅱ）

(1) $\widehat{P_1}$, $\widehat{P_2}$, $\cdots$, $\boxed{P_{k-1}, P_k}$, $\boxed{P_{k+1}}$, $\cdots$

　　　（Ⅰ）　　　　　（Ⅱ）

(2) $\boxed{\widehat{P_1}, P_2, \cdots, P_k}$, $\boxed{P_{k+1}}$, $\cdots$

〈 **解 答** 〉

(1) 数学的帰納法で示す.

(Ⅰ) $P_1=t+\dfrac{1}{t}=x$, $P_2=t^2+\dfrac{1}{t^2}=\left(t+\dfrac{1}{t}\right)^2-2=x^2-2$

よって, $n=1, 2$ のときは成立する.

(Ⅱ) $n=k$, $k-1$ のときの成立を仮定すると, すなわち,

P_k, P_{k-1} がそれぞれ x の k 次式, $(k-1)$ 次式である

と仮定すると

$$P_{k+1} = t^{k+1} + \frac{1}{t^{k+1}} = \left(t^k + \frac{1}{t^k}\right)\left(t + \frac{1}{t}\right) - t^{k-1} - \frac{1}{t^{k-1}}$$
$$= xP_k - P_{k-1}$$

xP_k, P_{k-1} はそれぞれ x の $(k+1)$ 次式, $(k-1)$ 次式であるから, P_{k+1} は x の $(k+1)$ 次式である. したがって, $n=k+1$ のときも成立する.

(I), (II)より, すべての自然数 n に対して P_n は x の n 次式である.

(2) (i) $\left(\sum_{k=1}^{n} a_k\right)^2 = \sum_{k=1}^{n} a_k{}^3$ より

$n=1$ として, $a_1{}^2 = a_1{}^3$ ∴ $a_1{}^2(a_1-1)=0$

$a_1 > 0$ より, $a_1 = 1$

$n=2$ として, $(1+a_2)^2 = 1^3 + a_2{}^3$ ∴ $a_2(a_2-2)(a_2+1)=0$

$a_2 > 0$ より, $a_2 = 2$

$n=3$ として, $(1+2+a_3)^2 = 1^3 + 2^3 + a_3{}^3$ ∴ $a_3(a_3-3)(a_3+2)=0$

$a_3 > 0$ より, $a_3 = 3$

(ii) (i)より, $a_n = n$ と推測される. これを数学的帰納法で示す.

(I) $n=1$ のときは成立する.

(II) $n=1, 2, \cdots, m$ のときの成立を仮定すると, $n=m+1$ のとき,

$\left(\sum_{k=1}^{m+1} a_k\right)^2 = \sum_{k=1}^{m+1} a_k{}^3$ より

$\left(\sum_{k=1}^{m} a_k + a_{m+1}\right)^2 = \sum_{k=1}^{m} a_k{}^3 + a_{m+1}{}^3$

∴ $\left\{\dfrac{m(m+1)}{2} + a_{m+1}\right\}^2 = \left\{\dfrac{m^2(m+1)^2}{4}\right\} + a_{m+1}{}^3$ (∵ 帰納法の仮定)

∴ $a_{m+1}{}^3 - a_{m+1}{}^2 - m(m+1)a_{m+1} = 0$

∴ $a_{m+1}\{a_{m+1} - (m+1)\}(a_{m+1} + m) = 0$

$a_{m+1} > 0$ より, $a_{m+1} = m+1$ よって, $n=m+1$ のときも成立する.

(I), (II)より, 任意の自然数 n に対して $a_n = n$ である.

演習問題

147-1 k を自然数とし, 2次方程式 $x^2 - kx + 2 = 0$ の2つの解を α, β とする. さらに $a_n = \alpha^n + \beta^n$ $(n=0, 1, 2, \cdots)$ とする.

(1) $a_{n+2} = ra_{n+1} + sa_n$ $(n=0, 1, 2, \cdots)$ をみたす定数 r, s の組を1つ与えよ.

(2) a_n $(n=1, 2, \cdots)$ は整数であることを示せ. さらに, k が偶数ならば, a_n $(n=1, 2, \cdots)$ も偶数, k が奇数ならば, a_n $(n=1, 2, \cdots)$ も奇数であることを示せ.

(愛媛大)

147-2 数列 $\{a_n\}$ はすべての n $(n \geqq 1)$ に対して

$3(a_1{}^2 + a_2{}^2 + \cdots + a_n{}^2) = na_n a_{n+1}$ をみたし, $a_1 = 2$ である. 一般項 a_n を推測し, 証明せよ.

(奈良教育大)

第9章 ベクトル

有向線分

正六角形 ABCDEF において，DE の中点を M，AM の中点を N，BC の中点を P とする．

このとき，$\overrightarrow{AM}$，$\overrightarrow{NP}$ を $\overrightarrow{AB}$，$\overrightarrow{AF}$ を用いて表せ．

（東京薬大）

精講 正六角形は正三角形の寄せ集めであり，ベクトルの移動がラクな図形です．$\overrightarrow{AB}$，$\overrightarrow{AF}$ で表されるよういろいろ工夫します．

まずは，始点をAにそろえることを考えます．

ベクトルを差に分解

することにより，始点はそろいます．例えば

$$\overrightarrow{NP}=\overrightarrow{AP}-\overrightarrow{AN}\ （始点をAにそろえた）$$

といった具合です．また，

ベクトルの和は寄り道

することです．

$$\overrightarrow{AM}=\overrightarrow{AD}+\overrightarrow{DM}$$

といった具合です．

解法のプロセス

・ベクトルの和
 ⇨ 寄り道
 $\overrightarrow{AM}=\overrightarrow{AD}+\overrightarrow{DM}$
・ベクトルの差
 ⇨ 始点の統一
 $\overrightarrow{NP}=\overrightarrow{AP}-\overrightarrow{AN}$

〈 **解 答** 〉

$$\overrightarrow{AM}=\overrightarrow{AD}+\overrightarrow{DM}$$

$$=2(\overrightarrow{AB}+\overrightarrow{AF})+\frac{1}{2}(-\overrightarrow{AB})=\frac{3}{2}\overrightarrow{AB}+2\overrightarrow{AF}$$

← Dに寄り道

$\overrightarrow{NP}$ については，まず始点をAにそろえることから出発する．

$$\overrightarrow{NP}=\overrightarrow{AP}-\overrightarrow{AN}$$

$$=\left\{\overrightarrow{AB}+\frac{1}{2}(\overrightarrow{AB}+\overrightarrow{AF})\right\}-\frac{1}{2}\overrightarrow{AM}$$

$$=\left(\frac{3}{2}\overrightarrow{AB}+\frac{1}{2}\overrightarrow{AF}\right)-\frac{1}{2}\left(\frac{3}{2}\overrightarrow{AB}+2\overrightarrow{AF}\right)$$

$$=\frac{3}{4}\overrightarrow{AB}-\frac{1}{2}\overrightarrow{AF}$$

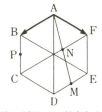

← 差に分解して，始点をそろえる

研究 1° 「有向線分をベクトルという」としただけでは意味がない．このベクトルに演算を定義して意味あるものになる．すなわち，

(1) **等しい**

の定義があって，次に

(2) **加法・減法**　　(3) **実数倍**　　(4) **内積**

を定義する．

(1) **等しい**　ベクトルが始点Aから終点Bに向かう有向線分であるとき，これを $\overrightarrow{AB}=\vec{a}$ で表す．もう1つのベクトル $\overrightarrow{CD}=\vec{b}$ とするとき，$\vec{a}$ と $\vec{b}$ が

"大きさが等しく向きが同じ"

とき，$\vec{a}$ と $\vec{b}$ は等しいといい，$\vec{a}=\vec{b}$ と表す．

すなわち，平行移動して重ねられる2つのベクトルは等しいということになる．

(2) **加法・減法**　"つぎ足し"あるいは"平行四辺形の対角線"として加法は定義される．"つぎ足し"を式で書くと

$$\overrightarrow{AB}+\overrightarrow{BC}=\overrightarrow{AC}$$

となる．これは力の合成をイメージするとよいだろう．

分解も実用の面からみて大切である．和への分解と差への分解がある．

和への分解は"寄り道"と考えればよい．

$$\overrightarrow{AB}=\overrightarrow{AO}+\overrightarrow{OB}\quad \text{(O に寄り道)}$$

差への分解は，$\overrightarrow{OB}$ をAに寄り道すると

$$\overrightarrow{OB}=\overrightarrow{OA}+\overrightarrow{AB}$$

であるから

$$\overrightarrow{AB}=\overrightarrow{OB}-\overrightarrow{OA}$$

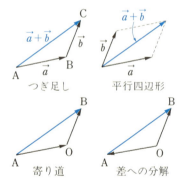

これについて，$\overrightarrow{OA}-\overrightarrow{OB}$ なのか $\overrightarrow{OB}-\overrightarrow{OA}$ なのか戸惑う人がいるようなので，次のように覚えるとよい．

Ⓐ Ⓑ ＝ □B－□A　（□は同じ文字なら何でもよい）
尾頭　　頭 － 尾

差を合成するときも，「頭−尾」と考えると，$\overrightarrow{OB}-\overrightarrow{OA}$ はBが矢印の頭でAが矢印の尾であるから

$$\overrightarrow{OB}-\overrightarrow{OA}=\overrightarrow{BA}\text{（こんな書き方はしないから）}=\overrightarrow{AB}$$

(3) **実数倍** ベクトル $\vec{a}$ の k 倍，すなわち，$k\vec{a}$ は次のように定義している.

(i) $k>0$ のとき，
$\vec{a}$ と同じ向きで，大きさが k 倍

(ii) $k<0$ のとき，
$\vec{a}$ と逆向きで，大きさが $|k|$ 倍

(iii) $k=0$ のとき，
零ベクトル

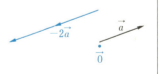

大きさと向きをもった量をベクトルと定義していたが，この零ベクトルだけは特別であり，

"大きさは 0 で，向きは考えない"

ベクトルとする.

(4) **内積** これは標問 **158** でふれることにしよう.

2° 入試では正六角形の他に，正八角形，正五角形なども使われる.

正八角形は直角二等辺三角形を手がかりに考えていけばよいが(演習問題(148-2))，正五角形の方はちょっと難しい. 幾何的な考察が必要である(演習問題(148-3)).

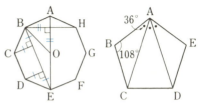

演習問題

(148-1) 正六角形 OPQRST において，$\overrightarrow{OP}=\vec{p}$, $\overrightarrow{OQ}=\vec{q}$ とする. $\overrightarrow{OR}$, $\overrightarrow{OS}$, $\overrightarrow{OT}$ をそれぞれ $\vec{p}$, $\vec{q}$ で表せ.

(早大，*信州大)

(148-2) 点Oを中心とする円に内接する正八角形 ABCDEFGH において，

$\overrightarrow{OC}=\boxed{}\overrightarrow{OA}+\boxed{}\overrightarrow{OB}$,

$\overrightarrow{CD}=\boxed{}\overrightarrow{OA}+\boxed{}\overrightarrow{OB}$,

$\overrightarrow{EH}=\boxed{}\overrightarrow{OA}+\boxed{}\overrightarrow{OB}$

である.

(東海大，*桃山学院大)

(148-3) 1辺の長さ1の正五角形 ABCDE を考える.

(1) 線分 AC の長さを求めよ.

(2) $\vec{a}=\overrightarrow{AB}$, $\vec{b}=\overrightarrow{BC}$ とするとき，$\overrightarrow{DE}$ および $\overrightarrow{EA}$ を $\vec{a}$ と $\vec{b}$ とで表せ.

ただし，必要なら $\cos 36°=\dfrac{\sqrt{5}+1}{4}$, $\cos 72°=\dfrac{\sqrt{5}-1}{4}$ を用いてもよい.

(津田塾大)

第9章

標問 **149** ベクトルの成分

> O を原点とする座標平面上に3つの単位ベクトル $\overrightarrow{OA}$, $\overrightarrow{AB}$, $\overrightarrow{BC}$ があり,
> それらが x 軸の正の向きとなす角はそれぞれ θ, 3θ, 5θ である. 次の各問い
> に答えよ.
>
> (1) ベクトル $\overrightarrow{OC}$ の x 成分, y 成分を書け.
>
> (2) $\theta = 30°$ のとき $\overrightarrow{OC}$ の大きさを求めよ.
>
> (九州産大)

▶ 精講

単位ベクトルとは

大きさが1のベクトル

のことであり, ベクトルの大きさは, $\vec{x} = (x, y)$
のとき

大きさ $|\vec{x}| = \sqrt{x^2 + y^2}$

で定義されます. すると, 大きさ1のベクトルは
$$x^2 + y^2 = 1$$
をみたすので,
$$\vec{x} = (x, y) = (\cos\theta, \sin\theta)$$
と成分表示できます.

使えるベクトルが $\overrightarrow{OA}$, $\overrightarrow{AB}$, $\overrightarrow{BC}$ なので
$$\overrightarrow{OC} = \overrightarrow{OA} + \overrightarrow{AB} + \overrightarrow{BC}$$
として扱います.

▶ 解法のプロセス

(1) 単位ベクトルは,
大きさ1のベクトルであり,
$(\cos\theta, \sin\theta)$
と表せる

⇩

$\overrightarrow{AB} = (\cos 3\theta, \sin 3\theta)$
など $\overrightarrow{OA}$, $\overrightarrow{AB}$, $\overrightarrow{BC}$ を
成分表示する

⇩

$\overrightarrow{OC} = \overrightarrow{OA} + \overrightarrow{AB} + \overrightarrow{BC}$
和に分解する

(2) (1)の式に $\theta = 30°$ を代入

〈 **解 答** 〉

(1) $\overrightarrow{OA} = (\cos\theta, \sin\theta),$
$\overrightarrow{AB} = (\cos 3\theta, \sin 3\theta),$
$\overrightarrow{BC} = (\cos 5\theta, \sin 5\theta)$
$\therefore \overrightarrow{OC} = \overrightarrow{OA} + \overrightarrow{AB} + \overrightarrow{BC}$
$= (\cos\theta + \cos 3\theta + \cos 5\theta,$
$\quad \sin\theta + \sin 3\theta + \sin 5\theta)$

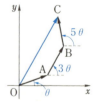

← ベクトルの和
は寄り道

よって, $\overrightarrow{OC}$ の x 成分, y 成分は
$$x = \cos\theta + \cos 3\theta + \cos 5\theta$$
$$y = \sin\theta + \sin 3\theta + \sin 5\theta$$

(2) $\theta = 30°$ のとき, $x = \cos 30° + \cos 90° + \cos 150° = \dfrac{\sqrt{3}}{2} + 0 - \dfrac{\sqrt{3}}{2} = 0$

$y = \sin 30° + \sin 90° + \sin 150° = \dfrac{1}{2} + 1 + \dfrac{1}{2} = 2$

$\therefore \overrightarrow{OC} = (0, 2)$　よって, $|\overrightarrow{OC}| = 2$ ← 大きさ $= \sqrt{x^2 + y^2}$

研究 1° **有向線分と多次元量**との関係を確認しておこう．有向線分とみたベクトルは"大きさと向きをもった量"であり，平行移動して重ねられるベクトルはすべて等しい．

いま，$\overrightarrow{AB}$ を原点 O を始点としたベクトル $\overrightarrow{OC}$ に平行移動する．このときの点 C の座標 $(a,\ b)$ を $\overrightarrow{AB}$ の**成分**という．これは $\overrightarrow{AB}$ の x 軸，y 軸への正射影であり，$\overrightarrow{AB}$ の大きさを r，$\overrightarrow{AB}$ と x 軸の正の向きとなす角を θ とすると

$$\overrightarrow{AB}=(a,\ b)=(r\cos\theta,\ r\sin\theta)$$

でもある．

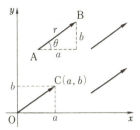

逆に多次元量 $(a,\ b)$ に対しては，これを座標とする点 C をとり，ベクトル $\overrightarrow{OC}$ を対応させればよい．

2° 定点 O を決めておくと，点 P に対してベクトル $\overrightarrow{OP}$ が定まる．このベクトルを**点 O に関する P の位置ベクトル**という．O はどの位置に決めてもよい．問題によっては，三角形の 1 頂点にとったりする．しかし，成分表示された点 P の位置ベクトル $\vec{p}$ といった場合は，始点が原点 O であり，$\vec{p}=\overrightarrow{OP}$ の意味である．

3° $\vec{p}=(p_1,\ p_2)$，$\vec{q}=(q_1,\ q_2)$ のとき

(1) 等しい $\quad \vec{p}=\vec{q} \iff p_1=q_1$ かつ $p_2=q_2$

(2) 加法 $\quad \vec{p}+\vec{q}=(p_1,\ p_2)+(q_1,\ q_2)=(p_1+q_1,\ p_2+q_2)$

(3) 減法 $\quad \vec{p}-\vec{q}=(p_1,\ p_2)-(q_1,\ q_2)=(p_1-q_1,\ p_2-q_2)$

(4) 実数倍 $\quad k\vec{p}=k(p_1,\ p_2)=(kp_1,\ kp_2) \quad$（$k$ は実数）

演習問題

(149-1) 座標平面上の 3 点 P$(-1,\ 3)$, Q$(4,\ 1)$, R$(10,\ 15)$ の位置ベクトルをそれぞれ $\vec{p}$, $\vec{q}$, $\vec{r}$ とするとき

$$\vec{r}=\boxed{}\vec{p}+\boxed{}\vec{q}$$

が成立する． (武蔵大)

(149-2) $\vec{a}=(1,\ 2)$, $\vec{b}=(3,\ 4)$ のとき

$$\begin{cases} \vec{u}-\vec{v}=\vec{a} \\ \vec{u}+2\vec{v}=\vec{b} \end{cases}$$

を同時にみたすベクトル $\vec{u}$ と $\vec{v}$ を求めよ． (創価大)

(149-3) $\vec{a}=(1,\ -1)$, $\vec{b}=(1,\ 1)$ に対して，ベクトル $\vec{p}=k\vec{a}+(3-k)\vec{b}$ の大きさを $|\vec{p}|$ とする．k が

$1 \leq k \leq 3$ の範囲を動くとき，$|\vec{p}|$ の最大値は $\boxed{}$ である． (金沢工大)

標問 **150** **分点公式**(1)

> △ABC の頂点 A, B, C の定点 O を始点とする位置ベクトルを, それぞれ $\vec{a}$, $\vec{b}$, $\vec{c}$ とし, 辺 BC を 2:1 の比に外分する点を P, 辺 CA の中点を Q, 辺 AB を 1:2 の比に内分する点を R とすると, 3 点 P, Q, R は同じ直線上にあることを証明せよ.

精講 1° 内分・外分の意味については標問 **31** を見直して下さい.

内分点の公式
$$\frac{n\vec{a}+m\vec{b}}{m+n}$$

外分点の公式
$$\frac{-n\vec{a}+m\vec{b}}{m-n}$$

内分　⊕　⊕
　　　A　P　B

外分　⊕
　　　　　⊖
　　　A　　B　n　P
　　　　　　m

は一見違って見えますが, 比の方向に符号をつけておけばこれは最初の式 1 つで十分です. $mn>0$ なら内分, $mn<0$ なら外分ということになります.

2° $\vec{a}$ に m をかけるのか n をかけるのか迷ってしまう人もいますね. 右図のように "タスキ掛け" にかけると覚えておくと間違いはないでしょう ($\vec{a}$ には n をかけます).

3° 3 点 P, Q, R が一直線上にあることを示すには

$\overrightarrow{\mathrm{PQ}}=k\overrightarrow{\mathrm{QR}}$ **をみたす実数 k が存在する**

ことを示せばよいわけです.

解法のプロセス

- 線分 AB を $m:n$ に分ける (内分, 外分を含む) 点を P とすると

$$\overrightarrow{\mathrm{OP}}=\frac{n\overrightarrow{\mathrm{OA}}+m\overrightarrow{\mathrm{OB}}}{m+n}$$

⇩

$\overrightarrow{\mathrm{OP}}$, $\overrightarrow{\mathrm{OQ}}$, $\overrightarrow{\mathrm{OR}}$ を $\vec{a}$, $\vec{b}$, $\vec{c}$ で表す

- 3 点 P, Q, R が一直線上にある

⟺

$\overrightarrow{\mathrm{PQ}}=k\overrightarrow{\mathrm{QR}}$ をみたす実数 k が存在する

⇩

$\overrightarrow{\mathrm{PQ}}$, $\overrightarrow{\mathrm{QR}}$ を $\vec{a}$, $\vec{b}$, $\vec{c}$ で表し, k を求める

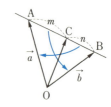

⟨ **解 答** ⟩

$$\overrightarrow{\mathrm{OP}}=\frac{-\vec{b}+2\vec{c}}{2-1}=2\vec{c}-\vec{b}, \quad \overrightarrow{\mathrm{OQ}}=\frac{\vec{a}+\vec{c}}{2}, \quad \overrightarrow{\mathrm{OR}}=\frac{2\vec{a}+\vec{b}}{3}$$ ← 外分点, 中点, 内分点の公式

であるから
$$\overrightarrow{\mathrm{PQ}}=\overrightarrow{\mathrm{OQ}}-\overrightarrow{\mathrm{OP}}$$
$$=\frac{\vec{a}+\vec{c}}{2}-(2\vec{c}-\vec{b})=\frac{\vec{a}+2\vec{b}-3\vec{c}}{2}$$

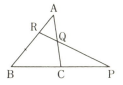

$$\overrightarrow{\text{QR}}=\overrightarrow{\text{OR}}-\overrightarrow{\text{OQ}}$$
$$=\frac{2\vec{a}+\vec{b}}{3}-\frac{\vec{a}+\vec{c}}{2}=\frac{\vec{a}+2\vec{b}-3\vec{c}}{6}$$

$\therefore \quad \overrightarrow{\text{PQ}}=3\overrightarrow{\text{QR}}$

3点 P, Q, R は一直線上にある.

← Q は PR を 3：1 に
　内分する点である

研究 本問では，$\dfrac{\text{BP}}{\text{PC}}\times\dfrac{\text{CQ}}{\text{QA}}\times\dfrac{\text{AR}}{\text{RB}}=\dfrac{2}{1}\times\dfrac{1}{1}\times\dfrac{1}{2}=1$ が成り立つ.

一般に，次のことがいえる.

△ABC の辺 BC の延長，CA，AB 上にそれぞれ
点 P, Q, R をとるとき，

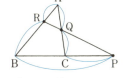

$$\frac{\text{BP}}{\text{PC}}\times\frac{\text{CQ}}{\text{QA}}\times\frac{\text{AR}}{\text{RB}}=1$$

ならば，3点 P, Q, R は一直線上にある（メネラウスの定理の逆）.

（証明） $\dfrac{\text{CQ}}{\text{QA}}=k$, $\dfrac{\text{AR}}{\text{RB}}=l$ とおくと，仮定より $\dfrac{\text{BP}}{\text{PC}}=\dfrac{1}{kl}$

分点公式より $\quad \overrightarrow{\text{AP}}=\dfrac{-kl\overrightarrow{\text{AB}}+\overrightarrow{\text{AC}}}{1-kl}$

また，$\overrightarrow{\text{AQ}}=\dfrac{1}{k+1}\overrightarrow{\text{AC}}$, $\overrightarrow{\text{AR}}=\dfrac{l}{l+1}\overrightarrow{\text{AB}}$

$\therefore \quad \overrightarrow{\text{PQ}}=\overrightarrow{\text{AQ}}-\overrightarrow{\text{AP}}=\dfrac{1}{k+1}\overrightarrow{\text{AC}}-\dfrac{-kl\overrightarrow{\text{AB}}+\overrightarrow{\text{AC}}}{1-kl}$

$\qquad\qquad\qquad =\dfrac{kl}{1-kl}\overrightarrow{\text{AB}}+\left(\dfrac{1}{k+1}-\dfrac{1}{1-kl}\right)\overrightarrow{\text{AC}}$

$\qquad\qquad\qquad =\dfrac{kl}{1-kl}\overrightarrow{\text{AB}}-\dfrac{k(l+1)}{(k+1)(1-kl)}\overrightarrow{\text{AC}}$

$\qquad \overrightarrow{\text{QR}}=\overrightarrow{\text{AR}}-\overrightarrow{\text{AQ}}=\dfrac{l}{l+1}\overrightarrow{\text{AB}}-\dfrac{1}{k+1}\overrightarrow{\text{AC}}$

よって，$\overrightarrow{\text{PQ}}=\dfrac{k(l+1)}{1-kl}\overrightarrow{\text{QR}}$ であり，3点 P, Q, R は一直線上にある.

演習問題

(150) $m>0$, $n>0$, $0<x<1$ とする. △OAB の辺 OA を $m:n$ に内分する
点を P, 辺 OB を $n:m$ に内分する点を Q とする. また，線分 AQ を $1:x$ に
外分する点を S, 線分 BP を $1:x$ に外分する点を T とする.

(1) $\overrightarrow{\text{OA}}=\vec{a}$, $\overrightarrow{\text{OB}}=\vec{b}$ とするとき，$\overrightarrow{\text{OS}}$ を $\vec{a}$, $\vec{b}$, m, n, x で表せ.

(2) 3点 O, S, T が一直線上にあるとき，x を m, n で表せ. （北　大）

第9章

標間 **151** 分点公式⑵

O, A, B は定点で, A, B は異なるものとする.

⑴ A, B のいずれとも異なる点Pが線分 AB 上にあるための必要十分条件は $\overrightarrow{OP}=(1-t)\overrightarrow{OA}+t\overrightarrow{OB}$ $(0<t<1)$ となる t が存在することである. これを証明せよ.
(*山口大)

⑵ 点Pが直線 AB 上にあるための必要十分条件は
$$\overrightarrow{OP}=\lambda\overrightarrow{OA}+\mu\overrightarrow{OB} \quad (\lambda+\mu=1,\ \lambda,\ \mu\text{は実数})$$
と書けることである. これを証明せよ.
(*京 大)

▶ **精 講** ⑴ Pが線分 AB 上の点であることを式で表してみます. AからBに向かう途中にPが存在しているので
$$\overrightarrow{AP}=t\overrightarrow{AB} \quad (0<t<1)$$
と表すことができます. 本問ではPは A, B と異なるという条件があるので, $0\le t\le1$ とはせずに上のように t の範囲をとります.

⑵ Pが直線 AB 上にあるということは
$$\overrightarrow{AP}=t\overrightarrow{AB} \text{ をみたす実数 } t \text{ が存在する}$$
ということです. t は実数全体を動きます.

t の値により, Pは直線 AB 上のどの位置にあるかがわかります.

▶解法のプロセス◀
⑴ Pが線分 AB 上にある
　（両端は除く）
　　　⇩
　$\overrightarrow{AP}=t\overrightarrow{AB}$ $(0<t<1)$
⑵ Pが直線 AB 上にある
　　　⇩
　$\overrightarrow{AP}=t\overrightarrow{AB}$ （t は実数）

〈 **解 答** 〉

⑴ 点Pが線分 AB 上の点 (A, B は除く) である必要十分条件は
$$\overrightarrow{AP}=t\overrightarrow{AB} \text{ かつ } 0<t<1 \quad \cdots\cdots①$$
となる t が存在することである. ①を変形すると
$$\overrightarrow{OP}-\overrightarrow{OA}=t(\overrightarrow{OB}-\overrightarrow{OA}) \text{ かつ } 0<t<1$$
$$\therefore \quad \overrightarrow{OP}=(1-t)\overrightarrow{OA}+t\overrightarrow{OB} \text{ かつ } 0<t<1$$
となる.

よって, 示すべき主張は成立する.

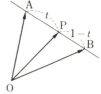

⑵ 点Pが直線 AB 上の点である必要十分条件は
$$\overrightarrow{AP}=t\overrightarrow{AB}$$
となる実数 t が存在することである. ⑴と同じ変形をして,
$$\overrightarrow{OP}=(1-t)\overrightarrow{OA}+t\overrightarrow{OB} \quad \cdots\cdots(*)$$
$\lambda=1-t,\ \mu=t$ とおくと,
$$\overrightarrow{OP}=\lambda\overrightarrow{OA}+\mu\overrightarrow{OB} \quad (\lambda+\mu=1,\ \lambda,\ \mu\text{は実数}) \quad \cdots\cdots(**)$$

となる. ((∗∗)をみたす λ, μ が存在するとき, $t=\mu$ とおくことにより(∗)をみたす t の存在がいえる.)

よって, 示すべき主張は成立する.

研究　**1°**　結局, 分点公式には3つの形があることがわかる (外分も含む標間 **150**).

(i)　$\vec{p}=\dfrac{n\vec{a}+m\vec{b}}{m+n}$　(線分 AB を $m:n$ に分ける点)

(ii)　$\vec{p}=(1-t)\vec{a}+t\vec{b}$　(線分 AB を $t:(1-t)$ に分ける点)

(iii)　$\vec{p}=\lambda\vec{a}+\mu\vec{b}$　$(\lambda+\mu=1)$　(線分 AB を $\mu:\lambda$ に分ける点)

ここで, 直線 AB は A, B により3つの部分に分けられているが, (ii)の証明から, それらはそれぞれ $t<0$, $0<t<1$, $t>1$ に対応していることがわかる.

これを(iii)に直すと　$\lambda=1-t$, $\mu=t$ であるから, (λ,μ) の符号で表すと

$(+,\,-),\ (+,\,+),\ (-,\,+)$

に対応している.

2°　パラメータ t を動かせば P は直線 AB 上を動く. すなわち, 分点公式は直線の方程式でもある.

$$\vec{p}=(1-t)\vec{a}+t\vec{b}\iff \overrightarrow{OP}=\overrightarrow{OA}+t\overrightarrow{AB}$$

これは "点Aを通り, 方向ベクトル $\overrightarrow{AB}$" の直線を表している.

演習問題

(151-1)　一直線上にない3点 O, A, B がある. 実数 a に対して, P, Q をそれぞれ $\overrightarrow{OP}=a\overrightarrow{OA}$, $\overrightarrow{OQ}=(1-a)\overrightarrow{OB}$ となる点とする. 直線 PQ 上に点Tをとり, $\overrightarrow{PT}=t\overrightarrow{PQ}$ とする.

(1)　t と a を用いて $\overrightarrow{OT}$ を表せば

$$\overrightarrow{OT}=a(^{ア}\boxed{}-^{イ}\boxed{})\overrightarrow{OA}+(^{ウ}\boxed{}-^{エ}\boxed{}-^{オ}\boxed{})\overrightarrow{OB}\ \ \text{である}.$$

(2)　特に, Tが直線 AB 上にあるとき

$$a(^{ア}\boxed{}-^{イ}\boxed{})+^{ウ}\boxed{}(^{エ}\boxed{}-^{オ}\boxed{})=^{カ}\boxed{}$$

が成り立ち, t を a で表せば　$t=\dfrac{^{キ}\boxed{}-^{ク}\boxed{}}{1-^{ケコ}\boxed{}}$ である. さらに,

$a=\dfrac{^{サ}\boxed{}}{^{シ}\boxed{}}$ のとき, Qは線分 PT の中点である.

$a=^{スセ}\boxed{}\pm\sqrt{^{ソ}\boxed{}}$ のとき, Bは線分 AT の中点である.

(151-2)　三角形 ABC の辺 AB を $5:2$ に内分する点をDとし, 辺 AC を $5:3$ に内分する点をEとする. このとき, 線分 DE は三角形 ABC の重心を通ることを示せ.

(津田塾大)

標問 **152** **内心，外心，垂心，重心**

> 三角形 ABC の内心を I，外心を O，垂心を H，重心を G とする．三角形の 3 辺の長さを $AB=l$，$BC=m$，$CA=n$ で表すことにする．ベクトル $\overrightarrow{OI}$，$\overrightarrow{OH}$，$\overrightarrow{OG}$ を，ベクトル $\overrightarrow{OA}$，$\overrightarrow{OB}$，$\overrightarrow{OC}$ の1次結合として表せ．
>
> （和歌山県医大）

精講 　内心は内角の二等分線3本の交点です．次の幾何的な性質を思いだしておきましょう．

「△ABC の ∠A の二等分線が BC と交わる点を D とすると

$$BD:DC=AB:AC$$

である．」

外心は各辺の垂直二等分線の交点です．

垂心は，三角形 ABC の各頂点を通り対辺を含む直線と直角に交わる3つの直線の交点です．

垂心を求めるのに内積を使う方法もありますが，内積は次節で扱います．ここでは幾何的な知識を活用してみましょう．

重心は3本の中線の交点です．

▶解法のプロセス

- 内心 I …内角の二等分線の交点

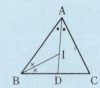

BD：DC＝AB：AC

- 外心 O …各辺の垂直二等分線の交点
- 垂心 H について

AH は BC の垂直二等分線と平行であることに着目せよ

- 重心 G …中線の交点

⟨　**解　答**　⟩

(i)　∠A の二等分線と BC の交点を D とすると

BD：DC＝AB：AC＝$l:n$

$$\therefore\quad \overrightarrow{OD}=\frac{n\overrightarrow{OB}+l\overrightarrow{OC}}{l+n}$$

∠B の二等分線と AD の交点が I で，

$$BD=m\times\frac{l}{l+n}$$

$$\therefore\quad AI:ID=AB:BD=l:\frac{lm}{l+n}=(l+n):m$$

$$\therefore\quad \overrightarrow{OI}=\frac{m\overrightarrow{OA}+(l+n)\overrightarrow{OD}}{(l+n)+m}=\frac{m\overrightarrow{OA}+n\overrightarrow{OB}+l\overrightarrow{OC}}{m+n+l}$$

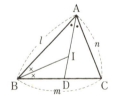

(ii) CO の延長が外接円と交わる点を D, BC の中点を M と
すると, DB, AH はともに BC と垂直ゆえ

DB∥AH　同様に, DA∥BH

すなわち, 四角形 DBHA は平行四辺形である.

∴ $\overrightarrow{\mathrm{DB}}=\overrightarrow{\mathrm{AH}}$

また, O は CD の中点で OM∥DB　ゆえ

$\overrightarrow{\mathrm{DB}}=2\overrightarrow{\mathrm{OM}}$, AH∥OM　　よって　$\overrightarrow{\mathrm{AH}}=2\overrightarrow{\mathrm{OM}}$

∴ $\overrightarrow{\mathrm{OH}}=\overrightarrow{\mathrm{OA}}+\overrightarrow{\mathrm{AH}}=\overrightarrow{\mathrm{OA}}+2\overrightarrow{\mathrm{OM}}=\boldsymbol{\overrightarrow{\mathrm{OA}}+\overrightarrow{\mathrm{OB}}+\overrightarrow{\mathrm{OC}}}$

(iii) 重心 G は AM を 2:1 に内分する点であるから

$$\overrightarrow{\mathrm{OG}}=\frac{1\cdot\overrightarrow{\mathrm{OA}}+2\cdot\overrightarrow{\mathrm{OM}}}{2+1}=\frac{\boldsymbol{\overrightarrow{\mathrm{OA}}+\overrightarrow{\mathrm{OB}}+\overrightarrow{\mathrm{OC}}}}{3}$$

研究

1° 前ページの BD:DC=AB:AC を証明しておく.

BA の延長上に AC=AC′ となる点 C′ をとると,

AD∥C′C となり

BD:DC=BA:AC′=AB:AC

である. △ABD, △ACD の面積比を考えて証明することもできる.

2° (ii), (iii)の結果より

$\overrightarrow{\mathrm{OH}}=3\overrightarrow{\mathrm{OG}}$

である. すなわち, 外心 O, 重心 G, 垂心 H は一直線上にあり,

OG:GH=1:2

として並んでいることがわかる. この直線は**オイラー線**とよばれている.

演習問題

(152) 平面上に原点 O から出る, 相異なる 2 本の半直線 OX, OY をとり, ∠XOY<180° とする. 半直線 OX 上に O と異なる点 A を, 半直線 OY 上に O と異なる点 B をとり, $\vec{a}=\overrightarrow{\mathrm{OA}}$, $\vec{b}=\overrightarrow{\mathrm{OB}}$ とおく. 次の問いに答えよ.

(1) 点 C が ∠XOY の二等分線上にあるとき, ベクトル $\vec{c}=\overrightarrow{\mathrm{OC}}$ はある実数 t を用いて

$$\vec{c}=t\left(\frac{\vec{a}}{|\vec{a}|}+\frac{\vec{b}}{|\vec{b}|}\right)$$

と表されることを示せ.

(2) ∠XOY の二等分線と ∠XAB の二等分線の交点を P とおく.
OA=2, OB=3, AB=4 のとき, $\vec{p}=\overrightarrow{\mathrm{OP}}$ を, $\vec{a}$ と $\vec{b}$ を用いて表せ.

(神戸大)

153 **点の位置**

(1)　△ABC の内部に点 P があり，$\overrightarrow{PA}+\overrightarrow{PB}+\overrightarrow{PC}=\vec{0}$ が成り立つとき，点 P はどのような位置にあるか.

(2)　$5\overrightarrow{PA}+\overrightarrow{PB}+3\overrightarrow{PC}=\vec{0}$ が成り立つような △ABC の内部にある点 P を図示せよ. また，△PBC，△PCA，△PAB の面積比を求めよ. (*大分医大)

→ **精 講**　　点の位置を知るには，分点公式が顔を出すように式を変形します.

$$\overrightarrow{OP}=a\overrightarrow{OA}+b\overrightarrow{OB}$$
$$=(a+b)\frac{a\overrightarrow{OA}+b\overrightarrow{OB}}{a+b}$$

右図でいうと，線分 AB を $b:a$ に内分する点を C とすると，点 P は $\overrightarrow{OC}$ を $(a+b)$ 倍したところにあります.

▶解法のプロセス◀

(1)　点の位置
　　　⇩
　　分点公式の活用
　　$a\overrightarrow{OA}+b\overrightarrow{OB}$
　　$=(a+b)\dfrac{a\overrightarrow{OA}+b\overrightarrow{OB}}{a+b}$

(2)　面積比
　　　⇩
　　△ABC と小三角形の面積比

〈　**解 答**　〉

⑴　A, B, C, P の位置ベクトルをそれぞれ $\vec{a}$, $\vec{b}$, $\vec{c}$, $\vec{p}$ とすると，条件式は

$$(\vec{a}-\vec{p})+(\vec{b}-\vec{p})+(\vec{c}-\vec{p})=\vec{0} \quad \therefore\ \vec{p}=\frac{\vec{a}+\vec{b}+\vec{c}}{3}$$

よって，P は **△ABC の重心**である.

⑵　A, B, C, P の位置ベクトルをそれぞれ $\vec{a}$, $\vec{b}$, $\vec{c}$, $\vec{p}$ とすると，条件式は

$$5(\vec{a}-\vec{p})+(\vec{b}-\vec{p})+3(\vec{c}-\vec{p})=\vec{0}$$

よって　$\vec{p}=\dfrac{5\vec{a}+\vec{b}+3\vec{c}}{9}=\dfrac{6\times\dfrac{5\vec{a}+\vec{b}}{6}+3\vec{c}}{9}=\dfrac{2\times\dfrac{5\vec{a}+\vec{b}}{6}+\vec{c}}{3}$

線分 AB を $1:5$ に内分する点を Q とすると，点 P は右図の位置にある.

△ABC の面積を S とすると

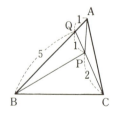

$$\triangle PBC=\frac{2}{3}\triangle QBC=\frac{2}{3}\times\frac{5}{6}S=\frac{5}{9}S$$

$$\triangle PCA=\frac{2}{3}\triangle QCA=\frac{2}{3}\times\frac{1}{6}S=\frac{1}{9}S$$

$$\triangle PAB=\frac{1}{3}S$$

よって，△PBC：△PCA：△PAB＝**5：1：3**

研究 1° 一般に, l, m, n を正の数として
$$l\overrightarrow{PA}+m\overrightarrow{PB}+n\overrightarrow{PC}=\vec{0}$$
が成り立つとき, 本問と同じ変形をすると

$$\vec{p}=\frac{l\vec{a}+m\vec{b}+n\vec{c}}{l+m+n}$$

$$=\frac{(l+m)\dfrac{l\vec{a}+m\vec{b}}{l+m}+n\vec{c}}{(l+m)+n}$$

これより右上図を得る.

最初の分点のとり方を AB 上の点ではなく BC
上, CA 上ととっていくと

$$\vec{p}=\frac{l\vec{a}+(m+n)\dfrac{m\vec{b}+n\vec{c}}{m+n}}{l+(m+n)}, \quad \vec{p}=\frac{m\vec{b}+(n+l)\dfrac{n\vec{c}+l\vec{a}}{n+l}}{m+(n+l)}$$

であり, これらをあわせると右下図を得る.

2° 上の結果より, 面積比
$$\triangle PBC : \triangle PCA : \triangle PAB$$
を知ることができる. $\triangle ABC$ の面積を S とすると

$$\triangle PBC=\frac{l}{l+m+n}S, \quad \triangle PCA=\frac{m}{l+m+n}S, \quad \triangle PAB=\frac{n}{l+m+n}S$$

であるから
$$\triangle PBC : \triangle PCA : \triangle PAB = l : m : n$$

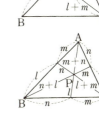

演習問題

(153-1) 三角形 ABC と点 P について, $2\overrightarrow{PA}+3\overrightarrow{PB}+4\overrightarrow{PC}=\vec{0}$ であるとき, 直線 AP と辺 BC の交点を D とすると, 交点 D は線分 BC を □ : □ に内分する. （防衛大）

(153-2) 平面上に △ABC と点 P があるとき, 次の各問いに答えよ.

(1) $2\overrightarrow{AP}+\overrightarrow{BP}+\overrightarrow{CP}=\vec{0}$ ならば, P は △ABC に対してどのような位置にある点か.

(2) $\overrightarrow{AP}+\overrightarrow{BP}-\overrightarrow{CP}=\vec{0}$ ならば, P はどのような位置にある点か. （大東文化大）

(153-3) 三角形 ABC の内部に点 P をとるとき, $3\overrightarrow{PA}+x\overrightarrow{PB}+2\overrightarrow{PC}=\vec{0}$ が成り立っている. △ABC と △PBC の面積の比が 4：1 になるような正の整数 x の値を求めよ. （福井工大）

第9章

標問 **154**　**1次独立**

(1) 同一直線上にない3点O，A，Bがある．このとき，
$$a\overrightarrow{\mathrm{OA}}+b\overrightarrow{\mathrm{OB}}=c\overrightarrow{\mathrm{OA}}+d\overrightarrow{\mathrm{OB}}$$ が成立するのは
「$a=c$ かつ $b=d$」の場合に限ることを背理法を用いて証明せよ．（鳥取大）

(2) △OABの辺OAを1:2に内分する点をP，辺OBの中点をQとする．
AQとBPの交点をRとし，$\overrightarrow{\mathrm{OR}}$ を $\overrightarrow{\mathrm{OA}}$，$\overrightarrow{\mathrm{OB}}$ で表せ．　　（神奈川大）

精講　　(1) この設問では，どう証明するか
ということよりも，3点O，A，Bが
同一直線上にないときは，

係数の比較

ができるという事実（表現の一意性）の確認が大
切です．

(2) O，A，Bは三角形をつくるので，この3点
は同一直線上にはありません．

AQとBPの交点Rは，AQ上の点であり，BP
上の点でもあるということより2通りの表現が可
能です．
$$\overrightarrow{\mathrm{OR}}=a\overrightarrow{\mathrm{OA}}+b\overrightarrow{\mathrm{OB}}　……①$$
$$\overrightarrow{\mathrm{OR}}=c\overrightarrow{\mathrm{OA}}+d\overrightarrow{\mathrm{OB}}　……②$$
としましょう．このあとは(1)の表現の一意性より
$$a=c　かつ　b=d$$
とできます．

解法のプロセス

(1)　　　背理法
⇩
結論を否定して，推論をすす
め矛盾を導く

(2) O，A，Bが同一直線上に
ないとき，
Rが AQ と BP の交点
⇩
$$\begin{cases}\overrightarrow{\mathrm{OR}}=(1-t)\overrightarrow{\mathrm{OA}}+t\overrightarrow{\mathrm{OQ}}\\\overrightarrow{\mathrm{OR}}=(1-s)\overrightarrow{\mathrm{OP}}+s\overrightarrow{\mathrm{OB}}\end{cases}$$
⇩
$\overrightarrow{\mathrm{OR}}$ を $\overrightarrow{\mathrm{OA}}$，$\overrightarrow{\mathrm{OB}}$ で表し，係数
を比較する

〈　**解　答**　〉

(1) $a\overrightarrow{\mathrm{OA}}+b\overrightarrow{\mathrm{OB}}=c\overrightarrow{\mathrm{OA}}+d\overrightarrow{\mathrm{OB}}$ が成立する．このとき
$$(a-c)\overrightarrow{\mathrm{OA}}+(b-d)\overrightarrow{\mathrm{OB}}=\vec{0}$$

である．$a\neq c$ とすると，$\overrightarrow{\mathrm{OA}}=-\dfrac{b-d}{a-c}\overrightarrow{\mathrm{OB}}$

となり，O，A，Bは同一直線上にあることになり矛盾する．
したがって，$a=c$．同様にして，$b=d$ でもある．

(2) RはAQ上の点であるから，実数 t を用いて
$$\overrightarrow{\mathrm{OR}}=(1-t)\overrightarrow{\mathrm{OA}}+t\overrightarrow{\mathrm{OQ}}$$
$$=(1-t)\overrightarrow{\mathrm{OA}}+\frac{t}{2}\overrightarrow{\mathrm{OB}}　　　……①$$

と表せる．また，RはBP上の点でもあるから

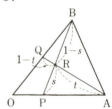

実数 s を用いて

$$\overrightarrow{OR}=(1-s)\overrightarrow{OP}+s\overrightarrow{OB}=\frac{1-s}{3}\overrightarrow{OA}+s\overrightarrow{OB} \quad \cdots\cdots②$$

と表せる．$\overrightarrow{OA}$，$\overrightarrow{OB}$ は 1 次独立であるから，①，②より

←$\overrightarrow{OA}$, $\overrightarrow{OB}$ は $\vec{0}$ でなく平行でない

$$\begin{cases} 1-t=\dfrac{1-s}{3} \\ \dfrac{t}{2}=s \end{cases} \quad \therefore \quad t=\frac{4}{5}, \ s=\frac{2}{5}$$

よって，$\overrightarrow{OR}=\dfrac{1}{5}\overrightarrow{OA}+\dfrac{2}{5}\overrightarrow{OB}$

研究 **1°** **解答**において，「**1 次独立**」(線形独立ともいう) という言葉を使った．教科書にはあまり出てこないが，これは重要であり，受験数学では常用である．まず，定義を書いておく．

ベクトル $\vec{a}$, $\vec{b}$ について，α, β を実数として

$$\alpha\vec{a}+\beta\vec{b}=\vec{0} \ \text{ならば} \ \alpha=\beta=0 \ \text{である}$$

とき，$\vec{a}$ と $\vec{b}$ は 1 次独立という．

このままでは意味がわからないだろう．1 次独立であることの図形的意味を考えておく．

$\vec{a}=\overrightarrow{OA}$, $\vec{b}=\overrightarrow{OB}$ とおくと，$\alpha\vec{a}+\beta\vec{b}=\vec{0}$ は $\alpha\overrightarrow{OA}+\beta\overrightarrow{OB}=\vec{0}$ $\quad\cdots\cdots①$ となる．

O，A，B が一直線上にあるときは，
$$\overrightarrow{OA}=k\overrightarrow{OB} \quad \therefore \quad \overrightarrow{OA}+(-k)\overrightarrow{OB}=\vec{0}$$

となる実数 k が存在する．このとき $\alpha=1$，$\beta=-k$ であり，$\alpha=\beta=0$ でない α, β が存在する．したがって，$\overrightarrow{OA}$，$\overrightarrow{OB}$ が 1 次独立であるためには，O，A，B が一直線上にないことが必要である．

逆に，O，A，B が一直線上にないときは，$\alpha\neq0$ とすると，

①より $\qquad \overrightarrow{OA}=-\dfrac{\beta}{\alpha}\overrightarrow{OB}$

となり，O，A，B は一直線上にあることになって矛盾である．

したがって，$\alpha=0$ である．同様にして，$\beta=0$ でもある．

以上をまとめると，

$\vec{a}=\overrightarrow{OA}$, $\vec{b}=\overrightarrow{OB}$ が 1 次独立
$\iff$ O，A，B が一直線上にない （3 点 O，A，B が三角形をつくる）
$\iff$ $\vec{a}\neq\vec{0}$, $\vec{b}\neq\vec{0}$, $\vec{a}\nparallel\vec{b}$

第9章

2° ⑴は "**表現の一意性**" を保証するもので，これも重要な定理である．

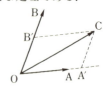

> 平面上の1次独立なベクトル $\vec{a}$, $\vec{b}$ に対し，この平面上の任意のベクトル $\vec{c}$ は
>
> $$\vec{c}=x\vec{a}+y\vec{b} \quad (x,\ y\ \text{は実数})$$
>
> とただ1通りに表すことができる．

　視覚的には，右上の図のようにCを通りOB，OAと平行な直線が直線OA，OBと交わる点をそれぞれ A′，B′ とすると

$$\overrightarrow{OC}=\overrightarrow{OA'}+\overrightarrow{OB'}=x\overrightarrow{OA}+y\overrightarrow{OB}$$

といった具合に x, y はただ1組決まる．

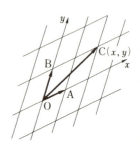

　これは話をすすめていくと，$(x,\ y)$ に対して，1つの点が対応するわけで，1つの座標平面がつくられたことになる．この座標系を**斜交座標系**という（標問 **155** 参照）．実用的には，⑵で使ったように "**係数の比較**" ができる，ということである．

3°　初等幾何の定理を利用してもよい．右図において

$$\frac{BR}{RP}\times\frac{PA}{AO}\times\frac{OQ}{QB}=1 \quad (\text{メネラウスの定理})$$

が成り立つ．証明は PP′∥AQ となる点 P′ を OB 上にとると

$$\text{左辺}=\frac{QB}{QP'}\times\frac{QP'}{OQ}\times\frac{OQ}{QB}=1 \quad (\text{証明終わり})$$

　これを使うと　$\dfrac{BR}{RP}\times\dfrac{2}{3}\times\dfrac{1}{1}=1$

∴　BR：RP＝3：2

∴　$\overrightarrow{OR}=\dfrac{3\overrightarrow{OP}+2\overrightarrow{OB}}{5}=\dfrac{3}{5}\times\dfrac{1}{3}\overrightarrow{OA}+\dfrac{2}{5}\overrightarrow{OB}=\dfrac{1}{5}\overrightarrow{OA}+\dfrac{2}{5}\overrightarrow{OB}$

演習問題
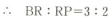

154-1　$\vec{0}$ でない2つのベクトル $\vec{a}$, $\vec{b}$ が平行でないとき

$$m\vec{a}+n\vec{b}=\vec{0} \quad (\text{ただし，}m,\ n\ \text{は実数})$$

ならば，$m=n=0$ であることを証明せよ． (宇都宮大)

154-2　平面上の三角形 ABC において，辺 AB を 2：1 に内分する点を M，点 M を通り辺 BC に平行な直線と辺 AC との交点を N，さらに線分 BN と線分 CM との交点を L とする．$\overrightarrow{AB}=\vec{b}$，$\overrightarrow{AC}=\vec{c}$ とするとき，$\overrightarrow{AL}$ を $\vec{b}$, $\vec{c}$ で表せ．

(新潟大)

標問 **155** **終点の存在領域**

3点 O, A, B は同一直線上にないとする. 次の場合について
$$\overrightarrow{OP}=\alpha\overrightarrow{OA}+\beta\overrightarrow{OB}$$
で表される点 P の存在する範囲を図示せよ.

(1) $\alpha=2$, $-1\leqq\beta\leqq1$ 　　(2) $\alpha\geqq0$, $\beta\geqq0$, $\alpha+\beta=2$

(3) $|\alpha+\beta|\leqq2$, $\alpha\beta\geqq0$ 　　　　　　　　　　(*愛知学院大)

精 講　(1)は小手調べ. パラメータの意味が理解されているかどうかの問題です.

ここでの β は $\overrightarrow{OB}$ を単位とする「物差しの目盛り」の役目を果たしています.

(2)は $\dfrac{\alpha}{2}+\dfrac{\beta}{2}=1$ を利用します.

> 点 P が線分 AB 上にある必要十分条件は
> $$\overrightarrow{OP}=\lambda\overrightarrow{OA}+\mu\overrightarrow{OB}$$
> $$\lambda+\mu=1,\ \lambda\geqq0,\ \mu\geqq0$$
> **をみたす λ, μ が存在することである.**

このことは標問 **151** で説明済みです.

(3)は(2)の応用です. $\alpha+\beta=k$ とおけば,

$-2\leqq k\leqq2$ であり, $k\neq0$ のときは, $\dfrac{\alpha}{k}+\dfrac{\beta}{k}=1$

となります.

▶解法のプロセス

線分 (両端も含む)
のベクトル方程式
(1) $\overrightarrow{OP}=\overrightarrow{OA}+t\overrightarrow{AB}$
$(0\leqq t\leqq1)$

(2) $\lambda=\dfrac{\alpha}{2},\ \mu=\dfrac{\beta}{2}$ とおき
$$\Downarrow$$
$$\overrightarrow{OP}=\lambda\overrightarrow{OA}+\mu\overrightarrow{OB}$$
$(\lambda+\mu=1,\ \lambda\geqq0,\ \mu\geqq0)$

(3) $\alpha+\beta=k$ とおく
$$\Downarrow$$
$k\neq0$ のとき, $\alpha\beta\geqq0$ もあわせると
$$\overrightarrow{OP}=\dfrac{\alpha}{k}(k\overrightarrow{OA})+\dfrac{\beta}{k}(k\overrightarrow{OB})$$
$\dfrac{\alpha}{k}+\dfrac{\beta}{k}=1,\ \dfrac{\alpha}{k}\geqq0,\ \dfrac{\beta}{k}\geqq0$

〈 **解 答** 〉

(1) $\overrightarrow{OP}=2\overrightarrow{OA}+\beta\overrightarrow{OB}$ $(-1\leqq\beta\leqq1)$
　　点 P の存在範囲は右図の青線部分.

(2) $\overrightarrow{OP}=\dfrac{\alpha}{2}(2\overrightarrow{OA})+\dfrac{\beta}{2}(2\overrightarrow{OB})$

　　と変形し, $\overrightarrow{OA'}=2\overrightarrow{OA}$, $\overrightarrow{OB'}=2\overrightarrow{OB}$ で A′, B′ を定める.

　　$\dfrac{\alpha}{2}+\dfrac{\beta}{2}=1$, $\dfrac{\alpha}{2}\geqq0$, $\dfrac{\beta}{2}\geqq0$

　　であるから, 点 P の存在範囲は線分 A′B′ 上 (両端含む).

(3) $\alpha+\beta=k$ とおくと $-2\leqq k\leqq2$ である.

　(i) $k=0$ のとき, $\alpha+\beta=0$, $\alpha\beta\geqq0$ より
　　　　$\alpha=\beta=0$ $\therefore$ P＝O

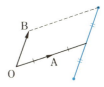

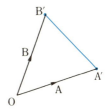

(ii) $k \neq 0$ のとき，$\overrightarrow{\mathrm{OP}} = \dfrac{\alpha}{k}(k\overrightarrow{\mathrm{OA}}) + \dfrac{\beta}{k}(k\overrightarrow{\mathrm{OB}})$，$\dfrac{\alpha}{k} + \dfrac{\beta}{k} = 1$

$\alpha\beta \geqq 0$ ゆえ，$(\alpha \geqq 0,\ \beta \geqq 0)$ または $(\alpha \leqq 0,\ \beta \leqq 0)$

$\therefore\ \dfrac{\alpha}{k} \geqq 0,\ \dfrac{\beta}{k} \geqq 0$

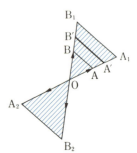

これより，$\overrightarrow{\mathrm{OA'}} = k\overrightarrow{\mathrm{OA}}$，$\overrightarrow{\mathrm{OB'}} = k\overrightarrow{\mathrm{OB}}$ で A′, B′ を
定めると，点Pは右図の線分 A′B′ 上（両端含む）に
ある．次に，k を動かすと線分 A′B′ は線分 AB と
平行に右の斜線部分を動く（点Oは除く）．

(i)，(ii)より，点Pの存在範囲は右図の斜線部分．
境界も含む．

ただし，$\overrightarrow{\mathrm{OA_1}} = 2\overrightarrow{\mathrm{OA}}$，$\overrightarrow{\mathrm{OA_2}} = -2\overrightarrow{\mathrm{OA}}$，
$\overrightarrow{\mathrm{OB_1}} = 2\overrightarrow{\mathrm{OB}}$，$\overrightarrow{\mathrm{OB_2}} = -2\overrightarrow{\mathrm{OB}}$ とする．

研究　$\overrightarrow{\mathrm{OA}} = (1,\ 0)$，$\overrightarrow{\mathrm{OB}} = (0,\ 1)$ とすれば，Pの座標は $(\alpha,\ \beta)$ となり，(1)，
(2)，(3)をこの直交座標系で図示するのは簡単である．全く同様にし
て，斜交座標系においても図示することが可能である．下図を見比べてほし
い．

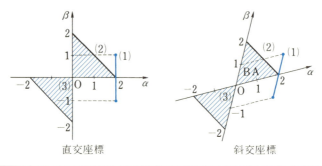

直交座標　　　　　　　　斜交座標

演習問題

(155-1)　$\overrightarrow{\mathrm{OA}} = (1,\ 3)$，$\overrightarrow{\mathrm{OB}} = (3,\ 1)$ とする．

(1)　$\alpha \geqq 0,\ \beta \geqq 0,\ \alpha + \beta \leqq 2$ のとき，ベクトル $\overrightarrow{\mathrm{OP}} = \alpha\overrightarrow{\mathrm{OA}} + \beta\overrightarrow{\mathrm{OB}}$ で表される
点Pの存在する範囲の面積は $\boxed{}$ である．

(2)　$\alpha \geqq 0,\ \beta \leqq 0,\ \alpha - \beta \leqq 1$ のとき，ベクトル $\overrightarrow{\mathrm{OP}} = \alpha\overrightarrow{\mathrm{OA}} - \beta\overrightarrow{\mathrm{OB}}$ で表される
点Pの存在する範囲の面積は $\boxed{}$ である．　　　　　　（文教大）

(155-2)　3点 O, A, B は同一直線上にないとする．実数 $x,\ y$ が $|x| \leqq 1,\ |y| \leqq 1$
をみたして動くとき，ベクトル $\overrightarrow{\mathrm{OP}} = (x - y)\overrightarrow{\mathrm{OA}} + (x + y)\overrightarrow{\mathrm{OB}}$ で表される点P
の動く範囲を求めよ．　　　　　　　　　　　　　　　　　　　（立命館大）

標問 **156** 重心座標

(1) 同一直線上にない平面上の3点を A, B, C とし, それぞれの位置ベクトルを $\vec{a}$, $\vec{b}$, $\vec{c}$ とする. また, 平面上の任意の点Pの位置ベクトルを $\vec{p}$ とする. このとき $\vec{p}$ は $x_1+x_2+x_3=1$ を満足する実数 x_1, x_2, x_3 を用いて $\vec{p}=x_1\vec{a}+x_2\vec{b}+x_3\vec{c}$ と表されることを証明せよ. (岩手大)

(2) 三角形 ABC の頂点 A, B, C の位置ベクトルを $\vec{a}$, $\vec{b}$, $\vec{c}$ とし, 三角形の内部の任意の点Pの位置ベクトルを $\vec{p}$ とする. $\vec{p}$ は
$$\vec{p}=l\vec{a}+m\vec{b}+n\vec{c}, \quad l>0, \quad m>0, \quad n>0, \quad l+m+n=1$$
の形で表されることを証明せよ. (早 大)

精 講 (1) Pが平面 ABC 上の点である必要十分条件は
$$\overrightarrow{AP}=\alpha\overrightarrow{AB}+\beta\overrightarrow{AC}$$
をみたす実数 α, β が存在することです. この式を $\overrightarrow{OP}=x_1\overrightarrow{OA}+x_2\overrightarrow{OB}+x_3\overrightarrow{OC}$ の形に変形していきましょう. ここでOは平面上にあってもなくても構いません.

(2) Pが△ABC の内部の点である必要十分条件は線分 BC 上に点 D が存在して
$$\overrightarrow{AP}=s\overrightarrow{AD} \quad (0<s<1)$$
と書けることです. ここでDは
$$\overrightarrow{AD}=\overrightarrow{AB}+t\overrightarrow{BC}$$
$$(0<t<1)$$
と表されます. この式を
$$\overrightarrow{OP}=l\overrightarrow{OA}+m\overrightarrow{OB}+n\overrightarrow{OC}$$
の形に変形していきましょう.

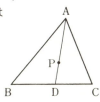

解法のプロセス

(1) P∈平面 ABC
$\Longleftrightarrow \overrightarrow{AP}=\alpha\overrightarrow{AB}+\beta\overrightarrow{AC}$
をみたす実数 α, β が存在する
⇩
始点をOとし,
$\overrightarrow{OP}=x_1\overrightarrow{OA}+x_2\overrightarrow{OB}+x_3\overrightarrow{OC}$
$x_1+x_2+x_3=1$

(2) P∈△ABC の内部
$\Longleftrightarrow \overrightarrow{AP}=s(\overrightarrow{AB}+t\overrightarrow{BC})$
$0<s<1, \quad 0<t<1$
をみたす実数 s, t が存在する
⇩
始点をOとし,
$\overrightarrow{OP}=l\overrightarrow{OA}+m\overrightarrow{OB}+n\overrightarrow{OC}$
$l+m+n=1$
$l>0, \quad m>0, \quad n>0$

〈 **解 答** 〉

(1) $\overrightarrow{AB}$ と $\overrightarrow{AC}$ は1次独立であるから, 実数 α, β を用いて
$$\overrightarrow{AP}=\alpha\overrightarrow{AB}+\beta\overrightarrow{AC} \qquad ← P∈平面 ABC$$
と表すことができる. このとき
$$\vec{p}-\vec{a}=\alpha(\vec{b}-\vec{a})+\beta(\vec{c}-\vec{a})$$
$$\therefore \quad \vec{p}=(1-\alpha-\beta)\vec{a}+\alpha\vec{b}+\beta\vec{c}$$
ここで, $x_1=1-\alpha-\beta$, $x_2=\alpha$, $x_3=\beta$ とおけば
$$x_1+x_2+x_3=(1-\alpha-\beta)+\alpha+\beta=1$$

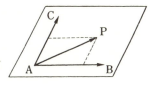

第9章

であり，$\vec{p}=x_1\vec{a}+x_2\vec{b}+x_3\vec{c}$, $x_1+x_2+x_3=1$　と表すことができる．

(2)　Pが $\triangle$ABC の内部にあるとき，AP の延

長と BC の交点をDとすると，$0<s<1$，

$0<t<1$ をみたす実数 s, t を用いて

$\overrightarrow{\text{AP}}=s\overrightarrow{\text{AD}}$　　　　　　　　　　　← P∈線分 AD（両端除く）

　　　$=s(\overrightarrow{\text{AB}}+t\overrightarrow{\text{BC}})$　　　　　← D∈線分 BC（両端除く）

と表せる．このとき

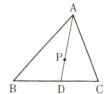

　　　$\vec{p}-\vec{a}=s(\vec{b}-\vec{a})+st(\vec{c}-\vec{b})$

　　　$\therefore\quad \vec{p}=(1-s)\vec{a}+(s-st)\vec{b}+st\vec{c}$

　　ここで，$l=1-s$, $m=s-st$, $n=st$

とおけば，$0<s<1$，$0<t<1$ であるから

　　　$l>0$, $m>0$, $n>0$

　　　$l+m+n=(1-s)+(s-st)+st=1$

　　すなわち　　$\vec{p}=l\vec{a}+m\vec{b}+n\vec{c}$, $l>0$, $m>0$, $n>0$, $l+m+n=1$

と表すことができる．

研究　　異なる2点 A，B のつくる直線上に点Pがある必要十分条件は

$$\overrightarrow{\text{OP}}=\lambda\overrightarrow{\text{OA}}+\mu\overrightarrow{\text{OB}}, \quad \lambda+\mu=1$$

をみたす実数 λ, μ が存在することであった（標問 **151**）が，これを平面に拡張したのが本問である．

　　同一直線上にない3点 A, B, C に対して

$$\overrightarrow{\text{OP}}=l\overrightarrow{\text{OA}}+m\overrightarrow{\text{OB}}+n\overrightarrow{\text{OC}},$$

　　　$l+m+n=1$

となる点Pは，平面 ABC 上にあり，l, m, n の符号により点Pの位置が定まる．

　　この組 (l, m, n) を，点Pの A, B, C に関する**重心座標**という．各領域の符号は右図のようになる．

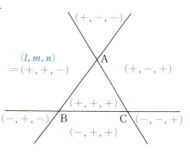

演習問題

(156)　平面上に三角形 ABC がある．その平面上の点Pが

$l\overrightarrow{\text{PA}}+m\overrightarrow{\text{PB}}+n\overrightarrow{\text{PC}}=\vec{0}$ をみたしているとする．ただし，l, m, n は $l+m+n=1$ をみたす実数である．

(i)　点Pが辺 BC 上にあるための l, m, n の条件を求めよ．

(ii)　点Pが直線 BC に関してAと同じ側にあるための l, m, n の条件を求めよ．

（津田塾大）

標問 **157** 空間の１次独立

　右図のような平行六面体 ABCD-EFGH におい
て，△BDE と対角線 AG の交点は対角線 AG を
$1:2$ に内分することを示せ．

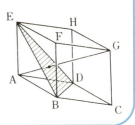

（埼玉医大）

精講　平面における１次独立の定義は標問
154 でふれました．本問は空間で
の話です．次のことが基本となります．

> $\vec{a}=\overrightarrow{\text{OA}}$, $\vec{b}=\overrightarrow{\text{OB}}$, $\vec{c}=\overrightarrow{\text{OC}}$ が１次独立
> $\iff$ O, A, B, C が同一平面上にない
> （4 点 O, A, B, C が四面体をつくる）

また，次の"**表現の一意性**"も重要です．

> 空間の１次独立なベクトル $\vec{a}$, $\vec{b}$, $\vec{c}$
> に対し，空間の任意のベクトル $\vec{x}$ は
> $\vec{x}=\alpha\vec{a}+\beta\vec{b}+\gamma\vec{c}$ （α, β, γ は実数）
> とただ 1 通りに表すことができる．

この定理により，$\vec{a}$, $\vec{b}$, $\vec{c}$ が１次独立なら
$$\alpha\vec{a}+\beta\vec{b}+\gamma\vec{c}=\alpha'\vec{a}+\beta'\vec{b}+\gamma'\vec{c}$$
であるとき　$\alpha=\alpha'$, $\beta=\beta'$, $\gamma=\gamma'$
と両辺の"**係数の比較**"が可能になります．

　本問においては，△BDE が登場することから
１次独立なベクトルとして $\overrightarrow{\text{AB}}$, $\overrightarrow{\text{AD}}$, $\overrightarrow{\text{AE}}$ を考え
るとよいでしょう．

　平面 BDE と対角線 AG の交点を K とすれば，
K は対角線 AG 上の点でもあり，平面 BDE 上の
点でもあります．これらを表す式を 2 つつくりま
しょう．

解法のプロセス

空間内の任意のベクトルは，
3 つの 1 次独立なベクトルで表
すことができる

⇩

$\overrightarrow{\text{AB}}$, $\overrightarrow{\text{AD}}$, $\overrightarrow{\text{AE}}$ は 1 次独立

⇩

$\overrightarrow{\text{AK}}$ を 2 通りに表現
・K は対角線 AG 上の点
・K は平面 BDE 上の点

⇩

係数比較

〈　**解　答**　〉

平面 BDE と対角線 AG の交点を K とすれば，
K は対角線 AG 上の点であるから，実数 k を用いて
$$\overrightarrow{\text{AK}}=k\overrightarrow{\text{AG}}=k(\overrightarrow{\text{AB}}+\overrightarrow{\text{BC}}+\overrightarrow{\text{CG}})$$

第9章

$$= k\overrightarrow{AB} + k\overrightarrow{AD} + k\overrightarrow{AE}$$

と表せる．また，K は平面 BDE 上の点でもあり

$$\overrightarrow{AK} = \alpha\overrightarrow{AB} + \beta\overrightarrow{AD} + \gamma\overrightarrow{AE}$$

$$\alpha + \beta + \gamma = 1 \qquad\qquad \cdots\cdots①$$

とおける．

$\overrightarrow{AB}$, $\overrightarrow{AD}$, $\overrightarrow{AE}$ は 1 次独立ゆえ

$$\alpha = k, \quad \beta = k, \quad \gamma = k \qquad\qquad \cdots\cdots②$$

①かつ②より　$k + k + k = 1$　∴　$k = \dfrac{1}{3}$

$$∴ \quad \overrightarrow{AK} = \frac{1}{3}\overrightarrow{AG}$$

よって，AK：KG ＝ 1：2 であり，△BDE と対角線 AG の交点は対角線 AG を 1：2 に内分している．

← 1 次独立な 3 つのベクトルで $\overrightarrow{AK}$ を表す 1 つめの表現

← $\overrightarrow{AK}$ の 2 つめの表現

← 係数の比較

研究　幾何的な証明を与えておく．
　　　右図のように △BDE が線分 DE となるように平面 ADHE への BD 方向の射影を考える．
　　△BDE と対角線 AG の射影（右図参照）となる線分 EB′，AG′ をみると

$$△K'AB' \backsim △K'G'E$$

（相似比 1：2）であるから

$$AK' : K'G' = 1 : 2$$
$$∴ \quad AK : KG = 1 : 2$$

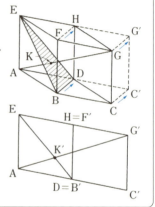

演習問題

157-1　右の図の立方体 ABCD-EFGH において

$$\overrightarrow{BH} = u_1\overrightarrow{AC} + u_2\overrightarrow{AF} + u_3\overrightarrow{AH}$$

とおくとき

$$(u_1, \ u_2, \ u_3) = \boxed{}$$

である．　　　　　　　　　　　　　　（小樽商大）

157-2　右図に示す平行六面体で，$\overrightarrow{OA} = \vec{a}$，$\overrightarrow{OB} = \vec{b}$，$\overrightarrow{OC} = \vec{c}$ とする．辺 DG の延長上に DG＝GH になるように点 H をとる．直線 OH と面 ABC の交点を L とするとき，ベクトル $\overrightarrow{OL}$ を $\vec{a}$, $\vec{b}$, $\vec{c}$ を用いて表せ．

（宇都宮大）

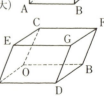

標問 **158** 内積の定義, 基本演算

(1) 零ベクトルでない 2 つのベクトル $\vec{a}=(a_1,\ a_2,\ a_3)$, $\vec{b}=(b_1,\ b_2,\ b_3)$ のなす角を θ とするとき $|\vec{a}||\vec{b}|\cos\theta=a_1b_1+a_2b_2+a_3b_3$ であることを証明せよ.

(九州芸工大)

(2) $|\vec{a}|=2$, $|\vec{b}|=1$, $|\vec{a}+\vec{b}|=\sqrt{2}$ とする. このとき, 内積 $\vec{a}\cdot\vec{b}$ および $|\vec{a}-\vec{b}|$ の値を求めよ.

(足利工大)

精 講 (1) 左辺の "(大きさ)×(大きさ) ×$\cos\theta$" は有向線分で内積を定義するときに, 右辺の "積の和" は成分表示されたベクトルに対して内積を定義するときに使われます.

本問の結果から, これらは等しく, どちらを内積の出発点としてもよいことがわかります. この値は $\vec{a}\cdot\vec{b}$ で表されます.

証明では 2 つのベクトル $\vec{a}=\overrightarrow{OA}$, $\vec{b}=\overrightarrow{OB}$ がつくる △OAB の AB の長さに着目します.

(2) $|\vec{a}-\vec{b}|$ を求めるためには, 平方すると
$$|\vec{a}-\vec{b}|^2=(\vec{a}-\vec{b})\cdot(\vec{a}-\vec{b})$$
$$=|\vec{a}|^2-2\vec{a}\cdot\vec{b}+|\vec{b}|^2$$
となりますから, 内積 $\vec{a}\cdot\vec{b}$ の値がわかればよい.
$$|\vec{a}+\vec{b}|=\sqrt{2}$$
を平方することにより, $\vec{a}\cdot\vec{b}$ の値を求めることができます.

$|\vec{a}|^2=\vec{a}\cdot\vec{a}$ を $\vec{a}^2$ などと書かないように注意して下さい.

解法のプロセス

(1) △OAB の辺 AB の長さに着目
⇩
余弦定理を使うと
$|\vec{a}||\vec{b}|\cos\theta$
が現れる
⇩
距離の公式を使うと
$a_1b_1+a_2b_2+a_3b_3$
が現れる

(2) $|\vec{a}\pm\vec{b}|^2$
$=|\vec{a}|^2\pm2\vec{a}\cdot\vec{b}+|\vec{b}|^2$
を利用する

〈 **解 答** 〉

(1) $\overrightarrow{OA}=\vec{a}=(a_1,\ a_2,\ a_3)$,
$\overrightarrow{OB}=\vec{b}=(b_1,\ b_2,\ b_3)$
となるように 2 点 A, B を定め, △OAB で余弦定理を用いると
$$|\overrightarrow{AB}|^2=|\overrightarrow{OA}|^2+|\overrightarrow{OB}|^2-2|\overrightarrow{OA}||\overrightarrow{OB}|\cos\theta$$
$\therefore\ (b_1-a_1)^2+(b_2-a_2)^2+(b_3-a_3)^2$ ← 距離の公式
$\quad=(a_1{}^2+a_2{}^2+a_3{}^2)+(b_1{}^2+b_2{}^2+b_3{}^2)-2|\vec{a}||\vec{b}|\cos\theta$
$\therefore\ |\vec{a}||\vec{b}|\cos\theta=a_1b_1+a_2b_2+a_3b_3$

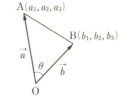

第 9 章

(2) $|\vec{a}+\vec{b}|=\sqrt{2}$ より，両辺を平方すると

$\quad |\vec{a}|^2+2\vec{a}\cdot\vec{b}+|\vec{b}|^2=2$

$\quad |\vec{a}|=2,\ |\vec{b}|=1$ ゆえ　$\vec{a}\cdot\vec{b}=-\dfrac{3}{2}$

よって，$|\vec{a}-\vec{b}|^2=|\vec{a}|^2-2\vec{a}\cdot\vec{b}+|\vec{b}|^2=8$

$\quad\therefore\ |\vec{a}-\vec{b}|=2\sqrt{2}$

研究　1° (1)　2次元ベクトルでの別解を示しておく．

$\quad$ A$(a_1,\ a_2)=(r_1\cos\alpha,\ r_1\sin\alpha)$,

$\quad$ B$(b_1,\ b_2)=(r_2\cos\beta,\ r_2\sin\beta)$

とおくと

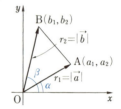

$\quad a_1b_1+a_2b_2=r_1\cos\alpha\, r_2\cos\beta+r_1\sin\alpha\, r_2\sin\beta$

$\qquad\qquad\quad =r_1r_2\cos(\beta-\alpha)$

$\qquad\qquad\quad =|\vec{a}||\vec{b}|\cos\theta$

2°　内積は（ベクトル）・（ベクトル）＝（実数）

となる一種のかけ算であり，次の演算法則が成り立つ．

$$\vec{a}\cdot\vec{b}=\vec{b}\cdot\vec{a} \qquad\qquad\text{（交換法則）}$$

$$\vec{a}\cdot(\vec{b}+\vec{c})=\vec{a}\cdot\vec{b}+\vec{a}\cdot\vec{c} \qquad\qquad\text{（分配法則）}$$

$$(k\vec{a})\cdot\vec{b}=\vec{a}\cdot(k\vec{b})=k(\vec{a}\cdot\vec{b}) \qquad\qquad\text{（結合法則）}$$

これらの法則から，数式と同様に因数分解や展開公式が使えることがわかる．

3°　$\vec{a},\vec{b}$ のなす角 θ は，$0°\leqq\theta\leqq180°$ とするのがふつうである．

$\quad \vec{a}$ と $\vec{a}$ のなす角は $0°$ であるから

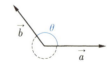

$$\vec{a}\cdot\vec{a}=|\vec{a}||\vec{a}|\cos0°=|\vec{a}|^2$$

$$\therefore\ |\vec{a}|=\sqrt{\vec{a}\cdot\vec{a}}$$

$\vec{a}\cdot\vec{b}$ のうち少なくとも一方が $\vec{0}$ のときは

（θ が定義されないが），$\vec{a}\cdot\vec{b}=0$ とする．

演習問題

(158-1)　1辺の長さが a の正六角形 ABCDEF において

ベクトル $\overrightarrow{AD}$ とベクトル $\overrightarrow{BF}$ との内積は ☐ ，

ベクトル $\overrightarrow{AD}$ とベクトル $\overrightarrow{BD}$ との内積は ☐ ，

ベクトル $\overrightarrow{AD}$ とベクトル $\overrightarrow{CF}$ との内積は ☐ である．

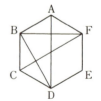

（東京女子医大）

(158-2)　原点 O，点 A$(a_1,\ a_2)$，点 B$(b_1,\ b_2)$ を中心とし，そ

れぞれの半径が 2, 6, 10 の3つの円が互いに外接しているとき，ベクトルの内

積 $\overrightarrow{OA}\cdot\overrightarrow{OB}$ の値は ☐ となる．

（北海道工大）

標問 **159**　なす角

$\vec{a}=(1,\ 0,\ 1)$, $\vec{b}=(2,\ 2,\ 1)$ を空間におけるベクトルとするとき，次の(1)，(2)，(3)に答えよ．

(1)　$\vec{a}$, $\vec{b}$ の長さ (大きさ) $|\vec{a}|$, $|\vec{b}|$ を求めよ．

(2)　$\vec{a}$ と $\vec{b}$ のなす角 α を求めよ．ただし，$0°\leqq\alpha\leqq180°$ とする．

(3)　長さ 1 のベクトル $\vec{e}$ がある．$\vec{e}$ と $\vec{a}$ のなす角が $45°$ で，$\vec{e}$ と $\vec{b}$ のなす角が $60°$ のとき，$\vec{e}$ を求めよ．

(九　大)

精 講　(1)　$\vec{a}=(a_1,\ a_2,\ a_3)$ のとき
$$|\vec{a}|=\sqrt{a_1{}^2+a_2{}^2+a_3{}^2}$$
です．

(2)　内積の定義式より，2 つのベクトル $\vec{a}$, $\vec{b}$ のなす角 α は
$$\cos\alpha=\frac{\vec{a}\cdot\vec{b}}{|\vec{a}||\vec{b}|}$$
となります．分子の $\vec{a}\cdot\vec{b}$ は "積の和" としての内積を計算することになります．

(3)　$\vec{e}=(x,\ y,\ z)$ として 3 つの等式をつくります．1 つは長さ 1 ということより
$$x^2+y^2+z^2=1$$
他の 2 つはなす角 $45°$, $60°$ を使います．

解法のプロセス

(1)　ベクトルの大きさ
⇩
$|\vec{a}|=\sqrt{a_1{}^2+a_2{}^2+a_3{}^2}$

(2)　$\vec{a}$, $\vec{b}$ のなす角 α は
$$\cos\alpha=\frac{\vec{a}\cdot\vec{b}}{|\vec{a}||\vec{b}|}$$
($\vec{a}\cdot\vec{b}$ は "積の和" として計算する)

〈　**解 答**　〉

(1)　$|\vec{a}|=\sqrt{1^2+0^2+1^2}=\sqrt{2}$
$|\vec{b}|=\sqrt{2^2+2^2+1^2}=3$

← $|\vec{a}|=\sqrt{a_1{}^2+a_2{}^2+a_3{}^2}$

(2)　$\cos\alpha=\dfrac{\vec{a}\cdot\vec{b}}{|\vec{a}||\vec{b}|}=\dfrac{1\times2+0\times2+1\times1}{\sqrt{2}\times3}=\dfrac{1}{\sqrt{2}}$

$0°\leqq\alpha\leqq180°$ ゆえ　$\alpha=\boldsymbol{45°}$

(3)　$\vec{e}=(x,\ y,\ z)$ とすると，$|\vec{e}|=1$ ゆえ
$x^2+y^2+z^2=1$　　　……①
$\vec{e}$ と $\vec{a}$ のなす角は $45°$ ゆえ $\vec{e}\cdot\vec{a}=1\times\sqrt{2}\cos45°=1$
また，$\vec{e}\cdot\vec{a}=x\times1+y\times0+z\times1$
$=x+z$
$\therefore\ x+z=1$　　　……②
同様にして，$\vec{e}$ と $\vec{b}$ のなす角が $60°$ ゆえ

$$2x+2y+z=1\times3\cos60°$$

$$\therefore\quad 2x+2y+z=\frac{3}{2} \qquad\qquad\cdots\cdots③$$

②, ③より $\quad z=1-x,\quad y=\frac{1}{4}-\frac{x}{2}$

これらを①に代入すると

$$x^2+\left(\frac{1}{4}-\frac{x}{2}\right)^2+(1-x)^2=1$$

$$\frac{9}{4}x^2-\frac{9}{4}x+\frac{1}{16}=0$$

$$x=\frac{3\pm2\sqrt{2}}{6},\ y=\mp\frac{\sqrt{2}}{6},\ z=\frac{3\mp2\sqrt{2}}{6}$$

複号は同順である.

$$\vec{e}=\left(\frac{3\pm2\sqrt{2}}{6},\ \mp\frac{\sqrt{2}}{6},\ \frac{3\mp2\sqrt{2}}{6}\right)\ (複号同順)$$

研 究　$0°\leqq\alpha\leqq180°$ のとき, $\cos\alpha=0$ となるのは $\alpha=90°$ のときに限る.
したがって, $\vec{a}$, $\vec{b}$ が $\vec{0}$ でないとき,

$$\vec{a}\perp\vec{b}\iff\vec{a}\cdot\vec{b}=0$$

として内積は垂直条件として使われる.
$\vec{a}=(a_1,\ a_2)$, $\vec{b}=(b_1,\ b_2)$ において

$$\vec{a}\perp\vec{b}\iff a_1b_1+a_2b_2=0$$

したがって, $\vec{a}=(a_1,\ a_2)$ に垂直なベクトルの1つとして
$\vec{b}=(-a_2,\ a_1)$ をとることができる (演習問題 159 (1)).
$\vec{a}=(a_1,\ a_2,\ a_3)$, $\vec{b}=(b_1,\ b_2,\ b_3)$ において

$$\vec{a}\perp\vec{b}\iff a_1b_1+a_2b_2+a_3b_3=0$$

である.

演習問題

159　(1)　Oを原点とし, ベクトル $\overrightarrow{OA}=(1,\ -1)$ に垂直な単位ベクトル $\overrightarrow{OP}$ を求めよ.　　　　　　　　　　　　　　　　　　　　　　　　(大分大)

(2)　$\vec{a}=(4,\ 3)$ と $60°$ の角をなし, 大きさが $\vec{a}$ の2倍であるベクトル $\vec{b}$ を求めよ.　　　　　　　　　　　　　　　　　　　　　　　　　(日本福祉大)

(3)　2つのベクトル $(1,\ -1,\ 2)$ と $(1,\ 0,\ 1)$ とのなす角 θ を求めよ.
ただし, $0°\leqq\theta\leqq180°$ とする.　　　　　　　　　　　　(近畿大)

(4)　空間に3点 $A(3,\ 5,\ 0)$, $B(x,\ 2,\ 0)$, $C(3,\ 1,\ 2\sqrt{2})$ をとり, $\angle ABC=\theta$ とするとき, $\cos\theta$ はどんな範囲の値をとり得るか. ただし, x は実数とする.　　　　　　　　　　　　　　　　　　　　　　　　(福島県医大)

標問 **160** **直線のベクトル方程式(1)**

(1) ベクトル $\vec{a}$, $\vec{b}$ が $|\vec{a}+\vec{b}|=6$, $|\vec{a}-\vec{b}|=2$, $|\vec{b}|=3$ をみたすとき, 内積 $\vec{a}\cdot\vec{b}$ を求めよ. また, $|\vec{a}+t\vec{b}|$ を最小にする t の値を求めよ. （大同工大）

(2) 定点Oを中心とする半径2の円周上に定点 A, B がある. すべての実数 t について $|(1-t)\overrightarrow{OA}+2t\overrightarrow{OB}|\geqq 2$ が成り立つとき, 内積 $\overrightarrow{OA}\cdot\overrightarrow{OB}$ の値を求めよ. （東京理大）

精講 (1) $|\vec{a}+t\vec{b}|$ が最小となるときと $|\vec{a}+t\vec{b}|^2$ が最小となるときは一致します. したがって

$$|\vec{a}+t\vec{b}|^2=t^2|\vec{b}|^2+2t\vec{a}\cdot\vec{b}+|\vec{a}|^2$$

を最小にする t の値を求めればよいわけです. これは t についての2次式なので, **平方完成**することになります.

(2) A, B はOを中心とする半径2の円周上の点なので

$$|\overrightarrow{OA}|=|\overrightarrow{OB}|=2$$

です. 与式を平方すると, t についての2次不等式が得られます. この不等式の中には内積 $\overrightarrow{OA}\cdot\overrightarrow{OB}$ も含まれており, すべての実数 t に対してこの不等式が成立する条件から $\overrightarrow{OA}\cdot\overrightarrow{OB}$ の値が決まります. t についての2次関数のグラフを考えてもよいし, 判別式を利用してもよいでしょう.

一方, (1), (2)を図形的に考えることもできます. (1), (2)とも絶対値の中をみると直線のベクトル方程式になっています. この観点からの解法は →**研究** で述べることにしましょう.

解法のプロセス

(1) $|\vec{a}+t\vec{b}|$ の最小値
$|\vec{a}+t\vec{b}|^2$ を展開し, t についての2次関数とみる
⇩
平方完成

解法のプロセス

(2) $|(1-t)\overrightarrow{OA}+2t\overrightarrow{OB}|^2\geqq 4$
を展開して, t についての2次不等式とみる
⇩
すべての t について成立する
⇩
2次式であることを確認して, 判別式を利用

《 **解答** 》

(1) $|\vec{a}+\vec{b}|^2=36$ から $|\vec{a}|^2+2\vec{a}\cdot\vec{b}+|\vec{b}|^2=36$ ……①
$|\vec{a}-\vec{b}|^2=4$ から $|\vec{a}|^2-2\vec{a}\cdot\vec{b}+|\vec{b}|^2=4$ ……②
①－②より, $4\vec{a}\cdot\vec{b}=32$ ∴ $\vec{a}\cdot\vec{b}=8$
また, $|\vec{a}+t\vec{b}|^2=|\vec{a}|^2+2t\vec{a}\cdot\vec{b}+t^2|\vec{b}|^2$

$$=9t^2+16t+|\vec{a}|^2=9\left(t+\frac{8}{9}\right)^2+|\vec{a}|^2-\frac{64}{9}$$

← t についての2次式

よって，$|\vec{a}+t\vec{b}|$ を最小にするのは，$t=-\dfrac{8}{9}$

(2)　与式を平方して

$$(1-t)^2|\overrightarrow{OA}|^2+4t(1-t)\overrightarrow{OA}\cdot\overrightarrow{OB}+4t^2|\overrightarrow{OB}|^2\geqq 4$$

$|\overrightarrow{OA}|^2=|\overrightarrow{OB}|^2=4$ であるから，$\overrightarrow{OA}\cdot\overrightarrow{OB}=k$ とお

く，この不等式は

$$4(1-t)^2+4k(1-t)t+16t^2\geqq 4$$

つまり $(5-k)t^2+(k-2)t\geqq 0$ となる.　　　　←　t についての絶対不等式

これがすべての実数 t について成立するためには

$$\begin{cases} 5-k>0 \\ (\text{判別式})\leqq 0 \end{cases} \quad \therefore \quad \begin{cases} k<5 \\ (k-2)^2\leqq 0 \end{cases}$$

となることが必要十分である.

よって，$k=2$　すなわち $\overrightarrow{OA}\cdot\overrightarrow{OB}=2$

研究　**2 点 A，B を通る直線の方程式は**

$$\vec{p}=\vec{a}+t(\vec{b}-\vec{a}) \quad \cdots\cdots①$$
$$\vec{p}=(1-t)\vec{a}+t\vec{b} \quad \cdots\cdots②$$
$$\vec{p}=\lambda\vec{a}+\mu\vec{b},\ \lambda+\mu=1 \quad \cdots\cdots③$$

の形で表される.

本問の(1)は①タイプで書かれており，$\vec{p}=\vec{a}+t\vec{b}$ は，点 A を通り方向ベクトル $\vec{b}$ の直線を表している．$|\vec{p}|$ が最小となるのは，O から直線に下ろした垂線の足を H とおくと

$$\vec{b}\perp\overrightarrow{OH},\ \vec{b}\cdot(\vec{a}+t\vec{b})=0$$

すなわち，$t=-\dfrac{\vec{a}\cdot\vec{b}}{|\vec{b}|^2}=-\dfrac{8}{9}$ のときである.

本問の(2)は②タイプである．$2\overrightarrow{OB}=\overrightarrow{OC}$ とおくと

$$\vec{p}=(1-t)\overrightarrow{OA}+t\overrightarrow{OC}$$

は，2 点 A，C を通る直線を表している．$|\overrightarrow{OA}|=2$ であるから，すべての実数 t に対して $|\vec{p}|\geqq 2$ となるためには，直線 AC は円の接線でなければならない.

$$|\overrightarrow{OC}|=|2\overrightarrow{OB}|=4 \quad \therefore \quad \angle AOB=60°$$
$$\therefore \quad \overrightarrow{OA}\cdot\overrightarrow{OB}=|\overrightarrow{OA}||\overrightarrow{OB}|\cos 60°=2$$

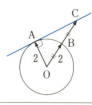

演習問題

(160)　$\vec{a}$ と $\vec{b}$ を空間における $\vec{0}$ でないベクトルとする．このとき，$|\vec{a}+c\vec{b}|\geqq|\vec{a}|$ が任意の実数 c に対して成り立つための必要十分条件は，$\vec{a}$ と $\vec{b}$ とが垂直であることを証明せよ.

(鹿児島大)

標問 **161** 直線のベクトル方程式⑵

平面上で，点Pを通りベクトル $\vec{n}$ に垂直な直線を l とする．ただし，$\vec{n}$ は零ベクトルでないとする．このとき，l 上にない点Aから l に下ろした垂線の足をHとし，3点P，A，Hの位置ベクトルをそれぞれ $\vec{p}$，$\vec{a}$，$\vec{h}$ とする．

(1) 内積について，$\vec{n} \cdot \vec{h} = \vec{n} \cdot \vec{p}$ が成り立つことを証明せよ．
(2) 実数 t を用いて，$\overrightarrow{AH} = t\vec{n}$ とおける．このとき，t を $\vec{p}$，$\vec{a}$，$\vec{n}$ で表せ．
(3) 線分 AH の長さを $\vec{p}$，$\vec{a}$，$\vec{n}$ で表せ． （佐賀大）

精講 　直線 l 上の任意の点をXとし，X，Pの位置ベクトルをそれぞれ $\vec{x}$，$\vec{p}$ とすると，$\vec{n} \perp \overrightarrow{PX}$ または $\overrightarrow{PX} = \vec{0}$ であるから
$$\vec{n} \cdot (\vec{x} - \vec{p}) = 0$$
$\vec{n}$ は直線 l の**法線ベクトル**とよばれます．

解法のプロセス
(1) $\vec{n} \perp \overrightarrow{HP}$ を内積で表す
(2) $\overrightarrow{AH} = t\vec{n}$ より
$\vec{h} = \vec{a} + t\vec{n}$
(3) $|\overrightarrow{AH}| = |t||\vec{n}|$

〈 **解 答** 〉

(1) H=P のとき，$\vec{p} - \vec{h} = \vec{0}$ であり，H≠P のとき，$\vec{n} \perp \overrightarrow{HP}$ であるから
$\vec{n} \cdot (\vec{p} - \vec{h}) = 0$ 　いずれのときも　$\vec{n} \cdot \vec{h} = \vec{n} \cdot \vec{p}$

(2) $t\vec{n} = \overrightarrow{AH} = \vec{h} - \vec{a}$ より，$\vec{h} = \vec{a} + t\vec{n}$
(1)の式に代入すると　$\vec{n} \cdot (\vec{a} + t\vec{n}) = \vec{n} \cdot \vec{p}$
$$\therefore \quad t = \frac{\vec{n} \cdot (\vec{p} - \vec{a})}{|\vec{n}|^2}$$

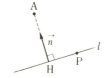

(3) (2)より　$|\overrightarrow{AH}| = |t\vec{n}| = \dfrac{|\vec{n} \cdot (\vec{p} - \vec{a})|}{|\vec{n}|^2}|\vec{n}| = \dfrac{|\vec{n} \cdot (\vec{p} - \vec{a})|}{|\vec{n}|}$

研究 　本問の直線上の点の位置ベクトルを $\vec{x}$ とし，$\vec{n} = (a, b)$，$\vec{x} = (x, y)$，$\vec{p} = (x_0, y_0)$ とすると
$$\vec{n} \cdot (\vec{x} - \vec{p}) = 0 \quad \therefore \quad a(x - x_0) + b(y - y_0) = 0$$
$-ax_0 - by_0$ は実数であるから，これを c とおくと
$$ax + by + c = 0 \quad (直線の一般式)$$
であり，$\vec{n} = (a, b)$ はこの直線の法線ベクトルである．
　本問の(3)を直線 $ax + by + c = 0$ に当てはめてみよう．$A(x_1, y_1)$ とすると
$$\vec{n} \cdot (\vec{p} - \vec{a}) = a(x_0 - x_1) + b(y_0 - y_1) = -ax_1 - by_1 - c$$
より　$|\overrightarrow{AH}| = \dfrac{|ax_1 + by_1 + c|}{\sqrt{a^2 + b^2}}$ 　（ヘッセの公式）

標問 **162** 円のベクトル方程式

(1) 三角形 ABC と同一平面上にあって，$|\overrightarrow{AP}+\overrightarrow{BP}+\overrightarrow{CP}|=3$ をみたす点P全体はどんな図形になるか. (東海大)

(2) 平面上に2定点 A，B があり，動点 P に対して $|\overrightarrow{AP}+\overrightarrow{BP}|=|\overrightarrow{AB}|$ が成り立つとき，点Pのえがく図形をかけ. (関西大)

(3) 空間において，大きさ r の2つのベクトル $\overrightarrow{OA}$，$\overrightarrow{OB}$ は直交している. このとき，$\overrightarrow{OP}=\overrightarrow{OA}\cos\theta+\overrightarrow{OB}\sin\theta\ (0°\le\theta<360°)$ の点Pはどんな図形をえがくか. (三重大)

◀ **精 講**　(1)　Pを1つにまとめることを考えます.

$$|\overrightarrow{OP}-\overrightarrow{OD}|=r\quad(r\text{ は正の定数})$$

という形になると，Pは点Dを中心とする半径 r の円をえがくことがわかります.

(2)　(1)のように考えて変形していくと与式は

$$|2\overrightarrow{AP}-\overrightarrow{AB}|=|\overrightarrow{AB}|$$
$$\left|\overrightarrow{AP}-\frac{\overrightarrow{AB}}{2}\right|=\frac{|\overrightarrow{AB}|}{2}$$

となり，Pは線分 AB の中点を中心とする半径 $\dfrac{|\overrightarrow{AB}|}{2}$ （すなわち，直径が $|\overrightarrow{AB}|$）の円をえがくことがわかります.

円周上の任意の点をPとすると，P=A，P=B のとき，それぞれ $\vec{p}-\vec{a}=\vec{0}$，$\vec{p}-\vec{b}=\vec{0}$ であり，P≠A，P≠B のとき $\overrightarrow{AP}\perp\overrightarrow{BP}$ であるから

$$(\vec{p}-\vec{a})\cdot(\vec{p}-\vec{b})=0$$

です. **解答**ではこれを利用してみましょう.

(3)　中心 C，半径 r の円を次のようにパラメータ表示することもできます.

$$|\overrightarrow{CA}|=|\overrightarrow{CB}|=r,\quad \overrightarrow{CA}\perp\overrightarrow{CB}$$

となるように円周上の点 A，B をとると，$\overrightarrow{CP}$ は右図のように2つの正射影ベクトルに分解され

$$\overrightarrow{CP}=\overrightarrow{CA'}+\overrightarrow{CB'}=\overrightarrow{CA}\cos\theta+\overrightarrow{CB}\sin\theta$$

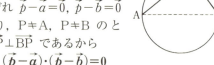

▶**解法のプロセス**

円のベクトル方程式
(1)　$|\vec{p}-\vec{a}|=r$
　点 A($\vec{a}$) を中心とする半径 r の円
(2)　$(\vec{p}-\vec{a})\cdot(\vec{p}-\vec{b})=0$
　線分 AB を直径とする円
(3)　$|\overrightarrow{OA}|=|\overrightarrow{OB}|=r$,
　$\overrightarrow{OA}\perp\overrightarrow{OB}$,
　$0°\le\theta<360°$ のとき
　$\overrightarrow{OP}=\overrightarrow{OA}\cos\theta+\overrightarrow{OB}\sin\theta$
　はOを中心とする半径 r の円

注　空間においては(1)，(2)は球のベクトル方程式であり，(3)は円のベクトル方程式である.

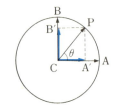

$$\therefore \quad \overrightarrow{OP}=\overrightarrow{OC}+\overrightarrow{CA}\cos\theta+\overrightarrow{CB}\sin\theta$$

となります．ここで，θ は $\overrightarrow{CP}$ と $\overrightarrow{CA}$ のなす角であり，$0°\leqq\theta<360°$ であれば P は円周上全体を動きます．

〈 解 答 〉

(1) A，B，C，P の位置ベクトルをそれぞれ $\vec{a}$，$\vec{b}$，$\vec{c}$，$\vec{p}$ とすると，$|\overrightarrow{AP}+\overrightarrow{BP}+\overrightarrow{CP}|=3$ は

$$|(\vec{p}-\vec{a})+(\vec{p}-\vec{b})+(\vec{p}-\vec{c})|=3$$
$$\therefore \quad |3\vec{p}-(\vec{a}+\vec{b}+\vec{c})|=3$$
$$\therefore \quad \left|\vec{p}-\frac{\vec{a}+\vec{b}+\vec{c}}{3}\right|=1$$

よって，P がえがく図形は

△ABC の重心を中心とする半径 1 の円である．

(2) $|\overrightarrow{AP}+\overrightarrow{BP}|=|\overrightarrow{AB}|$ を A を始点に整理していくと，

$$|\overrightarrow{AP}+(\overrightarrow{AP}-\overrightarrow{AB})|=|\overrightarrow{AB}|$$
$$|2\overrightarrow{AP}-\overrightarrow{AB}|=|\overrightarrow{AB}|$$
$$4|\overrightarrow{AP}|^2-4\overrightarrow{AP}\cdot\overrightarrow{AB}+|\overrightarrow{AB}|^2=|\overrightarrow{AB}|^2$$
$$\overrightarrow{AP}\cdot(\overrightarrow{AP}-\overrightarrow{AB})=0 \quad \therefore \quad \overrightarrow{AP}\cdot\overrightarrow{BP}=0$$

よって，点 P は AB を直径とする円をえがく（右図）．

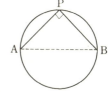

(3) $\overrightarrow{OP}=\overrightarrow{OA}\cos\theta+\overrightarrow{OB}\sin\theta$ より，点 P は平面 OAB 上の点である．さらに，$|\overrightarrow{OA}|=|\overrightarrow{OB}|=r$，$\overrightarrow{OA}\perp\overrightarrow{OB}$ であるから

$$|\overrightarrow{OP}|^2=|\overrightarrow{OA}\cos\theta+\overrightarrow{OB}\sin\theta|^2$$
$$=r^2\cos^2\theta+r^2\sin^2\theta=r^2$$

よって，点 P は平面 OAB 上で，点 O を中心とする半径 r の円の周上にある．

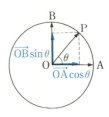

　このとき θ は $\overrightarrow{OA}$ から $\overrightarrow{OP}$ に向かって測った角であり，$0°\leqq\theta<360°$ であるから，点 P は，O を中心とし，A，B を通る**円の周全体を動く**．

演習問題

(162-1) 3 点 O(0, 0)，A(6, 0)，B(3, 6) について $|\overrightarrow{PO}+\overrightarrow{PA}+4\overrightarrow{PB}|=30$ をみたす点 P(x, y) の全体の表す曲線の方程式は ☐ である．　　（東海大）

(162-2) A，B，C は平面上の相異なる 3 点であって同一直線上にはないとする．このとき，その平面上の点 P で

$$|\overrightarrow{PA}|^2-3\overrightarrow{PA}\cdot\overrightarrow{PB}+2\overrightarrow{PA}\cdot\overrightarrow{PC}-6\overrightarrow{PB}\cdot\overrightarrow{PC}=0$$

という関係を満足するものの集合は，どのような図形になるかを説明し，かつそれを図示せよ．　　（九　大）

標問 163　直線，平面へおろした垂線の足

O, A, B, C を同一平面上にない空間の 4 点とし，$\overrightarrow{OA}=\vec{a}$，$\overrightarrow{OB}=\vec{b}$，$\overrightarrow{OC}=\vec{c}$
とおくとき，次の問いに答えよ．

(1) 点 C から直線 OA に垂線をひき，OA との交点を H とするとき，ベクトル $\overrightarrow{OH}$ を求めよ．

(2) 点 C から 3 点 O, A, B を通る平面に垂線をひき，平面 OAB との交点を K とする．$\vec{a}$，$\vec{b}$ が直交するとき，ベクトル $\overrightarrow{KC}$ を求めよ． （島根大）

精 講　(1)　H は直線 OA 上の点だから
$$\overrightarrow{OH}=l\vec{a}$$
とおけます．あとは $\overrightarrow{OA}\perp\overrightarrow{CH}$ となるように l を決めればよいわけです．

(2)　K は平面 OAB 上の点だから
$$\overrightarrow{OK}=m\vec{a}+n\vec{b}$$
とおけます．このあとは $\overrightarrow{CK}\perp$ 平面 OAB，
すなわち $\overrightarrow{CK}\perp\overrightarrow{OA}$，$\overrightarrow{CK}\perp\overrightarrow{OB}$ となるように m，n を決めればよいわけです．

解法のプロセス

(1) C から直線 OA におろした垂線の足 H は
$$\overrightarrow{CH}\perp\overrightarrow{OA}$$
をみたす

(2) C から平面 OAB におろした垂線の足 K は
$$\overrightarrow{CK}\perp\overrightarrow{OA}，\overrightarrow{CK}\perp\overrightarrow{OB}$$
をみたす

〈　**解 答**　〉

(1)　$\overrightarrow{OH}=l\vec{a}$（$l$ は実数）とおける．$\overrightarrow{OA}\perp\overrightarrow{CH}$ ゆえ
$$\vec{a}\cdot(l\vec{a}-\vec{c})=0 \qquad \therefore\ l|\vec{a}|^2-\vec{a}\cdot\vec{c}=0$$
$$\therefore\ l=\frac{\vec{a}\cdot\vec{c}}{|\vec{a}|^2} \qquad \therefore\ \overrightarrow{OH}=\frac{\vec{a}\cdot\vec{c}}{|\vec{a}|^2}\vec{a}$$

(2)　$\overrightarrow{OK}=m\vec{a}+n\vec{b}$（$m$，$n$ は実数）とおける．
$\overrightarrow{KC}\perp\vec{a}$，$\overrightarrow{KC}\perp\vec{b}$ ゆえ
$$\vec{a}\cdot(\vec{c}-m\vec{a}-n\vec{b})=0，\ \vec{b}\cdot(\vec{c}-m\vec{a}-n\vec{b})=0$$
$$\therefore\ \vec{a}\cdot\vec{c}-m|\vec{a}|^2=0，\ \vec{b}\cdot\vec{c}-n|\vec{b}|^2=0 \qquad \Leftarrow \vec{a}\perp\vec{b}\ \text{ゆえ}\ \vec{a}\cdot\vec{b}=0$$
$$\therefore\ m=\frac{\vec{a}\cdot\vec{c}}{|\vec{a}|^2}，\ n=\frac{\vec{b}\cdot\vec{c}}{|\vec{b}|^2} \qquad \therefore\ \overrightarrow{KC}=\vec{c}-\frac{\vec{a}\cdot\vec{c}}{|\vec{a}|^2}\vec{a}-\frac{\vec{b}\cdot\vec{c}}{|\vec{b}|^2}\vec{b}$$

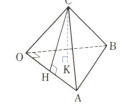

演習問題

163　平面上に異なる 3 点 O, A, B がある．直線 OA に関して，B と対称な点を C とする．ベクトル $\overrightarrow{OA}$，$\overrightarrow{OB}$，$\overrightarrow{OC}$ をそれぞれ $\vec{a}$，$\vec{b}$，$\vec{c}$ と書くとき，$\vec{c}$ を $\vec{a}$，$\vec{b}$ で表せ． （滋賀大）

標問 **164** 平行六面体の体積

空間内の3点 A(1, 1, 1), B(-4, 2, 2), C(-1, -1, 2) の原点O
(0, 0, 0) に関する位置ベクトルをそれぞれ, $\vec{a}$, $\vec{b}$, $\vec{c}$ とする. 線分 OA, OB,
OC を3つの辺とする平行六面体(向かい合う3組の面が, それぞれ平行で
ある六面体) について,

(1) O, A, B, C 以外の他の4頂点のOに関する位置ベクトルを, $\vec{a}$, $\vec{b}$, $\vec{c}$
 で表せ.

(2) この六面体の体積を求めよ. (都立大)

> **精講** 平行六面体の体積は
>   1つの面の面積×高さ
> です. $\vec{a}$, $\vec{b}$ でつくられる平行四辺形の面積 S は
> $$S=\sqrt{|\vec{a}|^2|\vec{b}|^2-(\vec{a}\cdot\vec{b})^2}$$

> **解法のプロセス**
> 平行六面体の体積
> ＝1つの面の面積×高さ
> ＝$\sqrt{|\vec{a}|^2|\vec{b}|^2-(\vec{a}\cdot\vec{b})^2}$×高さ

〈 **解 答** 〉

(1) 右の図のように残りの点 D, E, F, G をとる.
$$\overrightarrow{OD}=\overrightarrow{OB}+\overrightarrow{BD}=\overrightarrow{OB}+\overrightarrow{OC}=\vec{b}+\vec{c}$$
$$\overrightarrow{OE}=\overrightarrow{OA}+\overrightarrow{AE}=\overrightarrow{OA}+\overrightarrow{OC}=\vec{a}+\vec{c}$$
$$\overrightarrow{OF}=\overrightarrow{OA}+\overrightarrow{AF}=\overrightarrow{OA}+\overrightarrow{OB}=\vec{a}+\vec{b}$$
$$\overrightarrow{OG}=\overrightarrow{OF}+\overrightarrow{FG}=\overrightarrow{OF}+\overrightarrow{OC}=\vec{a}+\vec{b}+\vec{c}$$

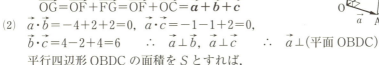

(2) $\vec{a}\cdot\vec{b}=-4+2+2=0$, $\vec{a}\cdot\vec{c}=-1-1+2=0$,
$\vec{b}\cdot\vec{c}=4-2+4=6$ ∴ $\vec{a}\perp\vec{b}$, $\vec{a}\perp\vec{c}$ ∴ $\vec{a}\perp$(平面 OBDC)

平行四辺形 OBDC の面積を S とすれば,
$$S^2=|\vec{b}|^2|\vec{c}|^2-(\vec{b}\cdot\vec{c})^2=(16+4+4)(1+1+4)-6^2=6^2\times3$$
∴ $S=6\sqrt{3}$ ∴ 体積$=S\times|\vec{a}|=6\sqrt{3}\times\sqrt{3}=\mathbf{18}$

研究 (2) $\vec{a}\perp\vec{b}$ から, 四角形 OAFB の面積 S_1 は簡単に出る.
$$S_1=|\vec{a}||\vec{b}|=\sqrt{3}\cdot\sqrt{24}=6\sqrt{2}$$
これを底面として体積を求めてみよう.
$\vec{c}$, $\vec{b}$ のなす角を α とすれば $\cos\alpha=\dfrac{\vec{b}\cdot\vec{c}}{|\vec{b}||\vec{c}|}=\dfrac{4-2+4}{\sqrt{24}\sqrt{6}}=\dfrac{1}{2}$ ∴ $\sin\alpha=\dfrac{\sqrt{3}}{2}$
$\vec{a}\perp\vec{b}$, $\vec{a}\perp\vec{c}$ だから, 平面 OAFB と $\vec{c}$ のなす角は α である.
求める体積は, $S_1\times|\vec{c}|\sin\alpha=6\sqrt{2}\times\sqrt{6}\times\dfrac{\sqrt{3}}{2}=18$

標問 **165** **球のベクトル方程式**

> 空間内に 3 点 A$(a,\ 0,\ 0)$，B$(0,\ 2a,\ 0)$，C$(0,\ 0,\ 2a)$ をとる．ただし，$a>0$ とする．
>
> (1) $2\overrightarrow{\mathrm{AP}}\cdot\overrightarrow{\mathrm{BP}}=\overrightarrow{\mathrm{AP}}\cdot\overrightarrow{\mathrm{BC}}$ をみたす点 P 全体は，球面であることを示し，その中心の座標と半径をそれぞれ a を用いて表せ．
>
> (2) (1)の球面を y 軸に垂直な平面で切った切り口が，xy 平面とただ 1 点を共有する円となるとき，この円の中心の座標と半径をそれぞれ a を用いて表せ．
>
> (*札幌医大)

精講　中心 A，半径 r の球の方程式は
$$|\overrightarrow{\mathrm{AP}}|=r \ \text{すなわち} \ |\vec{p}-\vec{a}|=r$$
AB を直径とする球の方程式は
$$\overrightarrow{\mathrm{AP}}\cdot\overrightarrow{\mathrm{BP}}=0 \ \text{すなわち} \ (\vec{p}-\vec{a})\cdot(\vec{p}-\vec{b})=0$$
です．

解法のプロセス
(1) $\overrightarrow{\mathrm{AP}}$ で式をくくる
(2) 円と平面が接する
⇩
円と平面の共有点が 1 個

《 **解答** 》

(1) $2\overrightarrow{\mathrm{AP}}\cdot\overrightarrow{\mathrm{BP}}=\overrightarrow{\mathrm{AP}}\cdot\overrightarrow{\mathrm{BC}} \iff \overrightarrow{\mathrm{AP}}\cdot(2\overrightarrow{\mathrm{BP}}-\overrightarrow{\mathrm{BC}})=0$ ……(*)

線分 BC の中点 $(0,\ a,\ a)$ を M とおくと，(*)は
$$\overrightarrow{\mathrm{AP}}\cdot(\overrightarrow{\mathrm{BP}}-\overrightarrow{\mathrm{BM}})=0 \quad \therefore \quad \overrightarrow{\mathrm{AP}}\cdot\overrightarrow{\mathrm{MP}}=0$$

点 P の全体は，AM を直径とする球面であり，この球面の

中心の座標は $\left(\dfrac{a}{2},\ \dfrac{a}{2},\ \dfrac{a}{2}\right)$，半径は $\dfrac{1}{2}|\overrightarrow{\mathrm{AM}}|=\dfrac{\sqrt{3}}{2}a$ （∵ $a>0$）

(2) (1)の球面：$\left(x-\dfrac{a}{2}\right)^2+\left(y-\dfrac{a}{2}\right)^2+\left(z-\dfrac{a}{2}\right)^2=\dfrac{3}{4}a^2$ を y 軸に垂直な平面 $y=t$

で切った切り口である円の方程式は
$$\left(x-\dfrac{a}{2}\right)^2+\left(z-\dfrac{a}{2}\right)^2=\dfrac{3}{4}a^2-\left(t-\dfrac{a}{2}\right)^2 \ \text{かつ} \ y=t$$

これが xy 平面とただ 1 点で交わる円となる条件は，$z=0$ として得られる x の方程式
$$\left(x-\dfrac{a}{2}\right)^2=\dfrac{a^2}{2}-\left(t-\dfrac{a}{2}\right)^2$$

がただ 1 つの実数解をもつことである．そのような t の値は
$$\dfrac{a^2}{2}-\left(t-\dfrac{a}{2}\right)^2=0 \quad \therefore \quad t=\dfrac{1\pm\sqrt{2}}{2}a$$

よって，求める円の中心の座標は $\left(\dfrac{a}{2},\ \dfrac{1\pm\sqrt{2}}{2}a,\ \dfrac{a}{2}\right)$，半径は $\dfrac{a}{2}$

第10章 総合問題

4次方程式，フェラーリの解法

$f(x)=x^4+2x^2-4x+8$ とする.

(1) $(x^2+t)^2-f(x)=(px+q)^2$ が x の恒等式となるような整数 t, p, q の値を一組求めよ.

(2) (1)で求めた t, p, q の値を用いて方程式 $(x^2+t)^2=(px+q)^2$ を解くことにより，方程式 $f(x)=0$ の解をすべて求めよ.　　　　（筑波大）

精講　(1) x についての恒等式なので，両辺を展開して，係数比較しましょう.

(2) (1)より $f(x)=(x^2+t)^2-(px+q)^2$ であり，$f(x)=0$ は2つの2次方程式に分解されます.

解法のプロセス
(1) 2つの整式が恒等的に等しい
　　　　　⇩
　　　係数比較
(2) 前問(1)の利用を考える

〈　解　答　〉

(1) 左辺，右辺をそれぞれ計算すると
$$(左辺)=(x^4+2tx^2+t^2)-(x^4+2x^2-4x+8)$$
$$=2(t-1)x^2+4x+t^2-8$$
$$(右辺)=p^2x^2+2pqx+q^2$$
与式が x の恒等式になる条件は
$$\begin{cases} 2(t-1)=p^2 & \cdots\cdots① \\ 2=pq & \cdots\cdots② \\ t^2-8=q^2 & \cdots\cdots③ \end{cases}$$
である. t, p, q は整数であるから，①より，p は2の倍数であり，②とあわせると
$$(p,\ q)=(2,\ 1),\ (-2,\ -1)$$
である. このとき，①より
$$t=\frac{p^2}{2}+1=\frac{(\pm2)^2}{2}+1=3$$
これは③を満たす. $(t,\ p,\ q)$ の一組として
$$(t,\ p,\ q)=(3,\ 2,\ 1)$$
をとることができる.

← 左辺と右辺が恒等的に等しいので，各係数の比較ができる

← t, p, q が整数であるという条件は解く立場からはありがたい

← 整数解の組 $(t,\ p,\ q)$ は2組あるが，どちらか一組を答とすればよい

⑵　$(x^2+3)^2=(2x+1)^2$ を解くと

$(x^2+3)^2-(2x+1)^2=0$

$(x^2-2x+2)(x^2+2x+4)=0$　　　　　　◀ $X^2-Y^2=(X-Y)(X+Y)$

$\therefore\ x=1\pm i,\ -1\pm\sqrt{3}\,i$

$f(x)=(x^2+3)^2-(2x+1)^2$ であるから　$f(x)=0$　　◀⑴の結果を

の解のすべては　　　　　　　　　　　　　　　　　　$f(x)=(x^2+t)^2-(px+q)^2$

　　　　$x=1\pm i,\ -1\pm\sqrt{3}\,i$　　　　　　　　　　に代入した

研究　1°　⑴を $(t,\ p,\ q)=(3,\ -2,\ -1)$ としてもよい．このとき⑵は

$$f(x)=(x^2+3)^2-(-2x-1)^2$$
$$=(x^2+3)^2-(2x+1)^2$$

であり，同じ解を得る．

2°　4次方程式 $f(x)=0$ の解法は，カルダノの弟子であるフェラーリ
(1522〜1565)によって発見された．それは **3次分解方程式** と呼ばれるも
のを利用して $f(x)$ を平方の差に変形し解くものである．本問の⑴は
$f(x)=(x^2+t)^2-(px+q)^2$ として $f(x)$ を平方の差に変形している．

$x^4+2x^2-4x+8=0$ を

$x^4=-2x^2+4x-8$

と変形し，辺々に $2tx^2+t^2$ を加えると

$x^4+2tx^2+t^2=2(t-1)x^2+4x+t^2-8$　　……㋐

右辺が完全平方式となる t の値を求めることができれば

$$(x^2+t)^2=2(t-1)\Big(x+\frac{1}{t-1}\Big)^2$$
　　　　　　　　　　　　　　　　　◀ $t=1$ のときは完全平方式とは
　　　　　　　　　　　　　　　　　　ならない

であり，2つの2次方程式

$$x^2+t=\pm\sqrt{2(t-1)}\Big(x+\frac{1}{t-1}\Big)$$

を解くことにより，$f(x)=0$ の解を得ることができる．㋐の右辺が完全平
方式となる条件は，(㋐の右辺)$=0$ の判別式が0となることであるから

$2^2-2(t-1)(t^2-8)=0$

$\therefore\ t^3-t^2-8t+6=0$

$\therefore\ (t-3)(t^2+2t-2)=0$

である．これが本問 $f(x)=0$ の3次分解方程式であり，整数解 t は3で
ある．

| 標問 | **167** | **オイラーの不等式** |

三角形 ABC の内接円の半径を r, 外接円の半径を R とし, $h=\dfrac{r}{R}$ とする. また, $\angle A=2\alpha$, $\angle B=2\beta$, $\angle C=2\gamma$ とおく.

(1) $h=4\sin\alpha\sin\beta\sin\gamma$ となることを示せ.

(2) 三角形 ABC が直角三角形のとき $h\leqq\sqrt{2}-1$ が成り立つことを示せ. また, 等号が成り立つのはどのような場合か.

(3) 一般の三角形 ABC に対して $h\leqq\dfrac{1}{2}$ が成り立つことを示せ. また, 等号が成り立つのはどのような場合か.

(東北大)

精講 三角形の内接円, 外接円の半径の比に関する問題です. (1)は(2), (3)の準備になっています.

(1) 一つの辺, たとえば辺 BC の長さを外接円の半径 R, 内接円の半径 r を用いて表すことを考えましょう. まず, BC の長さは正弦定理により R と $\sin2\alpha$ で表すことができます. また, 内心を I とし, △IBC に着目すると, $\angle IBC=\beta$, $\angle ICB=\gamma$ であり, r は BC を底辺とみたときの高さなので, r と $\tan\alpha$, $\tan\beta$ が結びつきます.

(2) $\angle C=\dfrac{\pi}{2}$ としても一般性を失いません. $\alpha+\beta+\gamma=\dfrac{\pi}{2}$ と合わせると h は1変数関数として表されます. 変数の変域に注意して最大値を求めます.

(3) (2)の変形をヒントに h を2変数関数として表し, 最大値を求めます (予選・決勝法, 標問**59**).

解法のプロセス

(1) 一つの辺に着目し, r, R が登場する等式をつくる
⇩
内心から辺BCにおろした垂線の足をHとすると, BC=BH+HC

(2) $\angle C=\dfrac{\pi}{2}$ としてよい
⇩
$\alpha+\beta+\gamma=\dfrac{\pi}{2}$ と合わせると, h は1変数関数として表される
⇩
変域に注意して最大値を求める

(3) 2変数関数の最大値
⇩
予選・決勝法

〈　**解　答**　〉

(1)　内心 I から辺 BC におろした垂線の足を H とすると

$$\text{BC}=\text{BH}+\text{HC} \quad \cdots\cdots\text{①}$$

である．正弦定理より

$$\text{BC}=2R\sin 2\alpha=4R\sin\alpha\cos\alpha$$

一方，IB, IC はそれぞれ ∠B, ∠C の二等分線

であるから，∠IBH$=\beta$，∠ICH$=\gamma$ である．

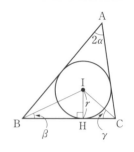

$$\text{BH}+\text{CH}=\frac{r}{\tan\beta}+\frac{r}{\tan\gamma}$$

$$=r\frac{\cos\beta\sin\gamma+\sin\beta\cos\gamma}{\sin\beta\sin\gamma}$$

$$=r\frac{\sin(\beta+\gamma)}{\sin\beta\sin\gamma}$$

← 加法定理

ここで，$2\alpha+2\beta+2\gamma=\pi$ より $\alpha+\beta+\gamma=\dfrac{\pi}{2}$

であるから

$$\text{BH}+\text{CH}=r\frac{\sin\left(\dfrac{\pi}{2}-\alpha\right)}{\sin\beta\sin\gamma}=r\frac{\cos\alpha}{\sin\beta\sin\gamma}$$

したがって，①は

$$4R\sin\alpha\cos\alpha=r\frac{\cos\alpha}{\sin\beta\sin\gamma}$$

$$\therefore\quad h=\frac{r}{R}=4\sin\alpha\cos\alpha\cdot\frac{\sin\beta\sin\gamma}{\cos\alpha}$$

$$=4\sin\alpha\sin\beta\sin\gamma$$

(2)　h の α, β, γ に関する対称性より，直角三角形

ABC に対して ∠C$=2\gamma=\dfrac{\pi}{2}$ としても一般性を

失わない．このとき $\gamma=\dfrac{\pi}{4}$, $\alpha+\beta=\dfrac{\pi}{4}$ である．

　(1)の等式は

$$h=4\cdot\frac{1}{2}\{\cos(\alpha-\beta)-\cos(\alpha+\beta)\}\cdot\sin\frac{\pi}{4}$$

← 積を和に直す公式

$$=\sqrt{2}\left\{\cos\left(2\alpha-\frac{\pi}{4}\right)-\cos\frac{\pi}{4}\right\}$$

← $\beta=\dfrac{\pi}{4}-\alpha$

$$=\sqrt{2}\cos\left(2\alpha-\frac{\pi}{4}\right)-1$$

$$\leqq\sqrt{2}-1$$

← $\cos\left(2\alpha-\dfrac{\pi}{4}\right)\leqq 1$

等号が成り立つのは，$\cos\left(2\alpha-\dfrac{\pi}{4}\right)=1$ のとき

である. $-\dfrac{\pi}{4}<2\alpha-\dfrac{\pi}{4}<\dfrac{\pi}{4}$ より $2\alpha-\dfrac{\pi}{4}=0$

$\qquad \alpha=\dfrac{\pi}{8} \qquad \therefore \quad \angle A=\angle B\left(=\dfrac{\pi}{4}\right)$

よって, $\left(\angle A,\ \angle B\ が\ \dfrac{\pi}{2}\ のときも\right)$等号が成り

立つのは, 三角形 ABC が**直角二等辺三角形**のときである.

◄ $0<\alpha<\dfrac{\pi}{4}$

◄ $\triangle ABC$ は $\angle C=\dfrac{\pi}{2}$ の直角二等辺三角形である

(3) $\alpha+\beta+\gamma=\dfrac{\pi}{2}$ であるから

$h=4\cdot\dfrac{1}{2}\{\cos(\alpha-\beta)-\cos(\alpha+\beta)\}\cdot\sin\gamma$

$=2\left\{\cos\left(2\alpha+\gamma-\dfrac{\pi}{2}\right)-\cos\left(\dfrac{\pi}{2}-\gamma\right)\right\}\cdot\sin\gamma$

$=2\sin\gamma\sin(2\alpha+\gamma)-2\sin^2\gamma$

$\gamma\left(0<\gamma<\dfrac{\pi}{2}\right)$ を固定すると, $\sin\gamma>0$ であり,

$2\alpha+\gamma$ は $\gamma<2\alpha+\gamma<\pi$ の範囲を動くから

$\qquad h\leqq 2\sin\gamma\cdot 1-2\sin^2\gamma$

$\qquad\quad =-2\left(\sin\gamma-\dfrac{1}{2}\right)^2+\dfrac{1}{2}$

$\qquad\quad \leqq\dfrac{1}{2}$

等号が成り立つのは

$\begin{cases}\sin(2\alpha+\gamma)=1\\ \sin\gamma=\dfrac{1}{2}\end{cases}$

のときであり, $\gamma<2\alpha+\gamma<\pi,\ 0<\gamma<\dfrac{\pi}{2}$ と

$\alpha+\beta+\gamma=\dfrac{\pi}{2}$ とあわせると

$\begin{cases}2\alpha+\gamma=\dfrac{\pi}{2}\\ \gamma=\dfrac{\pi}{6}\end{cases} \qquad \therefore \quad \alpha=\beta=\gamma=\dfrac{\pi}{6}$

$\qquad \therefore \quad \angle A=\angle B=\angle C=\dfrac{\pi}{3}$

すなわち三角形 ABC が**正三角形**のときである.

◄ (2)の変形を真似て, 積を和に直す公式を用いた

◄ $\beta=\dfrac{\pi}{2}-\alpha-\gamma$

◄ $0<\alpha<\dfrac{\pi}{2},\ \gamma<\alpha+\gamma<\dfrac{\pi}{2}$

◄ (予選)

◄ (決勝)

研究 1° 三角形の内接円の半径 r と外接円の半径 R と内心と外心の距離 d の間には

$$d^2 = R(R-2r) \quad (\text{チャップル・オイラーの定理})$$

という関係式が成り立つことが知られている．これにより

$$R \geqq 2r \quad (\text{オイラーの不等式})$$

すなわち，本問の不等式

$$h = \frac{r}{R} \leqq \frac{1}{2}$$

が成り立つことがわかる．

2° オイラーの不等式は，次の2つの不等式

・「3文字の相加平均・相乗平均の不等式」(標問 **16** 参照)

$x \geqq 0,\ y \geqq 0,\ z \geqq 0$ ならば

$$\frac{x+y+z}{3} \geqq \sqrt[3]{xyz}$$

が成り立つ．等号が成立するのは $x=y=z$ のときである．

・「凸関数の不等式」(標問 **18** の拡張)

$f(x)$ が上に凸な関数であるとき

$p \geqq 0,\ q \geqq 0,\ r \geqq 0,\ p+q+r=1$ に対して

$$f(px+qy+rz) \geqq pf(x)+qf(y)+rf(z) \quad (\text{Jensen の不等式})$$

が成り立つ．等号が成立するのは $x=y=z$ のときである．

を用いて直接示すこともできる．(1)の等式より

$$h = 4\sin\alpha\sin\beta\sin\gamma$$

$$\leqq 4\left(\frac{\sin\alpha+\sin\beta+\sin\gamma}{3}\right)^3 \quad (\because \ \text{相加平均・相乗平均の不等式})$$

$$\leqq 4\left(\sin\frac{\alpha+\beta+\gamma}{3}\right)^3$$

$$\qquad\qquad (\because \ \text{Jensen の不等式，} 0 \leqq x \leqq \pi \ \text{で} \sin x \text{は上に凸})$$

$$= 4\left(\sin\frac{\pi}{6}\right)^3$$

$$= \frac{1}{2}$$

等号が成立するのは

$$\begin{cases} \sin\alpha = \sin\beta = \sin\gamma \\ \alpha = \beta = \gamma \end{cases}$$

$$\therefore \quad \alpha = \beta = \gamma$$

△ABC は正三角形である．

標問 **168**　**円のベクトル方程式と点の軌跡**

座標平面上に点 A$(-1,\ 0)$, B$(1,\ 0)$ がある．原点を中心とする半径1の円から点Aを除いた曲線を C とする．C 上の点Pに対し，A を始点とする半直線 AP 上に点Qを以下の2つの条件(i), (ii)を満たすようにとる．

(i)　線分 PQ の長さは線分 BP の長さと等しい．

(ii)　点Pは線分 AQ 上にある．

点Pが C 上を動くとき，点Qの軌跡を求め，図示せよ．　　　　（千葉大）

精講　Pは$(\cos\theta,\ \sin\theta)$ と表すことができ，条件を満たすQは θ でパラメータ表示されます．

Qの座標 $(x,\ y)$ が

$$\begin{pmatrix} x \\ y \end{pmatrix} = \begin{pmatrix} a \\ b \end{pmatrix} + r\begin{pmatrix} \cos\varphi \\ \sin\varphi \end{pmatrix}$$

とベクトル表示されると，点Qは点 $(a,\ b)$ を中心とする半径 r の円周上を動くことがわかります．

また，パラメータ θ が存在するような点 $(x,\ y)$ の集合として点Qの軌跡を求めることもできます．　　　　← (別解)

解法のプロセス

Pを $(\cos\theta,\ \sin\theta)$ とおく

⇩

Qを θ を用いて表す

⇩

円のベクトル方程式に帰着させる

〈　**解　答**　〉

点Pは曲線 C 上を動くから，点Pの座標は

$$(\cos\theta,\ \sin\theta)\quad(-\pi<\theta<\pi)$$

とおくことができる．このとき，点Qは条件(i), (ii)を満たすから，右図の位置にある．

$$\overrightarrow{\mathrm{OQ}} = \overrightarrow{\mathrm{OP}} + \overrightarrow{\mathrm{PQ}} = \overrightarrow{\mathrm{OP}} + \mathrm{BP}\frac{\overrightarrow{\mathrm{AP}}}{|\overrightarrow{\mathrm{AP}}|}$$

$$= \begin{pmatrix} \cos\theta \\ \sin\theta \end{pmatrix} + 2\left|\sin\frac{\theta}{2}\right|\begin{pmatrix} \cos\dfrac{\theta}{2} \\ \sin\dfrac{\theta}{2} \end{pmatrix} \quad\cdots\cdots①$$

← $\mathrm{BP}=\mathrm{AB}\left|\sin\dfrac{\theta}{2}\right|$

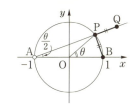

点Qの座標を (x, y) とする.

(ア) $0 \leqq \dfrac{\theta}{2} < \dfrac{\pi}{2}$ $(0 \leqq \theta < \pi)$ のとき

$$① \iff \begin{cases} x = \cos\theta + 2\sin\dfrac{\theta}{2}\cos\dfrac{\theta}{2} \\ y = \sin\theta + 2\sin^2\dfrac{\theta}{2} \end{cases}$$

← $\left|\sin\dfrac{\theta}{2}\right|$ の絶対値を外すための場合分け

x, y を整理すると

$$x = \cos\theta + \sin\theta = \sqrt{2}\cos\left(\theta - \dfrac{\pi}{4}\right)$$

$$y = \sin\theta + (1 - \cos\theta) = 1 + \sqrt{2}\sin\left(\theta - \dfrac{\pi}{4}\right)$$

← x 座標は $\cos$, y 座標は $\sin$ で, 角は同じ値となるように式をまとめる

$$\therefore \begin{pmatrix} x \\ y \end{pmatrix} = \begin{pmatrix} 0 \\ 1 \end{pmatrix} + \sqrt{2}\begin{pmatrix} \cos\left(\theta - \dfrac{\pi}{4}\right) \\ \sin\left(\theta - \dfrac{\pi}{4}\right) \end{pmatrix}$$

← 円のベクトル方程式として式をまとめた

ここで, $0 \leqq \theta < \pi$ より $-\dfrac{\pi}{4} \leqq \theta - \dfrac{\pi}{4} < \dfrac{3}{4}\pi$ である.

(イ) $-\dfrac{\pi}{2} < \dfrac{\theta}{2} \leqq 0$ $(-\pi < \theta \leqq 0)$ のとき

$$① \iff \begin{cases} x = \cos\theta - 2\sin\dfrac{\theta}{2}\cos\dfrac{\theta}{2} \\ y = \sin\theta - 2\sin^2\dfrac{\theta}{2} \end{cases}$$

x, y を整理すると

$$x = \cos\theta - \sin\theta = \sqrt{2}\cos\left(\theta + \dfrac{\pi}{4}\right)$$

$$y = \sin\theta - (1 - \cos\theta) = -1 + \sqrt{2}\sin\left(\theta + \dfrac{\pi}{4}\right)$$

$$\therefore \begin{pmatrix} x \\ y \end{pmatrix} = \begin{pmatrix} 0 \\ -1 \end{pmatrix} + \sqrt{2}\begin{pmatrix} \cos\left(\theta + \dfrac{\pi}{4}\right) \\ \sin\left(\theta + \dfrac{\pi}{4}\right) \end{pmatrix}$$

ここで, $-\pi < \theta \leqq 0$ より $-\dfrac{3}{4}\pi < \theta + \dfrac{\pi}{4} \leqq \dfrac{\pi}{4}$ である.

以上(ア), (イ)より, 点Qの軌跡は右図の2つの円弧である. 白丸は除く.

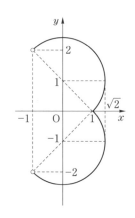

(別解) Qの軌跡は①を満たす $\theta\,(-\pi<\theta<\pi)$ が存在するような点 $(x,\ y)$ の集合である.

(ア) $0\leqq\theta<\pi$ のとき

$$① \iff \begin{cases} x=\cos\theta+\sin\theta \\ y=\sin\theta+(1-\cos\theta) \end{cases} \iff \begin{cases} \cos\theta+\sin\theta=x \\ \cos\theta-\sin\theta=1-y \end{cases}$$

$$\therefore \quad \cos\theta=\frac{x-y+1}{2}, \quad \sin\theta=\frac{x+y-1}{2}$$

したがって,θ が存在するような x,y の条件は

$$\begin{cases} \left(\dfrac{x-y+1}{2}\right)^2+\left(\dfrac{x+y-1}{2}\right)^2=1 \\[2mm] \dfrac{x+y-1}{2}>0 \ \text{または} \ \begin{cases} \dfrac{x-y+1}{2}=1 \\[2mm] \dfrac{x+y-1}{2}=0 \end{cases} \end{cases}$$

$$\therefore \quad \begin{cases} x^2+(y-1)^2=2 \\ y>1-x \ \text{または} \ (x,\ y)=(1,\ 0) \end{cases}$$

(イ) $-\pi<\theta\leqq0$ のとき

$$① \iff \begin{cases} x=\cos\theta-\sin\theta \\ y=\sin\theta-(1-\cos\theta) \end{cases} \iff \begin{cases} \cos\theta-\sin\theta=x \\ \cos\theta+\sin\theta=1+y \end{cases}$$

$$\therefore \quad \cos\theta=\frac{x+y+1}{2}, \quad \sin\theta=\frac{-x+y+1}{2}$$

したがって,θ が存在するような x,y の条件は

$$\begin{cases} \left(\dfrac{x+y+1}{2}\right)^2+\left(\dfrac{-x+y+1}{2}\right)^2=1 \\[2mm] \dfrac{-x+y+1}{2}<0 \ \text{または} \ \begin{cases} \dfrac{x+y+1}{2}=1 \\[2mm] \dfrac{-x+y+1}{2}=0 \end{cases} \end{cases}$$

$$\therefore \quad \begin{cases} x^2+(y+1)^2=2 \\ y<x-1 \ \text{または} \ (x,\ y)=(1,\ 0) \end{cases}$$

以上,(ア)または(イ)を図示すると**解答**の図を得る.

・題意よりQの軌跡は x 軸に関して対称であるから(ア)または(イ)の一方を考察して折り返してもよい.

標問 **169**　接する2曲線の接点の存在範囲

0でない実数 a, b, c は次の条件(i)と(ii)を満たしながら動くものとする.

(i)　$1+c^2 \leq 2a$.

(ii)　2つの放物線 $C_1: y=ax^2$ と $C_2: y=b(x-1)^2+c$ は接している.

ただし, 2つの曲線が接するとは, ある共有点において共通の接線をもつことであり, その共有点を接点という.

(1)　C_1 と C_2 の接点の座標を a と c を用いて表せ.

(2)　C_1 と C_2 の接点が動く範囲を求め, その範囲を図示せよ.　　　　(京　大)

▶ **精 講**　　(1)　2つの曲線 $y=f(x)$, $y=g(x)$ が接する条件については標問 **96** の

▶研究 で触れました.「ある共有点において共通な接線をもつ」ことは

$$\begin{cases} f(t)=g(t) & \text{(共有点をもつ)} \\ f'(t)=g'(t) & \text{(同じ傾きをもつ)} \end{cases}$$

を満たす実数 t が存在することです.

(2)　パラメータ表示された点 (x, y) の軌跡は標問 **51** で扱っています.「パラメータが存在するための x, y の条件」を考えましょう.

▶ **解法のプロセス**

(1)　2曲線 $y=f(x)$, $y=g(x)$ が接する

⇩

$$\begin{cases} f(t)=g(t) \\ f'(t)=g'(t) \end{cases}$$

を満たす実数 t が存在する

(2)　パラメータ表示された点 (x, y) の軌跡

⇩

パラメータが存在するための x, y の条件

〈　**解　答**　〉

$C_1: y=ax^2$

$C_2: y=b(x-1)^2+c$

(1)　$f(x)=ax^2$, $g(x)=b(x-1)^2+c$ とおく.

$$f'(x)=2ax, \quad g'(x)=2b(x-1)$$

条件(ii)より, C_1 と C_2 は共有点をもち, その共有点において共通の接線をもつ. これは

$$\begin{cases} f(t)=g(t) \\ f'(t)=g'(t) \end{cases}$$

すなわち, $\begin{cases} at^2=b(t-1)^2+c & \cdots\cdots① \\ 2at=2b(t-1) & \cdots\cdots② \end{cases}$

を満たす実数 t が存在するということである.

②より $b(t-1)=at$ ……②′ であり，①は
$$at^2=at\cdot(t-1)+c$$
$$at=c \quad \text{……③}$$
となる.

$$\text{「①かつ②」}\Longleftrightarrow\text{「②′かつ③」}$$

← 代入法の原理

$$\Longleftrightarrow \begin{cases} at=c & \text{……③} \\ b(t-1)=c & \text{……④} \end{cases}$$

$a\neq0$ かつ③より $t=\dfrac{c}{a}$

← t は接点の x 座標である

このとき $f(t)=at^2=a\left(\dfrac{c}{a}\right)^2=\dfrac{c^2}{a}$

よって，C_1 と C_2 の接点の座標は $\left(\dfrac{c}{a},\ \dfrac{c^2}{a}\right)$

(2) C_1 と C_2 の接点の座標を $(x,\ y)$ とすると
$$x=\dfrac{c}{a} \quad \text{……⑤}, \qquad y=\dfrac{c^2}{a} \quad \text{……⑥}$$

接点 $(x,\ y)$ が動く範囲は，「(i)かつ③かつ④かつ⑤かつ⑥」を満たす，0 でない実数 a, b, c および，実数 t が存在するような点 $(x,\ y)$ の集合である.

← 条件④を忘れない

$$\text{「③かつ⑤かつ⑥」}$$

$$\Longleftrightarrow \begin{cases} c=at \\ x=\dfrac{at}{a}=t \\ y=\dfrac{(at)^2}{a}=at^2 \end{cases}$$

$$\Longleftrightarrow \begin{cases} t=x \\ c=ax \\ y=ax^2 \end{cases}$$

$a\neq0$ かつ $c\neq0$ である a, c が存在する条件は
$$x\neq0 \ \text{かつ}\ y\neq0 \quad \text{……⑦}$$
であり，このとき
$$a=\dfrac{y}{x^2},\ c=\dfrac{y}{x^2}\cdot x=\dfrac{y}{x}$$
である. さらに，条件(i)，④については

$$\text{(i)} \Longleftrightarrow 1+\left(\dfrac{y}{x}\right)^2\leqq2\cdot\dfrac{y}{x^2}$$

$$\Longleftrightarrow x^2+y^2\leqq2y \quad (\because\ ⑦より\ x\neq0)$$

$$\therefore\ x^2+(y-1)^2\leqq1 \quad \text{……⑧}$$

また,

④ $\Longleftrightarrow b(x-1)=\dfrac{y}{x}$

⑦のもとで $b \neq 0$ を満たす b が存在する条件は

$x \neq 1$ ……⑨

以上,「⑦かつ⑧かつ⑨」が接点が動く範囲である.すなわち

$x^2+(y-1)^2 \leqq 1$ かつ $x \neq 0$, $y \neq 0$, $x \neq 1$

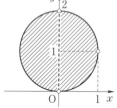

である.図示すると,右図の境界を含んだ斜線部分となる.ただし,y 軸上の点と点 $(1, 1)$ は除く.

別解 (1) C_1 と C_2 を連立すると

$ax^2 = b(x-1)^2+c$

$\therefore \ (a-b)x^2+2bx-(b+c)=0$ ……⑦

C_1 と C_2 が接する条件は⑦が重解をもつことである.したがって,⑦が2次方程式であること,すなわち $a \neq b$ が必要で,このとき判別式を D とすると

$\dfrac{D}{4}=0$ すなわち, $b^2+(a-b)(b+c)=0$

$\therefore \ (b-a)c=ab$ ……④

$a \neq 0$, $b \neq 0$ より④が成り立つとき,$a \neq b$ は成り立つから,条件(ⅱ)は④と同値である.

接点の座標を (x, y) とすると,解の公式より

$x=-\dfrac{b}{a-b}=\dfrac{b}{b-a}=\dfrac{c}{a}$

$y=ax^2=a\left(\dfrac{c}{a}\right)^2=\dfrac{c^2}{a}$

よって,接点の座標は $\left(\dfrac{c}{a}, \ \dfrac{c^2}{a}\right)$ である.

標問 **170** 通過領域と面積

　座標平面上で，点 O(0, 0)，A(0, 1)，B(1, 0)，C(1, 1) を考える．点 P が点 B から点 C まで動くとき，正方形 AOBC の辺および内部において，線分 OP の垂直二等分線が通る範囲の面積を求めよ． (早稲田大)

精講　　点 P の座標は (1, t)$(0 \leqq t \leqq 1)$ とおくことができ，線分 OP の垂直二等分線の方程式は t を含む x, y の 1 次式として表すことができます．この直線の通過領域と正方形 AOBC の辺および内部の共通部分が求める領域です．直線の通過領域は標問 **61** で扱いました．
　パラメータ t が存在するような点 (x, y) の集合を求めましょう．
　y を固定して x を t の関数とみて x の値域を調べるという解法もありました (標問 **62** 参照)．

解法のプロセス
・直線の通過領域を求め，正方形との共通部分をとる
・パラメータ表示された直線の通過領域
　　　⇩
パラメータが存在するような点 (x, y) の集合

← (別解)

⟨ **解　答** ⟩

　P は線分 BC 上を動くから，P の座標は
　　(1, t)　$(0 \leqq t \leqq 1)$
とおくことができる．このとき，線分 OP の垂直二等分線 l の方程式は，l 上の点を Q(x, y) とおくと，OQ＝QP より
$$x^2 + y^2 = (x-1)^2 + (y-t)^2$$
$$-2x - 2ty + 1 + t^2 = 0 \quad \cdots\cdots①$$
　l の通過領域は①を満たす t $(0 \leqq t \leqq 1)$ が存在するような点 (x, y) の集合である．
$$f(t) = t^2 - 2yt + 1 - 2x$$
とおくと，$Y = f(t)$ の軸の方程式は $t = y$ である．正方形 AOBC の辺および内部での垂直二等分線上の点を考えているから $0 \leqq y \leqq 1$ としてよく，$f(t) = 0$ が $0 \leqq t \leqq 1$ の範囲に解をもつ条件を求める．
$$\begin{cases} 判別式 : y^2 - (1-2x) \geqq 0 \\ 端点の符号 : f(0) \geqq 0 \ または \ f(1) \geqq 0 \end{cases}$$

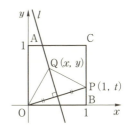

← l の通過領域と正方形 AOBC の辺および内部の共通部分が求める領域である

← $Y = f(t)$ の軸は $0 \leqq t \leqq 1$ の範囲にある

← 軸の方程式 $t = y$ が $0 \leqq y \leqq 1$ を満たすことを前提として，2 次方程式の解の配置を考える

$$\begin{cases} x \geqq \dfrac{1-y^2}{2} \\ 1-2x \geqq 0 \ \text{または} \ 2-2y-2x \geqq 0 \end{cases}$$

$$\therefore \ \begin{cases} x \geqq \dfrac{1-y^2}{2} \\ x \leqq \dfrac{1}{2} \ \text{または} \ y \leqq 1-x \end{cases}$$

これを図示すると，右図の斜線部分となる．境界も含む．

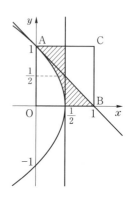

求める面積 S は

$$S = \Box + \triangle - \Box = \frac{1}{2} \cdot 1 + \frac{1}{2} \cdot \left(\frac{1}{2}\right)^2 - \int_0^1 \frac{1-y^2}{2} \, dy$$

$$= \frac{1}{2} + \frac{1}{8} - \frac{1}{2} \left[y - \frac{y^3}{3} \right]_0^1$$

$$= \frac{5}{8} - \frac{1}{2} \cdot \frac{2}{3}$$

$$= \frac{7}{24}$$

(別解) 1° 線分 OP の垂直二等分線①は，OP の中点 $\left(\dfrac{1}{2}, \dfrac{t}{2}\right)$ を通り，

$\overrightarrow{OP} = \begin{pmatrix} 1 \\ t \end{pmatrix}$ を法線ベクトルとする直線であるから

$$\left(x - \frac{1}{2}\right) + t\left(y - \frac{t}{2}\right) = 0 \quad \therefore \quad x = \frac{t^2}{2} - yt + \frac{1}{2}$$

として求めてもよい．

2° $x = \dfrac{t^2}{2} - yt + \dfrac{1}{2}$ とし，y を固定したときの $0 \leqq t \leqq 1$ における x の値域を求めてもよい．

$g(t) = \dfrac{t^2}{2} - yt + \dfrac{1}{2}$ とおくと，軸の方程式は $t = y$ である．正方形 AOBC の辺および内部での垂直二等分線上の点を考えているから $0 \leqq y \leqq 1$ としてよく，軸は t の定義域内にある．したがって，x の値域は

$$g(y) \leqq x \leqq \max\{g(0), \ g(1)\}$$

$$\frac{1}{2} - \frac{y^2}{2} \leqq x \leqq \max\left\{\frac{1}{2}, \ 1-y\right\}$$

これを図示すると**解答**の斜線部分となる．

3° ①は $x = \dfrac{1}{2}(t-y)^2 + \dfrac{1}{2} - \dfrac{y^2}{2}$ と変形される．ここで，放物線 $x = \dfrac{1}{2} - \dfrac{y^2}{2}$ を考える．

①と $x = \dfrac{1}{2} - \dfrac{y^2}{2}$ を連立すると $t = y$ は重解となるから，①は放物線

$x = \dfrac{1}{2} - \dfrac{y^2}{2}$ の点 $y = t$ における接線である.

これは次のようにして幾何的に示すこともできる (数学Ⅲ).

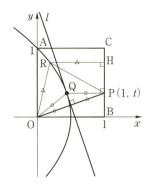

線分 OP の垂直二等分線 l と P を通り BC と垂直な直線との交点を Q とすると, OQ＝QP より, Q は O を焦点とし BC を準線とする放物線上の点である. この放物線は頂点の座標 $\left(\dfrac{1}{2}, 0\right)$, 焦点と頂点

との距離 $\dfrac{1}{2}$ であるから, 放物線の方程式は

$$y^2 = -4 \cdot \dfrac{1}{2}\left(x - \dfrac{1}{2}\right)$$

$$\therefore \quad x = \dfrac{1}{2} - \dfrac{y^2}{2}$$

Q と異なる放物線上の点を R とし, R から直線 BC におろした垂線の足を H とすると

$$\text{OR} = \text{RH} < \text{RP}$$

であり, R は l 上の点ではない. すなわち, l は放物線と Q のみで共有点をもつ直線であり, l は放物線の接線 (放物線は l の包絡線) である.

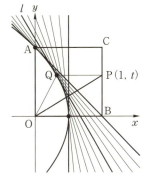

接点 Q は正方形内を動くから接線 l は右図のように動く. よって, 正方形 AOBC の辺および内部における l の通過領域として**解答**の斜線部分を得る.

演習問題の解答

第1章

1-1 (1) 与式を $(x^3)^2-(y^3)^2$ とみる
と

$$x^6-y^6$$
$$=(x^3)^2-(y^3)^2$$
$$=(x^3+y^3)(x^3-y^3)$$
$$=(x+y)(x^2-xy+y^2)(x-y)$$
$$\times(x^2+xy+y^2)$$
$$=\boldsymbol{(x+y)(x-y)(x^2-xy+y^2)}$$
$$\times\boldsymbol{(x^2+xy+y^2)}$$

別解 与式を $(x^2)^3-(y^2)^3$ とみると
$$x^6-y^6$$
$$=(x^2)^3-(y^2)^3$$
$$=(x^2-y^2)(x^4+x^2y^2+y^4)$$
$$=(x+y)(x-y)\{(x^2+y^2)^2-x^2y^2\}$$
$$=(x+y)(x-y)(x^2+xy+y^2)$$
$$\times(x^2-xy+y^2)$$

(2) $X=x-2z,\ Y=y-2z$ とおくと
$$(x-2z)^3+(y-2z)^3-(x+y-4z)^3$$
$$=X^3+Y^3-(X+Y)^3$$
$$=(X+Y)\{(X^2-XY+Y^2)$$
$$-(X^2+2XY+Y^2)\}$$
$$=-3XY(X+Y)$$
$$=\boldsymbol{-3(x-2z)(y-2z)(x+y-4z)}$$

(3) 公式 $a^3+b^3+c^3-3abc$
$$=(a+b+c)(a^2+b^2+c^2-ab-bc-ca)$$
を利用する.
$$x^3-27y^3+9xy+1$$
$$=x^3+(-3y)^3+1^3-3\cdot x\cdot(-3y)\cdot1$$
$$=(x-3y+1)$$
$$\times(x^2+9y^2+1^2+3xy+3y-x)$$
$$=\boldsymbol{(x-3y+1)}$$
$$\times\boldsymbol{(x^2+3xy+9y^2-x+3y+1)}$$

1-2 $A=a+b+c,\ B=a^2+b^2+c^2,$
$C=a^3+b^3+c^3$ とおくとき
公式 $(a+b+c)^2=a^2+b^2+c^2$
$$+2(ab+bc+ca)$$ より

$$A^2=B+2(ab+bc+ca)$$
$$\therefore\ ab+bc+ca=\frac{A^2-B}{2}$$

さらに公式 $a^3+b^3+c^3-3abc$
$$=(a+b+c)(a^2+b^2+c^2-ab-bc-ca)$$
より

$$C-3abc=A\left(B-\frac{A^2-B}{2}\right)$$
$$=\frac{1}{2}A(3B-A^2)$$
$$\therefore\ \boldsymbol{abc=\frac{1}{6}A^3-\frac{1}{2}AB+\frac{1}{3}C}$$

2-1 (1) 二項定理より
$$\left(2x-\frac{1}{x}\right)^5$$
$$=\sum_{k=0}^{5}{}_5C_k(2x)^{5-k}\left(-\frac{1}{x}\right)^k$$
$$=\sum_{k=0}^{5}{}_5C_k2^{5-k}(-1)^kx^{5-2k}\quad\cdots\cdots①$$

x^3 の項が現れるのは
$$5-2k=3\quad\therefore\ k=1$$
のときであり, x^3 の項の係数は
$${}_5C_1\cdot2^{5-1}\cdot(-1)^1=-5\cdot16=\boldsymbol{-80}$$
すべての項の係数の和は, ①の右辺において $x=1$ とすればよいから
$$\sum_{k=0}^{5}{}_5C_k2^{5-k}(-1)^k=(2-1)^5=\boldsymbol{1}$$

(2) $(a-b)^3(b-c)^4(c-a)^5$ の展開式
の一般項は
$${}_3C_la^{3-l}(-b)^l\times{}_4C_mb^{4-m}(-c)^m$$
$$\times{}_5C_nc^{5-n}(-a)^n$$
$$={}_3C_l\cdot{}_4C_m\cdot{}_5C_n\cdot(-1)^{l+m+n}$$
$$\times a^{3-l+n}b^{4+l-m}c^{5+m-n}$$
$$\left(\begin{array}{l}l,\ m,\ n\ \text{は}\ 0\leqq l\leqq3,0\leqq m\leqq4,\\ 0\leqq n\leqq5\ \text{をみたす整数}\quad\cdots\cdots(*)\end{array}\right)$$
として表すことができる.
a^8b^4 の項が現れるのは
$$\begin{cases}3-l+n=8\\4+l-m=4\\5+m-n=0\end{cases}\quad\therefore\ \begin{cases}n=l+5\\m=l\end{cases}$$

(*)に注意すると
$$(l,\ m,\ n)=(0,\ 0,\ 5)$$
よって展開式の a^8b^4 の係数は
$$_3C_0\cdot_4C_0\cdot_5C_5(-1)^5=\mathbf{-1}$$
a^5b^6c の項が現れるのは
$$\begin{cases}3-l+n=5\\4+l-m=6\\5+m-n=1\end{cases}\quad\therefore\ \begin{cases}n=l+2\\m=l-2\end{cases}$$
(*)に注意すると
$$(l,\ m,\ n)=(2,\ 0,\ 4),\\(3,\ 1,\ 5)$$
よって展開式の a^5b^6c の係数は
$$_3C_2\cdot_4C_0\cdot_5C_4(-1)^6+_3C_3\cdot_4C_1\cdot_5C_5(-1)^9$$
$$=15-4=\mathbf{11}$$
$a^3b^4c^5$ の項が現れるのは
$$\begin{cases}3-l+n=3\\4+l-m=4\\5+m-n=5\end{cases}\quad\therefore\ \begin{cases}n=l\\m=l\end{cases}$$
(*)に注意すると
$$(l,\ m,\ n)\\=(0,\ 0,\ 0),\ (1,\ 1,\ 1),\\(2,\ 2,\ 2),\ (3,\ 3,\ 3)$$
よって，$a^3b^4c^5$ の係数は
$$_3C_0\cdot_4C_0\cdot_5C_0(-1)^0+_3C_1\cdot_4C_1\cdot_5C_1(-1)^3$$
$$+_3C_2\cdot_4C_2\cdot_5C_2(-1)^6+_3C_3\cdot_4C_3\cdot_5C_3(-1)^9$$
$$=1-60+180-40$$
$$=\mathbf{81}$$

2-2 (1) 多項定理より，
$(x+2y+3z)^6$ を展開したときの一般項は
$$\frac{6!}{p!q!r!}\cdot x^p\cdot(2y)^q\cdot(3z)^r$$
$$=\frac{6!}{p!q!r!}\cdot2^q\cdot3^r\cdot x^py^qz^r$$
ただし $p+q+r=6,\ p\geqq0,\ q\geqq0,\ r\geqq0$
x^4y^2 の項が現れるのは，$p=4,\ q=2,$
$r=0$ のときで，その係数は
$$\frac{6!}{4!2!0!}\cdot2^2\cdot3^0=15\cdot2^2=\mathbf{60}$$
x^3y^2z の項が現れるのは $p=3,\ q=2,$
$r=1$ のときで，その係数は

$$\frac{6!}{3!2!1!}\cdot2^2\cdot3^1=60\cdot2^2\cdot3=\mathbf{720}$$
(2) $(1+t+\cdots+t^5)(1+t+\cdots+t^5)$
$\times(1+t+\cdots+t^5)$ を展開するとき，第1，
第2，第3因子の中から選ばれる項をそ
れぞれ $t^a,\ t^b,\ t^c$ とすると，得られる単
項式は t^{a+b+c} である．ここで，
$0\leqq a,\ b,\ c\leqq5$ である．
$a+b+c=4$ となる $(a,\ b,\ c)$ の組は
$$\{0,\ 0,\ 4\},\ \{0,\ 1,\ 3\},\ \{0,\ 2,\ 2\},\\\{1,\ 1,\ 2\}$$
から作られる順列で
$$3+3!+3+3=15\,(通り)$$
ある．ゆえに，t^4 の係数は **15** である．
同様に，$a+b+c=7$ となる $(a,\ b,\ c)$
は
$$\{0,\ 2,\ 5\},\ \{0,\ 3,\ 4\},\ \{1,\ 1,\ 5\},\\\{1,\ 2,\ 4\},\ \{1,\ 3,\ 3\},\ \{2,\ 2,\ 3\}$$
から作られる順列で
$$3!+3!+3+3!+3+3=27\,(通り)$$
ある．ゆえに，t^7 の係数は **27** である．
(別解) 上の解答における t^4 の係数は
$$a+b+c=4,\ 0\leqq a,\ b,\ c\leqq5$$
をみたす整数の組 $(a,\ b,\ c)$ の個数であ
る．これは3種類のものの中から重複を
許して4個とる取り方の総数（4個の球
と2本の仕切り棒の並べ方の総数）に一
致するから
$$_3H_4=_6C_4=15$$
同様にして，t^7 の係数は
$$a+b+c=7,\ 0\leqq a,\ b,\ c\leqq5$$
をみたす整数の組 $(a,\ b,\ c)$ の個数であ
る．条件 $0\leqq a,\ b,\ c\leqq5$ を無視すると
$$_3H_7=_9C_7=36\,(通り)$$
あり，これらから $\{7,\ 0,\ 0\},\ \{6,\ 1,\ 0\}$ か
ら作られる順列の総数を除けばよいから
$$36-(3+3!)=27$$

3-1 二項定理により
$$(100.1)^7=(10^2+10^{-1})^7$$
$$=(10^2)^7+_7C_1(10^2)^6\cdot10^{-1}+_7C_2(10^2)^5\cdot10^{-2}$$
$$+_7C_3(10^2)^4\cdot10^{-3}+_7C_4(10^2)^3\cdot10^{-4}$$

$+_7C_5(10^2)^2 \cdot 10^{-5} + _7C_6 \cdot 10^2 \cdot 10^{-6} + 10^{-7}$

$= 10^{14} + 7 \cdot 10^{11} + 21 \cdot 10^8 + 35 \cdot 10^5$

$\underset{\sim\sim\sim\sim\sim\sim\sim\sim\sim\sim\sim\sim\sim\sim\sim\sim\sim\sim}{\quad + 35 \cdot 10^2 + 21 \cdot 10^{-1} + 7 \cdot 10^{-4} + 10^{-7}}$

百の位と小数第 4 位の数字を求めるには，波線部分を加えればよい．

$35 \cdot 10^2 + 21 \cdot 10^{-1} + 7 \cdot 10^{-4}$

$= 3500 + 2.1 + 0.0007$

$= 3502.1007$

よって，百の位の数字は **5**，小数第 4 位の数字は **7**

(3-2) (1) $(x_1 + x_2 + \cdots + x_r)^p$ は p 個の $(x_1 + x_2 + \cdots + x_r)$ の積であり，展開したときの各項は p 個の因数それぞれから $x_1, x_2, \cdots, x_r$ のうちの 1 個をとりその積をつくることにより得られる．

とくに $x_1^{p_1} x_2^{p_2} \cdots x_r^{p_r}$ は，x_1 を p_1 個，x_2 を p_2 個，$\cdots$，x_r を p_r 個とった積であるから，とり出した p 個の数の並べ方は同じものを含む順列の数だけある．よって，求める係数は

$$\frac{p!}{p_1! p_2! \cdots p_r!}$$

(2) $(x_1 + x_2 + \cdots + x_r)^p$

$\quad - (x_1^p + x_2^p + \cdots + x_r^p)$ ……(※)

を展開したときの単項式 $x_1^{p_1} x_2^{p_2} \cdots x_r^{p_r}$ は，(1)で展開した式から，$x_1^p, x_2^p, \cdots, x_r^p$ を除いたものであるから

$p_k < p \ (k = 1, 2, \cdots, r)$ ……①

である．また，単項式の係数

$$\frac{p!}{p_1! p_2! \cdots p_r!}$$

は整数であり，p は素数であるから，①により $p_k! (k = 1, 2, \cdots, r)$ は p と互いに素である．したがって，この係数は p の倍数であり，(※)は p で割り切れる．

(3) (※)において，$x_k = 1 \ (k = 1, 2, \cdots, r)$ とすると(2)から

$\underset{r 個}{(\underbrace{1 + 1 + \cdots + 1}})^p - \underset{r 個}{(\underbrace{1^p + 1^p + \cdots + 1^p}})$

$= r^p - r$

は p で割り切れる．

$r^p - r = r(r^{p-1} - 1)$ であり r は p で割り切れないので，$r^{p-1} - 1$ は p で割り切れる．

(4-1) 二項定理を用いる．

$_nC_0 + 3 _nC_1 + 3^2 _nC_2 + \cdots + 3^n _nC_n$

$= _nC_0 \cdot 3^0 \cdot 1^n + _nC_1 \cdot 3^1 \cdot 1^{n-1} + _nC_2 \cdot 3^2 \cdot 1^{n-2}$

$\quad + \cdots + _nC_n \cdot 3^n \cdot 1^0$

$= (3 + 1)^n$

$= 4^n$

(4-2) $\dfrac{_nC_k}{k+1} = \dfrac{n!}{(k+1) \cdot (n-k)! k!}$

$= \dfrac{n!}{(n-k)! (k+1)!}$

$= \dfrac{1}{n+1} \cdot \dfrac{(n+1)!}{(n-k)! (k+1)!} = \dfrac{_{n+1}C_{k+1}}{n+1}$

であるから，与式は

$\dfrac{_nC_0}{2} + \dfrac{_nC_1}{2 \cdot 2^2} + \dfrac{_nC_2}{3 \cdot 2^3} + \dfrac{_nC_3}{4 \cdot 2^4}$

$\quad + \cdots + \dfrac{_nC_n}{(n+1) \cdot 2^{n+1}}$

$= \displaystyle\sum_{k=0}^{n} \dfrac{_nC_k}{(k+1) \cdot 2^{k+1}}$

$\quad (\displaystyle\sum_{k=0}^{n} a_k$ は $a_0 + a_1 + \cdots + a_n$ を表す$)$

$= \displaystyle\sum_{k=0}^{n} \dfrac{_{n+1}C_{k+1}}{n+1} \left(\dfrac{1}{2}\right)^{k+1} \cdot 1^{n-k}$

$= \dfrac{1}{n+1} \left\{ \left(\dfrac{1}{2} + 1\right)^{n+1} - _{n+1}C_0 \left(\dfrac{1}{2}\right)^0 \cdot 1^{n+1} \right\}$

$= \dfrac{1}{n+1} \left\{ \left(\dfrac{3}{2}\right)^{n+1} - 1 \right\}$

---

(5) $t = x - 2$ とおくと

(左辺) $= (t+2)^3 + 1$

$\qquad = t^3 + 6t^2 + 12t + 9$

(右辺) $= t^3 + at^2 + bt + c$

係数を比較すると

$a = 6, \ b = 12, \ c = 9$

(別解) すべての x について成り立つので，左辺と右辺に $x = 2$ を代入して

$9 = c$ ……①

$x=0$ を代入して
$$1=-8+4a-2b+c \quad \cdots\cdots ②$$
$x=-1$ を代入して
$$0=-27+9a-3b+c \quad \cdots\cdots ③$$
①，②，③より
$$a=6, \ b=12, \ c=9$$
このとき $(右辺)=x^3+1$ となる.

6 $f(x)=ax^n+bx^{n-1}+\cdots \ (a \neq 0)$
とおく.
$$(x+1)f(x+1)$$
$$=a(x+1)^{n+1}+b(x+1)^n+\cdots$$
$$=ax^{n+1}+\{a(n+1)+b\}x^n+\cdots$$
$$(x-1)f(x-1)$$
$$=a(x-1)^{n+1}+b(x-1)^n+\cdots$$
$$=ax^{n+1}+\{-a(n+1)+b\}x^n+\cdots$$
2式の差をとると，n 次の項の係数は
$$\{a(n+1)+b\}-\{-a(n+1)+b\}$$
$$=2a(n+1)$$
$a \neq 0$ より与式の左辺の最高次数は n である.
ゆえに，与式の右辺の最高次の項と比べて
$$2a(n+1)x^n=x^2$$
$$\therefore \quad n=2, \ a=\frac{1}{6}$$
これより $f(x)=\frac{1}{6}x^2+bx+c$ であり
$$(x+1)f(x+1)$$
$$=(x+1)\left\{\frac{1}{6}(x+1)^2+b(x+1)+c\right\}$$
$$=\frac{1}{6}x^3+\left(\frac{1}{2}+b\right)x^2+\left(\frac{1}{2}+2b+c\right)x$$
$$+\frac{1}{6}+b+c$$
$$(x-1)f(x-1)$$
$$=(x-1)\left\{\frac{1}{6}(x-1)^2+b(x-1)+c\right\}$$
$$=\frac{1}{6}x^3+\left(-\frac{1}{2}+b\right)x^2+\left(\frac{1}{2}-2b+c\right)x$$
$$-\frac{1}{6}+b-c$$
ゆえに，

$$(x+1)f(x+1)-(x-1)f(x-1)$$
$$=x^2+4bx+\frac{1}{3}+2c$$
与式の右辺と比べて
$$4b=1, \ \frac{1}{3}+2c=1$$
ゆえに，
$$b=\frac{1}{4}, \ c=\frac{1}{3}$$
したがって，
$$f(x)=\frac{1}{6}x^2+\frac{1}{4}x+\frac{1}{3}$$
このとき，
$$f(0)=\frac{1}{3}$$

7-1 (1)

$$x^2+4x-1\,\overline{)\,x^5+6x^4+8x^3+5x^2+13x+1}$$

商 x^3+2x^2+x+3

$$\begin{array}{r}\underline{x^5+4x^4-\ x^3}\\2x^4+9x^3+5x^2\\\underline{2x^4+8x^3-2x^2}\\x^3+7x^2+13x\\\underline{x^3+4x^2-\ x}\\3x^2+14x+1\\\underline{3x^2+12x-3}\\2x+4\end{array}$$

したがって，余りは $2x+4$

(2) $\alpha=\sqrt{9-4\sqrt{5}}=\sqrt{9-2\sqrt{20}}$
$$=\sqrt{5}-\sqrt{4}=\sqrt{5}-2$$
$\alpha+2=\sqrt{5}$ より
$$(\alpha+2)^2=5$$
$$\therefore \quad \alpha^2+4\alpha-1=0$$
(1)より
$$P(\alpha)=(\alpha^2+4\alpha-1)(\alpha^3+2\alpha^2+\alpha+3)$$
$$+2\alpha+4$$
$$=2\alpha+4=2(\sqrt{5}-2)+4=2\sqrt{5}$$

7-2 (1) $P(x)$ を $f(x)$ で割ったときの商を $Q(x)$ とすると
$$P(x)=Q(x)f(x)+cx+d$$
であり
$$xP(x)=xQ(x)f(x)+cx^2+dx$$

$$=\{xQ(x)+c\}f(x)$$
$$+(d-ca)x-bc$$
$$\therefore \quad q=d-ca, \quad r=-bc$$

(2) (1)において $P(x)=x^{2004}$ とおくと
$$xP(x)=x^{2005}$$
である. 条件をみたす a, b が存在する
ならば
$$c=2, \quad d=1, \quad d-ca=1, \quad -bc=2$$
となり, この式から
$$a=0, \quad b=-1$$
このとき,
$$x^{2004}=(x^2-1)Q(x)+2x+1$$
となる. ところが, この両辺に $x=1$ を
代入すると
$$1=3$$
となり, 矛盾する.
したがって, このような a, b は存在しない.

(8-1) 商を $Q(x)$ とおくと
$$ax^3+bx^2+7x-2$$
$$=(x^2-3x+2)Q(x)+x-2$$
よって
$$ax^3+bx^2+6x=(x-1)(x-2)Q(x)$$
この等式に $x=1$, 2 を代入すると
$$\begin{cases} a+b+6=0 \\ 8a+4b+12=0 \end{cases}$$
これを解いて $a=3$, $b=-9$
また
$$ax^3+bx^2+6x$$
$$=3x^3-9x^2+6x$$
$$=(x^2-3x+2)\cdot3x$$
したがって, 商は $3x$

(8-2) $f(x)=(x-a)(x-2)^2$
$$+(x-b)(x-1)^2+(x-c)x^2$$
とおく. $f(x)$ は x についての 3 次式で,
x^3 の係数は 3 である. $f(x)$ を $(x-2)^2$
で割ると $2x-3$ が余りであるから
$$f(x)=(3x+d)(x-2)^2+2x-3$$
と表される.

$$f(1)=3+d+2-3=1$$
より $d=-1$
したがって,
$$f(x)=(3x-1)(x-2)^2+2x-3$$
$$=3x^3-13x^2+18x-7$$
一方
$$f(x)=3x^3-(a+b+c+6)x^2$$
$$+(4a+2b+5)x-4a-b$$
なので, 係数を比べて
$$\begin{cases} a+b+c+6=13 \\ 4a+2b+5=18 \\ 4a+b=7 \end{cases}$$
これらを解いて
$$a=\frac{1}{4}, \quad b=6, \quad c=\frac{3}{4}$$

(9-1) (1) $x^3=x^3-1+1$
$$=(x-1)(x^2+x+1)+1$$
より, 求める余りは 1

注 因数定理より, x^3 に $x=1$ を代入
し, 求める余りを $1^3=1$ としてよい
が, (2), (3)を考えて, ここで割り算を
実行しておく.

(2) (1)の x を x^4 に置き換えると
$$x^{12}=(x^4-1)(x^8+x^4+1)+1$$
よって, 求める余りは 1

(3) $x^{13}=x\cdot x^{12}$
$$=(x^4-1)(x^9+x^5+x)+x$$
よって, 求める余りは x

(9-2) (1) $n=5m+r$
$(m=0, 1, 2, \cdots; r=1, 2, 3, 4, 5)$ の
とき
$$x^n=x^{5m+r}=(x^5)^m x^r$$
$X=x^5-1$ とおくと
$$x^n=(X+1)^m x^r$$
$$=\{(X \text{の 1 次以上の整式})+1\}x^r$$
$$=X(X\text{の整式})x^r+x^r$$
$$=(x^5-1)(x \text{の整式})+x^r$$
よって, $r=1, 2, 3, 4$ のとき
余りはそれぞれ x^r
$r=5$ のとき

$$x^n = (x^5-1)(x \text{ の整式}) + x^5$$
$$= (x^5-1)(x \text{ の整式}) + (x^5-1) + 1$$
$$= (x^5-1)\{(x \text{ の整式}) + 1\} + 1$$

よって, 余りは **1**

 (2) (i) $n=5k$ $(k=1, 2, 3, \cdots)$ のとき

$$x^n = x^{5k} = (x^5-1)Q_1(x) + 1$$

とおける.

$$x^{2n} = (x^n)^2$$
$$= (x^5-1)^2\{Q_1(x)\}^2$$
$$\qquad + 2(x^5-1)Q_1(x) + 1$$
$$= (x^5-1)Q_2(x) + 1$$

と x の整式 $Q_2(x)$ を用いて表せる. 同様に x の整式 $Q_3(x)$, $Q_4(x)$ を用いて

$$x^{3n} = (x^n)^3$$
$$= (x^5-1)Q_3(x) + 1$$
$$x^{4n} = (x^n)^4$$
$$= (x^5-1)Q_4(x) + 1$$

と表せる. このとき

$$x^{4n} + x^{3n} + x^{2n} + x^n$$
$$= (x^5-1)\{Q_1(x) + Q_2(x) + Q_3(x)$$
$$\qquad + Q_4(x)\} + 4$$

ここで, x^5-1
$$= (x-1)(x^4+x^3+x^2+x+1)$$

であるから, 求める余りは 4

 (ii) $n=5k+1$ $(k=0, 1, 2, \cdots)$ のとき

(i)と同様に考えて, x の整式 $R_1(x)$, $R_2(x)$, $R_3(x)$, $R_4(x)$ を用いて

$$x^n = (x^5-1)R_1(x) + x$$
$$x^{2n} = (x^5-1)R_2(x) + x^2$$
$$x^{3n} = (x^5-1)R_3(x) + x^3$$
$$x^{4n} = (x^5-1)R_4(x) + x^4$$

と表せる. このとき

$$x^{4n} + x^{3n} + x^{2n} + x^n$$
$$= (x^5-1)\{R_4(x) + R_3(x) + R_2(x)$$
$$\qquad\qquad + R_1(x)\} + \underline{x^4+x^3+x^2+x}$$
$$= (x-1)(x^4+x^3+x^2+x+1)$$
$$\qquad \times \{R_1(x) + R_2(x) + R_3(x) + R_4(x)\}$$
$$\qquad + (x^4+x^3+x^2+x+1) - 1$$
$$= (x^4+x^3+x^2+x+1) \times (x \text{ の整式}) - 1$$

ゆえに, 余りは -1

 (iii) $n=5k+2$ $(k=0, 1, 2, \cdots)$ のとき

(ii)の〰〰の部分は

$$x^8 + x^6 + x^4 + x^2$$
$$= (x^5-1+1)x^3 + (x^5-1+1)x + x^4 + x^2$$
$$= (x^5-1)(x^3+x) + x^4 + x^3 + x^2 + x + 1 - 1$$
$$= (x^4+x^3+x^2+x+1)(x \text{ の整式}) - 1$$

ゆえに, 余りは -1

 (iv) $n=5k+3$ $(k=0, 1, 2, \cdots)$ のとき

(ii)の〰〰の部分は

$$x^{12} + x^9 + x^6 + x^3$$
$$= (x^5-1+1)^2 x^2 + (x^5-1+1)x^4$$
$$\qquad + (x^5-1+1)x + x^3$$
$$= (x^5-1)(x \text{ の整式})$$
$$\qquad + x^4 + x^3 + x^2 + x + 1 - 1$$
$$= (x^4+x^3+x^2+x+1)(x \text{ の整式}) - 1$$

ゆえに, 余りは -1

 (v) $n=5k+4$ $(k=0, 1, 2, \cdots)$ のとき

同様に, 余りは -1

以上より, 求める余りは

 $n=5k$ $(k=1, 2, 3, \cdots)$ のとき **4**

 $n=5k+r$ $(k=0, 1, 2, \cdots : r=1, 2,$
3, 4) のとき **-1**

---

10 (1) 与式
$$= \frac{-a(b-c) - b(c-a) - c(a-b)}{(a-b)(b-c)(c-a)}$$
$$= \frac{-ab+ca-bc+ab-ca+bc}{(a-b)(b-c)(c-a)}$$
$$= 0$$

 (2) 与式
$$= \frac{-a^2(b-c) - b^2(c-a) - c^2(a-b)}{(a-b)(b-c)(c-a)}$$
$$= \frac{-a^2(b-c) + a(b^2-c^2) - bc(b-c)}{(a-b)(b-c)(c-a)}$$
$$= \frac{-\{a^2 - a(b+c) + bc\}}{(a-b)(c-a)}$$
$$= \frac{-(a-b)(a-c)}{(a-b)(c-a)} = 1$$

11-1 与えられた等式は
$$\frac{a(x-2) - (2x+1)}{(2x+1)(x-2)} = \frac{d}{2x^2+bx+c}$$
$$\therefore \quad \frac{(a-2)x - 2a - 1}{(2x+1)(x-2)} = \frac{d}{2x^2+bx+c}$$

さらに変形し

$\{(a-2)x-2a-1\}(2x^2+bx+c)$
$=d(2x+1)(x-2)$　　　……①

①の左辺の x^3 の係数は $2(a-2)$ であり，右辺の x^3 の項はないから，

$$2(a-2)=0 \quad \therefore \quad a=2$$

このとき，
$$-5(2x^2+bx+c)=d(2x^2-3x-2)$$

係数を比べて

$$\begin{cases} -10=2d \\ -5b=-3d \\ -5c=-2d \end{cases}$$

これらを解いて

$$a=2,\ b=-3,\ c=-2,\ d=-5$$

11-2 （右辺）

$$=\dfrac{A(x-2)(x-3)-(x-1)(x-3)+\frac{1}{2}(x-1)(x-2)}{(x-1)(x-2)(x-3)}$$

$$=\dfrac{A(x-2)(x-3)-(x-1)(x-3)+\frac{1}{2}(x-1)(x-2)}{x^3-6x^2+11x-6}$$

左辺の分母と右辺の分母が等しいから，（左辺の分子）＝（右辺の分子）である．

$1=A(x-2)(x-3)-(x-1)(x-3)$
　　$+\dfrac{1}{2}(x-1)(x-2)$　　……①

①は x にどんな値を代入しても成り立つから $x=1$ を代入すると

$$1=2A \quad \therefore \quad A=\dfrac{1}{2}$$

このとき，確かに等式は成り立つ．

注 ①は $x \neq 1,\ 2,\ 3$ を前提として導かれた等式であるが，$x=1,\ 2,\ 3$ 以外の 3 個の値に対して成立するから，①は x についての恒等式であり，$x=1,\ 2,\ 3$ を代入してもよい．ここでは $x=1$ を代入した．

12-1

$$\dfrac{x}{3(y+z)}=\dfrac{y}{3(z+x)}=\dfrac{z}{3(x+y)}=k$$

とおく．このとき
$$x=3(y+z)k$$

$$y=3(z+x)k$$
$$z=3(x+y)k$$

となる．これらを加えると
$$x+y+z=6(x+y+z)k$$
$$\therefore \quad (6k-1)(x+y+z)=0$$

$$\therefore \quad k=\dfrac{1}{6} \ \text{または} \ x+y+z=0$$

（i）　$k=\dfrac{1}{6}$ となるのは，$\begin{cases} 2x=y+z \\ 2y=z+x \\ 2z=x+y \end{cases}$

より $x=y=z\,(\neq 0)$ のときである．

（ii）　$x+y+z=0$ のとき，$y+z=-x$ であるから

$$\dfrac{x}{3(y+z)}=\dfrac{x}{3\cdot(-x)}=-\dfrac{1}{3}$$

同じく

$$\dfrac{y}{3(z+x)}=\dfrac{y}{3\cdot(-y)}=-\dfrac{1}{3}$$

$$\dfrac{z}{3(x+y)}=\dfrac{z}{3\cdot(-z)}=-\dfrac{1}{3}$$

以上より，$k=\dfrac{1}{6},\ -\dfrac{1}{3}$

12-2 $\dfrac{b+c}{a}=\dfrac{c+a}{b}=\dfrac{a+b}{c}=k$

とおく．このとき
$$b+c=ak$$
$$c+a=bk$$
$$a+b=ck$$

となる．これらを加えると
$$2(a+b+c)=(a+b+c)k$$

$a+b+c \neq 0$ より　$k=2$

ゆえに，
$$b+c=2a,\ c+a=2b,\ a+b=2c$$
$$\therefore \quad a=b=c$$

$a=b=c=l\,(\neq 0)$ とおくと

したがって，

$$\dfrac{(a+b+c)(ab+bc+ca)-abc}{abc}$$

$$=\dfrac{3l\cdot 3l^2-l^3}{l^3}=8$$

13-1 $x=a^2+9$ のとき

$$\sqrt{x+6a}=\sqrt{a^2+6a+9}$$
$$=\sqrt{(a+3)^2}=|a+3|$$
$$\sqrt{x-8a+7}=\sqrt{a^2-8a+16}$$
$$=\sqrt{(a-4)^2}=|a-4|$$

ゆえに,
$$与式=|a+3|-|a-4|$$
したがって,

$a\leqq-3$ のとき
$$与式=-(a+3)-\{-(a-4)\}=-7$$
$-3\leqq a\leqq4$ のとき
$$与式=a+3-\{-(a-4)\}=2a-1$$
$a\geqq4$ のとき
$$与式=a+3-(a-4)=7$$

13-2 $x\leqq1$ のとき, 与えられた不等式は
$$-(x-1)-2(x-3)\leqq11$$
$$\therefore\quad -3x\leqq4$$
$$\therefore\quad x\geqq-\frac{4}{3}$$
$x\leqq1$ とあわせると
$$-\frac{4}{3}\leqq x\leqq1 \qquad\cdots\cdots①$$
$1\leqq x\leqq3$ のとき, 与えられた不等式は
$$x-1-2(x-3)\leqq11$$
$$\therefore\quad -x\leqq6$$
$$\therefore\quad x\geqq-6$$
$1\leqq x\leqq3$ をみたす x はすべて不等式をみたす.
$$\therefore\quad 1\leqq x\leqq3 \qquad\cdots\cdots②$$
$3\leqq x$ のとき, 与えられた不等式は
$$x-1+2(x-3)\leqq11$$
$$\therefore\quad 3x\leqq18$$
$$\therefore\quad x\leqq6$$
$3\leqq x$ とあわせると
$$3\leqq x\leqq6 \qquad\cdots\cdots③$$
求める x の範囲は①, ②, ③をあわせて
$$-\frac{4}{3}\leqq x\leqq6$$

13-3 ② $\Longleftrightarrow a-2<x<a+2$
である. よって,
①をみたすどのような x についても

$$a-2<x<a+2$$
がみたされる条件は
$$a-2\leqq0 \ \text{かつ}\ 1\leqq a+2$$
$$\therefore\quad -1\leqq a\leqq2$$
また, ①をみたすある x について
$$a-2<x<a+2$$
がみたされる条件は
$$\begin{cases}a-2<1\\0<a+2\end{cases}$$
$$\therefore\quad -2<a<3$$

14-1
$$1-\frac{ab+1}{a+b}=\frac{a+b-ab-1}{a+b}$$
$$=\frac{(1-a)(b-1)}{a+b}$$
ここで, $|a|<1<b$ より
$$-1<a<1 \ \text{かつ}\ 1<b$$
$$\therefore\quad 1-a>0,\ b-1>0 \qquad\cdots\cdots①$$
$$a+b>0 \qquad\cdots\cdots②$$
①, ②より
$$\frac{(1-a)(b-1)}{a+b}>0$$
$$\therefore\quad 1>\frac{ab+1}{a+b} \qquad\cdots\cdots(*)$$
また, $\dfrac{ab+1}{a+b}-(-1)=\dfrac{ab+1+a+b}{a+b}$
$$=\frac{(a+1)(b+1)}{a+b}$$
ここで, $a+1>0,\ b+1>2,\ a+b>0$ より
$$\frac{(a+1)(b+1)}{a+b}>0$$
$$\therefore\quad -1<\frac{ab+1}{a+b} \qquad\cdots\cdots(**)$$
$(*)$と$(**)$より
$$-1<\frac{ab+1}{a+b}<1$$

14-2 (1) $a\geqq0,\ b\geqq0$ より
$$\frac{a}{1+a}\geqq\frac{a}{1+a+b} \ \text{かつ}$$
$$\frac{b}{1+b}\geqq\frac{b}{1+a+b}$$

辺々加えると

$$\frac{a}{1+a}+\frac{b}{1+b}\geqq\frac{a+b}{1+a+b}$$

(2) $a+b\geqq c$ を仮定して，(1)から

$$\frac{a+b}{1+a+b}\geqq\frac{c}{1+c}$$ を証明すればよい．

$$\frac{a+b}{1+a+b}-\frac{c}{1+c}$$

$$=\frac{a+b+ac+bc-c-ac-bc}{(1+a+b)(1+c)}$$

$$=\frac{a+b-c}{(1+a+b)(1+c)}\geqq 0$$

$$(\because\ a+b\geqq c)$$

ゆえに，

$$\frac{a+b}{1+a+b}\geqq\frac{c}{1+c}$$

したがって，

$$\frac{a}{1+a}+\frac{b}{1+b}\geqq\frac{c}{1+c}$$

15-1 $\left(x+\dfrac{4}{x}\right)\left(x+\dfrac{9}{x}\right)$

$$=x^2+\frac{36}{x^2}+13$$

$x^2>0$，$\dfrac{36}{x^2}>0$ より，相加平均・相乗平均の大小関係から

$$x^2+\frac{36}{x^2}+13\geqq 2\sqrt{x^2\cdot\frac{36}{x^2}}+13$$

$$=12+13=25$$

等号成立は

$$x^2=\frac{36}{x^2}$$

から，$x=\sqrt{6}$ $(\because\ x>0)$ のときである．
よって，$x=\sqrt{6}$ のとき**最小値 25** をとる．

15-2
右の計算から
商：x^2+2，
余り：4
である．

$$\frac{x^4+3x^2+6}{x^2+1}$$

$$\begin{array}{r}x^2+2\\x^2+1\overline{)\,x^4+3x^2+6}\\\underline{x^4+x^2}\\2x^2+6\\\underline{2x^2+2}\\4\end{array}$$

$$=x^2+2+\frac{4}{x^2+1}=1+(x^2+1)+\frac{4}{x^2+1}$$

ここで x が実数全体を動くとき

$$x^2+1>0,\quad\frac{4}{x^2+1}>0$$

よって，

$$1+(x^2+1)+\frac{4}{x^2+1}$$

$$\geqq 1+2\sqrt{(x^2+1)\cdot\frac{4}{x^2+1}}$$

$$=1+4=5$$

等号成立は，

$$x^2+1=\frac{4}{x^2+1}$$

$$\therefore\ x^2+1=2\ (\because\ x^2+1>0)$$

すなわち，$x=\pm 1$ のときである．
以上より，$x=\pm 1$ のとき**最小値 5** をとる．

16 (1) $a>0$，$b>0$ が $abh=k^3$
(h，k は定数) をみたしながら動くときの $a^2+b^2+h^2$ の最小値を求める．
$a^2>0$，$b^2>0$ より，

$$a^2+b^2\geqq 2\sqrt{a^2b^2}=2ab\ (\because\ ab>0)$$

ここで $ab=\dfrac{k^3}{h}$ であるから，

$$a^2+b^2+h^2\geqq\frac{2k^3}{h}+h^2$$

であり，等号は，$a^2=b^2$ すなわち，
$a=b$ のとき成立する．
以上より

$a=b$ のとき，**最小値 $\dfrac{2k^3}{h}+h^2$** をとる．

(2) $a>0$，$b>0$，$h>0$ が $abh=k^3$
(k は定数) をみたしながら動くときの
$a^2+b^2+h^2$ の最小値を求める．

$$a^2+b^2+h^2\geqq 3\cdot\sqrt[3]{a^2b^2h^2}$$

$$=3\cdot\sqrt[3]{(abh)^2}$$

$$=3\cdot\{(k^3)^2\}^{\frac{1}{3}}$$

$$=3k^2$$

等号成立は $a^2=b^2=h^2$
すなわち，$a=b=h$ のときである．

以上より $a=b=h$ のとき，対角線の長さは最小となり，このとき直方体は立方体である．

(17-1) コーシー・シュワルツの不等式
$$(A^2+B^2+C^2)(X^2+Y^2+Z^2)$$
$$\geqq (AX+BY+CZ)^2$$
において，
$$A=\sqrt{a},\ B=\sqrt{b},\ C=\sqrt{c},$$
$$X=\frac{p}{\sqrt{a}},\ Y=\frac{q}{\sqrt{b}},\ Z=\frac{r}{\sqrt{c}}$$
とおくと，
$$(a+b+c)\left(\frac{p^2}{a}+\frac{q^2}{b}+\frac{r^2}{c}\right)\geqq (p+q+r)^2$$
が成立する．

参考 等号の成立条件を確認しておこう．
$$\sqrt{a}:\sqrt{b}:\sqrt{c}$$
$$=\frac{p}{\sqrt{a}}:\frac{q}{\sqrt{b}}:\frac{r}{\sqrt{c}}$$
$$\Longleftrightarrow \begin{cases}\sqrt{a}:\sqrt{b}=\frac{p}{\sqrt{a}}:\frac{q}{\sqrt{b}}\\[2mm]\sqrt{b}:\sqrt{c}=\frac{q}{\sqrt{b}}:\frac{r}{\sqrt{c}}\end{cases}$$
$$\Longleftrightarrow \begin{cases}\sqrt{\frac{b}{a}}p=\sqrt{\frac{a}{b}}q\\[2mm]\sqrt{\frac{c}{b}}q=\sqrt{\frac{b}{c}}r\end{cases}\Longleftrightarrow \begin{cases}aq=bp\\ br=cq\end{cases}$$
$$\Longleftrightarrow \begin{cases}a:b=p:q\\ b:c=q:r\end{cases}$$
$$\Longleftrightarrow a:b:c=p:q:r$$

(17-2) $\sqrt{x}+\sqrt{y}=\frac{1}{\sqrt{2}}(\sqrt{2x})+\sqrt{y}$
である．
よって，コーシー・シュワルツの不等式から
$$(\sqrt{x}+\sqrt{y})^2=\left(\frac{1}{\sqrt{2}}\sqrt{2x}+\sqrt{y}\right)^2$$
$$\leqq\left(\frac{1}{2}+1\right)(2x+y)$$
$$=\frac{3}{2}(2x+y)\quad\cdots\cdots(*)$$

等号は，$\sqrt{2x}:\sqrt{y}=\frac{1}{\sqrt{2}}:1$
すなわち，$y=4x$ のとき成立する．
ここで，$\sqrt{x}+\sqrt{y}>0$，$2x+y>0$，$(*)$
より
$$\sqrt{x}+\sqrt{y}\leqq\frac{\sqrt{6}}{2}\sqrt{2x+y}$$
$$\therefore\quad \frac{\sqrt{x}+\sqrt{y}}{\sqrt{2x+y}}\leqq\frac{\sqrt{6}}{2}$$
等号は $y=4x$ のとき成立する．
したがって，すべての正の実数 x，y に対し $\frac{\sqrt{x}+\sqrt{y}}{\sqrt{2x+y}}\leqq k$ が成り立つような実数 k は
$$\frac{\sqrt{6}}{2}\leqq k$$
であり，k の最小値は $\frac{\sqrt{6}}{2}$ となる．

(18) $\frac{a^3}{x^2}+\frac{b^3}{y^2}=x\cdot\frac{a^3}{x^3}+y\cdot\frac{b^3}{y^3}$
$$=x\left(\frac{a}{x}\right)^3+y\left(\frac{b}{y}\right)^3$$
$$\cdots\cdots(*)$$
と変形できる．また，関数 $f(t)=t^3$ のグラフは $t>0$ において下に凸である．
よって，
$$(*)\geqq\left(x\cdot\frac{a}{x}+y\cdot\frac{b}{y}\right)^3$$
$$=(a+b)^3$$
となり成立する．

第2章

19-1　$(\sqrt{3}-i)^2=3-2\sqrt{3}\,i-1$
$$=2-2\sqrt{3}\,i$$
より，与式は
$$2-2\sqrt{3}\,i+a(\sqrt{3}+i)-b=0$$
よって，
$$(2+a\sqrt{3}-b)+(a-2\sqrt{3})i=0$$
と変形できる.
ここで a，b は実数であるから，
$$2+a\sqrt{3}-b=0 \quad かつ \quad a-2\sqrt{3}=0$$
よって，$a=2\sqrt{3}$，$b=8$

19-2　(1)
$$与式=\frac{1+3i}{(1-3i)(1+3i)}-\frac{(1-i)(3-i)}{(3+i)(3-i)}$$
$$=\frac{1+3i}{10}-\frac{2-4i}{10}$$
$$=-\frac{1}{10}+\frac{7}{10}i$$

(2)　$(\sqrt{3}+2i)^3=(\sqrt{3})^3+3(\sqrt{3})^2\cdot2i$
$$\qquad +3\cdot\sqrt{3}\cdot(2i)^2+(2i)^3$$
$$=3\sqrt{3}+18i-12\sqrt{3}-8i$$
$$=-9\sqrt{3}+10i$$

20-1
$$z+\bar{z}=\frac{-1+\sqrt{3}\,i}{2}+\frac{-1-\sqrt{3}\,i}{2}$$
$$=\frac{-2}{2}=-1$$
$$z\bar{z}=\frac{-1+\sqrt{3}\,i}{2}\cdot\frac{-1-\sqrt{3}\,i}{2}$$
$$=\left(-\frac{1}{2}\right)^2+\left(\frac{\sqrt{3}}{2}\right)^2=1$$
$$\frac{1}{z}+\frac{1}{\bar{z}}=\frac{\bar{z}+z}{z\bar{z}}=\frac{-1}{1}=-1$$

20-2　$\alpha=x+yi$（x，y は実数かつ $y\neq0$）とする.
$$\bar{\alpha}=x-yi$$
$$\alpha^2=x^2-y^2+2xyi$$
であるから，$\bar{\alpha}=\alpha^2$ より

$$x=x^2-y^2 \quad かつ \quad -y=2xy$$
$$y\neq0 \quad より，\quad x=-\frac{1}{2}$$
よって，$y^2=\frac{1}{4}+\frac{1}{2}=\frac{3}{4}$
ゆえに，$y=\pm\frac{\sqrt{3}}{2}$
以上より，$\alpha=-\frac{1}{2}\pm\frac{\sqrt{3}}{2}i$

21-1　$\omega=-\frac{1}{2}-\frac{\sqrt{3}}{2}i$ より
$$2\omega+1=-\sqrt{3}\,i$$
両辺2乗して，
$$4\omega^2+4\omega+1=-3$$
よって，$\omega^2+\omega+1=0$ 　　……(＊)
(＊) の両辺に $\omega-1$ をかけると，
$$\omega^3-1=0$$
$$\therefore \quad \omega^3=1$$
$$\omega^{77}+\omega^{88}+\omega^{99}$$
$$=\omega^{3\times25+2}+\omega^{3\times29+1}+\omega^{3\times33}$$
$$=\omega^2+\omega+1=0$$

21-2　$\dfrac{-1-\sqrt{3}\,i}{2}=\omega$ とおくと，
$$\bar{\omega}=\frac{-1+\sqrt{3}\,i}{2}$$
よって，ω，$\bar{\omega}$ は，
$$\omega^3=\bar{\omega}^3=1, \quad \bar{\omega}^2=\omega, \quad \omega^2+\omega+1=0$$
をみたす.
$$(与式の左辺)=\{(\bar{\omega})^{3\times7+2}+\omega^{3\times7+2}\}^3$$
$$=\{(\bar{\omega})^2+\omega^2\}^3$$
$$=\{\omega+\omega^2\}^3=(-1)^3=-1$$

21-3　w は $z^3+1=0$ の虚数解の1つであるから，次の式をみたす.
$$w^3=-1$$
$$w^2-w+1=0$$
これより，$w^2=w-1$ であるから
$$与式=(2w)^6+(2w-2)^6+0+(-2)^6$$
$$\qquad +(-2w+2)^6$$
$$=2^6\cdot(w^3)^2+2^6+2\times2^6(w-1)^6$$
$$=2\times2^6+2\cdot2^6\times(w^2)^6$$

$=4\cdot2^6=256$

22-1 重解をもつ条件は，
$$m\ne0 \text{ かつ (判別式)}=0$$
である．判別式を D とすると
$$\frac{D}{4}=1-m(2m-3)$$
であるから
$$2m^2-3m-1=0$$
$$\therefore\quad m=\frac{3\pm\sqrt{17}}{4}$$
これは $m\ne0$ をみたす．
以上より，
$$m=\frac{3\pm\sqrt{17}}{4}$$

22-2 与えられた2次方程式が虚数解をもつための k の条件は，(判別式)<0 である．判別式を D とすると
$$\frac{D}{4}=(k-1)^2-(4k+1)$$
であるから
$$k^2-6k<0$$
よって，
$$0<k<6$$

22-3 与えられた2次方程式が異なる2つの実数解をもつための k の条件は，
$$k+7\ne0 \text{ かつ (判別式)}>0$$
である．判別式を D とすると
$$\frac{D}{4}=(k+4)^2-(k+7)\cdot2k$$
であるから
$$-k^2-6k+16>0$$
$$\therefore\quad (k-2)(k+8)<0$$
$$\therefore\quad -8<k<2$$
ここで k は $k\ne-7$ である整数より
$$-6\le k\le1$$
よって，k の**最小値は** -6，
　　　　　　最大値は 1

23-1 解と係数の関係より
$$\alpha+\beta=2 \text{ かつ } \alpha\beta=\frac{3}{2}$$

である．これより，
$$\alpha^2+\beta^2=(\alpha+\beta)^2-2\alpha\beta$$
$$=2^2-2\cdot\frac{3}{2}=1$$
$$(\alpha-1)(\beta-1)=\alpha\beta-(\alpha+\beta)+1$$
$$=\frac{3}{2}-2+1=\frac{1}{2}$$

23-2 2つの解は α, 2α とおける．
解と係数の関係より
$$\alpha+2\alpha=6 \text{ かつ } \alpha\cdot2\alpha=c$$
これより，$\alpha=2$, $c=8$

23-3 $x^2+ax+b=0$ ……①，
　　　　　$x^2+bx+a=0$ ……② とおく．
①において，解と係数の関係より
$$\begin{cases}\alpha+\beta=-a &……③\\ \alpha\beta=b\end{cases}$$
②において，解と係数の関係より
$$\begin{cases}(\alpha+1)+(\beta+1)=-b &……④\\ (\alpha+1)(\beta+1)=a\end{cases}$$
④に③を代入し，α, β を消去すると，
$$\begin{cases}-a+2=-b\\ b-a+1=a\end{cases}$$
$$\therefore\quad\begin{cases}-a+b=-2\\ -2a+b=-1\end{cases}$$
よって，$a=-1$, $b=-3$
これを①に代入して，
$$x^2-x-3=0$$
よって，正の解は $x=\dfrac{1+\sqrt{13}}{2}$

24-1 与えられた方程式において，判別式を D, 2解を α, β とすると，$\alpha>0$ かつ $\beta>0$ である条件は，
$$\begin{cases}\dfrac{D}{4}\ge0\\ \alpha+\beta>0\\ \alpha\beta>0\end{cases}$$
$$\therefore\quad\begin{cases}(a-1)^2-(a^2-9)\ge0 &……(\text{i})\\ 2(a-1)>0 &……(\text{ii})\\ a^2-9>0 &……(\text{iii})\end{cases}$$

である.

(i)は $a \leqq 5$

(ii)は $a > 1$

(iii)は $a < -3$ または $3 < a$

であるから, a の値の範囲は

$$3 < a \leqq 5$$

また, 1つの解が正, 他の解が負である条件は,

$$\alpha\beta < 0 \qquad \therefore \quad a^2 - 9 < 0$$

したがって, $-3 < a < 3$

㉔-2 $ax^2 + bx + c = 0$ ……①,

$bx^2 + cx + a = 0$ ……② とおく.

①が2つの正の解をもつための a, b, c の条件は,

$$\begin{cases} a \neq 0 \\ (判別式) \geqq 0 \\ (2解の和) > 0 \\ (2解の積) > 0 \end{cases}$$

$$\therefore \quad \begin{cases} a \neq 0 \\ b^2 - 4ac \geqq 0 \\ -\dfrac{b}{a} > 0 \\ \dfrac{c}{a} > 0 \end{cases} \qquad \text{……(*)}$$

である. また, ②が正と負の解をもつための, a, b, c の条件は

$$\begin{cases} b \neq 0 \\ (2解の積) < 0 \end{cases}$$

$$\therefore \quad \begin{cases} b \neq 0 \\ \dfrac{a}{b} < 0 \end{cases} \qquad \text{……(**)}$$

よって, 「(*)ならば(**)」が成り立つことを示せばよい.

(*)を仮定する.

$-\dfrac{b}{a} > 0$ より $b \neq 0$

さらに, $\dfrac{b}{a} < 0$ であるから $\dfrac{a}{b} < 0$

よって, (**)が成り立つ.

㉕-1 $(m-3)x^2 + (5-m)x$

$+ 2(2m-7) = 0$ ……(*)

(*)は2次方程式であるから $m - 3 \neq 0$

$$f(x) = x^2 - \frac{m-5}{m-3}x + \frac{2(2m-7)}{m-3}$$

とおくと

$$\text{(*)} \iff f(x) = 0$$

(*)の解の一方が2より大きく他方が2より小さくなるための条件は, $f(2) < 0$ である.

$$f(2) = 4 - \frac{m-5}{m-3} \cdot 2$$

$$+ \frac{2(2m-7)}{m-3}$$

$$= \frac{6m-16}{m-3}$$

より

$$\frac{2(3m-8)}{m-3} < 0$$

$$\therefore \quad 2(3m-8)(m-3) < 0$$

$$\therefore \quad \frac{8}{3} < m < 3$$

(*)の異なる2つの実数解がともに2より大きくなるための条件は, $f(x) = 0$ の判別式を D とすると

$$\begin{cases} D > 0 & \text{……①} \\ 軸の位置 : \dfrac{m-5}{2(m-3)} > 2 & \text{……②} \\ 端点の y 座標の符号 : f(2) > 0 & \text{……③} \end{cases}$$

①: $\left(\dfrac{m-5}{m-3}\right)^2 - 4 \cdot \dfrac{2(2m-7)}{m-3} > 0$

$\therefore \quad \dfrac{-15m^2 + 94m - 143}{(m-3)^2} > 0$

$\therefore \quad \dfrac{-(3m-11)(5m-13)}{(m-3)^2} > 0$

$\therefore \quad \dfrac{13}{5} < m < \dfrac{11}{3} \quad (m \neq 3) \qquad \text{……①'}$

②: $\dfrac{m-5}{2(m-3)} - 2 > 0$

$\therefore \quad \dfrac{-(3m-7)}{2(m-3)} > 0$

$\therefore \quad (3m-7)(m-3) < 0$

$\therefore \quad \dfrac{7}{3} < m < 3 \qquad \text{……②'}$

③: $\dfrac{6m-16}{m-3} > 0$

$\therefore \quad 2(3m-8)(m-3)>0$

$\therefore \quad m<\dfrac{8}{3}$ または $3<m$　……③′

①′, ②′, ③′ より　$\dfrac{13}{5}<m<\dfrac{8}{3}$

25-2 (1) $\dfrac{(判別式)}{4}$

$=(-4|k-1|)^2-8(8k^2-4k+1)$

$=16(k-1)^2-8(8k^2-4k+1)$

$=-48k^2+8$

より，実数解をもつための k の条件は

$$-48k^2+8\geqq 0 \quad \therefore \quad k^2-\dfrac{1}{6}\leqq 0$$

よって，$-\dfrac{\sqrt{6}}{6}\leqq k\leqq\dfrac{\sqrt{6}}{6}$

(2) $f(x)$

$=8x^2-8|k-1|x+8k^2-4k+1$ とおく.

$f(x)=0$ が異なる2つの実数解をもつ
とき，2つの解が0と1の間にあるため
の k の条件は，$y=f(x)$ のグラフの端
点の y 座標の符号と軸の位置に着目し

$$\begin{cases} f(0)>0 \\ f(1)>0 \\ 0<\dfrac{|k-1|}{2}<1 \end{cases}$$

$\therefore \begin{cases} 8k^2-4k+1>0 & ……① \\ 8k^2-4k-8|k-1|+9>0 & ……② \\ 0<|k-1|<2 & ……③ \end{cases}$

であるから，$-\dfrac{\sqrt{6}}{6}<k<\dfrac{\sqrt{6}}{6}$ のとき

①, ②, ③が成り立つことを示せばよい.

$f(0)=8\left(k-\dfrac{1}{4}\right)^2+\dfrac{1}{2}>0$

より①はつねに成り立つ.

また，$-\dfrac{\sqrt{6}}{6}<k<\dfrac{\sqrt{6}}{6}$ において，

$|k-1|=1-k$ であるから，

$f(1)=8k^2+4k+1$

$\qquad =8\left(k+\dfrac{1}{4}\right)^2+\dfrac{1}{2}>0$

より②が成り立つ.

$0<|k-1|=1-k<2$

より③も成り立つ.

以上より証明された.

26-1 解と係数の関係から

$$\begin{cases} \alpha+\beta+\gamma=-3 \\ \alpha\beta+\beta\gamma+\gamma\alpha=-4 \\ \alpha\beta\gamma=-2 \end{cases}$$

(1) $\dfrac{1}{\alpha}+\dfrac{1}{\beta}+\dfrac{1}{\gamma}$

$=\dfrac{\beta\gamma+\gamma\alpha+\alpha\beta}{\alpha\beta\gamma}=\dfrac{-4}{-2}=2$

(2) $\dfrac{1}{\alpha^2}+\dfrac{1}{\beta^2}+\dfrac{1}{\gamma^2}$

$=\dfrac{\beta^2\gamma^2+\gamma^2\alpha^2+\alpha^2\beta^2}{\alpha^2\beta^2\gamma^2}$

$=\dfrac{(\alpha\beta+\beta\gamma+\gamma\alpha)^2-2\alpha\beta\gamma(\alpha+\beta+\gamma)}{(\alpha\beta\gamma)^2}$

$=\dfrac{(-4)^2-2(-2)(-3)}{(-2)^2}=1$

26-2 (1) a, b, c は $f(x)=0$ の解
であるから，

x^3-Ax^2+Bx-1

$=(x-a)(x-b)(x-c)$

$=x^3-(a+b+c)x^2$

$\qquad\qquad +(ab+bc+ca)x-abc$

これは x についての恒等式であるから，
係数を比較すると

$$\begin{cases} -A=-(a+b+c) \\ B=ab+bc+ca \\ -1=-abc \end{cases}$$

$\therefore \begin{cases} a+b+c=A \\ ab+bc+ca=B \end{cases}$

また，$abc=1$

(2) 方程式 $g(x)=0$ についての解と
係数の関係と，(1)の結果から，

$P=-\left(\dfrac{1}{a}+\dfrac{1}{b}+\dfrac{1}{c}\right)$

$=-\dfrac{bc+ca+ab}{abc}=-B$

$Q=\dfrac{1}{a}\cdot\dfrac{1}{b}+\dfrac{1}{b}\cdot\dfrac{1}{c}+\dfrac{1}{c}\cdot\dfrac{1}{a}$

$=\dfrac{c+a+b}{abc}=A$

$$R=-\frac{1}{a}\cdot\frac{1}{b}\cdot\frac{1}{c}=-\frac{1}{abc}=-1$$

(3) $f(x)=g(x)$ より，

$$x^3-Ax^2+Bx-1$$
$$=x^3+Px^2+Qx+R$$

(2)の結果から

$$x^3-Ax^2+Bx-1$$
$$=x^3-Bx^2+Ax-1$$
$$\therefore\quad A=B$$

したがって，

$$f(x)=x^3-Ax^2+Ax-1$$
$$=(x-1)\{x^2-(A-1)x+1\}\quad\cdots(*)$$

これより，方程式 $f(x)=0$ は $x=1$ を解としてもつ.

(4) $(*)$ より，方程式 $f(x)=0$ の3つの解が実数であるための必要十分条件は，

$$x^2-(A-1)x+1=0$$

が2つの実数解をもつことである.
すなわち

$$(A-1)^2-4\geqq0$$
$$\therefore\quad A\leqq-1,\ 3\leqq A$$

27-1 (1) $\omega^3-1=0$ であるから

$$(\omega-1)(\omega^2+\omega+1)=0$$

$\omega-1\neq0$ より，$\omega^2+\omega+1=0$
よって，$\omega^2+\omega=-1$

(2) $(x+a\omega+b\omega^2)(x+a\omega^2+b\omega)$
$$=x^2+\{(\omega+\omega^2)a+(\omega+\omega^2)b\}x$$
$$+\omega^2(a+b\omega)(a\omega+b)$$
$$=x^2-ax-bx+a^2+b^2-ab$$

よって，

(与式の右辺)
$$=(x+a+b)(x^2+a^2+b^2-ax-bx-ab)$$
$$=x^3-3abx+a^3+b^3$$
$$=(与式の左辺)$$

となり，等式が成立する.

(3) (2)より，

$$ab=2,\ a^3+b^3=6$$

となる $a,\ b$ を求めればよい.
$a^3b^3=8$ であるから $a^3,\ b^3$ は2次方程式

$$t^2-6t+8=0$$

すなわち $(t-2)(t-4)=0$

の解である. よって，

$$(a,\ b)=(\sqrt[3]{4},\ \sqrt[3]{2}),\ (\sqrt[3]{2},\ \sqrt[3]{4})$$

したがって，

$$x^3-6x+6$$
$$=(x+\sqrt[3]{4}+\sqrt[3]{2})(x+\sqrt[3]{4}\,\omega+\sqrt[3]{2}\,\omega^2)$$
$$(x+\sqrt[3]{4}\,\omega^2+\sqrt[3]{2}\,\omega)$$

であるから，求める方程式の解は，

$$x=-\sqrt[3]{4}-\sqrt[3]{2},\ -\sqrt[3]{4}\,\omega-\sqrt[3]{2}\,\omega^2,$$
$$-\sqrt[3]{4}\,\omega^2-\sqrt[3]{2}\,\omega$$

27-2 (1) $u=\sqrt[3]{\sqrt{\dfrac{28}{27}}+1}$,

$$v=-\sqrt[3]{\sqrt{\dfrac{28}{27}}-1}\quad とおく.$$

$$u+v=\alpha$$
$$u^3+v^3=\left(\sqrt{\frac{28}{27}}+1\right)-\left(\sqrt{\frac{28}{27}}-1\right)=2$$
$$uv=\left(\sqrt[3]{\sqrt{\frac{28}{27}}+1}\right)\cdot\left(-\sqrt[3]{\sqrt{\frac{28}{27}}-1}\right)$$
$$=-\sqrt[3]{\sqrt{\frac{28}{27}}-1}=-\frac{1}{3}$$
$$(u+v)^3=u^3+v^3+3uv(u+v)$$

であるから，α は，

$$\alpha^3=2+3\left(-\frac{1}{3}\right)\alpha$$

をみたす.
したがって，α は，整数を係数とする3次方程式

$$x^3+x-2=0$$

の解である.

(2) $x^3+x-2=0$ を解くと

$$(x-1)(x^2+x+2)=0$$
$$\therefore\quad x=1,\ \frac{-1\pm\sqrt{7}\,i}{2}$$

であり，α は実数なので，$\alpha=1$ となる.
すなわち，α は整数1である.

28-1 $(x+2)(x+3)(x-4)(x-5)-44$
$$=(x+2)(x-4)\times(x+3)(x-5)-44$$
$$=(x^2-2x-8)(x^2-2x-15)-44$$
$$=(x^2-2x)^2-23(x^2-2x)+120-44$$
$$=(x^2-2x)^2-23(x^2-2x)+76$$

$$=\{(x^2-2x)-4\}\{(x^2-2x)-19\}$$
$$=(x^2-2x-4)(x^2-2x-19)$$

よって，求める解は

$$x^2-2x-4=0 \ \ \text{または} \ \ x^2-2x-19=0$$
$$\therefore \ \ x=1\pm\sqrt{5}, \ 1\pm2\sqrt{5}$$

28-2 (1) $X=x+\dfrac{1}{x}$

$\iff x^2-Xx+1=0$

$f(x)=x^2-Xx+1$

とおくと，Xは $f(x)=0$ をみたす x に対応して決まるから，Xの値がとり得る範囲を求めるには $f(x)=0$ をみたす実数 x が存在するための X の条件を求めればよい．

$f(0)=1$ であるから，$f(x)=0$ の判別式をDとおくと，この条件は

$x<0$ のとき

$\begin{cases} \text{判別式}：X^2-4\geqq0 \\ y=f(x) \ \text{のグラフの軸の位置}：\dfrac{X}{2}<0 \end{cases}$

$\therefore \ \ X\leqq-2$

$x>0$ のとき

$\begin{cases} \text{判別式}：X^2-4\geqq0 \\ y=f(x) \ \text{のグラフの軸の位置}：\dfrac{X}{2}>0 \end{cases}$

$\therefore \ \ X\geqq2$

(2) $x^4+ax^3-x^2+ax+1=0$ ……①

$x=0$ は①の解でないから，①の両辺を x^2 で割ると，

$$x^2+ax-1+\frac{a}{x}+\frac{1}{x^2}=0$$
$$x^2+\frac{1}{x^2}+a\left(x+\frac{1}{x}\right)-1=0$$
$$\left(x+\frac{1}{x}\right)^2+a\left(x+\frac{1}{x}\right)-3=0$$

よって，$X^2+aX-3=0$ ……②

$g(X)=X^2+aX-3$ とおく．

①が $x>0$ において2つの実数解（重解を含む）をもつ条件は，(1)より②が $X\geqq2$ の範囲に1つだけ解をもつことである．

$$g(0)=-3<0$$

であるから，求める条件は

$$g(2)\leqq0 \ \ \ \therefore \ \ 2a+1\leqq0$$

すなわち，$2a\leqq-1$ である．

①が $x<0$ において2つの実数解（重解を含む）をもつ条件は，(1)より②が $X\leqq-2$ の範囲に1つだけ解をもつことである．

$g(0)<0$ であるから，求める条件は

$$g(-2)\leqq0 \ \ \ \therefore \ \ -2a+1\leqq0$$

すなわち，$2a\geqq1$ である．

とくに $2a=1$ のとき，

$$g(X)=(X+2)\left(X-\frac{3}{2}\right)$$

である．$X\leqq-2$ または $X\geqq2$ に注意すると $g(X)=0$ の解は $X=-2$ であり，(1)で等号の成り立つときである．

このとき

$$f(x)=x^2+2x+1$$
$$=(x+1)^2$$

$f(x)=0$ の解は，$x=-1$（重解）となる．

29-1 $z^3+az+b=0$

a, b が実数であり，$z=1+i$ が解であるから，$\bar{z}=1-i$ もこの方程式の解である．

$$z+\bar{z}=2, \ z\bar{z}=2$$

であり，もう1つの解を α とおくと，

$$\begin{cases} z+\bar{z}+\alpha=0 \\ z\bar{z}+\bar{z}\alpha+\alpha z=a \\ z\bar{z}\alpha=-b \end{cases}$$

が成り立つから

$$\alpha=-2$$
$$a=z\bar{z}+\alpha(z+\bar{z})=2-2\cdot2=-2$$
$$b=(-1)\cdot2\cdot(-2)=4$$

これより，他の2つの解は，$1-i, \ -2$

29-2 整数係数の4次方程式

$f(x)=0$ の虚数解の1つを $p+qi$（p, q は実数，$q\neq0$）とすると，$p-qi$ も解となる．

また，2つの整数解を m, n とすると，

$$x^4+ax^3+bx^2+cx+1=(x-m)(x-n)(x^2-2px+p^2+q^2)$$

係数を比較して，
$$a=-(m+n+2p) \qquad \cdots\cdots①$$
$$b=mn+2(m+n)p+p^2+q^2 \qquad \cdots\cdots②$$
$$c=-\{2mnp+(m+n)(p^2+q^2)\} \quad \cdots\cdots③$$
$$1=mn(p^2+q^2) \qquad \cdots\cdots④$$
a, b, c, m, n は整数であるから①より，$2p$ は整数，②より，p^2+q^2 は正の整数である．
④より，
$$mn=1 \ \cdots\cdots⑤, \quad p^2+q^2=1 \ \cdots\cdots⑥$$
⑤より，$\qquad m=n=\pm1 \qquad \cdots\cdots⑦$
また，⑥と $q\neq0$ より，$-1<p<1$ であるから，$2p$ が整数であることも用いて，
$$2p=-1, \ 0, \ 1 \qquad \cdots\cdots⑧$$
⑥，⑦，⑧を①，②，③に代入し，求める (a, b, c) は，
$$(a, b, c)$$
$$=(-1, 0, -1), (3, 4, 3),$$
$$(-2, 2, -2), (2, 2, 2),$$
$$(-3, 4, -3), (1, 0, 1)$$

(29-3) yi（y は実数で $y\neq0$）が，x の方程式 $x^5+x^4+ax^3+bx^2+cx+d=0$ の解となる条件は，
$$y^5i+y^4-ay^3i-by^2+cyi+d=0$$
$$\therefore \ (y^4-by^2+d)+y(y^4-ay^2+c)i=0$$
よって，$\begin{cases} y^4-by^2+d=0 \\ y^4-ay^2+c=0 \end{cases}$ であり
$$\begin{cases} (a-b)y^2=c-d & \cdots\cdots① \\ y^4-ay^2+c=0 & \cdots\cdots② \end{cases}$$
と同値である．
$a\neq b$ であれば，①をみたす実数 y の個数は 2 以下となる．
$a=b$, $c\neq d$ であれば，①をみたす実数 y は存在しない．
よって，①かつ②をみたす実数 y（$y\neq0$）が 4 個存在する条件は，
$a=b$, $c=d$ であって，かつ
②をみたす実数 y（$y\neq0$）が 4 個存在する $\cdots\cdots(*)$
ことである．さらに$(*)$は，t の 2 次方程式

$$t^2-at+c=0$$
が異なる 2 個の正の実数解をもつことと同値であり，そのための a, c の条件は
$$a>0, \ c>0, \ a^2-4c>0$$
となる．したがって，求める条件は次のようになる．
$$\begin{cases} a=b, \ c=d \\ a>0, \ c>0 \\ a^2-4c>0 \end{cases}$$

(30-1) 与式を変形して
$$2(x^2+x-2)+(x+1)(x+a)i=0$$
x, a は実数であるから，これは
$$\begin{cases} x^2+x-2=0 & \cdots\cdots① \\ (x+1)(x+a)=0 & \cdots\cdots② \end{cases}$$
と同値である．
①は $(x+2)(x-1)=0$
$$\therefore \ x=1, \ -2$$
であるから
「①かつ②」
$$\Longleftrightarrow \begin{cases} x=1 \\ 2(a+1)=0 \end{cases} \text{または} \begin{cases} x=-2 \\ -(a-2)=0 \end{cases}$$
$$\Longleftrightarrow \begin{cases} x=1 \\ a=-1 \end{cases} \text{または} \begin{cases} x=-2 \\ a=2 \end{cases}$$
したがって，$a=-1, \ 2$

(30-2) 純虚数解を ai（a は実数で $a\neq0$）とおく．
$x=ai$ を与式に代入して
$$(1+i)(-a^2)+(k+i)ai+3-3ki=0$$
これより
$$(-a^2-a+3)+(-a^2+ka-3k)i=0$$
a, k は実数であるから
$$\begin{cases} -a^2-a+3=0 & \cdots\cdots① \\ -a^2+ka-3k=0 & \cdots\cdots② \end{cases}$$
①－②より
$$-(1+k)a+3+3k=0$$
$$\therefore \ (k+1)(3-a)=0$$
$$\therefore \ a=3 \text{ または } k=-1$$
$a=3$ は①をみたさない．
$k=-1$ のとき，①，②は一致し，①の判別式 $D=1+12=13>0$ であるから a は

0 でない実数である.

$\qquad \therefore \quad k=-1$

30-3 $\dfrac{z^3}{z^2}=\dfrac{-8i}{2(1+\sqrt{3}\,i)}$ より

$z=\dfrac{-4i}{1+\sqrt{3}\,i}=\dfrac{-4i(1-\sqrt{3}\,i)}{(1+\sqrt{3}\,i)(1-\sqrt{3}\,i)}$

$=-\sqrt{3}-i$

第3章

31 (1) $P\left(\dfrac{3\cdot3+2\cdot8}{2+3},\ \dfrac{3\cdot4+2\cdot9}{2+3}\right)$

より $\mathbf{P(5,\ 6)}$

(2) $AC=\dfrac{m}{m+n}AB$,

$AD=\dfrac{m}{m-n}AB$ より

$\dfrac{1}{AC}+\dfrac{1}{AD}$

$=\dfrac{m+n}{m}\cdot\dfrac{1}{AB}+\dfrac{m-n}{m}\cdot\dfrac{1}{AB}=\dfrac{2}{AB}$

よって, $\dfrac{1}{AC}+\dfrac{1}{AD}=\dfrac{k}{AB}$ をみたす k

の値は, $k=2$

(3) R の座標を $(\alpha,\ \beta)$ とすると

$\begin{cases}\dfrac{a+\alpha}{2}=2 \\ \dfrac{b+\beta}{2}=1\end{cases} \qquad \therefore \begin{cases}\alpha=4-a \\ \beta=2-b\end{cases}$

よって, R の座標は $(4-a,\ 2-b)$

32 (1) C の座標を $(\alpha,\ \beta)$ とすると

$\begin{cases}AC^2=AB^2 \\ BC^2=AB^2\end{cases}$ より

$\begin{cases}(\alpha-1)^2+(\beta+2)^2=2^2+(-4)^2 \\ (\alpha+1)^2+(\beta-2)^2=2^2+(-4)^2\end{cases}$

$\therefore \begin{cases}\alpha^2+\beta^2-2\alpha+4\beta=15 & \cdots\cdots① \\ \alpha^2+\beta^2+2\alpha-4\beta=15 & \cdots\cdots②\end{cases}$

①−② より $\alpha=2\beta$

①に代入して $5\beta^2=15$ $\beta=\pm\sqrt{3}$

C は第1象限の点であるから, $\beta>0$ であり

$\qquad\qquad \beta=\sqrt{3}$

よって, C の座標は $(2\sqrt{3},\ \sqrt{3})$

(2) 正方形の中心を $C(\alpha,\ \beta)$ とすると

$AC=\dfrac{AB}{\sqrt{2}}$ かつ $BC=\dfrac{AB}{\sqrt{2}}$ より

$\begin{cases}(\alpha-p)^2+(\beta-q)^2=\dfrac{(p+q)^2+(q-p)^2}{2} \\ (\alpha+q)^2+(\beta-p)^2=\dfrac{(p+q)^2+(q-p)^2}{2}\end{cases}$

$\therefore \begin{cases} \alpha^2+\beta^2-2p\alpha-2q\beta=0 & \cdots\cdots① \\ \alpha^2+\beta^2+2q\alpha-2p\beta=0 & \cdots\cdots② \end{cases}$

①−② より　$(p+q)\alpha+(q-p)\beta=0$

(i)　$p \neq q$ のとき，$\beta=\dfrac{p+q}{p-q}\cdot\alpha$

これを①に代入すると

$$\frac{2(p^2+q^2)}{(p-q)^2}\cdot\alpha^2-2\cdot\frac{p^2+q^2}{p-q}\cdot\alpha=0$$

$\therefore \quad \alpha=0,\ p-q$

$\therefore \quad (\alpha,\ \beta)=(0,\ 0)$

または $(p-q,\ p+q)$

(ii)　$p=q$ のとき，

A≠B より $p+q \neq 0$ であり，$\alpha=0$

このとき①は　$\beta^2-2q\beta=0$

$\therefore \quad (\alpha,\ \beta)=(0,\ 0)$ または $(0,\ 2q)$

(ii)は(i)に含まれるので，中心Cの座標は

$(0,\ 0)$ または $(p-q,\ p+q)$

33-1　(1)　2つの直線①，②が直交する条件は

$$(1-4k)\cdot 3+2\cdot(k-3)=0$$

$$\therefore \quad k=-\frac{3}{10}$$

(2)　2つの直線①，②が一致する条件は

$$(1-4k):2=3:(k-3)$$

$\therefore \quad (1-4k)(k-3)=6$

$\therefore \quad 4k^2-13k+9=0$

$\therefore \quad (4k-9)(k-1)=0$

$\therefore \quad k=\mathbf{1},\ \dfrac{\mathbf{9}}{\mathbf{4}}$

33-2　(1)　$\begin{cases} a_1:b_1=a_2:b_2 \\ a_1:b_1:c_1 \neq a_2:b_2:c_2 \end{cases}$

より　$\begin{cases} \boldsymbol{a_1b_2-b_1a_2=0} \\ \boldsymbol{a_1c_2-c_1a_2 \neq 0} \end{cases}$

(2)　$\boldsymbol{a_1:b_1:c_1=a_2:b_2:c_2}$

(3)　①と②が1点で交わる

⟺ ①と②が平行でない

であるから，$\boldsymbol{a_1b_2-b_1a_2 \neq 0}$

(4)　$\boldsymbol{a_1a_2+b_1b_2=0}$

34　$ax+by+c=0 \quad \cdots\cdots①$

$bx+cy+a=0 \quad \cdots\cdots②$

$cx+ay+b=0 \quad \cdots\cdots③$

まず，①∦②，②∦③，③∦①，すなわち

$ac-b^2 \neq 0,\ ab-c^2 \neq 0,\ bc-a^2 \neq 0 \quad \cdots\cdots④$

が必要である．

次に，④のもとで①と②の交点を求める．

①×c−②×b より

$$(ac-b^2)x+c^2-ab=0$$

①×b−②×a より

$$(b^2-ac)y+bc-a^2=0$$

④より $ac-b^2 \neq 0$ なので①と②の交点の座標は

$$\left(\frac{ab-c^2}{ac-b^2},\ \frac{a^2-bc}{b^2-ac}\right) \quad \cdots\cdots⑤$$

これが③の上にある条件は

$$c\cdot\frac{ab-c^2}{ac-b^2}+a\cdot\frac{a^2-bc}{b^2-ac}+b=0$$

$$a^3+b^3+c^3-3abc=0$$

$$(a+b+c)(a^2+b^2+c^2-ab-bc-ca)=0$$

$$\frac{1}{2}(a+b+c)\{(a-b)^2+(b-c)^2+(c-a)^2\}=0$$

3直線は一致しないので，$a=b=c$ ではない．したがって，$a+b+c=0$ である．

逆に「$a+b+c=0$」かつ「$a=b=c$ でない」とき

$$ac-b^2=ac-(-a-c)^2$$

$$=-a^2-ac-c^2=-\left(a+\frac{c}{2}\right)^2-\frac{3}{4}c^2$$

$a+\dfrac{c}{2}=0$ かつ $c=0$ とすると $a=c=0$

このとき $b=0$ であり「$a=b=c$ でない」ことに反する．したがって，

$ac-b^2 \neq 0$ は成り立つ．

同様に $ab-c^2 \neq 0$，$bc-a^2 \neq 0$ であり，④をみたす．

よって，求める条件は

「$a+b+c=0$」かつ「$a=b=c$ でない」

$c=-a-b$ を⑤に代入すると，交点の座標は **$(1,\ 1)$**

35 放物線上の点 $P(t, -t^2+4t-3)$ と直線 $x-y+2=0$ との距離 h は

$$h = \frac{|t-(-t^2+4t-3)+2|}{\sqrt{1^2+(-1)^2}}$$

$$= \frac{1}{\sqrt{2}}|t^2-3t+5|$$

$$= \frac{1}{\sqrt{2}}\left|\left(t-\frac{3}{2}\right)^2+\frac{11}{4}\right|$$

よって, h は $t=\dfrac{3}{2}$ のとき, 最小値

$\dfrac{11}{4\sqrt{2}}=\dfrac{11\sqrt{2}}{8}$ をとる.

36 (1) $\quad 4x-3y=14 \quad \cdots\cdots$①

$x-2y=1 \quad \cdots\cdots$② $\quad x-7y=16 \quad \cdots\cdots$③

とする.

①と②, ②と③, ③と①の交点の座標はそれぞれ

$$(5, 2), (-5, -3), (2, -2)$$

である. これらをすべて x 軸方向に -2, y 軸方向に 2 だけ平行移動すると

$$(3, 4), (-7, -1), (0, 0)$$

となるので, 求める三角形の面積は

$$\frac{1}{2}|3\cdot(-1)-(-7)\cdot4|=\frac{25}{2}$$

(2) $y=|x|$ と $y=ax+b$ $(b>0)$ が 2 点で交わるための条件は $-1<a<1$ であり, 交点の x 座標は

$$x=\frac{-b}{a+1}, \frac{b}{1-a}$$

である. よって, 上図の斜線部分の面積 S は

$$S=\frac{1}{2}b\left|\frac{-b}{a+1}\right|+\frac{1}{2}b\left|\frac{b}{1-a}\right|$$

$$=\frac{b^2}{2}\left(\frac{1}{a+1}+\frac{1}{1-a}\right)=\frac{b^2}{1-a^2}$$

$S=4$ より $\quad b^2=4(1-a^2)$

$b>0$ より $\quad \boldsymbol{b=2\sqrt{1-a^2}}$

37 点 (X, Y) が求める直線上の点であるための条件は

$$\frac{|2X+Y-3|}{\sqrt{2^2+1^2}}=\frac{|X-2Y+1|}{\sqrt{1^2+(-2)^2}}$$

$$\therefore \quad 2X+Y-3=\pm(X-2Y+1)$$

よって, 求める直線の方程式は

$$\boldsymbol{x+3y-4=0, \ 3x-y-2=0}$$

38-1 $P(a, b)$ とおくと, R と P は直線 $y=x$ に関して対称なので $R(b, a)$ R は Q を x 軸方向に 1 だけ平行移動した点であるから $\quad Q(b-1, a)$

P と Q は直線 $y=2x$ に関して対称ゆえ,

$$\begin{cases} \dfrac{a+b}{2}=2\cdot\dfrac{a+(b-1)}{2} \\ 2\cdot\dfrac{b-a}{a-(b-1)}=-1 \end{cases} \therefore \begin{cases} a+b=2 \\ a-b=1 \end{cases}$$

$$\therefore \quad a=\frac{3}{2}, \ b=\frac{1}{2} \quad \therefore \quad P\left(\frac{3}{2}, \frac{1}{2}\right)$$

38-2 (1) 2 点 A, B は直線 $y=x$ に関して同じ側にある. B を $y=x$ に関して対称移動した点は, $B'(3, 4)$ である.

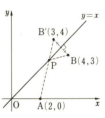

$\overline{AP}+\overline{PB}$ が最小となる点 P は直線 AB' と直線 $y=x$ の交点である.

直線 AB' の方程式は,

$$y=4(x-2)$$

これと $y=x$ の交点を求めて,

$$P\left(\frac{8}{3}, \frac{8}{3}\right)$$

(2) 最小値は

$$\overline{AB'}=\sqrt{1^2+4^2}=\sqrt{17}$$

39-1 k について整理して

$(2x+y-1)k+x+4y+3=0$

これがすべての k に対して成立する条件は，

$$\begin{cases} 2x+y-1=0 \\ x+4y+3=0 \end{cases}$$

$$\therefore \quad x=1, \ y=-1$$

したがって，k がどのような値であっても定点 $(1, \ -1)$ を通る．

(39-2)　$(m, \ n) \neq (0, \ 0)$ として
$$m(2x-y-1)+n(3x+2y-3)=0 \cdots\cdots ①$$
は P を通る直線の方程式である．

(1)　①が $(-1, \ 1)$ を通るとき，
$$-4m-4n=0 \quad \therefore \quad m=-n \ (\neq 0)$$
①に代入して，$n(x+3y-2)=0$
$n \neq 0$ より　$\boldsymbol{x+3y-2=0}$

(2)　①は
$$(2m+3n)x+(-m+2n)y$$
$$-(m+3n)=0 \qquad \cdots\cdots ①'$$
と変形できる．
①′ が $2x-3y=0$ に平行な条件は
$$2(-m+2n)+3(2m+3n)=0$$
$$\therefore \quad 4m+13n=0$$
$$\therefore \quad m=-\frac{13}{4}n \ (\neq 0)$$
①′ に代入して整理すると
$$n(14x-21y-1)=0$$
$n \neq 0$ より　$\boldsymbol{14x-21y-1=0}$

(3)　①′ が $x+3y=0$ に垂直な条件は
$$(2m+3n)+3(-m+2n)=0$$
$$\therefore \quad m=9n \ (\neq 0)$$
①′ に代入して，$n(21x-7y-12)=0$
$n \neq 0$ より　$\boldsymbol{21x-7y-12=0}$

(40)　x について整理すると
$$2x^2+(3y+a)x+y^2+y+b=0 \cdots\cdots ①$$
これが 2 直線を表す条件は，①の左辺が x, y の 1 次式に因数分解できること，すなわち
①の判別式
$$=(3y+a)^2-4 \cdot 2 \cdot (y^2+y+b)$$
$$=y^2+2(3a-4)y+a^2-8b$$

が y について完全平方式となることである．この条件は，$\dfrac{D_y}{4}=0$ であり
$$(3a-4)^2-(a^2-8b)=0$$
$$\therefore \quad 8a^2-24a+16+8b=0$$
よって，$b=-a^2+3a-2$

(42)　$\mathrm{P}(x, \ y)$ について
$$\mathrm{PA}^2+\mathrm{PB}^2+\mathrm{PC}^2$$
$$=\{(x-3)^2+(y-4)^2\}+\{(x+5)^2+y^2\}$$
$$+\{(x-5)^2+y^2\}$$
$$=3x^2-6x+3y^2-8y+75$$
$$=3(x-1)^2+3\left(y-\frac{4}{3}\right)^2+\frac{200}{3}$$
$\mathrm{PA}^2+\mathrm{PB}^2+\mathrm{PC}^2=k^2$，すなわち
$$3(x-1)^2+3\left(y-\frac{4}{3}\right)^2=k^2-\frac{200}{3}$$
これが円を表すための条件は，
$$k^2-\frac{200}{3}>0 \quad \therefore \quad \boldsymbol{k>\frac{10\sqrt{6}}{3}}$$

(43)　(1)　C_k の方程式を変形して
$$\left(x+\frac{3k}{2}\right)^2+\left(y+\frac{k-2}{2}\right)^2$$
$$=\left(\frac{3k}{2}\right)^2+\left(\frac{k-2}{2}\right)^2+6k+4$$
さらに
$$(右辺)=\frac{5}{2}(k^2+2k+2)$$
$$=\frac{5}{2}\{(k+1)^2+1\}>0$$
であるから，C_k は円を表している．
この円の中心を $(X, \ Y)$ とすると
$$X=-\frac{3k}{2}, \ Y=-\frac{k-2}{2}$$
点 $(X, \ Y)$ の軌跡は，これをみたす実数 k が存在するような点 $(X, \ Y)$ の集合であるから
$$Y=\frac{1}{3}X+1 \quad \therefore \quad \boldsymbol{y=\frac{1}{3}x+1}$$

(2)　C_k の方程式を k について整理すると

$$x^2+y^2-2y-4+k(3x+y-6)=0$$
$$\cdots\cdots(*)$$

すべての C_k が通る点は

$$\begin{cases} x^2+y^2-2y-4=0 \\ 3x+y-6=0 \end{cases}$$

をみたす $(x,\ y)$ を座標にもつ点である.
これを解くと

$$\begin{cases} x=1 \\ y=3 \end{cases},\quad \begin{cases} x=2 \\ y=0 \end{cases}$$

よって，求める点は **(1, 3)，(2, 0)**

(3) $(*)$ をみたす k が存在しない，すなわち

$$\begin{cases} x^2+y^2-2y-4\neq0 \\ 3x+y-6=0 \end{cases}$$

をみたす $(x,\ y)$ を座標にもつ点である.
よって，求める点は
直線 $3x+y-6=0$ 上の 2 点 (1, 3)，(2, 0) を除くすべての点.

(44-1) $2x^2-6x+2y^2+10y=1$ は
$$\left(x-\frac{3}{2}\right)^2+\left(y+\frac{5}{2}\right)^2=9$$
と変形できる.
中心 $A\left(\dfrac{3}{2},\ -\dfrac{5}{2}\right)$ の $x+2y=1$ に関する対称点を $A'(a,\ b)$ とすると

$$\begin{cases} \dfrac{3+2a}{4}+\left(-\dfrac{5}{2}+b\right)=1 \\ \dfrac{b+\dfrac{5}{2}}{a-\dfrac{3}{2}}\cdot\left(-\dfrac{1}{2}\right)=-1 \end{cases}$$

$$\therefore\quad a=\frac{33}{10},\ b=\frac{11}{10}$$

中心 A'，半径 3 の円が求める円であり，この円の方程式は
$$\left(x-\frac{33}{10}\right)^2+\left(y-\frac{11}{10}\right)^2=9$$

(44-2) 求める接線を $3x-4y+c=0$ とおく. $x^2+y^2=1$ と接する条件は，中心 $(0,\ 0)$ との距離が 1 であることより，

$$\frac{|c|}{\sqrt{3^2+(-4)^2}}=1\quad\therefore\quad c=\pm5$$
$$\therefore\quad \boldsymbol{3x-4y\pm5=0}$$

(44-3) $y=x+1$ を円の方程式に代入して整理すると，
$$2x^2+(2a+1)x+1=0$$
$D=(2a+1)^2-8$ とおくと，$D=0$ となる a は

$$2a+1=\pm2\sqrt{2}\quad\therefore\quad a=\frac{-1\pm2\sqrt{2}}{2}$$

D の符号より，共有点の個数は，

$a<\dfrac{-1-2\sqrt{2}}{2},\ \dfrac{-1+2\sqrt{2}}{2}<a$ のとき

2 個，$a=\dfrac{-1\pm2\sqrt{2}}{2}$ のとき 1 個，

$\dfrac{-1-2\sqrt{2}}{2}<a<\dfrac{-1+2\sqrt{2}}{2}$ のとき

0 個

(別解) 円の中心 $\left(\dfrac{1-a}{2},\ -\dfrac{a}{2}\right)$ と直線 $x-y+1=0$ の距離

$$\frac{\left|\dfrac{1-a}{2}+\dfrac{a}{2}+1\right|}{\sqrt{1^2+(-1)^2}}=\frac{3}{2\sqrt{2}}$$

と半径

$$\sqrt{a+\left(\frac{1-a}{2}\right)^2+\left(-\frac{a}{2}\right)^2}=\sqrt{\frac{a^2}{2}+\frac{a}{2}+\frac{1}{4}}$$

を比較してもよい.
$$\frac{a^2}{2}+\frac{a}{2}+\frac{1}{4}>\frac{9}{8},\ =\frac{9}{8},\ <\frac{9}{8}$$
それぞれに対して，共有点の個数は 2 個，1 個，0 個である.

(45) $x^2+y^2-2x-4y-4=0$ は
$$(x-1)^2+(y-2)^2=9$$
と変形できる.
この円の中心 $(1,\ 2)$ と直線 $x-y-1=0$ の距離は

$$\frac{|1-2-1|}{\sqrt{1^2+(-1)^2}}=\frac{2}{\sqrt{2}}=\sqrt{2}$$

よって，切りとる弦の長さは，
$$2\sqrt{9-(\sqrt{2})^2}=2\sqrt{7}$$

46 A，Bにおける接線の方程式は
それぞれ
$$2x+4y=20, \quad 4x-2y=20$$
連立して，$x=6, \ y=2$
$$\therefore \quad (\mathbf{6, \ 2})$$

47 (1) 円の中心 $(0, \ 0)$ と直線の距離が1（半径）より小さいことから
$$\frac{1}{\sqrt{a^2+b^2}}<1 \quad \therefore \quad \boldsymbol{a^2+b^2>1}$$
(2) $P(p_1, \ p_2)$，$Q(q_1, \ q_2)$ とおくと，
P，Q は $ax+by=1$ 上の点であるから
$$\begin{cases} ap_1+bp_2=1 \\ aq_1+bq_2=1 \end{cases} \quad \cdots\cdots①$$
P，Q における接線はそれぞれ
$$p_1x+p_2y=1, \quad q_1x+q_2y=1$$
ところで①は，これら2直線が点 $(a, \ b)$ を通ることを示している．
よって，R の座標は $(\boldsymbol{a, \ b})$

48-1 2円の中心間の距離は
$\sqrt{(2+1)^2+(2+2)^2}=5$ なので，求める条件は，
$$|R-4|>5 \ \text{または} \ R+4<5$$
$R>0$ もふまえると
$$\mathbf{0<R<1, \ 9<R}$$

48-2 (1) C_1，C_2 は2点で交わるから，C_1，C_2 の方程式を辺々ひいて，
$$6x-4y=2$$
求める直線の方程式は
$$\mathbf{3x-2y=1}$$
(2) $(x-1)^2+(y-3)^2-4$
$$+k(3x-2y-1)=0$$
は C_1 と C_2 の2交点を通る図形の方程式である．
これが点 $(3, \ 1)$ を通るとき
$$4+4-4+k(9-2-1)=0 \quad \therefore \quad k=-\frac{2}{3}$$
このとき
$$3\{(x-1)^2+(y-3)^2-4\}$$
$$-2(3x-2y-1)=0$$

$$\therefore \quad 3x^2+3y^2-12x-14y+20=0$$
$$\therefore \quad 3(x-2)^2+3\left(y-\frac{7}{3}\right)^2=\frac{25}{3} \ (>0)$$
これは円である．よって，求める円の方程式は
$$(\boldsymbol{x-2})^2+\left(\boldsymbol{y-\frac{7}{3}}\right)^2=\left(\boldsymbol{\frac{5}{3}}\right)^2$$

50 直線
AB を x 軸とし，
線分 AB の中点
O を通りこれに
垂直な直線を y
軸とする．

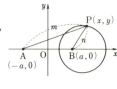

2点 A，B の座標をそれぞれ $A(-a, \ 0)$，$B(a, \ 0)$ $(a>0)$ とし，$P(x, \ y)$ とすると
$$PA:PB=m:n$$
は
$$PA^2:PB^2=m^2:n^2$$
$$\therefore \quad \{(x+a)^2+y^2\}:\{(x-a)^2+y^2\}$$
$$=m^2:n^2$$
$$\therefore \quad m^2\{(x-a)^2+y^2\}=n^2\{(x+a)^2+y^2\}$$
$$\therefore \quad (m^2-n^2)x^2+(m^2-n^2)y^2$$
$$-2(m^2+n^2)ax+(m^2-n^2)a^2=0$$
と変形でき $m\neq n$ であるから
$m^2-n^2\neq 0$ であり
$$x^2+y^2-\frac{2(m^2+n^2)}{m^2-n^2}ax+a^2=0$$
$$\therefore \quad \left(x-\frac{m^2+n^2}{m^2-n^2}\cdot a\right)^2+y^2=\frac{4m^2n^2}{(m^2-n^2)^2}\cdot a^2$$
と変形できる．よって，求める軌跡は
点 $\left(\dfrac{m^2+n^2}{m^2-n^2}\cdot a, \ 0\right)$ を中心とし，
$\left|\dfrac{2mn}{m^2-n^2}\cdot a\right|$ を半径とする円である．
上の円の方程式で $y=0$ とおいて，x 軸との交点の座標を求めると
$$x=\frac{m^2+n^2}{m^2-n^2}\cdot a+\frac{2mn}{m^2-n^2}\cdot a=\frac{m+n}{m-n}\cdot a,$$
$$x=\frac{m^2+n^2}{m^2-n^2}\cdot a-\frac{2mn}{m^2-n^2}\cdot a=\frac{m-n}{m+n}\cdot a$$
となる．

点 $\left(\dfrac{m-n}{m+n}\cdot a,\ 0\right)$ は線分 AB を $m:n$ に内分し,

点 $\left(\dfrac{m+n}{m-n}\cdot a,\ 0\right)$ は線分 AB を $m:n$ に外分している.

よって, P の軌跡はこれらの点を直径の両端とする円である.

51-1
$$y=tx \qquad\qquad \cdots\cdots①$$
$$y=(t+1)x-t \qquad \cdots\cdots②$$
を同時にみたす実数 t が存在するための $x,\ y$ の条件を求める.

①を t についての方程式とみると

$x=0$ のとき, ①をみたす t が存在する条件は $y=0$ であり, このとき, ①, ②をみたす実数 t が $t=0$ として存在する.

$x\neq0$ のとき, ①をみたす t の値は

$$t=\dfrac{y}{x}$$

これが②もみたすための $x,\ y$ の条件は

$$y=\left(\dfrac{y}{x}+1\right)x-\dfrac{y}{x}$$

$\therefore\quad y=x^2$ かつ $x\neq0$

以上まとめて, P の軌跡は, 放物線 $\boldsymbol{y=x^2}$ **の全体.**

51-2 $(x-t)^2+y^2=t^2\ \cdots\cdots①$,

$y=tx\ \cdots\cdots②$ を同時にみたす正の実数 t が存在するための $x,\ y$ の条件を求める.

②を t についての方程式とみると

$x=0$ のとき, ②をみたす t が存在する条件は $y=0$ であり, このとき, ①は t の値にかかわらず成立.

よって, $(x,\ y)=(0,\ 0)$ は条件をみたす.

$x\neq0$ のとき, ②をみたす t の値は

$$t=\dfrac{y}{x}$$

これが①もみたす $x,\ y$ の条件は

$$\left(x-\dfrac{y}{x}\right)^2+y^2=\left(\dfrac{y}{x}\right)^2 \quad\therefore\quad x^2-2y+y^2=0$$

$\therefore\quad x^2+(y-1)^2=1$ かつ $x\neq0$

また, $t>0$ より $\dfrac{y}{x}>0$

$\therefore\quad xy>0$

以上まとめて
円 $x^2+(y-1)^2=1$
の $x>0$ の部分
および原点.

図示すると右図.

52-1 弦 PQ は点 A$(2,\ 4)$ を通るから, 直線 PQ の方程式は

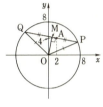

$$a(x-2)+b(y-4)$$
$$=0\ (a^2+b^2\neq0)$$
$$\cdots\cdots①$$

とおけて, このとき PQ の中点 M を通る直線 OM の方程式は

$$bx-ay=0 \qquad\qquad \cdots\cdots②$$

となる.

①, ②を同時にみたす実数 $a,\ b$ $(a^2+b^2\neq0)$ が存在するための $x,\ y$ の条件を求める.

②を $ya=bx$ として a についての方程式とみると

(i) $y=0$ のとき, 「①かつ②」は
$$\begin{cases} a(x-2)-4b=0 \\ bx=0 \end{cases}$$

(ア) $x=0$ のとき,
$$\begin{cases} a+2b=0 \\ b\ \text{は任意} \end{cases}$$
であり, これをみたす $a,\ b\ (a^2+b^2\neq0)$ は存在する.

よって, $(x,\ y)=(0,\ 0)$ は適する.

(イ) $x\neq0$ のとき,
$$\begin{cases} a(x-2)=0 \\ b=0 \end{cases}$$

(a) $x\neq2$ のとき, $a=b=0$ となるが, $a^2+b^2\neq0$ をみたさないので適さない.

(b) $x=2$ のとき,
$$\begin{cases} a\ \text{は任意} \\ b=0 \end{cases}$$
これをみたす $a,\ b\ (a^2+b^2\neq0)$ は存在す

るので，$(x, y)=(2, 0)$ は適する．

(ii) $y \neq 0$ のとき，②をみたす a の値

は　$a=b \cdot \dfrac{x}{y}$

このとき①は　$b \cdot \dfrac{x}{y}(x-2)+b(y-4)=0$

　$\therefore \quad b\{x(x-2)+y(y-4)\}=0$ ……③

であり，$a^2+b^2 \neq 0$ は $b^2\left\{\left(\dfrac{x}{y}\right)^2+1\right\} \neq 0$

したがって $b \neq 0$ ……④ である．

③，④を同時にみたす b が存在するような x，y の条件は

　$x(x-2)+y(y-4)=0$

　$\therefore \quad (x-1)^2+(y-2)^2=5 \ (y \neq 0)$

(i)，(ii)をまとめると

　$(\boldsymbol{x-1})^2+(\boldsymbol{y-2})^2=\boldsymbol{5}$

別解　つねに OM⊥AM であるから，Mは O，A を直径の両端とする円周上を動く．

このとき，直線PQ は点Aを通る直線のすべてを動くから，弦 PQ の中点であるMも上の円周上すべてを動く．

この円の方程式は（標問 **41** の 研究 参照）

　$x(x-2)+y(y-4)=0$

　$\therefore \quad (x-1)^2+(y-2)^2=5$

52-2 $P(p, \sqrt{3}\,p^2)$，$Q(q, \sqrt{3}\,q^2)$ とおくと，Rの座標 (x, y) は

$x=\dfrac{p+q}{2}$ …①，$y=\dfrac{\sqrt{3}}{2}(p^2+q^2)$ …②

また，$\angle POQ=90°$ より

　（OP の傾き）×（OQ の傾き）$=-1$

　$\therefore \quad \sqrt{3}\,p \cdot \sqrt{3}\,q=-1$

　$\therefore \quad pq=-\dfrac{1}{3}$ ……③

①，②，③を同時にみたす実数 p，q が存在するための x，y の条件を求める．

①，③をみたす p，q は

　$t^2-2xt-\dfrac{1}{3}=0$

の2解であり，判別式を D とすると

　$\dfrac{D}{4}=x^2+\dfrac{1}{3}>0$

であるから，p，q はつねに実数である．

p，q が①，③をみたすという条件のもとで②を変形して

　$y=\dfrac{\sqrt{3}}{2}\{(p+q)^2-2pq\}$

　$\therefore \quad y=\dfrac{\sqrt{3}}{2}\left\{(2x)^2-2\left(-\dfrac{1}{3}\right)\right\}$

　$\therefore$ **放物線** $\boldsymbol{y=2\sqrt{3}\,x^2+\dfrac{1}{\sqrt{3}}}$

53 $X=\dfrac{2x}{x^2+y^2}$，$Y=\dfrac{2y}{x^2+y^2}$ より，

　$X^2+Y^2=\dfrac{4}{x^2+y^2}$

　$\therefore \quad x=\dfrac{2X}{X^2+Y^2}$，$y=\dfrac{2Y}{X^2+Y^2}$

円弧①を表す式に代入して，

$\left(\dfrac{2X}{X^2+Y^2}\right)^2+\left(\dfrac{2Y}{X^2+Y^2}\right)^2=1$，

　$0 \leqq \dfrac{2X}{X^2+Y^2} \leqq 1$，$0 \leqq \dfrac{2Y}{X^2+Y^2} \leqq 1$

　$\therefore \quad X^2+Y^2=4$，

　$0 \leqq X \leqq 2$，

　$0 \leqq Y \leqq 2$ ……①′

線分②を表す式に代入して，

　$\dfrac{2Y}{X^2+Y^2}=1$，$0 \leqq \dfrac{2X}{X^2+Y^2} \leqq 1$

　$\therefore \quad X^2+(Y-1)^2=1$，

　$0 \leqq X$，

$(X-1)^2+Y^2 \geqq 1$，

$X^2+Y^2 \neq 0$ ……②′

線分③も同様に，

$(X-1)^2+Y^2=1$，

$0 \leqq Y$，

$X^2+(Y-1)^2 \geqq 1$，

$X^2+Y^2 \neq 0$ ……③′

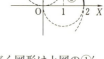

よって，点Qのえがく図形は上図の①′，②′，③′ のようになる．

54 $a=x+y$ ……①

　　$b=xy$ ……②

　　$x^2+y^2+2x+2y=1$ ……③

①，②，③を同時にみたす実数 x，y が存在するための a，b の条件を求める．

x，y は $t^2-at+b=0$ の実数解である

から $D \geqq 0$ ∴ $a^2 - 4b \geqq 0$ ……④
x, y が③をみたすための条件は

$$(x+y)^2 - 2xy + 2(x+y) = 1$$

∴ $a^2 - 2b + 2a = 1$ ……⑤

④, ⑤より, 求める図形の方程式は

$b \leqq \dfrac{a^2}{4}$,

$b = \dfrac{1}{2}a^2 + a - \dfrac{1}{2}$

である. 両端の a
座標は

$\dfrac{1}{2}a^2 + a - \dfrac{1}{2} = \dfrac{a^2}{4}$

を解いて $a = -2 \pm \sqrt{6}$
よって, 図のようになる.

55 (1) $x^2 = -y$ と $x^2 + y^2 = 2$ は
2点 $(\pm 1, -1)$ で交わり, 下図の斜線部
分を得る.

(2) 与えられた不等式は

$$(x^2 + y^2 - 9)(y+x)(y-x) < 0$$

と変形できる.
$x^2 + y^2 = 9$ は, $y = \pm x$ と, 4点

$\left(\pm \dfrac{3}{\sqrt{2}}, \pm \dfrac{3}{\sqrt{2}}\right)$ (複号任意) で交わり,

下図の斜線部分を得る.

(1) 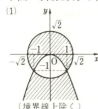　(2)

（境界線上除く）　（境界線上除く）

56 条件(ⅰ), (ⅱ)は

$$\begin{cases} |x| \leqq |y| \text{ のとき,} \\ \quad |x| \leqq 1 \text{ かつ } |y| \leqq 3 \\ |x| \geqq |y| \text{ のとき,} \\ \quad |x| \leqq 3 \text{ かつ } |y| \leqq 1 \end{cases}$$

である. これを図
示すると, 右図を
得る. 境界線上を
含む. よって

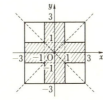

面積 $= 6^2 - 4 \times 2^2$
$= 20$

57-1 右図
の斜線部分
（境界線上含
む）が D であ
る.

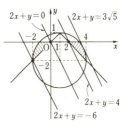

$k = 2x + y$ が
最大になるの
は

$y = -2x + k$

が円 $(x-1)^2 + (y+2)^2 = 9$ と $x > 0$ にお
いて接するときで, 円の中心と直線の距
離を考えると

$$\dfrac{|2 - 2 - k|}{\sqrt{2^2 + 1^2}} = 3$$

$k > 0$ より, $k = 3\sqrt{5}$
また, 直線 $y = -2x + k$ が
$(x, y) = (-2, -2)$, $(0, 0)$, $(2, 0)$ を
通るときの k の値を求めると, 順に

$k = -6$, 0, 4

となるので

$-6 \leqq k \leqq 0$, $4 \leqq k \leqq 3\sqrt{5}$

57-2

$-5 \leqq 3x + y \leqq 5$,
$-5 \leqq x - 3y \leqq 5$
をみたす点の集合
は右図の斜線部分
（境界線上含む）で
ある.

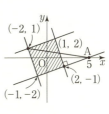

$$x^2 - 10x + y^2 = (x-5)^2 + y^2 - 25$$

は, 点 A$(5, 0)$ から最も遠い点 $(-2, 1)$
において最大, 最も近い点 $(2, -1)$ にお
いて最小となる.
これより, **最大値 25, 最小値 −15**

57-3 (1) $x^2 - 2x + 3y = 0$,
$\qquad\qquad x^2 + 2x - 2y - 1 = 0$

は 2 点 $\left(\dfrac{3}{5},\ \dfrac{7}{25}\right)$,

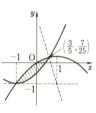

$(-1,\ -1)$ で交わり, 2 つの不等式を同時にみたす領域は右図の斜線部分(境界線上含む)である.

(2) $\dfrac{y+1}{x-1}$ は, 2 点 $(x,\ y)$, $(1,\ -1)$ を結ぶ直線の傾きであり, 図より,

$x=y=-1$ のとき傾きは最大となり,

$x=\dfrac{3}{5},\ y=\dfrac{7}{25}$ のとき傾きは最小となる.

したがって,

最大値　0 $(x=y=-1)$

最小値　$-\dfrac{16}{5}$ $\left(x=\dfrac{3}{5},\ y=\dfrac{7}{25}\right)$

（58） $f(x)=x^2$,
$g(x)=-2x^2$
　　　$+3ax+6a^2$
とおく.
$y=f(x)$ と
$y=g(x)$ の交点
の x 座標は

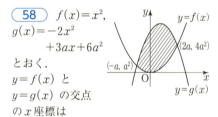

$$x^2=-2x^2+3ax+6a^2$$
$$\therefore\quad 3(x^2-ax-2a^2)=0$$
$$\therefore\quad 3(x+a)(x-2a)=0$$
$$\therefore\quad x=-a,\ 2a$$

領域 D は上図の斜線部分となる. 境界も含む.

$x+y=k$ とおく. 直線 $y=-x+k$ と放物線 $y=g(x)$ が接するのは
$$-x+k=-2x^2+3ax+6a^2$$
すなわち
$$2x^2-(3a+1)x+k-6a^2=0$$
が重解をもつときであり, 判別式を D_1 とすると, $D_1=0$ である.
$$(3a+1)^2-4\cdot2(k-6a^2)=0$$
$$\therefore\quad k=\dfrac{1}{8}(57a^2+6a+1)$$

このとき接点の x 座標は $x=\dfrac{3a+1}{4}$ である.

$-a\leqq\dfrac{3a+1}{4}\leqq2a$ をみたす a は $a\geqq\dfrac{1}{5}$ であり, この範囲では直線が放物線に接するとき k は最大となる.

$0<a\leqq\dfrac{1}{5}$ のときは, 直線が点 $(2a,\ 4a^2)$ を通るとき, k は最大となる.

よって, **最大値は**
$$\begin{cases} \dfrac{1}{8}(57a^2+6a+1) & \left(a\geqq\dfrac{1}{5}\ \text{のとき}\right) \\[2mm] 2a+4a^2 & \left(0<a\leqq\dfrac{1}{5}\ \text{のとき}\right) \end{cases}$$

直線 $y=-x+k$ と放物線 $y=f(x)$ が接するのは
$$-x+k=x^2\quad\therefore\quad x^2+x-k=0$$
が重解をもつときであり, 判別式を D_2 とすると, $D_2=0$ である.
$$1+4k=0\quad\therefore\quad k=-\dfrac{1}{4}$$

接点の x 座標は $x=-\dfrac{1}{2}$ である.

$-a\leqq-\dfrac{1}{2}\leqq2a$ をみたす a は $a\geqq\dfrac{1}{2}$ であり, この範囲では直線が放物線に接するとき k は最小となる.

$0<a\leqq\dfrac{1}{2}$ のときは, 直線が点 $(-a,\ a^2)$ を通るとき, k は最小となる.

よって, **最小値は**
$$\begin{cases} -\dfrac{1}{4} & \left(a\geqq\dfrac{1}{2}\ \text{のとき}\right) \\[2mm] -a+a^2 & \left(0<a\leqq\dfrac{1}{2}\ \text{のとき}\right) \end{cases}$$

（59-1） (1) $F(x,\ y)$
$=(3y-x+1)^2+(x-2)^2+2$
$x,\ y$ はすべての実数値をとるから
$$\begin{cases} 3y-x+1=0 \\ x-2=0 \end{cases}$$
すなわち,

$x=2$, $y=\dfrac{1}{3}$ のとき, **最小値 2 をとる.**

(2) x を固定し, $F(x, y)$ を y についての 2 次関数とみる.

$3 \le x \le 5$ より, $F(x, y)$ のグラフの軸

$y=\dfrac{x-1}{3}$ の位置は

$$\dfrac{2}{3} \le \dfrac{x-1}{3} \le \dfrac{4}{3}$$

最大値について,

軸は定義域 $0 \le y \le 1$ の中点より右側にあるから, 最大値は $F(x, 0)$ である.

ついで, x を動かす.

$$\begin{aligned}
F(x, 0) &= (-x+1)^2 + x^2 - 4x + 6 \\
&= 2x^2 - 6x + 7 \\
&= 2\left(x - \dfrac{3}{2}\right)^2 + \dfrac{5}{2}
\end{aligned}$$

であるから, $F(x, 0)$ は $x=5$ のとき**最大値 27 をとる.**

最小値について,

(i) $\dfrac{2}{3} \le \dfrac{x-1}{3} \le 1$

$(3 \le x \le 4)$ のとき

最小値は

$F\left(x, \dfrac{x-1}{3}\right)$ である.

$$F\left(x, \dfrac{x-1}{3}\right) = (x-2)^2 + 2$$

ついで, x を動かすと $F\left(x, \dfrac{x-1}{3}\right)$ は

$x=3$ のとき最小値 3 をとる.

(ii) $1 \le \dfrac{x-1}{3} \le \dfrac{4}{3}$ $(4 \le x \le 5)$ のとき

最小値は $F(x, 1)$ である.

$$\begin{aligned}
F(x, 1) &= (4-x)^2 + x^2 - 4x + 6 \\
&= 2x^2 - 12x + 22 \\
&= 2(x-3)^2 + 4
\end{aligned}$$

ついで, x を動かすと $F(x, 1)$ は $x=4$ のとき最小値 6 をとる.

(i), (ii)より **最小値 3**

59-2 (1)

$x - 3y = -6$ ……①

$x + 2y = 4$ ……②

$3x + y = 12$ ……③

領域 D は右図の斜線(境界を含む)の部分である.

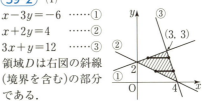

(2) $F(x, y) = x^2 - y^2$ とおく.

y を固定するとき, x の動く範囲は

$$\begin{cases} 0 \le y \le 2 \text{ のとき, } 4 - 2y \le x \le 4 - \dfrac{y}{3} \\ 2 \le y \le 3 \text{ のとき, } 3y - 6 \le x \le 4 - \dfrac{y}{3} \end{cases}$$

最大値について,

$F(x, y)$ は $x = 4 - \dfrac{y}{3}$ のとき最大となる.

$$\begin{aligned}
F\left(4 - \dfrac{y}{3}, y\right) &= \left(4 - \dfrac{y}{3}\right)^2 - y^2 \\
&= -\dfrac{8}{9}y^2 - \dfrac{8}{3}y + 16
\end{aligned}$$

ついで, y を動かすと $F\left(4 - \dfrac{y}{3}, y\right)$ は $y=0$ のとき**最大値 16 をとる.**

最小値について,

(i) $0 \le y \le 2$ のとき

$F(x, y)$ は $x = 4 - 2y$ のとき最小となる.

$$\begin{aligned}
F(4-2y, y) &= (4-2y)^2 - y^2 \\
&= 3y^2 - 16y + 16
\end{aligned}$$

ついで, y を動かすと $F(4-2y, y)$ は $y=2$ のとき最小値 -4 をとる.

(ii) $2 \le y \le 3$ のとき

$F(x, y)$ は $x = 3y - 6$ のとき最小となる.

$$\begin{aligned}
F(3y-6, y) &= (3y-6)^2 - y^2 \\
&= 8y^2 - 36y + 36 \\
&= 8\left(y - \dfrac{9}{4}\right)^2 - \dfrac{9}{2}
\end{aligned}$$

ついで, y を動かすと $F(3y-6, y)$ は

$y = \dfrac{9}{4}$ のとき最小値 $-\dfrac{9}{2}$ をとる.

(i), (ii)より **最小値 $-\dfrac{9}{2}$**

60-1 P, Qそ
れぞれを x g, y g
とるとすると, 条
件より

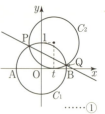

（境界線上含む）

$$x \geqq 0, \quad y \geqq 0,$$
$$2x + y \geqq 10,$$
$$x + 3y \geqq 15$$

これらをすべてみたす領域において,
$2x + 3y$ を最小にするには, $x = 3$,
$y = 4$ とすればよい（上図参照）.

**これより, P を 3 g, Q を 4 g とればよ
く, 最小費用は 18 円**

60-2 $y = ax + b$ において,
$x = 1$ のとき, $2 \leqq y \leqq 4$
$x = 3$ のとき, $4 \leqq y \leqq 6$ よって

$$\begin{cases} 2 \leqq a + b \leqq 4 \\ 4 \leqq 3a + b \leqq 6 \end{cases}$$

これは右図の斜線
部分となる（境界
を含む）.

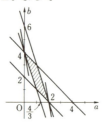

$x = 6$ のときの生
産量を k とすると

$$6a + b = k$$
$$\therefore \quad b = -6a + k$$

傾き -6 の直線と上図の領域が共有点を
もつときを調べて,
$(a, b) = (0, 4)$ で最小値 **4 トン**
$(a, b) = (2, 0)$ で最大値 **12 トン**

61 a について整理して,

$a^2 + xa - (y+5) = 0$
これをみたす実数
a が存在する条件
は,

$$x^2 + 4(y+5) \geqq 0$$
$$\therefore \quad y \geqq -\frac{x^2}{4} - 5$$

図示すると図の斜線
部分を得る. ただし,
境界線上の点を含む.

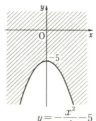

$y = -\dfrac{x^2}{4} - 5$

62 (1) A B
を直径とする円を
C_1 とし, C_1 を弦
PQ に関して対称
移動した円を C_2
とする.

$$C_1 : x^2 + y^2 = 1 \qquad \cdots\cdots①$$

C_2 は点 $(t, 0)$ で x 軸に接するから,

$$C_2 : (x-t)^2 + (y-1)^2 = 1 \qquad \cdots\cdots②$$

C_1, C_2 の交線が直線 PQ であるから, 求
める直線の方程式は, ①−②より

$$2tx + 2y - t^2 - 1 = 0$$

(2) 弦 PQ が通過する範囲は, 直線
PQ が通過する範囲と半円の周および内
部

$$x^2 + y^2 \leqq 1 \quad \text{かつ} \quad y \geqq 0 \qquad \cdots\cdots③$$

との共通部分である.
まず, t が -1 から 1 まで動くときの直
線 PQ が通過する範囲を求める.
点 (x, y) が直線 PQ が通過する範囲内
の点であるための条件は, (x, y) に対し
て, (1)の方程式をみたす $t (-1 \leqq t \leqq 1)$
が存在することである.

$$f(t) = t^2 - 2xt + 1 - 2y$$

とおき,

$f(t) = 0$ かつ $-1 \leqq t \leqq 1$ をみたす t
が存在する $\qquad \cdots\cdots(*)$

ための x, y の条件を求める. $f(t)$ のグ
ラフの軸 $t = x$ が定義域 $-1 \leqq t \leqq 1$ の
中にあるか否かで場合分けする.

(ⅰ) $x \leqq -1$ のとき,

$$(*) \Longleftrightarrow \begin{cases} f(-1) \leqq 0 \\ f(1) \geqq 0 \end{cases}$$

$$\therefore \quad \begin{cases} 2x - 2y + 2 \leqq 0 \\ -2x - 2y + 2 \geqq 0 \end{cases}$$

$$\therefore \quad x + 1 \leqq y \leqq -x + 1$$

(ⅱ) $-1 \leqq x \leqq 1$ のとき,

$$(*) \Longleftrightarrow \begin{cases} \text{（判別式）} \geqq 0 \\ \text{「} f(-1) \geqq 0 \text{ または} \\ f(1) \geqq 0 \text{」} \end{cases}$$

$\therefore$ $\begin{cases} x^2-(1-2y)\geqq 0 \\ \lceil 2x-2y+2\geqq 0 \\ \text{または} \\ -2x-2y+2\geqq 0\rfloor \end{cases}$

$\therefore$ $\begin{cases} y\geqq \dfrac{1-x^2}{2} \\ \lceil y\leqq x+1 \text{ または } y\leqq -x+1\rfloor \end{cases}$

(iii) $1\leqq x$ のとき,

$(*) \iff \begin{cases} f(-1)\geqq 0 \\ f(1)\leqq 0 \end{cases}$

$\therefore$ $\begin{cases} 2x-2y+2\geqq 0 \\ -2x-2y+2\leqq 0 \end{cases}$

$\therefore$ $-x+1\leqq y\leqq x+1$

これを図示すると,左下図の斜線部分となり,③との共通部分をとると,右下図の斜線部分となる.これが求める範囲である.境界も含む.

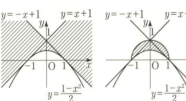

注 ③より

$$0\leqq y^2\leqq 1-x^2 \quad \therefore \quad -1\leqq x\leqq 1$$

であり,先に x の範囲を絞っておけば,(i),(iii)の考察は不要である.

別解 1. (1)の式を

$$y=\frac{t^2}{2}-xt+\frac{1}{2}$$

として,x を固定し,t が $-1\leqq t\leqq 1$ を動くときの y の動く範囲を調べてもよい.

$$g(t)=\frac{t^2}{2}-xt+\frac{1}{2}$$
$$=\frac{1}{2}(t-x)^2-\frac{x^2}{2}+\frac{1}{2}$$

とおく.③より $-1\leqq x\leqq 1$ としてよいから,軸 $t=x$ は定義域 $-1\leqq t\leqq 1$ の範囲にある.よって,y の動く範囲は

$$g(x)\leqq y\leqq \max\{g(-1),\ g(1)\}$$

$$\therefore \quad \frac{1-x^2}{2}\leqq y\leqq \max\{x+1,\ -x+1\}$$

であり,これが表す領域は,前段の左図の $-1\leqq x\leqq 1$ の部分である.③との共通部分をとると,前段の右図を得る.

2. 直線族 $2tx+2y-t^2-1=0$ ……④ は
$$t^2-2xt-2y+1=0$$
$$(t-x)^2-x^2-2y+1=0$$
と変形される.ここで,曲線 $x^2+2y-1=0$ ……⑤ を考えて,④と⑤を連立すると

$$(t-x)^2=0 \quad \therefore \quad x=t \text{(重解)}$$

よって,④は⑤上の点 $\left(t,\ \dfrac{1-t^2}{2}\right)$ における接線である.t は $-1\leqq t\leqq 1$ の範囲を動くから④は右図のように動く.③との共通部分をとると,解答の図を得る.

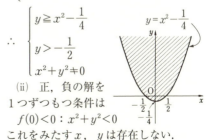

63-1 a について整理して,
$$a^2-(2y+1)a+x^2+y^2=0$$
これをみたす正の数 a が少なくとも1つ存在する条件を調べる.
$$f(a)=a^2-(2y+1)a+x^2+y^2$$
とおく.

(i) 2つの正の実数解(重解を含む)をもつ条件は,

$\begin{cases} \text{判別式}:(2y+1)^2-4(x^2+y^2)\geqq 0 \\ f(a) \text{のグラフの対称軸}:\dfrac{2y+1}{2}>0 \\ f(0)>0:x^2+y^2>0 \end{cases}$

$\therefore$ $\begin{cases} y\geqq x^2-\dfrac{1}{4} \\ y>-\dfrac{1}{2} \\ x^2+y^2\neq 0 \end{cases}$

(ii) 正,負の解を1つずつもつ条件は
$$f(0)<0:x^2+y^2<0$$
これをみたす x,y は存在しない.

(iii) 0と正の解をもつ条件は,

$$\begin{cases} f(0)=0 : x^2+y^2=0 \\ f(a) \text{ のグラフの対称軸}: \dfrac{2y+1}{2}>0 \end{cases}$$

$$\therefore \quad x=y=0$$

以上より，円 C の存在領域を図示すると前ページの図のようになる．ただし，境界線上の点を含む．

$$\begin{cases} 0<y<\dfrac{1}{2a} \\ x^2+\left(y-\dfrac{1}{4a}\right)^2 \leqq \left(\dfrac{1}{4a}\right)^2 \end{cases}$$

となる．

以上(i)，(ii)を図示すると右図の斜線部分となる．境界は原点以外をすべて含む．

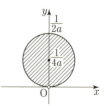

(63-2) $A(t,\ at^2)$ を中心とし x 軸に接する円 C の内部を表す不等式は

$$(x-t)^2+(y-at^2)^2 < (at^2)^2$$

$$\therefore \quad (1-2ay)t^2-2xt+x^2+y^2<0$$

どの円 C の内部にも含まれない点の集合を求めるには，

どの t に対しても

$$(1-2ay)t^2-2xt+x^2+y^2\geqq 0 \quad \cdots\cdots ①$$

が成り立つための $x,\ y$ の条件を求めればよい．

（i）$1-2ay=0$ のとき

$$① \iff -2xt+x^2+\left(\dfrac{1}{2a}\right)^2 \geqq 0$$

であるから，条件をみたす $x,\ y$ は

$(x,\ y)=\left(0,\ \dfrac{1}{2a}\right)$ のみである．

（ii）$1-2ay \neq 0$ のとき，①の左辺$=0$ とした2次方程式の判別式を D とすると求める条件は

$$\begin{cases} 1-2ay>0 \\ D\leqq 0 \end{cases}$$

$$\therefore \quad \begin{cases} 1-2ay>0 \\ x^2-(1-2ay)(x^2+y^2)\leqq 0 \end{cases}$$

$$\therefore \quad \begin{cases} y<\dfrac{1}{2a} \quad (\because \quad a>0) \\ -y^2+2ay(x^2+y^2)\leqq 0 \end{cases}$$

$$\therefore \quad \begin{cases} y<\dfrac{1}{2a} \\ 2ay\left(x^2+y^2-\dfrac{y}{2a}\right)\leqq 0 \end{cases}$$

$y>0,\ a>0$ より

第4章

64-1 $\dfrac{\pi}{4}<1<\dfrac{\pi}{3}$ より，1 は第1象限
の角である．

また，$3\pi<10<\dfrac{10}{3}\pi=2\pi+\dfrac{4}{3}\pi$

より，10 は第3象限の角である．
したがって
$$\cos 10<0<\cos 1$$
$\therefore$ **$\cos 10<\cos 1$**

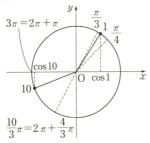

64-2 (1) $l=r\theta$

(2) $r\theta+2r=\pi$ ……①

$S=\dfrac{1}{2}r^2\theta$ ……②

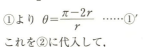

①より $\theta=\dfrac{\pi-2r}{r}$ ……①′

これを②に代入して，
$$S=\dfrac{1}{2}r(\pi-2r)$$

(3) ①′をみたす θ が存在するための
r の条件は $0<\dfrac{\pi-2r}{r}<2\pi$

より $\dfrac{\pi}{2(\pi+1)}<r<\dfrac{\pi}{2}$ ……(*)

$(\because\ r>0)$

(*)の範囲で S の最大を考えればよい．
$$S=-\left(r-\dfrac{\pi}{4}\right)^2+\dfrac{\pi^2}{16}$$

は $r=\dfrac{\pi}{4}$（(*)をみたす）のとき最大とな
り，
$$S=\dfrac{\pi^2}{16}$$

また，①′と $r=\dfrac{\pi}{4}$ から $\theta=2$

以上より，$r=\dfrac{\pi}{4}$，$\theta=2$，$S=\dfrac{\pi^2}{16}$

(4) 円錐の高さを h，底面の半径を a
とする．

$2\pi a=r\theta=\dfrac{\pi}{2}$ より $a=\dfrac{1}{4}$

$\therefore\ h=\sqrt{\left(\dfrac{\pi}{4}\right)^2-\left(\dfrac{1}{4}\right)^2}$

$=\dfrac{\sqrt{\pi^2-1}}{4}$

よって，求める円錐の体積は
$$\dfrac{1}{3}\cdot\pi\left(\dfrac{1}{4}\right)^2\cdot\dfrac{\sqrt{\pi^2-1}}{4}=\dfrac{\pi\sqrt{\pi^2-1}}{192}$$

65 回転数は無視して，$0<\alpha<\dfrac{\pi}{2}$，
$\dfrac{3}{2}\pi<\beta<2\pi$ としてよい．

$\sin\alpha=\dfrac{3}{5}$，$\dfrac{1}{2}<\dfrac{3}{5}<\dfrac{\sqrt{2}}{2}$ より

$\sin\dfrac{\pi}{6}<\sin\alpha<\sin\dfrac{\pi}{4}$

$\therefore\quad \dfrac{\pi}{6}<\alpha<\dfrac{\pi}{4}$ ……①

$\cos\beta=\dfrac{5}{13}$，$0<\dfrac{5}{13}<\dfrac{1}{2}$ より

$\cos\dfrac{3}{2}\pi<\cos\beta<\cos\dfrac{5}{3}\pi$

$\therefore\quad \dfrac{3}{2}\pi<\beta<\dfrac{5}{3}\pi$ ……②

①，②より $\dfrac{5}{3}\pi<\alpha+\beta<\dfrac{23}{12}\pi$

よって，$\alpha+\beta$ は**第4象限**の角である．

66 (1) θ_1 は直線 $l_1:y=\dfrac{4}{3}x$ が x
軸と作る鋭角であるから
$$\sin\theta_1=\dfrac{4}{5},\ \cos\theta_1=\dfrac{3}{5}$$

θ_2 は直線 $l_2:y=2x$ が x 軸と作る鋭角
であるから
$$\sin\theta_2=\dfrac{2}{\sqrt{5}}=\dfrac{2\sqrt{5}}{5}$$

$$\cos\theta_2=\frac{1}{\sqrt{5}}=\frac{\sqrt{5}}{5}$$

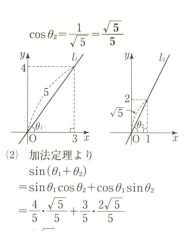

(2) 加法定理より
$$\sin(\theta_1+\theta_2)$$
$$=\sin\theta_1\cos\theta_2+\cos\theta_1\sin\theta_2$$
$$=\frac{4}{5}\cdot\frac{\sqrt{5}}{5}+\frac{3}{5}\cdot\frac{2\sqrt{5}}{5}$$
$$=\frac{2\sqrt{5}}{5}$$
$$\cos(\theta_1+\theta_2)$$
$$=\cos\theta_1\cos\theta_2-\sin\theta_1\sin\theta_2$$
$$=\frac{3}{5}\cdot\frac{\sqrt{5}}{5}-\frac{4}{5}\cdot\frac{2\sqrt{5}}{5}$$
$$=-\frac{\sqrt{5}}{5}$$

⑱ $\tan\theta=t$ とおくと，
$\sin2\theta=\dfrac{2t}{1+t^2}$ なので
$$\frac{2t}{1+t^2}=-\frac{4}{5}$$
$$\therefore\quad 2t^2+5t+2=(t+2)(2t+1)=0$$
$$\therefore\quad t=-2,\ -\frac{1}{2}\qquad\cdots\cdots①$$
$\cos2\theta=\dfrac{1-t^2}{1+t^2}$ なので
$$\frac{1-t^2}{1+t^2}=-\frac{3}{5}$$
$$\therefore\quad 3(1+t^2)=-5(1-t^2)$$
$$\therefore\quad t=\pm2\qquad\cdots\cdots②$$
①，②を同時にみたす t の値は，$t=-2$
よって　$\tan\theta=-2$

別解 $\sin2\theta<0,\ \cos2\theta<0$ より 2θ は
第3象限の角であり
$$\pi+2n\pi<2\theta<\frac{3}{2}\pi+2n\pi$$
$$（n\text{ は整数}）$$

$$\frac{\pi}{2}+n\pi<\theta<\frac{3}{4}\pi+n\pi$$
$$\therefore\quad \tan\theta<0$$
$$\tan2\theta=\frac{\sin2\theta}{\cos2\theta}=\frac{-\dfrac{4}{5}}{-\dfrac{3}{5}}=\frac{4}{3}$$

一方，$\tan2\theta=\dfrac{2\tan\theta}{1-\tan^2\theta}$ なので，
$\tan\theta=t\ (<0)$ とおくと
$$\frac{2t}{1-t^2}=\frac{4}{3}$$
$$\therefore\quad 2t^2+3t-2=0$$
$$\therefore\quad (2t-1)(t+2)=0$$
$t<0$ より　$t=-2$　　$\therefore\quad \tan\theta=-2$

⑲ (1) $\sin(x+y)-(\sin x+\sin y)$
$$=2\sin\frac{x+y}{2}\cos\frac{x+y}{2}$$
$$\qquad -2\sin\frac{x+y}{2}\cos\frac{x-y}{2}$$
$$=2\sin\frac{x+y}{2}\left(\cos\frac{x+y}{2}-\cos\frac{x-y}{2}\right)$$
$0°<x<90°,\ 0°<y<90°$ ゆえ，
$$0°<\frac{x+y}{2}<90°,$$
$$0°\leqq\frac{|x-y|}{2}<\frac{x+y}{2}<90°$$
$$\therefore\quad \sin\frac{x+y}{2}>0,$$
$$\cos\frac{x+y}{2}<\cos\frac{x-y}{2}$$
よって，$\sin(x+y)-(\sin x+\sin y)<0$
$$\therefore\quad \boldsymbol{\sin(x+y)<\sin x+\sin y}$$
(2) $2\sin(x+y)-(\sin2x+\sin2y)$
$$=2\sin(x+y)-2\sin(x+y)\cos(x-y)$$
$$=2\sin(x+y)\{1-\cos(x-y)\}\geqq0$$
$$\qquad(\because\quad 0°<x+y<180°)$$
$$\therefore\quad \boldsymbol{2\sin(x+y)\geqq\sin2x+\sin2y}$$
$$（\text{等号は } x=y \text{ のとき成立}）$$

⑳ (1) 右辺を加法定理で展開，整
理すると
$$y=\frac{3}{2}\cos2x-\frac{\sqrt{3}}{2}\sin2x$$

$$=\sqrt{3}\sin\left(2x+\frac{2}{3}\pi\right)$$

$$\therefore\quad a=\sqrt{3},\ b=\frac{2}{3}\pi$$

(2) (1)より, 求める周期は,

$$\frac{2\pi}{2}=\pi$$

---

72 (1) $\dfrac{1}{4}+\cos\theta-(1-\cos^2\theta)=0$

$$\cos^2\theta+\cos\theta-\frac{3}{4}=0$$

$$\left(\cos\theta-\frac{1}{2}\right)\left(\cos\theta+\frac{3}{2}\right)=0$$

$-1\leqq\cos\theta\leqq1$ より $\cos\theta=\dfrac{1}{2}$

よって, $\theta=\pm\dfrac{\pi}{3}+2n\pi$ (n は整数)

(2) $(1-\sin^2\theta)+\sin\theta=\dfrac{5}{4}$

$$\sin^2\theta-\sin\theta+\frac{1}{4}=0$$

$$\left(\sin\theta-\frac{1}{2}\right)^2=0\quad\therefore\quad\sin\theta=\frac{1}{2}$$

よって, $\theta=\dfrac{\pi}{6}+2n\pi$

　　　または $\dfrac{5}{6}\pi+2n\pi$ (n は整数)

(3) $1+\sin\theta+\cos\theta+\dfrac{\sin\theta}{\cos\theta}=0$

$\sin\theta+\cos\theta+\cos\theta(\sin\theta+\cos\theta)=0$
$(\sin\theta+\cos\theta)(1+\cos\theta)=0$
　　　$\therefore\quad\tan\theta=-1,\ \cos\theta=-1$
　　　　　　　　　　$(\because\ \ \cos\theta\neq0)$

よって, $\theta=\dfrac{3}{4}\pi+n\pi$

　　　または $\pi+2n\pi$ (n は整数)

---

73 (1) $\cos\left(x+\dfrac{\pi}{3}\right)+\cos x=\sqrt{3}$

$\therefore\ \ 2\cos\left(x+\dfrac{\pi}{6}\right)\cos\dfrac{\pi}{6}=\sqrt{3}$

$\therefore\ \ \cos\left(x+\dfrac{\pi}{6}\right)=1\quad\therefore\ \ x+\dfrac{\pi}{6}=2n\pi$

$$x=-\frac{\pi}{6}+2n\pi\ (n\text{ は整数})$$

(2) 和を積に直す公式によって両辺を変形すると

$2\sin2x\cos x+\sin2x$
$=2\cos2x\cos x+\cos2x$
　$(2\cos x+1)\sin2x=(2\cos x+1)\cos2x$
　$(2\cos x+1)(\sin2x-\cos2x)=0$
$\therefore\ \ 2\cos x+1=0$
または $\sin2x=\cos2x$

$2\cos x+1=0$ のとき, $\cos x=-\dfrac{1}{2}$

$\therefore\ \ x=\pm\dfrac{2}{3}\pi+2n\pi$ (n は整数)

$\sin2x=\cos2x$ のとき, $\tan2x=1$
　　　　　　　　　　$(\because\ \ \cos2x\neq0)$

$\therefore\ \ x=\dfrac{\pi}{8}+\dfrac{n}{2}\pi$ (n は整数)

よって, 解は $x=\pm\dfrac{2}{3}\pi+2n\pi$,

$\dfrac{\pi}{8}+\dfrac{n}{2}\pi$ (n は整数)

(3) 与式を変形して,

$\sqrt{3}\cos x-\sin x=1$ かつ $\cos x\neq0$

$$\frac{\sqrt{3}}{2}\cos x-\frac{1}{2}\sin x=\frac{1}{2}$$

$\therefore\ \ \cos\left(x+\dfrac{\pi}{6}\right)=\dfrac{1}{2}$

$0\leqq x<2\pi$ かつ $\cos x\neq0$ より

$$x=\frac{\pi}{6}$$

---

74 (1) 2式を
$(2\sin x)^2+(2\cos x)^2=4$ に代入して
　$3\sin^2y+(1-\cos y)^2=4$
$\therefore\ \ 3(1-\cos^2y)+1-2\cos y+\cos^2y=4$
$\therefore\ \ \cos y(\cos y+1)=0$

$\therefore\ \ \begin{cases}\cos y=0\\\cos x=\dfrac{1}{2}\end{cases}$ または $\begin{cases}\cos y=-1\\\cos x=1\end{cases}$

$2\sin x=\sqrt{3}\sin y$ に注意して

$$\begin{cases} x = \pm\dfrac{\pi}{3} + 2m\pi \\ y = \pm\dfrac{\pi}{2} + 2n\pi \end{cases} \text{（複号同順）}$$

$$\begin{cases} x = 2m\pi \\ y = (2n+1)\pi \end{cases}$$

（m, n は整数）

(2) 第1式は $2\sin\dfrac{x+y}{2}\cos\dfrac{x+y}{2}$

$= 2\sin\dfrac{x+y}{2}\cos\dfrac{x-y}{2}$

$\quad \therefore \quad 4\sin\dfrac{x+y}{2}\sin\dfrac{x}{2}\sin\dfrac{y}{2} = 0$

$x+y = 2l\pi, \ x = 2m\pi, \ y = 2n\pi$

（l, m, n は整数）

$x = 2m\pi$ のとき，第2式は

$\cos y = 1 + \cos y$ で不成立．$y = 2n\pi$ のときも同じ．

$x+y = 2l\pi$ のとき，第2式より

$\quad 1 = \cos x + \cos(2l\pi - x)$

$\quad \cos x = \cos y = \dfrac{1}{2}$

$\quad \therefore \quad x = \pm\dfrac{\pi}{3} + 2m'\pi,$

$\qquad y = \mp\dfrac{\pi}{3} + 2n'\pi$

（複号同順，m', n' は整数）

75-1

$\sin\theta = x$ とおくと，

与式は

$\quad -x^2 - \sqrt{3}\,x + 1$

$= k$ となる．

この左辺を $f(x)$

とおき，$y = f(x)$

のグラフと $y = k$ のグラフとが

$-1 \leqq x \leqq 1$ で交わるような k の範囲を

求めればよい．

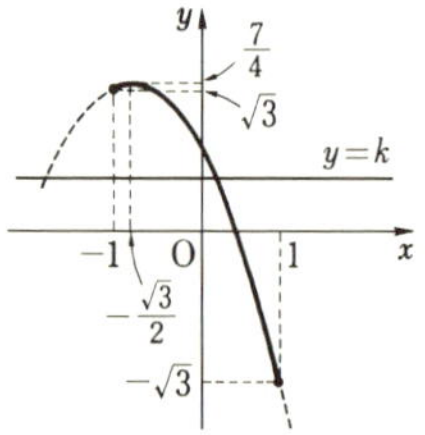

$$f(x) = -\left(x + \dfrac{\sqrt{3}}{2}\right)^2 + \dfrac{7}{4}$$

これと上図より $\quad -\sqrt{3} \leqq k \leqq \dfrac{7}{4}$

75-2 与えられた方程式は2倍角の公式により

$$1 - 2\sin^2 x + 4a\sin x + a - 2 = 0 \quad \cdots (*)$$

と変形される．

$\sin x = X$ とおくと，$(*)$ は

$$2X^2 - 4aX - a + 1 = 0 \qquad \cdots\cdots①$$

となる．$0 \leqq x \leqq \pi$ より，①の解が，

$0 \leqq X < 1$ においてただ1つの解をもつ

ような a の値を求めればよい（①が

$X = 1$ を解にもつとき $a = \dfrac{3}{5}$ である．

このとき，①の解は $X = 1, \ \dfrac{1}{5}$ となり，

$(*)$ は異なる3つの解をもち不適）.

(i) $X = 0$ のとき，①より $a = 1$

このとき，①の解は $X = 0, \ 2$. よって，

$(*)$ の解は，$x = 0, \ \pi$ となり適する．

(ii) ①が $0 < X < 1$ に1つだけ解を

もつ条件は，①の左辺を $f(X)$ とおくと

(ア) $f(0)f(1) < 0$

$\quad \therefore \quad (-a+1)(2-4a-a+1) < 0$

$\quad \therefore \quad \dfrac{3}{5} < a < 1$

または

(イ) ①の判別式 $D = 0$ かつ

$f(x)$ のグラフの軸の位置：

$0 < a < 1$ をみたすことである．

$D = 0$ より

$\quad 4a^2 - 2(-a+1) = 0$

$\quad \therefore \quad (2a-1)(a+1) = 0$

$0 < a < 1$ より

$\quad a = \dfrac{1}{2}$

(i), (ii)より，$a = \dfrac{1}{2}, \ \dfrac{3}{5} < a \leqq 1$

---

76 (1) $2\cos^2 x - 1 + \cos x < 0$

$\quad (2\cos x - 1)(\cos x + 1) < 0$

$\quad -1 < \cos x < \dfrac{1}{2}$

$0 \leqq x \leqq \pi$ より

$\quad \dfrac{\pi}{3} < x < \pi$

(2) (i) $0<x\leqq\dfrac{\pi}{2}$ のとき

$\sin x>\cos x$

$\sin x-\cos x=\sqrt{2}\sin\left(x-\dfrac{\pi}{4}\right)>0$

$-\dfrac{\pi}{4}<x-\dfrac{\pi}{4}\leqq\dfrac{\pi}{4}$ より

$0<x-\dfrac{\pi}{4}\leqq\dfrac{\pi}{4}$

$\dfrac{\pi}{4}<x\leqq\dfrac{\pi}{2}$

(ii) $\dfrac{\pi}{2}<x<\pi$ のとき

$\sin x>-\cos x$

$\sin x+\cos x=\sqrt{2}\sin\left(x+\dfrac{\pi}{4}\right)>0$

$\dfrac{3}{4}\pi<x+\dfrac{\pi}{4}<\dfrac{5}{4}\pi$ より

$\dfrac{3}{4}\pi<x+\dfrac{\pi}{4}<\pi$

$\dfrac{\pi}{2}<x<\dfrac{3}{4}\pi$

(i), (ii)をまとめて

$$\dfrac{\pi}{4}<x<\dfrac{3}{4}\pi$$

(3) $\cos 5x>\cos x$ を変形すると

$-2\sin 3x\sin 2x>0$

$\therefore\ \begin{cases}\sin 3x>0\\\sin 2x<0\end{cases}$ または $\begin{cases}\sin 3x<0\\\sin 2x>0\end{cases}$

$0<x<\pi$ より

$\begin{cases}0<3x<\pi\ \text{または}\ 2\pi<3x<3\pi\\\pi<2x<2\pi\end{cases}$

または

$\begin{cases}\pi<3x<2\pi\\0<2x<\pi\end{cases}$

$\therefore\ \dfrac{\pi}{3}<x<\dfrac{\pi}{2},\ \dfrac{2}{3}\pi<x<\pi$

(4) $\sin^2 2x+6\sin^2 x\leqq 4$ を変形して

$4\sin^2 x\cos^2 x+6\sin^2 x-4\leqq 0$

$2\sin^2 x(1-\sin^2 x)+3\sin^2 x-2\leqq 0$

$2\sin^4 x-5\sin^2 x+2\geqq 0$

$\therefore\ (2\sin^2 x-1)(\sin^2 x-2)\geqq 0$

ここで，$|\sin x|\leqq 1$ より $\sin^2 x-2<0$

であるから

$2\sin^2 x-1\leqq 0$

$\therefore\ -\dfrac{1}{\sqrt{2}}\leqq\sin x\leqq\dfrac{1}{\sqrt{2}}$

$0\leqq x\leqq 2\pi$ より

$0\leqq x\leqq\dfrac{\pi}{4},\ \dfrac{3}{4}\pi\leqq x\leqq\dfrac{5}{4}\pi,$

$\dfrac{7}{4}\pi\leqq x\leqq 2\pi$

77 (1) $y=(1-\cos^2 x)+\cos x+1$

$\qquad\qquad =-\left(\cos x-\dfrac{1}{2}\right)^2+\dfrac{9}{4}$

$-1\leqq\cos x\leqq 1$ ゆえ，$\cos x=\dfrac{1}{2}$ で最大，

$\cos x=-1$ で最小となる．

$\qquad$**最大値 $\dfrac{9}{4}$，最小値 0**

(2) $\cos x=X$，$\sin x=Y$ とおくと，

$0\leqq x\leqq\dfrac{2}{3}\pi$ より，X，Y は

$X^2+Y^2=1,\ -\dfrac{1}{2}\leqq X\leqq 1,\ Y\geqq 0$

$\qquad\qquad\qquad\qquad\qquad\qquad ……①$

をみたす．

$-y=\dfrac{\sin x-1}{\cos x+1}$

$\quad =\dfrac{Y-1}{X-(-1)}$

より，$-y$ は点

A$(-1,\ 1)$ と点

$(X,\ Y)$ を通る直

線の傾きである．

点 $(X,\ Y)$ は①を

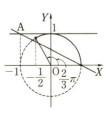

みたすので，図より $-y$ のとり得る値の

範囲は

$\dfrac{0-1}{1+1}\leqq -y\leqq\dfrac{1-1}{0+1}$

$\therefore\ -\dfrac{1}{2}\leqq -y\leqq 0\qquad\therefore\ 0\leqq y\leqq\dfrac{1}{2}$

よって，**最小値 0，最大値 $\dfrac{1}{2}$**

別解 $t=\tan\dfrac{x}{2}$ とおくと，与式は

$$\frac{1-\sin x}{1+\cos x}=\frac{1-\dfrac{2t}{1+t^2}}{1+\dfrac{1-t^2}{1+t^2}}=\frac{1}{2}(t-1)^2$$

$0\leqq x\leqq\dfrac{2}{3}\pi$ より $0\leqq\dfrac{x}{2}\leqq\dfrac{\pi}{3}$ であり，t
のとり得る値の範囲は
$$0\leqq t\leqq\sqrt{3}$$

よって，$f(x)=\dfrac{1-\sin x}{1+\cos x}=\dfrac{1}{2}(t-1)^2$ は

$0\leqq t\leqq\sqrt{3}$ の範囲で

$$\begin{cases} t=1\ \left(x=\dfrac{\pi}{2}\right)\ \text{のとき，最小値}\ 0 \\ t=0\ (x=0)\ \text{のとき，最大値}\ \dfrac{1}{2} \end{cases}$$

(78-1)　$\sin x+\sin y$

$$=2\sin\frac{x+y}{2}\cos\frac{x-y}{2}$$

$x+y=\dfrac{2}{3}\pi$ より

$$\frac{x+y}{2}=\frac{\pi}{3},\ \frac{x-y}{2}=x-\frac{\pi}{3}$$

なので

$$\sin x+\sin y=\sqrt{3}\cos\left(x-\frac{\pi}{3}\right)$$

である．

また，$0\leqq x\leqq\dfrac{\pi}{2}$ より，

$-\dfrac{\pi}{3}\leqq x-\dfrac{\pi}{3}\leqq\dfrac{\pi}{6}$ なので

$$\sqrt{3}\cos\left(x-\frac{\pi}{3}\right)\geqq\frac{\sqrt{3}}{2}$$

$\left(\text{等号は}\ x-\dfrac{\pi}{3}=-\dfrac{\pi}{3}\text{，すなわち}\ x=0\right.$

のとき成立$)$

以上より，**最小値は** $\dfrac{\sqrt{3}}{2}$

(78-2)　$f(x)=2\sin^2 x-4\sin x\cos x$
$$\qquad\qquad +5\cos^2 x$$

$$=1-\cos 2x-2\sin 2x+\frac{5}{2}(1+\cos 2x)$$

$$=\frac{7}{2}+\frac{3}{2}\cos 2x-2\sin 2x$$

$$\left[\left(\frac{3}{2}\right)^2+(-2)^2=\frac{25}{4}=\left(\frac{5}{2}\right)^2\ \text{だから}\right]$$

$$=\frac{7}{2}+\frac{5}{2}\cos(2x+\alpha)$$

$$\left[\cos\alpha=\frac{3}{5},\ \sin\alpha=\frac{4}{5}\right]$$

よって，$f(x)$ のとり得る値の範囲は

$$\frac{7}{2}-\frac{5}{2}\leqq f(x)\leqq\frac{7}{2}+\frac{5}{2}$$

$$1\leqq f(x)\leqq 6$$

これより，**最大値 6，最小値 1**

79　(1)　$\sin x+\cos x=t$ とおくと
$$\sin x\cos x=\frac{t^2-1}{2}$$

$\therefore\ y=(\sin x+\cos x)^3-3\sin x\cos x$
$$\qquad\times(\sin x+\cos x)+4\sin x\cos x$$

$$=t^3+\frac{t^2-1}{2}(-3t+4)$$

$$=-\frac{1}{2}t^3+2t^2+\frac{3}{2}t-2$$

(2)　$t=\sin x+\cos x$
$$=\sqrt{2}\sin\left(x+\frac{\pi}{4}\right)$$

より，$-\sqrt{2}\leqq t\leqq\sqrt{2}$
y を t で微分すると

$$y'=-\frac{3}{2}t^2+4t+\frac{3}{2}$$

$$=-\frac{1}{2}(t-3)(3t+1)$$

よって，増減表は次のようになる．

t	$-\sqrt{2}$	$\cdots$	$-\dfrac{1}{3}$	$\cdots$	$\sqrt{2}$
y'		$-$	0	$+$	
y	$\dfrac{4-\sqrt{2}}{2}$	$\searrow$	$-\dfrac{61}{27}$	$\nearrow$	$\dfrac{4+\sqrt{2}}{2}$

これより

最大値 $\dfrac{4+\sqrt{2}}{2}$，**最小値** $-\dfrac{61}{27}$

80 △ABC が存在する
$\iff$
$b^2 = a^2 + c^2 - 2ac\cos\theta$
をみたす $c\,(>0)$
が存在する
を示す.

(⇒の証明) $AB = c$ とすると
$b^2 = a^2 + c^2 - 2ac\cos\theta$ は余弦定理である.
(⇐の証明)
$$b^2 = a^2 + c^2 - 2ac\cos\theta$$
より $\cos\theta = \dfrac{a^2 + c^2 - b^2}{2ac}$
$0 < \theta < \pi$ より $-1 < \dfrac{a^2 + c^2 - b^2}{2ac} < 1$
$$\cdots\cdots(*)$$
$a > 0,\ b > 0,\ c > 0$ より, (*)を変形すると
$$-2ac < a^2 + c^2 - b^2 < 2ac$$
$\therefore \begin{cases} b^2 < (a+c)^2 \\ (a-c)^2 < b^2 \end{cases}$
$\therefore |a-c| < b < a + c$
よって, $a,\ b,\ c$ を 3 辺とする △ABC
が存在する.

81-1 (1) $\sin A + \sin B + \sin C$
$= 2\sin\dfrac{A}{2}\cos\dfrac{A}{2}$
$\quad + 2\sin\dfrac{B+C}{2}\cos\dfrac{B-C}{2}$
$\left[\dfrac{B+C}{2} = 90° - \dfrac{A}{2} \text{ ゆえ}\right]$
$= 2\cos\dfrac{A}{2}\left(\cos\dfrac{B+C}{2} + \cos\dfrac{B-C}{2}\right)$
$= 4\cos\dfrac{A}{2}\cos\dfrac{B}{2}\cos\dfrac{C}{2}$

(2) $\sin B + \sin C - \sin A$
$= 2\sin\dfrac{B+C}{2}\cos\dfrac{B-C}{2}$
$\quad\quad\quad - 2\sin\dfrac{A}{2}\cos\dfrac{A}{2}$
$= 2\cos\dfrac{A}{2}\left(\cos\dfrac{B-C}{2} - \cos\dfrac{B+C}{2}\right)$
$= 4\cos\dfrac{A}{2}\sin\dfrac{B}{2}\sin\dfrac{C}{2}$

よって, 与えられた式は
$$4\cdot\cos^2\dfrac{A}{2}\cdot 2\cos\dfrac{B}{2}\sin\dfrac{B}{2}\cdot 2\cos\dfrac{C}{2}\sin\dfrac{C}{2}$$
$$= 3\sin B\sin C$$
$\therefore \quad 4\cos^2\dfrac{A}{2}\sin B\sin C = 3\sin B\sin C$
$\sin B > 0,\ \sin C > 0$ より
$$4\cos^2\dfrac{A}{2} = 3$$
となる. $0 < \dfrac{A}{2} < 90°$ に注意すると
$$\cos\dfrac{A}{2} = \dfrac{\sqrt{3}}{2}$$
よって, **$A = 60°$ の三角形**

81-2 $2\cos\dfrac{A}{2}\cos\dfrac{B}{2} + 2\cos\dfrac{C}{2}\cos\dfrac{D}{2}$
$\quad = 2$
$\therefore \quad \cos\dfrac{A+B}{2} + \cos\dfrac{A-B}{2}$
$\quad\quad + \cos\dfrac{C+D}{2} + \cos\dfrac{C-D}{2} = 2$
$\dfrac{A+B}{2} + \dfrac{C+D}{2} = 180°$ より,
$$\cos\dfrac{A+B}{2} + \cos\dfrac{C+D}{2} = 0$$
$\cos\dfrac{A-B}{2} \leqq 1,\ \cos\dfrac{C-D}{2} \leqq 1$ で,
$\cos\dfrac{A-B}{2} + \cos\dfrac{C-D}{2} = 2$ ゆえ,
$$\cos\dfrac{A-B}{2} = \cos\dfrac{C-D}{2} = 1$$
$\therefore \quad A = B,\ C = D$
すなわち, **$A = B$ の等脚台形.**

82-1 求める
直線は 2 本ある.
その傾きを m_1,
$m_2\,(m_1 > m_2)$ と
すると, $m_1 > \dfrac{3}{4}$
ゆえ, tan の加
法定理より

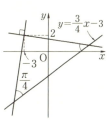

$$\dfrac{m_1-\dfrac{3}{4}}{1+\dfrac{3}{4}m_1}=\tan\dfrac{\pi}{4}$$

$$\therefore\quad \dfrac{4m_1-3}{4+3m_1}=1$$

$$\therefore\quad m_1=7$$

したがって，$m_1m_2=-1$ より，

$$m_2=-\dfrac{1}{7}$$

ゆえに，求める直線の方程式は

$$y=7(x+3)+2,\quad y=-\dfrac{1}{7}(x+3)+2$$

$$\therefore\quad \boldsymbol{y=7x+23,\quad y=-\dfrac{1}{7}x+\dfrac{11}{7}}$$

(82-2) 絵の上端をA，下端をB，眼の位置をPとする．絵の真下で，Pと同じ高さの点をOとする．

また $\angle APO=\alpha$，$\angle BPO=\beta$，$\angle APB=\theta$，$OP=x$ m とする．

$$\tan\theta=\tan(\alpha-\beta)=\dfrac{\tan\alpha-\tan\beta}{1+\tan\alpha\tan\beta}$$

$$\tan\alpha=\dfrac{3.2}{x},\quad \tan\beta=\dfrac{1.8}{x}$$

であるから，

$$\tan\theta=\dfrac{3.2-1.8}{x+\dfrac{3.2\times1.8}{x}}$$

である．いま

$$分母\geqq 2\sqrt{3.2\times1.8}$$

であり，等号成立は $x=\dfrac{3.2\times1.8}{x}$ から
$x=2.4$ のときである．
このとき $\tan\theta$ は最大となり θ も最大となる．これより，求める位置は，壁から
2.4 m

(別解) →研究 と同じようにして解くこともできる．

---

83 (1) $\angle ABP$ $=45°-\theta$，$\triangle ABP$，$\triangle PCD$ の外接円の半径は 1 だから，正弦定理から

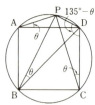

$$\dfrac{PA}{\sin(45°-\theta)}$$
$$=\dfrac{PB}{\sin(90°+\theta)}=2,$$
$$\dfrac{PC}{\sin(135°-\theta)}=\dfrac{PD}{\sin\theta}=2$$

$$\therefore\quad PA=2\sin(45°-\theta)$$
$$=\sqrt{2}(\cos\theta-\sin\theta)$$
$$PB=2\sin(90°+\theta)=2\cos\theta$$
$$PC=2\sin(135°-\theta)$$
$$=\sqrt{2}(\cos\theta+\sin\theta)$$
$$PD=2\sin\theta$$

(2) $PA^2+PB^2+PC^2+PD^2$
$$=2(\cos\theta-\sin\theta)^2+4\cos^2\theta$$
$$+2(\cos\theta+\sin\theta)^2+4\sin^2\theta$$
$$=8(\cos^2\theta+\sin^2\theta)=\boldsymbol{8}$$

(3) $PA^4+PB^4+PC^4+PD^4$
$$=4(\cos\theta-\sin\theta)^4+16\cos^4\theta$$
$$+4(\cos\theta+\sin\theta)^4+16\sin^4\theta$$
$$=24(\cos^4\theta+2\sin^2\theta\cos^2\theta+\sin^4\theta)$$
$$=24(\cos^2\theta+\sin^2\theta)^2=\boldsymbol{24}$$

---

84 (1) $OP=OQ$ ゆえ，O は PQ の垂直二等分線上にあり，それは RS の垂直二等分線でもあるから，

$$OS=OR$$

よって，$\triangle OSR$ は正三角形．
したがって $OS=SR=PQ$，
$\overparen{PQ}=\overparen{AB}-2\overparen{PA}$ だから

$$\angle POQ=60°-2\theta$$

$$\therefore\quad OS=PQ=\boldsymbol{2\sin(30°-\theta)}$$
$$（ただし，\boldsymbol{0<\theta<30°}）$$

(2) P から OA におろした垂線 PH
の長さは $OP\sin\theta=\sin\theta$ だから，
$SP=2\sin\theta$（$\because\ \angle PSA=30°$）
よって，

$$\square PQRS=RS\cdot SP$$

$= 4\sin(30° - \theta)\sin\theta$

$= 2\{\cos(30° - 2\theta) - \cos 30°\} \leqq 2 - \sqrt{3}$

等号は $30° - 2\theta = 0$, すなわち $\theta = 15°$ のとき.

これより, $\theta = 15°$ のとき, 面積は最大値 $2 - \sqrt{3}$ をとる.

第5章

85 (1)

(i) $\dfrac{2^{3x} + 2^{-3x}}{2^x + 2^{-x}} = \dfrac{2^{6x} + 1}{2^{2x}(2^{2x} + 1)}$

$= \dfrac{3^3 + 1}{3(3 + 1)} = \dfrac{28}{3 \cdot 4} = \dfrac{7}{3}$

別解 $\dfrac{2^{3x} + 2^{-3x}}{2^x + 2^{-x}} = 2^{2x} - 2^x \cdot 2^{-x} + 2^{-2x}$

$= 3 - 1 + \dfrac{1}{3} = \dfrac{7}{3}$

(ii) $\log_{3\sqrt{3}} 81\sqrt{3} = \dfrac{\log_3 3^4 \cdot 3^{\frac{1}{2}}}{\log_3 3 \cdot 3^{\frac{1}{2}}}$

$= \dfrac{9}{2} \div \dfrac{3}{2} = 3$

(iii) $-\log_2(\sqrt{2} + 1) = \log_2(\sqrt{2} + 1)^{-1}$

$= \log_2 \dfrac{1}{\sqrt{2} + 1} = \log_2(\sqrt{2} - 1)$

$\therefore\ 2^{-\log_2(\sqrt{2}+1)} = 2^{\log_2(\sqrt{2}-1)} = \sqrt{2} - 1$

(iv) $(\log_2 3 + \log_8 3)(\log_3 2 + \log_9 2)$

$= \left(\dfrac{\log 3}{\log 2} + \dfrac{\log 3}{3\log 2}\right)\left(\dfrac{\log 2}{\log 3} + \dfrac{\log 2}{2\log 3}\right)$

（底は 10 とし, 省略する）

$= \dfrac{\log 3}{\log 2} \cdot \dfrac{\log 2}{\log 3}\left(1 + \dfrac{1}{3}\right)\left(1 + \dfrac{1}{2}\right)$

$= \dfrac{4}{3} \cdot \dfrac{3}{2} = 2$

(2) $3^x = 5^y = a$ から

$x\log 3 = y\log 5 = \log a$

（底は 10 とし, 省略する）

第 2 式が成立することから $x \neq 0$, $y \neq 0$ であり, $\log a \neq 0$ であるから

$\dfrac{1}{x} = \dfrac{\log 3}{\log a}, \quad \dfrac{1}{y} = \dfrac{\log 5}{\log a}$

これらを第 2 式に代入して

$\dfrac{\log 3}{\log a} + \dfrac{\log 5}{\log a} = 2$

$\therefore\ 2\log a = \log 3 + \log 5 = \log 15$

$\therefore\ \log a = \log\sqrt{15} \quad \therefore\ a = \sqrt{15}$

86 (1) $2^{x+2} - 2^{-x} + 3 = 0$

$4 \cdot (2^x)^2 + 3 \cdot 2^x - 1 = 0$

$(2^x + 1)(4 \cdot 2^x - 1) = 0$

$2^x>0$ より，$2^x=2^{-2}$

$\therefore \quad x=-2$

(2) 真数>0 ゆえ，$x>6$

このとき，与式は

$\log_{10}(x+3)(x-6)=\log_{10}10$

$\therefore \quad (x+3)(x-6)=10$

$\therefore \quad x^2-3x-28=0$

$\therefore \quad (x-7)(x+4)=0$

$x>6$ ゆえ，$x=7$

(3) $x^{2\log_{10}x}=\dfrac{1}{100}x^5$ ......①

真数は正ゆえ，$x>0$

このとき，①の両辺の 10 を底とする対数をとって

$2(\log_{10}x)^2=5\log_{10}x-2$

$\therefore \quad (2\log_{10}x-1)(\log_{10}x-2)=0$

$\therefore \quad \log_{10}x=\dfrac{1}{2},\ 2$

$\therefore \quad x=\sqrt{10},\ 100$

これは $x>0$ をみたす.

(4) $3^x=X$，$3^y=Y$ とおくと，2式は

$X-Y=18,\quad XY=3^5$

$Y=X-18$ を $XY=3^5$ に代入して

$X^2-18X-3^5=0$

$\therefore \quad (X+9)(X-27)=0$

$X>0$ ゆえ，$X=3^x=3^3 \quad \therefore \quad x=3$

$\qquad\qquad Y=3^y=3^2 \quad \therefore \quad y=2$

87 (1) $(2^x)^2-4\leqq2(4\cdot2^x-8)$

$(2^x)^2-8\cdot2^x+12\leqq0$

$(2^x-2)(2^x-6)\leqq0$

$\therefore \quad 2\leqq2^x\leqq6$

$\therefore \quad \mathbf{1\leqq x\leqq\log_2 6}$

(2) $\log_2 x+\log_2(x-1)\leqq1$

真数>0 ゆえ，$x>1$

このとき，与式は

$\log_2 x(x-1)\leqq\log_2 2$

$\therefore \quad x(x-1)\leqq2$

$\therefore \quad (x-2)(x+1)\leqq0$

$x+1>0$ ゆえ，$x\leqq2$

$\therefore \quad \mathbf{1<x\leqq2}$

(3) $\log_{\frac{1}{2}}x^2<(\log_{\frac{1}{2}}x)^2$

真数>0 ゆえ，$x>0$

このとき，与式は

$2\log_{\frac{1}{2}}x<(\log_{\frac{1}{2}}x)^2$

$\log_{\frac{1}{2}}x(\log_{\frac{1}{2}}x-2)>0$

$\log_{\frac{1}{2}}x<0,\ \log_{\frac{1}{2}}x>2$

$\therefore \quad \mathbf{x>1,\ 0<x<\dfrac{1}{4}}$

(4) x，a はともに真数でともに底だから，$x>0$，$x\neq1$；$a>0$，$a\neq1$

このとき，与式の底を a にそろえると

$\log_a x-\dfrac{3}{\log_a x}>2$

$\therefore \quad \dfrac{(\log_a x+1)(\log_a x-3)}{\log_a x}>0$

$\therefore \quad \log_a x(\log_a x+1)(\log_a x-3)>0$

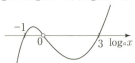

$\therefore \quad -1<\log_a x<0,\ 3<\log_a x$

$\therefore \quad \log_a\dfrac{1}{a}<\log_a x<\log_a 1,$

$\quad \log_a a^3<\log_a x$

ゆえに

$$\begin{cases} 0<a<1 \text{ のとき，} \\ \qquad\qquad 1<x<\dfrac{1}{a},\ 0<x<a^3 \\ a>1 \text{ のとき，} \dfrac{1}{a}<x<1,\ a^3<x \end{cases}$$

(5) 真数>0 ゆえ，

$x>0$ かつ $\log_2 x-1>0$

$\therefore \quad x>2$

このとき，与式は

$\log_9(\log_2 x-1)\leqq\log_9 9^{\frac{1}{2}}$ より

$\log_2 x-1\leqq3 \quad \therefore \quad \log_2 x\leqq4$

$\therefore \quad x\leqq2^4=16$

$\therefore \quad \mathbf{2<x\leqq16}$

88 $1<a<b<a^2$ より，底 a の対数をとると $1<\log_a b<2$

このとき

$\log_b a = \dfrac{1}{\log_a b}$ より

$$\dfrac{1}{2} < \log_b a < 1$$

$\log_a \dfrac{a}{b} = 1 - \log_a b$ より

$$-1 < \log_a \dfrac{a}{b} < 0$$

$\log_b \dfrac{b}{a} = 1 - \dfrac{1}{\log_a b}$ より

$$0 < \log_b \dfrac{b}{a} < \dfrac{1}{2}$$

$\therefore \quad \log_a \dfrac{a}{b} < \log_b \dfrac{b}{a} < \log_b a < \log_a b$

90-1 29^{100} は 147 桁なので

$$146 \leqq \log_{10} 29^{100} < 147$$

$\therefore \quad 1.46 \leqq \log_{10} 29 < 1.47$

$\therefore \quad 33.58 \leqq \log_{10} 29^{23} < 33.81$

よって，29^{23} は **34 桁**

90-2 $1.25 = \dfrac{5}{4} = \dfrac{10}{2^3}$

$\therefore \quad \log_{10}(1.25)^n = n(1 - 3\log_{10} 2)$
$\qquad\qquad\qquad = n(1 - 3 \times 0.3010)$
$\qquad\qquad\qquad = n \times 0.0970$

$(1.25)^n$ の整数部分が 3 桁となるのは

$2 \leqq n \times 0.097 < 3 \quad \therefore \quad \dfrac{2}{0.097} \leqq n < \dfrac{3}{0.097}$

$\therefore \quad 20.6\cdots \leqq n < 30.9\cdots$

よって，n は整数なので **$21 \leqq n \leqq 30$**

90-3 $6.25 = 25 \div 4 = 10^2 \times 2^{-4}$

$\therefore \quad \log_{10}(6.25)^n = n(2 - 4\log_{10} 2)$
$\qquad\qquad\qquad = n(2 - 4 \times 0.3010)$
$\qquad\qquad\qquad = n \times 0.796$

$(6.25)^n$ の整数部分が 6 桁ゆえ，

$$5 \leqq n \times 0.796 < 6$$

$\therefore \quad 6.2 < n < 7.5$

n は自然数なので，$n=7$ である．

$$\left(\dfrac{1}{8}\right)^7 = 2^{-21}$$

$\therefore \quad \log_{10}\left(\dfrac{1}{8}\right)^7 = -21 \times 0.3010$

$\qquad\qquad = -7 + 0.679$

よって，$\left(\dfrac{1}{8}\right)^7$ は**小数第 7 位**に初めて 0 でない数字が現れる．

90-4 (1) $x = \left(\dfrac{6}{7}\right)^{50}$ とおく．

$\log_{10} x = 50(\log_{10} 2 + \log_{10} 3 - \log_{10} 7)$
$\qquad = 50(0.3010 + 0.4771 - 0.8451)$
$\qquad = -3.35 = -4 + 0.65$

よって，**小数第 4 位**に初めて 0 でない数字が現れる．

(2) $\log_{10} 5 = \log_{10} \dfrac{10}{2} = 1 - 0.3010 = 0.6990,$

$\log_{10} 4 = 2 \times 0.3010 = 0.6020$

$\therefore \quad \log_{10} 4 < 0.65 < \log_{10} 5$

よって，小数第 4 位に現れる数字は **4**

第6章

91-1 (1) $\dfrac{2x^2-x-1}{x^2+2x-3}$

$=\dfrac{(x-1)(2x+1)}{(x-1)(x+3)}=\dfrac{2x+1}{x+3}\to\dfrac{3}{4}$ $(x\to1)$

(2) $\dfrac{\sqrt{x^2-x+1}-(x+1)}{x}$

$=\dfrac{(x^2-x+1)-(x+1)^2}{x(\sqrt{x^2-x+1}+x+1)}$

$=\dfrac{-3}{\sqrt{x^2-x+1}+x+1}$

$\to-\dfrac{3}{2}$ $(x\to0)$

(3) $x^3(\sqrt{x^2+\sqrt{x^4+1}}-\sqrt{2}\,x)$

$=\dfrac{x^3(x^2+\sqrt{x^4+1}-2x^2)}{\sqrt{x^2+\sqrt{x^4+1}}+\sqrt{2}\,x}$

$=\dfrac{x^3(\sqrt{x^4+1}-x^2)}{\sqrt{x^2+\sqrt{x^4+1}}+\sqrt{2}\,x}$

$=\dfrac{x^3(x^4+1-x^4)}{(\sqrt{x^2+\sqrt{x^4+1}}+\sqrt{2}\,x)(\sqrt{x^4+1}+x^2)}$

$=\dfrac{1}{\left(\sqrt{1+\sqrt{1+\dfrac{1}{x^4}}}+\sqrt{2}\right)\left(\sqrt{1+\dfrac{1}{x^4}}+1\right)}$

$\to\dfrac{1}{4\sqrt{2}}$ $(x\to\infty)$

91-2 与式が成立するためには

$\displaystyle\lim_{x\to1}(x^3+3ax^2+b)=0$

$\therefore$ $b=-3a-1$ ……①

であることが必要. ①のとき

左辺$=\displaystyle\lim_{x\to1}\dfrac{x^3+3ax^2-3a-1}{x-1}$

$=\displaystyle\lim_{x\to1}\dfrac{(x^3-1)+3a(x^2-1)}{x-1}$

$=\displaystyle\lim_{x\to1}\{x^2+x+1+3a(x+1)\}$

$=6a+3$

与えられた条件は, ①のもとで

$6a+3=-3$ $\therefore$ $a=-1$

であることと同値である. よって

$a=-1,\ b=2$

91-3 第1式が成立するためには,

$\displaystyle\lim_{x\to1}(ax^3+bx^2+cx+d)=0$

$\therefore$ $a+b+c+d=0$ ……①

であることが必要.

①のとき, 第1式の左辺

$=\displaystyle\lim_{x\to1}\dfrac{a(x^3-1)+b(x^2-1)+c(x-1)}{(x+2)(x-1)}$

$=\dfrac{3a+2b+c}{3}$

$\therefore$ $\dfrac{3a+2b+c}{3}=1$ ……②

同様にして, 第2式から

$-8a+4b-2c+d=0$ ……③

であることが必要で

$\dfrac{12a-4b+c}{-3}=4$ ……④

与えられた条件は, ①かつ③のもとで, ②かつ④であることと同値である. すなわち, ①, ②, ③, ④を連立させて,

$a=-1,\ b=1,\ c=4,\ d=-4$

92-1 $f(x)=x^3$ より $f'(x)=3x^2$

$\displaystyle\lim_{h\to0}\dfrac{f(1+2h)-f(1)}{h}$

$=\displaystyle\lim_{h\to0}\dfrac{f(1+2h)-f(1)}{2h}\times2$

$=f'(1)\times2$ $(\because\ h\to0\ のとき\ 2h\to0)$

$=3\times2=6$

92-2 $\displaystyle\lim_{h\to0}\dfrac{f(a+2h)-f(a-3h)}{h}$

$=\displaystyle\lim_{h\to0}\dfrac{f(a+2h)-f(a)}{h}$

$\qquad+\displaystyle\lim_{h\to0}\dfrac{f(a)-f(a-3h)}{h}$

$=\displaystyle\lim_{h\to0}\dfrac{2\{f(a+2h)-f(a)\}}{2h}$

$\qquad+\displaystyle\lim_{h\to0}\dfrac{3\{f(a-3h)-f(a)\}}{-3h}$

$=2f'(a)+3f'(a)$

$(\because\ h\to0\ のとき\ 2h\to0,\ -3h\to0)$

$=5f'(a)=\boldsymbol{5b}$

92-3 $F(x)=af(x)-xf(a)$,
$G(x)=ag(x)-xg(a)$ とおく.
　$F(a)=0$, $G(a)=0$
また $G'(a)=ag'(a)-g(a)\neq0$ なので
$$\lim_{x\to a}\frac{F(x)}{G(x)}$$
$$=\lim_{x\to a}\frac{\{F(x)-F(a)\}\div(x-a)}{\{G(x)-G(a)\}\div(x-a)}=\frac{F'(a)}{G'(a)}$$
$$=\frac{af'(a)-f(a)}{ag'(a)-g(a)}$$

参考 この結果は数学Ⅲでロピタルの定理として一般化される.

94 (1) $f(x)$ を $(x-1)^2$ で割った商を $g(x)$ とすると, 余りは1次以下だから,
$$f(x)=(x-1)^2g(x)+p(x-1)+q \quad\cdots\cdots①$$
とおくことができる.
これを x で微分して
$$f'(x)=2(x-1)g(x)+(x-1)^2g'(x)+p \quad\cdots\cdots②$$
①, ②から $f(1)=q$, $f'(1)=p$
よって, $f(x)$ を $(x-1)^2$ で割った余りは
$$f'(1)(x-1)+f(1)$$
(2) $L=\lim_{x\to1}\dfrac{f(x)}{(x-1)^2}=4$ となるためには, $f(x)$ は $(x-1)^2$ で割り切れることが必要である. それは(1)から
　余り$=0$：$f'(1)(x-1)+f(1)=0$
∴ $f'(1)=0$ かつ $f(1)=0$
と言い換えられる.
　$f(1)=0$：$a+b+c+4=0$ $\cdots\cdots③$
　$f'(1)=0$：$5a+4b+c=0$ $\cdots\cdots④$
このとき, ①は
$$f(x)=(x-1)^2g(x)$$
であり,
$$L=\lim_{x\to1}g(x)=g(1)$$
②から
$$f''(x)=2g(x)+4(x-1)g'(x)+(x-1)^2g''(x)$$

∴ $f''(1)=2g(1)$
$f'(x)=5ax^4+4bx^3+c$
$f''(x)=20ax^3+12bx^2$
より
$$L=g(1)=\frac{1}{2}f''(1)=\frac{1}{2}(20a+12b)$$
よって, $L=4$ は
$$5a+3b=2 \quad\cdots\cdots⑤$$
与えられた条件は③, ④のもとで⑤であることと同値であるから,
③, ④, ⑤を解いて
∴ $a=-2$, $b=4$, $c=-6$

95 (1) $y=x^3+x^2-1$ より
$$y'=3x^2+2x$$
よって, $x=t$ における接線は
$$y=(3t^2+2t)(x-t)+t^3+t^2-1$$
∴ $y=(3t^2+2t)x-2t^3-t^2-1$
これが原点を通る条件は
$$2t^3+t^2+1=0$$
∴ $(t+1)(2t^2-t+1)=0$
t は実数ゆえ, $t=-1$
よって, 求める直線は $y=x$
(2) $y'=2x$ より, $y=x^2$ の $x=t$ における接線は
$$y=2t(x-t)+t^2 \quad∴\quad y=2tx-t^2$$
これが, (1, 1)における接線と直交する条件は
$$2t\cdot(y')_{x=1}=4t=-1 \quad∴\quad t=-\frac{1}{4}$$
よって, 求める直線の方程式は
$$y=-\frac{1}{2}x-\frac{1}{16}$$

別解 先に傾きを求めて, 判別式を利用して y 切片を決めてもよい.

96 2曲線 $y=f(x)$, $y=g(x)$ が $x=t$ で接線を共有するとすれば
$$\begin{cases}f(t)=g(t)\\f'(t)=g'(t)\end{cases}$$
∴ $\begin{cases}t^3-3t^2+3t+2=t^2-kt+4\\3t^2-6t+3=2t-k\end{cases}$

$$\therefore \quad \begin{cases} t^3-4t^2+3t-2=-kt & \cdots\cdots① \\ k=-3t^2+8t-3 & \cdots\cdots② \end{cases}$$

①, ②より

$$t^3-4t^2+3t-2=t(3t^2-8t+3)$$

$$\therefore \quad t^3-2t^2+1=0$$

$$\therefore \quad (t-1)(t^2-t-1)=0$$

$$\therefore \quad t=1, \ \frac{1\pm\sqrt{5}}{2}$$

ゆえに, ②から,

$t=1$ のとき, $k=2$

$t=\dfrac{1\pm\sqrt{5}}{2}$ のとき

$$k=-3(t^2-t-1)+5t-6$$

$$=5\cdot\frac{1\pm\sqrt{5}}{2}-6=\frac{-7\pm5\sqrt{5}}{2}$$

$$\therefore \quad k=2, \ \frac{-7\pm5\sqrt{5}}{2}$$

97 (1) $y=x^3-ax$ ……①

点 P$(c, \ c^3-ac)$ における①の接線 T_P の方程式は

$$y=(3c^2-a)(x-c)+(c^3-ac)$$

$$\therefore \quad y=(3c^2-a)x-2c^3 \quad \cdots\cdots②$$

①, ②を連立して

$$x^3-3c^2x+2c^3=0$$

$$\therefore \quad (x-c)^2(x+2c)=0$$

$$\therefore \quad x=c, \ -2c$$

$c=-2c$ のとき, $c=0$ で Q=P.

$c\neq-2c$ のとき, Q$\neq$P で

$$Q(-2c, \ -8c^3+2ac)$$

以上より **Q$(-2c, \ -8c^3+2ac)$**

(2) 題意より Q$\neq$P で $c\neq0$. 点Q における①の接線 T_Q の傾きは

$$3(-2c)^2-a=12c^2-a$$

よって,

$$T_P\perp T_Q \Longleftrightarrow (3c^2-a)(12c^2-a)=-1$$

$$\therefore \quad 36c^4-15ac^2+a^2+1=0 \quad \cdots\cdots③$$

$c^2=t$ とおくと, $t>0$ で③は

$$36t^2-15at+a^2+1=0 \quad \cdots\cdots④$$

④の判別式を D とすれば

$$D=9(9a^2-16)$$

また, ④の2つの解の積は正なので, ④ は0を解にもたない. ④の異なる正の解

の個数は

> $a\leqq0$ または $D<0$ のとき 0個
> $a>0, \ D=0$ のとき 1個
> $a>0, \ D>0$ のとき 2個

よって, ③の異なる実数解の個数, すなわち, 求める点Pの個数は

$$\begin{cases} a<\dfrac{4}{3} \text{ のとき} \quad \textbf{0個} \\[2mm] a=\dfrac{4}{3} \text{ のとき} \quad \textbf{2個} \\[2mm] a>\dfrac{4}{3} \text{ のとき} \quad \textbf{4個} \end{cases}$$

98 $C:y=x^2$ ……①

$$y'=2x$$

点 A$(a, \ a^2)$ において, 曲線 C の接線と直交する直線の方程式は

$$2a(y-a^2)=-(x-a)$$

これと①を連立して

$$2a(x^2-a^2)=-(x-a)$$

$$\therefore \quad (x-a)(2ax+2a^2+1)=0$$

$$\therefore \quad b=-\frac{2a^2+1}{2a} \ (a\neq0) \quad \cdots\cdots②$$

(1) $a=1$ のとき

$$b=-\frac{3}{2}$$

このとき, 直線 AB の傾きを m, 点Bにおける接線の傾きを m' とすると

$$m=-\frac{1}{2}, \ m'=-3$$

$$\therefore \quad \tan\theta=\left|\frac{m-m'}{1+mm'}\right|$$

$$=\left|\frac{-\dfrac{1}{2}-(-3)}{1+\left(-\dfrac{1}{2}\right)(-3)}\right|=1$$

(2) ②から

$$|b|=\frac{2a^2+1}{2|a|}=|a|+\frac{1}{2|a|}$$

$$\geqq2\sqrt{|a|\cdot\frac{1}{2|a|}}=\sqrt{2}$$

等号は $|a|=\dfrac{1}{2|a|}$ すなわち, $2a^2=1$

ゆえに, $a=\pm\dfrac{1}{\sqrt{2}}$ のとき成り立つから,

$b=\mp\sqrt{2}$ のとき $|b|$ は最小である.

このとき $m=\mp\dfrac{1}{\sqrt{2}}$, $m'=\mp2\sqrt{2}$

(複号同順)

$$\therefore \quad \tan\theta=\left|\frac{m-m'}{1+mm'}\right|=\frac{2\sqrt{2}-\dfrac{1}{\sqrt{2}}}{1+2}$$
$$=\frac{3}{3\sqrt{2}}=\sqrt{\frac{1}{2}}$$

(99) 曲線上の点 $(t,\ t^3-3t)$ における接線は

$$y=(3t^2-3)(x-t)+t^3-3t$$
$$\therefore \quad y=3(t^2-1)x-2t^3$$

これが点 $(a,\ b)$ を通るための条件は,

$$b=3(t^2-1)a-2t^3$$
$$\therefore \quad 2t^3-3at^2+3a+b=0 \quad \cdots\cdots①$$

3次関数のグラフでは, 接点が異なれば接線も異なるので, 点 $(a,\ b)$ から曲線に 3 本の接線がひけるためには,

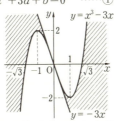

①が異なる 3 つの実数解をもつことが必要十分.

そこで, ①の左辺を $f(t)$ とおくと

$$f'(t)=6t^2-6at=6t(t-a)$$

極値が異符号である条件を求めればよく, それは

$$f(0)f(a)<0$$
$$\therefore \quad (3a+b)(-a^3+3a+b)<0$$

よって, 求める存在範囲は

$$(3x+y)(y-x^3+3x)<0$$

であり, 図の斜線部分となる. ただし, 境界は含まず, $y=-3x$ は $y=x^3-3x$ に原点 (変曲点) で接する.

(100) $(x+2)^2$, $(x-2)^2$ で $f(x)$ を割ったときの等しい余りを $ax+b$ とおくと, $f(x)-ax-b$ は, x^4 の係数が 1 の 4 次式で, $(x+2)^2$, $(x-2)^2$ で割り切れる. したがって

$$f(x)-ax-b=(x+2)^2(x-2)^2$$
$$\therefore \quad f(x)=(x+2)^2(x-2)^2+ax+b$$
$$\therefore \quad f'(x)=2(x+2)(x-2)^2$$
$$\qquad\qquad +(x+2)^2\cdot2(x-2)+a$$

$f(x)$ が $(x-1)^2$ で割り切れる条件は

$$f(1)=f'(1)=0$$
$$\therefore \quad \begin{cases} 9+a+b=0 \\ 6-18+a=0 \end{cases}$$
$$\therefore \quad a=12,\quad b=-21$$
$$\therefore \quad f(x)=(x+2)^2(x-2)^2+12x-21$$

直線 $y=12x-21$ は, 曲線 $y=f(x)$ と $x=-2$, $x=2$ で接するから, 求める直線は $\quad y=\boldsymbol{12x-21}$

(101) $f'(x)=3ax^2-2x+(a-2)$

これが負にならない条件を求めればよい. それは

$a>0 \quad \cdots\cdots①\quad$ かつ

判別式 $\leqq0:1-3a(a-2)\leqq0 \quad \cdots\cdots②$

②を整理して

$$3a^2-6a-1\geqq0$$
$$\therefore \quad \left(a-\frac{3+2\sqrt{3}}{3}\right)\left(a-\frac{3-2\sqrt{3}}{3}\right)\geqq0$$

①とあわせると, 求める条件は

$$\boldsymbol{a\geqq\frac{3+2\sqrt{3}}{3}}$$

(102-1) $y=x^4-4(a-1)x^3+2(a^2-1)x^2$

$$y'=4x^3-12(a-1)x^2+4(a^2-1)x$$
$$=4x\{x^2-3(a-1)x+(a^2-1)\}$$

y' の符号が正から負に変わる x が存在するための a の条件を求める. x が十分小さいときは負, 十分大きいときは正だから, y' が異なる 3 つの x で 0 になることが必要十分である. そのためには, 2 次方程式

$x^2-3(a-1)x+(a^2-1)=0$
が 0 でない，かつ，たがいに異なる 2 つの実数解をもつ条件を求めればよい．
この条件は 判別式 >0 である．

$$判別式=9(a-1)^2-4(a^2-1)$$
$$=(a-1)\{9(a-1)-4(a+1)\}$$
$$=(a-1)(5a-13)$$

なので，$a<1$ または $\dfrac{13}{5}<a$ である．

これと $a^2-1\neq0$ から，

$$a<-1,\ -1<a<1,\ \frac{13}{5}<a$$

(102-2) $f(x)=\dfrac{1}{4}x^4+\dfrac{1}{3}ax^3+\dfrac{1}{2}bx^2+2x$

$$f'(x)=x^3+ax^2+bx+2\quad\cdots\cdots①$$

$f(x)$ は $x=-2$ で極値をとるから
$f'(-2)=0$. さらに，$f(x)$ は $f'(c)=0$
($c\neq-2$) であるが $x=c$ では極値をとらないから

$$f'(x)=(x+2)(x-c)^2$$
$$=x^3+(2-2c)x^2+(c^2-4c)x+2c^2$$
$$\cdots\cdots②$$

①，②の係数を比較して

$$a=2-2c,\ b=c^2-4c,\ 2=2c^2$$

以上より，$c=1$ のとき，$a=0,\ b=-3$
$c=-1$ のとき，$a=4,\ b=5$

(103-1) $f(x)=x^3+ax^2+2x-2a$

$f'(x)=3x^2+2ax+2$ より，$f(x)$
が 2 つの異なる極値をもつ条件は
$f'(x)=0$ の 判別式 >0

$$a^2-6>0\qquad\cdots\cdots①$$

である．
$f(x)$ を $f'(x)$ で割ると，

$$f(x)=f'(x)\left(\frac{x}{3}+\frac{a}{9}\right)$$
$$+\frac{2(6-a^2)}{9}x-\frac{20a}{9}$$

ここで，$f'(x)=0$ の解を $\alpha,\ \beta$ とすれば，
$\alpha+\beta=-\dfrac{2a}{3},\ f'(\alpha)=f'(\beta)=0$ ゆえ，

$$f(\alpha)+f(\beta)=\frac{2(6-a^2)}{9}(\alpha+\beta)-\frac{40a}{9}$$
$$=-\frac{4}{27}a(6-a^2)-\frac{40}{9}a$$
$$=-\frac{4}{27}a(36-a^2)$$

$f(\alpha)+f(\beta)=0$ となる条件は，①とあわせると $a=\pm6$

(103-2) $f(x)=3x^3+ax^2+bx+c$
$\quad\quad\quad f'(x)=9x^2+2ax+b$

$\alpha,\ \beta$ は $f'(x)=0$ の異なる 2 つの実数解であるから

$$a^2-9b>0$$

である．このとき，条件(1)より

$$\frac{\alpha+\beta}{2}=0,\ \frac{f(\alpha)+f(\beta)}{2}=1$$

$$\therefore\quad a=0,\ f(\alpha)+f(\beta)=2$$

このとき，

$$f(x)=3x^3+bx+c\ (b<0)$$

であり，$f(x)$ を
$f'(x)=9x^2+b$ で割ると

$$f(x)=f'(x)\cdot\frac{x}{3}+\left(\frac{2b}{3}x+c\right)$$

$$\therefore\quad f(\alpha)+f(\beta)=\frac{2b}{3}(\alpha+\beta)+2c$$
$$=2c$$

であり，$2c=2$

$$\therefore\quad c=1$$

$b<0$ より $\alpha<\beta$ とすれば

$$\alpha=-\frac{\sqrt{-b}}{3},\ \beta=\frac{\sqrt{-b}}{3}$$

ゆえ，条件(2)と

$$|f(\alpha)-f(\beta)|=\left|\frac{2b}{3}(\alpha-\beta)\right|$$
$$=\left|-\frac{4b}{9}\sqrt{-b}\right|$$
$$=\frac{4}{9}(\sqrt{-b})^3$$

から

$$\frac{4}{9}\sqrt{(-b)^3}=\frac{4}{9}$$

$$\therefore\quad b=-1$$

$$\therefore\quad a=0,\ b=-1,\ c=1$$

103-3 (1) α, β は極値を与える x の値だから，
$$f'(x)=0$$
$$\therefore\ 3x^2+2ax+b=0$$
の 2 つの解である．解と係数の関係から
$$\alpha+\beta=-\frac{2a}{3},\ \ \alpha\beta=\frac{b}{3}$$
$$\therefore\ a=-\frac{3}{2}(\alpha+\beta),\ b=3\alpha\beta$$

(2) $f(\gamma)=f(\alpha)=k$ とおくと，方程式 $f(x)-k=0$ は $x=\alpha$ を重解，γ を他の解としてもち，$f(x)$ の x^3 の係数は 1 だから
$$f(x)-k=(x-\alpha)^2(x-\gamma)$$
$$\therefore\ f'(x)=2(x-\alpha)(x-\gamma)+(x-\alpha)^2$$
$$=(x-\alpha)(3x-2\gamma-\alpha)$$
$f'(\beta)=0$ で $\alpha\neq\beta$ ゆえ，$3\beta=2\gamma+\alpha$
$$\therefore\ 2(\gamma-\beta)=\beta-\alpha$$
$$\therefore\ (\gamma-\beta):(\beta-\alpha)=\mathbf{1:2}$$

104 (1) $f(x)=3x^2-ax^3$ より，
$$f'(x)=6x-3ax^2=3x(2-ax)$$
$a\leqq0$ のとき，$f'(x)\geqq0$ $(0\leqq x\leqq2)$ より，最小値 $f(0)=0$ となり不適．

$0<a\leqq1$ のとき，$\dfrac{2}{a}\geqq2$ ゆえ，
$$f'(x)=3ax\left(\frac{2}{a}-x\right)\geqq0\ (0\leqq x\leqq2)\ \text{で,}$$
やはり最小値 $f(0)=0$ となり不適．

$a>1$ のとき，$0<\dfrac{2}{a}<2$ より $f(x)$ は

x	0	$\cdots$	$\dfrac{2}{a}$	$\cdots$	2
$f'(x)$		$+$	0	$-$	
$f(x)$	0	$\nearrow$		$\searrow$	

上の表のように増減するから，最小値が -4 である条件は
$$f(2)=-4$$
$$\therefore\ 12-8a=-4$$
$$\therefore\ a=\mathbf{2}\ (a>1\ \text{をみたす})$$

(2) (1)より，$f(x)=3x^2-2x^3$ の最大値 M は
$$f\left(\frac{2}{a}\right)=f(1)=\mathbf{1}$$

105 $y=f(x)$ のグラフは次図の破線のようになり $t\leqq x\leqq t+1$ $(-3\leqq t\leqq3)$ における $f(x)$ の最大値 $g(t)$ は $-3\leqq t\leqq-1$ のとき；$g(t)=f(t+1)$ $t\leqq0\leqq t+1$ すなわち $-1\leqq t\leqq0$ のとき；
$$g(t)=f(0)=36$$

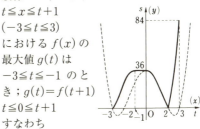

$0\leqq t\leqq2$ のとき；$g(t)=f(t)$
$2\leqq t\leqq3$ のとき；$g(t)=f(t+1)$
ゆえに，$s=g(t)$ $(-3\leqq t\leqq3)$ のグラフは図における太実線である．

106 AB の中点を O とし，P から AB に下ろした垂線の足を H とする．OH$=x$ とおくと

PH$=\sqrt{r^2-x^2}$，PQ$=2x$ $(0<x<r)$
ゆえに，台形 ABQP の面積 S は
$$S=\frac{1}{2}(2x+2r)\sqrt{r^2-x^2}$$
$$=\sqrt{(x+r)^2(r^2-x^2)}$$
$f(x)=(x+r)^2(r^2-x^2)$ とおけば
$$f'(x)=2(x+r)(r^2-x^2)-2x(x+r)^2$$
$$=2(x+r)^2(r-2x)$$

x	(0)	$\cdots$	$\dfrac{r}{2}$	$\cdots$	(r)
$f'(x)$		$+$	0	$-$	
$f(x)$		$\nearrow$		$\searrow$	

増減表より，求める最大値は
$$\sqrt{f\left(\frac{r}{2}\right)}=\frac{3}{2}r\sqrt{\frac{3r^2}{4}}=\frac{3\sqrt{3}}{4}r^2$$

107 (1) 長方形の2辺を a, $2a$ とおくと，右図から

$$(2r)^2 = (2a)^2 + a^2 + x^2$$

$$\therefore \quad a^2 = \frac{4r^2 - x^2}{5} \quad \cdots\cdots①$$

$$\therefore \quad V = 2a^2 x = \frac{2(4r^2 - x^2)x}{5}$$

(2) $V' = \dfrac{2(4r^2 - 3x^2)}{5}$

①より，$0 < x < 2r$

V の増減表をつくると，

x	(0)	$\cdots$	$\frac{2\sqrt{3}}{3}r$	$\cdots$	$(2r)$
V'		$+$	0	$-$	
V		↗		↘	

$x = \dfrac{2\sqrt{3}}{3}r$ のとき V は最大となり，最大値は

$$V_{x=\frac{2\sqrt{3}}{3}r} = \frac{2}{5} \cdot \frac{2\sqrt{3}}{3}r\left(4r^2 - \frac{4r^2}{3}\right)$$

$$= \frac{32\sqrt{3}\,r^3}{45}$$

108-1 $x^3 - 3ax^2 + 3 = \dfrac{5}{2}$ は，

$$x^3 - 3ax^2 + \frac{1}{2} = 0$$

と変形できる．

$f(x) = x^3 - 3ax^2 + \dfrac{1}{2}$ とおき，$f(x) = 0$ が，$0 \le x \le 2$ で実数解をもつ a の範囲を求める．

$$f'(x) = 3x^2 - 6ax = 3x(x - 2a)$$

$f(0) = \dfrac{1}{2}$ に注意する．

$a \le 0$ のとき，

$f'(x) \ge 0 \ (x \ge 0)$ より $0 \le x \le 2$ において $f(x)$ は単調増加であり，不適．

$0 < a < 1$ のとき，

$0 < 2a < 2$ ゆえ，求める条件は

$$f(2a) \le 0$$

$$\therefore \quad \frac{1}{2}(1 - 8a^3) \le 0$$

$$\therefore \quad a \ge \frac{1}{2}$$

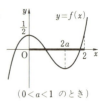

$(0 < a < 1 \text{ のとき})$

$$\therefore \quad \frac{1}{2} \le a < 1 \quad \cdots①$$

$a \ge 1$ のとき，$2a \ge 2$ ゆえ，求める条件は

$$f(2) \le 0$$

$$\therefore \quad \frac{17}{2} - 12a \le 0$$

$$\therefore \quad a \ge \frac{17}{24}$$

$$\therefore \quad a \ge 1 \quad \cdots\cdots②$$

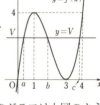

$(a \ge 1 \text{ のとき})$

①，②より求める a の範囲は，

$$a \ge \frac{1}{2}$$

108-2 (1) 与えられた条件より

$$\begin{cases} a + b + c = 6 \\ ab + bc + ca = 9 \\ abc = V \end{cases}$$

よって，a, b, c $(0 < a \le b \le c)$ は x の3次方程式

$$x^3 - 6x^2 + 9x - V = 0$$

$$\therefore \quad x^3 - 6x^2 + 9x = V$$

の3つの正の実数解である．

$f(x) = x^3 - 6x^2 + 9x$ とおくと

$$f'(x)$$
$$= 3x^2 - 12x + 9$$
$$= 3(x-1)(x-3)$$

よって，$y = f(x)$ のグラフは上図のようになる．

$f(x) = V$ が3つの正の実数解をもつ条件は，$0 < V \le 4$ で，$V = 4$ のとき，

$$x^3 - 6x^2 + 9x - 4 = 0$$

$$\therefore \quad (x-1)^2(x-4) = 0$$

$$\therefore \quad x = 1,\ 4$$

ゆえに，各辺の長さの動き得る範囲は，

$$0<a≦1≦b<3<c≦4$$

(2) (1)より，$a=b=1$，$c=4$ のとき，V は**最大値4**をとる．

---

109 $f(x)=(x-a_1)(x-a_2)(x-a_3)$ を微分して，

$$f'(x)=(x-a_2)(x-a_3)$$
$$+(x-a_1)(x-a_3)$$
$$+(x-a_1)(x-a_2)$$

であり，

$$f'(a_1)f'(a_2)f'(a_3)$$
$$=(a_1-a_2)(a_1-a_3)$$
$$\times(a_2-a_1)(a_2-a_3)$$
$$\times(a_3-a_1)(a_3-a_2)$$
$$=-(a_1-a_2)^2(a_2-a_3)^2(a_3-a_1)^2$$
$$\therefore\ D=(a_1-a_2)^2(a_2-a_3)^2(a_3-a_1)^2$$
$$=(-1)\times f'(a_1)f'(a_2)f'(a_3)$$

一方，

$$f(x)=(x-a_1)(x-a_2)(x-a_3)$$
$$=x^3-(a_1+a_2+a_3)x^2$$
$$+(a_1a_2+a_2a_3+a_3a_1)x$$
$$-a_1a_2a_3$$
$$=x^3+px-q$$

であるから，

$$f'(x)=3x^2+p$$
$$\therefore\ f'(a_j)=3a_j^2+p\quad(j=1,\ 2,\ 3)$$

また，$f(a_j)=a_j^3+pa_j-q=0$ より

$$a_j^2=-p+\frac{q}{a_j}$$
$$(\because\ q\neq0\ \text{より}\ a_j\neq0)$$

であり

$$f'(a_j)=3\left(-p+\frac{q}{a_j}\right)+p$$
$$=-2p+\frac{3q}{a_j}$$

ここで，

$$\left(x-\frac{3q}{a_1}\right)\left(x-\frac{3q}{a_2}\right)\left(x-\frac{3q}{a_3}\right)$$
$$=x^3-\frac{3q(a_2a_3+a_3a_1+a_1a_2)}{a_1a_2a_3}x^2$$
$$+\frac{9q^2(a_1+a_2+a_3)}{a_1a_2a_3}x-\frac{27q^3}{a_1a_2a_3}$$

$$=x^3+(-3p)x^2+(0)x+(-27q^2)$$

以上より，

$$D=-f'(a_1)f'(a_2)f'(a_3)$$
$$=-\left(-2p+\frac{3q}{a_1}\right)\left(-2p+\frac{3q}{a_2}\right)\left(-2p+\frac{3q}{a_3}\right)$$
$$=\left(2p-\frac{3q}{a_1}\right)\left(2p-\frac{3q}{a_2}\right)\left(2p-\frac{3q}{a_3}\right)$$
$$=(2p)^3-3p(2p)^2-27q^2$$
$$=-4p^3-27q^2$$

(答) ア -1 イ $-2p$ ウ $3q$
エ $-3p$ オ 0 カ $-27q^2$
キ $-4p^3-27q^2$

110-1 $f(x)=x^3-ax+1$ とおく．

$$f'(x)=3x^2-a$$

(i) $a≦0$ のとき，つねに $f'(x)≧0$ であり，$f(x)$ は単調増加．
$f(0)=1$ であるから，$x≧0$ においては，$f(x)≧0$ であり，条件をみたす．

(ii) $a>0$ のとき

x	0	$\cdots$	$\sqrt{\dfrac{a}{3}}$	$\cdots$
$f'(x)$		$-$	0	$+$
$f(x)$		$\searrow$		$\nearrow$

$$f\left(\sqrt{\frac{a}{3}}\right)=\frac{a}{3}\sqrt{\frac{a}{3}}-a\sqrt{\frac{a}{3}}+1$$
$$=1-2\left(\frac{a}{3}\right)^{\frac{3}{2}}$$

であるから

$x≧0$ において，つねに $f(x)≧0$

$\iff x≧0$ における $f(x)$ の最小値 $≧0$

$\iff f\left(\sqrt{\dfrac{a}{3}}\right)≧0$

$a>0$ であるから，この条件は

$0<a≦\dfrac{3}{\sqrt[3]{4}}$ と同値である．

(i)，(ii)をまとめて $a≦\dfrac{3}{\sqrt[3]{4}}$

110-2 $f(x)=x^3-a(x^2-a)$ がすべての $x≧0$ について，負とならない条件を考えればよい．

$$f'(x)=3x^2-2ax=x(3x-2a)$$

(ⅰ) $a\leqq 0$ のとき，$x\geqq 0$ で $f'(x)\geqq 0$，また $f(0)=a^2\geqq 0$

よって，$x\geqq 0$ で $f(x)\geqq 0$ が成り立つ.

(ⅱ) $a>0$ のとき，増減表は次のようになり

x	0	$\cdots$	$\dfrac{2}{3}a$	$\cdots$
$f'(x)$	0	$-$	0	$+$
$f(x)$		$\searrow$		$\nearrow$

$$f\left(\frac{2}{3}a\right)=\frac{8}{27}a^3-\frac{4}{9}a^3+a^2$$
$$=\frac{4}{27}a^2\left(\frac{27}{4}-a\right)$$

これが $x\geqq 0$ における最小値で，これが負でないことが条件である.

$$\therefore\quad 0<a\leqq\frac{27}{4}$$

(ⅰ), (ⅱ)あわせて，$a\leqq\dfrac{27}{4}$

第7章

(114) 条件(ⅱ)より
$$f'(x)=ax(x-1)-3$$
$$=ax^2-ax-3$$

と実数 $a\,(\neq 0)$ を用いて表すことができる.

条件(ⅲ)より，$f(x)$ は極大値，極小値をもつから，$f'(x)=0$ は異なる2つの実数解 $\alpha,\ \beta\,(\alpha<\beta)$ をもつ. よって，

(判別式)>0 であり
$$a^2+12a>0$$
$$\therefore\quad a<-12,\ 0<a \qquad\cdots\cdots①$$

また，$|f(\beta)-f(\alpha)|=\beta-\alpha \qquad\cdots\cdots②$

ここで
$$f(\beta)-f(\alpha)=\int_\alpha^\beta f'(x)\,dx$$
$$=\int_\alpha^\beta a(x-\alpha)(x-\beta)\,dx=-\frac{a(\beta-\alpha)^3}{6}$$

であり
$$\beta-\alpha$$
$$=\left|\frac{a+\sqrt{a^2+12a}}{2a}-\frac{a-\sqrt{a^2+12a}}{2a}\right|$$
$$=\frac{\sqrt{a^2+12a}}{|a|}$$

である. これらを②に代入して
$$\frac{|a|(\beta-\alpha)^3}{6}=\beta-\alpha$$
$$\therefore\quad |a|(\beta-\alpha)^2=6$$
$$\therefore\quad |a+12|=6 \qquad \therefore\quad a=-6,\ -18$$

①より，$a=-18$
$$\therefore\quad f'(x)=-18x^2+18x-3$$
$$\therefore\quad f(x)=\int f'(x)\,dx$$
$$=-6x^3+9x^2-3x+C$$
（Cは定数）

条件(ⅰ)より $f(0)=1 \qquad \therefore\quad C=1$

以上より $f(x)=-6x^3+9x^2-3x+1$

(116-1) (1) (ⅰ) $t\leqq -1$ のとき，

$-1\leqq x\leqq 1$ の全域で $x\geqq t$ となるから
$$f(t)=\int_{-1}^1(x-t)\,dx=-\int_{-1}^1 t\,dx=-2t$$

(ii) $-1<t<1$ のとき，x が -1 から 1 まで変わるとき，途中で t との大小が入れかわり，
$-1\leqq x\leqq t$ で $|x-t|=t-x$，
$t\leqq x\leqq 1$ で $|x-t|=x-t$

$\therefore\ f(t)=\int_{-1}^{t}(t-x)\,dx+\int_{t}^{1}(x-t)\,dx$
$=\left[tx-\dfrac{x^2}{2}\right]_{-1}^{t}+\left[\dfrac{x^2}{2}-tx\right]_{t}^{1}$
$=t^2+1$

(iii) $1\leqq t$ のとき，$-1\leqq x\leqq 1$ の全域で $x\leqq t$

$\therefore\ f(t)=\int_{-1}^{1}(t-x)\,dx=2t$

(i)，(ii)，(iii)から右図の太線が得られる．
$y=t^2+1$ と
$y=\pm 2t$ を連立すると
$(t\mp 1)^2=0$
$t=\pm 1$（重解）
ゆえ，直線と放物線は $t=\pm 1$ で接する．

(2) (1)から $f'(t)$
$=\begin{cases}-2 & (t<-1)\\ 2t & (-1<t<1)\\ 2 & (t>1)\end{cases}$

$t=1$ では，$t<1$ 側の接線が $t>1$ の直線と一致するので，
$f'(1)=2$ 同様にして，$f'(-1)=-2$
よって，$y=f'(t)$ のグラフは上のようになる．

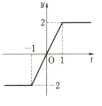

(116-2) $t^3-t=(t+1)t(t-1)$ ゆえ，
$t\leqq -1,\ 0\leqq t\leqq 1$ で $t^3-t\leqq 0$；
$-1\leqq t\leqq 0,\ t\geqq 1$ で $t^3-t\geqq 0$
$-1\leqq x\leqq 1$ より
$\begin{cases}-1\leqq -x\leqq 1\\ 0\leqq 1-x\leqq 2\end{cases}$
である．積分区間 $-x\leqq t\leqq 1-x$ の中に $t=0,1$ があるか否かで場合分けする．

(i) $-1\leqq -x\leqq 0\leqq 1-x\leqq 1$
（すなわち $0\leqq x\leqq 1$）のとき

$f(x)=\int_{-x}^{0}(t^3-t)\,dt$
$\qquad\qquad+\int_{0}^{1-x}-(t^3-t)\,dt$
$=\left[\dfrac{t^4}{4}-\dfrac{t^2}{2}\right]_{-x}^{0}+\left[-\dfrac{t^4}{4}+\dfrac{t^2}{2}\right]_{0}^{1-x}$
$=-\dfrac{x^4}{4}+\dfrac{x^2}{2}-\dfrac{(x-1)^4}{4}+\dfrac{(x-1)^2}{2}$

$\therefore\ f'(x)=-x^3+x-(x-1)^3+(x-1)$
$\qquad\qquad=-x(x-1)(2x-1)$

(ii) $0\leqq -x\leqq 1\leqq 1-x$
（すなわち $-1\leqq x\leqq 0$）のとき

$f(x)=\int_{-x}^{1}-(t^3-t)\,dt$
$\qquad\qquad+\int_{1}^{1-x}(t^3-t)\,dt$
$=\left[-\dfrac{t^4}{4}+\dfrac{t^2}{2}\right]_{-x}^{1}+\left[\dfrac{t^4}{4}-\dfrac{t^2}{2}\right]_{1}^{1-x}$
$=\dfrac{1}{2}+\dfrac{x^4}{4}-\dfrac{x^2}{2}+\dfrac{(x-1)^4}{4}-\dfrac{(x-1)^2}{2}$

$\therefore\ f'(x)=x^3-x+(x-1)^3-(x-1)$
$\qquad\qquad=x(x-1)(x+1)+(x-1)(x^2-2x)$
$\qquad\qquad=x(x-1)(2x-1)$

よって，増減表は次のようになる．

x	-1	$\cdots$	0	$\cdots$	$\dfrac{1}{2}$	$\cdots$	1
$f'(x)$		$-$		$-$	0	$+$	
$f(x)$		$\searrow$	$\dfrac{1}{4}$	$\searrow$		$\nearrow$	

最小値は $f\left(\dfrac{1}{2}\right)$，最大値は $f(-1)$，$f(1)$ のうち小さくない方である．

$f(-1)=\dfrac{1}{2}+\dfrac{1}{4}-\dfrac{1}{2}+4-2=\dfrac{9}{4}$

$f(1)=-\dfrac{1}{4}+\dfrac{1}{2}=\dfrac{1}{4}$

$f\left(\dfrac{1}{2}\right)=-\dfrac{1}{64}+\dfrac{1}{8}-\dfrac{1}{64}+\dfrac{1}{8}=\dfrac{7}{32}$

これより，$f(x)$ の**最大値は $\dfrac{9}{4}$，最小値は $\dfrac{7}{32}$**

(117) (1) $\dfrac{1}{2}\int_{0}^{1}f(x)\,dx=k$（定数）

$\qquad\qquad\qquad\cdots\cdots$①

とおくと
$$f(x)=x^3-2x+k \qquad \cdots\cdots②$$
②を①に代入して，
$$k=\frac{1}{2}\int_0^1(x^3-2x+k)\,dx$$
$$=\frac{1}{2}\left(\frac{1}{4}-1+k\right)$$
$$\therefore \quad k=-\frac{3}{4}$$
$$\therefore \quad \boldsymbol{f(x)=x^3-2x-\frac{3}{4}}$$

(2) $\quad 2\int_0^1|f(t)|\,dt=k \qquad \cdots\cdots①$
とおくと，k は $k\geqq0$ である．
$$f(x)=x-k \qquad \cdots\cdots②$$
②を①に代入して，
$$2\int_0^1|t-k|\,dt=k \qquad \cdots\cdots(\ast)$$
$0\leqq k\leqq1$ のとき，(\ast)の左辺は下図の2つ
の三角形の面積の和なので
$$2\left\{\frac{1}{2}k^2+\frac{1}{2}(1-k)^2\right\}$$
$$=k$$
$$\therefore \quad 2k^2-3k+1=0$$
$$\therefore \quad k=1, \ \frac{1}{2}$$

$k>1$ のとき，(\ast)の左辺は下図の台形の
面積なので
$$2\cdot\frac{1}{2}\{k+(k-1)\}\cdot1=k \qquad \therefore \quad k=1$$
これは $k>1$ をみた
さないから不適．
$$\therefore \quad \boldsymbol{f(x)=x-1,}$$
$$\boldsymbol{x-\frac{1}{2}}$$

(3) $\quad \displaystyle\int_{-1}^1(x-t)^2f(t)\,dt$
$$=x^2\int_{-1}^1 f(t)\,dt-x\int_{-1}^1 2tf(t)\,dt$$
$$\qquad\qquad +\int_{-1}^1 t^2f(t)\,dt$$
であり
$$\int_{-1}^1 f(t)\,dt=a, \ \ \int_{-1}^1 2tf(t)\,dt=b,$$
$$\int_{-1}^1 t^2f(t)\,dt=c \ \ \cdots\cdots① とおくと$$

$$f(x)=x^3+(1+a)x^2-bx+c$$
これを用いると，①の3式は，
$$a=\int_{-1}^1 f(t)\,dt=2\int_0^1\{(1+a)t^2+c\}\,dt$$
$$=\frac{2(1+a)}{3}+2c$$
$$b=\int_{-1}^1 2tf(t)\,dt=2\int_0^1(2t^4-2bt^2)\,dt$$
$$=\frac{4}{5}-\frac{4}{3}b$$
$$c=\int_{-1}^1 t^2f(t)\,dt=2\int_0^1\{(1+a)t^4+ct^2\}\,dt$$
$$=\frac{2(1+a)}{5}+\frac{2c}{3}$$
となる．
これから $a=-\dfrac{46}{31}$，$b=\dfrac{12}{35}$，$c=-\dfrac{18}{31}$
$$\therefore \quad \boldsymbol{f(x)=x^3-\frac{15}{31}x^2-\frac{12}{35}x-\frac{18}{31}}$$

(4) $\quad \displaystyle\int_{-1}^1 f(t)\,dt=k \ \ \cdots\cdots①$ とおくと，
$$g(x)=x^2-x+k$$
$$\therefore \quad f(x)=1+\int_0^x(t^2-t+k)\,dt$$
$$=\frac{1}{3}x^3-\frac{1}{2}x^2+kx+1$$
これを①に代入して
$$k=\int_{-1}^1\left(\frac{1}{3}t^3-\frac{1}{2}t^2+kt+1\right)dt$$
$$=2\int_0^1\left(-\frac{1}{2}t^2+1\right)dt=\frac{5}{3}$$
$$\therefore \quad \boldsymbol{f(x)=\frac{1}{3}x^3-\frac{1}{2}x^2+\frac{5}{3}x+1,}$$
$$\boldsymbol{g(x)=x^2-x+\frac{5}{3}}$$

⑱ (1) 　与式は
$y=x(x+2)(x-1)$
と変形される．求め
る面積は
$$\int_{-2}^0(x^3+x^2$$
$$-2x)\,dx$$
$$-\int_0^1(x^3+x^2-2x)\,dx$$

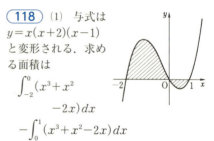

$$=\left[\frac{x^4}{4}+\frac{x^3}{3}-x^2\right]_{-2}^0-\left[\frac{x^4}{4}+\frac{x^3}{3}-x^2\right]_0^1$$

$$=\frac{8}{3}+\frac{5}{12}=\frac{37}{12}$$

(2) $3x(x^2-1)$
$\qquad -3x(x+1)$
$=3x(x+1)(x-2)$
より，2曲線の上
下関係は右図のよ
うになる．ゆえに，
求める面積は

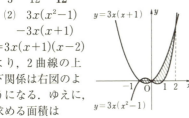

$$\int_{-1}^0\{3x(x^2-1)-3x(x+1)\}\,dx$$

$$+\int_0^2\{3x(x+1)-3x(x^2-1)\}\,dx$$

$$=\int_{-1}^0(3x^3-3x^2-6x)\,dx$$

$$-\int_0^2(3x^3-3x^2-6x)\,dx=\frac{5}{4}+8$$

$$=\frac{37}{4}$$

(3) $y^2=x$ と
$y=x-2$ を連立す
ると $y^2=y+2$
$\therefore\quad y=-1,\ 2$
よって，求める面
積は

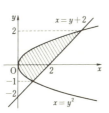

$$\int_{-1}^2\{(y+2)-y^2\}\,dy$$

$$=\left[-\frac{y^3}{3}+\frac{y^2}{2}+2y\right]_{-1}^2$$

$$=\frac{9}{2}$$

119 (1) 直線の方程式は
$$y-4=a(x-2)$$
$$\therefore\quad y=ax+4-2a$$
曲線の方程式 $y=(x-1)^2+2$ と直線の
方程式を連立すると
$$ax+4-2a=(x-1)^2+2$$
$$\therefore\quad x^2-(a+2)x+(2a-1)=0\ \cdots\cdots①$$
①の左辺を $f(x)$ とおく.
$f(x)=0$ の方程式の判別式は

$$(a+2)^2-4(2a-1)=(a-2)^2+4>0$$
よって，$f(x)=0$ の解 α, β はつねに異
なる実数である．$\alpha<\beta$ とする.
$f(x)=-(x-\alpha)(x-\beta)$ と因数分解でき，
$\alpha\leqq x\leqq\beta$ で $f(x)\geqq 0$ ゆえ，求める面
積は

$$S=\int_\alpha^\beta-(x-\alpha)(x-\beta)\,dx=\frac{1}{6}(\beta-\alpha)^3$$

α, β は $\dfrac{a+2\pm\sqrt{D}}{2}$ ゆえ，$\beta-\alpha=\sqrt{D}$

$$\therefore\quad S=\frac{1}{6}\{(a-2)^2+4\}^{\frac{3}{2}}$$

(2) (1)より S が最小となる a の値は，
$$a=2$$

120 (1) $Q_1(\alpha,\ \alpha^2)$, $Q_2(\beta,\ \beta^2)$
$(\alpha<\beta)$ とおくと，点 Q_1 における接線の
方程式は
$$y=2\alpha(x-\alpha)+\alpha^2$$
$$\therefore\quad y=2\alpha x-\alpha^2$$
となり，これが $P(a,\ a-1)$ を通るから
$$a-1=2\alpha a-\alpha^2\qquad\cdots\cdots①$$
点 Q_2 についても同様に，
$$a-1=2\beta a-\beta^2\qquad\cdots\cdots②$$
①$-$②より $\alpha+\beta=2a\qquad\cdots\cdots③$
①$+$②，③より $\alpha\beta=a-1\qquad\cdots\cdots④$
ここで，直線 Q_1Q_2 の方程式は
$$y=\frac{\beta^2-\alpha^2}{\beta-\alpha}(x-\alpha)+\alpha^2$$
$$\therefore\quad y=(\alpha+\beta)x-\alpha\beta$$
よって，
$$S=\int_\alpha^\beta\{(\alpha+\beta)x-\alpha\beta-x^2\}\,dx$$

$$=\int_\alpha^\beta-(x-\alpha)(x-\beta)\,dx=\frac{(\beta-\alpha)^3}{6}$$

③，④より α, β は，2次方程式
$$t^2-2at+a-1=0$$
の解であり
$$t=a\pm\sqrt{a^2-a+1}$$
であるから
$$\beta-\alpha=2\sqrt{a^2-a+1}$$
$$\therefore\quad S=\frac{1}{6}(2\sqrt{a^2-a+1}\,)^3$$

$$=\frac{4}{3}(\sqrt{a^2-a+1})^3$$

(2) $S=\dfrac{4}{3}\left\{\sqrt{\left(a-\dfrac{1}{2}\right)^2+\dfrac{3}{4}}\right\}^3$

$\geqq\dfrac{4}{3}\left(\dfrac{\sqrt{3}}{2}\right)^3=\dfrac{\sqrt{3}}{2}$

$\left(\text{等号は }a=\dfrac{1}{2}\text{ のとき}\right)$

これより，$a=\dfrac{1}{2}$ のとき，S は**最小値**

$\dfrac{\sqrt{3}}{2}$ をとる．

121 (1) l の方程式を $y=mx+n$
とおく．l の方程式と①を連立して
$$(x+1)^2=mx+n$$
$\therefore\quad x^2+(2-m)x+(1-n)=0 \quad\cdots③$
接する条件は，（③の判別式）$=0$，すなわ
ち
$(2-m)^2$
$\qquad -4(1-n)=0$
$\therefore\quad m^2-4m+4n$
$\qquad =0 \qquad\cdots\cdots④$
同様に，l の方程式
と②を連立させて
$$x^2-(m+2)x-(n+1)=0 \qquad\cdots\cdots⑤$$
（⑤の判別式）$=0$ から
$$m^2+4m+4n+8=0 \qquad\cdots\cdots⑥$$
⑥$-$④より
$$8m+8=0 \qquad\therefore\quad m=-1$$
$\therefore\quad n=-\dfrac{5}{4} \qquad l:y=-x-\dfrac{5}{4}$

(2) ③，⑤の重解はそれぞれ
$$x=\frac{m}{2}-1=-\frac{3}{2},\quad x=\frac{m}{2}+1=\frac{1}{2}$$
また，①，②の交点の x 座標は，
$$x=-\frac{1}{2}$$
ゆえに，求める面積を S とすれば
$$S=\int_{-\frac{3}{2}}^{-\frac{1}{2}}\{(x+1)^2-(mx+n)\}dx$$
$$+\int_{-\frac{1}{2}}^{\frac{1}{2}}\{(x-1)^2-2-(mx+n)\}dx$$

$$=\int_{-\frac{3}{2}}^{-\frac{1}{2}}\left(x+\frac{3}{2}\right)^2dx+\int_{-\frac{1}{2}}^{\frac{1}{2}}\left(x-\frac{1}{2}\right)^2dx$$
$$=\left[\frac{1}{3}\left(x+\frac{3}{2}\right)^3\right]_{-\frac{3}{2}}^{-\frac{1}{2}}+\left[\frac{1}{3}\left(x-\frac{1}{2}\right)^3\right]_{-\frac{1}{2}}^{\frac{1}{2}}$$
$$=\frac{2}{3}$$

別解 ①の $x=\alpha$ における接線と②の
$x=\beta$ における接線：
$$y=2(\alpha+1)x-\alpha^2+1,$$
$$y=2(\beta-1)x-\beta^2-1$$
が一致する条件を考え，係数を比較して
もよい．

123 2 曲線の
方程式から x を消
去して
$$y+(y-p)^2=1$$
$\therefore\quad y^2-(2p-1)y$
$\qquad +p^2-1=0\cdots\cdots①$
これらが異なる 2
点で共通接線をもつ条件は
（判別式）$=0$ すなわち
$$(2p-1)^2-4(p^2-1)=0$$
$\therefore\quad -4p+5=0 \qquad\therefore\quad p=\dfrac{5}{4}$

このとき，①は
$$\left(y-\frac{3}{4}\right)^2=0 \qquad\therefore\quad y=\frac{3}{4}$$
$\therefore\quad x=\pm\dfrac{\sqrt{3}}{2}$

よって，円の中心を C とすれば
$$\sin\angle OCB=\frac{\sqrt{3}}{2} \qquad\therefore\quad \angle OCB=60°$$
ゆえに，求める面積を S とすると
$$S=\int_{-\frac{\sqrt{3}}{2}}^{\frac{\sqrt{3}}{2}}\left(\frac{3}{4}-x^2\right)dx$$
$$-(\text{扇形 }CAB-\text{三角形 }CAB)$$
$$=\frac{1}{6}\left\{\frac{\sqrt{3}}{2}-\left(-\frac{\sqrt{3}}{2}\right)\right\}^3$$
$$-\left(\frac{120}{360}\pi-\frac{1}{2}\sin 120°\right)$$

$$= \frac{\sqrt{3}}{2} - \left(\frac{\pi}{3} - \frac{\sqrt{3}}{4} \right) = \frac{3\sqrt{3}}{4} - \frac{\pi}{3}$$

124 (1) C と

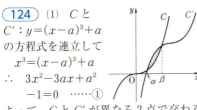

$C' : y = (x-a)^3 + a$
の方程式を連立して
$x^3 = (x-a)^3 + a$
∴ $3x^2 - 3ax + a^2$
$\qquad -1 = 0$ ……①

よって，C と C' が異なる 2 点で交わる
条件は

$$D > 0 \qquad ∴ \quad -3(a^2 - 4) > 0$$

$a > 0$ より $\boldsymbol{0 < a < 2}$

(2) ①の解 $\dfrac{3a \pm \sqrt{12 - 3a^2}}{6}$

を α，β $(\alpha < \beta)$ とすれば

$$S = \int_\alpha^\beta \{ (x-a)^3 + a - x^3 \} dx$$

$$= -3a \int_\alpha^\beta (x-\alpha)(x-\beta) dx$$

$$= -3a \cdot \frac{(\beta-\alpha)^3}{-6} = \frac{a}{2} \{ (\beta-\alpha)^2 \}^{\frac{3}{2}}$$

$$= \frac{a}{2} \left(\frac{12-3a^2}{9} \right)^{\frac{3}{2}} = \frac{\sqrt{3}}{18} a (4-a^2)^{\frac{3}{2}}$$

(3) $S = \dfrac{\sqrt{3}}{18} \sqrt{a^2(4-a^2)^3}$ において

$4 - a^2 = t$ とおくと，$0 < t < 4$ であり，

$$S = \frac{\sqrt{3}}{18} \sqrt{(4-t)t^3}$$

となる．$f(t) = (4-t)t^3$ とおくと

$$f'(t) = 12t^2 - 4t^3$$
$$= 4t^2 (3-t)$$

$f(t)$ の増減表は次のようになる．

t	(0)	$\cdots$	3	$\cdots$	(4)
$f'(t)$		$+$	0	$-$	
$f(t)$		$\nearrow$	27	$\searrow$	

$4 - a^2 = 3$ となる a は $0 < a < 2$ より
$a = 1$ である．

$a = 1$ のとき，S の**最大値は** $\dfrac{1}{2}$

125-1 $y = \dfrac{1}{18} x^3 - \dfrac{4}{3} x$ ……①

$$y' = \frac{1}{6} x^2 - \frac{4}{3}$$

$x = \beta$ における①の接線を $y = mx + n$
とすると，ある実数 α に対して

$$\frac{1}{18} x^3 - \frac{4}{3} x - (mx + n)$$

$$= \frac{1}{18} (x-\alpha)(x-\beta)^2$$

が成り立つ．x^2 の
係数を比較すると

$$0 = \alpha + 2\beta$$

∴ $\alpha = -2\beta$

よって，$x = \beta$，-2β における接線が直
交する条件は

$$\left(\frac{1}{6} \beta^2 - \frac{4}{3} \right) \left(\frac{2}{3} \beta^2 - \frac{4}{3} \right) = -1$$

∴ $\beta^4 - 10\beta^2 + 25 = 0$ ∴ $\beta = \pm \sqrt{5}$

①は原点対称だから，$\beta = \sqrt{5}$ のとき
を考えればよい．
ゆえに，求める面積 S は

$$S = \int_\alpha^\beta \left\{ \frac{1}{18} x^3 - \frac{4}{3} x - (mx + n) \right\} dx$$

$$= \frac{1}{18} \int_\alpha^\beta (x-\alpha)(x-\beta)^2 dx$$

$$= \frac{1}{18} \cdot \frac{(\beta-\alpha)^4}{12}$$

$$= \frac{(3\sqrt{5})^4}{3^3 \cdot 8} = \frac{75}{8}$$

125-2 $f(x) = x^3 + ax^2 + bx + c$ とおく．
$P(\alpha, f(\alpha))$ における接線 l を
$y = px + q$，$y = f(x)$ と l の交点 Q の座
標を $(\beta, f(\beta))$ とすると

$$f(x) - (px + q) = (x-\alpha)^2 (x-\beta)$$

となる実数 α が存在する．x^2 の係数を
比較すると

$$2\alpha + \beta = -a \qquad ……①$$

l と C の囲む部分の面積 S_1 は

$$S_1 = \left| \int_\alpha^\beta \{ (x^3 + ax^2 + bx + c) \right.$$

$$\left. - (px + q) \} dx \right|$$

$$= \left| \int_\alpha^\beta (x-\alpha)^2(x-\beta)\,dx \right| = \frac{(\beta-\alpha)^4}{12}$$

点Qにおける接線 m が C と交わる点の x 座標を γ とすれば，β と γ の間には①と同じように

$$2\beta+\gamma=-a \qquad \cdots\cdots ②$$

が成り立つ．また，m と C が囲む部分の面積 S_2 は，S_1 と同じように

$$S_2 = \frac{(\beta-\gamma)^4}{12}$$

①−②から，$\beta-\gamma=2(\beta-\alpha)$

したがって，$S_2 = \dfrac{2^4(\beta-\alpha)^4}{12} = 16S_1$

$$\therefore \quad \frac{S_1}{S_2} = \frac{1}{16} \quad (\text{一定})$$

第8章

127-1 a_n は n について単調であるから，S_n が $n=8$ で最大となることから

$$S_7 < S_8 \text{ かつ } S_8 > S_9$$

よって，$a_8>0$ かつ $a_9<0$

したがって，

$a+7d>0$ $\cdots\cdots$① かつ $a+8d<0$ $\cdots$②

また，$S_8=136$ より，

$$\frac{8}{2}(2a+7d)=136$$

$$\therefore \quad 2a+7d=34 \qquad \cdots\cdots③$$

③から

$$a=17-\frac{7}{2}d \qquad \cdots\cdots③'$$

③'を①，②に代入すれば，

$$-\frac{34}{7} < d < -\frac{34}{9}$$

d は整数であるから，$d=-4$

このとき，$a=31$（整数）となる．

したがって，$a=\mathbf{31}$，$d=\mathbf{-4}$

127-2 $(x+1)^n$ の展開式の x^4，x^5，x^6 の係数は，それぞれ ${}_nC_4$，${}_nC_5$，${}_nC_6$ であり，この順に等差数列をなしていることより，

$$2{}_nC_5 = {}_nC_4 + {}_nC_6$$

$$\therefore \quad 2\cdot\frac{n!}{5!(n-5)!}$$

$$= \frac{n!}{4!(n-4)!} + \frac{n!}{6!(n-6)!}$$

両辺に $\dfrac{6!(n-4)!}{n!}$ をかけて

$$2\cdot6(n-4)=5\cdot6+(n-5)(n-4)$$

よって，$(n-7)(n-14)=0$

したがって，$n=7$ または $n=14$

$n=\mathbf{7}$ のとき，**公差** ${}_7C_5-{}_7C_4=\mathbf{-14}$

$n=\mathbf{14}$ のとき，**公差** ${}_{14}C_5-{}_{14}C_4=\mathbf{1001}$

128-1

$$a_n = \overset{n}{\overbrace{111\cdots11}}$$

$$= 10^{n-1}+10^{n-2}+\cdots+10+1$$

$$= 1+10+\cdots+10^{n-2}+10^{n-1}$$

$$= \frac{10^n - 1}{10 - 1} = \frac{10^n - 1}{9}$$

$$S = \frac{1}{9} \sum_{k=1}^{n} (10^k - 1)$$

$$= \frac{1}{9} \left\{ \frac{10(10^n - 1)}{10 - 1} - n \right\}$$

$$= \frac{10^{n+1} - 9n - 10}{81}$$

128-2
$$a_n = (5^n + 4 \cdot 5^{n-1} + 4^2 \cdot 5^{n-2} + \cdots + 4^{n-1} \cdot 5 + 4^n) + 4^{n+1}$$

$$= 5^n \left\{ 1 + \frac{4}{5} + \left(\frac{4}{5} \right)^2 + \cdots + \left(\frac{4}{5} \right)^n \right\} + 4^{n+1}$$

$$= 5^n \cdot \frac{1 - \left(\frac{4}{5} \right)^{n+1}}{1 - \frac{4}{5}} + 4^{n+1}$$

$$= (5^{n+1} - 4^{n+1}) + 4^{n+1}$$

$$= 5^{n+1}$$

よって，数列 $\{a_n\}$ は**初項 25，公比 5** である．

128-3 a, b, c の順に等比数列であるから

$$b^2 = ac \qquad \cdots \cdots ①$$

c, a, b の順に等差数列であるから

$$2a = c + b \qquad \cdots \cdots ②$$

a, b, c の和が 6 であるから

$$a + b + c = 6 \qquad \cdots \cdots ③$$

①，②，③および，a, b, c が相異なることから

$$(a, \ b, \ c) = (2, \ -4, \ 8)$$

129-1 積立金を a 円とする．
最初の年に預けた a 円は 10 年目の終わりには

$$a(1 + 0.012)^{10} \ (円)$$

2 年目に預けた a 円は 10 年目の終わりには

$$a(1 + 0.012)^9 \ (円)$$

$\cdots\cdots\cdots\cdots$

10 年目に預けた a 円は 10 年目の終わりには

$$a(1 + 0.012) \ (円)$$

となる．ゆえに，

$$a(1 + 0.012) + a(1 + 0.012)^2 + \cdots + a(1 + 0.012)^{10}$$

$$= 1000000$$

左辺は初項 $1.012a$，公比 1.012 の等比数列の第 10 項までの和であるから，

$$1.012a \times \frac{(1.012)^{10} - 1}{1.012 - 1} = 1000000$$

$$\therefore \quad 1.012a \times (1.13 - 1) = 12000$$

$$\therefore \quad a = \frac{12000}{1.012 \times 0.13} = 91213.1\cdots$$

したがって，100 円未満を切り上げると **91300 円**積立てればよい．

129-2 (1) 対数はすべて常用対数とする．

$$\log 1.024 = \log \frac{1024}{1000} = \log \frac{2^{10}}{10^3} = 10 \log 2 - 3$$

$$= 10 \times 0.30103 - 3 = \mathbf{0.0103}$$

(2) $1000 \times (1.024)^n > 2000$

$$\therefore \quad (1.024)^n > 2 \qquad \cdots \cdots ①$$

をみたす最小の自然数 n が求めるものである．

①の両辺の常用対数をとり，(1)の結果を用いると，

$$n \log 1.024 > \log 2$$

$$\therefore \quad n > \frac{0.30103}{0.0103} = 29.2\cdots$$

よって，負債が 2000 万円を超えるのは **30 年後**である．

(3) （借入金の元利合計）
　　　$\leqq$（返済額の元利合計）

をみたす最小の自然数 n を求めればよい．

(左辺)$= 1000 \times (1.024)^n$

(右辺)$= 48 + 48 \times 1.024 + \cdots + 48 \times (1.024)^{n-1}$

$$= 48 \cdot \frac{(1.024)^n - 1}{1.024 - 1}$$

$$= 2000\{(1.024)^n - 1\}$$

であるから，上の不等式は

$$(1.024)^n \geqq 2 \qquad \cdots \cdots ②$$

となる．②は①と等号だけの違いなので，

(2)の結果と同じく, 返済完了するのは **30年後**である.

（別解） 漸化式を立ててもよい. n 年後の負債残高を a_n（万円）とすると
$$a_{n+1}=1.024a_n-48$$
これは $a_{n+1}-2000=1.024(a_n-2000)$ と変形される. $a_0=1000$ であるから
$$a_n-2000=(1000-2000)(1.024)^n$$
$$=-1000(1.024)^n$$
$a_n\leqq 0$ となるのは
$$2000-1000\times(1.024)^n\leqq 0$$
$$\therefore\quad 2\leqq(1.024)^n$$
以下同じ.

130-1 (1) k の恒等式
$$(k+1)^5-k^5$$
$$=5k^4+10k^3+10k^2+5k+1$$
において, $k=1,\ 2,\ 3,\ \cdots,\ n$ として辺々加えると,
$$\sum_{k=1}^{n}\{(k+1)^5-k^5\}$$
$$=\sum_{k=1}^{n}(5k^4+10k^3+10k^2+5k+1)$$
これから,
$$(n+1)^5-1^5$$
$$=5\sum_{k=1}^{n}k^4+10\sum_{k=1}^{n}k^3+10\sum_{k=1}^{n}k^2+5\sum_{k=1}^{n}k+n$$
よって,
$$5\sum_{k=1}^{n}k^4$$
$$=(n+1)^5-1-10\sum_{k=1}^{n}k^3-10\sum_{k=1}^{n}k^2-5\sum_{k=1}^{n}k-n$$
$$=(n+1)^5-1-10\cdot\frac{n^2(n+1)^2}{4}$$
$$\quad-10\cdot\frac{n(n+1)(2n+1)}{6}-5\cdot\frac{n(n+1)}{2}-n$$
$$=n^5+\frac{5}{2}n^4+\frac{5}{3}n^3-\frac{1}{6}n$$
したがって,
$$\sum_{k=1}^{n}k^4=\frac{1}{5}n^5+\frac{1}{2}n^4+\frac{1}{3}n^3-\frac{1}{30}n$$
$$\cdots\cdots①$$
(2) (1)と同様にして, k の恒等式

$$(k+1)^6-k^6$$
$$=6k^5+15k^4+20k^3+15k^2+6k+1$$
において $k=1,\ 2,\ 3,\ \cdots,\ n$ として辺々加えると,
$$(n+1)^6-1^6=6\sum_{k=1}^{n}k^5+15\sum_{k=1}^{n}k^4+20\sum_{k=1}^{n}k^3$$
$$+15\sum_{k=1}^{n}k^2+6\sum_{k=1}^{n}k+n$$
よって,
$$\sum_{k=1}^{n}k^5=\frac{1}{6}(n+1)^6-\frac{5}{2}\sum_{k=1}^{n}k^4$$
$$+(n\text{ の 4 次以下の式}) \cdots\cdots②$$
①と②より
$$\sum_{k=1}^{n}k^5=\frac{1}{6}(n^6+6n^5)$$
$$-\frac{5}{2}\cdot\frac{1}{5}n^5+(n\text{ の 4 次以下の式})$$
$$=\frac{1}{6}n^6+\frac{1}{2}n^5+(n\text{ の 4 次以下の式})$$

したがって, $\displaystyle\sum_{k=1}^{n}k^5$ は n について 6 次式であり, **6 次の項の係数は $\dfrac{1}{6}$, 5 次の項の係数は $\dfrac{1}{2}$** である.

130-2 (1) （右辺）
$$=\frac{a}{n(n+1)}+\frac{2b}{(n+1)(n+3)}$$
$$=\frac{(a+2b)n+3a}{n(n+1)(n+3)}$$
左辺の分子と比較して $\begin{cases} a+2b=0 \\ 3a=1 \end{cases}$

よって, $a=\dfrac{1}{3},\ b=-\dfrac{1}{6}$

(2) $\displaystyle S(n)=\sum_{k=1}^{n}\frac{1}{k(k+1)(k+3)}$
$$=\sum_{k=1}^{n}\left\{\frac{1}{3}\left(\frac{1}{k}-\frac{1}{k+1}\right)\right.$$
$$\left.-\frac{1}{6}\left(\frac{1}{k+1}-\frac{1}{k+3}\right)\right\}$$
$$=\frac{1}{3}\left(1-\frac{1}{n+1}\right)$$
$$-\frac{1}{6}\left(\frac{1}{2}+\frac{1}{3}-\frac{1}{n+2}-\frac{1}{n+3}\right)$$

$$= \frac{n}{3(n+1)} - \frac{5n^2+13n}{36(n+2)(n+3)}$$

$$= \frac{n(7n^2+42n+59)}{36(n+1)(n+2)(n+3)}$$

(130-3) $\dfrac{1}{\sqrt{k+2}+\sqrt{k+1}}$

$$= \frac{\sqrt{k+2}-\sqrt{k+1}}{(k+2)-(k+1)}$$

$$= \sqrt{k+2}-\sqrt{k+1}$$

より,

与式

$$= \sum_{k=1}^{n-2}(\sqrt{k+2}-\sqrt{k+1})$$

$$= \sqrt{n}-\sqrt{2}$$

$$
\begin{array}{l}
\sqrt{3}-\sqrt{2} \\
\sqrt{4}-\sqrt{3} \\
\vdots \\
\sqrt{n-1}-\sqrt{n-2} \\
+)\ \sqrt{n}-\sqrt{n-1} \\
\hline
\sqrt{n}-\sqrt{2}
\end{array}
$$

(131-1) $\displaystyle\sum_{k=1}^{n}\frac{3k}{2^k}=S$ とする.

$$S=\frac{3}{2}+\frac{6}{2^2}+\cdots+\frac{3n}{2^n}$$

$$-)\ \frac{1}{2}S=\qquad \frac{3}{2^2}+\cdots+\frac{3(n-1)}{2^n}+\frac{3n}{2^{n+1}}$$

$$\frac{1}{2}S=\frac{3}{2}+\frac{3}{2^2}+\cdots+\frac{3}{2^n}-\frac{3n}{2^{n+1}}$$

よって,

$$S=3\left\{1+\frac{1}{2}+\frac{1}{2^2}+\cdots+\frac{1}{2^{n-1}}\right\}-\frac{3n}{2^n}$$

$$=3\cdot\frac{1-\dfrac{1}{2^n}}{1-\dfrac{1}{2}}-\frac{3n}{2^n}$$

$$=6\cdot\frac{2^n-1}{2^n}-\frac{3n}{2^n}$$

$$=\frac{3(2^{n+1}-n-2)}{2^n}$$

(131-2)

$$S_{100}=1+2\cdot\frac{1}{2}+\cdots+100\cdot\frac{1}{2^{99}}$$

$$-)\ \frac{1}{2}S_{100}=\qquad 1\cdot\frac{1}{2}+\cdots\ +99\cdot\frac{1}{2^{99}}+100\cdot\frac{1}{2^{100}}$$

$$\frac{1}{2}S_{100}=1+\frac{1}{2}+\frac{1}{2^2}+\cdots+\frac{1}{2^{99}}-100\cdot\frac{1}{2^{100}}$$

$$=\frac{1-\left(\dfrac{1}{2}\right)^{100}}{1-\dfrac{1}{2}}-\frac{100}{2^{100}}$$

$$=2-\frac{51}{2^{99}}$$

これより

$$S_{100}=4-\frac{51}{2^{98}}$$

$0<\dfrac{51}{2^{98}}<1$ であるから

$$3<S_{100}<4$$

よって, 求める整数は **3**

(131-3) (1) $50=32+16+2$

$$=2^5+2^4+2$$

$$=1\cdot2^5+1\cdot2^4+0\cdot2^3+0\cdot2^2+1\cdot2^1+0\cdot2^0$$

より

$$\begin{cases} a_1=a_3=a_4=a_7=a_8=\mathbf{0}, \\ a_2=a_5=a_6=\mathbf{1} \end{cases}$$

(2) $a_1+a_2+\cdots+a_n=1$ となるのは,
$a_1,\ a_2,\ \cdots,\ a_n$ のうちの1つが1で, 他
はすべて0のときである.
a_k のみ1とすると

$$\sum_{i=1}^{n}a_i2^{i-1}=2^{k-1}$$

であるから, 求める要素の和は,

$$\sum_{k=1}^{n}2^{k-1}=\mathbf{2^n-1}$$

(3) $a_1+a_2+\cdots+a_n=2$ となるのは,
$a_1,\ a_2,\ \cdots,\ a_n$ のうちの2つが1で, 他
はすべて0のときである.
$a_j,\ a_k$ のみ1とすると

$$\sum_{i=1}^{n}a_i2^{i-1}=2^{j-1}+2^{k-1}$$

であるから, 求める要素の和は

$$\sum_{1\leqq j<k\leqq n}(2^{j-1}+2^{k-1})$$

$$=\sum_{j=1}^{n-1}\sum_{k=j+1}^{n}(2^{j-1}+2^{k-1})$$

$$=\sum_{j=1}^{n-1}\left\{(n-j)2^{j-1}+2^j\cdot\frac{2^{n-j}-1}{2-1}\right\}$$

$$=\sum_{j=1}^{n-1}\{2^n+(n-j-2)2^{j-1}\}$$

$$=(n-1)2^n+\sum_{j=1}^{n-1}(n-j-2)2^{j-1}$$

ここで，$T_{n-1}=\sum_{j=1}^{n-1}(n-j-2)2^{j-1}$ とおくと

$$T_{n-1}=(n-3)+(n-4)2+(n-5)2^2$$
$$+\cdots+(-1)\cdot2^{n-2}$$
$$2T_{n-1}=\qquad(n-3)2+(n-4)2^2$$
$$+\cdots+0\cdot2^{n-2}+(-1)\cdot2^{n-1}$$

2式の差をつくると

$$-T_{n-1}=(n-3)-2-2^2-\cdots-2^{n-2}+2^{n-1}$$
$$=n-2-\frac{2^{n-1}-1}{2-1}+2^{n-1}=n-1$$

よって，求める和は

$$(n-1)2^n-(n-1)=\boldsymbol{(n-1)(2^n-1)}$$

(別解) $a_j=1$ $(j=1,~2,~\cdots,~n)$ のとき，$a_1+a_2+\cdots+a_n=2$ をみたす S_n の要素の和は(2)より，

$$\{(2^n-1)-1\cdot2^{j-1}\}+(n-1)2^{j-1}$$
$$=(2^n-1)+(n-2)2^{j-1}$$

j を $1\leqq j\leqq n$ の範囲で動かすと

$$\sum_{j=1}^{n}\{(2^n-1)+(n-2)2^{j-1}\}$$
$$=(2^n-1)n+(n-2)\frac{2^n-1}{2-1}$$
$$=2(n-1)(2^n-1)$$

この和は，$a_1+a_2+\cdots+a_n=2$ をみたす S_n の要素を 2 回ずつ加えたものであるから，求める和は $\quad(n-1)(2^n-1)$

(132-1)
2　　4　　7　　11　　16　…
　2　　3　　4　　5　　…

与えられた数列を $\{a_n\}$ とおく。
第1階差 $\{b_n\}$ は初項2，公差1の等差数列であり，$b_{44}=45$ である。よって

$$a_{45}=a_1+(2+3+4+\cdots+45)$$
$$=2+\frac{44(2+45)}{2}=\boldsymbol{1036}$$

(132-2) (1) $\dfrac{1}{a_1}=3,\quad\dfrac{1}{a_{n+1}}-\dfrac{1}{a_n}=1$
$$(n=1,~2,~3,~\cdots)$$

より数列 $\left\{\dfrac{1}{a_n}\right\}$ は初項3，公差1の等差

数列である。

よって，$\dfrac{1}{a_n}=3+(n-1)\cdot1=n+2$ より

$$a_n=\boldsymbol{\frac{1}{n+2}}$$

(2) $b_1=a_1a_2=\dfrac{1}{3}\cdot\dfrac{1}{4}=\dfrac{1}{12}$

$$b_{n+1}-b_n=a_{n+1}a_{n+2}=\frac{1}{(n+3)(n+4)}$$

より，$n\geqq2$ のとき

$$b_n=b_1+\sum_{k=1}^{n-1}\frac{1}{(k+3)(k+4)}$$
$$=\frac{1}{12}+\sum_{k=1}^{n-1}\left(\frac{1}{k+3}-\frac{1}{k+4}\right)$$
$$=\frac{1}{12}+\frac{1}{4}-\frac{1}{n+3}=\frac{n}{3(n+3)}$$

この結果は $n=1$ のときも成り立つ。

よって，$b_n=\boldsymbol{\dfrac{n}{3(n+3)}}$

(133-1) $a_1=S_1=-1+21+65=85$
$n\geqq2$ のとき

$$a_n=S_n-S_{n-1}$$
$$=-n^3+21n^2+65n$$
$$-\{-(n-1)^3+21(n-1)^2$$
$$+65(n-1)\}$$
$$=-3n^2+45n+43$$

この結果は，$n=1$ のときも成り立つ。
よって，$a_n=\boldsymbol{-3n^2+45n+43}$

(133-2) (1) $S_1=a_1=2$ と(＊)より
$$2(S_2+2)=(S_2-2)^2$$
$$\therefore~~S_2(S_2-6)=0$$
各項が正より $S_2>S_1=2$ であり，
$$S_2=\boldsymbol{6}$$
$S_2=6$ と(＊)より
$$2(S_3+6)=(S_3-6)^2$$
$$\therefore~~(S_3-2)(S_3-12)=0$$
各項が正なので $S_3>S_2=6$ であり，
$$S_3=\boldsymbol{12}$$

(2) $n\geqq2$ のとき
$$2(S_{n+1}+S_n)=(S_{n+1}-S_n)^2\qquad\cdots\cdots①$$
$$2(S_n+S_{n-1})=(S_n-S_{n-1})^2\qquad\cdots\cdots②$$

①－② から

$$2(a_{n+1}+a_n)=a_{n+1}{}^2-a_n{}^2$$

$$\therefore \quad 2(a_{n+1}+a_n)=(a_{n+1}-a_n)(a_{n+1}+a_n)$$

$a_{n+1}+a_n>0$ より

$$a_{n+1}-a_n=2 \qquad \cdots\cdots ③$$

ここで，$a_2=S_2-a_1=6-2=4$ より

$$a_2-a_1=4-2=2$$

よって，③は $n=1$ のときも成り立つ．
$\{a_n\}$ は初項 2，公差 2 の等差数列である
から

$$a_n=2+2(n-1)=\boldsymbol{2n}$$

別解 (1)の結果から，

$$S_n=n(n+1) \quad \cdots\cdots(**)$$ と予想される．
これを数学的帰納法によって示す．

（I） $n=1$ のとき，$S_1=2$ より $(**)$
は成り立つ．

（II） $n=k$ のとき $(**)$ が成り立つ，
すなわち，$S_k=k(k+1)$ であるとする．

$$2(S_{k+1}+S_k)=(S_{k+1}-S_k)^2$$ より

$$S_{k+1}{}^2-2(S_k+1)S_{k+1}+S_k(S_k-2)=0$$

これに $(**)$ を代入して，

$$S_{k+1}{}^2-2(k^2+k+1)S_{k+1}$$
$$+k(k+1)(k-1)(k+2)=0$$

よって，

$$\{S_{k+1}-(k-1)k\}\{S_{k+1}-(k+1)(k+2)\}=0$$

各項が正なので $S_{k+1}>S_k=k(k+1)$ であ
り

$$S_{k+1}=(k+1)(k+2)$$

となり，$n=k+1$ のときも $(**)$ は成り
立つ．

(I)，(II)より，すべての n について $(**)$
は成り立つ．

$n \geqq 2$ のとき

$$\begin{aligned}
a_n &= S_n-S_{n-1}\\
&= n(n+1)-(n-1)n\\
&= 2n
\end{aligned}$$

この結果は $n=1$ のときも成り立つ．
よって，$a_n=2n$

134-1 (1) 第 k 項は k なので，

$$\sum_{k=1}^{20} k^2=\frac{1}{6}\cdot 20\cdot 21\cdot 41=\boldsymbol{2870}$$

(2) 求める総和を S とする．

$$(1+2+\cdots+20)^2$$
$$=1^2+2^2+\cdots+20^2$$
$$\quad +2\{1\cdot 2+1\cdot 3+\cdots+(n-1)\cdot n\}$$
$$=1^2+2^2+\cdots+20^2+2S$$

ここで，(1)の結果と

$$(1+2+\cdots+20)^2=\left(\frac{20\cdot 21}{2}\right)^2=44100$$

より

$$44100=2870+2S$$

よって，$S=\boldsymbol{20615}$

(3) 求める総和を T とする．

$$(1+2+\cdots+20)(1^2+2^2+\cdots+20^2)$$
$$=(1^3+2^3+\cdots+20^3)+T$$

ここで，

$$1^3+2^3+\cdots+20^3=\frac{1}{4}\cdot 20^2\cdot 21^2$$
$$=44100$$

$$\therefore \quad 210\cdot 2870=44100+T$$

よって，$T=210\cdot 2870-44100$
$$\qquad =\boldsymbol{558600}$$

134-2 $a_1=S_1=3-5=-2$ であり，
$k \geqq 2$ のとき

$$\begin{aligned}
a_k &= S_k-S_{k-1}\\
&= (3k^2-5k)-\{3(k-1)^2-5(k-1)\}\\
&= 6k-8
\end{aligned}$$

この結果は $k=1$ のときも成り立つ．
よって，$a_k=\boldsymbol{6k-8}$
$b_1=T_1=4+1=5$ であり，
$k \geqq 2$ のとき

$$\begin{aligned}
b_k &= T_k-T_{k-1}\\
&= (4k^2+k)-\{4(k-1)^2+(k-1)\}\\
&= 8k-3
\end{aligned}$$

この結果は $k=1$ のときも成り立つ．
よって，$b_k=\boldsymbol{8k-3}$
また，

$$\begin{aligned}
a_kb_k &= 2(3k-4)(8k-3)\\
&= 2(24k^2-41k+12)
\end{aligned}$$

よって，

$$\sum_{k=1}^{n} a_kb_k$$

$$=2\left\{24\sum_{k=1}^{n}k^2-41\sum_{k=1}^{n}k+12n\right\}$$
$$=8n(n+1)(2n+1)-41n(n+1)+24n$$
$$=n(\boldsymbol{16n^2-17n-9})$$

次に，$i\neq j$ とするとき，求める和
$\displaystyle\sum_{i=1,\,j=1}^{n}a_ib_j$ は

$$(a_1+a_2+\cdots+a_n)(b_1+b_2+\cdots+b_n)$$
$$-(a_1b_1+a_2b_2+\cdots+a_nb_n)$$

である．ここで，

$$\sum_{k=1}^{n}a_k=\sum_{k=1}^{n}(6k-8)$$
$$=3n(n+1)-8n$$
$$=n(3n-5)$$
$$\sum_{k=1}^{n}b_k=\sum_{k=1}^{n}(8k-3)$$
$$=4n(n+1)-3n$$
$$=n(4n+1)$$

（求める和）
$$=n(3n-5)\cdot n(4n+1)-n(16n^2-17n-9)$$
$$=n(\boldsymbol{12n^3-33n^2+12n+9})$$

---

135 (1)　直線
$x=k$ $(k=0,\ 1,$
$2,\ \cdots,\ 20)$
上の格子点は
$0\leqq y\leqq 20-k$
より $(21-k)$ 個あ
る．

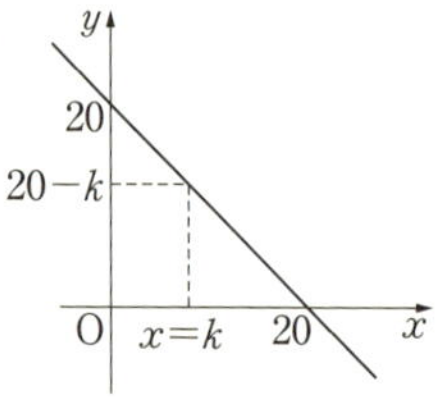

よって，求める格子点の個数は

$$\sum_{k=0}^{20}(21-k)=\frac{21}{2}(21+1)$$
$$=\boldsymbol{231}\,(\text{個})$$

(2)　右図にお
いて，△AOC
内（周も含む）
において，直線
$x=k$
$(k=0,\ 1,\ \cdots,\ 4)$
上の格子点は

$0\leqq y\leqq 2k$ より $(2k+1)$ 個であり，
△ACB 内（辺 AC は含まず，端点 A，C
を除く他の辺は含む）において，直線

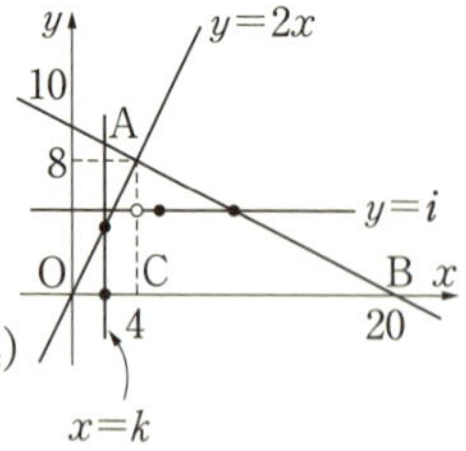

$y=i$ $(i=0,\ 1,\ \cdots,\ 7)$ 上の格子点は
$5\leqq x\leqq 20-2i$ より
$(20-2i)-4=16-2i\,(\text{個})$ である．
よって，求める格子点の個数は

$$\sum_{k=0}^{4}(2k+1)+\sum_{i=0}^{7}(16-2i)$$
$$=\frac{5}{2}(1+9)+\frac{8}{2}(16+2)=\boldsymbol{97}\,(\text{個})$$

---

136 (1)　$a+b=k+1$

となる組 $(a,\ b)$ をまとめて第 k 群とよ
ぶことにする．

第1群	第2群	
(1, 1)	(2, 1), (1, 2)	

	第3群	
	(3, 1), (2, 2), (1, 3)	…

第 k 群には k 個の自然数の組があるから，
200 番目に現れる組が第 k 群にあるとす
ると

$$1+2+3+\cdots+(k-1)<200$$
$$\leqq 1+2+3+\cdots+(k-1)+k$$
$$\therefore\quad \frac{(k-1)k}{2}<200\leqq\frac{k(k+1)}{2}$$
$$\therefore\quad (k-1)k<400\leqq k(k+1)$$

$19\cdot 20=380,\ 20\cdot 21=420$ より，$k=20$
$\dfrac{19\cdot 20}{2}=190$ より，200 番目は第 20 群の
$200-190=10\,(\text{番目})$ にあるから，求め
る組は

$$(\boldsymbol{11,\ 10})$$

(2)　$(m,\ n)$ は第 $(m+n-1)$ 群 の n
番目の組であるから，これは

$$\frac{1}{2}(m+n-2)(m+n-1)+n\ \text{番目}$$

に現れる．

137-1　次のような群数列を対応させて
求める．

第1群	第2群	第3群	第4群	
1	2, 3	4, 5, 6	7, 8, 9, 10	…

(1)　$a_{m,1}$ は第 m 群の初項である．第
k 群には k 個の項があるから，

$$a_{m,1}=\{1+2+\cdots+(m-1)\}+1$$
$$=\frac{1}{2}(m-1)m+1$$
$$=\frac{1}{2}(m^2-m+2)$$

(2) $a_{m,n}$ は第 $m+n-1$ 群の n 番目であるから，

$$a_{m,n}=\{1+2+\cdots+(m+n-2)\}+n$$
$$=\frac{1}{2}(m+n-2)(m+n-1)+n$$

137-2

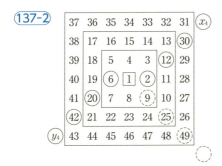

(1) 1, $1\sim9$, $1\sim25$, $1\sim49$, $\cdots$ はそれぞれ 1 を中心に 1 辺に 1 個，3 個，5 個，7 個，$\cdots$ が並ぶ正方形内にあり，その右下端にその中の最大の数があるので，49 の右斜め下の数は $9^2=81$

(2) 1 から x_n は，横 $2n$，縦 $2n-1$ の長方形内にあるので，

$$x_n=2n(2n-1)$$

同様に，1 から y_n は，横 $2n+1$，縦 $2n$ の長方形内にあるので，

$$y_n=2n(2n+1)$$

別解

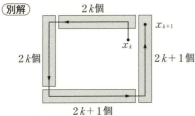

上図より，x_k から x_{k+1} までの間に $8k+2$ 増えるから，

$n\geqq2$ のとき，

$$x_n=x_1+\sum_{k=1}^{n-1}(8k+2)$$
$$=2+\frac{(n-1)\{10+(8n-6)\}}{2}$$
$$=2+(n-1)(4n+2)$$
$$=4n^2-2n$$

この結果は $n=1$ のときも成り立つ．
同じく，y_k から y_{k+1} までの間に $8k+6$ 増えるから，

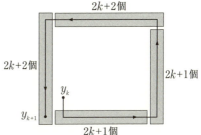

$n\geqq2$ のとき，

$$y_n=6+\sum_{k=1}^{n-1}(8k+6)$$
$$=6+\frac{(n-1)\{14+(8n-2)\}}{2}$$
$$=6+(n-1)(4n+6)$$
$$=4n^2+2n$$

この結果は $n=1$ のときも成り立つ．

138-1 与式は

$$a_{n+1}-6=\frac{1}{3}(a_n-6)$$

と変形される．
数列 $\{a_n-6\}$ は，初項 $a_1-6=7-6=1$，
公比 $\frac{1}{3}$ の等比数列であるから，

$$a_n-6=1\cdot\left(\frac{1}{3}\right)^{n-1}$$

よって，$a_n=6+\left(\frac{1}{3}\right)^{n-1}$

138-2 (1) $S_n=-5+2n-a_n\ (n\geqq1)$
$$\cdots\cdots①$$
$$S_{n+1}=-5+2(n+1)-a_{n+1}\ (n\geqq0)$$

$\cdots\cdots$②

②−① より

$$a_{n+1}=2-a_{n+1}+a_n$$

したがって，$a_{n+1}=\dfrac{1}{2}a_n+1 \ (n\geqq 1)$

(2) ①において，$n=1$ とおくと，

$$a_1=-5+2-a_1$$

したがって，$a_1=-\dfrac{3}{2}$

(3) (1)の関係式は

$a_{n+1}-2=\dfrac{1}{2}(a_n-2)$ と変形されるから，

$$a_n-2=(a_1-2)\left(\dfrac{1}{2}\right)^{n-1}=-\dfrac{7}{2}\left(\dfrac{1}{2}\right)^{n-1}$$

したがって，$a_n=2-7\left(\dfrac{1}{2}\right)^n$

(138-3) (1) $a_1=1>0$ であることと，与えられた漸化式の形から，すべての n に対して $a_n>0$ である（厳密には数学的帰納法を用いる）．
両辺の逆数をとることができて，

$$\dfrac{1}{a_{n+1}}=\dfrac{3a_n+2}{a_n}$$

$$\therefore \quad \dfrac{1}{a_{n+1}}=2\cdot\dfrac{1}{a_n}+3$$

よって，$b_n=\dfrac{1}{a_n}$ とおくと，

$$b_{n+1}=2b_n+3$$

(2) (1)の結果は $b_{n+1}+3=2(b_n+3)$ と変形されるから，

$$b_n+3=(b_1+3)\cdot 2^{n-1}=4\cdot 2^{n-1}$$

よって，$b_n=2^{n+1}-3$
これより，

$$a_n=\dfrac{1}{2^{n+1}-3}$$

(139-1) (1) $a_{n+1}-a_n=3^n+2n$ であるから，$n\geqq 2$ のとき，

$$a_n=a_1+\sum_{k=1}^{n-1}(3^k+2k)$$

$$=1+\sum_{k=1}^{n-1}3^k+2\sum_{k=1}^{n-1}k$$

$$=1+\dfrac{3}{2}(3^{n-1}-1)+(n-1)n$$

$$=\dfrac{3^n}{2}+(n-1)n-\dfrac{1}{2}$$

この結果は $n=1$ のときも成り立つ．
よって，

$$a_n=\dfrac{3^n}{2}+(n-1)n-\dfrac{1}{2}$$

(2) 与式の両辺を 2^{n+1} で割ると，

$$\dfrac{a_{n+1}}{2^{n+1}}=\dfrac{a_n}{2^n}+\dfrac{1}{2}\left(\dfrac{3}{2}\right)^n$$

となる．$\dfrac{a_n}{2^n}=b_n$ とおくと，

$$b_{n+1}-b_n=\dfrac{1}{2}\left(\dfrac{3}{2}\right)^n, \ b_1=\dfrac{6}{2}=3$$

よって，$n\geqq 2$ のとき，

$$b_n=3+\sum_{k=1}^{n-1}\dfrac{1}{2}\left(\dfrac{3}{2}\right)^k$$

$$=3+\dfrac{3}{4}\cdot\dfrac{\left(\dfrac{3}{2}\right)^{n-1}-1}{\dfrac{3}{2}-1}$$

$$=3+\left(\dfrac{3}{2}\right)^n-\dfrac{3}{2}$$

$$=\left(\dfrac{3}{2}\right)^n+\dfrac{3}{2}$$

この結果は $n=1$ のときも成り立つ．

$$a_n=2^n\left\{\left(\dfrac{3}{2}\right)^n+\dfrac{3}{2}\right\}$$

$$=3^n+3\cdot 2^{n-1}$$

(別解) **1.** 与式の両辺を 3^{n+1} で割ると，

$$\dfrac{a_{n+1}}{3^{n+1}}=\dfrac{2}{3}\dfrac{a_n}{3^n}+\dfrac{1}{3}$$

となる．$\dfrac{a_n}{3^n}=c_n$ とおくと，

$$c_{n+1}=\dfrac{2}{3}c_n+\dfrac{1}{3}$$

これは

$$c_{n+1}-1=\dfrac{2}{3}(c_n-1)$$

と変形される．数列 $\{c_n-1\}$ は初項 $c_1-1=\dfrac{6}{3}-1=1$，公比 $\dfrac{2}{3}$ の等比数列であるから，

$$c_n - 1 = 1 \cdot \left(\frac{2}{3}\right)^{n-1}$$

$$\therefore \quad \frac{a_n}{3^n} - 1 = \left(\frac{2}{3}\right)^{n-1}$$

$$\therefore \quad a_n = 3^n + 3 \cdot 2^{n-1}$$

2. $a_{n+1} = 2a_n + 3^n$ ……①

$\quad \alpha 3^{n+1} = 2 \cdot \alpha 3^n + 3^n$ ……②

②がどんな自然数 n に対しても成り立つ
のは

$3\alpha = 2\alpha + 1$ より, $\alpha = 1$ のときである.

$\alpha = 1$ として①, ②の辺々をひくと

$$a_{n+1} - 3^{n+1} = 2(a_n - 3^n)$$

が得られる.

$$a_n - 3^n = (a_1 - 3) \cdot 2^{n-1} = 3 \cdot 2^{n-1}$$

これより,

$$a_n = 3^n + 3 \cdot 2^{n-1}$$

(139-2) $a_1 = 1 > 0$ であることと, 与え
られた漸化式の形から, すべての自然数
n に対して, $a_n > 0$ である（厳密には数
学的帰納法を用いる）. よって, 両辺の
逆数をとることができて

$$\frac{1}{a_{n+1}} = \frac{na_n + 2}{a_n} = 2 \cdot \frac{1}{a_n} + n$$

$\dfrac{1}{a_n} = b_n$ とおくと,

$\quad b_1 = 1, \quad b_{n+1} = 2b_n + n$ ……①

次にすべての自然数 n に対して

$\quad \alpha(n+1) + \beta = 2(\alpha n + \beta) + n$ ……②

となるように, α, β を定めると,

$$\alpha = -1, \quad \beta = -1$$

①-②より, $b_{n+1} = 2b_n + n$ は

$$b_{n+1} + (n+1) + 1 = 2(b_n + n + 1)$$

と変形される.

よって, 数列 $\{b_n + n + 1\}$ は初項
$b_1 + 1 + 1 = 3$, 公比 2 の等比数列である
から,

$$b_n + n + 1 = 3 \cdot 2^{n-1}$$

$$\therefore \quad b_n = 3 \cdot 2^{n-1} - n - 1$$

したがって, $a_n = \dfrac{1}{3 \cdot 2^{n-1} - n - 1}$

(140) (1) $a_{n+2} - pa_{n+1}$

$$= q(a_{n+1} - pa_n) \quad \cdots\cdots(*)$$

$$a_{n+2} - (p+q)a_{n+1} + pqa_n = 0$$

であるから, どんな n に対しても成り立
つ条件は, 与式と比較して

$$p + q = 2, \quad pq = -1$$

である. p, q は, 解と係数の関係より

$\quad t^2 - 2t - 1 = 0$ の解 $t = 1 \pm \sqrt{2}$

であり, $p < q$ より

$$p = 1 - \sqrt{2}, \quad q = 1 + \sqrt{2}$$

(2) (*)より,

$\quad c_{n+1} = qc_n \quad (n=1, 2, 3, \cdots)$

が成り立つ.

また, (*)において, p と q を入れかえた
等式も成り立つことから,

$\quad d_{n+1} = pd_n \quad (n=1, 2, 3, \cdots)$

も成り立つ.

これらより数列 $\{c_n\}$ は公比 q,
初項 $c_1 = a_2 - pa_1 = 2 - p = q$ の等比数
列, 数列 $\{d_n\}$ は公比 p, 初項 p の等比数
列である.

よって,

$$c_n = q \cdot q^{n-1} = (1 + \sqrt{2})^n$$

$$d_n = p \cdot p^{n-1} = (1 - \sqrt{2})^n$$

(3) (2)の結果から

$$\begin{cases} a_{n+1} - pa_n = q^n \\ a_{n+1} - qa_n = p^n \end{cases}$$

これより, $-(p-q)a_n = q^n - p^n$

ここで, $-(p-q) = 2\sqrt{2}$

であるから,

$$a_n = \frac{(1+\sqrt{2})^n - (1-\sqrt{2})^n}{2\sqrt{2}}$$

(141-1) (1) $a_{n+1} + tb_{n+1}$

$$= (2a_n + b_n) + t(4a_n - b_n)$$

$$= (2+4t)a_n + (1-t)b_n$$

より,

$$a_{n+1} + tb_{n+1} = k(a_n + tb_n)$$

$\Longleftrightarrow$

$$(2+4t)a_n + (1-t)b_n = ka_n + ktb_n$$

これが任意の n に対して成り立つ条件は,

$$\begin{cases} 2+4t = k & \cdots\cdots① \\ 1-t = kt & \cdots\cdots② \end{cases}$$

①を②に代入して，
$$1-t=t(2+4t)$$
$$\therefore \quad 4t^2+3t-1=0$$
$$\therefore \quad (t+1)(4t-1)=0$$
$$\therefore \quad t=-1, \ \frac{1}{4}$$

これより，(t_1, k_1)，(t_2, k_2) は
$$(-1, \ -2), \ \left(\frac{1}{4}, \ 3\right)$$

(2) (1)で求めた組 (t, k) に対して数列 $\{a_n+tb_n\}$ は公比 k の等比数列であるから，
$$a_n+tb_n=(a_1+tb_1)k^{n-1}$$
$(t_1, k_1)=(-1, \ -2)$ に対し
$$a_n-b_n=(a_1-b_1)\cdot(-2)^{n-1}$$
$$=-3\cdot(-2)^{n-1}$$
$(t_2, k_2)=\left(\frac{1}{4}, \ 3\right)$ に対し
$$a_n+\frac{1}{4}b_n=\left(a_1+\frac{1}{4}b_1\right)\cdot3^{n-1}=2\cdot3^{n-1}$$

(3) (2)の結果を連立して，
$$a_n=\frac{1}{5}\{8\cdot3^{n-1}-3\cdot(-2)^{n-1}\}$$
$$b_n=\frac{4}{5}\{2\cdot3^{n-1}+3\cdot(-2)^{n-1}\}$$

141-2

(1) $\quad a_{n+1}+2b_{n+1}$
$$=(a_n+4b_n)+2(a_n+b_n)=3(a_n+2b_n)$$
$a_1=b_1=1$ より，数列 $\{a_n+2b_n\}$ は初項 $a_1+2b_1=1+2\cdot1=3$，公比 3 の等比数列であるから，
$$a_n+2b_n=3\cdot3^{n-1}=3^n$$

(2) $\quad b_n=\dfrac{3^n-a_n}{2}$ を $a_{n+1}=a_n+4b_n$
に代入すると，
$$a_{n+1}=a_n+4\cdot\frac{3^n-a_n}{2}$$
$$\therefore \quad a_{n+1}=-a_n+2\cdot3^n \qquad \cdots\cdots(*)$$
すべての自然数 n に対して
$$p3^{n+1}=-p3^n+2\cdot3^n$$
が成り立つのは $p=\dfrac{1}{2}$ のときであるか

ら，$(*)$は，
$$a_{n+1}-\frac{1}{2}\cdot3^{n+1}=-\left(a_n-\frac{1}{2}\cdot3^n\right)$$
と変形できる．

よって，数列 $\left\{a_n-\dfrac{1}{2}\cdot3^n\right\}$ は初項
$a_1-\dfrac{3}{2}=-\dfrac{1}{2}$，公比 -1 の等比数列であるから，
$$a_n-\frac{1}{2}\cdot3^n=-\frac{1}{2}\cdot(-1)^{n-1}$$
$$=\frac{1}{2}\cdot(-1)^n$$
よって $\quad a_n=\dfrac{3^n+(-1)^n}{2}$

別解 1. $a_{n+1}=-a_n+2\cdot3^n$ の両辺を 3^{n+1} で割る，あるいは，$(-1)^{n+1}$ で割ることにより$(*)$を解くこともできる．

2. $\alpha=\dfrac{\alpha+4}{\alpha+1}$ を解くと $\alpha=\pm2$ なので，(1)の数列 $\{a_n+2b_n\}$ と数列 $\{a_n-2b_n\}$ をあわせて考える．
$a_{n+1}-2b_{n+1}=-(a_n-2b_n)$ より，
$a_n-2b_n=(-1)^n$．これと(1)の結果を連立して，$a_n=\dfrac{3^n+(-1)^n}{2}$ を得る．

142

(1) 右図から $a_2=\mathbf{6}$，$a_3=\mathbf{10}$

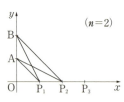

(n=2)

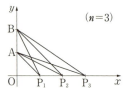

(n=3)

(2) 線分 AP_1, $\cdots$, AP_n, BP_1, $\cdots$, BP_n によって，第1象限が a_n 個の部分に分けられているとき，線分 AP_{n+1} をひけば，この線分はすでにある n 本の線分 BP_1, $\cdots$, BP_n と交わって，$n+1$ 個の部分に分けられる．この $n+1$ 個の部

分1つ1つに対応して，第1象限の部分が1つずつ増える．さらにBP$_{n+1}$をひくことで，第1象限の部分がさらに1個増える．よって，

$$a_{n+1}=a_n+(n+2)$$

(3) $a_1=3$ である．(2)より，$n \geqq 2$ のとき

$$a_n=a_1+\sum_{k=1}^{n-1}(a_{k+1}-a_k)=3+\sum_{k=1}^{n-1}(k+2)$$
$$=1+2+\{3+4+\cdots+n+(n+1)\}$$
$$=\frac{1}{2}(n+1)(n+2)$$

この結果は $n=1$ のときも成り立つ．

(143-1) 最初に平面と接していた面をAとおく．

(1) $n=1$ のとき；1回目の操作でAは底面でなくなるから，

$$p_1=0$$

$n=2$ のとき；1回目の操作でAは底面にないので，2回目の操作でAが底面にくるためには回転軸の選び方が3本のうちの1つに確定される．

$$p_2=\frac{1}{3}$$

$n=3$ のとき；2回目の操作でAは底面になく，3回目の操作でAが底面にくるときであるから，

$$p_3=(1-p_2)\times\frac{1}{3}=\left(1-\frac{1}{3}\right)\times\frac{1}{3}=\frac{2}{9}$$

(2) $(n+1)$ 回目にAが平面と接するのは，n 回目の操作でAは底面になく，$(n+1)$ 回目にAが底面にくるときであるから，

$$p_{n+1}=(1-p_n)\times\frac{1}{3}$$
$$\therefore\quad p_{n+1}=-\frac{1}{3}p_n+\frac{1}{3}$$

この漸化式は

$$p_{n+1}-\frac{1}{4}=-\frac{1}{3}\left(p_n-\frac{1}{4}\right)$$

と変形されるから，

$$p_n-\frac{1}{4}=\left(p_1-\frac{1}{4}\right)\left(-\frac{1}{3}\right)^{n-1}$$

$$=-\frac{1}{4}\left(-\frac{1}{3}\right)^{n-1}$$

よって，$p_n=\frac{1}{4}\left\{1-\left(-\frac{1}{3}\right)^{n-1}\right\}$

(143-2) 各列の○または×のつけ方は$2^2=4$（通り）あるから，$2\times n$のマス目の○または×のつけ方は4^n通りである．

少なくとも1つの列に○が2つ並ぶ並び方P_1, P_2は

$n=1$ のとき：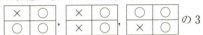だけであり，$P_1=1$

$n=2$ のとき：のとき2列目

は任意に取れて4通り，さらに

の3

通りがあるから，$P_2=4+3=7$

また，$2\times(n+1)$のマス目の少なくとも1つの列に○が2つ並ぶのは

(i) $2\times n$ のマス目の少なくとも1つの列に○が2つ並んでいるとき（第$(n+1)$列目は任意）．

(ii) $2\times n$ のマス目のどの列も○が2つ並ばず（(4^n-P_n)通り），第$(n+1)$列目は○が2つ並んでいるとき．

の2通りがある．

(i), (ii)は排反であるから，

$$P_{n+1}=P_n\times4+(4^n-P_n)\times1$$
$$=3P_n+4^n$$

である．○と×をそれぞれ$\frac{1}{2}$の確率でつけるとすると，4^n通りは等確率で起こるから，$q_n=\frac{P_n}{4^n}$である．

q_{n+1}をq_nの式で表すと

$$q_{n+1}=\frac{3}{4}q_n+\frac{1}{4}$$

であり，この漸化式は

$$q_{n+1}-1=\frac{3}{4}(q_n-1)$$ と変形される．

$q_1=\frac{1}{4}$ なので

$$q_n - 1 = (q_1 - 1)\left(\frac{3}{4}\right)^{n-1} = -\left(\frac{3}{4}\right)^n$$

$$\therefore \quad q_n = 1 - \left(\frac{3}{4}\right)^n$$

(答) ア 4^n　イ 1　ウ 7

エ $3P_n + 4^n$　オ $\dfrac{3}{4}q_n + \dfrac{1}{4}$

カ $1 - \left(\dfrac{3}{4}\right)^n$

144-1 1度に3段おりてしまうことをしない場合の最上段から n 段おりる場合の数を a_n とすると

(i) 最後に1段おりるとき

最上段から n 段おりる場合の数は

　a_{n-1} 通り

(ii) 最後に2段おりるとき

最上段から n 段おりる場合の数は

　a_{n-2} 通り

であるから,

　$a_n = a_{n-1} + a_{n-2}$ 　$(n \geq 3)$

よって, $a_1 = 1$, $a_2 = 2$ とから

$$a_3 = a_2 + a_1 = 3$$
$$a_4 = a_3 + a_2 = 5$$
$$a_5 = a_4 + a_3 = 8$$
$$a_6 = a_5 + a_4 = 13$$
$$a_7 = a_6 + a_5 = 21$$
$$a_8 = a_7 + a_6 = 34$$
$$a_9 = a_8 + a_7 = 55$$

となる.

また, 残りがちょうど3段となって, 最後に3段おりるおり方の数は最上段から $9 - 3 = 6$(段)おりる場合の数 $a_6 = 13$ であるから, 求める場合の数は

　$55 + 13 = 68$(通り)

144-2

(1) $n = 3$ のとき,　球：1 2 3　1 2 3

　　　　　　　　　　　箱：1 2 3　1 2 3

上図より $u_3 = 2$

$n = 4$ のとき, 1 2 3 4 の型と 1 2 3 4 の型

　　　　　　　1 2 3 4 　　　 1 2 3 4

があり, それぞれの場合の数を加えると,

　$u_4 = 3 + 6 = 9$

(2) "球 x を箱 y に入れる" ことを $f(x) = y$ と書く. $f(1) = a \, (\neq 1)$ とすると a のとり方は 2, 3, $\cdots$, $n+1$ の n 通り.

(i) $f(a) = 1$ のとき, 球 1, a を除いた残り $n-1$ 個の入れ方は u_{n-1} 通り.

(ii) $f(a) \neq 1$ のとき, 球 a を箱 1 に入れることができないのだから, 箱 1 を箱 a と考え 2～$n+1$ の n 個の球の入れ方を考えればよいので u_n 通りある. よって,

$$u_{n+1} = n(u_{n-1} + u_n) = nu_n + nu_{n-1}$$

(3) $u_{n+1} - (n+1)u_n = -u_n + nu_{n-1}$
$$= -(u_n - nu_{n-1})$$

であるから $\{u_{n+1} - (n+1)u_n\}$ $(n = 1, 2, 3, \cdots)$ は公比 -1 の等比数列であり,

$$u_{n+1} - (n+1)u_n = (u_2 - 2u_1)(-1)^{n-1}$$

$u_1 = 0$, $u_2 = 1$ だから,

$$u_{n+1} = (n+1)u_n + (-1)^{n-1}$$

参考 これは撹乱順列(完全順列)とよばれているもので, u_n はモンモール数という.

(3)の結果式において $(-1)^{n-1} = (-1)^{n+1}$ より, 両辺を $(n+1)!$ で割ると

$$\frac{u_{n+1}}{(n+1)!} = \frac{u_n}{n!} + \frac{(-1)^{n+1}}{(n+1)!}$$

よって, $n \geq 2$ のとき

$$\frac{u_n}{n!} = \frac{u_1}{1!} + \sum_{i=1}^{n-1} \frac{(-1)^{i+1}}{(i+1)!} = 0 + \sum_{k=2}^{n} \frac{(-1)^k}{k!}$$
$$(k = i+1 \text{ とおいた})$$

$$\therefore \quad u_n = n! \sum_{k=2}^{n} \frac{(-1)^k}{k!} \quad (n \geq 2)$$

145 (1) $(x+1)^n$
$$= (x^2 - 2x - 2)Q(x) + a_n x + b_n \quad \cdots\cdots ①$$

とおく. ①の両辺に $(x+1)$ をかけて

$$(x+1)^{n+1}$$
$$= (x^2 - 2x - 2)(x+1)Q(x)$$
$$\quad + a_n x(x+1) + b_n(x+1)$$
$$= (x^2 - 2x - 2)(x+1)Q(x)$$

$$+a_n(x^2-2x-2)$$
$$+(3a_n+b_n)x+(2a_n+b_n)$$

これより,

$$a_{n+1}=3a_n+b_n \qquad \cdots\cdots ②$$
$$b_{n+1}=2a_n+b_n \qquad \cdots\cdots ③$$

(2) ②より $b_n=a_{n+1}-3a_n$
$$b_{n+1}=a_{n+2}-3a_{n+1}$$

これらを③に代入して
$$a_{n+2}-3a_{n+1}=2a_n+(a_{n+1}-3a_n)$$
$$\therefore \quad a_{n+2}=4a_{n+1}-a_n$$
$$=4(4a_n-a_{n-1})-a_n$$
$$(\because \quad a_{n+1}=4a_n-a_{n-1})$$
$$=15a_n-5a_{n-1}+a_{n-1}$$
$$=5(3a_n-a_{n-1})+a_{n-1}$$

これより a_{n+2} と a_{n-1} は 5 で割った余りが等しい. n は任意なので a_{n+3} と a_n は 5 で割った余りも等しい.

ここで, $a_1=b_1=1$ より
$$a_1=1, \quad a_2=4, \quad a_3=15$$
であるから, a_n を 5 で割った余りは

$$\begin{cases} n=3m \text{ のとき } 0 \\ n=3m-1 \text{ のとき } 4 \quad (m=1, \ 2, \ \cdots) \\ n=3m-2 \text{ のとき } 1 \end{cases}$$

(3) すべての n に対し
$$a_{n+1}+tb_{n+1}=s(a_n+tb_n)$$
となる s が存在するような t を求めればよい.

②, ③から,
$$a_{n+1}+tb_{n+1}$$
$$=(3a_n+b_n)+t(2a_n+b_n)$$
$$=(3+2t)a_n+(1+t)b_n$$
となる. これがすべての n で $s(a_n+tb_n)$ に等しくなるためには

$$\begin{cases} 3+2t=s \\ 1+t=st \end{cases} \text{ すなわち } \begin{cases} 3+2t=s \\ 1+t=(3+2t)t \end{cases}$$

となればよい.
これより,
$$2t^2+2t-1=0$$
よって, $t=\dfrac{-1\pm\sqrt{3}}{2}$

(4) (3)の結果から
$$s=3+2t=2\pm\sqrt{3}$$

また,
$$a_n+tb_n=(a_1+tb_1)s^{n-1}$$
$$=(1+t)s^{n-1}$$
ここで, $\alpha=2+\sqrt{3}$, $\beta=2-\sqrt{3}$ とおくと,

$$a_n+\frac{-1+\sqrt{3}}{2}b_n=\left(\frac{1+\sqrt{3}}{2}\right)\alpha^{n-1}$$
$$\cdots\cdots ④$$

$$a_n+\frac{-1-\sqrt{3}}{2}b_n=\left(\frac{1-\sqrt{3}}{2}\right)\beta^{n-1}$$
$$\cdots\cdots ⑤$$

④, ⑤から,
$$a_n=\frac{1}{2\sqrt{3}}(\alpha^n-\beta^n)$$
$$=\frac{1}{2\sqrt{3}}\{(2+\sqrt{3})^n-(2-\sqrt{3})^n\}$$

$$b_n=\frac{1}{\sqrt{3}}\left\{\left(\frac{1+\sqrt{3}}{2}\right)\alpha^{n-1}\right.$$
$$\left.-\left(\frac{1-\sqrt{3}}{2}\right)\beta^{n-1}\right\}$$
$$=\frac{1}{2\sqrt{3}}\{(1+\sqrt{3})(2+\sqrt{3})^{n-1}$$
$$-(1-\sqrt{3})(2-\sqrt{3})^{n-1}\}$$

146-1 (I) $n=1$ のとき,
$$(与式の左辺)=\frac{1}{1^3}=1$$
$$(与式の右辺)=2-\frac{1}{1^2}=1$$

となり成り立つ.

(II) $n=k$ のとき,
$$\sum_{r=1}^{k}\frac{1}{r^3}\leqq 2-\frac{1}{k^2} \qquad \cdots\cdots(*)$$
が成り立つとする.

(*)の両辺に
$$\frac{1}{(k+1)^3} \text{ を加えると,}$$
$$\sum_{r=1}^{k+1}\frac{1}{r^3}\leqq 2-\frac{1}{k^2}+\frac{1}{(k+1)^3}$$
であり, かつ
$$2-\frac{1}{(k+1)^2}-\left\{2-\frac{1}{k^2}+\frac{1}{(k+1)^3}\right\}$$
$$=\frac{-k^2(k+1)+(k+1)^3-k^2}{k^2(k+1)^3}$$

$$=\frac{k^2+3k+1}{k^2(k+1)^3}>0$$

よって，$n=k+1$ のときも成り立つ.

(I)，(II)よりすべての自然数 n に対して与式が成り立つ.

146-2 (1) $a_1=4$，$a_{n+1}=\dfrac{4}{n+1}+\dfrac{1}{a_n}$ より，

$$a_2=\frac{4}{1+1}+\frac{1}{4}=\frac{9}{4},$$

$$a_3=\frac{4}{2+1}+\frac{4}{9}=\frac{16}{9},$$

$$a_4=\frac{4}{3+1}+\frac{9}{16}=\frac{25}{16}$$

これより，$a_n=\left(\dfrac{n+1}{n}\right)^2$ と予想される.

(2) (I) $n=1$ のときは $\left(\dfrac{1+1}{1}\right)^2=4$

となり，成り立つ.

(II) $n=k$ で成り立つと仮定すると

$$a_k=\left(\frac{k+1}{k}\right)^2$$

$n=k+1$ のとき，

$$\begin{aligned}
a_{k+1}&=\frac{4}{k+1}+\frac{1}{a_k}\\
&=\frac{4}{k+1}+\left(\frac{k}{k+1}\right)^2\\
&=\frac{4(k+1)+k^2}{(k+1)^2}\\
&=\left(\frac{k+2}{k+1}\right)^2
\end{aligned}$$

(I)，(II)より，すべての自然数 n に対して(1)の予想が正しいことが示された.

147-1 (1) α，β は $x^2-kx+2=0$ の2解であるから，

$$\alpha^2=k\alpha-2$$
$$\beta^2=k\beta-2$$

2式の両辺にそれぞれ α^n，β^n をかけて加えると，

$$\begin{aligned}
&\alpha^{n+2}+\beta^{n+2}\\
&=k(\alpha^{n+1}+\beta^{n+1})-2(\alpha^n+\beta^n)\\
&\therefore\quad a_{n+2}=ka_{n+1}-2a_n
\end{aligned}$$

よって，$a_{n+2}=ra_{n+1}+sa_n$ をみたす定数 r，s の組の1つは

$$(r,\ s)=(k,\ -2)$$

(2) • $a_n\ (n=1,\ 2,\ \cdots)$ は整数であること：

(I) $n=1$，2 のとき，$a_1=\alpha+\beta=k$

$\qquad a_2=\alpha^2+\beta^2=k(\alpha+\beta)-4=k^2-4$

より成り立つ.

(II) $n=k$，$k+1$ のとき，

a_k，a_{k+1} が整数であるとすると，

$$a_{k+2}=ka_{k+1}-2a_k$$

であるから a_{k+2} も整数.

(I)，(II)より $n=1$，2，$\cdots$ に対して a_n は整数である.

• k が偶数ならば a_n は偶数であること：

(I) $n=1$，2 のときは $a_1=k$，

$a_2=k^2-4$ は偶数である.

(II) $n=k$，$k+1$ のとき，

a_k，a_{k+1} が偶数であるとすると，

$$a_{k+2}=ka_{k+1}-2a_k$$

の右辺は2で割り切れるから，

$$a_{k+2}\ \text{も偶数}.$$

(I)，(II)より $n=1$，2，$\cdots$ に対して a_n は偶数.

• k が奇数ならば a_n は奇数であることも同様に示せる.

147-2 与えられた等式に $n=1$ を代入して

$3(a_1{}^2)=a_1a_2$，$a_1=2$ より，$a_2=6$

$n=2$ を代入して

$3(2^2+6^2)=2\cdot6a_3$ よって，$a_3=10$

$n=3$ を代入して

$3(2^2+6^2+10^2)=3\cdot10a_4$ よって，$a_4=14$

以上から，数列 $\{a_n\}$ は，初項2，公差4の等差数列，すなわち，

$$a_n=4n-2 \qquad\qquad \cdots\cdots(*)$$

であると推測される.

以下(*)がすべての自然数 n で成り立つことを示す.

(I) $n=1$ のとき，$a_1=2$ より(*)は成

り立つ.

(Ⅱ) $n=1, 2, \cdots, k$ のとき, (*)の成立を仮定する.

$1 \leqq m \leqq k$ のとき,
$$a_m = 4m - 2$$
であるから,
$$\sum_{m=1}^{k} a_m{}^2$$
$$= \sum_{m=1}^{k} 4(4m^2 - 4m + 1)$$
$$= 4\left\{\frac{2}{3}k(k+1)(2k+1) - 2k(k+1) + k\right\}$$
$$= \frac{4}{3}k(2k-1)(2k+1)$$

よって, 与えられた等式に $n=k$ を代入すると
$$4k(2k-1)(2k+1) = k(4k-2)a_{k+1}$$
したがって,
$$a_{k+1} = 4k + 2 = 4(k+1) - 2$$
よって, $n=k+1$ のときも(*)は成り立つ.

(Ⅰ), (Ⅱ)よりすべての自然数 n で(*)が成り立つ.

第9章

148-1
$$\overrightarrow{OR} = 2\overrightarrow{PQ}$$
$$= 2(\vec{q} - \vec{p})$$
$$\overrightarrow{OS} = \overrightarrow{OR} + \overrightarrow{RS}$$
$$= 2(\vec{q} - \vec{p}) - \vec{p}$$
$$= 2\vec{q} - 3\vec{p}$$
$$\overrightarrow{OT} = \overrightarrow{QR} = \overrightarrow{OR} - \overrightarrow{OQ}$$
$$= 2(\vec{q} - \vec{p}) - \vec{q}$$
$$= \vec{q} - 2\vec{p}$$

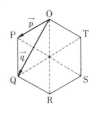

148-2 AO, BH の交点をMとすると
$$\overrightarrow{OC} = \sqrt{2}\,\overrightarrow{MB}$$
$$= \sqrt{2}\left(\overrightarrow{OB} - \frac{1}{\sqrt{2}}\overrightarrow{OA}\right)$$
$$= -\overrightarrow{OA} + \sqrt{2}\,\overrightarrow{OB}$$
$$\overrightarrow{BE} = \left(1 + 2 \times \frac{1}{\sqrt{2}}\right)\overrightarrow{CD}$$
であるから,
$$\overrightarrow{CD} = \frac{1}{\sqrt{2}+1}(\overrightarrow{OE} - \overrightarrow{OB})$$
$$= (\sqrt{2}-1)(-\overrightarrow{OA} - \overrightarrow{OB})$$
$$= (1 - \sqrt{2})\overrightarrow{OA} + (1 - \sqrt{2})\overrightarrow{OB}$$
また, $\overrightarrow{EH} = \left(1 + 2 \times \frac{1}{\sqrt{2}}\right)\overrightarrow{CB}$
$$= (1 + \sqrt{2})\{\overrightarrow{OB} - (-\overrightarrow{OA} + \sqrt{2}\,\overrightarrow{OB})\}$$
$$= (1 + \sqrt{2})\overrightarrow{OA} - \overrightarrow{OB}$$

148-3 (1) △BAC は底角 36° の二等辺三角形であり,
$$AC = 2 \times AB \cos 36°$$
$$= \frac{\sqrt{5}+1}{2}$$

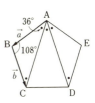

(2) DE∥CA, DE=1 であるから,
$$\overrightarrow{DE} = \frac{\overrightarrow{CA}}{|\overrightarrow{CA}|} = \frac{2}{\sqrt{5}+1}\overrightarrow{CA}$$
$$= \frac{1-\sqrt{5}}{2}(\vec{a} + \vec{b})$$
また, $\overrightarrow{CE} = \frac{\sqrt{5}+1}{2}\overrightarrow{BA} = -\frac{\sqrt{5}+1}{2}\vec{a}$

であるから

$$\overrightarrow{EA}=\overrightarrow{CA}-\overrightarrow{CE}=-(\vec{a}+\vec{b})+\frac{\sqrt{5}+1}{2}\vec{a}$$

$$=\frac{\sqrt{5}-1}{2}\vec{a}-\vec{b}$$

(149-1) $\vec{r}=\alpha\vec{p}+\beta\vec{q}$ とすると

$(10,\ 15)=\alpha(-1,\ 3)+\beta(4,\ 1)$

$\qquad\quad=(-\alpha+4\beta,\ 3\alpha+\beta)$

$\therefore \begin{cases} -\alpha+4\beta=10 \\ 3\alpha+\beta=15 \end{cases}$

$\therefore \alpha=\dfrac{50}{13},\ \beta=\dfrac{45}{13}$

よって，$\vec{r}=\dfrac{50}{13}\vec{p}+\dfrac{45}{13}\vec{q}$

(149-2) $\vec{u}-\vec{v}=\vec{a}$ ……①

$\qquad\quad\vec{u}+2\vec{v}=\vec{b}$ ……②

$\dfrac{①\times2+②}{3}$ より，

$\vec{u}=\dfrac{2\vec{a}+\vec{b}}{3}=\left(\dfrac{5}{3},\ \dfrac{8}{3}\right)$

$\dfrac{①-②}{-3}$ より，$\vec{v}=\dfrac{\vec{a}-\vec{b}}{-3}=\left(\dfrac{2}{3},\ \dfrac{2}{3}\right)$

(149-3) $\vec{p}=k\vec{a}+(3-k)\vec{b}$

$\qquad\quad=(3,\ 3-2k)$

であるから

$|\vec{p}|^2=3^2+(3-2k)^2=4k^2-12k+18$

$\qquad=4\left(k-\dfrac{3}{2}\right)^2+9$

$1\leqq k\leqq 3$ であるから，$|\vec{p}|$ は $k=3$ のとき，最大値 $3\sqrt{2}$ をとる.

(150) (1) $\overrightarrow{OS}$

$=\dfrac{-x\overrightarrow{OA}+\overrightarrow{OQ}}{1-x}$

$=\dfrac{1}{1-x}\left(-x\vec{a}\right.$

$\qquad\left.+\dfrac{n}{m+n}\vec{b}\right)$

(2) $\overrightarrow{OT}=\dfrac{-x\overrightarrow{OB}+\overrightarrow{OP}}{1-x}$

$=\dfrac{1}{1-x}\left(-x\vec{b}+\dfrac{m}{m+n}\vec{a}\right)$

3点 O，S，T が一直線上にあるから

$\qquad\overrightarrow{OS}=k\overrightarrow{OT}$ ……①

をみたす実数 k が存在する.

① $\Longleftrightarrow -x\vec{a}+\dfrac{n}{m+n}\vec{b}$

$\qquad=k\left(\dfrac{m}{m+n}\vec{a}-x\vec{b}\right)$

$\vec{a}$，$\vec{b}$ は1次独立なので (標問 **154** 参照)

$\begin{cases} -x=k\dfrac{m}{m+n} \\ \dfrac{n}{m+n}=-kx \end{cases}$

k を消去すると，

$\qquad-x=-\dfrac{n}{x(m+n)}\times\dfrac{m}{m+n}$

$\therefore x^2=\dfrac{mn}{(m+n)^2}$ $\therefore x=\dfrac{\sqrt{mn}}{m+n}$

(151-1) (1)

$\overrightarrow{PT}=t\overrightarrow{PQ}$ より

$\overrightarrow{OT}-\overrightarrow{OP}$

$\quad=t(\overrightarrow{OQ}-\overrightarrow{OP})$

$\therefore \overrightarrow{OT}$

$\quad=(1-t)\overrightarrow{OP}+t\overrightarrow{OQ}$

$\quad=a(1-t)\overrightarrow{OA}+t(1-a)\overrightarrow{OB}$

(答) ア **1** イ **t** ウ **t** エ **1** オ **a**

(2) T が直線 AB 上にあるとき，

$\qquad a(1-t)+t(1-a)=1$ ……①

であるから，$(1-2a)t=1-a$

$1-2a=0$ とすると，$a=\dfrac{1}{2}$ であり，

$0\cdot t=\dfrac{1}{2}$ となる.

これは不合理である. $1-2a\neq0$ であり

$t=\dfrac{1-a}{1-2a}$

さらに，Q が PT の中点であるのは，

$t=2$ のときであるから，①より

$\qquad-a+2(1-a)=1$ $\therefore a=\dfrac{1}{3}$

B が AT の中点であるのは，T が AB を $2:1$ に外分するときであるから，

$$t(1-a):a(1-t)=2:(-1)$$
$$\therefore \quad 2a(1-t)=-t(1-a)$$
$$\therefore \quad 2a+(1-3a)t=0$$

$t=\dfrac{1-a}{1-2a}$ を代入して整理すると，

$$a^2+2a-1=0 \quad \therefore \quad a=-1\pm\sqrt{2}$$

(答) カ **1** キ **1** ク **a** ケコ **2a**
　　　 サ **1** シ **3** スセ **−1** ソ **2**

(151-2) △ABC の重心をGとすると，

$$\overrightarrow{AG}=\frac{\overrightarrow{AB}+\overrightarrow{AC}}{3}$$

$$=\frac{1}{3}\left(\frac{7}{5}\overrightarrow{AD}+\frac{8}{5}\overrightarrow{AE}\right)$$

$$=\frac{7\overrightarrow{AD}+8\overrightarrow{AE}}{15}$$

Gは線分 DE を 8:7
に内分する点である．すなわち，線分
DE は重心Gを通っている．

---

(152) (1) $\dfrac{\vec{a}}{|\vec{a}|}$,

$\dfrac{\vec{b}}{|\vec{b}|}$ はともに単位

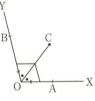

ベクトルであるか
ら，始点をそろえ
ると，この2つの
ベクトルを2辺とする平行四辺形はひし
形である．$\dfrac{\vec{a}}{|\vec{a}|}+\dfrac{\vec{b}}{|\vec{b}|}$ はひし形の対角線
であり，角を二等分している．
よって，点Cが∠XOYの二等分線上に
あるとき，$\vec{c}=\overrightarrow{OC}$ はある実数 t を用い
て $\vec{c}=t\left(\dfrac{\vec{a}}{|\vec{a}|}+\dfrac{\vec{b}}{|\vec{b}|}\right)$ と表せる．

(2) Pは
∠XOYの二等分
線上の点なので，
$\vec{p}=\overrightarrow{OP}$ はある実
数 t を用いて

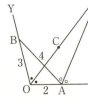

$$\vec{p}=t\left(\frac{\vec{a}}{2}+\frac{\vec{b}}{3}\right)$$
　　　　　……①

と表せる．また，Pは∠XABの二等分
線上の点なので，ある実数 s を用いて

$$\vec{p}=\overrightarrow{OA}+\overrightarrow{AP}$$
$$=\vec{a}+s\left(\frac{\vec{a}}{2}+\frac{\overrightarrow{AB}}{4}\right)$$
$$=\vec{a}+s\left\{\frac{\vec{a}}{2}+\frac{1}{4}(\vec{b}-\vec{a})\right\}$$
$$=\left(1+\frac{s}{4}\right)\vec{a}+\frac{s}{4}\vec{b} \quad\cdots\cdots②$$

と表せる．
$\vec{a}$，$\vec{b}$ は1次独立なので，①，②から
(標問 **154** 参照)

$$\begin{cases} \dfrac{t}{2}=1+\dfrac{s}{4} \\ \dfrac{t}{3}=\dfrac{s}{4} \end{cases} \quad \therefore \quad t=6,\ s=8$$

よって，$\vec{p}=3\vec{a}+2\vec{b}$

(153-1) 点 A, B, C, P の位置ベクトル
を $\vec{a}$, $\vec{b}$, $\vec{c}$, $\vec{p}$ とすると

$$2(\vec{a}-\vec{p})+3(\vec{b}-\vec{p})+4(\vec{c}-\vec{p})=\vec{0}$$

よって

$$\vec{p}=\frac{2\vec{a}+3\vec{b}+4\vec{c}}{9}=\frac{2\vec{a}+7\times\dfrac{3\vec{b}+4\vec{c}}{7}}{9}$$

したがって，Dは線分 BC を 4:3 に内分
する点である．

別解　始点をAにそろえると，もっと
スッキリする．
$$-2\overrightarrow{AP}+3(\overrightarrow{AB}-\overrightarrow{AP})+4(\overrightarrow{AC}-\overrightarrow{AP})$$
$=\vec{0}$ なので
$$\overrightarrow{AP}=\frac{3\overrightarrow{AB}+4\overrightarrow{AC}}{9}$$
$$=\frac{7}{9}\times\frac{3\overrightarrow{AB}+4\overrightarrow{AC}}{7}$$

(153-2) 点 A, B, C, P の位置ベクト
ルを $\vec{a}$, $\vec{b}$, $\vec{c}$, $\vec{p}$ とする．
(1) $2(\vec{p}-\vec{a})+(\vec{p}-\vec{b})+(\vec{p}-\vec{c})$
　　$=\vec{0}$

よって $\vec{p}=\dfrac{2\vec{a}+\vec{b}+\vec{c}}{4}=\dfrac{3\times\dfrac{2\vec{a}+\vec{b}}{3}+\vec{c}}{4}$

これより点Pは右
図のP_1にある.

(2) $(\vec{p}-\vec{a})$
$+(\vec{p}-\vec{b})$
$-(\vec{p}-\vec{c})=\vec{0}$

なので

$\vec{p}=\vec{a}+\vec{b}-\vec{c}$

$=2\times\dfrac{\vec{a}+\vec{b}}{2}-\vec{c}$

よって, 外分点の公式より点Pは上図の
P_2にある.

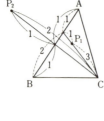

(153-3) $3\overrightarrow{PA}+x\overrightarrow{PB}+2\overrightarrow{PC}=\vec{0}$
なので
$-3\overrightarrow{AP}+x(\overrightarrow{AB}-\overrightarrow{AP})$
$+2(\overrightarrow{AC}-\overrightarrow{AP})$
$=\vec{0}$

$\therefore \quad \overrightarrow{AP}$

$=\dfrac{x\overrightarrow{AB}+2\overrightarrow{AC}}{x+5}$

$=\dfrac{x+2}{x+5}\times\dfrac{x\overrightarrow{AB}+2\overrightarrow{AC}}{x+2}$

点Pは上図の位置にあるから,

$\triangle ABC:\triangle PBC=4:1$

$\therefore \quad (x+5):3=4:1$

$\therefore \quad x=7$

(154-1) 背理法を使う.

$m\neq 0$ とすると, $\vec{a}=-\dfrac{n}{m}\vec{b}$

$\vec{a}\neq\vec{0}$ ゆえに, $n\neq 0$ であり, $\vec{a}/\!/\vec{b}$ これは
$\vec{a}$, $\vec{b}$ が平行でないことに矛盾. したが
って, $m=0$. 同様にして, $n=0$ でもあ
る.

(154-2) LはBN上の点であるから, あ
る実数 t を用いて

$\overrightarrow{AL}=(1-t)\overrightarrow{AB}+t\overrightarrow{AN}$

$=(1-t)\vec{b}+\dfrac{2t}{3}\vec{c}$

と表せる.

また, LはCM上の
点でもあるので, あ
る実数 s を用いて

$\overrightarrow{AL}=(1-s)\overrightarrow{AM}$
$+s\overrightarrow{AC}$

$=\dfrac{2(1-s)}{3}\vec{b}+s\vec{c}$

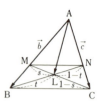

と表せる. $\vec{b}$, $\vec{c}$ は1次独立であるから,

$\begin{cases} 1-t=\dfrac{2(1-s)}{3} \\ \dfrac{2t}{3}=s \end{cases} \quad \therefore \quad t=\dfrac{3}{5},\ s=\dfrac{2}{5}$

よって, $\overrightarrow{AL}=\dfrac{2}{5}(\vec{b}+\vec{c})$

(155-1) (1)

$\alpha+\beta=k$ とおくと,

$0\leqq k\leqq 2$

$k=0$ のとき,

$\alpha=\beta=0$

$\therefore \quad P\equiv O$

$k\neq 0$ のとき,

$\overrightarrow{OP}=\dfrac{\alpha}{k}(k\overrightarrow{OA})+\dfrac{\beta}{k}(k\overrightarrow{OB})$

$\overrightarrow{OA'}=k\overrightarrow{OA},\ \overrightarrow{OB'}=k\overrightarrow{OB}$ とおくと

$\dfrac{\alpha}{k}+\dfrac{\beta}{k}=1,\ \dfrac{\alpha}{k}\geqq 0,\ \dfrac{\beta}{k}\geqq 0$ であるから,

Pは線分 A'B' 上(両端含む)を動く. 次
にkを動かすことにより, Pは図の斜線
部分を動く(原点Oは除く).

以上より, $k=0$ のときもあわせると,
Pの存在範囲は図の斜線部分の三角形全
体である. この面積は

$\dfrac{1}{2}|2\times 2-6\times 6|=\mathbf{16}$

(2) $\beta'=-\beta$ とおくと

$\overrightarrow{OP}=\alpha\overrightarrow{OA}+\beta'\overrightarrow{OB}$,

$\alpha\geqq 0,\ \beta'\geqq 0,\ \alpha+\beta'\leqq 1$

となり, (1)と同様に考えると, Pの存在
範囲は $\triangle OAB$ の周および内部である.
この面積は

$\dfrac{1}{2}|1\times 1-3\times 3|=\mathbf{4}$

(155-2) $\overrightarrow{OP}=(x-y)\overrightarrow{OA}$
$\qquad\qquad +(x+y)\overrightarrow{OB}$
$\quad =x(\overrightarrow{OA}+\overrightarrow{OB})+y(\overrightarrow{OB}-\overrightarrow{OA})$
である.
$\overrightarrow{OA}+\overrightarrow{OB}=\overrightarrow{OC}$,
$\overrightarrow{OB}-\overrightarrow{OA}=\overrightarrow{AB}$
$\qquad\qquad\quad =\overrightarrow{OD}$
となる点 C, D を
とると,
$\overrightarrow{OP}=x\overrightarrow{OC}+y\overrightarrow{OD}$,
$\quad -1\leqq x\leqq 1$,
$\quad -1\leqq y\leqq 1$
したがって P は
$\overrightarrow{OC}+\overrightarrow{OD}=2\overrightarrow{OB}=\overrightarrow{OE}$,
$\overrightarrow{OC}-\overrightarrow{OD}=2\overrightarrow{OA}=\overrightarrow{OF}$,
$-\overrightarrow{OC}-\overrightarrow{OD}=-2\overrightarrow{OB}=\overrightarrow{OG}$,
$-\overrightarrow{OC}+\overrightarrow{OD}=-2\overrightarrow{OA}=\overrightarrow{OH}$ となる点 E,
F, G, H をとると, **平行四辺形 EFGH**
の周と内部を動く.

(156) $l\overrightarrow{PA}+m\overrightarrow{PB}+n\overrightarrow{PC}=\vec{0}$ に
$n=1-l-m$
を代入して
$\quad l\overrightarrow{PA}+m\overrightarrow{PB}$
$\quad +(1-l-m)\overrightarrow{PC}=\vec{0}$
$\quad\therefore\ \overrightarrow{CP}$
$\qquad =l(\overrightarrow{PA}-\overrightarrow{PC})+m(\overrightarrow{PB}-\overrightarrow{PC})$
$\qquad =l\overrightarrow{CA}+m\overrightarrow{CB}$
(i) $\overrightarrow{CA}$ は $\overrightarrow{CB}$ と平行ではないから,
P が辺 BC 上にある条件は,
$$l=0,\ \ 0\leqq m\leqq 1$$
(ii) P が直線 BC に関して A と同じ側
にある条件は, $l>0$

(157-1) $\overrightarrow{BH}=\overrightarrow{BC}+\overrightarrow{CD}+\overrightarrow{DH}$
$\qquad\quad =\overrightarrow{AD}-\overrightarrow{AB}+\overrightarrow{AE}$ ……①
また,
$\overrightarrow{BH}=u_1\overrightarrow{AC}+u_2\overrightarrow{AF}+u_3\overrightarrow{AH}$
$\quad =u_1(\overrightarrow{AB}+\overrightarrow{AD})+u_2(\overrightarrow{AB}+\overrightarrow{AE})$
$\qquad +u_3(\overrightarrow{AD}+\overrightarrow{AE})$
$\quad =(u_1+u_2)\overrightarrow{AB}+(u_2+u_3)\overrightarrow{AE}$
$\qquad +(u_3+u_1)\overrightarrow{AD}$ ……②

$\overrightarrow{AB}$, $\overrightarrow{AE}$, $\overrightarrow{AD}$ は 1 次独立であるから,
①, ②より
$$\begin{cases} u_1+u_2=-1 \\ u_2+u_3=1 \\ u_3+u_1=1 \end{cases}$$
$\quad\therefore\ (u_1,\ u_2,\ u_3)$
$\qquad =\left(-\dfrac{1}{2},\ -\dfrac{1}{2},\ \dfrac{3}{2}\right)$

(157-2) $\overrightarrow{OH}=\overrightarrow{OD}+\overrightarrow{DH}$
$\qquad\quad =\vec{a}+\vec{b}+2\vec{c}$
である. L は直線 OH 上にあるので, あ
る実数 k を用いて
$\overrightarrow{OL}=k\overrightarrow{OH}=k\vec{a}+k\vec{b}+2k\vec{c}$
と表せる. L が平面 ABC 上にある条件
は
$$k+k+2k=1 \quad \therefore\quad k=\dfrac{1}{4}$$
$$\therefore\quad \overrightarrow{OL}=\dfrac{\vec{a}+\vec{b}+2\vec{c}}{4}$$

(158-1) $\overrightarrow{AD}\perp\overrightarrow{BF}$ ゆえ, $\overrightarrow{AD}\cdot\overrightarrow{BF}=0$
$\angle ADB=30°$ であるから,
$\overrightarrow{AD}\cdot\overrightarrow{BD}=\overrightarrow{DA}\cdot\overrightarrow{DB}$
$\qquad =2a\times\sqrt{3}\,a\times\cos 30°=3a^2$
正六角形の中心を O とすると,
$\overrightarrow{AD}\cdot\overrightarrow{CF}=2\overrightarrow{OD}\cdot 2\overrightarrow{OF}$
$\qquad =2a\times 2a\times\cos 120°=-2a^2$

(158-2) $|\overrightarrow{AB}|$
$=|\overrightarrow{OB}-\overrightarrow{OA}|$ から
$|\overrightarrow{AB}|^2$
$=|\overrightarrow{OB}|^2-2\overrightarrow{OA}\cdot\overrightarrow{OB}$
$\qquad +|\overrightarrow{OA}|^2$
$\therefore\ \ 16^2$
$\ \ =12^2-2\overrightarrow{OA}\cdot\overrightarrow{OB}+8^2$
$\therefore\ \ \overrightarrow{OA}\cdot\overrightarrow{OB}=-24$

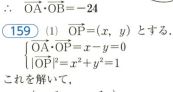

(159) (1) $\overrightarrow{OP}=(x,\ y)$ とする.
$$\begin{cases} \overrightarrow{OA}\cdot\overrightarrow{OP}=x-y=0 \\ |\overrightarrow{OP}|^2=x^2+y^2=1 \end{cases}$$
これを解いて,
$$\overrightarrow{OP}=\left(\pm\dfrac{1}{\sqrt{2}},\ \pm\dfrac{1}{\sqrt{2}}\right)\text{ (複号同順)}$$

(2) $\vec{b}=(x,\ y)$ とすると，

$\vec{a}\cdot\vec{b}=|\vec{a}||\vec{b}|\cos 60°,\ |\vec{b}|=2|\vec{a}|$ より

$$4x+3y=5\times 10\times \cos 60° \quad \cdots\cdots ①$$
$$x^2+y^2=(2\times 5)^2 \quad \cdots\cdots ②$$

①，②より，$x^2+\left(\dfrac{25-4x}{3}\right)^2=100$

$\therefore\ \ x^2-8x-11=0$　これより，

$\vec{b}=(x,\ y)=(4\pm 3\sqrt{3},\ 3\mp 4\sqrt{3})$

(複号同順)

(3)　$\cos\theta=\dfrac{1+0+2}{\sqrt{1+1+4}\sqrt{1+0+1}}=\dfrac{\sqrt{3}}{2}$

$0°\leqq\theta\leqq 180°$ ゆえ，$\theta=30°$

(4)　$\vec{BA}=(3-x,\ 3,\ 0),$
$\vec{BC}=(3-x,\ -1,\ 2\sqrt{2})$ ゆえ，

$\cos\theta=\dfrac{x^2-6x+6}{\sqrt{x^2-6x+18}\sqrt{x^2-6x+18}}$

$=\dfrac{x^2-6x+6}{x^2-6x+18}=1-\dfrac{12}{(x-3)^2+9}$

x が実数全体を動くとき，$(x-3)^2+9$
は 9 以上の実数をすべて動く．

$\dfrac{12}{(x-3)^2+9}$ のとり得る値の範囲は

$$0<\dfrac{12}{(x-3)^2+9}\leqq\dfrac{12}{9}=\dfrac{4}{3}$$

よって，$\cos\theta$ のとり得る値の範囲は

$$-\dfrac{1}{3}\leqq\cos\theta<1$$

160　$|\vec{a}+c\vec{b}|\geqq|\vec{a}|$ は

$(\vec{a}+c\vec{b})\cdot(\vec{a}+c\vec{b})\geqq\vec{a}\cdot\vec{a}$

$\therefore\ \ |\vec{a}|^2+2c\vec{a}\cdot\vec{b}+c^2|\vec{b}|^2\geqq|\vec{a}|^2$

$\therefore\ \ |\vec{b}|^2c^2+2(\vec{a}\cdot\vec{b})c\geqq 0$

と同値である．これがすべての実数 c で
成り立つ条件は，$|\vec{b}|^2>0$ より $\vec{a}\cdot\vec{b}=0$
すなわち $\vec{a}\perp\vec{b}$

162-1　$\vec{PO}+\vec{PA}+4\vec{PB}$

$=-6\vec{OP}+\vec{OA}+4\vec{OB}$

$=-6\left(\vec{OP}-\dfrac{\vec{OA}+4\vec{OB}}{6}\right)$

であるから $|\vec{PO}+\vec{PA}+4\vec{PB}|=30$ は

$6|(x,\ y)-(3,\ 4)|=30$

すなわち $(x-3)^2+(y-4)^2=5^2$ である．

162-2　A，B，C，P の位置ベクトルを
それぞれ $\vec{a},\ \vec{b},\ \vec{c},\ \vec{p}$ とし，与式を $\vec{PB}$
でまとめると，

$-3\vec{PB}\cdot(\vec{PA}+2\vec{PC})$
$\quad+\vec{PA}\cdot(\vec{PA}+2\vec{PC})=0$

$\therefore\ (\vec{PA}-3\vec{PB})\cdot(\vec{PA}+2\vec{PC})=0$

$\therefore\ (2\vec{p}+\vec{a}-3\vec{b})\cdot(-3\vec{p}+\vec{a}+2\vec{c})=0$

$\therefore\ \left(\vec{p}-\dfrac{3\vec{b}-\vec{a}}{2}\right)\cdot\left(\vec{p}-\dfrac{\vec{a}+2\vec{c}}{3}\right)=0$

よって，P は AB を
3:1 に外分する点X，
AC を 2:1 に内分
する点Yを直径の両
端とする円をえがく．

163　BC と OA
の交点をHとすると

$\vec{c}=\vec{OB}+2\vec{BH}$
$=\vec{OB}+2(\vec{OH}-\vec{OB})$
$=2\vec{OH}-\vec{OB}$

また，$\vec{OH}$ は $\vec{b}$ の $\vec{a}$
への正射影ベクトルであり，

$\vec{OH}=\dfrac{\mathrm{OB}\cos\angle\mathrm{AOB}}{\mathrm{OA}}\vec{OA}$

$=\dfrac{|\vec{b}|\cos\angle\mathrm{AOB}}{|\vec{a}|}\vec{a}$

$=\dfrac{|\vec{a}||\vec{b}|\cos\angle\mathrm{AOB}}{|\vec{a}|^2}\vec{a}=\dfrac{\vec{a}\cdot\vec{b}}{|\vec{a}|^2}\vec{a}$

$\therefore\ \ \vec{c}=2\dfrac{\vec{a}\cdot\vec{b}}{|\vec{a}|^2}\vec{a}-\vec{b}$